U0232745

姚伟钧　著

荆楚饮食文化史

荆楚文库

荆楚文库编纂出版委员会
湖北科学技术出版社

荆楚饮食文化史
JINGCHU YINSHI WENHUASHI

图书在版编目 (CIP) 数据

荆楚饮食文化史 / 姚伟钧著 .
— 武汉：湖北科学技术出版社，2021.8
ISBN 978-7-5706-1310-6

Ⅰ . ①荆…

Ⅱ . ①姚…

Ⅲ . ①饮食－文化史－湖北

Ⅳ . ① TS971.202.63

中国版本图书馆 CIP 数据核字（2021）第 048837 号

策　　划：赵襄玲　兰季平
责任编辑：兰季平　王小芳
整体设计：范汉成　曾显惠　思　蒙
美术编辑：胡　博
责任校对：罗　萍
责任印刷：刘春尧
出版发行：湖北科学技术出版社（中国·武汉）
地址：武汉市雄楚大街 268 号（湖北出版文化城 B 座 13 － 14 层）
电话：(027)87679485　邮政编码：430070
录排：武汉书成图文有限公司
印刷：湖北新华印务有限公司
开本：720mm×1000mm　1/16
印张：36.5　　插页：26
字数：528 千字
版次：2021 年 8 月第 1 版　2021 年 8 月第 1 次印刷
定价 :190.00 元

ISBN 978-7-5706-1310-6

9 787570 613106 >

出版说明

　　湖北乃九省通衢，北学南学交会融通之地，文明昌盛，历代文献丰厚。守望传统，编纂荆楚文献，湖北渊源有自。清同治年间设立官书局，以整理乡邦文献为旨趣。光绪年间张之洞督鄂后，以崇文书局推进典籍集成，湖北乡贤身体力行之，编纂《湖北文征》，集元明清三代湖北先哲遗作，收两千七百余作者文八千余篇，洋洋六百万言。卢氏兄弟辑录湖北先贤之作而成《湖北先正遗书》。至当代，武汉多所大学、图书馆在乡邦典籍整理方面亦多所用力。为传承和弘扬优秀传统文化，湖北省委、省政府决定编纂大型历史文献丛书《荆楚文库》。

　　《荆楚文库》以"抢救、保护、整理、出版"湖北文献为宗旨，分三编集藏。

　　甲、文献编。收录历代鄂籍人士著述，长期寓居湖北人士著述，省外人士探究湖北著述。包括传世文献、出土文献和民间文献。

　　乙、方志编。收录历代省志、府县志等。

　　丙、研究编。收录今人研究评述荆楚人物、史地、风物的学术著作和工具书及图册。

　　文献编、方志编录籍以 1949 年为下限。

　　研究编简体横排，文献编繁体横排，方志编影印或点校出版。

《荆楚文库》编纂出版委员会

2015 年 11 月

青 铜 器

商·兽面纹十字孔青铜尊
武汉博物馆

商·凤纹青铜方罍
武汉博物馆

商·饕餮纹青铜瓿
武汉博物馆

商·涡纹青铜鼎
武汉博物馆

商·饕餮纹铜爵
京山市博物馆

西周·曾子单铭文铜鬲
京山市博物馆

西周·窃曲纹铜簋
荆州博物馆

西周·兽面纹铜爵
湖北省博物馆

西周·云雷纹子父癸铜觯
随州博物馆

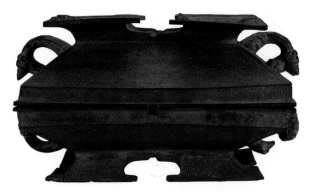

春秋·蟠螭纹铜簠
荆州博物馆

战国·曾侯乙铜冰鉴
湖北省博物馆

战国·曾侯乙铜联禁对壶
湖北省博物馆

战国·曾侯乙卷云纹铜提链炉盘
湖北省博物馆

战国·曾侯乙鸟首龙纹铜鬲
湖北省博物馆

战国·曾侯乙牛形钮铜盖鼎
湖北省博物馆

战国·曾侯乙绳纹铜鬲
湖北省博物馆

战国·曾侯乙四环钮铜盖鼎
湖北省博物馆

战国·曾侯乙铜尊盘
湖北省博物馆

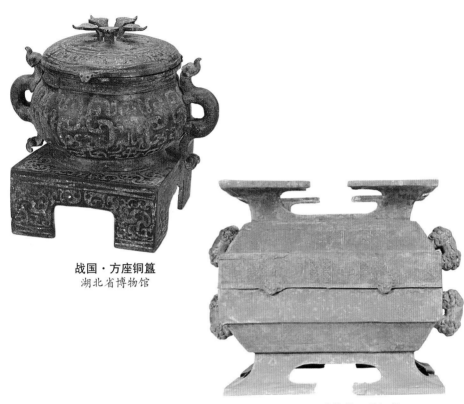

战国·方座铜簋
湖北省博物馆

战国·四叶菱花凤纹铜簠
湖北省博物馆

战国·镶嵌纹铜簠
湖北省博物馆

战国·蟠螭纹铜圆腹鼎
荆州博物馆

战国·提梁铜盉
荆州博物馆

清·带座双耳铜鬲炉
华中师范大学博物馆

陶器、瓷器、玉器

新石器时代·红陶盉
湖北省博物馆

新石器时代·陶盉
荆州博物馆

屈家岭遗址出土陶豆
京山市博物馆

屈家岭遗址出土双腹陶鼎
京山市博物馆

屈家岭遗址出土陶甗
京山市博物馆

夏·敛口翘流斜腹灰陶爵
荆州博物馆

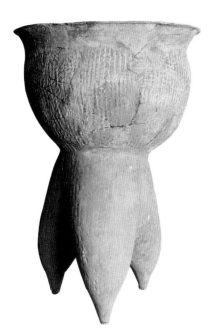

商·灰陶甗
武汉博物馆

商·长流斜口鼓腹锥足弦纹灰陶爵
荆州博物馆

西汉·彩绘陶鼎
新洲博物馆

西汉·彩绘陶钫
新洲博物馆

西汉·彩绘陶壶
新洲博物馆

东汉·灰陶猪圈厕
武汉市文物考古研究所

三国·青瓷猪及青瓷猪屋
武汉博物馆

三国·陶猪圈厕
武汉市文物考古研究所

三国（吴）·青瓷杵臼俑
武汉博物馆

三国（吴）·青瓷杵臼俑
江夏博物馆

三国（吴）·青瓷羊舍
江夏博物馆

三国（吴）·青瓷猪圈厕
武汉博物馆

西晋·青瓷井
武汉博物馆

东晋·青釉鸡首壶
江夏博物馆

隋·灰陶女厨俑及灶具
武汉博物馆

唐·灰陶厨房操作俑
湖北省博物馆

宋·花瓣沿盖漆盂
荆州博物馆

宋·湖泗窑瓜棱执壶
武汉博物馆

宋·青玉龙柄觥
武汉博物馆

明·陶釉祭品模型（面点）
武汉博物馆

明·陶釉祭品模型（鱼、鸡、豕头）
武汉博物馆

明·宣德青花缠枝莲纹菱花口盘
武汉博物馆

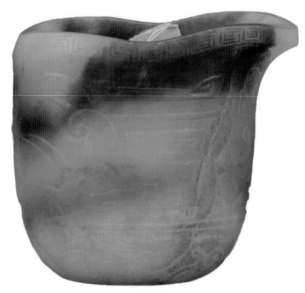

明·兽面纹玉觥
武汉博物馆

漆　器

楚·彩漆盖豆
湖北省博物馆

楚·彩漆兽首凤形勺
湖北省博物馆

楚·彩漆圆盒
湖北省博物馆

楚·漆扁壶
湖北省博物馆

楚·彩绘凤鸟纹方豆
老河口市博物馆

楚·彩绘凤鸟形双联漆杯
湖北省博物馆

楚·彩漆耳杯
湖北省博物馆

楚·彩漆酒具盒
湖北省博物馆

楚·漆制饮食器具
湖北省博物馆

楚·漆木俎
湖北省博物馆

楚·彩绘凤鸟纹漆盘
荆州博物馆

西汉·漆盂
湖北省博物馆

西汉·彩绘变形凤鸟纹漆盂
荆州博物馆

东周·雕刻彩绘鸳鸯漆豆
荆州博物馆

战国·彩绘浮雕凤鸟莲花漆豆
荆州博物馆

战国·彩绘浮雕龙凤纹漆豆
荆州博物馆

筷、金、稻、菜、招牌等

东周·三侧面施钻圆涡纹骨筷
长阳博物馆

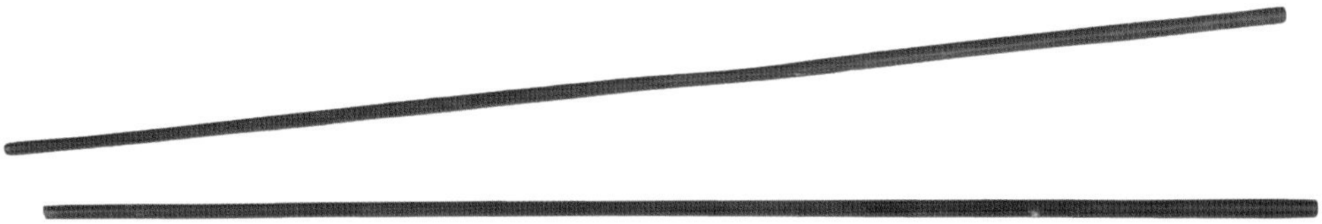

唐·铜筷子
黄石市博物馆

五代十国·竹筷子
武汉博物馆

明·锡筷子
武汉博物馆

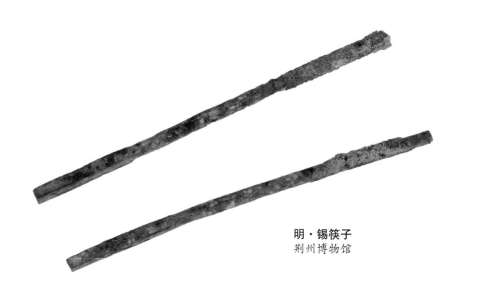

明·锡筷子
荆州博物馆

清·青玉筷子
武汉博物馆

战国·曾侯乙金盏、金勺
湖北省博物馆

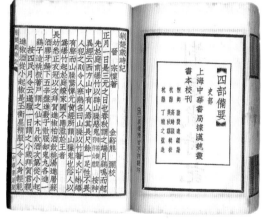

《荆楚岁时记》书影

屈家岭遗址出土整稻
荆州博物馆

西汉·稻谷
荆州博物馆

汉·五谷粒
蕲春县博物馆

毛主席与老通城员工合影

汉口里老大兴园门面

武汉户部巷热干面馆

汪玉霞汉口里店

汉口老牌西餐厅德明饭店

葱烧武昌鱼

黄州东坡肉

橘瓣鱼汆

清蒸武昌鱼

珍珠鲴鱼

恩施社饭

土家抬格子

长江鮰鱼宴

前　言

　　近几十年来，荆楚文化一直是中国区域文化研究中的一个热点，荆楚文化作为一门独立的区域文化学科，逐渐获得了学术界的首肯。那么，什么是荆楚文化呢？"荆"与"楚"是同物异名，它是一种柔韧性较好的木本植物，如成语"负荆请罪"中的"荆"指的就是这种木本植物。古代楚人的居住地生长着许多荆条，这种荆条当时也被称为"楚"。所以，后来湖北就多称荆，有时合称为荆楚。在探讨湖北历史文化时，"荆""楚"的概念是统一的。因此，可以认为，所谓荆楚文化，作为一种具有鲜明地域特色的文化形态，从断代的静态角度看，它主要是指以湖北地区为主体的古代荆楚历史文化；从发展的动态角度看，它不仅包括古代的历史文化，还包括从古到今乃至未来湖北地区所形成的具有地方特色的文化。如今人们通俗地讲，荆楚文化是指具有湖北地方特色的文化。因为古代的"荆楚"概念，其地域范围大致以今天的湖北省行政区划为主，故湖北人往往将本省称为"荆楚大地"。

　　围绕这一地域文化的研究，也取得了一定的成绩，但就荆楚的饮食文化而言，诸如荆楚地区秦汉至明清时期的饮食文化、荆楚与周边民族的饮食文化，例如巴楚饮食文化的交流融合等问题，目前的研究还显得不够，因为荆楚与巴土在"地域上的重合交叉，文化上的交流互补，民族间的联姻通婚，风俗习惯多有混同"。[①] 由此可见，探讨荆楚饮食生活文化，实质上就是从一个新角度来研究湖北文化史，这样也能对湖北文

[①]　杨行正. 宜昌地域文化：巴楚文化［J］. 宜昌社会科学，2008（5）.

化的历史价值及其未来方向有一个明晰的认识。

湖北饮食文化是伴随着楚文化的崛起而兴旺发达起来的。所以湖北省人民政府办公厅在 2018 年正式发文《关于推动楚菜创新发展的意见》（鄂政办发〔2018〕36 号）提出："将湖北菜简称统一规范为楚菜。楚文化是荆楚大地的根，楚菜是楚文化的重要组成部分和载体，要充分挖掘荆楚饮食文化，加强楚菜理论研究，探索建立楚菜理论体系，讲好楚菜故事，提升楚菜知名度，叫响楚菜品牌。"

湖北菜的制作，早在两千多年前的楚国时期就已达到相当的水平。《楚辞》中的《大招》与《招魂》中所列举的肴馔已证明了这一点。《楚辞·招魂》里记录了从主食到菜肴以及精美点心、酒水饮料等 20 多个品种楚地名食，从这一典籍中我们可以看出，当时楚国食物原料丰富，烹调方法及调味手段多变，它像一面镜子，生动地反映了当时荆楚地区的饮食风貌和特色，表现了先秦时期楚菜艺术的成就，也充分说明具有楚乡风味的菜肴在先秦时期已粗具雏形。

另外，从考古发现的资料上来看，特别是 1978 年湖北随州曾侯乙墓中出土的 100 多件饮食器具更是较好的例证。以曾侯乙墓为代表的这一时期楚墓中出土的饮食器具主要由铜、陶、金、漆木、竹五种材料制作而成。其中曾侯乙墓发现的一件炉盘，是迄今首次的考古发现。它由上盘下炉两部分组成，炉盘的腹部两侧各有提链。炉的口沿上立有 4 个兽蹄形足，出土时盘内有鱼骨（经鉴定为鲫鱼），盘内有木炭，炉底有烟炱痕迹，显然是煎烤食物的炊器。在众多的饮食器具中，炉盘是一种可烧、可煎、可炒的饮食器具，而在 2400 多年前就能运用煎、炒等烹调方法，这在各大菜系中是领先的，同时也充分证实了楚菜源远流长的历史。

秦汉以后，楚地饮食文化有了长足的发展，进入汉魏，枚乘《七发》记下了牛肉烧竹笋、狗肉羹盖石花菜、熊掌调芍药酱、鲤鱼片缀紫苏等荆楚佳肴，《淮南子》也盛赞楚人调味精于"甘酸之变"；这时还制成

"造饭少顷即熟"的诸葛行锅和光可鉴人的江陵朱墨漆器，反映了这一时期楚地饮食文化的进一步发展。不仅如此，楚人还在饮食疗法上有较大的进步。2018年，考古工作者在湖北荆州胡家草场西汉墓地出土的简牍中发现饮食医方文献，如有用"熬秣米糗"治疗婴儿肠痛的饮食疗法，等等。

降及唐宋，宋人廖莹中撰写的《江行杂录》中介绍过做菜"馨香脆美，济楚细腻"，工价高达百匹锦绢的江陵厨娘。五祖寺素菜也风靡一时，苏东坡（1037—1101）命名的黄州美食脍炙人口。晚唐诗人罗隐在《忆夏口》中吟唱道："汉阳渡口兰为舟，汉阳城下多酒楼。当年不得尽一醉，别梦有时还重游。"反映了武汉地区的饮食业在1000多年前也有了一定的规模。

到了明清两代，楚菜更趋成熟。在《食经》、《随园食单》、《闲情偶寄》和《清稗类钞》等著名食书中，搜集的楚菜精品就更多了。这时，不仅有楚菜代表菜品，更多名菜也应运而生，如"沔阳三蒸""江陵千张肉""黄陂烧三合""石首鱼肚""咸宁宝塔肉""武汉腊肉炒菜薹"，以及黄梅五祖寺著名的素菜"三春一汤"——煎春卷、烧春菇、烫春芽、白莲汤，如此等等。在鱼菜技艺上也有较大的创新，如钟祥的蟠龙菜，主料是鱼和肉，而成品却是鱼不见鱼、是肉不见肉；黄州的金包银、银包金，使鱼肉合烹，各自剁茸成馅，相互包裹，光洁似珠，落水不散，技艺之精湛可谓登峰造极。此外，黄云鹄的《粥谱》集古代粥方之大成，楚乡的蒸菜、煨汤和多料合烹技法见之于众多的食经，楚菜作为一个菜系已基本定型。

综上可见，湖北文化的源头主干是灿烂辉煌的楚文化，而湖北菜在楚国时期就已基本奠定了湖北菜菜品的传统与风格。秦汉以后，以楚国时期菜品为源头主干的湖北菜不断发展进步、融合创新，逐渐形成了具有鲜明地域特色的饮食传统，以及独具地域特色的饮食文化风貌和文化韵味。湖北菜既有中华食文化的共同特征，又有着不同于其他地区的食文化特点，表现出鲜明的地域特色和文化特征。同时，在湖北境内，湖北菜又进一步细分为若干区域板块特色饮食文化，如湖北中部的淡水鱼虾饮食文化、湖北西南的土家饮食文化、湖北西北的三国饮食文化及道教饮食文化、湖北东部的佛教饮食文化及东坡饮食文化等。数千年来，这些基本传统与风格薪火相传，一直延续至今。本书将沿着这个发展线索，对荆楚的饮食文化的来龙去脉做一个深入、全面的探讨。

目　　录

第一章　荆楚的地理环境与饮食文化

在中华大地上，不同的自然地理环境、民俗风情习惯孕育了不同特质、各具特色的地域文化，也就是说不同的地域文化与当地的自然地理环境有密切的关系。在人类文化创造的自然地理环境中，河流是人类各种文化发源的天然摇篮，世界著名的底格里斯河、幼发拉底河、尼罗河、恒河等，都和一些民族文化的产生、形成有着密切的关系。湖北处在长江中游地区，长江作为亚洲第一大河流，自西向东、横贯中国腹地11个省、市，全长6300余千米，流域面积达180万平方千米，自然条件千差万别，因而流域内各地的文化也是千姿百态，这些不同地域、不同特色的文化互相交流，互相融合，为光耀中华的饮食文化奠定了深厚的基础。对长江各个区域饮食文化进行比较研究，从中国饮食文化的同一性，找出荆楚饮食文化的独特性，这不仅对深入了解中国地域饮食文化有重要意义，而且对建构与创新未来荆楚饮食文化也有重要意义。

第一节　荆楚饮食文化产生的地理环境

湖北地处长江中游，土地肥沃，气候湿润，四季分明，湖泊众多，动植物品种十分丰富，是中国稻作农业重要的起源地之一。人们一提起湖北，总是将其与"鱼米之乡"的美誉联系起来，其实早在新石器时代晚期，湖北就已成为"鱼米之乡"。荆楚先民以稻米为主食，多用、善用鱼类等水产品的饮食文化传统在新石器时代就已经逐渐形成，这种传统一直绵延不断，如司马迁《史记·货殖列传》中称楚越之地"饭稻羹鱼"，班固《汉书·地理志》中亦谓江南"民食鱼稻"。如今，"鱼米之乡"更是成为湖北饮食文化的一个闪亮标签。可见，优越的地理环境是湖北饮食文化发展的基础。

一、地理环境是文化创造的自然基础

地理环境，一般包括自然地理环境与人文地理环境。自然地理环境主要指地形、地貌、气候、水文、植被等。人文地理环境主要指疆域、经济、民族、人口等。

地理环境与文化是怎样的关系呢？有些西方学者认为地理环境决定社会发展的差别和文化的异同，认为人类的体质和心理状态的形成、人口和种族的分布、经济和文化的发展进程都受地理环境支配。这种地理环境决定论在 20 世纪就受到批判，现在仍存在争议。中国学术界过去对地理环境决定论一般持否定态度，但高度重视地理环境对社会及其文化的影响，认为自然地理环境在某些阶段和某些局部地区有可能会发生巨大变化并影响社会及文化，但在一般情况下，它的发展变化和影响是缓慢的。人文地理环境的发展变化速度远比自然地理因素发展变化的速度要快。每一个社会都处在特定的地理环境之中，每一种文化的发生发展都受到一定的自然条件的制约。

地理环境为人类文化提供物质基础，人类只能在顺应自然规律的情况下创造文化。地理环境无时不在直接或间接地影响着文化。欲了解中国饮食文化，不能不了解中国的地理环境。只有把中国饮食文化放在历史的地理环境中考察，才能深刻准确地认识其发生发展的过程及特征。

中国作为一个幅员辽阔的泱泱大国，自古以来，不但社会经济的发展很不平衡，而且文化的发展也很不平衡，而经济的发展、文化的形成，又都受地理环境所制约，地理环境通过物质生产及技术系统等形式，深刻而长久地影响着人们的生活。例如，自然气候就影响着中国各地的民俗和人文，导致北方文化与南方文化有较大差异。气候方面，5000 年前的中国气候普遍比现在温暖湿润。黄河流域有大面积竹类，而现在的竹类大面积生长基本上不超过长江流域，有专家推测当时的黄河流域年平均温度比现在高 3～5℃。有关研究成果表明，年平均气温降低 1～2℃，实际上等于把纬度线南推了 200 多千米，这样，人们的生存条件无形中也发生了变化，住在寒冷地区的人也就会相应地向南移动，文化也会相应地变化。公元 100—600 年，东汉魏晋南北朝时期，北方大旱，匈奴分别西迁和南迁，因此出现"五胡乱华"，也导致了魏晋南北朝时期的文化大交流。公元 1050—1350 年，宋辽金元时期，蒙古高原寒冷，迫使少数民族向西向南发展。公元 1600—1850 年，明清之际，塞外酷寒，灾害频仍，蒙古人不断骚扰中原，满族乘中原内乱而进关，也出现了这一时期的满汉文化的交流与融合。

另外，中国的农业区在 10 世纪前后也有明显变化，由于气候转寒变干，加上战争和人为的植被破坏，水利失修，黄河流域的农业文明逐渐衰落。唐宋以后，经济重心南移，长江下游的农业在全国举足轻重。长江中游地区的农业在元明清时期有巨大进展，江汉平原成为全国粮仓之一。

因此，从一定意义上来说，地理环境是人类文化创造的自然基础，因此，我们在考察湖北饮食文化生成机制时，应首先从饮食文化赖以发生发展的地理背景的分析入手，进而探讨荆楚地域环境与饮食文化之间的联系。

据最近几十年来的考古发掘，在楚国境内的许多新石器时代遗址中，都普遍发现有稻谷遗存，无论湖南彭头山文化还是后来的湖北京山屈家岭文化，都是以种植水稻为主的，显示了这一地区的农业特点，这说明楚地已进入农业时代，表明农业是在气候等自然条件允许的范围内广泛发生的一种区域现象，由此可以看出我国最早的栽培水稻也是在洞庭湖、鄱阳湖一带，然后逐步向长江中下游流域及江淮平原扩展，从而初步形成了接近于现今水稻分布的格局。

考古发现与文献记载是一致的，在中国古代文献中，记载稻的种植与食用也主要是在长江流域，如《周礼·夏官·职方氏》中就认为荆州、扬州"其谷宜稻"①。荆、扬之地处于长江中下游地区，在春秋战国时期分属楚、吴、越，是著名的水乡泽国，司马迁《史记·货殖列传》叙述这里的饮食生活状况为"楚越之地，地广人稀，饭稻羹鱼，或火耕而水耨，果隋蠃蛤，不待贾而足，地势饶食，无饥馑之患"。班固《汉书·地理志》中也认为："楚有江汉川泽山林之饶，江南地广，或火耕水耨，民食鱼稻，以渔猎山伐为业，果蓏蠃蛤，食物常足。"可见，稻谷一直是楚国人民的主食，水产品与山货则是主要副食。

二、地理环境决定人们的饮食模式

一定地理环境下的农业创造与发展，决定着人们的饮食样式，特别是在物质生产较为发达的地区更为明显。人们饮食状况如何，首先和他们创造什么、生产什么有关。中华饮食文化的南北之别，正是植根于这种与地理环境有密切依存关系的经济生活的土壤之中。我国古代的荆楚地区，由于地理环境是川泽山林，因此不仅创造了水田耕种、稻谷栽培的农业生产方式，而且还创造了与此相适应、高度发达的米食文化类型，最终形成了重视农业、讲究饮食的生活传统。所以说，是得天独厚的长江，滋育了流域内楚地饮食文化的形成与发展。

考古发掘资料也一再证明，先秦时期，长江流域楚地人民的主粮是稻谷，黄河流域人民的主粮是黍、稷，中国饮食文化分成两大地域系统，早在公元前5000多年就已形成，并由此形成了南北迥异的饮食习俗和各自风格的饮食文化类型。春秋战国以后，在黄河流域，黍、稷的主食地位逐步让位给麦，而在长江流域，稻谷始终是人民的主食，在黄河流域却被列为珍品，孔子就曾用"食夫稻，衣夫锦，于女安乎？"② 来批评他的弟子宰我不守孝道及生活奢侈讲究。可见，食稻衣锦是当时黄河流域民众生活水平较高的象征。在长江流域的楚地，稻谷却是民间常食，并

---

① 李学勤. 周礼注疏［M］. 北京：北京大学出版社，1999：873.
② 杨伯峻. 论语译注·阳货［M］. 北京：中华书局，1980：188.

且稻谷作为人民的主粮，其地位数千年未变。这一事实说明，长江流域的稻作文化和黄河流域的粟作文化是长期共存的，中国饮食文明的大厦，是由各地域饮食文化共同构筑的，没有地域饮食文化作为基础，就没有光辉灿烂的中国饮食文化。因此，只有分地域深入考察各地饮食文化，才有可能避免中国饮食文化研究中以偏概全的流弊，进而对整个中国饮食文化的历史进行接近客观实际的总体概括。

由此可见，谷物的生产、消费与自然环境和人们生活方式有着千丝万缕的关联，这些关联值得我们深入关注。

第二节　荆楚与巴蜀、吴越饮食文化环境的比较

长江流域的饮食文化，因流域地理环境的不同而呈现出丰富多元状态。大体而言，长江流域可分为 3 个主要饮食文化区域，也就是长江上游的巴蜀饮食文化区、长江中游的荆楚饮食文化区、长江下游的吴越饮食文化区。对这些区域饮食文化进行比较，可以更清楚地认识荆楚饮食文化的发展与特色。

一、以巴蜀为代表的长江上游饮食文化区

长江从云、贵、川接合部的四川宜宾到湖北宜昌，俗称川江，这一流域处于青藏高原至长江中下游平原的过渡地带，也是西部牧业民族和东部农业民族交往融合的地方。它所流经的四川盆地，是我国较富庶的地区之一。盆地四周被海拔 1000～3000 米的高山和高原所环绕，在冬季能阻挡由北方来的冷空气，即使侵入盆地，也由于越过高山，减少了寒冷的程度，使盆地冬暖春早，成为我国冬季著名的暖中心区域，霜期在两个月左右，霜日一般不超过 25 天，全年无霜期一般在 250～300 天，盆地中最冷的 1 月，平均温度在 5℃以上。由于北方冷空气侵入较少的关系，春季升温快，春来早，较长江中下游要提前数十天。这种气温有利于各种农作物及蔬菜瓜果的滋生繁茂。正如川籍诗人苏轼《春菜》诗

云：“蔓菁宿根已生叶，韭芽戴土拳如蕨。烂蒸香荠白鱼肥，碎点青蒿凉饼滑。宿酒初消春睡起，细履幽畦掇芳辣。茵陈甘菊不负渠，绘缕堆盘纤手抹。北方苦寒今未已，雪底波棱如铁甲。岂如吾蜀富冬蔬，霜叶露芽寒更苗。久抛菘葛犹细事，苦笋江豚那忍说。明年投劾径须归，莫待齿摇并发脱。”①

四川盆地全年降雨量过 1000 毫米以上，而水分蒸发量在 600 毫米左右，蒸发量小于降水量，故境内径流丰富。另外，从总体上来看，古代巴蜀区域地形复杂，不可能有大面积的水旱灾害，山上旱，山下补，这种环境的多样性与多变性也促使巴蜀人民养成勤作巧思、善于因地制宜的精神风貌。四川盆地的这种温暖湿润的亚热带季风性气候，对农业生产的全面发展是十分有利的，这也就为川菜的烹制，提供了既广且多的原料。

四川盆地内的土壤条件也非常好，特别适宜农耕。肥沃的成都平原，常常是一片金黄色的世界，橙黄色的稻子、麦子，深黄色的油菜花、柑橘果，等等，让人眼花缭乱。四川盆地还盛产茶叶、桐油、竹木、药材，各种蔬菜四季常青，六畜兴旺，鱼类众多。所以，《后汉书·公孙述列传》云：“蜀地沃野千里，土壤膏腴，果实所生，无谷而饱。”《华阳国志》亦云：“蜀沃野千里，号为‘陆海’，旱则引水浸润，雨则杜塞水门，故记曰：水旱从人，不知饥馑，时无荒年，天下谓之‘天府’也。”② 以上所列巴蜀之地的气温、降水量、土壤、资源等，都是古代四川之所以能够成为“天府之国”的优越自然条件，这些无疑也是川菜发展的深厚基础和主要因素。

“尚滋味”，“好辛香”，③ 这是东晋时蜀人常璩对巴蜀饮食文化的高度概括。长江上游云、贵、川地区多为高山峡谷，日照时间短，空气湿

---

① 苏轼. 苏轼诗集［M］. 北京：中华书局，1992：789-790.
② 刘琳. 华阳国志·蜀志校注［M］. 成都：巴蜀书社，1984：202.
③ 刘琳. 华阳国志·蜀志校注［M］. 成都：巴蜀书社，1984：175.

度大，因此自古以来这里的人们就喜好辛香之物，即花椒、姜、薤之类带刺激性的调味品。胡椒、辣椒传入中国后，更受巴蜀人喜爱。今天四川人以喜吃辣椒闻名，多饮酒，食火锅，这些嗜好的形成与历史上巴蜀地区气候湿热有关。

长江上游地区是多民族居住的地方，而蜀作为长江上游区域的政治、经济、文化的中心，历来是长江上游各民族人民理想的聚居之地。在广汉三星堆商代遗址出土的铜人像、人头像、人面像中，可以观察到发式有西南盛行的辫、披发、椎结，又有东南流行的断发，中原常见的笄和冠，以及贯耳文身这一东南文化区的特征。面部特征既有长脸高鼻，也有扁脸阔鼻，反映这一地区民族系属十分复杂。此后历代中，特别是在明、清，更有所谓"湖广填四川"的大规模移民四川的运动。各地区、各民族的人民在巴蜀共同生活，既把他们的饮食习俗、烹饪技艺带到了巴蜀，也受到当地原有饮食传统的影响，互相交融，互相渗透，取长补短，形成了四川地区特有的菜肴风味。清人李调元曾将其父李化楠悉心收集的名菜名点和烹制方法，整理成《醒园录》，就是巴蜀饮食文化吸收各地饮食文化精华的证明。

川菜的形成与发展，还与巴蜀文化善于消化融合各地各民族文化有关。以汇纳百川的态度不断接受外地移民和外地文化，这是巴蜀文化的一大特点，因此，川籍学者袁庭栋指出："高水平的川酒、川菜、川戏都是外地文化传入四川之后才形成的，而这一事实可能是绝大多数川酒、川菜、川戏爱好者未有所料及的。"[①] 川菜也是在融合长江流域各地乃至中国饮食风味中发展起来的。如川菜中的名菜"狮子头"源于扬州"狮子头"，"八宝豆腐"源于清宫御膳，"蒜泥白肉"源于满族"白片肉"，山城"小汤圆"源于杭州"汤圆"，"烤米包子"源于鄂西土家族等。从历史上溯，当今不少川菜的烹饪原料、调料、菜点，都是吸收外地甚至外国之长而来的。原料中的胡瓜、胡麻、胡豆、菠菜、南瓜、莴苣、胡

---

① 袁庭栋. 巴蜀文化［M］. 沈阳：辽宁教育出版社，1991：59.

萝卜、茄子、番茄、圆葱、马铃薯、番薯、花生，调料中的胡葱、胡荽、胡椒、大蒜、辣椒，都是从外国引进，由"洋"货改为"土"货的。要是没有辣椒作为调味料，今天的川菜风味也就不是这样了。

二、以荆楚为代表的长江中游饮食文化区

长江穿越雄伟壮丽的三峡后，由东急转向南，就到了湖北宜昌，进入"极目楚天舒"的中游两湖平原，一直到江西鄱阳湖口，这便是长江中游区域，即洞庭湖平原和江汉平原。古人常说"两湖熟，天下足"，主要指的就是这两大平原。

长江湖北段西起巴东县鳊鱼溪，东至黄梅县小池口，流经恩施、宜昌、荆州、武汉、黄冈、鄂州、黄石七个市州，全长 1062 千米，占全部长江干流总长的 1/6 以上，比湖北以下湖南、江西、安徽、江苏、上海五个省市的江段加起来还要长。湖北段长江，既有上游也有下游。湖北宜昌以上，长江在群山中穿行，是长江上游段。出了湖北黄梅进入江西，长江一下变得宽阔，便是长江的下游了。长江流经 11 个省市，湖北往上走有 5 个，往下走也是 5 个，不偏不倚，正是居中，也就是长江之腰。

长江流域是一个在自然地理方面有着频繁的文化、物质交换，普遍存在先后相继的区域。在社会、经济、文化方面，由于长江的纽带作用，流域内的文化、物质、信息交换比其他区域要频繁得多，这些都是长江流域不同于其他区域所特有的性质，而长江中游在这方面的优势也更为明显。长江中游是古代楚文化的发祥地，它与长江上游的巴蜀文化和长江下游的吴越文化是近邻却异同互见，但又互相渗透、吸收，各自形成具有高度亲和力的文化圈。

楚文化作为一个大地域文化，其中又含有若干个基本的子文化，如江汉文化、湖湘文化、江淮文化，在这三个文化周边还有一些边缘文化。楚文化的地域中心在两湖，所以说，两湖文化是楚文化的核心。

长江流域的荆楚文化和黄河流域的中原文化，一南一北，在人类文明的早期，同时迅速地发展了人类的原始农业，楚文化的出现是长江流

域几千年原始文化发展的结晶。在此基础上生长起来的荆楚文化经过楚国时期的发扬光大，将它的光辉映照了整个中国。

楚文化的兴起，有其独特而优越的地理环境。位于长江中游的江汉平原，西有巫山、荆山耸峙，北有秦岭、桐柏、大别诸山屏障，东南围以幕阜山地，恰似一个马蹄形巨大盆地，唯有南面敞开，毗连洞庭平原。在这里，长江横贯平原腹部；汉江自秦岭而出，逶迤蜿蜒；源出于三面山地的 1000 多条大小河流，形成众水归一、汇入长江的向心状水系。千万年来，由于巨量泥沙的淤积，形成了肥沃的冲积平原。尤其是在古代，这里"地势饶食，无饥馑之患"①，"荆有云梦，犀兕麋鹿满之，江汉之鱼鳖鼋鼍为天下富"②。至今长江中下游各地，仍被誉为"鱼米之乡"。

优越的地理环境，使楚人可用较粗放的农耕渔猎方式就能获得美食，比中原人较少生存之忧和劳作之苦，心情性格自然开朗活泼，闲暇时间也相对要多一些。这样，也就有条件来发展、丰富自己的饮食生活。另外，由于楚人主食为稻米，稻米不如麦面可以制出许多花色品种，因此楚人便想法以多样的副食和菜肴品种来改善主食的单调状况。加之东周以来，楚国生产力获得了突飞猛进的发展，以此为基础，楚人的衣食住行也就在内容与形式两个向度上均得到尽善尽美的发展，特别是在饮食文化方面，达到了一个新的高峰，也最能代表当时的烹饪水平。《楚辞》对楚人的饮食结构及菜肴品种做过具体的记载，《楚辞·招魂》中说："室家遂宗，食多方些。稻粢穱麦，挐黄粱些。大苦咸酸，辛甘行些。肥牛之腱，臑若芳些。和酸若苦，陈吴羹些。腼鳖炮羔，有柘浆些。鹄酸臇凫，煎鸿鸧些。露鸡臛蠵，厉而不爽些。粔籹蜜饵，有餦餭些。瑶浆蜜勺，实羽觞些。挫糟冻饮，酎清凉些。华酌既陈，有琼浆些。"

在《楚辞·大招》中也列有一些美味菜肴，这就是："五谷六仞，设菰粱只。鼎臑盈望，和致芳只。内鸧鸽鹄，味豺羹只。魂乎归来，恣所

---

① 司马迁. 史记·货殖列传［M］. 北京：中华书局，1959：2473.
② 墨子·公输［M］. 北京：中华书局，2007：264.

尝只。鲜蠵甘鸡，和楚酪只。醢豚苦狗，脍苴莼只。吴酸蒿蒌，不沾薄只。魂兮归来，恣所择只。炙鸹蒸凫，煔鹑陈只。煎鰿臛雀，遽爽存只。魂兮归来，丽以先只。四酎并熟，不涩嗌只。清馨冻饮，不歠役只。吴醴白蘖，和楚沥只。"

《楚辞》虽然是一部文学作品，但它表现出的楚国饮食文化却是源于现实生活的。如果要了解这一时期楚国的烹饪技艺和菜肴品种，以上两段文字是不容忽视的，它的篇幅不长，但内容却相当丰富和完整，可以说是两份既有文学价值，又有荆楚特色的楚人食谱，显示出楚人精湛的烹饪技艺。这一食谱中诱人的美味，被称为当时的珍肴，《淮南子·齐俗训》中就有"荆吴芬馨，以唊其口"的赞语，反映了楚国已成为春秋列国的美食之乡。

在上面这些佳肴里，肉食就达 30 多种，除常见的六畜外，还有鳖、蠵（大龟）、鲤、鰿（鲫鱼）、凫（野鸭）、豺、鹌鹑、鹄（天鹅）、鸿（大雁）、鸧（黄鹂）等。在烹饪技艺上，楚人讲究用料选择，以楚地所产的新鲜水产、禽鸟、山珍野味为主，制作中又重视刀工和火候，富有变化，如"胹鳖炮羔"中"炮羔"的做法，就与西周"八珍"中的"炮豚"相似。这个菜要采用烤、炸、炖、煨等多种烹饪方法，工序竟达 10道之多。在调味上，楚人更为讲究，"大苦咸酸，辛甘行些"，就是说在烹调过程中把五味都适当地用上，开中国饮食五味调和之先河。《楚辞》在对膳羞的描述中都涉及了五味调和的问题，反映了楚国菜肴味道的丰富多样，堪称中国美味的源泉。

由于楚国夏季气候炎热，人们爱喝冷饮，所以《楚辞·招魂》中说："挫糟冻饮，酎清凉些"，"挫糟"就是去除酒滓，"冻饮"就是将冰块置于酒壶外，使之冷冻，这样饮用起来就清凉爽口。冻饮制作十分复杂，首先要有冷藏设施，即冰窖，类似于井。据考古发现，在楚都纪南城中部，有不少冰窖，其中有处十八眼窖井密集在一起。每到隆冬季节，就将冰藏之于内，到天热时，做冰镇美酒佳肴之用。[①] 当时有一种青铜器，称为"鉴"，类瓮，口较大，便是用来盛冰，以冷冻酒浆和菜肴，后人称为"冰鉴"，这在楚墓中较为多见。如 1978 年湖北随州曾侯乙墓就出土了两件冰（温）酒器，这也证实了《楚辞·招魂》中的记载。[②]

楚国饮食不但讲究色、香、味、形的美，而且还非常重视饮食器具的美。色、香、味、形、器是楚国饮食文化不可分割的 5 个方面。楚国最富特色的是漆制饮食器具，楚墓中出土的木雕漆食器有碗、盘、豆、杯、尊、壶、勺等，其形制之精巧，纹饰之优美，常令人惊叹不已。漆食器具有轻便、坚固、耐酸、耐热、防腐、外形可根据用途灵活变化、装饰可依审美要求变换花样等优点，所以，它逐渐在华夏各诸侯国的生活领域中取代了青铜食器。而楚国是当时产漆最多的地方，楚国漆食器最负盛名，无论数量还是质量，都堪称列国之冠，并大量输往各国，成为各诸侯国贵族使用和收藏的珍品。楚食与楚器相得益彰，这从一个侧面也反映出楚国饮食文化的发展水平。[③]

荆楚文化经过 2000 多年的发展，其内部又因地理环境以及政治、经济、文化的发展水平不一，又表现出若干差异性，形成了江汉文化和湖湘文化，这在饮食文化上的表现就是形成了两大菜系——湖北菜和湖南菜。这两大菜系，均为全国十大菜系之列，其风味有同有异。相同之处就是继承了楚人注重调味，擅长煨、蒸、烧、炒等烹调方法。不同之处在于湖南菜偏重酸辣，以辣为主，酸寓其中。湘人嗜酸喜辣，实际上也与地理环境有关，湖南多山区和卑湿之地，常食酸辣之物有祛湿、祛风、暖胃、健脾之功效。而且，由于古代交通不方便，海盐难于运达内地山区，人们不得不以酸辣之物来调味，因此，养成了人们偏爱酸辣的饮食习俗。湖北菜的调味则偏重咸鲜。湖北素称"千湖之省"，淡水鱼虾资源

①　陈祖全. 一九七九年纪南城古井发掘简报 [J]. 文物，1980（10）.
②　后德俊. 从冰（温）酒器看楚国用冰 [J]. 江汉考古，1983（1）.
③　后德俊. 漆源之乡话楚漆 [J]. 春秋，1985（5）.

丰富，而咸鲜口味的形成"可能与楚人爱吃鱼有关，因为鱼本身很鲜"①。又由于湖北有"九省通衢"的雅称，因而在饮食上的兼容性很强，湖北菜吸收了长江上游的巴蜀、长江下游的吴越乃至中原、粤桂各地饮食文化的精华，因而形成了以水产为本、蒸煨为主、雅俗共赏、南北皆宜，既有楚乡传统，又有时代特点的风味特色，体现了长江中游区域的饮食文明。江西位于长江中下游交接处的南岸，历史上有"吴头楚尾"之称，部分地区又曾属越，所以江西的饮食习俗具有吴、楚、越的特点。又由于江西在历史上曾是儒、佛、道三教的活动中心与合流之处，因而在饮食上也具有俗家饮食文化与佛道饮食文化相结合的特点，它创制出了许多养生药膳。

三、以吴越为代表的长江下游饮食文化区

在先秦时，长江下游地区，以太湖为界，北为吴国，南为越国。吴、越虽是两国，土著却是一族。吴越的地理环境、气候条件大体类似，历史上长江上游带来的大量泥沙，加上钱塘江北岸的部分沉积，使吴越的中心地区即太湖流域形成水网交错、土壤肥沃的冲积型平原，整个地区地势平坦，以平原和丘陵为主，东面临海，江湖密布，这种地理环境为稻谷生长提供了十分优越的条件。而且，当时太湖流域的气候条件也对稻作农业产生了良好的影响。竺可桢在《中国五千年来气候变迁的初步研究》一文中认为，远古时长江下游及杭州湾地区的气温要比现在高2℃，也就是说远古长江下流的气温接近现在的珠江流域。考古资料也印证了这一推论的正确，据考古人员对7000年前杭州湾北岸河姆渡出土的植物遗存中的孢粉分析，当时这里曾"生长着茂密的亚热带绿叶阔叶林，主要树种有樟树、枫香、栎、栲、青冈、山毛榉等，林下地被层发育较好，蕨类植物繁盛，有石松、卷柏、水龙骨、瓶尔小草，树上有缠绕着

---

① 方爱平. 楚俗研究 [M]. 武汉：湖北美术出版社，1995：186.

狭叶的海金沙"①。海金沙现在只分布于中国广东、中国台湾、马来西亚群岛、泰国、印度、缅甸等地，说明当时河姆渡一带的气候比现在更温暖。

从太湖流域新石器时代遗存出土的稻谷品种来看，当时只有籼稻、粳稻和过渡型稻三个稻谷品种，经过吴越先民不断改良，到明清时，江苏、浙江两省的稻种竟达 1000 多种。② 稻谷种类的增多，从主食上也就极大地丰富了吴越的饮食文化。一般而言，稻谷可分为粳、籼、糯三大类，粳米性软味香，可煮干饭、稀饭；籼米性硬而耐饥，适于做干饭；糯米黏糯芳香，常用来制作糕点或酿制酒醋，也可煮饭。在长江下游的饮食生活中，自古以来，糕点都占有十分重要的位置。在宋人周密的《武林旧事》中，就收录了南宋临安（杭州）市场上出售的"糖糕""蜜糕""糍糕""雪糕""花糕""乳糕""重阳糕"等近 20 个品种。③ 但如果论制作工艺之精，品种之多，味道之美，则以苏州为上。

吴越地区将以糯米及其屑粉制作的熟食称为小食，方为糕，圆为团，扁为饼，尖为粽。吴中乡间有句俗谚："面黄昏，粥半夜，南瓜当顿饿一夜。"晚餐若以面食为之，到黄昏就要挨饿，因此，吴人若偶以面食为晚餐，则必有小食点心补之，这就使得吴地糕点制作特别发达。早在唐代时，白居易、皮日休等人的诗中就屡屡提到苏州的"粽子""粔籹"。令人叹奇的是，一种名为"梅檀饵"的糕，它是用紫檀木之香水和米粉制作而成。宋人范成大《吴郡志》载，宋代苏州每一节日都会用糕点，如上元的糖团、重九的花糕之类。明清时，苏州的糕点品种更多，制作更为精巧，这在韩奕的《易牙遗意》、袁枚的《随园食单》、顾禄的《清嘉录》与《桐桥倚棹录》中都有不少记载。如今，苏州糕点已形成品种繁

---

① 浙江省博物馆自然组. 河姆渡遗址动植物遗存的鉴定研究［J］. 考古学报，1978（1）.

② 游修龄. 我国水稻品种资源的历史考证［J］. 农业考古，1986（2）.

③ 周密. 武林旧事［M］. 北京：中国商业出版社，1982：124.

多、造型美观、色彩雅丽、气味芳香、味道佳美等特点。

在苏州糕点中，最为人称道的是苏式船点。船点是由古代太湖中餐船沿袭而来的，它在制作工艺上受到吴门画派清和淡逸、典雅秀美的风格影响，无论是制作鸟兽虫鱼、花卉瓜果，还是山水风景、人物形象，均能做到色彩鲜艳，惟妙惟肖，栩栩如生。再包上玫瑰、薄荷、豆沙等馅心，更是鲜美可口，不仅给人以物质上的享受，还给人以精神上的美感，充分显示了吴地饮食具有高品位层次的特征。由此可以看出，源远流长的吴越稻作生产对人民饮食生活结构与习俗的巨大影响。

经过长时期的历史发展，吴与越的文化特征也各自显现出来，春秋战国时期，公元前473年，越灭吴，公元前333年，楚灭越，越文化由此逐渐向东南沿海地区流播，其海洋文化的特色更浓。而吴地则被楚文化所笼罩。东汉以后，东吴国家建立，这也就使吴文化在新的历史背景下找到了崛起和传承的契机。两晋南朝，具有新质的长江下游地区的吴文化迅速发展。唐宋时，中国经济的重心移往江南已成为不改之势。明清时，长江下游已成为全国最繁荣的地区，在这种历史背景下，古老的吴越饮食文化也因其地域不同而分成了淮扬、金陵、苏州、无锡、杭州等不同风味。这些不同地域的菜肴，虽有相通之处，但终究是自成一家，各具特色。

淮扬指江苏北部扬州、镇江、淮安等沿运河地区。但在古代，扬州却是个大区域概念，由淮及海是扬州，《尚书·禹贡》中的扬州还包括今苏南、皖南及浙、闽、赣大部分位置，隋代以后方定指今日之扬州，淮扬风味即发源于今之扬州等地。淮扬菜系为我国四大风味菜之一，又因其发源地在江苏，故有以江苏菜取代淮扬菜者。它与浙皖等风味合称下江（长江）菜，与浙江风味合称江浙菜，其风味大同小异。

淮扬菜的风味特点是清淡适口，主料突出，刀工精细，醇厚入味，制作的江鲜、鸡类都很著名，肉类菜肴名目之多，居各地方菜之首。点心小吃制作精巧，品种繁多，食物造型清新，瓜果雕刻尤为擅长。

苏州在长江以南，扬州在长江以北，一江之隔，两地菜肴的风味却不尽相同。因地理相近，为长江金三角之地，苏州菜与无锡、上海等地风味一致，其风味特色是口味略甜，现在则趋清鲜。菜肴配色和谐，造型绚丽多彩，时令菜应时迭出，烹制的水鲜、蔬菜尤有特色，苏州糕点为全国第一。

扬州与苏州，"一江之隔味不同"①，其原因在于扬州在地理上素为南北之要冲，因此在肴馔的口味上也就容易吸取北咸南甜的特点，逐渐形成自己"咸甜适中"的特色了。而苏州相对受北味影响较小，所以"趋甜"的特色也就保留下来了。

长江文化是一个以巴蜀文化、荆楚文化、吴越文化为主体，包含滇文化、黔文化、赣文化、闽文化、淮南文化等亚文化层次而构成的庞大文化体系。各地因地理环境、气候、物产不同，也形成了饮食文化的多样性。所谓"一方水土养一方人"，同在长江流域而分处上游的巴蜀饮食文化、中游的荆楚饮食文化、下游的吴越饮食文化，由于地理环境的不同，这些区域的饮食文化既有联系，也有区别，其风味也各具特色，这深刻说明复杂多变的地理形势和气候环境是中华饮食文化多样化发展的空间条件和自然基础。我们从这一角度出发来比较长江流域各区域的饮食文化，才能对荆楚饮食文化的独特性有一个全面、清晰的认识。

---

① 邱庞同. 烹调小品集［M］. 北京：中国展望出版社，1987：215.

第二章　先秦时期楚地的主食

楚地是世界上最早的栽培作物起源中心之一，自古以来，楚地的先民就驯化选育了品种繁多的谷类作物，为中国农业的发展做出了不可磨灭的贡献。早在先秦时期，楚国的先民就将稻谷作为其主食品种之一。考察楚地稻作农业的起源和发展，是弄清楚国人民饮食生活状况的一个重要方面。这里拟就楚地稻作农业起源及其在民众日常生活中的地位等问题，做一探讨，以此窥见楚地人民饮食生活中主食系统形成的过程。

第一节　稻　与　五　谷

《左传·襄公十四年》曰："我诸戎饮食、衣服，不与华同。"这说明华夏族在饮食上是有别于其他民族的，而这种区别在于华夏民族人民是以谷类作为主食的。

一、"五谷"与"百谷"

根据考古发掘和文献记载，先秦人民的主食是五谷。最早见于文献中的"五谷"之说是《论语·微子》里的一则故事：有一次，孔子带着弟子出门，子路掉队落在后面，碰到一个老头，用拐杖挑着除草用的工具，子路便上前问他看见孔子没有，这位老人却讥讽子路为"四体不勤，五谷不分"的人。说明在春秋时已有五谷的说法。其后《孟子·告子篇》也有："五谷者，种之美者也。"

在"五谷"说出现以前，还有"百谷"之说，《诗经·豳风·七月》有："其始播百谷。"《小雅·大田》和《周颂·噫嘻》都有："播厥百谷。"《小雅·信南山》有："生我百谷。"从百谷到五谷，是不是粮食作物的种类减少了呢？不是的，据晋代杨泉《物理论》中的解释，百谷是包括除谷物之外，还有蔬菜、果品等多种农作物。另外，先秦时的人们习惯把一种作物的几个不同品种一一起上一个专名，这样列举起来就多了。而且这里的百谷也并非实指，而言其多。张舜徽先生指出："古人举数以名谷，时愈早则所赅愈广。良以太古始事耕稼，未知谷类孰为美恶，故必广种遍播以验其高下。经历多时，别择乃精，所留之种由多而少，自百谷而九谷，而六谷，最后定为五谷。"① 这说明从百谷到五谷这些数字的迭减，不是偶然的，它是我国先民经过长期试种的结果，他们把那些对于人类最有益的谷物品种保留下来，逐渐淘汰一些质次的品种。农家世代相承，也就约定俗成了。所以，"五谷"这一名词的出现，标志着人们对谷类作物品种的优劣已经有了比较清楚的认识，同时也反映了当时的主要粮食作物有 5 种之多。

二、何为"五谷"

五谷究竟是指哪五种谷物，先秦的文献一般都没有确切的解释，倒是后世的经学家对此做了不同的解释。东汉的郑玄在《周礼·天官·疾医》的注中认为五谷为"麻、黍、稷、麦、豆"。持这种看法的还有卢辩、杨倞、颜师古等人②。然而郑玄在《周礼·夏官·职方氏》的注中又认为五谷为黍、稷、麦、菽、稻，持这种看法的还有赵岐和高诱等人③。这两种不同意见，分歧在于稻与麻上。但是，在中国古代社会中

① 张舜徽. 说文解字约注 ［M］. 武汉，华中师范大学出版社，2009：1725.
② 《大戴礼·天圆》："成五谷之名。"卢辩注："五谷，黍、稷、麻、麦、菽也。"《荀子·儒效篇》："序五种，君子不如农人。"杨倞注："五种，黍、稷、豆、麦、麻。"《汉书·食货志》："种谷必杂五种。"颜师古注："五种即五谷，谓黍、稷、麻、麦、豆也。"
③ 《孟子·滕文公上》："后稷教民稼穑，树艺五谷。"赵岐注："五谷，谓稻、黍、稷、麦、菽也。"《淮南子·修务训》："神农乃始教民播种五谷。"高诱注："菽、麦、黍、稷、稻也"。

稻的产量和作用，就全中国范围而言，终究较任何粮食都要丰富而广泛。所以持后一种看法认为五谷中加上稻是有其道理的。形成以上这种分歧的原因，早在明代宋应星《天工开物》中就指出：五谷中不举稻，是因为古书作者多半起自西北的缘故，生活在长江流域的较少。

我们知道，农业生产具有鲜明的地区性，经学家们由于所在的地区不同，接触到的谷物有别。当时的经济文化中心在北方，稻的种植主要在长江流域，黄河流域的栽培很有限，所以在解释五谷时，稻的分歧就出现了。加上后人解释前代事物，多少有些猜测成分，例如郑玄在解释五谷时，就持有两种说法。因此，我们不应拘泥于五谷之说，应该把五谷看成古代中国主要粮食作物的代名词，用之于一个地区，即指一个地区的主要粮食作物，用之于全国，则指全国范围内的主要粮食作物。把以上两种说法综合起来，并考之甲骨文和出土遗物，我们认为古代中国的谷物品种以黍、稷、稻、麦、菽这五种为主，而长江流域的楚地又以稻谷最为重要。

第二节　楚地稻作农业的起源

英国著名人类学家贝尔纳在《历史上的科学》中指出："约在 8000 年前，开始了食物生产革命，而这场革命改变了人类生存的整个物质状况和社会状况。这个革命虽不完全是，但主要是前章所讲的打猎经济危机的结果。此时人们所必须面对的一些困难，导致人们尽力去寻觅新种类食物。这种追求导致了农业技术的发明，而农业技术的发明正是与火的使用和原动力的使用并称为人类历史中三个最重大的发明。"[①] 中国当时正是贝尔纳所说的这场"食物生产革命"的起源地。考古材料亦证明，楚地是世界上发明农业最早的地区，它可以追溯到距今 1 万年前左右，即远在新石器时代的初期，就已经有了一定程度发展的农业。而且，中

---

① 贝尔纳. 历史上的科学 [M]. 北京：科学出版社，1981：50.

国先民的主体早在距今 8000 年左右便逐渐脱离以狩猎和采集经济为主要生活方式的阶段，进入种植和养殖经济为基本方式的农业社会。

一、仙人洞与玉蟾岩的稻谷遗迹

根据考古发掘的材料来看，当人类在陆地上开始活动的时候，出于人类自身的本性，都是选择最优良的自然环境作为生存条件的。楚国所处的长江中下游地区气候温暖湿润，雨量充沛，河流密布，土壤肥沃，是发展水稻的理想之地，所以，早在 1 万多年前，这里就产生了以稻作为特点的原始农业，并逐渐向四周延伸开去，可见，栽培稻谷在长江流域有着悠久的历史。能够使人清楚地认识这一点的是距今 1 万～5000 年间的长江流域新石器时代的遗址，即仙人洞文化遗址、玉蟾岩文化遗址、彭头山文化遗址、河姆渡文化遗址、罗家角文化遗址、马家浜文化遗址、崧泽文化遗址、良渚文化遗址和屈家岭文化遗址等，它们都是以出土了大量稻谷而著称于世的。

按照年代排列，近年在江西万年仙人洞遗址和湖南道县玉蟾岩遗址发现了迄今最早的稻谷遗迹。1995 年 9 月中旬至 11 月中旬，由北京大学考古学系、江西省考古研究所和美国安德沃考古基金会组成联合考古队，对江西万年仙人洞和吊桶环遗址进行了发掘。在这些考古学者当中，有一位年过八十的美国老人——马尼士博士，是享誉世界的考古专家，曾任美国总统科学顾问、美国科学院院士。他一生近 60 年时间都用在考古工作上。他曾在墨西哥进行农业考古发掘，发现了玉米进化过程中一系列标本，将人类栽培玉米的历史推到 1 万年前，这项成果受到墨西哥政府的嘉奖。20 世纪 90 年代中期，他又把稻谷寻根的目标定在中国，与北京大学考古系学者来到江西万年县大源镇仙人洞遗址作考古发掘。经过艰辛的努力，终于获得了令人振奋的结果：在距今 12000 年左右的人类文化层中发现了野生稻和栽培稻并存的水稻植硅石标本，其中栽培稻还保留野生稻、籼稻和粳稻的综合特征，这应是人类最早干预的栽培稻。这些珍贵的标本，证明人类在 1 万年前已开始种植水稻，原始稻作农业已经形成。在仙人洞文化堆积层中还出土了点播谷物用的重石器、收割谷穗用的蚌镰、加工研磨谷物用的石磨盘和石磨棒，这些农具都是稻作农业的佐证。《中国文物报》1996年1月28日在头版头条显著位置以《江西仙人洞和吊桶环发掘获重要进展》为题进行了报道，标题下的导语为："发现从旧石器时代末期至新石器时代过渡的地层及中国已知最早的陶片遗存之一，对探讨华南旧石器时代末期至新石器时代早期的考古学编年和稻作起源等有重大价值。"报道说："两处遗址的上层大约距今1.4万～0.9万年左右，无疑属于新石器时代早期，下层距今约1.5万～2万年，结合出土遗物观察，应属旧石器时代末期或中石器时代，这是在中国发现的从旧石器时代过渡的最清晰的地层关系的证据，在学术上具有重要意义。孢粉分析表明：上层禾本科植物陡然增加，花粉粒度较大，接近于水稻花粉的粒。植硅石分析上层有类似水稻的扇形体，从而为探索稻作农业的起源提供了重要线索。"

继江西万年仙人洞和吊桶环遗址发现水稻植硅石报道之后，《中国文物报》紧接着又在1996年3月3日头版头条显著位置以《玉蟾岩获水稻起源重要新物证》为题，对湖南道县玉蟾岩遗址发现的稻作遗迹进行了报道，文章说："去年（1995年）11月，湖南省文物考古研究所在道县玉蟾岩洞穴遗址发掘中再次发现水稻谷壳，进一步验证1993年该遗址出土的水稻谷壳，使水稻实物的发现提前到10000年前。""稻壳出土时，颜色呈灰黄色，共有两枚，其中一枚形状完整。此外，还筛出一枚1/4稻壳残片。在层位上它们晚于1993年该遗址出土的稻壳。1993年发掘的三个层位均有稻属的硅质体，进一步证明玉蟾岩存在水稻的事实。"

二、彭头山、八十垱所见稻谷

前面列举的两则考古发掘，均为稻谷的植硅石和硅质体，作为稻谷的实物，则以湖南澧县的彭头山和八十垱的遗址发掘最早。

1988年秋湖南省考古研究所在澧县大坪乡彭头山遗址中发现了这一稻谷遗址，是我国新石器时代重要文化遗址之一。遗址为一圆形台地，从发掘400平方米中，发现有居住址、墓葬、灰坑等，出土大量的陶质生活用具、石质工具、兽骨和炭化的骨壳。陶器多为夹炭陶，有少量泥质陶，胎质粗糙、松脆，有植物叶、稻壳之类的掺和物，采用直接捏制或用泥片贴塑；陶片断面可见到层理，呈页状剥落，火候不高，色不均匀，大多胎壁较厚，一般为 0.5～1 厘米；纹饰有拍印或刻划成错乱的粗绳纹、戳印指甲纹、刻画网格纹等。其器类主要为罐、钵、盘等，多为圆底或三足器。大口深腹罐和直腹钵，外表呈褐色，有火烧痕迹，疑为炊器。打造石器多为刮削器，以黑色燧石为主，磨制石器有斧、穿孔盘状器、杵、砺石等。从所填烧红土和陶片中掺和谷壳测试，为世界上已知最早的稻作农业资料，距今 8200～7800 年。初步观察那些稻谷壳，颗粒较大，形状也很接近于现代栽培稻。彭头山稻谷遗存不仅是中国，也是世界上已知最早的稻作农业资料。虽然目前尚无能力确定是否属于栽培稻，但从遗址出土的土块和陶器中夹有的大量稻谷壳现象，以及在 7000 年以前长江下游的河姆渡下层文化已有较发达的稻作农业等情况分析，可以将彭头山稻谷遗存视作中国 8000 年以前已存在稻作农业的标志，为确立长江中游地区在中国乃至世界稻作农业起源与发展中的历史地位奠定了基础。

1993—1997 年，湖南省考古研究所又在澧县八十垱遗址中发掘出大量稻谷遗存。八十垱遗址位于湖南省澧县梦溪镇五福村夹河北岸，面积约 3 万平方米。遗址文化堆积主要属彭头山文化时期，年代距今 8500～7500 年。据发掘者报告：八十垱遗址发掘过程中，已收集稻谷稻米近 1.5 万粒。它们不仅是世界上已发现的稻谷稻米中最早的之一，而且数量惊人，超过了国内各地收集数量的总和。更喜人的是，其保存状况非常好，有的出土时甚至新鲜如初，有的还可以看见近 1 厘米长的芒。据中国农业大学水稻专家初步观察研究，这些稻谷之间个体变异幅度大，群体面貌十分复杂，粒型长宽比在最大的与最小的之间有些差距近 3 倍。还有些稻粒外形虽接近现代的籼稻或接近现代的粳稻，但颖壳硅酸体形态却完全相反。这是世界上最早的、可用实物证明的稻作农业遗址，具有很高的历史价值、科学价值。该遗址中的稻作遗存，不仅向世人展示了远古水稻的原始形态，而且表明长江中游地区是世界最发达的原始稻作农业区。为了准确地反映和表达这里的古稻，既区别于现代的籼稻，又区别于现代的粳稻的群体特征和面貌，专家认为应将它们定名为“八十垱古稻”①。

三、屈家岭遗址中的稻谷

屈家岭遗址是我国长江中游地区发现最早、最具有代表性的大型石器时代聚落遗址。屈家岭文化因位于湖北京山屈家岭而得名，年代距今5300年左右，是长江中游第一个被命名的新石器时代文化。

屈家岭出土的杯、碗、鼎、锅等陶器

在屈家岭文化以前，长江中游的稻作农业已经有了一定程度的发展，并且在全国范围内居于领先地位，屈家岭文化的稻作农业就是在这样的基础上继续发展的。经过几千年的发展，屈家岭文化时期已大规模种植水稻，稻作农业生产进入成熟期，农耕技术在当时处于世界领先水平。主要表现在以下4个方面：一是出现了先进的栽培技术。在屈家岭文化的遗址中出土大量的炭化稻米和谷壳，经专家鉴定，其与今天栽培的粳稻相同，且属于比较大粒的粳型品种，反映了当时人们对栽培水稻品种的改良和稻作水平的提高。二是掌握了先进的田间管理技术。有学者通过对屈家岭文化时期的孝感叶家庙遗址浮选结果的研究，认为当时人们对于田间管理，特别是对于稻田杂草的整治已拥有相当的经验，从而在最大限度上保证了稻田的多产。三是出现了先进的灌溉技术。考古发现表明当时人们在低洼地区修筑高于稻田和河流的堤埂，沿堤设有许多闸门，旱则开闸引水灌溉，涝则关闭闸门，以避泛滥之灾。四是稻作农业已占据食物结构的主导地位。在之前的诸多史前文化中，虽然稻作农业出现很早，但是稻作农业在食

① 裴安平．澧县八十垱遗址出土大量珍贵文物［N］．北京：中国文物报．1998-02-8.

物结构中不占重要地位，采集和渔猎等仍是获取食物的主要手段。只有到了屈家岭文化时期，人们才真正进入以稻作农业为主体的原始农业社会，稻谷作为人们食物结构的主导地位从此确立。[①]

考古资料证实，屈家岭文化时期经济活动主要以农业生产为主。在1956年屈家岭遗址第一次发掘时，仅仅发掘800多平方米，就发现一块面积约500平方米烧土面，这一大片烧土是由泥土掺杂稻壳和作物的茎做成的。烧土中夹杂有很多稻壳，密结成层。经当时中国农科院院长丁颖教授鉴定，这些稻谷属于粳稻，并且是中国比较大粒的粳稻品种，与现在长江流域普遍栽种的水稻最为接近，这也反映了屈家岭文化中的稻作技术已经十分先进。

1996年春季，荆州博物馆发掘湖北荆州阴湘城古城址时，在相当多的屈家岭文化灰坑中发现了大量的炭化稻米和稻谷。城址内的这些灰坑，是当时人们生活的垃圾坑，在灰坑中发现这样多的被丢弃的稻谷和稻米，说明稻谷已是人们食物的主要来源。

稻作农业的兴起，导致人们长期定居，人口繁衍增快，并促进了各种经济与文化的发展，到屈家岭文化后期就出现了石家河、马家垸等大型的古城。

从屈家岭文化中后期古城的地理环境和城内布局来看，屈家岭文化时期的人们，在城址和聚落地点的选择上，更加注重对农业生产条件的考虑，他们在选择城址和新的聚落地点时，很大程度上是以它是否适于稻作农业生产为取舍条件，而发展稻作农业首先需要解决的是水源问题。屈家岭文化古城除本身用于防御的护城河外，附近都有古河流流过，如石家河古城就位于两条古河流之间，其东有东河，其西有西河。有的古城对城内的水系和水道已有总体规划，如将水门与护城河及附近的河湖沟通，如马家垸古城，就有一条古河流自西城垣外的东港河从西北角至东南角穿城而过。石家河古城东城垣有一较低洼的缺口，在当时应是水

---

① 林贤东. 屈家岭文化的"中国高度"解读［J］. 文物鉴定与鉴赏. 2018（2）.

门所在地，水门之东与古河流相通，水门之西与城内的低洼地相连。走马岭古城西南角的水门通过护城河与上津湖相通。阴湘城北部有一缺口，向外与余家湖和张家板河相通，向内与城内低洼地相通。古人对水系的利用，一方面是为了城内生活用水，另一方面还是为了便利于水稻田的灌溉、汇洪排涝，做到旱涝保收。①

四、稻谷起源的比较

关于中国乃至世界稻作农业的起源问题，过去主要流行以下几种说法：其一，起源于印度说；其二，起源于中国云贵高原说；其三，起源于中国华南说；其四，起源于中国长江中下游说。若以发现实物的年代证明，印度的稻谷，最早的样品为公元前 2200 年，比湖南澧县彭头山遗址晚了将近 4000 年。从近几年世界各地出土稻谷的情况来看，楚地的稻谷始终是最早的，下表反映了这一情况。

世界各地出土稻谷情况

出土地点	距今年代	相差年代
中国江西仙人洞	12000 年	
中国湖南玉蟾岩	12000 年	
中国湖南彭头山	9000～8000 年	3000 年
中国浙江河姆渡	7000 年	5000 年
中国浙江罗家角	7000 年	5000 年
泰国	6000 年	6000 年
中国湖北屈家岭	5300 年	6700 年
巴基斯坦	4500 年	7500 年
印度	4200 年	7800 年
越南	3500 年	8500 年
日本	2300 年	9700 年

前面说过，据最近几十年来的考古发掘，我国最早的栽培水稻出现

---

① 刘德银. 长江中游史前古城与稻作农业 [J]. 江汉考古，2004（3）.

在楚地洞庭湖和鄱阳湖一带，然后逐步向长江流域下游、江淮平原、黄河中下游扩展，从而初步地形成了很接近于现今水稻分布的格局。关于这一问题，向安强先生也曾有过详细考证，兹录如下："从地理位置来看，长江中游正好位于全国的核心位置，在我国史前南北文化的交流与传承过程中，成为极为重要的纽带。如长江中游地区（陕南汉水上游的梁山和湘北洞庭湖区等地）的旧石器，在文化特征上表现出了我国南北两大系的文化因素，反映了南北旧石器文化的交流和相互影响。汉水上游地区的李家村文化不仅对研究两大流域新石器文化的相互关系提供了重要资料，更表明了中原地区远古文化的发展不只与黄河流域而且与长江流域都有直接的联系。由于这里所处的地理位置特殊，在文化面貌上则显示出联结黄河与长江中游地区新石器早期文化的纽带作用。长江中游地区的彭头山文化、城背溪文化等，与中原磁山、裴李岗文化相比，亦有诸多共同因素。这些除了表明中国史前文化的统一性和人类思维及创造力发展的一般规律外，似乎也反映了南北各地的交往频繁和相互影响；也证明长江中游地区在人类早期文化的相互传承中，扮演了十分重要的角色。

就整个中国史前稻作文化圈而言，长江中游不仅正好位居中间，且稻作遗存的分布点多而密集，四周却逐渐少和稀，这绝非偶然现象。表明长江中游在我国稻作文化的起源与传播中，作用与意义不可低估。同时，长江中游史前文化自身发展所达到的高度，足以构成对周围史前文化发生强烈影响。湖南澧县彭头山文化、八十垱遗址发掘出我国最早的（距今 8000～7000 年前）环绕原始村落的壕沟和围墙（这一时期的村落壕沟在澧阳平原还有发现），以及数以万计的稻谷。澧县城头山古文化遗址则发掘出了目前我国最早的一座古城，始筑城时代为大溪文化早期，距今已有 6000 年；而且发现了被大溪城墙叠压着的距今 6500 年以前的、连半坡遗址也不能相比的大规模壕沟和水稻田。同时还发掘出大批距今六七千年前的珍贵文物，如制作精美的木桨和长约 3 米的木橹等。表明长江中游在当时已具有高度发达的原始文明，是中国文明的摇篮地之一。

如此辉煌的史前文化，必然会向四周扩散、辐射。[①]

由此可见，在新石器时代，黄河流域的新石器时代文化与长江流域的新石器文化，是互相影响、互相渗透的，只是在各个不同时期文化相互影响、相互渗透的程度不同而已。黄河流域的新石器时代文化对四周传播最广的是仰韶文化庙底沟类型；该文化类型分布的中心地区在豫西、晋南和关中地区，但其文化因素几乎遍及整个黄河流域，而其文化因素向南的扩展抵达长江中游的汉水流域。长江中游地区的新石器文化向外扩张范围最大的是晚期大溪文化和屈家岭文化。晚期大溪文化向北的扩展抵达豫西南地区，向东的扩展到达皖西的江淮地区。屈家岭文化向外扩展的范围则超过大溪文化，其文化因素向北的扩展则到豫中地区，向西北的传播进入陕东南地区。

综上所述，长江流域的楚地从旧石器时代早期起，就在中国古人类和古文化由南向北的流动和传播中起重要作用。新石器时代，长江流域和黄河流域的新石器时代文化，其经济、文化的发展水平大体相当；新石器时代晚期，荆楚地区的屈家岭文化、石家河文化和黄河流域的龙山文化一样，已孕育了许多农业因素，这些都说明，荆楚地区和中原地区一样，也是中国农业文明的发祥地。

第三节　楚地稻谷发展、传播及其地位

商周至春秋战国时期，在湖北黄陂盘龙城和袁李湾、江陵张家山、安陆晒书台等商代遗址，蕲春毛家咀、红安金盆、天门石家河、汉川乌龟山、汉阳纱帽山等西周文化遗址，以及江陵万城、黄陂双凤亭、随县均川熊家老湾、京山坪坝苏家垄等地的西周墓葬，都发现不少农业生产工具，以及一些粮食和加工工具等实物资料，说明楚地农业在不断发展。

---

① 向安强. 长江中游是中国稻作文化的发祥地［J］. 农业考古，1998（1）：219.

一、楚地稻谷发展与传播

考古发现与文献记载是一致的。在中国古代文献中记载稻的起源与种植也主要是在长江中下游。《周礼·夏官·职方氏》记载荆州、扬州："其谷宜稻。"荆扬之地处于长江中下游地区，在春秋战国时期分属楚、吴，是著名的水乡泽国。这一带历来都是我国水稻高产区，《左传·襄公二十五年》云，（楚）"芳掩书土田，度山林，鸠薮泽，辨京陵，表淳卤，数疆潦，规偃猪，町原防，牧隰皋，井衍沃"，楚国曾对原开垦和新开垦的土地进行过卓有成效的治理工作。对此，有学者研究："江陵纪南城遗址普遍存在一层浅灰色含腐殖质的文化层，厚薄结构均匀，可能是农田遗迹。楚国提拔修建期思陂有功的孙叔敖为令尹，十分重视水利排灌系统的建设。《汉书·沟洫志》：'于楚，西方则通渠汉川、云梦之际；东方则通沟江、淮之间。'考古发现纪南城内有四条古河道与城外护城河相通，并东接长湖，形成护城、排灌、交通的水利系统，与周围农田关系十分密切。纪南城内西南部的陈家台，发现了成层成堆的呈乌黑色的炭化稻米，为楚都的储米粮仓所在。"①

事实上，楚国非常重视农田灌溉，当时就采用陂灌与井灌技术。楚国的凿井技术、井灌技术已经相当发达，井的种类依井圈质料分，有陶井、木井、柳条井等，楚国农民已懂得运用秸秆汲水浇灌园圃。在楚国兴建的水利工程中，以期思陂与芍陂最为著名，其中期思陂是我国古代最早的大型水利工程，是将期思之水引入雩娄之野，这是一条主干渠，由楚庄王时期的孙叔敖主持兴建。期思陂的建成，为大面积发展水田作物提供了有利条件，使水稻的大量种植成为可能，楚庄王在期思陂建成后不久即破格重用了孙叔敖为令尹。自此以后，楚人推广了截引河水的工程技术。

此外，纪南城东南的凤凰山，在 167 号西汉早期墓的随葬品中有成

---

① 杨权喜. 长江文化论集：楚文化与长江流域的开发（第一辑）［M］. 武汉：湖北教育出版社，1995.

束的稻穗①，表明水稻在长江流域人们心目中的重要地位。正如《史记·货殖列传》叙述这里的饮食生活状况为："饭稻羹鱼。"

商周时期，稻谷的种植在黄河流域也逐步推广开来，距今 3000 多年的河南安阳殷墟遗存的甲骨文中，发现有卜丰年的"稻"字和稴（籼）、秔（粳）等不同稻种的原体字，以及关于稻谷生产丰歉的记录。另外在《诗经》中，也有不少关于水稻生产的描述，如《诗经·唐风·鸨羽》说："王事靡盬，不能蓺稻粱，父母何尝？"《诗经·豳风·七月》："十月获稻，为此春酒，以介眉寿。"《战国策·东周策》也记载说："东周欲为稻，西周不下水，东周患之。"这些记载说明，黄河流域的稻作文化已有一定程度的发展，但由于地理气候条件不如长江流域优越，所以种植也就不如长江流域普遍。

春秋时期，由于青铜工具的使用和水利事业的发展，以及楚人由山区向平原地区的转移，楚国的农业生产水平扶摇直上。刘玉堂先生对此有过详细的考证，他认为：从农业生产中获得的粮食不仅能满足楚王室和日益膨胀的政权机构的开支，满足日渐庞大的军队的给养，而且还有充足的储备。据《左传·文公十六年》记载，是年（公元前 611 年）"楚大饥"，位于楚西方的庸，及戎、麇、百濮、群蛮等乘机攻楚。楚伐庸，"自庐以往，振廪同食"。庐，楚邑，"振廪"，即打开粮仓；"同食"，即将粮食分发给军队和广大的庶民。适逢大饥之年，楚国的粮仓里还有充足的储蓄以供军需和民人食用，足见楚国粮食储备之丰，而这又只能是农业生产已达到较高水平的结果。

《史记·伍子胥列传》记楚国悬赏捉拿出逃的伍子胥说，"楚国之法，得伍胥者赐粟五万石，爵执珪"。同一件事，《吕氏春秋·异宝》则作"荆国之法，得伍员者，爵执圭，禄万担，金千镒"。无论是"五万石"也好，还是"万担"也好，都是一个不少的数目，楚国敢悬如此重赏，说明它有

---

① 凤凰山一六七号汉墓发掘整理小组. 江陵凤凰山一六七号汉墓发掘简报［J］. 文物，1976（10）：31-37.

充足的粮食作保证。又《淮南子·泰族训》记："阖闾伐楚，五战入郢，烧高府之粟。"此"高府"必是楚都的一个大型粮仓。而昭王返郢后能迅速安定人心，恢复生产，说明在楚国首都以外的其他城邑也有不同规模的粮仓，而民间也自储有余粮。否则，昭王返郢后就很难稳定政局，安定人心。春秋时期楚国府库充盈，受益于其农业生产的迅速发展。[①]

二、稻谷在楚地人民生活中的地位

一定生态环境下的农业创造和发展决定着人们生活方式的状况，特别是在物质文化不断进步的情况下更是这样。人们饮食状况如何，首先和他们创造什么、生产什么有关。我国古代荆楚地区的人民，由于生态环境主要是川泽山林，因此他们不仅创造了水田耕种、稻谷栽培和高度发达的饮食文化，也创造了村落、家族一类社会组织，以及相地观天一类宗教信仰，最终形成了重视农业、讲究饮食的生活传统。例如，在屈家岭文化遗址中出现了数量众多的红陶小陶杯，仅石家河古城遗址就出土了此类陶杯上百万件，其数量远远超过任何一种陶器。因其器形很小，不可能是饮水的器具，对此学术界普遍认为其是一种酒器。酒器的大量出现，意味着粮食的增多，说明屈家岭文化时期，人们除了将稻谷作为主食外，还将它用来作为酿酒原料。这一切均标志着粮食已有较多的剩余，同时也反映出当时人们掌握了较高的酿酒技术，酿酒业呈现兴盛的局面。酿酒业的兴盛，一方面为族群的生存繁衍提供了医疗保障，因为古"医"字从"酉"，"酉"同"酒"，酒为中医里的药王；另一方面为族群的宗教、乐舞、绘画等精神文化生活提供了催化剂。粮食有了剩余的，用来酿酒、饲养家畜。饲养的家畜有猪、狗、羊、鸡等。饲养家畜的增多，为居民们提供了更多的肉食来源。

由此可见，屈家岭文化时期，稻作农业生产已经相当发达，这为丰富荆楚地区人民的生活做出了巨大的贡献。荆楚地区后世成为中国著名

---

① 刘玉堂. 楚国农业的历史考察［J］. 农业考古，1994（3）.

的鱼米之乡，可谓源远流长。

考古发掘证明：先秦时期，我国黄河流域人民的主粮是黍、稷；荆楚地区人民的主粮是稻谷。食的文化分成两大系统，早在 5000 年前就已确立。秦汉以后，在黄河流域，黍、稷的主食地位逐步让位给麦；在荆楚地区稻米始终是人民的主食，在北方却被列为珍品。

在西周的青铜食器中，有一种专盛稻粱的簠，《周金文存》中记载的"曾伯簠"，它的铭文上写有"用盛稻粱"。《攈古录金文》中记载的"叔家父簠"，它的铭文上也写有"用成（盛）稻粱"。簠的出现表明，稻米已成为贵族宴席上的珍馔。文献记载也证实了这一点，《左传·僖公三十年》说："王使周公阅来聘，飨有昌歜、白黑、形盐。辞曰：'国君，文足昭也，武可畏也，则有备物之飨，以象其德；荐五味，羞嘉谷、盐虎形，以献其功，吾何以堪之。'"杜预注释为："白，熬稻；黑，熬黍。""嘉谷，熬稻黍也。"孔子也曾用"食夫稻，衣夫锦，于女安乎?"① 来批评他的弟子宰我不守孝道及生活奢侈讲究。可见，食稻衣锦是当时生活水平较高的象征。

稻谷在黄河流域受到这种优遇，反映了稻谷种植在黄河流域还不够普遍，仅是上层贵族享用的珍品。稻谷显得十分稀贵。正因为物以稀为贵，所以中原一带秦汉贵族墓葬中往往出土有盛稻的陶仓。但如果以此下结论，说中原一带在秦汉时期就大量生产稻子并普遍食用稻米，那就十分错误了。关中地区在西汉武帝前，以食粟为主，以后食麦才成主流。而在荆楚地区稻谷却是民间常食。江陵纪南城楚郢都内陈家台战国时代铸造作坊和遗址西部，发现五处被火烧过的稻米遗迹，最大的一处长约 3.5 米，宽为 1.5 米，厚 5～8 厘米。这些炭化稻米，应是当时手工业作坊工匠存放粮食的遗物。一个作坊，竟然分 5 处储存粮食，足以显示楚国稻谷之充裕。考古发现的汉代稻谷遗址有 22 处，其中楚吴地区就有 12 处；在交趾地区还出现了"夏冬二熟"的双季稻。② 虽然有学者认为

---

① 论语·阳货 ［M］. 北京：中华书局，1980：188.

② 杨孚. 异物志辑佚校注 ［M］. 广州：广东人民出版社，2010：14.

江南的某些地区如豫章郡是汉代全国水稻产量最多的地区的判断①，有夸大南方生产水平之说，但水稻生产在长江流域地区的稳步发展则是显而易见的事实。考古发现进一步证实了文献的记载。江陵凤凰山汉墓出土的简牍里有粱秫、粱米、白稻米、精米、稻糒米、稻粺米的记录，墓葬中出土有水稻。②　另外，在马王堆汉墓出土的农作物中，稻谷的数量也是最多的，品种十分齐全，包括籼、粳、粘、糯四大品种。出土的稻谷属栽培稻种，这充分反映了汉初的水稻栽培和品种选育已经达到相当高的水准。经鉴定"马01"～"马04"稻谷品种分别类似今湖南晚稻品种"红米冬粘"、华东粳稻、籼黑芒和粳型晚糯，说明汉代南方地区稻作类型丰富，籼、粳、粘以及长粒、中粒和短粒并存，而粳稻占据主导地位。③　直到汉末三国时期，长沙地区出产的稻米在全国依然很有名气，曹丕认为："江表惟闻长沙名，有好米。"④

在这样一种农业生产格局的前提下，稻米也相应成为楚地居民基本主食，这即是所说的"民食鱼稻"，并且以稻谷为主粮，这在荆楚地区几千年饮食史中始终未有改变。

而中原地区的情况则与此不同。由于这里自古以来就是"都国诸侯所聚会"，"建国各数百年岁"，因生齿日繁，以致造成"土地狭小民人众"，非努力农业生产不足以维持人民的生存。黄河流域又缺乏江南地区的山林沼泽，不可能以"渔猎山伐为业"。这就决定了必须以麦粟等旱作农业为人民饮食生活的主要来源，这是一种以粮为主的农业经济的基本结构，这也说明了楚地的稻作文化和黄河流域的粟作文化是长期并存的，中国文化的发源不是单一的。

---

① 许怀林. 汉代江西的农业 [J]. 农业考古，1987（2）.
② 纪南城凤凰山一六八号汉墓发掘整理组. 湖北江陵凤凰山一六八号汉墓发掘简报 [J]. 文物，1975（9）.
③ 湖南农学院. 长沙马王堆一号汉墓出土动植物标本的研究·农产品鉴定报告 [M]. 北京：文物出版社，1978：2.
④ 艺文类聚 [M]. 上海：上海古籍出版社，1965：1449.

第三章 先秦时期楚地的副食

稻米虽然飘香，却不能像麦面那样不断花样翻新，难免有些单调。为了改变这一"缺陷"，楚人想方设法种植蔬菜，猎捕动物，饲养牲畜，以多样的副食来改善主食的单调。楚地副食除了鱼肉外，还有蔬菜瓜果等。从远古起，蔬菜瓜果与水产经济就开始作为楚地先民生活中的副食来源，可以说楚地古代种植蔬菜，同谷物几乎具有同样悠久的历史。所以，《尔雅·释天》在解释"饥馑"二字时说："谷不熟为饥，蔬不熟为馑。"这里谷蔬同时并提，正好揭示了主食和副食之间的密切关系。

第一节 楚地主要蔬菜品种

考古资料证明，在距今 5000 多年的浙江吴兴钱山漾和杭州水田畈等处新石器时代文化遗址中，发现有蚕豆、两角菱、甜瓜子、毛桃核、酸枣核、葫芦等。这表明，我国长江流域在新石器时代也已有了初级园艺。而从考古发现的资料反映出楚地获取食用植物蔬果种类也非常丰富，在湖北江陵望山楚墓中出土的果实、果核、果皮及种子就有 10 余种之多。至于其他农副产品，如板栗、樱桃、梅、枣、柿、梨、柑橘、甜瓜子、南瓜子、生姜、小茴香、菱角、莲子、藕、荸荠等，在长沙、江陵、荆门、信阳等地楚墓都可见到这些品种的部分或者全部。例如，在湖北江陵望山 2 号楚墓出土的植物果实有南瓜子 3 粒；生姜 38 块；栗子 367颗；梅核 91 颗；樱桃核 81 颗。湖北江陵雨台山楚墓中出土的植物果实有菱数颗；莲子数粒。湖北荆门包山 2 号墓出土的植物果实有栗子数百颗；荸荠数百个；藕 12 节；菱百余颗；大枣数百颗；小枣数百颗；花椒数万粒，约 5 千克之多；梨核数十颗；柿核百余颗；生姜 30 多块等。[①]
在纪南城的发掘中，也发现了不少植物，如核桃、杏、李、瓜子、莲子、
菱角等。这些发现与资料表明，当时江汉地区和整个楚地的农业作物是
十分丰富的。

在商代甲骨文中，出现过"圃""囿"等字，可知在商代就有以蔬菜
瓜果为主要栽培对象的菜园了，园圃经营已与大田谷物经营存在着一定
的区别。西周以后，这种区别更为明显，蔬菜瓜果生产逐渐成为一种脱
离粮食生产而独立的专门职业，在春秋时期，"圃"与"农"已经成为分
立的两种专业了。到战国时，见于记载的，已有不少的人"为人灌园"。
可见当时园艺确与农耕分了家，园圃经营的专业性大大加强。这种分工
的产生和发展，是为着适应人类物质生活多方面的需要，是社会生产不
断进步的一种表现。从文献记载中可以看出，楚国园圃种植比较普遍而
且兴旺发达。《楚史梼杌·虞丘子》载：庄王"赐虞丘子菜地三百"。《庄
子·天地篇》云："子贡南游于楚，反于晋，过汉阴，见一丈人方将为圃
畦，凿隧而入井，抱瓮而出灌。"《韩诗外传》载云："楚有士曰申鸣，治
园以养父母，孝闻于楚。"这说明当时楚国已有人种植蔬菜，并且将种植
园圃作为职业，以供养家人。这也反映了楚国园圃业的规模及技术已经
十分成熟，收获亦当丰富，足以供给时人的消费。战国时期楚墓中的出
土实物有土瓜、茭白、芋、冬苋菜、芥、菘等，证实了当时蔬菜的种类
繁多。同时，楚地的气候及地理条件所决定，野生植物从种类到数量都
远远多于北方，这为野菜的采集与驯化种植，提供了可能。比较而言，
楚地副食构成中很大一部分为中原地区所没有，丰富的副食必然为楚地
的饮食习俗特色增添更多更广的内涵。

楚地的蔬菜，主要有葵、韭、蓊、荷、芹、薇等十多种，下面我们
对古代荆楚蔬菜的几个主要品种做一介绍。

---

① 林奇. 楚墓中出土的植物果实小议［J］. 江汉考古，1988（2）：63-65.

一、葵

葵，葵在古代被称为"百菜之主"①。它是人类在采集活动中较早从野生变栽培和直接采食营养体的蔬菜植物之一。

葵的种植遍及长江流域，巴地有"葵园"②，马王堆一号汉墓出土有葵的种子③。采葵时只采葵叶，所谓"采葵莫伤根，伤根葵不生"④。葵可以做羹，可以制作成腌菜，也可以晒干后食用。汉诗中有"采葵持作羹"之语⑤，《四民月令》说："九月，作葵菹，干葵。"⑥ 宋玉《讽赋》所说的"炊雕胡之饭，烹露葵之羹"，这里的羹也是菜羹的一种，露葵即冬葵。又名葵菜、冬寒菜、蕲菜。锦葵科锦葵属植物。种子肾形，暗黑色。夏初开淡红色小花。嫩梢、嫩叶可作蔬菜。茎叶皆入药。汉桓宽《盐铁论·散不足》："春鹅秋鸰，冬葵温韭。"晋张华《博物志》卷四："人食冬葵为狗所啮，疮不差或致死。"明李时珍《本草纲目·草五·葵》："六七月种者为秋葵，八九月种者为冬葵。""古人采葵必待露解，故曰露葵。今人呼为滑茅，育其性也。古者葵为五菜之主，今不复食之。"清吴其濬《植物名实图考·蔬一·冬葵》："冬葵，《本经》上品，为百菜之主，江西、湖南皆种之。"

在楚地古老的蔬菜品种中，唯有葵最脍炙人口，但是，由于葵菜的变异性比较狭窄，在历史的演变过程中竞争不过同一时期从十字花科植物的野油菜中发展起来的白菜，所以古葵自宋代以后，就逐渐脱离人们的餐桌，沦为野生，或作为药用了。现在鄂西、重庆等地区尚有葵菜，

---

① 罗愿. 尔雅翼［M］. 长春：吉林出版社，2005：56.
② 刘琳. 华阳国志校注·巴志［M］. 成都：巴蜀书社，1984.
③ 湖南农学院. 长沙马王堆一号汉墓出土动植物标本的研究［M］. 北京：文物出版社，1978：16.
④ 艺文类聚［M］. 上海：上海古籍出版社，1965：1417.
⑤ 乐府诗集［M］. 北京：中华书局，1979：365.
⑥ 石声汉. 四民月令校注［M］. 北京：中华书局，1965：66.

别名又为冬寒菜、滑肠菜。性味甘寒，具有清热、舒水、滑肠的功效。全株可入药，有利尿、催乳、润肠、通便的功效。食法是取其嫩叶作汤，但如超过嫩叶期，就不好吃了，作为蔬菜的意义不大。

二、菘

菘，即白菜，是十字花科芸薹属草本植物，芸薹属的栽培植物在中国蔬菜中占有极其重要地位。它们被利用的历史可能比其他粮食作物还要古远，因为它不需要等到结实，就可以作为食物来采集。

菘是我国古代的常见蔬菜之一，一年四季均有食用，宋代陆佃《埤雅》中说："菘性隆冬不凋，四时常见，有松之操，故其字会意。"

"菘"字出现大约在汉代以后，以前菘菜归为"蔚"类，大概在秦汉之际那种吃起来无滓而有回甜味的真正"菘菜"，才从"蔚菜"之中分化出来。关于菘在楚地种植的历史记录有数种，例如三国时期吴人张勃《吴录》记载：陆逊攻襄阳时，"雇人种豆菘"①。《三国志·吴书·陆逊传》中也有类似之语。南朝陶弘景《别录》中说："菜中有菘，最为常食。"《南齐书·周颙传》中有"春初早韭，秋末晚菘"的话。

现在菘的种类较多，但主要分为小白菜和大白菜，由于它们都原产于我国，所以国际上小白菜的学名叫 *Brassica chinensis*，大白菜的学名叫 *Brassica pekinensis*（即结球白菜），就是在芸薹属后边加上了中国和北京的字样。一般而言，大白菜主要产于北方，楚地种植的多为小白菜，当然，也有一定数量的大白菜。

在很长时期内，菘只产于楚地与江南，也就是长江中下游一带。苏恭《唐本草》说："菘菜不生北土，有人将子北种，初一年，半变为芜菁也，二年，菘种都绝。将芜菁子南种，亦二年都变。土地所宜如此。"这种现象也表明菘在江南、荆楚等地环境条件下形成的地方性的栽培类型。以后，由于栽培技术的改进，逐步形成各种适应不同风土条件的新品种，

① 李昉. 太平御览 [M]. 北京：中华书局，2000：4339.

原有的水土限制被突破了。宋以后，特别是明以后，白菜生产已遍及南北各地了。[①]

三、芥

芥，芥菜是我国特产的蔬菜之一，由于古代人民对芸薹属中某些植物甘辣风味的爱好，在经常采集野生种类的过程中，芥菜这种具有辛辣风味、滋味爽口的类别，就被选择并保留下来。

在先秦时期，人们食芥是重子而不重茎叶的，在湖南长沙马王堆一号汉墓中，就出土有外形完整的芥子[②]，《礼记·内则》中有："鱼脍芥酱。"郑玄注为："食鱼脍者，必以芥酱配之。"芥菜籽还具有"发汗散气"的功能[③]，所以我国古代有"菜重姜芥"的说法[④]，可见芥菜又可帮助人们驱除风邪，减少疾病。

芥菜在楚地种植十分广泛，经过长期培育，变种也很多，有利用根、茎、叶的不同品种，如叶用的有雪里蕻、大叶芥等；茎用的变种有榨菜；根用的变种有大头菜等，这都是劳动人民在改造植物习性上的成就。

四、芜 菁

芜菁，即葑，又名蔓菁。殷周以来，芜菁就已作为我国的重要菜蔬之一，它起源于一种具有辛辣味的野生芸薹属植物，其根与萝卜很相像。《诗经·采苓》中有："采葑采葑，首阳之东。"张舜徽《说文解字约注》指出："葑即芜菁也，亦名蔓菁也。蔓与芜，声之转耳。盖缓言之则为芜

---

① 叶静渊. 从杭州历史上的名产黄芽菜看我国白菜的起源、演化与发展 [C] //中国农业遗产研究室太湖农史组. 太湖地区农史论文集. 南京：中国农业遗产研究室，1985.

② 湖南农学院. 长沙马王堆一号汉墓出土植物标本的研究 [M]. 北京：文物出版社，1978：16.

③ 王安石. 字说 [M]. 福州：福建人民出版社，2005：78.

④ 李逸安. 三字经·百家姓·千字文·弟子规 [M]. 北京：中华书局，2009：137.

菁，急言之则为蔚矣。此乃芸薹之变种，今俗称大头莱，又此物之变种也。"芜菁的根在先秦时就已加工成腌菜，《周礼·醢人》中有"菁菹"。现在驰名中外的湖北襄阳腌大头莱，就是用芜菁制作的。

五、芹

芹，芹有水芹和旱芹之分，我国古代，芹主要指水芹，《诗经·泮水》中的"思乐泮水，薄采其芹"，就是指的水芹。芹菜原产于楚国蕲春一带，这里是明代著名医学家李时珍的故乡，因此，他在《本草纲目》中指出：芹"其性冷滑如葵，故《尔雅》谓之楚葵。《吕氏春秋》：'菜之美者，云梦之芹。'云梦，楚地也。楚有蕲州、蕲县，俱音淇"。罗愿《尔雅翼》云："蕲地多产芹，故字从芹，蕲亦音芹。"可知芹原产于湖北蕲州，即现在蕲春县，后才传播到各地的。

芹菜是一种味道鲜美的蔬菜，在先秦时期，还可作为祭品。《周礼·醢人》说："加豆之实，芹菹兔醢。"这也反映出芹菜的食法是多种多样的。古代人们不仅把芹菜作为食用，而且还了解到芹的药用价值，《神农本草经》中指出芹菜"止血养精，保血脉、益气，令人肥健嗜食"。这些看法已被现代医疗科学所证明。

六、莱　菔

莱菔，俗称萝卜，在楚国各地都有种植。李时珍《本草纲目》中说："莱菔上古谓之芦菔，中古转为莱菔，后世讹为萝卜，南人呼为萝菔（bó 博）。"萝卜是我国最古老的栽培作物之一，《诗经·谷风》中的"采葑采菲"，这里的菲即指萝卜。

七、莲　藕

莲藕，食用莲藕在楚地有悠久历史，如马王堆一号汉墓出土有藕的实物。莲的不同部位均有不同名称，《尔雅》说："荷，芙蕖，其茎'茄'，其叶'蕸'，其本'蔤'，其华'菡萏'，其实'莲'，其根'藕'，其中'的',的中'薏'。"

早在先秦时期,楚人就爱好食藕,《楚辞》中有不少对莲的描写,莲藕既可当水果吃,又可烹饪成佳肴,还可做粥饭和制成藕粉。

莲藕有栽培的,也有野生的,李时珍《本草纲目》中指出:"白花藕大而孔扁者,生食味甘,煮食不美;红花及野藕,生食味涩,煮蒸则佳矣。"可见楚人对于食藕是有一定研究的。在马王堆一号汉墓曾出土过一些蔬菜,蔬菜虽然全部炭化,但个别的形状仍隐约可见。最令人惊讶的是打开一号汉墓出土的云纹漆鼎时,竟发现里面

马王堆 1 号汉墓云纹漆鼎内残存的 "藕片"

盛有 2000 多年以前的汤,而且在汤的表面还漂浮着一层完整的藕片。但令人遗憾的是由于藕片内部纤维早已溶解,出土后与空气接触,再加上起取过程中不可避免的震荡,藕片迅速消失,全部溶解于水中了。地质工作者认为,这一现象说明 2000 多年来长沙地区没有发生过较大的、有破坏性的地震。

八、蕹　菜

蕹菜,又名空心菜,蕹菜系旋花科番薯属一年生或多年生草本。楚地是其原产地,主要含有胡萝卜素和维生素 C。江苏邗江出土有蕹菜籽实①。在东晋裴渊《广州记》曰:"蕹菜,生水中,可以为葅也。"② 嵇含《南方草木状》记述更为具体,说:"蕹菜叶如落葵而小,性冷味甘,南人编苇为筏作小孔,浮于水上,种子于水中,则如萍根浮水面。及长,茎叶皆出于苇筏孔子,随水上下。南方之奇蔬也。"由此可见,蕹菜也应

① 扬州市博物馆. 扬州西汉 "姜莫书" 木椁墓 [J]. 文物,1980 (12):23.
② 贾思勰. 齐民要术 [M]. 沈阳:沈阳出版社,1995:206.

属于水生蔬菜，如今楚地均有种植。

九、韭

韭，韭菜起源于我国，在我国各地栽培的历史可以上溯到远古，《夏小正》中记载："正月囿有韭。"韭菜是古代五菜之一，很受人们重视，先秦时曾作为祭品，《诗经·七月》中有："四之日其蚤，献羔祭韭。"《礼记·王制》中有："庶人春荐韭。"即指春日祭祀用韭。

楚人认为韭是对人体极有好处的食物，长沙马王堆汉墓出土的《十问》将韭说成是"百草之王"，"草千岁者唯韭"，它受到天地阴阳之气的熏染，胆怯者食之便勇气大增，视力模糊者食之会变得清晰，听力有问题者食之则听觉灵敏，春季食用可"苛疾不昌，筋骨益强"①。因此，与葵、芹等蔬菜一样，楚地韭的种植十分广泛。

韭菜四季常青，一生可剪数十次，终年供人食用，所以古人曾把韭菜和稻子相提并论，《尔雅》中说："稻曰嘉蔬，韭曰丰本，联而言之，岂古非重视欤！"韭菜属于时令性蔬菜，季节性强，对气温要求高，因此楚地种植韭菜比北方要广泛。

十、竹　笋

竹笋，为一种根茎类蔬菜烹饪原料。《尔雅·释草》云"笋，竹萌"，时人认为笋是美味蔬菜。荆楚各地都有，品种极其繁多，据宋代僧人赞宁《笋谱》所载，主要供食用的竹笋，按产地划分有旋味笋、钓丝竹笋、木竹笋、庐竹笋、对青竹笋、慈母山笋、锺龙竹笋、汉竹笋、邻竹笋、少室竹笋、新妇竹笋、茎竹笋、箽竹笋、鸡头竹笋、筒笋、服伤笋、狗竹笋、慈竹笋、棘竹笋、鸡胫竹笋、扁竹笋、篍竹笋、水竹笋、古散竹笋、萩芦竹笋、鹤膝竹笋、石笾竹笋等30余种。按品味，分为苦笋、淡

---

① 国家文物局古文献研究室. 马王堆汉墓帛书（肆）[M]. 北京：文物出版社，1995：106.

笋两种。按采获季节又可分为冬笋（腊笋）、春笋和夏初的笋鞭；其中品质以冬笋最佳，春笋次之，笋鞭最劣。楚地的人们普遍喜爱食笋。

十一、茭　白

茭白，别名菰菜、茭旬、菰手、茭瓜。盛产于楚地。陆游《邻人送菰菜》诗："张苍饮乳元难学，绮季餐芝未免饥。稻饭似珠菰似玉，老农此味有谁知？"① 可见，茭白主要产于长江中下游一带。

十二、莼　菜

莼菜，为水生类蔬菜烹饪原料，既有野生，也有人工栽培。盛产于楚地，如今恩施一带还广为培植。

十三、姜

姜，生姜是人们日常生活中不可缺少的调料，又是香料，也是药用植物资源，早在先秦时楚国各地都有种植，湖北江陵战国楚墓中曾出土过生姜，现藏湖北省博物馆内，马王堆一号汉墓也出土有姜片实物。②

我国古代把葱、薤、韭、蒜、兴蕖（阿魏）这五种带有刺激味的蔬菜称之为五辛，佛教徒按戒律不许吃五辛，认为五辛有浊气，唯独姜气清，不在戒食之列，深通饮食之道的孔子在《论语·乡党》中也说过："不撤姜食。"

姜在古代还被广泛用于治病除邪上，姜，《说文解字》释为"御湿之菜也"。王安石《字说》中也认为："姜能强御百邪，故谓之姜。"

姜的食法很多，《本草纲目》中指出："生啖熟食，醋酱糟盐，蜜煎调和，无不宜之，可果可蔬。"特别是在烹调和腌制肉时放一点姜，能除

---

① 陆游. 陆游集［M］. 北京：中华书局，1976：1828.
② 湖南农学院. 长沙马王堆一号汉墓出土动植物标本的研究［M］. 北京：文物出版社，1978：16-17.

去肉的腥膻，又可使菜味清香可口，《礼记·内则》中记载古代腌制牛肉时，要放一点"屑桂与姜，以洒诸上而盐之"。

我国产姜之地甚多，但以楚地的姜较为著名。先秦时有"和之美者，阳朴之姜"的说法[①]，阳朴在古代的蜀郡。后世如湖南茶陵东乡姜，湖北来凤凤头姜等等，都享有一时一地的盛誉。

以上蔬菜品种是楚地人民经过人工栽培和人工保护的几十种常食蔬菜，在古代文献中，还可以看到楚地一些蔬菜名称，如荻笋、棕笋、巢菜，各种野生菌、荠、马齿苋、藜、蒲、蕨、蒿、蓼、荼、苏等等，这些蔬菜，由于产量小，且多为野生，经济价值不高。

第二节 楚地瓜果品种考辨

如同蔬菜一样，荆楚地区的瓜果种类繁多，种植历史也很悠久。《诗经·七月》中说"六月食郁及薁"，"七月食瓜，八月断壶"。而在《周礼·场人》中明确指出：场人的职责是"掌国之场圃，而树之果蓏珍异之物"。可见，在先秦时期，人们已注意到种植瓜果。

原产于我国的瓜果种类很多，我们现在食用的一些基本瓜果，在古代文献中都能见到，如甜瓜、葫芦、柑橘、枇杷、龙眼、荔枝、桃、杏、李、枣、柿、梅、苹果，等等，其中绝大多数原产于长江流域和荆楚地区。我国的许多瓜果对世界各国瓜果生产的发展，起过重要作用。如西洋梨在国外火疫病特别严重，但原产我国的杜梨、沙梨对这种病具有很强的抵抗能力，因而传播于世界各地。在世界各国广为栽种的一些果树中，有不少是从中国引种过去的，如银杏、中国李、柑、橙、桃、枣、猕猴桃、荔枝、龙眼，等等，可见，我国栽培果树的种类和历史是世界上最多和最长的，中国是世界上最大的瓜果原产地。例如，在马王堆汉墓中就有大量瓜果的种子出土。其中时鲜水果就有近20多种。下面仅就

---

① 吕氏春秋·本味篇 [M]. 上海：学林出版社，1984：741.

楚地几种常食的瓜果品种，做一介绍。

一、甜　瓜

甜瓜，古代单言瓜者，一般指甜瓜，是当水果吃的。甜瓜又称甘瓜、果瓜。"甜瓜之味甜于诸瓜，故独得甘甜之称"。[①]

甜瓜是我国最古老的瓜种之一，在浙江钱山漾和杭州水田畈等新石器时代文化遗址中就已出现过甜瓜子，《诗经·生民》中的"麻麦幪幪，瓜瓞唪唪"，《夏小正》中的"五月乃瓜"，均指的是甜瓜，说明在先秦时期，长江下游地区就已栽培甜瓜了。1980 年，在湖南临澧县九里乡发掘的战国时期的楚墓中，也出土有甜瓜子。另外，1972 年在长沙马王堆汉墓的一具保存完好的女尸的食道中，还发现了 138 粒半甜瓜籽，籽粒外形完整，呈褐黄色，经鉴定，它和我们今天所栽培的甜瓜种子完全相同。[②] 这一发现说明，楚地栽培甜瓜也有悠久的历史。

甜瓜亦名香瓜，种类很多，王祯《农书》指出："瓜品甚多，不可枚举。以状得名，则有龙肝、虎掌、兔头、狸首、羊髓、蜜筒之称；以色得名，则有乌瓜、白团、黄瓤、白瓢、小青、大斑之别，然其味不出乎甘香而已。"[③]

甜瓜多为生吃，作膳用的很少。用作膳的是菜瓜，即如李时珍《本草纲目·菜部》所言："俗名稍瓜，南人呼为菜瓜。"明代王世懋所作的《瓜蔬疏》中认为："瓜之不堪生啖而堪酱食者曰菜瓜，以甜酱渍之，为蔬中佳味。"其实菜瓜也可生吃，只是滋味比甜瓜稍次而已。这些品种至今在楚国各地都广为种植。

---

① 李时珍. 本草纲目［M］. 北京：人民卫生出版社，1978：1879.

② 湖南农学院. 长沙马王堆一号汉墓出土动植物标本的研究［M］. 北京：文物出版社，1978：8.

③ 王祯. 农书［M］. 北京：中华书局，1956：65.

二、葫　芦

葫芦，先秦时期把葫芦称为瓠、匏壶、匏瓜等。葫芦是我国最古老的用于蔬菜的栽培植物之一，在不少新石器时代遗址中都发现过炭化葫芦遗物，距今 7000 年的浙江余姚河姆渡遗址出土的葫芦种子，是迄今最早的葫芦标本。稍晚的杭州水田畈新石器时代晚期遗址，也有葫芦的遗存。湖北江陵的大量楚墓中，如望山 1 号墓、望山 2 号墓、雨台山楚墓，以及河南信阳长台关发掘的楚墓里，都发现有葫芦籽。《楚辞·招魂》中也列有瓠等。

葫芦全身均可利用，匏叶小时可采嫩叶作为蔬食，所以《诗经·瓠叶》中有："幡幡瓠叶，采之烹之。君子有酒，酌言尝之。"到了成熟期，叶子老了有苦味，就吃果实，故又有"八月断壶"之说，瓠干硬的外壳还可作瓢杓和乐器。张舜徽先生在《说文解字约注》中指出："今湖湘间称细长者为护瓜，殆即瓠音之变。又称圆大而形若壶芦者为瓢瓜，谓其可中剖为二，用以作瓢也。许以匏训瓠，犹以瓢训瓠也。瓢、匏为古双声，浑言无别耳。若析言中，则未剖者为瓠，皆状其形之圆也。"[①]

葫芦至今在荆楚大地已广为种植，成为一种最普遍的蔬菜品种之一。

三、枣

枣，中国是枣的故乡，在湖北江陵楚墓和汉墓中，以及长沙马王堆汉墓中，都保存着较完整的枣干果。

翻开古代文献，在《诗经》《夏小正》《山海经》《尔雅》《广志》中都有种枣食枣的记载。枣是古代人们非常喜欢的果品之一，营养价值很高，几乎全身都是宝，李时珍《本草纲目》记载："大枣味甘无毒，主治心邪，安中养脾，平胃气，通九窍，助十二经，补少气，少经液、身中不足，大惊，四肢重，和百药，久服轻身延年。"枣不仅可生吃，还能调

---

① 张舜徽. 说文解字约注 ［M］. 武汉：华中师范大学出版社，2009：1765.

剂主食，代替粮食，又能加工成各种副食品。

农谚说："桃三杏四梨五年，枣树当年就还钱。"因为枣树耐旱，栽培容易成活，一般栽植两三年或者一两年就见果了，如果管理得好，百年以上的"老寿星"照样果实累累，可谓"一年栽树，百年受益"。

四、栗

栗，我国栽培栗的历史很早，在湖北江陵楚墓和长沙马王堆汉墓中都有栗果出土。湖北罗田县还有"板栗之乡"的美称。

栗自古以来就受到人们重视，被列为五果之一，所谓五果，据宋代罗愿《尔雅翼》说："五果之义，春之果莫先于梅，夏之果莫先于杏，季夏之果莫先于李，秋之果莫先于桃，冬之果莫先于栗。五时之首，寝庙必有荐，而此五果适于其时，故特取之。"

在古代，人们食栗的方法很多，可做成甜食，《礼记·内则》说："枣栗饴蜜以甘之"；还可以蒸食，《仪礼·聘礼》说："夫人使下大夫劳以二竹簋方，玄被纁里，有盖，其实枣蒸栗择，兼执之以进。"另外，还可炒食，这种方法后世尤为盛行，风味别具一格。

五、桃

桃，桃是我国最古老的栽培果树之一，在浙江余姚河姆渡、吴兴钱山漾、杭州水田畈、上海青浦县崧泽等新石器时代遗址中都先后发现过桃核。在湖北江陵的楚墓中，也出土过桃核。2006 年在江西省靖安县李洲坳东周古墓中也出土过桃核。说明楚地桃的种植十分普遍。《左传》《尔雅》《礼记》中都有关于桃的记载，《诗经》中"桃之夭夭，灼灼其华"的诗句，更为人所共知。[①] 此外，《诗经》还明确记载"园有桃，其实之肴"[②]。从考古和文献资料中都反映了我国在先秦时期就广泛地种植

① 程俊英. 诗经·周南·桃夭 [M]. 上海：上海古籍出版社，1985：11.
② 程俊英. 诗经·魏风·园有桃 [M]. 上海：上海古籍出版社，1985：187.

桃树了。

桃的种类很多，《本草纲目》中说："桃品甚多，易于栽种，且早结实。其花有红、紫、白，千叶，二色之殊。其实有红桃、绯桃、碧桃、缃桃、白桃、乌桃、金桃、银桃、胭脂桃，皆以色名者也；有绵桃、油桃、御桃、方桃、扁核桃，皆以形名者也；有五月早桃、十月冬桃、秋桃、霜桃，皆以时名者也。并可供食。"

中国桃在西汉初年由我国西北传入伊朗和印度，再由伊朗传到希腊，以后再传到欧洲各国，所以印度现在还把桃称为"秦地持来"。举凡生长桃树的国家以中国最古，现在国际上公认桃是我国原产。

六、李

李，李与桃在古代往往并提，因为它们同属蔷薇科，又同于春天开花，并且都属古代五果之列。如《诗经·抑》中有："投我以桃，报之以李。"可见桃李在先秦时，已为人们所并重。在湖北江陵凤凰山西汉墓葬中曾出土过李核，足证李树在楚国早已栽培成种。

李以品种多、产量高、口味独特，深受人们的欢迎。晋文学家傅玄在《李赋》中写道："或朱或黄，甘酸得适，美逾蜜房。浮彩点驳，赤者如丹。入口流溅，逸味难原。见之则心悦，含之则神安。"明代王象晋《群芳谱》亦云："李实有离核、合核、无核之异。小时青，熟则各色，有红有紫有黄有绿，又有外青内白、外青内红者。大者如杯如卵，小者如弹如樱，其味有甘酸苦涩之殊。性耐久，树可得三十年，虽枝枯，子亦不细。"

李的种类可达数百，在长江流域著名的李种有缥李、麦李、青皮李等。缥李在南北方都有种植，但长江中游的房陵（今湖北房县）缥李则为有代表性的良种。晋人傅玄《李赋》、潘岳《闲居赋》、王廙《洛都赋》等作品中，都把房陵缥李作为李子的代表提及，可见其在当时的知名度。

七、梅

梅，梅原产我国江南，栽培历史十分悠久，在湖北江陵楚墓中有梅核出土。《诗经·终南》记载："终南何有，有条有梅。"说明梅在先秦时就已在我国广泛栽种了。

最初人们种梅是食用梅果，后来才发展为一种观赏的珍贵花木。在商周时期，梅树果实广泛用于人们的饮食之中，作为一种调味品，《尚书·说命》中指出："若作和羹，尔惟盐梅。"可见梅与盐一样重要。

古往今来，不知有多少辞赋品题吟咏梅，毛泽东同志也作过《卜算子·咏梅》，"风雨送春归，飞雪迎春到。已是悬崖百丈冰，犹有花枝俏"。这是一首我国人民广为传诵的美丽诗章，说明了梅的特性和品质。

梅果可分为青梅（绿色）、白梅（青白色）、花梅（带红色）三种，除供调味和食用外，还可制作蜜饯和果酱。未熟的果经过加工就是乌梅。三国沈莹《临海异物志》谈到长江下游一带的杨梅，"其子大如丸子，正赤，五月熟，似梅，味甜酸"①。《南方草木状》也记述了杨梅的性状，并指出它"出江南、岭南山谷"。在马王堆汉墓中就曾出土过杨梅。杨梅出土时仍然呈紫红色，而且绒刺也非常清楚。曾有位考古工作者十分好奇地尝了一颗，发现味道是苦的，因为杨梅已经炭化了。今天杨梅主要产于江南地区，湖北、湖南地区种植也十分普遍。

八、奈

奈，奈是苹果的古代名称，是我国最重要的果树之一。湖北江陵楚墓中曾出土过奈核。关于奈的最早记载，出于西汉司马相如的《上林赋》中"亭、奈，厚朴"之句。古代的奈除指今天的苹果外，还包括花红、海棠果（红果）、林檎等品种。

长江中下游一带，林檎品种较多，据范成大《吴郡志》卷三十《土

---

① 缪启愉. 齐民要术校释［M］. 北京：农业出版社，1982：594.

物下》载："蜜林檎，实味极甘如蜜，虽未大熟，亦无酸味。本品中第一，行都尤贵之。他林檎虽硬大，且酣红，亦有酸味，乡人谓之平林檎，或曰花红林檎。皆在蜜林檎之下。"又曰："金林檎，以花为贵。此种绍兴间自南京得接头，至行都，禁中接成。其花丰腴艳美，百种皆在下风。始时折赐一枝，惟贵戚诸王家始得之。其后流传至吴中，吴之为圃畦者，自唐以来，则有接花之名。今所在园亭皆有此花，虽已多而其贵重自若。亦须至八九月始熟，是时已无夏果，人家亦以饤盘。"①

我国古代的苹果比较小，现在我国广泛栽培的大苹果，是近代从欧美等国引进的。

九、柑　橘

柑橘，柑橘在我国种植至少有 3000 年的历史，《尚书·禹贡》记载了当时长江流域古扬州栽种"包橘柚"以充赋税的情况。战国时楚国诗人屈原曾作《橘颂》，对橘树的高贵品质进行歌颂，借以自况坚贞。

我国柑橘主要产于南方，有橘、柑（甜橙）、柚三大类，我国古代柑橘往往并称，李时珍《本草纲目》对此做了区别，他说："橘实小其瓣味微酸，其皮薄而红，味辛而苦；柑大于橘，其瓣味甘，其皮稍厚而黄，味辛而甘。"

长江中游荆楚之地，自古就以盛产橘柚而驰名。《禹贡》荆州"包匦菁茅"，孔传认为"包"也是指橘柚。《山海经·中山经》载"荆山""纶山""铜山""葛山""贾超之山""洞庭之山"等均多"橘櫠（柚）"。《吕氏春秋·本味》："果之美者，……江浦之橘，云梦之柚，"② 都在楚地，故当时楚国的"橘柚之园"为各国所垂涎。《晏子春秋·内篇杂下》记载了晏子使楚，楚王用当地特产橘来招待他的故事。《楚辞》中有屈原著名

① 范成大. 吴郡志 [M]. 南京：江苏古籍出版社，1986：444.
② 吕氏春秋. 本味篇 [M]. 上海：学林出版社，1984：741.

的《橘颂》："后皇嘉树，橘徕服兮，受命不迁，生南国兮。"① 《史记》卷一二九《货殖列传》说"蜀汉及江陵千树橘"，收入可"与千户侯等"。表明从战国到秦汉，蜀楚柑橘生产的规模和收入是很可观的。在长沙马王堆西汉墓中，记载死者随葬品的竹简上有"橘一笥"字样，又发现了几个香橙种核，为楚地自古盛产柑橘类果树提供了物证。三国时期孙吴丹阳太守李衡非常赞赏太史公"江陵千树橘，当封君家"的话，"衡每欲治家，妻辄不听，后密遣客十人于武陵龙阳氾洲上作宅，种柑橘千株。……吴末，衡柑橘成，岁得绢数千匹，家道殷足"②。六七十年后，即东晋咸康年间，李衡所种的柑橘树还在。这一带的其他地区，如洞庭湖流域，也有一定规模的柑橘种植。隋唐时期荆湘成为柑橘重要产地，就是这一时期打下的基础。荆湘出产的宜都柑，为当时的著名品种。

与楚地相邻的巴蜀地区也是柑橘的传统产区，三国蜀及晋政府还设有专门的官员负责柑橘的生产和征收，称橘官或黄柑吏。据《华阳国志》记载，巴郡江州巴水北（今重庆津江一带）、鱼复（今重庆奉节）、朐忍（今重庆云阳、开县及万州等地直到湖北利川等地）都设有橘官，犍为南安县则有柑橘官社。西晋张华《博物志》记载："成都、广成、郫、繁、江源、临邛六县生金橙。"柑、橘、橙类水果，古代文献常常混称。至于巴蜀所产柑橘的品种，文献记载不多，《广志》中说成都有平蒂柑，"大如升，色苍黄"；又说"南安县出好黄柑"。

十、枇　杷

枇杷原产长江流域，最早种植的应是长江中上游一带。晋人郭义恭《广志》云："枇杷，冬花，实黄，大如鸡子，小者如杏，味甜酢。四月熟，出南安、犍为、宜都。"③ 宜都在今湖北省宜都县，属楚国故地。

---

① 洪兴祖. 楚辞补注 [M]. 北京：中华书局，1983：153.
② 陈寿. 三国志·吴书·孙休传 [M]. 北京：中华书局，1999：855.
③ 缪启愉. 齐民要术校释 [M]. 北京：农业出版社，1982：584.

"荆州风土记"说："宜都出大枇杷"。现在湖北西部（长阳、恩施一带）海拔 300 米到 1000 米地带以及在宜昌北部和南部高山悬崖处均有野生枇杷生长。楚国江陵至今还有"枇杷之乡"的美称。可见，长江中上游地区是枇杷的原产地，并沿长江向中下游传播，唐宋时，长江下游的江南地区已普遍种有枇杷。《梦粱录》卷十八《物产·果之品》曰："枇杷无核者名椒子。东坡诗云：'绿暗初迎夏，红残不及春。魏花非老伴，卢橘是乡人'。"梅尧臣《依韵和行之枇杷》诗："五月枇杷黄似橘，谁思荔枝同此时？嘉名已著《上林赋》，却恨红梅未有诗。"① 陈世守《绍兴壬申五月手植绿橘枇杷皆森然出屋，枇杷已著子，橘独十年不花，各赋一诗》之一："枇杷昔所嗜，不问甘与酸。黄泥裹余核，散掷篱落间。春风拆勾萌，朴樕如榛菅。一株独成长，苍然齐屋山。去年小试花，玲珑犯冰寒。化成黄金弹，同凳桃李盘……"当时荆州、杭州、苏州等地的枇杷都十分有名，至今也是如此。日本栽培的枇杷就是在唐代由江南地区引入的。

综上所述，可以看出，蔬菜瓜果在长江流域人民生活中占有不可缺少的地位，人们很早就懂得了"五谷为养，五果为助，五畜为益，为菜为充"的道理。② 它们之间是相辅相成的，正如李时珍《本草纲目》中所指出的："木实曰果，草实曰蓏。熟则可食，干则可脯。丰俭可以济时，疾苦可以备药，辅助粒食，以养民生。"在记载古代长江流域人民生活的文献中，有关"百姓饥饿，人相食，悉以果实为粮"，"皆以枣栗为粮"，"饥饿皆食枣"之类的记载不胜枚举，反映出蔬果作物在救灾度荒中所起的作用。

《管子·立政》篇中提出："瓜瓠荤菜百果不备具，国之贫也，瓜瓠荤菜百果备具，国之富也。"管子把蔬菜瓜果的发展状况作为衡量国家贫富的标准之一。《尔雅·释天》说过："蔬不熟为馑，果不熟为荒。"也认

① 朱东润. 梅尧臣集编年校注［M］. 上海：上海古籍出版社，1980：787.
② 南京中医学院医经教研组. 黄帝内经素问译释［M］. 上海：上海科学技术出版社，1959：199.

为蔬菜瓜果的丰歉是确定整个农业收成好坏的重要依据，可见其重要性。

第三节　楚地水产经济

俗话说："靠山食兽，近水食鱼"。从长江流域的新石器时代文化遗址的地理位置分布状况可以看出，当时人们的居址多坐落在傍近小河的丘陵或高地上，这就决定了当时人们的经济生活除以农业为主外，渔猎仍然是人们饮食生活的辅助手段。大体上而言，时代愈早，渔猎经济在人们的饮食业所占的比重愈大；时代愈晚，农业愈进步，渔猎经济在人们饮食中所占的比重就愈小。

长江中游的荆楚地区湖泊众多，渔业资源十分丰富。自从人类学会用火之后，鱼类便成为人类的主要食物来源之一。在楚地一些新石器时代文化遗址中，鱼和龟鳖类遗骨数量很多，淡水鱼骨随处散见，滨海河口的鲻鱼骨也不少，说明早在新石器时代长江流域的先民就普遍地在食用鱼类。在一些新石器时代的文化遗址中，还发现了多种原始捕鱼工具，有带倒刺的鱼骨镖头、骨制钓鱼钩、木浮标、鱼叉等，说明这一时期人们的生活是"以佃以渔"。据《竹书纪年》记载，夏王后荒曾"东狩于海，获大鱼，"可见海洋渔业在上古时代也开始兴起了。

荆楚地区淡水鱼类的品种极为丰富，据文献记载主要有鲫、鳜、鲤、鲈、白鱼、青鱼、鳢、鲋、鲢、鳟、鲩（草鱼）、鲦、鳝、鲥、鳅、鲔、鳗、鳊、鳇、鲂、鲇、鲷、鳙、蚌、龟、鳖、蚬、蛤、螺等数十种。"在随县曾侯乙墓里，除发现一些动物遗骸外，还在一件铜炙炉（简报中称为"炒炉"）的上层盘内装有一条鱼的完整鱼骨，下层盘内放置木炭，鱼骨经有关部门鉴定为白鲢鱼，也有专家认为是鲫鱼。"[①]

古代楚人偏爱食鱼，东汉应劭《风俗通义》说："吴楚之人，嗜鱼盐，不重禽兽之肉。"杜甫《岁晏行》也说："楚人重鱼不重鸟，汝休枉

[①]　陈振裕. 湖北农业考古概述［J］. 农业考古，1983（1）：91-101.

杀南飞鸿。"在这众多的淡水鱼类中，楚人经常食用的有以下几种。

一、鲥　鱼

鲥鱼是我国的名贵鱼种之一，它在咸水、淡水中都能生长，为南方水产中的珍品。与刀鱼、河豚并称为"长江三鲜"。每当桃花盛开的时候，鲥鱼便成群结队地从海洋游回陆地的淡水江河，溯江而上繁衍后代，不辞千辛万苦地将生命延续，然后，再返回大海。如此周而复始地年年不误，故称"鲥鱼"。鲥鱼是一种肉味极其鲜美的名贵鱼类，吴自牧《梦粱录》卷十八《物产·虫鱼之品》曰："鲥，六和塔江边生，极鲜腴而肥，江北者味差减。"梅尧臣《鲥鱼》诗曰："四月鲥鱼逴浪花，渔舟出没浪为家。甘肥不入罟师口，一把铜钱趁桨牙。"[①]相传古时楚国有个精明能干的婆婆特地买回一条鲥鱼，吩咐新媳妇去烧成菜。新媳妇也想一显身手，讨得婆婆的欢心。她连忙操起刀来，三下五除二将鲥鱼的鱼鳞全部刮掉。由于古时的媳妇在家中没有地位，处处要察言观色，她见婆婆非常不悦，便悟出是自己做得不对了。于是，她连忙将鱼鳞收拾起来，并用丝线穿起放在鱼肉上面，然后把鱼放在笼屉上用大火蒸。鱼蒸熟后，因鳞下肥油慢慢渗入鱼体，使鱼更加鲜美可口，公婆见了这才十分高兴，并告诉儿媳，为何吃鲥鱼不去鳞的道理，因为鲥鱼那鲜美的味道都在细小的鱼鳞上，烹制时如将鱼鳞刮去，鱼肉的味道就连普通的鱼都不如了，所以一般不去鳞。从此，这位新媳妇独创的清蒸鲥鱼也就名扬天下了。

二、鳜　鱼

鳜鱼，古称水底羊、鳜豚、水豚，又称桂鱼、石桂鱼、季花鱼、老虎鱼。1972年，湖南省考古工作者在长沙马王堆一号汉墓的随葬动物中，发现了鳜鱼骨骼，说明楚地已经食用鳜鱼。鳜鱼分布于楚地的江河湖泊中。肉质洁白细嫩，为楚国著名水产品。李时珍《本草纲目·鳜鱼》

---

①　朱东润. 梅尧臣集编年校注［M］. 上海：上海古籍出版社，1980：790.

云："小者味佳，至三五斤者不美。"

三、鲤　　鱼

鲤，自古以来，鲤为名贵鱼类，《诗经·衡门》中有"岂其食用，必河之鲤"。黄河的鲤鱼味道鲜美，北魏杨炫之《洛阳伽蓝记》有"洛鲤伊鲂，美如牛羊"的赞语，鲤鱼是人们最主要的食用鱼。实际上在楚国各地，鲤鱼也是最常见的食用淡水鱼，1973年在湖南省长沙市子弹库一号墓出土的楚国《人物御龙帛画》，长37.5厘米，宽28厘米。正中画一男子，侧立面左，高冠博袍，腰佩长剑，立于巨龙之背。龙昂首卷尾，宛如龙舟。龙左腹下画有一条鲤鱼，龙尾画有一立鸟（似鹤），表现了鲤鱼已进入了楚人的艺术领域。

四、鳣

鳣，《说文解字》及一些注释家认为是鲤鱼，是错误的。郭璞《尔雅注》指出："鳣，大鱼，似鲟而短鼻，口在颌下，体有邪行甲，无鳞，肉黄，大者二、三丈，今江东呼为黄鱼。"张舜徽指出："鳣之不同于鲤者，以体形特长为异耳。长鱼谓之鳣，犹长木谓之梴也。"[①] 实际上，鳣即今长江中之中华鲟，中华鲟作为食用鱼类，是有悠久历史的。中华鲟生命周期较长，最长寿命可达40龄。现在是中国一级重点保护野生动物，也是活化石，有"水中大熊猫"之称。虽然现在中华鲟已成为濒危物种，但在长江流域的楚地范围内，还有时可以看到。

1982年，湖北的水产科研单位对中华鲟进行人工繁殖试验，获得成功，并得到较大规模人工养殖。人工养殖子二代的中华鲟，按规定办理相关经营许可证后可以销售，从而使这一美味端上了百姓餐桌。

鲟鱼全身都是宝，鱼鳍可制成"鱼翅"，是盛宴上的高贵食品；鱼鳔可干制成别具风味的"鱼肚"；骨骼可制作"鱼粉"；鳔和脊索还可制鱼

---

① 张舜徽. 说文解字约注 [M]. 武汉：华中师范大学出版社，2009：2850.

胶。特别是鲟鱼籽，含脂肪和蛋白质极丰富，是驰名中外的珍贵佳肴。

中华鲟的肉及籽还是高级补品和珍贵药材，具有一定的食补和食疗价值。鲟鱼入馔，自古以来食法多样，无论用于烧、炒、煨、蒸、熘，或作脍、凉拌等，都可制出各种脍炙人口的美味佳肴。清代饮食专著《调鼎集》中，就收录有"脍鲟鱼""炒鲟鱼""烧鲟鱼""炖鲟鱼"等菜品10多款，均为上等宴席肴馔。

五、鲔

鲔，商周时期以鲔为上品，多用于祭祖。《大戴礼记·夏小正》说："二月祭鲔，……鲔之至有时，美物也。"《周礼》："渔人，春献王鲔。"《礼记·月令》说："季春，荐鲔于寝庙。"鲔是何物呢？郭璞《尔雅注》指出："鲔，鳣属也。大者名王鲔，小者名鮛鲔"。李时珍《本草纲目》也说："鲔，其状如鳣，腹下色白。"鲔即白鲟，体长一般为2～3米，体重10～30千克，白鲟为半溯河洄游性鱼类。栖息于长江干流的中下层，偶亦进入沿江大型湖泊中，大的个体多栖息于干流的深水河槽，善于游泳，常游弋于长江各江段广阔的水层中；幼鱼则常到支流、港道，甚至长江口的半咸水区觅食，现在主要生活在长江中下游地区，所以白鲟在楚地江段较为多见。

六、鲂

鲂，《诗经》中多次提到鲂，郭璞《尔雅注》指出："江东呼鲂鱼为鳊"。据《本草纲目》记载："鲂鱼处处有之，汉沔尤多。"[1] 苏轼《鳊鱼》诗："晓日照江水，游鱼似玉瓶。谁言解缩项，贪饵每遭烹。杜老当年意，临流忆孟生。吾今又悲子，辍箸涕纵横。"[2] 周密《癸辛杂识》后集《桐蕈鳆鱼》载："贾师宪当柄日，尤喜苕溪之鳊鱼。"鳊与鲂亦双声

---

① 李时珍. 本草纲目·鳞四·鲂鱼［M］. 北京：人民卫生出版社，1978：1879.
② 苏轼. 苏轼诗集［M］. 北京：中华书局，1982：78.

一语之转，鳊鱼头小，缩项，穹脊阔腹，扁身细鳞，大者长2尺，腹内有肪，鲂类中的团头鲂，即今日脍炙人口的"武昌鱼"，以肉质细嫩肥美著称于世。武昌一带所产者为最佳。

三国以来，不少历史文献中以为武昌鱼是泛指武昌出产的鱼。但近几十年来经过科学鉴定，确认梁子湖中的团头鲂才是名副其实的武昌鱼。梁子湖烟波浩渺，湖水清澈，鱼类资源十分丰富，樊口是梁子湖通向长江的出口，这里的鳊鱼最负盛名。清代光绪《武昌县志》记载："鳊鱼产樊口者甲天下，是处水势回旋，深潭无底。渔人置罾捕得之，止此一罾味肥美，余亦较胜别地。"

20世纪50年代初，我国鱼类学专家、华中农学院教授易伯鲁等通过对梁子湖所产鳊鱼进行观察、鉴别，发现了3个鳊亚科鱼种，即长春鳊、三角鳊和团头鲂类，前两种鱼广泛分布于全国各地江湖，唯团头鲂系梁子湖独有，故称之为"武昌鱼"。团头鲂与三角鳊同属鲂，但据易伯鲁的研究，团头鲂有几个主要特点：①团头鲂吻端纯圆，同三角鳊比较，口略宽，上下曲颌曲度小；②团头鲂的头一般略短于三角鳊；③团头鲂尾柄最低的高度总是大于长度，三角鳊尾柄的长度和最低高度几乎相等；④团头鲂鳔的中室是最膨大的部分；⑤团头鲂腹椎和肋骨13根，三角鳊却只有10根；⑥团头鲂的体腔全为灰黑色，三角鳊为白色，带有浅灰色色素。

武昌鱼肉质肥嫩、鲜美，富含脂肪，宜清蒸、红烧、油焖等，但以清蒸为最，故"清蒸武昌鱼"被誉为"楚天第一菜"。清蒸武昌鱼尤负盛名，它入口鲜美柔嫩、清香可口，回味无穷。

七、鳡

鳡，郭璞《尔雅注》指出："今鳡额白鱼。"李时珍《本草纲目》说："鳡，偃也；鲇，粘也。古曰鳡，今曰鲇；北人曰鳡，南人曰鲇。"鳡，又名翘嘴鲌，分布较广，体长200毫米左右，重150～200克，为长江流域楚地习见食用鱼类之一。俗话说"好山出好水，好水养好鱼"。如今丹江口翘嘴鲌最为有名，翘嘴鲌原系长江、汉江土著鱼种，因丹江口大坝修建，在特定优良环境（水质、温度、酸碱度、光照）中繁衍生存的地域性特色产品，具有嘴上翘，背部肌肉突起，背部青灰色，腹部银白色，生长快，个体大（常见野生个体为 1～10 千克，最大个体可达 10～15 千克），肉质呈丝条状，紧实细嫩，富含蛋白质和氨基酸（蛋白质含量高达 17％左右，比太湖鲌鱼高 1 个百分点，氨基酸含量比太湖鲌鱼高 0.5 个百分点）等特征，堪称"鱼中上品"。民间有一段关于丹江口翘嘴鲌的传说。相传明朝永乐皇帝朱棣南巡武当山，御舟行至汉水均州府境内时，忽有一尾大白鱼跃出水面，落在御舟甲板上，活蹦乱跳，银光熠熠，甚是逗人喜爱。永乐帝令御厨以此鱼烹制成菜，品尝之后对其美味大为赞赏。从此，均州府出产的大白鱼就被列为上等贡品。

八、鲫　　鱼

鲫鱼，古称鲋，又称鲫瓜子、鲫壳子、喜头鱼、土附鱼等[①]。因其有两块味美的脊肉，故古称"鰿"，但秦汉以前多称"鲋"，据说直到东方朔发明"鲫"字后才称鲫鱼。《大招》中有道菜"煎鰿膗雀"，王逸注："鰿，鲋也。"鲋就是鲫鱼，头小而尖，背部高，尾部窄，迄今仍为荆楚地区常见的食用淡水鱼。

鲫鱼属鲤形目、鲤科、鲫属，是一种主要以植物为食的杂食性鱼，喜群集而行，择食而居。鲫鱼肉质细嫩，肉味甜美，营养价值很高，含有大量的钙、磷、铁等矿物质。鲫鱼药用价值极高，其性味甘、平、温，入胃、肾，具有和中补虚、除湿利水、补虚羸、温胃进食、补中生气之功效。鲫鱼分布广泛，全国各地水域常年均有生产，以 2—4 月和 8—12 月的鲫鱼最肥美，为我国重要食用鱼类之一。以产于湖北梁子湖者最佳。

---

① 陆佃《埤雅·释鱼》谓鲋似鲤，色黑而体促，腹大而脊隆，即鲫鱼。程大昌《演繁露》卷八《土部·鱼》谓鲋即土附鱼，吴兴人名此鱼曰鲈鲤，以其质圆而长，与黑蠡相似，而其鳞斑驳，又似鲈鱼，故两喻而兼之。

九、鮰　　鱼

鮰鱼，又称江团、肥沱、肥王鱼、灰江团鱼。主产于长江流域，为传统名贵水产品之一。

鮰鱼为大型的经济鱼类，其肉嫩味鲜美，富含脂肪，又无细刺，蛋白质含量为 13.7%，脂肪为 4.7%，被誉为淡水食用鱼中的上品。鮰鱼在长江流域的渔获物中所占比重较大，而中下游显著多于上游地区。鮰鱼在长江的产卵场较集中于中游的荆江河曲以及上游的沱江等江段，尤以湖北石首一带所产为上品。宋元丰三年（1080 年），苏东坡初到湖北黄州，还不识此鱼为何名，故以鱼的产地"石首"而命名之。至今湖北仍以烹制鮰鱼著名，如武汉老大兴园享有"鮰鱼大王"的美誉。

民间传说鮰鱼原是天上监管鱼族的神灵，因同情神鱼私自下凡，被玉帝压在武昌黄鹤楼下的长江中，以巨石镇之，以化石为食。不知经过了多少年，有一天，黄鹤翩翩戏掠江面，听得江中有呼救之声，黄鹤随声潜至江底，见到鮰鱼。鮰鱼悲惨地哭诉自己犯下天条受罚的经过，并请求黄鹤转奏天帝把它解救出来为人造福。黄鹤十分同情，便飞向天宫转奏玉帝，免去鮰鱼苦役，让其在长江流域生存。

鮰鱼自古脍炙人口。明代出生于湖北蕲春的医药学家李时珍，在《本草纲目》中还将其列为药食兼佳的珍品。这种皮肉粉红、骨如玉石、身无鳞甲、营养丰富的鮰鱼，经过历代名厨高手精烹制作，早已成为受人喜爱的美味珍馐。如湖北传统风味的"红烧鮰鱼""粉蒸鮰鱼""网油鮰鱼""清炖鮰鱼""氽鮰鱼汤"等，均为色、香、味、形俱佳，驰誉全国的名菜。

鮰鱼最美之处在带软边的腹部。而且其鳔特别肥厚，干制后为名贵的鱼肚。湖北省石首市所产的"笔架鱼肚"素享盛名。它胶层厚，味醇正，色半透明，制作工艺独特，干制品的外形和镶嵌在鳔内的一个美丽的自然图案，对着光源照看，与屹立在石首的笔架山酷似，由此得名"笔架鱼肚"，并有"此物唯独石首有，走遍天下无二家"之说，实属食中之珍。苏轼《戏作鮰鱼一绝》诗："粉红石首仍无骨，雪白河豚不药人。寄语天公与河伯，何妨乞与水精鳞。"① 诗中道出了鮰鱼的特别之处：肉质白嫩，鱼皮肥美，兼有河豚、鲫鱼之鲜美，而无河豚之毒素和鲫鱼之刺多。

以上仅是长江流域几种分布较为广泛的鱼类，人们可食用的鱼远不止这些品种，《楚辞》中出现的鱼名，有10多种鱼可供食用。成书于西汉的《尔雅》，记载了30多种食用鱼，东汉时期的《说文解字》，鱼名已达到70多种，鱼类品种的名称不断增多的现象，反映出人们对于鱼已有了比较精细的分类认识，对于食用鱼也越来越讲究。

淡水鱼的养殖在商周时已出现，春秋时就十分普及，当时人工养鱼的方式有二：一是池塘养鱼，见于记载的国家有越和吴②。而在越国主持养鱼的是楚人范蠡，由此可以推知，楚国开始养鱼的时间还要比越国早③。二是稻田养鱼，这可能是包括楚人在内的南方民族人工繁殖鱼类的一个主要方面。有学者推测楚人"饭稻羹鱼"的饮食习惯与稻田养鱼的生产经营方式密切相关，苗族稻田养鱼是对楚国传统养鱼方式的继承。④ 这一见解比较有说服力。当然，人工养鱼只是对捕捞野生鱼方式的补充。为了防止竭泽而渔，夏天人们就不从事捕鱼，《逸周书·大聚》中指出："禹之禁，夏三月，川泽不入网罟，以成鱼鳖之长。"夏季鱼长势快，捕鱼不利于鱼的生长，所以在先秦时，人们在夏季是很少食鱼的。而在春、秋、冬三季可以有5次捕鱼的机会，人们食鱼，也主要在这些季节。

鱼在中国古代长江流域人民生活中占有十分重要的位置，早在周代，

① 苏轼. 苏轼诗集 [M]. 北京：中华书局，1982：1257.
② 《吴越春秋》载越王勾践在会稽时，范蠡说有鱼池两处，可以养鱼；《吴郡诸山录》有吴王鱼城在田间，当时养鱼于此的记载。
③ 宋公文，张君. 楚国风俗志 [M]. 武汉：湖北教育出版社，1995：13.
④ 杨昌雄. 试论苗族稻田养鱼是对楚国传统养鱼方法的继承. 未刊稿.

朝廷中设有"渔人"职司①，向王者进献饮食中所需的各种鲜鱼、干鱼，还设有"鳖人"这一职司，他的职责是"春献鳖蜃，秋献龟鱼"。从渔人和鳖人的分工中，说明鱼在周人饮食中是不可缺少的副食。鳖人的职务还告诉了我们，先秦时龟、鳖、蚌、蛤、螺都是可以上国宴的美味。事实上，早在商代，人们食龟肉就十分普遍，并把龟甲作为占卜之用，仅目前出土的甲片就达 10 万多片，其中的龟肉已先被食用。周代用龟甲占卜亦如商朝。春秋时期，龟鳖已作为国家的贵重礼品，《左传》记载："楚人献鼋（大鳖）于郑灵公，公子宋与子家将见，子公之食指动，以示子家，曰：'他日我如此，必尝异味。'及入，宰夫将解鼋，相视而笑。公问之，子家以告。及食大夫鼋，召子公而弗与也，子公怒，染指于鼎，尝之而出。公怒，欲杀子公。"② 后子公先下手，杀了灵公，由分鼋不均，导致父子相杀，其鼋味的珍美及在他们饮食中的地位可想而知。甲鱼在湖北民间被推崇为珍贵小水产，它富含多种营养成分。此外，龟板富含骨胶原和多种酶，是增强免疫力、提高智力的滋补佳品。它的肉具有鸡、鹿、牛、羊、猪五种肉的美味，故素有"美食五味肉"的雅称。古代楚国地区河湖交错，水产丰富，是盛产甲鱼的地方。湖北人既会养殖甲鱼，也会烹调甲鱼。著名的甲鱼菜肴有"冬瓜鳖裙羹""红烧甲鱼""甲鱼烧牛鞭""清炖甲鱼""霸王鳖鸡""荆沙甲鱼"等。

中国古代，普通人家平日要改善生活，大约是以鱼来补充，因为《礼记》中曾规定牛、羊、猪、狗不得无故宰杀。特别是士阶层以下人们的平常食用，多系鱼飨，《国语·楚语》指出："士食鱼炙。"《孟子·告子》篇也说："鱼，我所欲也，熊掌亦我所欲也；二者不可得兼，舍鱼而取熊掌者也。"可见，鱼是可欲之物，也是能经常吃得着的。《战国策·齐人有冯谖者》："长铗归来乎，食无鱼。"鲍彪注解为"孟尝君厨有三列，上客食肉，中客食鱼，下客食菜"。3 种人的饮食区别，就形象地说

①　李学勤. 周礼注疏·天官［M］. 北京：北京大学出版社，1999：103.
②　杨伯峻. 左传·宣公四年［M］. 北京：中华书局，1990：677.

明了鱼在古代人民饮食生活中的地位。

总之，从荆楚地区渔猎业的起源和在人民生活中的地位，可以看出：畜牧、渔猎是荆楚地区人民获得肉食的来源。特别是在先秦时，荆楚地区的渔猎业和农业是相得益彰，大大丰富了荆楚地区人民的饮食生活。在楚地广大的范围内，人们食用肉食的种类相当广泛，这一点可以从《楚辞》文献与长沙马王堆一、三号墓随葬的大量肉食得到证实。他们不仅食用家禽、家畜，而且大量从自然界猎取野生动物。据马王堆汉墓遣策记载，其中不仅有常见的猪、羊、牛、狗、鸡、鲤鱼、鲫鱼等，而且还有不少珍稀动物如梅花鹿、鹤、锦鸡、小鸮、斑鸠、天鹅、鳜鱼等。可以说，天上飞的、水中游的、陆地跑的，各种动物无所不包、无所不有。其食物范围之广，着实令人震惊！

第四章　先秦时期楚地的烹饪技艺与宴席

中国在世界上被誉为"烹饪王国"，这是因为中国的烹饪技术，有着几千年的悠久历史，烹饪，在先秦时期的湖北，就已形成为一种独特的技艺，这种技艺从食物的初加工，一直到成为可口的馔食，每一环节无不闪耀着荆楚先民的智慧之光，并在楚国贵族的宴会中大放异彩。

第一节　楚地烹饪技艺

烹饪是从人类学会控制火的使用开始的。有关烹饪的考古资料证明，中国烹饪方法是由少渐多，烹饪技艺由简单到复杂，逐步地发展着。

人类熟食是从发明烹饪技术开始的。从旧石器时代考古资料分析，中国原始烹饪术的发明，有学者推测已有 180 万年左右的历史了。山西省芮城县西侯度遗址出土的许多烧过的哺乳动物的肋骨、鹿角和马牙，就是当初人类食用后留下的遗存。人类在这时虽然能使用火来烧熟食物，但是还不会制造火，所有的火只是保存的自然火种。人类的饮食革命，是从人工取火开始的，在旧石器时代中后期，人类就能够用燧石取火了，有人根据旧石器时代中期个别遗址中发现的遗物，结合民族学资料，认为用黄铁矿打击燧石而产生的火花可以达到取火的目的，所以我国古代有"燧人出火"[①] 的传说。火对烹饪技术的发展具有特殊重要的意义，因为火不仅能够熟食，改变人类茹毛饮血的生活状况，而且能"以化腥

---

① 世本・作篇 [M] //丛书集成初编. 北京：中华书局，1985：105.

臊"①,消除动物的臭味,使食物的味道鲜美起来,这就把人类的饮食生活提高到一个新的历史阶段。

一、原始的烹饪方法

人类在能够制造火以后的很长一个历史阶段,其烹饪方法是十分简单的,主要采用以下几种烹饪方法。

烧,这不同于现在意义的烧,它是一种最原始、最简便的烹饪法,不用任何烹饪器,直接把兽肉或植物放入火中烧熟或半熟。在旧石器时代的山西西侯度、云南元谋、陕西蓝田等处文化遗址中都发现烧过的兽骨,以及在北京人遗址发现的烧骨和烧过的朴树籽,表明当时人们即已采用这一烹饪法。②

烤,先秦时称为炮,即直接把兽肉置于火堆旁烤;或者将兽肉用黏土包起来,放置在火堆中烤;或者将兽肉用树枝、竹竿串起来,斜插在火堆旁烤或架在火堆上方悬烤。烤法较之烧法进步,它是利用火的辐射力,来使食物烤熟,所以这种方法的出现晚于烧烹饪法。

石烙,这是一种通过烧热的石板传热来把食物烙熟的方法,即把食物置放在扁平的天然石板上,再将石板放在火堆上,石板上的火候较为温和,不致烧焦食物。郑玄在注释《礼记》说:"中古未有釜甑,释米捭肉,加于烧石之上而食之耳,今北狄犹然。"③ 就是指的石烙法。如今在湖北十堰一带还非常流行石子烙馍,制做时,平底锅内先放上精选的光滑石子,加香油反复翻炒,然后把准备好的发面饼放在石子上蒸焐。烙熟后馍面布满小坑,形状自然美观,外焦里软酥香可口。

石烹,即在土坑或其他盛水的容器中装上水和食物,然后将一些烧

---

① 国学整理社. 诸子集成·韩非子·五蠹 [M]. 北京:中华书局,1986:339.
② 贾兰坡,黄慰文,卫奇. 三十六年来的中国旧石器考古 [M] //文物与考古论集. 北京:文物出版社,1986:2.
③ 十三经注疏本·礼记·礼运 [M]. 北京:中华书局,1982:1415.

红的石块投入水中，如此周而复始多次，使水沸腾，将食物煮熟。

以上这四种烹饪方法，在陶烹饪器没有出现以前，保持了相当长的时间，所以谯周《古史考》上有这样一句话："古者茹毛饮血；燧人氏钻火，而人始裹肉而燔之，曰'炮'；及神农时人方食谷，加米于烧石之上而食之；黄帝时有釜甑，饮食之道始备。"类似的传说，在《礼记》等书中亦可见到。这些传说把劳动人民的创造全加在几个"神化"了的人物头上，这是与史实有些出入的，但是，它指明了人类学会烹饪有一个发展过程，并且认为烹饪方法是随着饮食器皿的不断完善而多样化的，这种观点还是正确的。

二、蒸煮之法的出现

新石器时代，由于农业、畜牧业有了一定程度的发展，烹饪的水平也必然有所提高。人们生活中常用的一些简单炊器，大都已经具备，有陶鼎、陶甑、陶釜、陶罐、陶盆之类。在新石器时代的一些住房遗址中，曾发现过灶坑，是用来做饭的。另外，在这种掘地为灶的同时，人们还制造出了可以搬动的陶灶，如浙江河姆渡出土的陶灶，长约 50 厘米，宽约 30 厘米，有两耳可以提拿搬动，结构科学，使用安全，可够多人炊用。这些出土的炊器说明，从新石器时代起，人类的烹饪方法就逐渐多起来了，因为炊器的多样化是与馔食的多样化分不开的。

宜都城背溪出土的
新石器时代的陶釜

考古发掘出的商周以前的炊器，多属蒸煮之器，可以认为，商周以前的烹饪方法以煮蒸食物为主。郭宝钧在《中国青铜器时代》一书中，考证了商周时期的烹饪方法，他认为："殷周熟食之法，主要的不外蒸煮二事。"在煮、蒸两种烹饪方法之中，煮法又产生于蒸法以前，这里分别逐一介绍。

煮：是一种最普通的烹法，它是将食物和水放于烹饪器中，再用火直接烧烹饪器，通过烹饪器受热、传热，使水沸腾来煮熟食物。这种烹法的特点是水多，要浸漫过所煮的东西。当时用于煮食物的炊具主要是釜、鼎、鬲、罐等。这些器皿在商代以前其作用没有什么区别，都是作为锅来使用。但在西周以后，釜和鼎这两种煮器，似乎有所分工。

釜主要用于煮谷物或蔬菜。《诗经》中说："于以湘之，维锜及釜。"① 这是用釜来煮苹菜的记录。所以，釜主要是平民使用的烹饪器。

鼎则用于煮肉，因为鼎在周代，已不再单纯是一种炊器了，而成为一种礼器，是各级贵族的专用品，被视为权力的象征，广大平民绝对不能使用铜鼎。鼎作为炊煮器时，贵族们也主要用来煮肉，或陈放肉类和其他珍贵食品。《周礼·天官·烹人》说："烹人掌共鼎镬，以给水火之齐。"郑玄注曰："镬所以煮肉及鱼腊之器，既熟乃脀于鼎。"

鬲是在釜、鼎以后产生的，主要用于煮粥，"殷墟似乎是人各一鬲，而且是鬲皆用陶，即贵族墓也不例外。以鬲煮粥，只是把米和水放入鬲中加火漫煮，米熟即得"②。先秦时期，贵族饮食是盛馔用鼎，常饪用鬲。西周铜鬲较多，但其使用也仅限于贵族。

盘龙城出土的商代陶鬲

蒸：凡是利用水蒸气把食物烹熟的就叫作蒸。蒸的方法，通常都是锅中放着水，锅上面架着蒸具，蒸具与水保持距离，纵令沸滚，水也不致触及食物，使食物的营养价值全部保持在食物内部，不致遭到破坏。所以，蒸汽烹饪是一种先进的烹饪法，我国是世界上最早使用蒸汽烹饪的国家。

蒸烹饪器是在煮烹饪器的基础上发展起来的，蒸法比煮法出现要晚一些。王仁湘先生《蒸食起源——中国的蒸汽时代》一文认为："在长江

① 程俊英. 诗经·召南·采苹［M］. 上海：上海古籍出版社，1985：26.
② 郭宝钧. 中国青铜器时代［M］. 北京：三联书店，1963：113.

流域，甑的出现较仰韶文化要早出很多。中游地区的大溪文化居民已开始用陶甑蒸食，至屈家岭文化时使用更加普遍。稍晚的石家河文化制作的陶甑不仅承袭了屈家岭文化的风格，晚期更多制成的是一种无底甑，配合甑箅使用。石家河文化出土有陶甑箅，当时可能更多使用的是竹木甑箅。值得注意的是，陶甑分布的这一广大地域的新石器文化中，恰好都发现了共存的水稻遗存，推测陶甑的普及使用可能与主食谷物大米的食用密切相关。淮河以北区域史前居民的水稻种植规模可能远不及长江中下游地区，但也是水稻产区之一，南方的饮食传统一定也影响到了北方。蒸食技术应当是为着适应稻米的食用需要而发明的，它的发明地很可能就是种植水稻较早的江南一带。"①

湖北京山屈家岭出土的
新石器时代陶甑

新石器时代石家河文化
出土的陶甑箅

　　蒸饭所用的甑都分为两节，下节三空足如鬲，是盛水的地方，上节大口中腹如盆，是放米的地方，米和水之间有箅子隔开。张舜徽在《说文解字约注》中指出："甑之为言层也，增也，以此增益于釜上，高立若重屋然。古以瓦，今以竹木为之，有穿孔以通气，所以炊蒸米麦以成饭也。"甑的出现使我国古代早期社会的烹饪方法基本完善，所以《古史考》中认为黄帝时有釜甑，饮食之道始备。可知甑的出现是烹饪条件具备的重要标志。

　　考古资料已经证明，煎炒烹饪法最迟在春秋时期就已出现。1923年在河南省新郑县春秋时期的墓葬中出土的"王子婴次之炒炉"，据考古工作者鉴定，就是一种专做煎炒之用的青铜炊器。该炉高11.3厘米，长

① 王仁湘. 蒸食起源：中国的蒸汽时代. 转引自王仁湘微信公众号"器晤".

45 厘米，宽 36.6 厘米，形状类似长方盘，上面刻有"王子婴次之炒炉"。对此，陈梦家在《寿县蔡侯墓铜器》一文中指出："东周时代若干盘形之器并不尽皆是水器。《礼记·礼器》注云：'盆，炊器也。'似指新郑所出'王子婴次之炒炉'。"锅的质地也比较薄，很适于做煎炒使用。另外，从这一器具的铭文来考察，东周铜器铭文凡从火字的均写作庱，这是当时的书写特点，从广炎声，即现在的"炒"字。①

在先秦文献中，煎炒也不乏记载，如《楚辞·大招》中的"煎鰿臛雀，遽爽存只"。它的烹饪方法是在锅中放少量的油，等油热后，将食物放入，反复翻搅至熟。与此相印证的是，在楚国区域内也相继出土了一些可做煎炒之用的器具，如 1978 年湖北随县曾侯乙墓曾出土了一个炉盘，分上下两层，下层为一炉，炉下有三足，出土时炉内还有木炭，实际就是一个烧木炭的炭炉。上层为一盘，盘与炉基本等大，出土时盘上有条鱼，鱼肉虽然已经腐烂消失，但从鱼骨的形态看，这是鲫鱼的骨骼。曾侯乙墓的这件炉盘，制作是相当精美讲究的，盘的两边还有青铜质的环练提梁，如同现代的煎锅。

王仁兴先生认为："曾侯乙的美食——煎鲫鱼。在追溯曾侯乙炉盘的出品渊源时，这里重点谈一下鲫鱼和煎鲫鱼。曾侯乙墓共出土鲫鱼和鳙鱼两种鱼骨，鲫鱼骨分别在曾侯乙炉盘、酒具盒和一个鼎内，鳙鱼则只在一个鼎内有。这说明鲫鱼在曾侯乙的

曾侯乙墓出土的卷云纹提链炉盘

美食菜单中占有重要地位，煎鲫鱼应是曾侯乙生前喜食的佐酒佳肴。曾侯乙如此喜食煎鲫鱼应该不是个案。《吕氏春秋·本味》载：'鱼之美者，……洞庭之鲋。'鲋即鲫鱼，战国时代洞庭为楚文化盛行之地，洞庭

---

① 中国烹饪编辑部. 烹饪史话·王子婴次炉为炊器说［M］. 北京：中国商业出版社，1987：83.

湖鲫鱼为楚文化地理标志性美味食材自为当时天下所知。《楚辞·大招》'煎鰿臛雀'的诗句也应是富于浪漫色彩的楚国美食文化的一种时代记忆。据 2014 年 12 月 28 日《江汉商报》记者楚望报道，当年 12 月 27 日在荆州中学新址的战国楚墓出土了 13 尾阳干鲫鱼，考古学家认为，其年代为距今 2400 余年，这正与曾侯乙墓同时代。民俗学资料显示，至今这一地区仍流行以鲫鱼汤滋补的习俗。综合考古出土实物遗存、历史文献记载和民俗学资料，可知曾侯乙喜食的煎鲫鱼融周文化、楚文化和曾国文化于一炉，其中尤以楚文化为亮点，可以说曾侯乙在饮食上是一位深受楚文化影响的曾国国君。"[①]

　　另外，在 1979 年 4 月，江西靖安也出土了一件自铭为"炉盘"的铜制器具，形状和曾侯乙炉盘大体相同，上面亦为一盘，其时代比曾侯乙墓要早 100 多年。这些都足以说明在先秦时期已出现了专做煎炒之用的炊具，人们已经开始运用煎炒之法进行烹饪。不过，当时的炒烹饪法，不如现代的技艺高，煎炒之间也没有严格的区别，同时炒菜的品种也不够多，但它对后世中国烹饪技艺的发展和提高，却有着不可估量的影响。特别是曾侯乙炉盘的出现，不仅带来了清新精致的煎制菜式，而且也为其后最具中国烹调工艺特色的"炒"亮出了其前体"煎"。"有了煎，就为清炒之类的炝锅、煸锅奠定了基础，并从此进入锅勺铿锵、美食纷呈的新时代。"[②]

　　综上所述，不难看出，在新石器时代，楚地虽然有了简单的烹饪，但作为技术的烹饪尚未形成。到了新石器时代晚期，由于生产力的发展，加上楚地人民的创造，各种炊具相继出现，我国早期的烹饪技术和一些基本烹饪方法才初步形成。春秋战国以后，食物品种不断增多，人们的烹饪技术也在不断发展，从而创造出了众多的烹饪方法，这些烹饪方法为中国烹饪技艺的形成和发展奠定了基础。

---

①②　王仁兴. 曾侯乙炉盘功能研究：兼论公元前 5 世纪初中国煎食炊器的文化渊源及其出品的流传［J］. 美食研究，2016（1）：1-5.

第二节　楚地的饭、膳、羞、饮

中国古代人们的饮食，是按两个基本的组成部类划分的，这便是饮与食。① 饮是清水和菜汤，食是用谷物做成的饭。即使就一顿饭而言，也仍然可以分为饮和食，只是其中饮常常是指菜汤而已。这种饮与食以并列对举的形式出现，在古文献中是有不少记载的，例如《礼记·檀弓下》记载："齐大饥，黔敖为食于路，……黔敖左奉食，右执饮，曰：嗟来食。"孔子也说过："贤哉回也。一箪食、一瓢饮，在陋巷，人不堪其忧，回也不改其乐。"② 他还说："饭疏食饮水，曲肱而枕之，乐亦在其中矣。"③ 孟子也说过："箪食壶浆，以迎王师。"④ 从这些句子里，可以清楚地看到，一餐饭的最低限度要包括一些水和一些谷类食物，它们不仅是相对独立的生活必需品，也是缺一不可的餐饭统一体。

然而，在正式的场合里，或者是在贵族的生活中，饮食便不再是两个部类。《礼记·内则》将饮食分为饭、膳、羞、饮四个主要部类，即"饭：黍、稷、稻、粱、白黍、黄粱、稰、穛。膳：膷、臐、膮、醢牛炙、醢牛胾、醢牛胾、羊炙、羊胾、醢豕炙、醢豕胾、芥酱、鱼脍、雉、兔、鹑、鷃。饮：重醴、稻醴清糟、黍醴清糟、粱醴清糟，或以酏为醴、黍酏、浆、水、醷、滥、酒、清白。羞：糗、饵、粉、酏"。《周礼·天官》所记膳夫的职责，也是"掌王之食、饮、膳、羞，以养王及后世子，食用六谷，膳用六牲，饮用六清，羞用百有二十品"。这四部分，简言之，就是饭（主食）、菜肴（副食）和饮料。

---

① 《诗经·大雅·公刘》云："食之饮之。"
② 论语·雍也 [M]. 北京：中华书局，1980：59.
③ 论语·述而 [M]. 北京：中华书局，1980：70.
④ 孟子·梁惠王下 [M]. 北京：中华书局，1960：45.

一、饭

商周时期楚人的饮食多为粒食，即用没有加工的谷物做饭，讲究一些的人才可以吃上经过杵舂的米，或者把谷物擀碎，成为糁，用来煮粥做羹。春秋战国时期，人们才普遍吃上比较干净的米粒，但是做麦饭，还是粒食。

古人煮饭，稍稠一些、像糊一样的就叫饘，稀而水多就叫粥，《左传》中有这样的话："饘于是，粥于是，以糊余口。"[①] 普通人家的日常饮食，不外是吃饘喝粥。粥的历史比饭要早一些，当人们发明陶器之后，就开始将粮食煮为粥了。甲骨金文中无"饭"字，却有"粥"的本字"鬻"字，其字正作鬲中煮米、热气升腾之形。

蒸饭之法，在中国沿用了几千年。早期蒸饭是把米从米汤中捞出，用箅子放在甑中蒸，《诗经》说："挹彼注兹，可以饙饎。"[②] 什么叫"饙"呢？《说文解字》释"饙"为"滫饭也"。《玉篇》说："饙，半蒸饭。"这种烹饪方法是先把米下水煮之，等到半熟，漉出放进甑中去蒸。这样蒸熟之饭，颗粒不粘，味甘适口。"饎"《说文解字》释为"酒食也"。郑玄注释《仪礼·特牲馈食礼》说："炊黍稷曰饎。"用黍稷蒸饭就为饙饎。从殷墟出土的炊器中可以看出，陶甑、陶甗、铜甗等蒸器，其数量远不如陶鬲、铜鬲、铜鼎等煮器多，陶鬲所在皆是，可知人们蒸饭的时候并不多，这是因为蒸饭较之煮粥费时费事，而且用粮多，一般有地位的人才以此为常，普通人家逢上喜事才吃上蒸饭。

吃饭在中国虽已有几千年的历史，大体延续，但古人在长期生活中也有一些新花样。古代饭的名目繁多，基本上可以分为两大类。一类是以单一谷物制成的饭，不仅五谷可以做饭，大麦、菰米等都可以用来做饭。在很长的一段时期中，平民百姓是以"黄粱饭"即用好的小米做的

---

① 左传·昭公七年 [M]. 北京：中华书局，1983：1295.
② 程俊英. 诗经·大雅·泂酌 [M]. 上海：上海古籍出版社，1985：545.

饭为佳品，杜甫在《佐还山后寄》一诗中就曾赞咏黄粱饭的香美，"白露黄粱熟，……颇觉寄来迟。味岂同金菊，香宜配绿葵"。人们熟知的"黄粱美梦"的故事，也是写的做黄粱饭。另一类是多种原料制作的饭，例如《礼记》"八珍"中的"淳熬"，就是以旱稻、黍米加肉酱的饭。唐代的"御黄王母饭""清风饭""团油饭"等都是用多种原料配合而成的。如"团油饭"中有煎虾、鱼炙、鸡鹅、煮猪羊肉、鸡子羹、饼灌肠、蒸肠菜、粉粢、粗粄、蕉子、姜桂、盐、豉等十多种原料与稻米相配而成。

饭是中华民族最为丰富和最为基本的食物，清代袁枚认为："粥饭本也，余菜末也。……往往见富贵人家，讲菜不讲饭，逐末忘本，真为可笑。"[①] 他这种观点，至今仍有一定的现实意义。

二、膳　羞

膳羞即指菜肴，中国古代的烹饪艺术也正是在菜肴的制作上表现出来的。郑玄在注释《周礼·天官·膳夫》时说："膳，牲肉也，膳之言善也。"古代饮食之善者必备肉，所以古人总以肉训膳。"羞"，郑玄在此注为："有滋味者"，"出于牲及禽兽以备滋味，谓之庶羞"。羞字在金文中像手持或双手进献之形，所以《说文解字》释"羞"为"进献也"。羊为膳食中的佳品，"羞"字从羊，与美、善同意，可见，膳羞就是以肉为主体加工制成的美味佳肴。

羞又有百羞之称，自然其制作也是多种多样的了，综合古代文献，可以看出，羞除指古代的肉肴外，还指用粮食加工精制而成的滋味甚美的点心。但膳羞连用时，古人往往是指菜肴。

中国烹饪技艺在春秋战国时就达到了一个新的高峰，这时的菜肴精美多样，标志着生活富裕和文明程度都比前代有所提高。楚国的饮食，最能反映当时的烹饪水平。《楚辞》对楚人的饮食结构及菜肴品种做了详尽的记载，《楚辞》虽然是一篇文学作品，但它表现出的饮食文化是源于

① 袁枚. 随园食单·饭粥单［M］. 北京：中国商业出版社，1984：141.

现实生活的。例如在烹饪上，楚人继承了西周以来的烹饪特点，讲究用料选择、刀工、火候，在做法上更富有变化。在调味上，楚人更为考究，"大苦咸酸，辛甘行些"，即是说在烹调过程中把五味都适当地用上。《楚辞》在对膳、羞、饮的描述中都涉及了五味调和问题，在一定程度上反映了楚人对五味已有了较深入的了解。其中，"爽"是楚人评价菜肴味道时的一句常用词，认为"厉而不爽"才能成为美食。① 所谓"厉而不爽"，一方面是要求菜肴味道浓烈，另一方面又强调浓烈的程度不能太过，应以不破坏人的口味为标准。②

楚国的一些名肴有的还流传至今，如江苏省徐州地区的传统名菜"霸王别姬"。相传是在楚汉之争时，项羽被刘邦围困在垓下（今安徽省灵璧县南），处于四面楚歌中。其美人虞姬为楚霸王项羽解愁消忧，用甲鱼和雏鸡为原料，烹制了这道美菜，项羽食后很高兴，精神振作。后来流传民间，因用甲鱼与雏鸡制菜，具有较强的滋补作用，所以人们都喜欢食用此菜，逐渐出名，特别是经菜馆名厨师加工烹制后，其味更佳。因该菜制法相传出于霸王别姬之时，故后人称它为"霸王别姬"。此菜不仅在徐州盛名，而且在湖北、湖南也都享有盛誉。

三、饮

中国古代与饭在一起用的饮料，主要是指汤、水、酒。酒已有专章，此不赘。汤古代称为羹，羹是汤的古音，《左传》说："楚子城陈蔡，不羹。"③《正义》说："古者羹腥之字，音亦为郎"，重读则为汤。不过古代的羹一般说比现在的汤更浓一些。羹字从羔从美，羔是小羊，美是大羊，可知最初的羹主要是用肉做的，所以《尔雅》中有"肉谓之羹"④

---

① 洪兴祖. 楚辞·招魂 [M]. 北京：中华书局，1983：207.

② 徐文武. 楚国饮食文化三论 [J]. 长江大学学报，2005（2）：1-4.

③ 左传·昭公十一年 [M]. 北京：中华书局，1983：1327.

④ 尔雅·释器 [M]. 上海：上海古籍出版社，2015：83.

的说法。后世才有以蔬菜为羹，于是羹便成为普通汤菜的通称，不专指肉煮的了。

最初的羹，称之为太羹，即太古的羹，它是一种不加五味的肉汁，这也是羹的最原始的做法。后来随着烹饪技术的进步，制羹的技术才逐渐复杂起来，大约从商代起，五味就已放入羹中，《古文尚书·说命》篇中有："若作和羹，尔惟盐梅。"用盐和梅子酱来调羹，这是羹的基本味道。到春秋时，羹的调制达到了一个较高的水平，《左传》记载晏子对齐景公说："和与羹焉，水火醯醢盐梅，以烹鱼肉，燀之以薪，宰夫和之，齐之以味，济其不及，以泄其过。"① 这里叙述了制肉羹的过程和原料。鱼肉放在水中用火煮，然后再用醋、酱、梅子和盐来调和，在煮制过程中要提防"过"和"不及"。这种"过"和"不及"主要是指味道与火候。可见，当时人们已认识到做羹的关键在水火和五味，水火掌握好了可以使五味适中，否则就使人难以下咽，齐桓公的饔人易牙，就是这时调羹的名手。

在古代，中国羹的名目很多，几乎所有可以入口的动物肉都可以做羹，其名称随着肉的品种不同而各异，见于古代文献中的羹名有羊羹、豕羹、犬羹、兔羹、雉羹、鳖羹、鱼羹、脯羹，等等，这些羹除用肉外，还要加上一些经过碾碎的谷物，这是古代羹的传统做法，所以，郑玄在《礼记·内则》注中说："凡羹齐宜五味之和，米屑之糁。"楚人的菜肴中也有羹，但更多的还是鱼羹。

贵族所食用的羹多为肉羹，而下等庶民则食菜羹。普通人家如要食羹，多用藜、蓼、芹、葵等菜来代替肉，《国语·楚语下》："士食鱼炙，祀以特牲；庶人食菜，祀以鱼。"这里所说的菜就是以蔬菜制作的菜羹。在楚国历史上以廉洁勤政著称的孙叔敖过着极其简朴的生活，也和庶民一样用食"粝饭菜羹"。《韩非子》中也有"粝粢之食，藜藿之羹"，说明平民的饮食就是靠"藜藿之羹"来做下饭之菜。而贵族们食羹，除羹中

---

① 左传·昭公二十年［M］. 北京：中华书局，1983：1419.

的原料讲究以外，还注意与饭菜的搭配，《礼记·内则》记载：雉羹宜配麦饭，脯羹宜配折稌（细米饭），犬羹、兔羹宜于加糁。《仪礼·公食大夫礼》记载：牛羹宜于藿叶（豆叶），羊羹宜于苦菜，豕羹宜于薇菜等等。

　　总起来看，羹在中国古代饮食中占有十分重要的地位，人们日常佐餐下饭，都以羹为主，羹是最大众化的菜肴，所以，《礼记》中说："羹食，自诸侯以下至于庶人，无等。"①只是到隋唐以后，随着烹饪技艺的发展，人们对菜肴加工的花样越来越多，羹在菜肴中的地位也随之下降，逐渐和辅助性菜肴——汤的地位差不多了。只是羹多勾芡，这一点可以说是由羹加糁的做法演变而来的。

　　中国古代贵族在夏天进食时，还喜好喝一些冷饮，据《周礼》记载，周代设有专管取冰用冰的官员，称为"凌人"。每到隆冬，"凌人"负责凿冰，并把它存放于"凌阴"（冰库）之中。《诗经·七月》中就有这样的描绘："二之日凿冰冲冲，三之日纳于凌阴。"藏在"凌阴"中的冰，到天热时，做冰镇佳肴美酒之用。当时有一种青铜器，称为鉴，类瓮，口较大，便是用来盛冰，以冷冻膳羞和酒浆，后人称为冰鉴，这在楚墓中出土较多，这是因为楚国地处南方，气候炎热，人们更爱冷饮的缘故，《楚辞·招魂》中就有"挫糟冻饮，酎清凉些"的句子，郭沫若翻译为："冰冻甜酒，满杯进口真清凉"。可见，早在先秦时期，我国就已在夏天开始喝冷

曾侯乙铜冰鉴

饮了。到了后来，各种饮料品种就更多了，这充分反映了古代人民无穷的创造性和智慧。

①　礼记·内则［M］. 上海：上海古籍出版社，2016：323.

第三节　楚国贵族的宴席

宴席是菜品的组合艺术，具有聚餐式、规格化、社交性的特征。所谓聚餐式，是指多人围坐畅谈、愉情悦志的一种进餐方式；所谓规格化，是指宴席庖制精细，肴馔配套，餐具漂亮，礼节有秩；所谓社交性，是指通过饮宴来加深彼此了解，敦睦亲谊。宴席在西周时就已具雏形，古汉语"燕"通"宴"，所以《仪礼》与《礼记》中的"燕礼"，即为"宴礼"。"燕礼"比"乡饮酒礼"的菜肴远为丰富。《仪礼》和《礼记》中所记述的"乡饮酒礼"主要发生在西周乡民之间，王公贵族的宴席则有"燕礼"和"公食大夫礼"。楚国的王公宴席，既有"燕礼"的基本特征，也有楚国的特色。

一、食前方丈、品类多样

先秦文献中常以"食前方丈，罗致珍馐，陈馈八簋，味列九鼎"来形容春秋战国王室宴席的丰盛，而楚国的宴会更为讲究，文献记载子路"南游于楚，从车百乘，积粟万钟，累茵而坐，列鼎而食"①。这在《楚辞·招魂》中得到了印证，其中屈原为招楚怀王之魂，列举了楚国王室的各种美食。林乃燊先生在《中国饮食文化》一书中把这首诗译为："家里的餐厅舒适堂皇，饭菜多种多样：大米、小米、二麦、黄粱，随便你选用；酸、甜、苦、辣、浓香、鲜淡，尽会如意伺奉。牛腿筋闪着黄油，软滑又芳香；吴厨师的拿手酸辣羹，真叫人口水直流；红烧甲鱼、挂炉羊肉，蘸上清甜的蔗糖；炸烹天鹅，红焖野鸭，铁扒肥雁和大鹤，喝着解腻的酸浆。卤汁油鸡、清炖大龟，你再饱也想多吃几口。油炸蛋馓，蜜沾粱粑，豆馅煎饼，又黏又酥香。蜜渍果浆，满盏闪翠，真够你陶醉。冰镇糯米酒，透着橙黄，味酸又清凉。为了解酒，还有玉浆的酸梅羹。

---

① 孔氏家语·致思［M］. 北京：北京燕山出版社，2009.

归来吧！老家不会使你失望。"①

《楚辞》的《招魂》和《大招》各给我们留下了一个品类多样的菜单，黄寿祺、梅桐生在《楚辞全译》中将《大招》提供的菜单这首诗译为："这里有很多精细的食粮，用菰米做饭真香。食鼎满案陈列，食物散发芬芳。肥嫩的鸧鹒鹌鸠天鹅肉，还调和着豹狗的肉汤。魂魄啊！回来吧！任你品尝。鲜美的大鱼炖肥鸡，再放点楚国的乳浆。猪肉酱和苦味的狗肉，再切点苴莼加上。吴国做的酸菜，淡淡正恰当。魂魄啊！回来吧！任你选择哪样。烤乌鸦，蒸野鸭，鹌鹑肉汤陈列上。煎鲫鱼，炒雀肉，味道鲜美令人口爽。魂魄啊！回来吧！味美请先尝。一起成熟的四缸醇酒，纯正不会刺激咽喉。酒味清香最宜冷饮，奴仆难以上口。吴国的白谷酒，掺入楚国的清酒。魂魄啊！回来吧！酒不醉人不要害怕"。②

在楚国最具传统特色的酒是香茅酒。楚人向周天子进贡，祭祀神灵都使用香茅酒。楚人有两种饮酒方法，"冻饮"和"酎清凉"，"冻饮"是将冰块置于酒壶外使之成为冻酒，"酎清凉"则是将酒壶浸入冷水中使之成为凉酒。这都是楚人在夏季的饮酒方法。1978年湖北随县曾侯乙墓出土了两件冰（温）酒器，这种器物是由两种容器组合而成，里面的方壶形容器是盛酒的，每个方壶中均有一把铜勺，外面的方鉴形器在夏季里用来盛冰或凉水，在冬季则用来盛热水。

从以上两个菜单可以看出，楚国国君的饮食中，有主食，有点心，有饮料，有冷饮，有调味品，有菜肴，有羹汤，可谓饮食多种多样。

楚国宴会不仅品种多，而且质量高。仅据《楚辞》"二招"的记述，楚王享用的名菜肴就有10多种。据宋公文、张君的研究，这些菜肴：一是"肥牛之腱，臑若芳些"；二是"和酸若苦，陈吴羹些"；三是"胹鳖炮羔，有柘浆些"；四是"鹄酸臇凫，煎鸿鸧些"；五是"露鸡臛蠵，厉而不爽些"；六是"内鸧鸽鹄，味豺羹只"；七是"鲜蠵甘鸡，和楚酪

---

① 林乃燊. 中国饮食文化 [M]. 上海：上海人民出版社，1989：64-65.
② 黄寿祺，梅桐生. 楚辞全译 [M]. 贵阳：贵州人民出版社，1984：176.

只”；八是“醢豚苦狗，脍苴莼只”；九是“吴酸蒿蒌，不沾薄只”；十是“炙鸹烝凫，煔鹑敶只”；十一是“煎鰿臛雀，遽爽存只”。上述 10 余道美食佳肴非常讲究，烹饪技艺，用了烧、羹、炮、醢、脍、炙、蒸、煮、煎等 10 种手法。[①]

楚国贵族的饮宴，不仅在席位、进食等方面有礼仪之规，同时在不同的宴会上，馔肴和饮品、醢酱等物的摆放上，也有一定的规矩，不得错乱。一般宴席的肴馔食序，大抵是先酒、次肉、再饭。后世人们宴客，也是先上茶，再摆酒肴，最后是鱼肉饭食，每次食完将席面清洁一次，仍继承着西周时宴会礼仪的食序。

邹衡、徐自强在《商周铜器群综合研究·整理后记》中说：

据礼书记载，当时的奴隶主贵族用列鼎的数目因其身份的高低而有的不同，从而形成了一套比较严格的用鼎制度。关于各级贵族用列鼎数目，按其规定，大体说来，可以分为五等：

一鼎，据《士冠礼》《士昏礼》《士丧礼》《士虞礼》《特牲》的记载，“一鼎”的鼎实是豚，并规定为“士”一级用。

三鼎，据《士昏礼》《士丧礼》《士虞礼》《特牲》《有司彻》等记载，情况比较复杂，鼎实也不完全一样，《士丧礼》说是豚、鱼、腊，《特牲》说是豕、鱼、腊，而《有司彻》则说是羊、豕、鱼，即所谓“少牢”。这是“士”一级在特定场合下用的。《孟子·梁惠王下》也说到士用“三鼎”。

五鼎，《聘礼》《既夕》《少牢》《有司彻》《玉藻》等都有“五鼎”的记载，其鼎实大概是羊、豕、鱼、腊、肤五种，亦称“少牢”。《孟子·梁惠王下》：“前以士，后以大夫；前以三鼎，而后以五鼎。”与《少牢》《有司彻》等记载相合，可见“五鼎”是“大夫”一级用的。

七鼎，《聘礼》《公食大夫》和《礼器》都有记载，其鼎实为牛、羊、豕、鱼、腊、肠胃、肤七种，即所谓“大牢”，是“卿大夫”用的。

---

① 宋公文，张君. 楚国风俗志［M］. 武汉：湖北教育出版社，1995：21-23.

九鼎，《聘礼》《公食大夫》都有记载，其鼎实为牛、羊、豕、鱼、腊、肠胃、肤、鲜鱼、鲜腊九种，亦称"大牢"。《周礼·宰夫之制》记载："王日一举，鼎十有二。"郑《注》：十二鼎为牢鼎九、陪鼎三，可见"九鼎"是天子用的，但东周的国君宴卿大夫时也用"九鼎"。①

春秋战国时期国君宴请前来访问的其他国家的宾客，就是按照这个标准执行的，以鼎的多少来象征宾客的身份。在已出土的荆楚食器中，簋按一定数量与鼎配合使用，以表示贵族的身份等级。通常为八、六、四、二偶数组合，九鼎八簋为诸侯以上级别，七鼎六簋为卿和上大夫以上级别，五鼎四簋为大夫以上级别，三鼎二簋或一鼎一簋为士以上。从这些礼器组合中可以发现一个规律，即高级别的食器充当礼器，往往是以奇数出现，寓意以九封顶，象征长久和顶级尊贵。而次一级的食器则往往偶数出现，偶数在传统中国人心目中一般认为比较吉利。

曾侯乙墓出土了国内最完整的九鼎八簋礼器组合。九鼎本来为国君所专享的规格，这时却在楚国的一个属国出土，该礼器为楚王赠予曾国国君陪葬，则应为楚国所制。

在商周时期所形成的一套按照贵族身份和礼仪尊卑不同而使用不同的饮食礼器的制度中，用鼎制度是其中的核心。用鼎多少是"别上下、明贵贱"的标志。鼎不仅是一种礼器，而且是政权的象征，在《左传》《逸周书》《墨子》等文献中，有夏禹收九州之金，铸为九鼎，遂以为传国之重器的记载。所以后世称取得政权叫"定鼎"，国家的栋梁大臣称为"鼎辅"，就好像锅底下的足烘托着大锅一样。正是因为鼎在社会生活中有如此重要的价值，所以，在商周饮食礼俗中，用鼎的制度也就成了其中的主要内容，楚国也一直在沿袭这套用鼎制度，到西汉以后，这套用鼎制度才逐渐退出历史舞台。

---

① 郭宝钧. 商周铜器群综合研究［M］. 北京：文物出版社，1981：208.

二、场面宏大、"以乐侑食"

春秋战国时期，王公宴席的各种饮食礼节也已经十分完善，这时不少宴筵的礼仪，都可以在《礼记》中看到其形式。以"燕礼"为例，所谓"燕礼"，即国君宴请群臣之礼，其节文与形式同"乡饮酒"大同小异，不同的是场面更加宏大，来宾更众，歌唱、吹奏的乐曲更多，饮食更为丰富。其形式为："献君，君举旅行酬；而后献卿，卿举旅行酬；而后献大夫，大夫举旅行酬；而后献士，士举旅行酬；而后献庶子。俎豆、牲体、荐羞，皆有等差，所以明贵贱也。"①

这就是说，饮酒时，宰夫（宴会主持人）先敬献国君，国君饮后举杯向在坐的来宾劝饮；然后宰夫向大夫献酒，大夫饮后也举杯劝饮；然后宰夫又向士献酒，士饮后也举杯劝饮；最后宰夫献酒给庶子。燕礼中应用的餐具饮器、食物点心、果品酱醋之类，都因地位的不同而有差别。由此可见，席位有尊卑、献酒有先后、食用有差别，都是用来分别贵贱的，故曰："燕礼者，所以明君臣之义也。"② 这也反映了楚国宴会的基本形式。

乐舞相伴也是楚国王室宴会的一大特色。《左传·成公十二年》："晋郤至如楚聘，且莅盟。楚子享之，子反相，为地室而县焉。郤至将登，金奏作于下。"杨伯峻先生解释"为地室而县焉"说："'县'同悬。于地下室悬挂钟鼓。地下室当在堂下。"又解释"金奏作于下"说："金奏，金指钟镈（似钟），奏九种《夏》乐，先击钟镈，后击鼓磬，谓之金奏。"③ 这是楚国国君设享礼招待其他大国来聘问的大臣，在地下音乐厅奏乐。

乐舞与饮食相伴可以追溯到更早，先秦时期，当人们获得了丰收，

①　礼记·燕义 ［M］. 上海：上海古籍出版社，2016：694.

②　礼记·燕义 ［M］. 上海：上海古籍出版社，2016：693.

③　杨伯峻. 春秋左传注 ［M］. 北京：中华书局，1981：857.

以及猎取了美味以后，常常设庆功喜宴，杀牛、宰羊，并载歌载舞，以祈求祖先、天地、神灵保佑他们，希望风调雨顺，五谷丰稔，牲畜兴旺，免除灾难。由此形成了诗歌，早期诗歌一般都配合乐器，带有扮演舞蹈的艺术，多数诗篇都是反映劳动人民饮食生活状况的。此后，宫廷宴集也必须行礼举乐，以乐侑食。《周礼·天官·膳夫》云："王日一举，……以乐侑食，……卒食，以乐彻于造。"其意是说，每天给王者供给其菜肴所需。进食的时候，要奏乐，以调和气氛。待王者进食完毕，再奏乐，并负责将剩余的菜肴收入厨房之中。又《礼记·王制》记载"天子食，日举侑乐"。周王室遇有重要宴飨，还必须举乐唱诗。可见，这种"以乐侑食"之风盛行于西周与东周。天子、诸侯进而大夫举行宴会时，都要以乐侑食，以活跃气氛，培养情绪，增进食欲。据学者研究，《诗经·大雅》是用于周王室大典宴会的歌词，《小雅》是用于诸侯国宫廷宴会的歌词。

《楚辞·招魂》中也有这种记载，"肴羞未通，女乐罗些。陈钟按鼓，造新歌些。《涉江》《采菱》，发《扬荷》些。美人既醉，朱颜酡些。嬉光眇视，目曾波些。被文服纤，丽而不奇些。长发曼鬋，艳陆离些。二八齐容，起郑舞些。衽若交竿，抚案下些。竽瑟狂会，搷鸣鼓些。宫廷震惊，发《激楚》些。吴歈蔡讴，奏大吕些。"其意是说：丰盛的酒席还未撤去，舞女和乐队就罗列登场。安放好编钟设置好大鼓，把新作的乐歌演奏演唱。唱罢《涉江》再唱《采菱》，更有《杨荷》一曲歌声扬。美人已经喝得微醉，红润的面庞更添红光。目光撩人脉脉注视，眼中秋波流转水汪汪。披着刺绣的轻柔罗衣，色彩华丽却非异服奇装。长长的黑发高高的云鬓，五光十色艳丽非常。二八分列的舞女一样妆饰，跳着郑国的舞蹈上场。摆动衣襟像竹枝摇曳交叉，弯下身子拍手按掌。吹竽鼓瑟狂热地合奏，猛烈敲击鼓声咚咚响。宫殿院庭都震动受惊，唱出的《激楚》歌声高昂。献上吴国蔡国的民谣，奏着大吕调配和声腔。

《楚辞》中的这段描写，反映出此风在楚国贵族间也颇为流行。但是，楚人的以乐侑食又明显具有自己的独特性。这主要表现在宴会所用音乐上。首先，楚人宴饮用乐为地方民乐、俗乐，不在《诗经》中；其节奏鲜明，风格明快活泼。《楚辞》中所记的音乐有《涉江》《采菱》《扬荷》《激楚》，王逸注曰："楚人歌曲也。"这些都是楚地地方性的音乐。"吴歈蔡讴，奏大吕些"，指吴地和蔡地的民谣；"大吕"为音乐调值名，并不指特定的音乐。蔡早在春秋时期已为楚所灭，到楚怀王时期，吴越之地也进入了楚国版图。因此，此时的"吴歈蔡讴"已经成了楚国的地方音乐。

而中原地区的宴饮用乐，记载诸侯与群臣宴饮用乐都固定选用《诗经》曲目：《鹿鸣》《四牡》《皇皇者华》《南陔》《白华》《华黍》《鱼丽》《南有嘉鱼》《南山有台》等均出自《小雅》；《关雎》《葛覃》《卷耳》，均出自《国风·周南》；《鹊巢》《采蘩》《采苹》出自《国风·召南》；《新宫》郑注以为《小雅》逸篇；用于舞蹈伴奏的《勺》，即《周颂·酌》。这些音乐曲目固定，早被编入《诗经》之中。而《诗经》至少在孔子时代就已经编定，其音乐与"吴歈蔡讴"不同，到战国末已经成了"古乐"，失去了鲜活的民间性。而且，这些曲目被规定下来成为礼，在北方各诸侯国通用，可以说具有"国际性"。

相比之下，楚人的宴饮使用地方音乐，则更具地方特色。同时楚人还使用俗乐和创造出的"新歌"，曲目似乎不固定，更为自由。刘向《九叹·忧苦》云："恶虞氏之箫《韶》兮，好遗风之《激楚》。"王逸注曰："恶虞舜箫《韶》之乐，反好俗人淫泆《激楚》之音也。"可知令"宫庭震惊"的《激楚》属于俗乐。宋玉《对楚王问》曰："客有歌于郢中者，其始曰《下里巴人》，国中属而和者数千人。"可见楚人好俗乐，《激楚》与《下里巴人》一样流行于当时的楚国。楚人"陈钟按鼓，造新歌些"。而在中原地区音乐与道德建立起联系，由于不符合道德规范"新歌""新声"被限制使用。《国语·晋语》记"平公说新声"，师旷便反对说，听音乐应注意"修诗以咏之，修礼以节之"。《礼记·乐记》中子曰："今夫新乐，进俯退俯，奸声以滥，溺而不止。"更是称新乐为"奸声"。这说明在音乐方面，楚人纯以娱乐看待音乐，并未赋予音乐太多道德性的内涵。其次，楚人宴饮用乐不需要配合宴会各步骤，形式轻松自由。中原宴饮规定了"宾及庭，奏《肆夏》"；宾出，奏《陔》；主人答谢宾的进酒时音乐就停止……音乐的表演配合着宴饮仪式，等等。①

三、席地而食、东向为尊

在先秦时期，中国先民习惯于席地而坐，席地而食，或凭俎案而食，人各一份，清清楚楚。西周以后，随着生产力的发展，工艺技术水平的提高，必然引起人们日常生活的面貌发生一些变化。在室内用具上，席的使用已十分普及了，并成为古代礼制中的一个规范。当时无论是王府还是贫苦人家，室内都铺席，但席的种类却有区别。贵族之家除用竹、苇织席外，还有的铺兰席、桂席、苏熏席等，王公之家则铺用更华贵的象牙席，工艺技巧已达到十分高超的地步。

铺席多少也有讲究。西周礼制规定天子用席五重，诸侯三重，大夫两重。且这些席的种类、花纹色彩均不相同。后来，有关用席的等级意识逐渐淡化，住房内只铺席一重，稍讲究一点的，再在席上铺一重，谓之"重席"。下面的一块尺寸较大，称为"筵"，上面的一块略小，称为"席"，合称为"筵席"。郑玄在《周礼》注中云："铺陈曰筵，籍之曰席。"② 贾公彦疏曰："凡敷席之法，初在地者一重即谓之筵，重在上者即谓之席。"筵铺满整个房间，一块筵周长为一丈六尺，房间大小用多少筵来计算。席因为铺在筵上，一般质料比筵也要细些。

先秦民众无论是平时进食或举行宴会时，食品、菜肴都是放在席上或席前的案上，一些留存下来的礼器，如俎、豆、簠、簋、觚、爵等饮食器，都是直接摆在席上的。文献与考古资料都证明先秦之民是席地而食的，一二人是如此，就是大宴宾客也是如此，主人和客人也都是坐在席上，无席而坐是被视为有违常礼的，后世的筵席、席位、酒席等名称

---

① 杨雯. 楚辞风俗研究 [D]. 成都：四川师范大学，2009：59.

② 李学勤. 周礼注疏·春官·司几筵疏 [M]. 上海：上海古籍出版社，2010：753.

就是由此发展而来的。

西周礼制规定，席子要铺得有规有矩，所以后来孔子曾说："席不正，不坐。""君赐食，必正席先尝之。"①《墨子·非儒》篇说："哀公迎孔子，席不端，弗坐，割不正，弗食。"《晏子春秋·内篇杂上》说："客退，晏子直席而坐。"由此看来，所谓"席不正"，就是席子铺的不端正，不直，歪歪斜斜，或座席摆的方向不合礼制。

席地而食也有一定的礼节。首先，座席要讲席次，即座位的顺序，主人或贵宾坐首席，称"席尊""席首"，余者按身份、等级依次而坐，不得错乱。其次，座席要有坐姿。要求双膝着地，臀部压在后足跟上。若座席双方彼此敬仰，就把腰伸直，是谓跪，或谓跽。座席最忌随随便便，《礼记·曲礼上》曰："坐毋箕。"也就是说，坐时不要两腿分开平伸向前，上身与腿成直角，形如簸箕，这是一种不拘礼节、很不礼貌的坐姿。因此，这时很注重人的坐姿，如殷墟甲骨卜辞中说："王占曰：不 若兹卜，其往，于甲酒咸。"② 其中""字就像一人跪坐在筵席之上，也反映了西周时酒筵上是有座席的。

这时，富贵人家的席前还常置有俎案，其制式一般都非常矮小，这是为了与坐在席上相适应而设计的。案的起源较早，在山西襄汾陶寺新石器时代晚期文化遗址中，考古工作者曾在此发现了一些用于饮食的木案③。木案平面多为长方形或圆角长方形，长约 1 米，宽约 30 厘米，案下三面有木条做成的支架，高 15 厘米左右。木案出土时都放置在死者棺前，案上还放有酒具多种，有杯、

楚国漆木案

觚和用于温酒的斝。稍小一些的墓，棺前放的不是木案，而是一块长 50

---

① 论语·乡党 [M]. 北京：中华书局，1980：105.

② 郭沫若. 甲骨文合集 [M]. 北京：中华书局，1979：975 反.

③ 高炜，李健民. 1978—1980 年山西襄汾陶寺墓地发掘简报 [J]. 考古，1983（1）.

厘米的厚木板，板上照例也摆有酒器。陶寺文化遗址还发现有与木案形状相近的木俎，也是长方形，略小于木案。俎上放有石刀、猪蹄或猪肘。这是我们现在所见到的最早一套反映饮食方式的实物，可以看出，当时人们进食与烹饪都是坐在地上的。

　　这种小食案都是与分食制相联系的，我们在发掘出的汉代画像石、画像砖以及壁画上，常常可以看到一人面前一个食案，席地而食的进餐场景。为什么在商周乃至汉唐这样一个很长的历史时期中国都盛行分食制呢？我们认为这个问题不仅与远古社会平均分食的传统饮食方式有关，而且，由于这时能影响它发生变化的外部条件也不成熟，因为合食、会食制的形成，是与新家具的出现以及烹饪技术的发展、肴馔品种的增多有关的，而在当时楚国的宴会上，每人面前都只有一个小食案。

　　《史记》中有段记载也从侧面反映了东周以来分食制的情况，其中说："孟尝君在薛，招致诸侯宾客及亡人有罪者，皆归孟尝君。孟尝君舍业厚遇之，以故倾天下之士。食客数千人，无贵贱一与文等。孟尝君待客坐语，而屏风后常有侍史，主记君所与客语，问亲戚居处。客去，孟尝君已使使存问，献遗其亲戚。孟尝君曾待客夜食，有一人蔽火光。客怒，以饭不等，辍食辞去，孟尝君起，自持其饭比之。客惭，自刭。士以此多归孟尝君。孟尝君客无所择，皆善遇之。"[1]

　　如果不是实行分食制，而是众人在一起同桌合食的话，就不会出现客人以为"饭不等"而导致自杀的悲剧了。

　　楚国宴席不仅是席地而食，而且还是男女杂坐。《楚辞·招魂》曰："士女杂坐，乱而不分些。放陈组缨，班其相纷些。郑卫妖玩，来杂陈些。"宴会上有来自郑国、卫国等地的美女陪坐侍酒，所有人不分男女，间杂坐在一起。

　　宴会中无论君臣、不分男女坐在一起，也是楚人独特的风俗。《韩诗外传》卷七记录了这样一个故事：楚庄王与群臣饮宴，有人竟能趁大殿

---

① 史记·孟尝君列传 [M]. 北京：中华书局，1963：2353-2354.

上烛火熄灭的间隙，去拉王后的衣服，并能在烛光亮起前回到原位，且不被人发现。从这个故事我们可以了解，楚王与群臣宴饮王后也参与其中，并且与宴者彼此距离相当接近。这样的故事在楚国发生，它说明《招魂》中描绘的酒酣耳热场面实在是楚国宫廷的实况。然而，这样的故事也只能在楚国发生。中原地区的宴会是座次井然、威严恭敬的。首先，据周人的宴饮礼俗，男女不能一同进餐。《礼记·内则》：七岁，"男女不同席，不共食。"又《礼记·曲礼上》："男女不杂坐，不同椸枷，不同巾栉，不亲授。"这些礼书极为细致、极为严格地制定了人一生中各个阶段的行为要求，男女从 7 岁开始就不能在一起吃饭，杂坐在一起更是不被礼制允许的。

其次，中原的宴饮以醉为度，虽醉不及乱。《诗经·宾之初筵》云："既醉而出，并受其福。醉而不出，是谓伐德。饮酒孔嘉，维其令仪。"对像楚人这种男女共醉，杂坐无别的情形，被视为"污秽"淫乱之行，是道德有缺失的表现。贾谊《新书·阶级》卷二曰："坐污秽男女无别者，不谓污秽，曰'帷薄不修'。"

但是楚人自己对此颇不以为然，他们的宴会没有这些道德约束，充满了自然天性的放纵。形成这种风俗，可能是受到楚地少数民族风俗的影响。据清代土家族文献《古丈坪厅志》记载：火床，男女共坐眠，则风之近苗者。男女共坐共眠是苗人的风俗。就今天看，南方的其他少数民族也有此类风习。上古先民们同氏族、同部落的人围坐篝火四周，不分男女老幼。少数民族的风俗许多也是原始遗风的残存。楚国本是三苗故地，因此楚人习惯于宴饮中男女杂坐。

楚国宴会中坐西面东，是最尊贵的座位。《史记·项羽本纪》中记载，西楚霸王项羽在鸿门军帐中大摆宴席招待刘邦。在宴会上，"项王、项伯东向坐。亚父南向坐，亚父者，范增也。沛公北向坐，张良西向侍"。在这里，项羽和他的叔父项伯坐的是主位，坐西面东，是最尊贵的座位。其次是南向，坐着谋士范增。再次是北向，坐着项羽的客人刘邦，说明在项羽眼里刘邦的地位还不如自己的谋士。最后是西向东坐，因张良地位最低，所以这个位置就安排给了张良，叫作侍坐，即侍从陪客。鸿门宴上5人中4位是楚人，只有张良是韩人，席次则按楚俗安排。这种座次安排是主客颠倒，反映了项羽的自尊自大和对刘邦、张良的轻侮。

以东向为尊，在《史记》中有充分的反映，如《史记·武安侯列传》说：田蚡"尝召客饮，坐其兄盖侯南向，自坐东向"。田蚡认为自己是丞相，不可因为哥哥在场而不讲礼数，否则就会屈辱丞相之尊。《史记·周勃世家》亦云，"周勃不好文学，每召诸生说士"，自居东向的座位，很不客气地跟儒生们谈话。这样的例子在史书中很多。一般而言，只要不是在堂室结构的室中，而是在一些普通的房子里或军帐中，都是以东向为尊的。所以顾炎武《日知录》亦云："古人之坐，以东向为尊。"

以东向为尊的礼俗源于先秦，在《仪礼·少牢馈食礼》和《特牲馈食礼》中可以看到这样一种现象，周代士大夫在家庙中祭祀祖先时，常将尸（古代代表死者受祭的活人）位置放置在室内的西墙前，面向东，居于尊位。此外，郑玄《禘祫志》中云：天子祭祖活动是在太祖庙的太室中举行的，神主的位次是太祖，东向，最尊；第二代神主位于太祖东北即左前方，南向；第三代神主位于太祖东南，即右前方，北向，与第二代神主相对，以此类排下去。主人在东边面向西跪拜，这都反映出室中以东向为尊的礼俗。

四、进食方式及进食器具

先秦时期，人们的进食方式可以说是手抓与用筷子、匙叉进食并存。楚国也不例外。

手抓食物进食是原始时代遗留下来的传统，商周时期仍有沿袭。商周青铜铭文中的"飨"字便写作🖐，像两人正伸手抓取盘中食[1]。这种象形抓食的青铜铭文，在《金文编》中也不乏例证。

① 陕西省考古研究所，陕西省文物管理委员会，陕西省博物馆. 陕西出土商周青铜器（一）[M]. 北京：文物出版社，1979，图版八八，图版说明：13-14.

先秦文献中也透露过楚国手食的信息，如《左传·宣公四年》中记载这样一件事："楚人献鼋于郑灵公。公子宋与子家将见。子公之食指动，以示子家，曰：'他日我如此，必尝异味。'及入，宰夫将解鼋，相视而笑。公问之，子家以告。及食大夫鼋，召子公而弗与也。子公怒，染指于鼎，尝之而出。公怒，欲杀子公。"这里，从"食指动"到"染指于鼎"，都是手食的动作。

如果以上这则记载的手食信息还不够明确的话，那么，《礼记》中所揭示的周代手食礼节就比较清楚了。《礼记·曲礼上》云："共食不饱，共饭不泽手，毋抟饭，毋放饭。"什么叫"共饭不泽手"呢？郑玄注曰："为汗手不洁也。泽，谓挼莎也。"孔颖达疏云："共饭不泽手者，亦是共器盛饭也。泽谓光泽也。古之礼，饭不用箸，但用手，既与人共饭，手宜洁净，不得临食始挼莎手乃食，恐为人秽也。"可见，"挼莎"就是揉搓双手，因为这样做容易引起手上出汗，然后抓取饭食则不卫生。什么叫"毋抟饭"呢？郑玄云："为欲致饱不谦。"孔颖达疏云："共器若取饭作抟，则易得多，是欲为饱，非谦也。"而"毋放饭"，郑玄释曰："去手余饭于器中，人所秽。"所以这段话的完整意思就是：大家在一起进食，不可只顾自己吃饱。如果和大家一起吃饭，就要注意手的清洁。不要用手抟饭团，不要把多余的饭放进盛饭的器具中。

《礼记·曲礼上》还说："饭黍毋以箸……羹之有菜者用梜，其无菜者不用梜。"

郑玄注云："梜犹箸也，今人或谓箸为梜提。"孔颖达疏云："有菜者为铏羹是也。以其有菜交横，非梜不可，无菜者谓大羹湇也，直歠之而已。其有肉调者，犬羹、兔羹之属，或当用匕也。"这段注疏说明，当时人们对进食品种所采用的器具是有所不同的，不能随便混用，有礼仪规定。

《礼记·丧大记》亦云："食粥于盛不盥，食于篹者盥。"

为什么先秦先民在已经有了食具之时，还在采用手食方式呢？从文献记载来看，似乎这种方式多出现在一些纪念仪式和招待来宾之中，大概先民想用同食一锅饭来表示亲密一家，也许是基于这种民族心理最终而形成了一种饮食礼俗。

虽然存在手食这种方式，但它并不是一种主要进食方式，主要进食方式是用餐匙和筷子之类，因为考古资料证实，当时人们使用餐匙、餐叉和筷子已十分普及了，例如在湖北清江流域就出土过商代的筷子，筷子制作十分精美，表明此时楚人已经较普通使用筷子。

五、宴会游艺娱乐

西周贵族们宴会游艺娱乐的场面，在《诗经》中也有一些描写，其中，最形象、精彩的要数《诗经·小雅·宾之初筵》了。诗中描述了西周幽王宴会大臣贵族的情形，从中我们可以看到西周王室宴会游艺娱乐的基本概况，兹录如下：[①]

原文	译文
（一）	
宾之初筵，	宾客初到各就席，
左右秩秩。	左右揖让不失礼。
笾豆有楚，	杯盘碗盏摆整齐，
肴核维旅。	鱼肉果蔬全陈列。
酒既和旨，	酒味既醇又甘美，
饮酒孔偕。	觥筹交错真热烈。
钟鼓既设，	钟鼓乐器都齐备，
举酬逸逸。	络绎不绝频举杯。
大侯既抗，	虎皮靶子竖起来，
弓矢斯张。	张弓搭箭如满月。
射夫既同，	射手云集靶场上，

---

① 程俊英. 诗经译注［M］. 上海：上海古籍出版社，1985：453.

献尔发功。	表演技艺逞英杰。
发彼有的,	人人争取中目标,
以祈尔爵。	要叫对手罚一爵。

（二）

龠舞笙鼓,	执龠起舞笙鼓和,
乐既和奏,	众乐齐奏声铿锵,
烝衎烈祖,	进献有功的先祖,
以洽百礼。	用来配合这百礼。
百礼既至,	百礼已经陈于庭,
有壬有林。	隆重盛大又堂皇。
锡尔纯嘏,	神灵赐你大福泽,
子孙其湛。	子孙个个都欢畅。
其湛曰乐,	人人喜悦又快乐,
各奏尔能。	各献其能把酒酌。
宾载手仇,	宾客各自找对手,
室人入又。	主人相陪比短长。
酌彼康爵,	斟上满满一杯酒,
以奏尔时。	祝你胜利进一觞。

　　《宾之初筵》是一首全面、生动描写西周宴会礼仪的诗作,这首诗把宾客出场、礼仪形式、宴席食物与食器的陈列、音乐侑食和射手比箭写得清楚有序、生动简洁,宴会气氛热烈而活跃,这显然是当时"燕射礼"的艺术描写以及所应遵守的规范程序。当然,"燕射礼"参与者的主要目的是饮酒作乐,因此左右揖让,射箭不过是形式。诗中所描写的饮宴礼乐的盛大场面,远比《仪礼》《礼记》所记形象多了,使人们对于西周宴会礼仪形式和实际情况有了进一步的感性认识。

　　西周时,"燕礼"往往与"射礼"联合举行,先行"燕礼",后行"射礼"。西周初年以武立国,特别注重射礼,《礼记·射义》云:"古者诸侯之射也，必先行燕礼。”

射礼是在宴饮后比赛射箭，“燕射礼”主要行于诸侯与宴请的卿大夫之间，比“乡射礼”高一等级，其具体仪节可以在《仪礼·大射》中看到，同时在出土的东周铜器刻纹图案上更可看到具体描绘，在这些图案上可以清楚地找到劝酒、持弓、发射、数靶、奏乐的片段，是研究西周宴礼的形象资料。

楚人宴会中的娱乐活动，以“六博”为主。战国前后在荆楚一带六博棋已十分流行。《楚辞·招魂》记载：“菎蔽象棋，有六簙些。分曹并进，遒相迫些。成枭而牟，呼五白些。晋制犀比，费白日些。”[①] 王逸注：“言宴乐既毕，乃设六簙，以菎蔽作箸，象牙为棋，丽而且好也。”洪兴祖补注引鲍宏《博经》：“用棋十二枚，六白，六黑。”宴饮之后，歌舞还在进行，而人们又拿出了博弈之具，开始另一项娱乐。据《后汉书·梁冀传》注引鲍宏《簺经》云：“簺有四采，塞、白、乘、五是也。至五即格，不得行，故谓之格五。”

《楚辞》中的“呼五白”，应是人们在掷采时的叫声。他们不时高呼“五”“白”，为胜负激动地叫出声来，即使在音乐声中也能听到。钟鼓竽瑟之声、歌声、人的欢呼……整个宴会场面显得无序却又热闹非凡，宴会中的人们显然正欣然享受着这热闹的盛会。从各地出土博局图、博具来看，战国时期的一套完整的六博棋具包括梮（棋局）、棋（棋子）、箸（相当于后世的骰子），汉代时有些博具中开始使用茕（骰子）代替博箸。

六博图

六博的棋子多以象牙、玉石或金属制成，12 枚棋子分黑红或黑白两组，长方体和立方体两种形状，每组均大小相同，每方 6 枚，有 1 枚称

① 黄寿祺，梅桐生．楚辞全译［M］．贵阳：贵州人民出版社，1984：167．

枭，有 5 枚称散，也有称卢、雉、犊的，因此棋子也有一大五小的。棋子布于博局，博局也称"梮"，多为木质方形，盘面髹黑漆，也有白漆的，有一方形大框，框内中部是一方框，周边有棋路，名"曲道"，共 12 个，四角处有 4 个圆点。博局形式似乎是模仿自栻盘，栻盘关于生门、死门、相生、相克的说法，对博局也产生了影响，博局上的十二曲道中就有不利行棋的"恶道"。

博指博箸，每套博具中有 6 根箸，行棋前要先投箸，据投箸结果进行行棋，博箸是用半边细竹管，中间填金属粉再髹漆而成，剖面呈新月形，这样投掷时就能够正反不同，便出现不同数目的筹码。西汉时出现代替博箸的茕，多用竹、木、骨等材料，有正方体、十八面体等不同制形，十八面体的球形物的其中 16 面刻 1～16 数字，另外相对的两面上刻 2 字，有胜负之意，有用 1 茕或 2 茕的。另外还有数量不等的竹片制成的博筹，用来计算对博双方的输赢情况。

1972 年河南省灵宝县出土东汉绿釉陶六博俑，两俑对博，中间置长方形盘局，其一边置 6 根箸，一边置方形博局，博局两边各有 6 枚方形棋子，中间有 2 枚圆"鱼"。

1973 年湖北江陵凤凰山 8 号西汉墓出土整套博具，有博局盘 1 件，竹箸 6 根，用半边细长竹管制成。骨质棋子 12 枚，6 白 6 黑，为长方体，竹箸与棋子盛在一个圆形漆奁内。该墓出土遣策记："博。算、口、枂、博席一具、博橐一"。博是全套博具。算（算），算（箸），口应是綦（棋），枂是木博局。墓葬年代为西汉文景时期。博席、博橐朽没无存，其他均与同时出土的遣策对应。[①]

1973 年长沙马王堆 3 号西汉墓出土一套完整的漆盒装六博棋具，盒内有方形博局盘 1 件，上有 12 个曲道、4 个飞鸟图案，大象牙棋子 12 枚，六白六黑，灰色小象牙棋子 20 枚，箸分长短两种，长箸 12 根，短箸 30 根，象牙削刀 1 件，灰黑色，呈竹叶形，两边有刃，有木柄，通长

① 　湖北江陵凤凰山西汉墓发掘简报［J］. 文物，1974（6）.

17.2 厘米。象牙割刀 1 件，木骰 1 件，为球形十八面体，每面均阴刻篆体文字：一面刻"骄"，相对的一面刻"口"，其余各面分别刻数字 1～16。是迄今所见配套最齐全的博具。该墓遣策中有记博竹简一组 8 枚：博一具；博局一；象棋十二；象直食其廿；象笄三十；象割刀一；象削一；象（骰）一。所记与出土实物相符。该墓年代为汉文帝十二年（公元前 168 年），墓主为列侯。[①]

1975 年 12 月湖北云梦睡虎地 11 号、13 号秦墓均出土博具。11 号墓出土的博局盘长方形，盘面以中部方框为中心阴刻 12 个曲道纹和 4 个圆点。棋子 12 枚，其中 6 枚为长方体，博箸 6 根。13 号墓出土的博局盘长方形，盘面也有以方框为中心的 12 个曲道、4 个圆点，盘的一侧有一个长凹槽，内置骨棋子 6 枚、竹箸 6 根，槽外盖有一有圆孔的长木片，骨棋子一大五小，竹箸亦为半边细长竹管制成。据 11 号墓竹简知该墓年代为秦始皇三十年（公元前 217 年）。

1995 年 3 月湖北荆州纪城战国墓 1 号墓，据称发现六博盘，未见其他博具。盘为长方形，盘对角有两个圆形穿孔。据说此棋盘曾被盗墓者盗走。

从以上对楚地贵族宴饮礼俗的分析，我们不难发现楚人将宴饮视为一种娱乐活动，主要利用其娱乐功能，使宴饮明显带有狂欢性质。它不像中原的宴会那样矜庄肃穆，被固定，被仪式化，也没有被赋予和睦亲族、分别男女、长幼等政治功能和伦理意义，似乎纯以娱乐为目的。而其中的歌舞狂欢体现出了巫风；男女杂坐，则是受到了楚地少数民族原始风俗的影响。

第四节 楚文化与酒

源远流长的楚文化是中华文化的重要组成部分，而酒文化则是楚文

---

① 熊传新. 谈马王堆三号西汉墓出土的陆博 [J]. 文物，1979（4）.

化中不可或缺的元素。酒文化不仅凸现了楚文化灵动飘逸的浪漫主义风格，而且透露出楚文化鲜活而浓郁的生活气息。无论是苞茅缩酒的神圣仪式和《楚辞》中对酒文化的渲染，还是楚系墓葬中出土的美不胜收的酒器和文献中关于楚人酒宴典故的记载，无不反映出楚文化与酒的不解之缘。

一、苞　茅　缩　酒

苞茅缩酒是楚国重要的祭祀仪式，也是中华民族祭祀文化和酒文化的宝贵遗产。在古人心目中，三脊之茅具有特殊的神圣意义。《史记·封禅书》："江淮之间，一茅三脊，所以为藉也。"裴骃《集解》："孟康曰'所谓灵茅也[1]。'"在上古时代，江淮流域的先民们就已经开始用茅来过滤酒，以增加酒的灵性和提高酒的品质。《周礼·天官·甸师》："祭祀，共萧茅，共野果蓏之荐。"郑玄注曰："郑大夫云：'萧字或为茜，茜读为缩。束茅立之祭前，沃酒其上，酒渗下去，若神饮之，故谓之缩。缩，浚也。故齐桓公责楚不贡苞茅，王祭不共，无以缩酒[2]。'"缩酒方法应是以成束的茅草过滤酒中的酒糟，使酒成为飨神的清酒。苞茅缩酒在祭祀活动中具有神圣的意义，象征着神灵饮酒。荆楚地区盛产苞茅，因此，《禹贡》中就有中原王朝命令荆楚地区进贡苞茅的记载。《尚书·禹贡》："荆及衡阳惟荆州。江、汉朝宗于海，……包匦菁茅，厥篚玄纁、玑组，九江纳锡大龟。浮于江、沱、潜、汉，逾于洛，至于南河。"孔安国注曰："匦，匣也。菁以为菹，茅以缩酒。"[3]《本草纲目》草部白茅："香茅一名菁茅，一名琼茅，生湖南及江淮间，叶有三脊，其气香芬，可以包藉及缩酒，《禹贡》所谓荆州苞匦菁茅是也。"[4] 楚王族氏"熊"，金文

---

① 史记［M］. 北京：中华书局，1959：1361-1363.
② 李学勤. 周礼注疏［M］. 北京：北京大学出版社，2000：116-117.
③ 李学勤. 尚书正义［M］. 北京：北京大学出版社，2000：180.
④ 李时珍. 本草纲目·草部［M］. 北京：人民卫生出版社，1982：811.

作"酓"，上似一人或神，下为酒（酉），合之则为人（神）饮酒状。由此可见缩酒仪式之古老与神圣。

楚成王十六年（公元前 656 年），齐国以楚国没有向周天子进贡苞茅为由，出兵讨伐楚国。《左传·僖公四年》："春，齐侯以诸侯之师侵蔡。蔡溃，遂伐楚。楚子使与师言曰：'君处北海，寡人处南海，唯是风马牛不相及也，不虞君之涉吾地也，何故？'管仲对曰：'昔召康公命我先君大公，曰：五侯九伯，女实征之，以夹辅周室！赐我先君履，东至于海，西至于河，南至于穆陵，北至于无棣。尔贡包茅不入，王祭不共，无以缩酒，寡人是征。昭王南征而不复，寡人是问。'对曰：'贡之不入，寡君之罪也，敢不共给。昭王之不复，君其问诸水滨。'师进，次于陉。"① 杜预注曰："包，裹束也。茅，菁茅也。束茅而灌之以酒为缩酒。"② 其他文献也有类似记载。《春秋谷梁传·僖公四年》："屈完曰：'大国之以兵向楚，何也？'桓公曰：'昭王南征不反，菁茅之贡不至，故周室不祭。'屈完曰：'菁茅之贡不至，则诺。昭王南征不反，我将问诸江。'"范宁注曰："菁茅，香草，所以缩酒，楚之职贡。"③ 由此可见，在周王朝每年举行的各种祭祀典礼中，楚国进贡的苞茅成为必不可少的物品，其在祭祀中的重要意义不言而喻。

"苞茅缩酒"也是楚人重要的祭神仪式，文献对此语焉不详，但通过楚地民俗遗迹，使我们得以了解这一古老而神圣的仪式。端公舞是流传于今湖北南漳、保康、谷城一带的民间祭祀舞蹈，它是楚国祭祀文化的"活化石"，起源于楚国的巫舞，"苞茅缩酒"的仪式至今仍保存于鄂西北端公舞之中，且在楚地湘鄂西的苗寨也有变异的缩酒遗俗存在。尤其值得关注的是，韩国江陵端午祭巫祭中酿制神酒的仪式几乎是楚俗"苞茅缩酒"的翻版。其方法是，制作神酒时，先将菁茅、酒曲和米饭搅拌在

---

① 李学勤. 春秋左传正义［M］. 北京：北京大学出版社，2000：376-380.
② 李学勤. 春秋左传正义［M］. 北京：北京大学出版社，2000：378-379.
③ 李学勤. 春秋谷梁传注疏［M］. 北京：北京大学出版社，2000：134.

一起，使米饭发酵成酒，然后主持用菁茅过滤掉酒糟，把酒浆装进大瓦缸，沾过灵茅的酒成为神酒，最后将神酒装进小土陶瓶子里，在瓶口系上一束茅草，以备用于祭奠山神、城隍等巫祝祭祀①。由此可见，"苞茅缩酒"至今仍在海内外某些地区流传并产生着持久的影响，而其主要的贡献则来自楚文化②。

二、《楚辞》中的酒文化

《楚辞》是中国文学史上的丰碑，浪漫主义是《楚辞》的灵魂。酒文化渲染了《楚辞》的浪漫主义色彩，烘托出《楚辞》中绚丽的辞藻、神奇的幻想和空灵的意韵。

《九歌》反映了楚地独具特色的祭祀乐舞艺术，其中就有不少关于酒的描写。《楚辞·九歌·东皇太一》："瑶席兮玉瑱，盍将把兮琼芳。蕙肴蒸兮兰藉，奠桂酒兮椒浆。"王逸注曰："桂酒，切桂置酒中也。椒浆，以椒置浆中也。言己供待弥敬，乃以蕙草蒸肴，芳兰为藉，进桂酒椒浆，以备五味也。"③《楚辞·九歌·东君》："操余弧兮反沦降，援北斗兮酌桂浆。"王逸注曰："斗，谓玉爵。"洪兴祖补注曰："斗，酒器也。此以北斗喻酒器者，大之也。"④ 可见，在先秦时代，楚人十分钟爱桂花酒。或许正是因为楚人饮酒十分豪爽而且量大，故酒具也很大，以至于以北斗形容。

在《渔父》中，通过屈原与渔父的对话体现出屈原高尚的精神和高洁的品格。《楚辞·渔父》："屈原既放，游于江潭，行吟泽畔，颜色憔悴，形容枯槁。渔父见而问之曰：'子非三闾大夫与？何故至于斯？'屈原曰：'举世皆浊我独清，众人皆醉我独醒，是以见放。'渔父曰：'圣人

---

① 杨万娟. 韩国祭祀习俗与古代楚俗比较研究［J］. 湖北社会科学，2005（8）.
② 刘玉堂，肖洋. 楚文化与酒［J］. 武汉文博，2011（3）.
③ 洪兴祖. 楚辞补注［M］. 北京：中华书局，1983：56.
④ 洪兴祖. 楚辞补注［M］. 北京：中华书局，1983：76.

不凝滞于物，而能与世推移。世人皆浊，何不淈其泥而扬其波？众人皆醉，何不餔其糟而歠其醨？何故深思高举，自令放为？'屈原曰：'吾闻之，新沐者必弹冠，新浴者必振衣。安能以身之察察，受物之汶汶者乎？宁赴湘流，葬于江鱼之腹中。安能以皓皓之白，而蒙世俗之尘埃乎？'"①《渔父》正是以酒醉与酒醒的比喻，十分恰当地表现了屈原和渔父在人生价值取向上的巨大差别，从而凸现出我国伟大爱国主义诗人屈原志向高洁的崇高形象。

《招魂》与《大招》中的祭典活动展示出楚国贵族丰盛华丽的酒宴，这从一个侧面反映出楚国当时雄厚的经济实力和丰富的饮食文化。《招魂》："瑶浆蜜勺，实羽觞些。挫糟冻饮，酎清凉些。华酌既陈，有琼浆些。归来反故室，敬而无妨些。肴羞未通，女乐罗些。……菎蔽象棋，有六博些。分曹并进，遒相迫些。成枭而牟，呼五白些。晋制犀比，费白日些。铿钟摇虡，揳梓瑟些。娱酒不废，沈日夜些。兰膏明烛，华镫错些。结撰至思，兰芳假些。人有所极，同心赋些。酎饮尽欢，乐先故些。魂兮归来！反故居些。"② 王逸注曰："酎，醇酒也。言盛夏则为覆蠥干酿，提去其糟，但取清醇，居之冰上，然后饮之。酒寒凉，又长味，好饮也。"③ 可见，楚人不仅十分擅长于酒的冰冻技术，而且酒宴文化十分丰厚，既有丰盛的美酒佳肴，又有为之助兴的鼓乐歌舞，还伴有棋戏等娱乐活动。另外，在楚国宫廷宴会上，已经出现了这种以蜂蜜为原料酿制出的营养丰富的低度蜜酒，这就是"瑶浆蜜勺，实羽觞些"。洪兴祖《楚辞补注》谓："蜜勺犹言蜜酒。"

《大招》："四酎并孰，不涩嗌只。清馨冻饮，不歠役只。吴醴白蘗，和楚沥只。魂乎归来！不遽惕只。"④ 王逸注曰："醇酒为酎。……言乃

① 洪兴祖. 楚辞补注［M］. 北京：中华书局，1983：79-180.
② 洪兴祖. 楚辞补注［M］. 北京：中华书局，1983：208-213.
③ 洪兴祖. 楚辞补注［M］. 北京：中华书局，1983：209.
④ 洪兴祖. 楚辞补注［M］. 北京：中华书局，1983：220.

酝酿醇酒，四器俱热，其味甘美，饮之醲滑，入口消释，不苦涩，令人不馔满也。……沥，清酒也。言使吴人酝醴，和以白米之曲，以作楚沥，其清酒尤醲美也。言饮食醲美，安意遨游，长无惶遽怵惕之忧也。"[①] 由此可见，楚人的酿酒工艺流程极其考究，制酒技艺十分高超，故楚人酿制的酒醇香甘美，回味悠长。[②]

《楚辞》中的酒文化对中国传统文化产生了较大的影响。《红楼梦》第七十八回贾宝玉"远师楚人"而作《芙蓉女儿诔》祭奠晴雯，其中有"乃歌而招之曰：天何如是之苍苍兮，乘玉虬以游乎穹窿耶？地何如是之茫茫兮，驾瑶象以降乎泉壤耶？……文爬匏以为觯斝兮，漉醽醁以浮桂醑耶？"[③] 此段文辞恰似《招魂》，其中的"桂醑"即是《楚辞·东皇太一》和《楚辞·东君》中的桂花酒。这与其说是对《楚辞》中辞藻和意象的模仿与妙用，不如说是对楚人酒文化的传承与发扬，故而在其绮丽浪漫的文辞中散发出淳美的酒香。

三、楚系墓葬中的酒器

所谓楚系墓葬，就是从国别上看不属于楚墓，但从文化上看却是比较典型的楚文化风格的墓葬，如曾侯乙墓和襄阳山湾东周墓地及蔡坡战国墓地即是，在墓中出土了大量的青铜器，其中酒器占有相当大的比重，但出土酒器最多且最有特色者莫过于楚系墓葬曾侯乙墓。1978 年在湖北随州擂鼓墩发掘的曾侯乙墓，是 20 世纪楚文化考古的重大发现之一，墓中出土了大量青铜器，其中就有许多颇具特色的酒器，这些酒器反映了荆楚地区高度发达的酒文化，其中最有代表性的酒器是铜鉴缶、大尊缶、联禁大铜壶和镂空蟠龙纹铜尊盘。

---

① 洪兴祖. 楚辞补注［M］. 北京：中华书局，1983：220-221.
② 刘桂华. 论楚国酒文化风貌：以《楚辞》与楚系青铜酒器为例［J］. 荆楚理工学院学报，2017（5）：11-14.
③ 中国艺术研究院红研所. 红楼梦［M］. 北京：人民文学出版社，1982：1135-1136.

方形铜鉴缶，其为用于冰酒或温酒的器具，通高 63.2 厘米，边长 62.85 厘米，重 170 千克。由青铜方鉴、方缶组合而成，缶置于鉴内。鉴直口，方唇，短颈，深腹，4 个兽足承托鉴底。鉴身四角及四边中部榫接 8 个方形或曲尺形附饰和 8 个龙形耳。鉴盖中部留有方孔套合方缶口部。鉴盖浮雕变形蟠螭纹，鉴体浮雕蟠螭纹，下腹饰蕉叶纹。方缶小口，方唇，斜肩，鼓腹，平底。缶上饰勾连纹、菱形带纹、蕉叶纹等。放置时，方鉴底部有 3 个弯钩套合缶底的方孔，其中一个有活动倒栓，插入自动落下，固定方缶。使用时，方缶盛酒，鉴缶之间的空隙盛冰或炭。祭祀宴飨时，其用于冰酒或温酒，故鉴缶又可称为"冰鉴"、"温鉴"或"冰温鉴"，由此可以看出其中凝聚的智慧。在 2008 年北京奥运会开幕式上，由 2008 人组成的气势恢宏的缶阵充分展现出中国传统文化的源远流长，而其缶阵的重要道具——方形鉴缶的形制就是巧妙地借用了曾侯乙墓中出土的方形铜鉴缶。

大尊缶，其为盛酒器，高 126 厘米，重 327.5 千克。出土时一共有两件。敛口，平沿，溜肩，假圈足。盖隆起，盖沿有对称的 4 个环钮，盖侧一衔链环钮，链与壶肩部一蛇形钮衔接。腹中部有 4 个环耳，上下各一周凸箍。全器的花纹主要为蟠虺纹、绹纹、重环纹、雷纹、蟠螭纹和垂叶纹。系两次铸成，纹饰华丽，器型凝重，为目前所出土的先秦时期最大的青铜酒器。

联禁大铜壶，其为盛酒器，通高 112.2 厘米，壶高 99 厘米，口径 32.8 厘米，重 240 千克。由两件龙耳壶和一件铜禁组成。双壶置于铜禁之上，壶的形制大小相同。敞口，厚方唇，长颈，圆鼓腹，圈足。盖隆起，顶端为一镂孔罩，壶颈两侧攀附两条拱曲的龙形耳，腹部有凸棱形的 3 条横带和 4 条纵带。禁为长方形，禁面有两个并列的凹下的圆圈，中空，为承壶圈足之处。四足兽形，兽口及前肢衔托禁板，后足蹬地。全器铸有蟠螭纹、蕉叶纹等。其结构复杂，造型独特，堪称精品。

镂空蟠龙纹铜尊盘，其为盛酒器，由尊与盘两件器物组成，出土时尊置于盘中，通高 41.6 厘米。其中，尊高 30.1 厘米，口径 25 厘米；盘高 23.5 厘米，口径 58 厘米。尊盘共饰龙纹 84 条、蟠螭纹 80 条。尊盘口沿的透空蟠螭纹装饰分为高低两层，内外两圈，每圈有 16 个花纹单位，每个花纹单位由形态不一的 4 对变形蟠螭组成，表层纹饰互不关联，彼此独立，全靠内层铜梗支撑，而内层的铜梗又分层联结，构成一个整体，达到了玲珑剔透、节奏鲜明的艺术效果。尊盘口沿上的透空蟠螭纹装饰的制作工艺至今仍是一个谜，很可能是用失蜡法制作。尊盘工艺精湛，造型优美，是中国青铜器中的艺术珍品，也是中国酒器的极品。

不只是青铜酒器，楚国漆木酒器的风格也十分别致。出土于湖北荆门包山 2 号楚墓的彩绘凤鸟双联杯，通高 9.2 厘米，长 17.6 厘米，宽 14 厘米。其为战国中期的楚人日用酒器，由竹、木结合制成一凤鸟双杯，前端为凤头和腹，后端为尾，尾微上翘，中间并列两竹质筒形杯，两杯近底部用一竹管连通，故称"双联杯"。凤首微昂，喙衔一珠，两杯后外侧下部各有一凤开屏形足。凤头、身、颈、尾遍饰羽毛纹，双翼在两杯的前壁展开，似在鸟杯飞翔，极富动感，制作精细，构思巧妙，充满生机。它以双杯为中心，将"凤鸟龙蟠"有机地结合在一起，给人"静"的感觉；又用主凤展翅，足凤开屏，龙在波纹中的游动，给人以"动"的感觉，整体上显得动静自如，蕴藏着极深的哲理。[①] 彩绘凤鸟双联杯反映了楚人高超的漆器制作水平和独到的艺术匠心。

从楚系墓葬中出土的这些珍贵的酒器不仅反映出先秦时期我国高超的青铜制造技术，而且透露出荆楚地区尤其是上流社会饮酒风气之浓烈和器具之讲究。

四、楚文化中的酒宴典故

楚文化中关于酒宴的典故在中国历史上产生了深远的影响，例如：绝缨宴、鸿门宴和高祖还乡宴等无不脍炙人口，这些酒宴典故所反映出楚人的智慧和胸襟，给人以启迪和教益。

---

① 湖北省荆沙铁路考古队. 包山楚墓［M］. 北京：文物出版社，1991：137-141.

（一）绝缨宴

在中国历史上，绝缨宴的影响十分深远。绝缨宴故事的主角是楚庄王。据文献记载，在一次大型庆功宴上，突然灯烛被风刮灭，一位大臣暗中拉扯楚庄王王后的衣裳，王后当即拔下那人的冠缨，向楚庄王告发此事，并请求庄王燃烛以查明好色之徒。不料，楚庄王却下令大臣们都拔去冠缨，然后重新点燃灯烛，因而谁也未能发现那位好色者，这就是流传千古的"绝缨宴"。后来，在一次惨烈的战役中，有一位将领总是冲在庄王前面，拼命保护庄王，庄王问其缘由，才得知原来他就是那个被王后拔下冠缨的大臣唐狡。对此，《韩诗外传》卷七是这样记载的："楚庄王赐其群臣酒，日暮酒酣，左右皆醉，殿上烛灭。有牵王后衣者，后挖冠缨而绝之，言于王曰：'今烛灭，有牵妾衣者，妾挖其缨而绝之，愿趣火视绝缨者。'王曰：'止。'立出令曰：'与寡人饮，不绝缨者，不为乐也。'于是冠缨无完者，不知王后所绝冠缨者谁，于是，王遂与群臣欢饮乃罢。后吴兴师攻楚，有人常为应行合战者，五陷阵却敌，遂取大军之首而献之。王怪而问之曰：'寡人未尝有异于子，子何为于寡人厚也？'对曰：'臣先殿上绝缨者也。当时宜以肝胆涂地，负日久矣，未有所效，今幸得用于臣之义，尚可为王破吴而强楚。'"① 绝缨宴的故事反映了楚庄王对臣僚的爱护和不计小过，体现出了楚庄王宽容大度的品格，同时告诉人们对他人要宽厚，不要因瑕疵而毁良器。

（二）鸿门宴

鸿门宴是十分著名的历史事件。《史记·项羽本纪》载："项王、项伯东向坐。亚父南向坐。亚父者，范增也。沛公北向坐，张良西向侍②。"项羽和项伯无疑是楚人。沛公刘邦的故里沛邑位于彭城以北，隶

---

① 许维遹. 韩诗外传集释 [M]. 北京：中华书局，1980：256-257.
② 史记 [M]. 北京：中华书局，1959：312.

属于楚地。因此，刘邦同样应是楚人。范增虽是居鄛人①，但是居鄛在春秋时就已经是楚地，因此范增也是楚人。张良虽是韩人，但是城父是他的故乡，城父在春秋时已经属楚，还曾经是楚国太子建的封地②。因此，张良也可视为楚人。甚至连入内舞剑的项庄和强行闯入的樊哙也都是楚人③。由此可见，鸿门宴的参与者都是楚人，他们都深受楚文化的熏陶。所以，鸿门宴是楚人的宴会，因而带有浓厚的楚文化色彩。在鸿门宴上，樊哙是一个特别勇敢的角色，就连项羽都称其为"壮士"。《史记·项羽本纪》："哙即带剑拥盾入军门。交戟之卫士欲止不内。樊哙侧其盾以撞，卫士仆地。哙遂入，披帷西向立，瞋目视项王，头发上指，目眦尽裂。项王按剑而跽曰：'客何为者？'张良曰：'沛公之参乘樊哙者也。'项王曰：'壮士，赐之卮酒。'则与斗卮酒。哙拜谢，起，立而饮之。项王曰：'赐之彘肩。'则与一生彘肩。樊哙覆其盾于地，加彘肩上，拔剑切而啖之。项王曰：'壮士，能复饮乎？'樊哙曰：'臣死且不避，卮酒安足辞！……'"④ 樊哙豪饮卮酒和生吃彘肩等举动，反映出楚人大气豪爽的性格和临危不惧的精神。而鸿门宴所蕴含的智慧与谋略，历来为世人所称道。

综上以观，楚文化极大地丰富了酒的文化内涵，酒增添了楚文化的神韵，楚文化与酒有着不解之缘。何以如此？大致可能有如下因素：

首先，楚人与酒的特性极其相似。酒的特性是"水形火性"，这与楚人的品性十分相似。楚人对水有着十分深刻的哲学思考，认为水不仅能化生万物，而且能以柔克刚。前者如郭店楚简《太一生水》："大（太）

---

① 《史记·项羽本纪》："居鄛人范增，年七十，素居家，好奇计，……""居鄛"即为"居巢"，大致位于安徽巢县东北。

② 《史记·留侯世家》司马贞《索隐》："良既历代韩相，故知其先韩人也。顾氏按《后汉书》云：'张良出于城父'，城父县属颍川也。"

③ 《史记·樊郦滕灌列传》："舞阳侯樊哙者，沛人也。以屠狗为事，与高祖俱隐。"樊哙与刘邦的故乡都是沛地，沛地原来属于楚国，因此，樊哙也是楚人。

④ 史记 [M]. 北京：中华书局，1959：313.

一生水，水反楠（辅）大（太）一，是以成天。"① 后者如《道德经》七十八章："天下莫柔弱于水，而攻坚强者莫之能胜，以其无以易之。"② 火是楚人精神的象征，楚人是日神的远裔、火神的嫡嗣，故楚人崇日拜火③。楚人具有火一样的性格。楚庄王听闻申舟被杀害的消息后，赤足登车而伐宋。对此，《左传·宣公十四年》是如此记载的："楚子闻之，投袂而起，屦及于窒皇，剑及于寝门之外，车及于蒲胥之市。秋九月，楚子围宋。"④ 也许正是楚人与酒的特性的相似，使得楚人对酒有着特殊的偏爱。

其次，楚国的自然环境也造就了楚人的饮酒风尚。楚地水广林密，气候特别湿润，春秋战国时期又正值我国气候的温暖期⑤，因此，楚人极易感染疾病。《史记·货殖列传》："江南卑湿，丈夫早夭。"⑥ 而饮酒则可以除湿祛寒。

再次，楚国青铜铸造和木竹髹漆工艺发达，不仅能够造出功能各异的酒具，而且十分擅长于酒的冰冻、保温技术，这无疑会促进楚人饮酒风尚的发展。

最后，楚国有堪称发达的乐舞，而乐舞往往与饮酒结缘，即所谓乐舞因酒宴而拓展了演出空间，酒宴因乐舞而增添了艺术氛围，二者互动互渗，相辅相成，故楚国既有一流的乐舞艺术，又有无与类比的酒文化。

① 荆门市博物馆. 郭店楚墓竹简［M］. 北京：文物出版社，1998：125.
② 国学整理社. 诸子集成·老子［M］. 北京：中华书局，1954：46.
③ 张正明. 楚学论丛（初集）［M］. 武汉：湖北人民出版社，1984：258-259.
④ 李学勤. 春秋左传正义［M］. 北京：北京大学出版社，2000：760-701.
⑤ 竺可桢. 中国近五千年来气候变迁的初步研究［J］. 考古学报，1972（1）.
⑥ 史记［M］. 北京：中华书局，1959：3268.

第五章 秦汉魏晋南北朝时期
荆楚饮食文化

　　秦汉魏晋南北朝时期，随着农业、手工业、商业的发展，以及对外交往的日益频繁，荆楚饮食文化不断吸收各民族、各地域饮食文化的精华，获得了较大发展，开始呈现繁荣景象。其具体表现为：在食材上，无论是粮食结构，还是副食原料都有所发展变化。在食物加工与烹饪上，面食品种日益多样化，副食烹饪技法增多。在酒文化上，酿酒技术获得了一定的进步，葡萄酒开始从西域引进入中原，榷酒（国家对酒类的专卖）开始出现，酒肆业逐渐繁荣，形成了丰富多彩的饮酒习俗，酒器的材质多样、种类丰富。在饮食习俗上，三餐制得以确立，分食制继续传承，饮食礼仪日益完善，节日饮食习俗日趋成熟。

　　秦汉魏晋南北朝时期，荆楚的饮食文化为什么能够获得较大发展呢？这是有着深刻的社会原因和经济根源。

　　首先，经济的迅速发展，为秦汉魏晋南北朝时期荆楚饮食文化的繁荣提供了雄厚的物质基础。荆楚地区的农业，在先秦时期就十分发达，这样才能支撑楚人北上中原的争霸活动。而秦汉时期荆楚地区的农业生产发展到一个新的水平，例如，秦汉时期荆楚地区以水稻种植有了一定的提升，在江陵凤凰山 167 号汉墓出土了"4 束世界上最早、最完整的稻穗"，其品种为粳稻。游修龄教授将它与 20 世纪 50 年代初期长江中下游地区推广的粳稻品种进行比较，结果发现西汉古稻在穗长、千粒重、生育期、芒谷粒形状等方面与现代粳稻优良品种都很相似，足见西汉时期江汉地区的水稻栽培已取得相当成就。[①] 江陵地区西汉完整稻穗的出

---

① 游修龄. 西汉古稻小析 [J]. 农业考古，1981 (1)：25.

土，为我们研究汉初以至战国后期江陵地区稻作提供了实物标本。西汉稻穗的出土，显示了江陵水稻种植业在西汉初已取得了值得称道的成就。此外，这时荆楚地区还普及了一些谷物加工类的农具，如臼、磨、碓等，臼是一种用石头制成，样子像盆，舂米的器具，秦汉时期，臼在长江中游已经得到普及，湖北鄂州出土有东吴青瓷臼。荆楚地区的东汉墓葬中，已经可以看到一些磨的明器，如鄂州六朝墓中出土了 12 件磨。碓是利用杠杆原理、相比较臼省力高效的一种舂米工具。湖北云梦的东汉墓，武昌连溪寺东吴墓、鄂州六朝墓等墓葬中都出土有碓，这些也都反映了荆楚地区粮食加工技术的发展。

与此同时，荆楚地区的铁制农具，也有了进一步的发展。早在先秦时期，楚国就有开采铁矿、冶造铁农具的记载，云梦睡虎地秦简中，记录有铁器，江陵凤凰山汉墓中，出土了一批铁锄等农具。西晋时，武昌有官置冶铁场，设有铁官。另外，当时荆楚之地，牛耕已经十分普遍，许多墓葬中，都出土有牛的形象，如云梦睡虎地秦墓出土的扁壶漆器上，绘有一头牛；鄂州六朝墓中，也出土有陶牛。这一时期，荆楚地区，对牛十分重视，对于伤害牛的行为有严厉的惩处，这些都表明，牛已经普遍用在农业生产中了。

正是在这种农业经济较为发达的基础之上，才绽开了秦汉魏晋南北朝时期荆楚饮食文化的繁荣之花。

其次，秦统一所带来的饮食文化交流，极大地促进了秦汉魏晋南北朝时期荆楚饮食文化的发展。秦汉以来，中国社会发生了极大变化，结束了春秋战国诸侯割据称雄的局面。这种统一运动，扩大了中国饮食资源的开发，蒙古高原和川滇西部地带繁盛的畜牧业和中原地区高度发达的农业，北方的小麦和南方的水稻互通有无，互为补充，而天山南北与岭南的蔬菜和水果汇入楚地，都大大丰富了秦汉魏晋南北朝时期荆楚人们的饮食。西汉武帝时期张骞两次出使西域，正式打通了我国内地与中亚的官方经济和文化往来，丝绸开始大规模畅销中亚、西亚和欧洲，促进了"丝绸之路"的形成，引起了内地和西域之间经济文化的大交流，原产于西域的胡麻（芝麻）、胡桃（核桃）、胡瓜（黄瓜）、大蒜、苜蓿、石榴、葡萄等作物开始引进到楚地，丰富了人们的食源。秦汉魏晋南北朝时期荆楚与外地的饮食文化交流，使该区域的饮食文化更加绚丽多姿。

最后，秦汉魏晋南北朝时期荆楚饮食文化的发展也是继承和发展先秦时期饮食文化的结果。先秦时期，荆楚的饮食文化就已相当发达，其品种之繁多，工艺之精湛，风格之迥异，用料之讲究，都堪称一流，而荆楚地区秦汉魏晋南北朝时期饮食文化正是在继承这些优秀的传统饮食文化的基础上发展起来的。秦汉魏晋南北朝时期饮食文化的发展，也为魏晋南北时朝时期荆楚饮食文化的发展奠定了基础。

第一节　丰富的食物原料

秦汉魏晋南北朝时期是中国封建社会的形成和发展的关键阶段，也是传统农业奠基的重要时期，国家统一和中央集权制的结合显示出了极大的能量，在封建政府的主导下，国家以武力征服为先导，全面推行郡县制度，并且注重文化的灌输，封建王朝的疆域范围得以极大扩展的同时，新的农耕区在长江中游一带得以开拓，加之农业技术的进步，这些都为荆楚地区饮食文化的不断发展创造了条件。

一、水稻种植的发展

秦汉魏晋南北朝时期，湖北的气候比现在要更温暖湿润一些[①]，加之水稻的种植技术在两汉时期有了令人瞩目的发展，秦汉魏晋南北朝时期湖北的水稻种植面积还是相当大的，有大量的稻田。据《史记·货殖列传》记载："楚越之地……或火耕而水耨，果隋蠃蛤，不待贾而足，地势饶食，无饥馑之患。"张守节正义："风草下种，苗生大而草生小，以水灌之，则草死而苗无损也。"汉桓宽《盐铁论·通有》："燔莱而播粟，

---

① 竺可桢. 中国近五千年来气候变迁的初步研究 [J]. 考古学报，1972（1）：15-39.

火耕而水耨。"《汉书·武帝纪》："江南之地，火耕水耨。"颜师古注引应劭曰："烧草下水种稻。草与稻并生，高七八寸，因悉芟去，复下水灌之，草死，独稻长，所谓火耕水耨。"可见，秦汉魏晋南北朝时期荆楚地区的水稻生产主要依靠的就是"火耕水耨"的方法，但是，这种方法，也在不断地改进。由早期的烧荒似的直接焚烧，到后来先用一定工具除草，待晒干后再烧的发展过程。

与此同时，荆楚地区的水稻种植，在技术上也有了一定的进步与发展，游修龄先生通过分析江陵凤凰山出土的水稻认为，这种水稻"是可塑性很大的性状，可以通过育种和栽培技术的改良，促进其小穗的分化而得以增加。由此也可以推知，历史上水稻产量的提高，就稻株本身而言（不指扩大耕地），主要是增加单株的谷粒数而不是增加千粒重而达到的。这种情况（加上增加单位面积上的穗数）使水稻的产量可以不断取得进展，一直持续到今天"。[①]

当时，荆楚地区的人民，为了抵御水灾，发展灌溉，积极兴修水利。据《水经注·沔水》记载，这时在宜城东修渠，"引蛮水灌田，谓之木里沟。径宜城东而东北入沔，谓之木里水口"。这些渠道为农业生产提供了充足的水源，这些可灌地中，当有不少是稻田。

楚地农作物食物还有一种叫作菰米，又称为雕苽、茭白、菰粱、安胡。菰米香滑可口，深得秦汉魏晋南北朝时期人们的喜爱。菰米具有很高的营养价值，可食用，虽如今菰米已少被人作为粮食食用，但菰米的食用历史可追溯到3000多年前的周代，并作为供帝王食用的六谷之一。《周礼·天官·食医》："凡会膳食之宜，牛宜稌，羊宜黍，豕宜稷，犬宜粱，雁宜麦，鱼宜菰。"《礼记·内则》："蜗醢而菰食，雉羹。"《周礼·天官·膳夫》："凡王之馈，食用六谷。"郑玄注："六谷：稌、黍、稷、粱、麦、菰。菰，雕胡也。"可见，菰米在我国古代就作为重要的六谷之一，并作粮食食用。

---

① 游修龄. 西汉古稻小析 [J]. 农业考古，1981 (1)：25.

《楚辞·大招》云："五谷六仞，设菰粱只。"唐代王维《送友人南归》中说"郧国稻苗秀，楚人菰米肥"。故楚国之菰米闻名于世。用菰米煮饭，香味扑鼻且又软又糯，受到人们的喜爱，在唐代广泛食用，就连皇室宴会，都少不了它的身影。

作为主食品种的菰米，主要生长在湖泊边缘的沼泽、池塘、水田边及湖泊浅水区域，在秦汉魏晋南北朝时期人们是通过采集方式获得的。

二、副食原料的增多

荆州江陵的大量楚墓中，如望山1号墓、望山2号墓、雨台山楚墓、荆门十里铺包山二号墓等所出土的各类农耕植物不少于20种。除粮食作物外，还有南瓜、藕、菱角、莲子、荸荠、栗子、樱桃、大枣、小枣、梨、柿、梅子、李、杏、花椒、葱、葫芦子。可见"这个时期发现的蔬菜果品的品种与数量，比前一时期有显著的增多。云梦大坟头1号汉墓出土了甜瓜子和李子核，光化五座坟西汉墓发现了板栗和杏核；而江陵凤凰山西汉墓简牍所记与出土实物的品种和数量最多，据不完全统计，有瓜、笋、芥菜、甜瓜、李、梅、葵、菜、生姜、板栗、红枣、杏、枇杷、小茴香等"[①]。在纪南城的发掘中也发现了不少植物，如核桃、杏、李、瓜子、莲叶、菱角等。同时，橘、柚的栽培在当时已有很高的水平。这些发现与记载表明当时江汉地区和整个楚地的农作物是十分丰富的。江汉地区的楚人，其生活习俗依其丧葬祭祀中出土的食品看，除食稻米、麦、黍、粱之外，还有大量果类、水产品、兽肉以及调味品。这可以看出楚人对饮食文化的注重和饮食水平，生活经验的丰富，说明秦汉以来楚人对自然植物的认识和了解已有很高水平。

秦汉魏晋南北朝时期，湖北的副食原料可分为蔬菜、瓜果、肉食和调味品四大类。

---

① 陈振裕. 湖北农业考古概述［J］. 农业考古，1983（1）：92-101.

（一）蔬菜品种的增加

根据《急就篇》《说文解字》《尔雅》《方言》《释名·释饮食》《四民月令》《氾胜之书》《淮南子·说山训》《盐铁论·散不足》等秦汉文献记载和文物考古资料，秦汉魏晋南北朝时期湖北人们常食的蔬菜品种至少有 50 种之多。蔬菜品种比先秦时期增加了不少，其中一个重要原因，是张骞通西域后从西域引进了不少蔬菜新品种，如大蒜、黄瓜、苜蓿、胡荽（芫荽）等。现代农业生物学关于蔬菜的 11 个分类[①]，秦汉魏晋南北朝时期，除茄果类蔬菜外均已具备。这一时期的蔬菜又以绿叶类和葱蒜类为多。在这些蔬菜中，有相当部分是人工栽培的，是秦汉魏晋南北朝时期人们食用的主要蔬菜，包括葵、韭、瓜、葱、蒜、蓼、藿（豆叶）、芥、薤等。野生的蔬菜构成人工栽培蔬菜的补充。

秦汉魏晋南北朝时期楚地人们食谱中的蔬菜数量众多，含有不同的营养成分，对人体的健康大有益处。汉代出土的蔬菜遗存汇总见下表。

汉代出土的蔬菜等遗存汇总[②]

出土遗址	蔬菜、调味品、药品及其他
满城汉墓	花椒
咸阳杨家湾汉墓群	油菜
高邮邵家沟遗址 2 号灰坑	冬瓜
长沙砂子塘江墓	生姜
长沙咸家湖汉墓	花椒
临沂京雀山汉墓地	芹菜
平陆盘南汉墓	白菜

---

① 11 类蔬菜是根菜类（如萝卜）、绿叶类（如葵）、葱蒜类、薯芋类（如姜）、瓜类（如瓠、黄瓜）、豆类、水生蔬菜类（如莲藕）、多年生蔬菜类（如竹笋）、白菜类（如菘）、食用菌类和茄果类（如茄子）。
② 此表来源：秦博. 汉代果蔬遗存及相关问题研究 [J]. 秦汉研究，2018（12）：233-245.

续表

出土遗址	蔬菜、调味品、药品及其他
敦煌悬泉置遗址	大蒜、苜蓿
贵州兴义汉墓	莲蓬、菱角
扬州邗江妾莫书墓	菠菜、蕹菜（空心菜）
江陵凤凰山 168 号汉墓	葫芦；生姜、花椒
六安双墩 1 号汉墓	油菜、冬葵
南昌海昏侯汉墓	荸荠、菱角
新疆民丰尼雅遗址	蔓菁、萝卜
贵县罗泊湾 1 号汉墓	黄瓜、冬瓜、生姜、芋、葫芦； 金银花；罗浮栲、广东含笑、仁面
徐州地区汉墓	冬葵、芹菜、芜菁、芋、 葫芦、小瓜；银杏；桑根
长沙马王堆 1 号、3 号汉墓	藕、芥菜、生姜、冬葵、菱角；桂皮、 花椒；茅香、高良姜、辛夷、藁本、佩兰

值得注意的是，秦汉魏晋南北朝时期湖北的人们经常食用的某些蔬菜，如葵、藿等在晋代以后地位明显下降。晋代陶弘景在《名医别录》中指出："葵叶犹冷利，不可多食"。唐代苏敬《新修本草》也说："作菜茹甚甘美，但性滑利不益人"。① 可见，秦汉魏晋南北朝时期的首位蔬菜——葵菜在晋代以后退出蔬菜家族的根本原因，在于葵性滑利，对身体不利。藿地位的下降，则是因为有了更多更好的绿叶类蔬菜（如菘）的普遍种植，这些蔬菜逐渐取代了较为粗粝的藿。

蔓菁，又名芜菁，俗称大头菜，是从前代继承下来的品种，南北均有种植。《诗经》"采葑采菲"中的葑即指蔓菁。在秦汉魏晋南北朝时期，蔓菁是仅次于葵的蔬菜品种，《齐民要术·蔓菁》将其列为蔬菜类的第二

① 李时珍. 本草纲目·卷十六《葵》引［M］. 北京：线装书局，2010.

位。蔓菁产量高，营养丰富，加之夏种秋收，生长期短，种植技术简单，深受广大民众的欢迎。明代李时珍《本草纲目》云："芜菁南北皆有，北土尤多。四时常有，春食苗，夏食心，亦谓之薹子，秋食茎，冬食根。河朔多种，以备饥岁。菜中之最有益者惟此尔。"清代乾隆年间编纂的《襄阳府志》把它列为蔬菜之首。

相传，三国时期诸葛亮隐居襄阳隆中，他在此躬耕读书，但由于生活清贫，每到冬季缺菜时，常采挖一种野生的疙瘩菜（蔓菁）充食，由于生食时有强烈的芥辣味，便将其腌制贮存起来备食。经过腌制后的疙瘩菜，在炒制后咸香脆美，成为可口的佐餐佳肴。从此，将采集的疙瘩菜（蔓菁）腌制后食用的方法便在当地传开了。

汉献帝建安十二年（207年），刘备三顾茅庐时，诸葛亮曾以自己腌制的疙瘩菜，切成丝精心调拌，饮宴款待，刘备品食后赞不绝口。后来诸葛亮当了刘备军师，辅佐刘备统一天下恢复汉室，而他曾在蜀中军营里令兵士种植并推广食用这种疙瘩菜，以作军粮。故至今蜀人呼其为"诸葛菜""孔明菜"。

由于蔓菁产量很高，襄阳地区农户家中都有储存，遇到灾荒年，可以靠食蔓菁根活命。正如《齐民要术·蔓菁》所说："若值凶年，一顷乃活百人耳。"蔓菁根做菜有两种方法，一是用盐生腌，一是用盐熟腌。但无论生腌还是熟腌，大多采取整块腌制的方法。在吃的时候，切成片、块、丝，可以做凉菜，也可以做热菜。利用蔓菁生长期短的特点，可以收到即种即收的效果，能解决一些特别需求。

唐人韦绚《刘宾客嘉话录》有一段关于三国时期诸葛亮种蔓菁做军粮的记载，说："诸葛亮所止，令兵士独种蔓菁，……取其才出即可生啖，一也；叶舒可煮食，二也；久居随以滋长，三也；弃不令惜，四也；回则易寻而采之，五也；冬有根可劚食，六也。比诸蔬属，其利不亦博乎？刘禹锡曰：'信矣。'三蜀之人今呼蔓菁为诸葛菜，江陵亦然。"

古代战乱时期，能解决军粮则胜利过半，诸葛亮的成名也或多或少得益于对蔓菁这种蔬菜的利用。到了近代社会，不少地方，尤其是盛产诸葛菜的襄阳地区，曾经出现过许多有名的酱园场（手工作坊），加工制作俗称"大头菜"的蔓菁这种蔬菜。

2007 年 5 月 30 日，襄阳大头菜在北京通过了国家质检总局地理标志产品保护的评审。2012 年 12 月 21 日，湖北襄阳大头菜协会注册的"襄阳大头菜"被国家工商总局商标局注册为地理标志证明商标。

（二）瓜果种植的发展

秦汉魏晋南北朝时期，湖北的瓜果类食物较之先秦有了重要发展。表现有三：

第一，园圃经营的规模扩大。先秦时期的园圃业一般是庭院式的小规模经营。秦汉魏晋南北朝时期，除了庭院式的小规模经营瓜果外，还出现了以"千亩"计的大规模果园。在这些大果园里，多种植枣、栗等果树，果实多具有耐储存、适宜大规模长途贩运等特点。

第二，经过人们的精心选育，一些传统的瓜果，如甜瓜、梨、枣、桃、栗、李、杏、柿等出现了众多的优良品种。云梦秦墓出土有植物果核；江陵凤凰山 168 号汉墓中，出土有生姜、红枣、杏、李子、梅子、花椒；江陵凤凰山 8 号汉墓出土遣策记录了瓜、李子等；江陵张家山 247 号汉墓遣策中，记录了蒜、李子、瓜、姜等；云梦大坟头 1 号汉墓出土遣策中则记录了瓜、李子等。这一地区负有盛名的水果应该是柑橘，《史记·货殖列传》有所谓"江陵千树橘，与千户侯等"的记载，张衡的《南都赋》中，也提到"穰橙邓橘"。《水经注·江水注》说当时的夷道县，也就是今天湖北宜都地区，"北有湖里渊，渊上橘柚蔽野，桑麻暗日"。

第三，一些新的瓜果类品种开始在湖北种植，它们之中有来自西域的石榴、胡桃（核桃）等，也有来自南方的枇杷、橙、杨梅等。这些果品进入湖北后，得到了当地居民的喜爱，种植面积逐渐扩大，由于湖北热量不足，大多数亚热带水果的移植，不久便宣告失败。

汉代主要果品的发现地汇总[①]

果蔬种类	发现地区	果蔬种类	发现地区
枣	湖南长沙、湖北随州、湖北云梦、安徽六安、安徽霍山、江苏连云港、江苏徐州、江苏扬州、江苏征仪、山东临沂、北京大葆台、北京黄土岗、甘肃武威、陕西韩城	板栗	北京大葆台、江苏连云港、江苏徐州、山东临沂、湖南长沙、湖北光化、湖北随州、湖北江陵、四川成都、安徽六安、安徽霍山、江西南昌、广西梧州、陕西西安
梅	湖南长沙、广西贵县、江苏徐州、江苏扬州、安徽六安、湖北江陵、广东广州	李	湖北江陵、湖北云梦、广西贵县、江苏徐州、江苏铜山
甜瓜	安徽六安、湖南长沙、湖北江陵、湖北云梦、江苏扬州、江西南昌	桃	湖北云梦、湖北江陵、江苏徐州、湖南保靖、四川成都、甘肃敦煌、新疆尉犁、江西南昌
杏	湖北光化、湖北江陵、江苏徐州、江苏连云港、江苏铜山、甘肃敦煌	核桃	四川什邡、江苏铜山、湖北云梦、江苏高邮、甘肃敦煌、新疆尉犁
橙橘	广西梧州、广西桂州、湖南长沙	梨	湖南长沙、湖北随州、新疆民丰、湖南沅陵、新疆尉犁
木瓜	安徽六安、广西贵县	乌榄	广西贵县、广州西村
杨梅	湖南长沙、广西合浦	橄榄	广西贵县、广东广州
枇杷	湖北江陵、湖南长沙	葡萄	江苏徐州、新疆民丰
乌梅	湖北江陵	荔枝	广西合浦
柿	江苏徐州	青杨梅	广西贵县

---

① 此表来源：秦博. 汉代果蔬遗存及相关问题研究 [J]. 秦汉研究，2018 (12)：233-245.

（三）肉食品种

汉代荆楚地区的肉食仍以六畜为主，但野生动物和珍贵鱼类的食用进一步增多。正如《盐铁论》中说："今闾巷县佰，阡陌屠沽，无故烹杀，相聚野外。"节庆之日，富者"椎牛击鼓"，中者"屠羊杀狗"，贫者也"鸡豕五芳"。另据长沙马王堆汉墓出土的两卷随葬物清册所载，当时贵族们食用的肉食品很广，不仅有常见的牛、羊、猪、狗、鸡肉和鲤、鲫等鱼类，而且还有珍贵动物肉和珍贵鱼类，如天鹅、鹤、火斑鸡，以及银鲴、鳜等，可以说天上、地下、水中的动物，无所不包，无所不有，此外还有各种蔬菜和果饼。

汉代贵族们对食用肉十分讲究，如食猪肉，其原则是选幼不选壮，选壮不选老，特别喜欢食用小乳猪。从长沙马王堆汉墓出土的肉食标本分析，当时以出生两个月至半年的小猪肉为最佳。

第二节　多样的烹饪方法

秦汉魏晋南北朝时期所食菜肴基本上和先秦时期相似，但各类菜肴制作水平均有不同程度的发展。这是因为，秦汉魏晋南北朝时期，铁器逐渐取代铜器，汉代居民已掌握了炙、脍、羹、脯、鲜、菹等烹调方法，对食品原料也十分讲究，烹饪操作的技术分工已趋于成熟。根据《淮南子》记载的"煎熬焚炙，调齐和之适，以穷荆吴甘酸之变"，高诱注云："二国善醶酸之和。""和如羹焉，水、火、醯、醢、盐、梅，以烹鱼肉。"[①] 这一时期羹品种就很多，仅长沙马王堆汉墓出土的遣策上就记有牛、羊、豚、狗、雉、鸡、鹿、凫等制作的羹20多种。脯的制作技术也有提高，《史记》记载有一种胃脯十分有名，系用羊胃煮熟后，加姜、椒、盐腌制，晒干而成。酱的品种也不少，如榆仁酱、肉酱、豆酱、鱼酱等，不一而足。

---

① 左传·昭公二十年［M］. 北京：中华书局，1983：1419.

　　此外，秦汉魏晋南北朝时期由于肉类菜肴烹饪方法的发展，肉食品种日益增多，社会上开始需求专精一技之长的厨师，厨事分工也日益精细，专掌烹饪菜肴，尤其是肉类菜肴的红案厨师开始出现。考古发掘中屡屡有秦汉魏晋南北朝时期红案厨师陶俑出土。

　　秦汉魏晋南北朝时期，炒菜之法在湖北仍未普及，其中原因有二：一是当时的烹具如釜、鼎等仅适合煮、熬食物，煎、炒之器并不普及；二是植物油还没有进入人们的饮食生活之中。当时人们使用的油基本上是动物油。常见的动物油包括猪油、羊油、牛油、鸡油和狗油，当时统称为脂或膏。各种动物油脂在常温下呈固态，是不便于炒、爆等烹饪操作的。同时，秦汉魏晋南北朝时期，脂的价格比肉价要高，反映出秦汉油脂在总体上是短缺的。秦汉以后，植物油，尤其是芝麻油的使用，一方面扩大了油料的来源，使油脂在总体上变得较为充裕；另一方面，常温下植物油呈液态，便于炒、爆等烹饪操作。这样炒便越来越普遍了。

　　由于这一时期没有炒法，主要还是传统的蒸煮之法，所以这时出现了两个著名的食品，一个是馒头，一个是清蒸武昌鱼。

一、蒸馒头的产生

　　中国食面的习俗是在秦汉时形成的，这大约是先在宫廷中传开的。《汉书·百官公卿表》中掌管皇帝后勤的长官少府，其官属有"汤官"。据颜师古注可知，汤官即专司皇帝饼食的官，其所供饮食当以饼为主。不过这种饼并非今日北方人食用的烧饼，而是用汤煮的面食，称之为"汤饼"。它类似于水煮的揪面片，是面条的前身。《御览》引晋人束皙《饼赋》说：

> 玄冬猛寒，清晨之会。
> 涕冻鼻中，霜凝口外。
> 充虚解战，汤饼为最。

　　可见这种面食由于汤水滚热，调料亦多辛辣之味，故为严寒季节人们借以充饥御寒的食品。

古代文献记载，汉代面点的品种相当之多，大体上可分为三大类，即汤饼、蒸饼、胡饼。其中汤饼又可分为煮饼、水溲饼、水引饼三种。

三国时期食面的习俗逐渐得到扩大和推广。因为这时期面食的发酵技术已比较成熟。《齐民要术》中记载当时的发酵方法为："面一石，白米七八升，作粥；以白酒六七升酵中。著火上，酒鱼眼沸，绞去滓。以和面，面起可作。"这是一种用酒发酵法，十分符合现代科学原理。由于掌握了发酵技术，这时期面食的种类也日益丰富，其品种主要有白饼、胡饼、面片、包子、髓饼、煎饼、膏饼、饺子、馄饨、馒头等，但多以"饼"称之。所以，刘熙《释名》中说："饼，并也。溲面使合并也。"饼在不同地区也有不同名称。据文献记载，三国时较为著名的面点品种在50种以上，其中许多品种是由西北少数民族传入的，如胡饼之类。有趣的是，馒头的创始还与诸葛亮有关。

宋人高承在《事物纪原》中说："诸葛武侯之征孟获，人曰：'蛮地多邪术，须祷于神，假阴兵以助之。然蛮俗必杀人，以其首祭之，神则飨之，为出兵也。'武侯不从，因杂羊豕之肉而包之以面，像人头以祠，神亦飨也。而为出兵，后人由此为馒头。"诸葛亮为东汉末年人，故居襄阳，他命军中所做的肉馅包子，被人称为馒头，说明三国时包子已出现了，后也成为荆楚民间流行的食品。

不过，三国时的馒头与现在的馒头是有区别的。那时的馒头不但夹有牛肉、羊肉、猪肉馅，而且个头很大，与人头相似。据文献记载，三国魏晋南北朝时期，人们所做的馒头都是有馅的，且多在三春之际制作。如晋人束晰的《饼赋》中说："三春之初，阴阳交至，于时宴享，则馒头宜设。"惊蛰、春分，象征着冬去春来。三春之初，举行宴会祭享，陈设上包有馅心的馒头，象征着一年的风调雨顺。联想诸葛亮南征回师，正是三春之际，魏晋时在这时宴享设馒头的风尚，似与纪念诸葛亮南征胜利有关。

三国时面食种类增多，一方面与面点的发展分不开，另一方面也与此时节日食俗的发展紧密相连。如这时的"人日""天穿节"要吃煎饼，寒食节吃"寒具"，伏月吃"汤饼"等，都是以面制作。

二、清蒸武昌鱼

三国时期的饮食文化，给后世留下了极为丰富的遗产，不少食珍至今还有开发利用的价值，以下就武昌鱼做一考论。

"昔人宁饮建业水，共道不食武昌鱼。公来建业每自如，亦复不厌武昌居。武昌山川今可想，绿水逶迤烟苍莽。白鸥晴飞随两桨，岸荇茸茸映鱼网。投老留连陌上尘，思公一语何由往。"这是北宋王安石描绘湖北鄂州风物的怀旧诗——《寄岳州张使君》。诗中"昔人宁饮建业水，共道不食武昌鱼"一句，说的是东吴最后一个皇帝孙皓要再次迁都武昌，但吴国的大官僚地主不愿远离他乡，因此遭到反对。其时，左丞相陆凯上疏孙皓，并引用了民谣："宁饮建业水，不食武昌鱼，宁还建业死，不止武昌居。"这既反映了当时吴国上下一致反对从建业迁都武昌，同时也说明了在1700多年前的三国时期，不仅武昌鱼始有其名，而且其珍馐美味早已被人们赞赏。

这段史实使武昌鱼的名声大振，以此事入典的诗词历代多有，著名者如南北朝时期诗人庾信所作《奉和永丰殿下言志十首》："还思建业水，终忆武昌鱼。"唐代诗人岑参《送费子归武昌》："秋来倍忆武昌鱼，梦著只在巴陵道。"宋代诗人范成大《鄂州南楼》："却笑鲈乡垂钓手，武昌鱼好便淹留。"20世纪50年代，一代伟人毛泽东也借用此典故，在《水调歌头·游泳》一诗中写下了著名的词句："才饮长沙水，又食武昌鱼。"更使武昌鱼名扬天下。

三国以来，不少历史文献中以为武昌鱼是泛指武昌出产的鱼。但近几十年来经过科学鉴定，确认梁子湖中的团头鲂才是名副其实的武昌鱼。梁子湖烟波浩渺，湖水清澈，鱼类资源十分丰富，樊口是梁子湖通向长江的出口，这里的鳊鱼最负盛名。清代光绪《武昌县志》记载："鳊鱼产樊口者甲天下，是处水势回旋，深潭无底。渔人置罾捕得之，止此一罾味肥美，余亦较胜别地。"

清蒸武昌鱼是将 800 克左右的武昌鱼刮洗干净后，将鱼身剞兰草或柳叶花刀，用沸水略烫去腥，加入精盐、料酒、葱、姜等腌 5 分钟，置盘中，鱼身用姜片、香菇片、冬笋片及猪板油丁等摆好，上笼蒸 15 分钟，淋少许香油及白胡椒粉，随姜丝、香醋、味碟上桌。

关于"清蒸武昌鱼"，有这样一段故事。相传，三国时，武昌樊口是吴国造船的地方。有一天，为了庆贺大船下水，孙权命人摆设酒宴，老百姓纷纷送来各色各样的鲜鱼。樊口的鳊鱼，更是酒席中的上等菜。只见厨师将鳊鱼清蒸后，端上桌来，孙权尝过后，极感兴趣，便连要了 3 盘，都被吃得干干净净，因此，也多喝了一些酒。孙权吃着"清蒸武昌鱼"，便问："这鱼出自何处？"旁边一位大臣答道："这是一位老渔翁为谢大王恩德送来的，不知出在哪里。"孙权听了非常高兴，遂命人将这位老渔翁找来。

老渔翁进了宴会厅，孙权命人赏他一碗酒，要他说说这鱼出在哪里。老渔翁一口喝干了酒说："这种鱼叫鳊鱼，出在百里外的梁子湖。每当涨水季节，它游经 90 里长港，绕过 99 道湾，穿过 99 层网来到长港的出水口，这出水口名叫樊口，这里一边是港水清清，一边是江水浑黄，鳊鱼喝口浑水吐一口清水，渴一口清水吐一口浑水，经过 7 天 7 夜，使原来的黑鳞变成银白色，原来的黑草肠换成肥满满的白油肠，所以吃起来格外味美。"

孙权听得入了神，又命人再赏他一碗酒。老渔翁也不客气，接过酒又喝干了。接着，他又说："这种鱼，油也多，鱼刺丢进水中，可以冒出 3 个油花。"孙权不信，便亲自一试，果然，别的鱼刺只冒出一个油花，只有鳊鱼刺在水中翻出 3 个油花来。孙权一看，十分感兴趣，便亲自起身，端起一碗酒赏给老渔翁。老渔翁双手接过酒又说："用这种鱼刺冲汤可以解酒，喝多了也醉不了。"孙权听了半信半疑，上前一把抓住老渔翁的手说："如果真能解酒，我愿领罚三大碗。"说罢，遂命人用开水将鱼刺冲成汤，孙权喝了一口，顿感神志清醒，大臣们喝后，也个个拍手称赞。随之，孙权兴起，端起酒碗，面对众臣道："想不到我东吴有这样好的武昌鱼"。

至今，凡到武昌者，莫不以吃到清蒸武昌鱼为快，清蒸武昌鱼遂成为"楚天第一菜"。在湖北的诸多饮食文化遗产中，武昌鱼饮食文化已成为一个亮丽的名片。

三、蔬果类食材加工方式的增多

秦汉魏晋南北朝时期，蔬果类菜肴的烹饪方法与肉类菜肴烹饪相似，略具区别的是生拌法。汉代有生拌葱、韭，是当时的人们喜爱的菜肴，刘熙《释名·释饮食》："生瀹葱薤曰'兑'，言其柔滑兑兑然也。"薤的鳞茎即藠头，可以盐渍或糖渍。

但总的来说，秦汉魏晋南北朝时期蔬菜基本上被排除在珍肴之外。蔬果类菜肴未被人们视为美味，这与当时蔬果类菜肴的烹饪方法密切相关。"两汉以前的菜肴制法除了羹外，主要是水煮、油炸、火烤三种，而且大多不放调料，口味较为单调。这三种烹饪方法的制成物都是肉肴。以叶、茎、浆果为主的蔬菜不宜用炸、烤法烹制，至于煮是可以的，但不调味、不加米屑的清汤蔬菜，则不是佐餐的美味。"①

秦汉魏晋南北朝时期，尚未出现用水果烹制的菜肴。但社会上层十分讲究水果的食用，一般要进行一番加工，如夏季时，要先将水果在流水中浸泡，使之透凉，而后进食。对于个体较大的瓜，还要用刀剖成片状，使其外形更为美观，所谓"浮甘瓜于清泉，沉朱李于寒冰"②，"投诸清流，一浮一藏；片以金刀，四剖三离，承之雕盘，幂以纤绨，甘侔蜜房，冷甚冰圭"。③ 冬季食用水果时则将其浸放到温水之中，先去其寒意，而后进食。曹丕曾嘱咐曹植食用冬柰时要"温啖"④。

---

① 王学泰. 中国饮食文化史 [M]. 桂林：广西师范大学出版社，2006：127.
② 李昉. 太平御览卷九六八引曹丕. 与吴质书 [M]. 北京：中华书局，1960：4293.
③ 李昉. 太平御览卷九七八引刘桢. 瓜赋 [M]. 北京：中华书局，1960：4334.
④ 李昉. 太平御览卷九七三引曹植. 谢赐柰表 [M]. 北京：中华书局，1960：4314.

除鲜吃外，秦汉魏晋南北朝时期人们还把水果制成干果储存，据《释名》卷四《释饮食》载，其种类有将桃用水渍而藏之的"桃滥"，有将柰切成片晒干的"柰脯"。《四民月令》中说四月"可作枣糒，以御宾客"，"枣糒"可能就是后世所说的枣脯。

四、蔬　菜　腌　渍

仲冬之月，即农历十一月间，由于受到蔬菜生长的季节性限制，此时已经少有新鲜的蔬菜可供食用。而腌渍过的蔬菜可以被长时间地保存，在魏晋南北朝时期，腌渍蔬菜已经成为仲冬之月固定的饮食习俗，用以腌渍的蔬菜品种多样，腌渍技术也相当成熟。据《荆楚岁时记》中记载："仲冬之月采撷霜燕、菁、葵等杂菜干之，并为咸菹。"① "霜燕"疑为"蒜齑"，晋代陈寿的《三国志·魏志·华佗传》中有提到过它："佗行道，见一人病咽塞，嗜食而不得下，家人车载欲往就医。佗闻其呻吟，驻车往视，语之曰：'向来道边有卖饼家，蒜齑大酢，从取三升饮之，病自当去。'"② "菁"即"芜菁"，又名"蔓菁"，俗名"大头菜"，其根、叶、子都可食用，腌渍时主要选用的是蔓菁的根。"葵"即"冬葵"，也是我国古代重要的蔬菜之一，在魏晋南北朝时期被广泛种植，有"百菜之首"的称号。魏晋南北朝时期，人们在仲冬月间采摘霜燕、芜菁、冬葵等各种蔬菜，将其水分晒干后，制作成腌渍食品。

民众对腌渍技术的掌握，在魏晋南北朝时期已然十分成熟。杜公瞻在《荆楚岁时记》的按语中介绍了腌渍蔬菜的制作流程："有得其和者，并作金钗色。今南人作咸菹，以糯米熬捣为末，并研胡麻汁和酿之，石窄令熟。菹既甜脆，汁亦酸美，其茎为金钗股，醒酒所宜也。"③ 通过适当的方法，可以做出像金钗一样颜色的腌渍蔬菜。魏晋南北朝时期，南

---

① 谭麟. 荆楚岁时记译注 [M]. 武汉：湖北人民出版社，1985：130.
② 三国志·魏志·华佗传 [M]. 北京：中华书局，1982：801.
③ 谭麟. 荆楚岁时记译注 [M]. 武汉：湖北人民出版社，1985：130.

方地区的人们在腌渍蔬菜时，把糯米熬制后捣碎至粉末状，再研磨些芝麻汁与之和在一起，最后用石头加压密封。这样做出来的腌渍蔬菜既甜脆可口，又多汁酸美，是最适宜解酒的食物。

肉也可以用来做酱，汉代直接称之为"肉酱"。江陵凤凰山 168 号墓出土竹笥背面有墨书的"月（肉）酱"等字。江陵凤凰山 167 号墓出土的一些容器内盛放肉酱。

秦汉魏晋南北朝时期，大豆开始由主食向副食转化。作为蔬菜的大豆，不仅豆叶被人们广泛食用，也被发芽做成"黄豆卷"，还与盐、面粉等原料配合制成豆豉、豆酱等。

第三节　酒的生产与消费

《汉书·食货志下》："酒者，天之美禄，帝王所以以颐养天下，享祀祈福，扶衰养疾，百礼之会，非酒不行。"对酒的功用做了比较全面的概括，说明秦汉魏晋南北朝时期，酒已经渗透到社会生活的许多方面，广泛用于官私祭祀、节日庆典、婚丧嫁娶、消灾避祸、医疗保健、送别行赏、协调关系等。纵观秦汉魏晋南北朝时期的历史，其中饮酒之风出现过两次高潮。西汉初年，饮酒活动尚集中在贵族和富人当中。西汉中期，饮酒之风开始渗透到民间，武帝时至西汉后期，出现了秦汉魏晋南北朝时期首次饮酒高潮。东汉初年，饮酒之风曾有短暂的消歇，但随后便表现出比西汉更为强劲的势头。至东汉后期，饮酒达到顶峰，东汉末年由于战乱频繁，天灾人祸不断，社会经济遭到严重破坏，饮酒之风转入衰微期。秦汉魏晋南北朝时期饮酒之风出现的两次高潮，推动了秦汉酒类的生产，促进了酒肆的繁荣，使酒俗更加丰富多彩，使酒器更加绚丽多姿。

一、酒 的 生 产

（一）制曲技术的进步

秦汉魏晋南北朝时期，湖北的酿酒技术获得了一定的发展，主要表现在制曲业的兴盛和曲的种类的增多上。有了各具特色的曲，从而也就可以酿制出风格各异的酒。

先秦时期，人们就已经认识到制曲技术对于酿酒技术的重要意义，《礼记·月令》载："秫稻必齐，曲糵必时，湛炽必洁，水泉必香，陶器必良，火齐必得。兼用六物，大酋（酒官之长）监之，毋有差贷（失误）。"秦汉制曲技术获得较大发展，湖北是当时中国主要的制曲区域，《说文解字·麦部》对"麴（qū）"解释为"酒母也"，"麸（cái）"解释为"饼麴也"。饼曲的出现，说明秦汉已经进入酒曲发展的重要阶段，酒曲的发展促进了酿酒技术的提高。

（二）酿酒技术的完善

秦汉魏晋南北朝时期，人们已经认识并掌握了酿酒的几个关键技术措施，如王充在《论衡》卷二《幸偶篇》中说："蒸谷为饭，酿饭为酒。酒之成也，甘苦异味；饭之熟也，刚柔殊和。非庖厨酒人有意异也，手指之调有偶适也。"这里强调酿酒师手指调适与否，直接关系到酒味的甘苦。他又在《率性篇》中说："非厚与泊殊其酿也，曲糵多少使之然也。是故酒之泊厚，同一曲糵。"强调酒的好坏与曲糵投放多少密切相关。在卷十四《状留篇》中他又说："酒暴熟者易酸。"强调酒的好坏与酿造时温度的掌握与运用有关。王充的论述反映出秦汉时期人们已掌握了相当丰富的酿酒技术。

又据林剑鸣先生研究，秦汉时期人们酿酒时，已普遍使用含有大量霉菌和酵母菌的曲进行"复式发酵法"[①]。例如，当时宜城有九酝醛，魏晋张华的《轻薄篇》记载："苍梧竹叶青，宜城九酝醛。"九酝就是经过

---

① 林剑鸣. 秦汉社会文明［M］. 西安：西北大学出版社，1985.

重酿的美酒。《西京杂记》卷一："汉制，宗庙八月饮酎，用九酝、太牢。皇帝侍祠，以正月旦作酒，八月成，名曰酎，一曰九酝，一名醇酎。"

苞茅缩酒是古代楚地的祭祀仪式或酒的过滤方式，苞茅缩酒中的"苞"在古书中通"包"，"苞茅"是产于湖北荆山山麓南漳、保康、谷城一带的一种茅草。用这种茅草过滤酒浆，以祭祀祖先。苞茅缩酒的遗俗，至今在南漳山区犹存。

（三）名酒种类的增多

随着制曲、酿酒技术的进步和经济文化的交流，秦汉魏晋南北朝时期湖北酒的品种逐渐丰富起来。因为宜城是古代楚国的古都，有"楚都"之称。历代有许多名家赞美宜城的美酒，著名的酒有宜城醪醴，在汉代至南北朝时期，一直为人们所称赞。曹植在《酒赋》中说："其味有宜城醪醴，苍梧缥清，或秋藏冬发，或春酝夏成，或云沸潮涌，或素蚁浮萍。"《初学记》卷二六引刘孝仪《谢晋安雪赐宜城酒启》对宜城酒更是赞不绝口。说此酒："瓶泻椒芳，壶开玉液，汉尊莫遇，殷杯未逢。"（大意是说这种酒在汉代以前未曾有过）南朝梁刘潜《谢晋安王赐宜城酒启》："奉教，垂赐宜城酒四器。"《北堂书钞》引傅玄《七谟》云："甘醪贡于宜城。"这说明宜城酒已作为贡酒，在当时十分有名。

酂白酒也是汉代酂城的名酒，为汉代酂县（今老河口市）生产，西汉时酂白酒享誉四方，不但见于古籍记载，而且在出土的竹简和酒器铭文上也有记载，汉代酂白酒与当时天下名酒如宜城醪、苍梧清、中山冬酿等并列，闻名天下。《周礼·天官下》曰："酒正掌酒之政令，以式法授酒材。凡为公酒者，亦如之。辨五齐之名：一曰泛齐，二曰醴齐，三曰盎齐，四曰缇齐，五曰沈齐。"《太平御览》引郑玄注为："以节度作之，故以齐为名。泛者，成而滓浮泛泛然，如今宜成醪矣。醴犹体也，成而汁滓相将，如今甜酒矣。盎犹翁也，成而色翁翁然，葱白色，如今酂白矣。缇者，成而红赤，如今下酒矣。沉者，成而滓沉，如今造清酒矣。"① 可见鄝白酒在当时已经十分出名。

魏晋南北朝时期，随着酿酒技术日趋成熟，饮酒之风逐渐渗透到岁时节令民俗文化的领域，酒已成为人们日常生活和社交娱乐时不可缺少的饮品，可谓"百礼之会，非酒不行"②。魏晋南北朝时期，酒类品种丰富，在《荆楚岁时记》中就提到了椒柏酒、屠苏酒、菊花酒等多个品种。

（1）椒柏酒。《荆楚岁时记》中记载："（正月一日）长幼悉正衣冠，以次拜贺。进椒柏酒，饮桃汤。进屠苏酒，胶牙饧。下五辛盘。进敷于散，服却鬼丸。各进一鸡子。"③ 魏晋南北朝时期，正月一日要喝椒柏酒和屠苏酒。"椒柏酒"即椒酒与柏酒。椒酒是用花椒浸制的酒，柏酒是用柏叶浸制的酒，饮用后均有助于蠲除百疾、延年益寿。

（2）屠苏酒。唐代韩鄂在《岁华纪丽》中提到了屠苏酒的制作方法："俗有屠苏乃草庵之名。昔有人居草庵之中，每岁除夜，遗闾里一药帖，令囊浸井中，至元日取水，置于酒樽，合家饮之，不病瘟疫。今人得方而不知其人姓名，但曰屠苏而已。"④ 屠苏是草屋的名字，据传曾经有人居住在这间草屋之中。此人每到除夕之夜就会在井中浸泡一帖药包，到了正月一日再取井水倒入酒樽，全家服用便可以免除病疫。据传屠苏酒的配方相传是由东汉名医华佗所创，又为孙思邈、李时珍等医学名家所推崇。明代高濂的养生专著《遵生八笺》中记载有屠苏酒的详细配方：大黄十六铢，白术十五铢，桔梗十五株，蜀椒十五铢，去目桂心十八铢，去皮乌头六铢，去皮脐芨蒭十二铢。⑤ 从中医学的角度分析，此药酒配方具有排浊解毒、祛风散寒等功效。笔者认为，魏晋南北朝时期的屠苏酒配方应当与该酒方的成分相近，人们在正月一日饮屠苏酒可以避除疫疬之邪。

---

① 李昉. 太平御览卷八四二饮食部一 ［M］. 北京：中华书局，1960：3766.
② 汉书·食货志 ［M］. 北京：中华书局，1983：1182.
③ 谭麟. 荆楚岁时记译注 ［M］. 武汉：湖北人民出版社，1985：5.
④ 韩鄂. 岁华纪丽 ［M］. 北京：中华书局，1985：13.
⑤ 高濂. 遵生八笺 ［M］. 北京：中国医药科技出版社，2011：40.

（3）菊花酒。杜公瞻在《荆楚岁时记》的按语中记载："九月九日宴会，未知起于何代。然自汉至宋未改。今北人亦重此节。佩茱萸，食饵，饮菊花酒，云令人长寿。近代皆宴设于台榭。"① 魏晋南北朝时期，人们要在农历九月九日饮菊花酒。汉代刘歆在《西京杂记》中介绍了菊花酒的酿造方法："菊花舒时，并采茎叶，杂黍米酿之，至来年九月九日始熟，就饮焉，故谓之菊花酒。"② 在菊花盛开之时，连着茎和叶一起摘下，掺杂黍米酿制密封，等到来年的农历九月初九日即可饮用。

（四）酒肆业的逐渐繁荣

酒肆不仅是秦汉魏晋南北朝时期饮食店肆中的主要行业，而且也是整个饮食行业中最为突出的部分之一。由于酿酒业和城市经济的日益发展，秦汉魏晋南北朝时期湖北江汉平原的酒肆也有了很大发展，呈现一派繁荣景象。《史记·货殖列传》曰："通邑大都酤一岁千酿。""千酿"即年经营额为 1000 瓮酒，可见这些酒商经营的酒肆规模确实不小，其所获利润也非常可观，可与"千乘之家"相比。

秦汉酒肆的经营方式十分灵活，一般是现钱交易，但也可以用粮食买酒，甚至赊账。

二、饮 酒 习 俗

秦汉魏晋南北朝时期，湖北的饮酒习俗已丰富多彩，主要表现在宴饮场合中已形成了诸多礼数、宴饮中有诸多娱乐助兴活动等。

（一）宴饮礼俗的传承

秦汉魏晋南北朝时期，在正规的酒宴上人们饮酒时，仍沿袭先秦的习俗，分轮一个个地来饮，一人饮尽，再一人饮，众人都饮完称为"一行"或"一巡"。饮酒的次序为由尊及卑，由长及幼，即《礼记·曲礼上》所谓"长者举未釂（jiào，尽），少者不敢饮"。酒席上往往设有专

---

① 谭麟. 荆楚岁时记译注 ［M］. 武汉：湖北人民出版社，1985：122.
② 周天游. 西京杂记 ［M］. 西安：三秦出版社，2006：146.

门负责监督饮酒的行酒人，又被称为酒吏，如《汉书·高五王传》载，朱虚侯刘章"尝入侍燕饮，高后令章为酒吏。章自请曰：'臣，将种也，请得以军法行酒。'"。酒吏要纠正参加酒宴者的失礼行为，负责对迟到者罚酒，检验人们饮酒尽否。

秦汉时期人们饮酒时，有一次饮尽杯中酒的习惯，《汉书·叙传》谓："赵、李诸侍中，皆引满举白。"孟康注曰："举白，见验饮酒尽不也。"对他人敬的酒不饮或饮之不尽，在当时算是失礼行为。

劝酒的风气使得宴会参加者把醉饱看成是对主人礼貌的表示。正如汉末文人王粲在《公宴诗》中所说："嘉肴充圆方，旨酒盈金罍。""常闻诗人语，不醉且无归。"① 客醉不仅是对主人的尊重，也体现出主人对客人的敬重。宴客时，酒食不足则被视为一件丢脸的事。汉末赵达受朋友宴请，食毕，赵达发现主人仍留有酒、肉，便对自称"仓卒乏酒，又无嘉肴"的主人说："卿东壁下有美酒一斛，又有鹿肉三斤，何以辞无？"主人大惭，遂出酒醑饮②。因此，主人总是倾其所有、想方设法使客人满意。作为相应的礼节，客人在宴会结束后要拜谢主人。

在宴饮时，地位较低者对地位尊贵者要避席伏，即离开座席食案屈伏于地上，如《汉书·田蚡传》载，在丞相田蚡的婚宴上，来宾均为主人"避席伏"。

秦汉时期，人们在酒宴上，晚辈常对长辈敬酒祝寿，称之"为寿"。据《汉书·高帝纪上》颜师古注："凡言为寿，谓进爵于尊者，而献无疆之寿。"《后汉书·明帝纪》李贤注与颜注相近，称"寿者人之所欲，故卑下奉觞进酒，皆言上寿"。近人段仲熙先生考证"为寿"之礼是先秦时期宴饮活动中应酬之礼"醻礼"的遗迹③。这些看法大致是不错的，如

---

① 艺文类聚·卷三九引［M］. 上海：上海古籍出版社，1982：714.

② 三国志·吴书·赵达传［M］. 北京：中华书局，1982：1424.

③ 段熙仲. 说醻［M］//中华书局编辑部. 文史，第3辑. 北京：中华书局，1963.

刘邦曾在酒宴上"奉玉卮为太上皇寿"①。王邑父事娄护，在宴会上对娄护称："贱子上寿。"② 不过，秦汉人"为寿"时，并不限于晚辈对长辈，参加宴会的平辈、主人和客人之间彼此均可"为寿"，如汉武帝时，丞相田蚡举行宴会，主人田蚡和客人窦婴先后"上寿"。秦汉时，人们上寿的语言不并限于说祝对方"益寿""延年""长乐未央"之类的吉语，往往还涉及称颂对方的品德和能力。上寿者在说完上寿语后，要饮尽自己杯中之酒。有时，在上寿时还伴随着送礼。

（二）佐酒习俗的流行

秦汉魏晋南北朝时期，人们宴饮时还经常有一些娱乐助兴活动以佐酒，如酒令、投壶、博弈、吟咏、歌舞等。楚人好酒，在宴饮时，也常有一系列助酒兴的游戏，如行酒令，北京大学秦简中的《酒令》，是当时流行于江汉地区的助酒辞令，当时秦人已经占领楚地，其酒令既有楚文化的因素，也有秦文化的反映。考古中，屡有秦汉酒令酒具出土。汉代酒令的具体使用方式尚不可详知。

投壶是一项古老的宴饮助兴活动，秦汉时期仍很流行。所投之壶，壶口小，颈长而直。河南南阳画像石中有二人持四矢投壶的场面，壶内有二矢，壶左放一酒樽，上有一勺。壶的两侧有二人席地跪坐，执矢投壶。其中，一人似为输酒而醉，被搀扶离席③。

载歌载舞是秦汉的社会时尚，以歌舞侑酒是当时重要的酒俗内容之一，在筵席旁助兴，劝人吃喝。歌舞多在酒酣之际进行。如张衡《南都赋》称："坐南歌兮起郑舞促。""怨西荆之折盘。"④ 这里的南歌，就是指以南音为歌，西荆就是指的楚舞。乐舞是秦汉时期荆楚人民的主要娱乐方式，楚人本来就喜欢歌舞，尤其是汉代建立之后，由于统治者的支

---

① 汉书·高帝纪（下）［M］. 北京：中华书局，1983：53.
② 汉书·游侠传［M］. 北京：中华书局，1983：3707.
③ 闪修山. 南阳汉代画像石刻［M］. 上海：上海人民美术出版社，1981：图12.
④ 萧统. 文选［M］. 上海：上海古籍出版社，1986：149.

持，楚地歌舞得到了广泛的传播，汉高祖的《大风歌》，汉武帝的《秋风辞》，都是依据楚歌而作。如汉高祖在为"商山四皓"举行的宴会结束时对戚夫人说："为我楚舞，吾为若楚歌。"

在酒宴上，不仅有歌女舞伎的歌声舞姿，而且也有宴会参加者所表演的歌舞。宴会参加者所表演的歌舞最能体现当时的荆楚社会风尚，司马相如《子虚赋》中提到了"鄢郢缤纷"，其中的"鄢"是今湖北宜城，郢指的是今湖北荆州郢城，说明当时鄢舞和郢舞都很出名。它既可以是自娱性的自舞自赏，也可以是他娱性的歌舞参与。

楚人的宴饮使用地方音乐，则更具地方特色。同时楚人还使用俗乐和创造出的"新歌"，曲目似乎不固定，更为自由。刘向《九叹》云："恶虞氏之箫《韶》兮，好遗风之《激楚》。"王逸注曰："恶虞舜箫《韶》之乐，反好俗人淫泆《激楚》之音也。"可知令"宫廷震惊"的《激楚》属于俗乐。宋玉《对楚王问》曰："客有歌于郢中者，其始曰《下里巴人》，国中属而和者数千人。"可见楚人好俗乐，《激楚》与《下里巴人》一样流行于当时的楚国。楚人"陈钟按鼓，造新歌些"，而在中原地区音乐与道德建立起联系，由于不符合道德规范，"新歌""新声"被限制使用。《国语·晋语》记"平公说新声"，师旷便反对说，听音乐应注意"修诗以咏之，修礼以节之"。《礼记·乐记》中子曰："今夫新乐，进俯退俯，奸声以滥，溺而不止。"更是称新乐为"奸声"。这说明在音乐方面，楚人纯以娱乐看待音乐，并未赋予音乐太多道德性的内涵。其次，楚人宴饮用乐不需要配合宴会各步骤，形式轻松自由。中原宴饮规定了"宾及庭，奏《肆夏》"；宾出，奏《陔》；主人答谢宾的进酒时音乐就停止……音乐的表演配合着宴饮仪式等。①

三、各式酒器

秦汉魏晋南北朝时期，酒器的最基本种类是樽、勺、杯、杯炉。其

---

① 杨雯. 楚辞风俗研究［D］. 成都：四川师范大学，2009：59.

中，樽为盛酒器，亦可温酒，勺为挹酒器，杯为饮酒器，杯炉为温酒器。

饮酒器的杯最具时代特征。秦汉时，人们所用的杯多为椭圆形的耳杯。小杯可容一升（汉制，约合今 201 毫升），大杯可容三升，甚至四升。耳杯多由漆、木、铜制成。代表秦汉酒器制作技术最高成就的是漆耳杯。漆耳杯又称"文杯"，多为夹纻胎，椭圆形口，平底圈足。杯内髹朱漆，杯外髹黑色底漆、朱漆花纹。文杯的价格不菲，《盐铁论·散不足》说："一文杯得铜杯十。"文杯是当时备受崇尚的华丽酒器。比较高级的漆耳杯还以金银镶嵌，称为"扣器"，扣器多用金银等贵重材料制成，工艺复杂，耗工费力，故《盐铁论·散不足》言："器械雕琢，财用之蠹也，……故一杯棬用百人之力。"

云梦睡虎地 47 号墓
出土西汉彩绘双龙纹樽

彩漆耳杯（酒器）

考古发现的有铭文的酒器，所记参与制造者的官吏工匠往往很多，如工长、素工、供工、画工、髹工、刻工、清工、漆工、黄涂工、铜扣工、造工、承掾护工、卒吏、令吏、啬夫、佐之卷，一器之上往往列名十几人，而不获列名者，又不知多少，"一杯棬用百人之力"当非妄言。当时，最高级的漆耳杯就是这种配以鎏金铜耳、白银口沿的彩绘扣器漆杯，当时人称为"银口黄耳"。秦汉魏晋南北朝时期常用的饮酒器还有卮。卮呈直筒状，单把，往往有盖，形如今日的搪瓷杯。过去常把出土文物中的卮误称为奁（梳妆器具），后来郑振铎先生为其正名为卮。卮在秦汉文献中常见，《史记·项羽本纪》载，鸿门宴上，项羽赐给樊哙酒，便是用的卮。《汉书·高帝纪》载："上奉玉卮为太上皇寿。"卮的容量有大有小，小的可容二升（约合今天的 400 余毫升）。但最大的卮可容一斗，鸿门宴上项羽赐给樊哙酒用的即是大号的"斗卮"。秦汉的卮除铜卮、玉卮外，还有漆卮。卮作为酒器，至汉代以后便罕见了。

秦汉魏晋南北朝时期的温酒器杯炉也极具时代特征。

第四节　饮食习俗

中国饮食习俗在秦汉魏晋南北朝时期已发展到较为成熟的地步了。孔子的"非礼勿视，非礼勿听，非礼勿言，非礼勿动"[①] 的人生训条已被具体化为人们日常生活中细致的守则，饮食生活也不例外。加之这一时期，中国的物质文化也有了长足的进步[②]，这一切都使得荆楚饮食习俗出现了较大的发展与变化，就带有社会普遍性的几个方面而言，如餐制、饮食方式、饮食礼仪的变化，尤为明显。

一、三餐制的确立

旧石器时代以前，人们靠渔猎、采集为生，对什么时间吃饭并没有形成一种制度。不管是什么时候，只要猎捕和采集到食物，便可食用。从新石器时代起，中国开始进入农耕社会，人们为种植谷物开始有了正常的作息制度，所谓日出而作，日落而息。与人们的这种生产活动相适应，人们普遍实行一日两餐制。商代甲骨文中有"大食""小食"的记载，"大食"的时间在 7—9 时，"小食"的时间在 15—17 时。在食量上，大凡早餐吃得多些，以便于一天的劳作，故称为"大食"；至于下午的饭，因为不久太阳就要西下，天渐黑暗，无法再去田间劳动，不必吃得多，故称为"小食"。"这种早饭吃得多的习惯，也是常见的农业社会现

---

① 论语·颜渊 [M]. 北京：中华书局，1982：123.
② 黎虎. 汉唐饮食文化史 [M]. 北京：北京师范大学出版社，1998：4.

象"。①

秦汉魏晋南北朝时期,随着农业生产力水平的较大发展,人们从一日两餐逐渐改为一日三餐。一日三餐制的习俗,在战国时代的社会上层中已经出现了,《战国策·齐策》中有"士三食不得餍(吃不饱之意),而君鹅鹜有余食"的记载②。说明战国时期寄食于贵族门下的士主要是实行一日三餐的。当然,一日三餐的习俗并不普及,绝大多数民众仍是一日两餐,《孟子·滕文公上》载:"贤者与民并耕而食,饔飧而治。"宋代朱熹对此注曰:"饔飧,熟食也。朝曰饔,夕曰飧。"③ 说明战国时期从事耕作的下层百姓实行的是一日两餐制。秦代的普通民众仍以一日两餐为主,据《睡虎地秦墓竹简》中的《传食律》和《仓律》所示,在秦朝,一般吏人、仆役、罪徒都是早晚各一餐④。

汉代是中国三餐制习俗确立的关键时期。汉代初年,一日两餐与一日三餐制并行,但后者已经得到社会的广泛认可,并得以逐渐推广。汉代以后,包括湖北的中国大部分区域,都主要实行早、午、晚三餐制了,古称"三食",这是被人们普遍承认的规范饮食制度,既利于生活,也利于生产。

汉代三餐饭的具体时间是怎样安排呢?《论语·乡党》中孔子称:"不时,不食。"即不到该吃饭的时候不吃饭。郑玄注曰:"不时,非朝、夕、日中时。"郑玄是以汉代人的饮食习惯来注解孔子这句话的,这说明汉代已初步形成了一日三餐的饮食习俗。

第一顿饭为朝食(亦称早食),时间在天色微明以后,成书于西汉的《礼记·内则》论及未冠笄者事亲之礼:"男女未冠笄者……昧爽而朝,问:'何食饮矣?'若已食则退,若未食,则佐长者视具。"未成年的男

① 姚伟钧. 中国饮食礼俗与文化史论 [M]. 武汉:华中师范大学出版社,2008:91.
② 战国策·齐策四·管燕得罪齐王 [M]. 济南:齐鲁书社,2005:128.
③ 朱熹. 四书章句集注 [M]. 长沙:岳麓书社,1993:371.
④ 姚伟钧. 中国饮食礼俗与文化史论 [M]. 武汉:华中师范大学出版社,2008:92.

女，在天色微明以后，就要去向父母请安，问候饮食。如果父母已用毕早餐，即可告退，如未进食，就在一旁侍奉，等候差遣。可见，早餐一般是在天色微明时就开始了。

第二顿饭为昼食，汉人又称饟（shǎng）食，也就是中午之食。许慎《说文解字》曰："饟，昼食也。"清人段玉裁说："此犹朝曰饔，夕曰飧也，昼食曰饟，俗讹为日西食曰饟，见《广韵》。"张舜徽先生《说文解字约注》认为："许（慎）云昼食，谓中午之食也。昼字从昼省，从日，言一日之中，以此为界也。今湖湘间犹谓上午为上昼，下午为下昼，则昼食为午食明矣。《太平御览》卷八百四十九引《说文》作'中食也'，谓日中之食也，犹今语称中餐也。"可见，中食一般是在正午时刻。

第三顿饭为餔食，也称飧（sūn）食。即晚餐。《说文解字》云："飧，餔也。"而释"餔"则说："申时食也。"申时一般是在下午 15—17 时。古人习惯早睡早起，所以第三餐饭的时间安排比现代人的晚饭时间要早一些。餔时正是吃饭的时候，这在《史记》中也有印证，《史记·吕太后本纪》云："日餔时，遂击产。"当时周勃等人诛灭诸吕，正是利用这个吃晚饭的时机，猝不及防地给诸吕以突然袭击，才击溃了吕产的禁卫军。

一日三餐制在汉代虽然得到普遍的实行，但两餐制并没有退出历史舞台，许多地方还存在根据季节的不同和生产的需要，而采用两餐制，有些穷苦人家也常年采用两餐制，与普通百姓一日三餐或一日两餐不同，汉代皇帝的饮食多为一日四餐制，班固《白虎通义·礼乐》载，天子"平旦食，少阳之始也；昼食，太阳之始也；晡食，少阴之始也；暮食，太阴之始也。"原因是帝王的夜生活时间长，需要晚上加餐，可见，饮食餐数的实行情况主要因饮食者身份地位的不同而异。

二、分食制的传承

从发掘的湖北汉墓壁画、画像石和画像砖上，经常可以看到人们席地而坐，一人一案的宴饮场面。如在河南密县打虎亭 1 号汉墓内画像石上的饮宴图，宴会大厅帷幔高挂，富丽堂皇。主人席地坐在方形大帐内，其面前设一长方形大案，案上有一大托盘，托盘内放满杯盘。主人席位的两侧各有一排宾客席，已有 3 位客人就座，有的在互相交谈，几个侍者正在其他案前做准备工作。可见，秦汉魏晋南北朝时期仍沿袭分食制。

低矮的食案是与人们席地而坐的习惯相适应的。据王仁湘先生考证，食案"从战国到汉代的墓葬中，出土了不少实物，以木料制成的为多，常常饰有漂亮的漆绘图案。汉代呈送食物还使用一种案盘，或圆或方，有实物出土，也有画像石描绘出的图像。承托食物的盘如果加上三足或四足，便是案，正如颜师古《急就篇》注所说：'无足曰盘，有足曰案，所以陈举食也'。"①

文献中也有不少材料证实这种分食方式。《史记·项羽本纪》中的鸿门宴，表露出当时实行的是分食制，在宴会上，项王、项伯、范增、沛公、张良五人，一人一案。《汉书·外戚传》载许后"朝皇太后于长乐宫，亲奉案上食"，说明食案是很轻的，一般只限一人使用，所以连女子都举得起。汉代文献中还有席地而食的描述，如《史记·田叔列传》褚先生补曰："主家（平阳）令两人（田仁与任安）与骑奴同席而食，此二子拔刀列断席而别坐。主家皆怪而恶之，莫敢呵。"以上文献都说明，汉代人们都是坐在席上饮食，席前设案，这与先秦时期并无二致。

分食制在秦汉魏晋南北朝时期得以传承，使用食案进食是一个重要原因。"虽不能绝对地说是一个小小的食案阻碍了进食方式的改变，但如果食案没有改变，饮食方式也不可能会有大的改变。历史告诉我们，饮食方式的改变，确实是由高桌大椅的出现而完成的，这就是中国古代由分食制向合食——会食制转变的一个重要契机"②。

除此之外，汉代烹饪技艺的发展大体上与这种小木案作为摆放食品

① 王仁湘. 饮食与中国文化［M］. 北京：人民出版社，1994：282.
② 王仁湘. 饮食与中国文化［M］. 北京：人民出版社，1994：285.

的器物是相适应的，肴馔品种虽然已在逐渐增多，但还不像后世那样用"食前方丈"来形容，小木案基本上可以摆放一般酒席上应有的肴馔，两者之间的矛盾并不十分突出，因而分食制还有存在的空间。

三、饮食礼仪的完善

秦汉魏晋南北朝时期，荆楚地区人们在饮食礼俗上形成了一套细致入微的行为规范，主要表现在以下两个方面。

（一）以东向为尊的宴席座次礼仪

一般而言，只要不是在堂室结构的室中，而是在一些普通的房子里或军帐中，宴席座次是以东向（坐西面东）为尊。以东向为尊的礼俗起源于先秦①。秦汉时期，以东向为尊在史籍中多有记载，如《史记·项羽本纪》中所记项羽在军帐中宴请刘邦时，其宴席座次为："项王、项伯东向坐。亚父南向坐，亚父者，范增也。沛公北向坐，张良西向侍。"这里项羽和他的叔父项伯坐西面东，是最尊贵的座位。其次是南向，坐着谋士范增。再次是北向坐着客人刘邦。最后是西向东坐，因张良地位最低，所以这个位置就安排给了张良，叫侍坐，即侍从陪客。鸿门宴上座次是主客颠倒，反映了项羽的自尊自大和对刘邦的轻侮。又如《史记·魏其武安侯列传》载：田蚡"尝召客饮，坐其兄盖侯南乡，自坐东乡"。田蚡认为自己是丞相，不可因为哥哥在场而不讲礼数，否则就会屈辱丞相之尊。再如《史记·周勃世家》亦云："勃不好文学，每召诸生说士，东乡坐而责之。"周勃自居东向，很不客气地跟儒生们谈话。

但若在堂上宴客时，就不是以东向为尊了，一般以南向为尊，其次为西向，再次为东向，最后为北向。席上最重要的是上座，必须待上座者入席后，其余的人方可入座落座，否则为失礼。这种以宴席座位次序来显示尊卑高下的礼俗，普及到社会各个阶层，一直传承到近现代。

---

① 姚伟钧. 中国传统饮食礼俗研究 [M]. 武汉：华中师范大学出版社，2008：101.

（二）与尊长进食的礼仪①

首先，在摆放菜肴上，带骨的菜肴放在左边，切的纯肉放在右边。饭食靠着人的左手方，羹汤放在靠右手方。细切的和烧烤的肉类放远些，醋和酱类放在近处。姜葱等伴料放在旁边，酒浆等饮料和羹汤放在同一方向，如果另要陈设干肉、牛脯等物，则弯的在左，挺直的在右。上鱼肴时，如果是烧鱼，以鱼尾向着宾客；冬天鱼肚向着宾客的右方，夏天鱼脊向着宾客右方。上五味调和的菜肴时，要用右手握持，而左手托捧。

其次，在用饭过程中，如果和别人一起吃饭，不可只顾自己吃饭，饭前要检查手的清洁，不要用手撮饭团，不要把多余的饭放回食器中，不要喝得满嘴淋漓，不要吃得喷喷作响，不要啃骨头，不要把咬过的鱼肉又放回盘碗里，不要把肉骨头扔与狗。不要专据食物，也不要簸扬热饭。不要落得满桌是饭，流得满桌是汤。

汤里面有菜时，就得用筷子来夹，如果没有菜，则只用汤匙。吃蒸黍饭要用手而不用箸，不要大口囫囵地喝汤，也不要当着主人的面调和菜汤，不要当众剔牙齿，也不要喝腌渍的肉酱。如果有客人在调和菜汤，主人要道歉，说烹调得不好；如果客人喝到酱类食品，主人也要道歉，说备办的食物不够。对于湿软的肉可以用牙齿咬断，干肉就须用手分食。吃炙肉不要撮作一把来嚼。

吃饭完毕，客人应起身向前收拾桌上盛着腌渍物的碟子交给旁边伺候的人，主人跟着起身，请客人不要劳动，然后，客人再坐下。

与尊长一起吃饭时，应先替尊长尝饭，再请尊长动口，而后自己动口。要小口地吃，快点吞下，咀嚼要快，不要把饭留在颊间，以便随时准备回答尊长的问话。

酒已成为魏晋南北朝时期的节令食俗中不可缺少的饮品，酒文化与

---

① 此部分根据《礼记》中的《曲礼》《少仪》《玉藻》等篇记载写成。由于《礼记》是儒家经典，相传为汉代戴圣编纂，所以它所体现的进食礼仪带有一定的楚汉色彩，也为后世历代统治者所遵循。

饮酒规范也随之应运而生。但在荆楚地区也有例外的情况。据《荆楚岁时记》中记载，正月一日要"进椒柏酒，饮桃汤。进屠苏酒，胶牙饧"。但在这一天，饮酒礼仪不同于日常以尊长者为先的敬酒原则，而是"凡饮酒次第，从小起"①。杜公瞻在《荆楚岁时记》的按语中引用董勋之言解释了该行为：这是因为"小者得岁，先酒贺之。老者失岁，故后与酒"②。年幼者在新的一年又长大了一岁，所以先喝酒祝贺他。而年长者在新的一年又失去了一岁，所以后为他斟酒。

秦汉时期形成的这些烦琐礼节，其宗旨是培养人们"尊让絜敬"的精神③，它要求社会上不同阶层的人们都要遵循一定的礼仪去从事饮食活动，以保证上下有礼，达到贵贱不相逾的目的。从秦汉时期湖北出土的画像石、画像砖、帛画、壁画上所常见到的宴饮图来看，这套饮食礼仪似被湖北的人们普遍遵循着。同时，这套饮食礼仪也对整个中国古代社会产生过极大的影响。

四、饮茶习俗逐渐盛行

中国有悠久的种茶、饮茶历史，一方面为人类提供了最普遍和最受人欢迎的饮料；另一方面也为世界创立了一门饮茶文化，而饮茶习俗的确立也应追溯到三国时期。

湖北天门人陆羽在《茶经》中说："茶者，南方之嘉木也。"一些古代文献也记载茶树起源于中国鄂西北及其周围的秦巴山区地区。从古生物学观点来看，茶树是山茶属中较原始的一种，据有关专家研究，茶树的起源距今已有数万年之久。从古代地理气候来看，云南、贵州等少数民族地区的气候，非常适宜种茶。这些地区存在较多的野生乔木大茶树，叶生结构等都较原始。1961 年在云南勐海大黑山原始森林中，发现了一

① 谭麟. 荆楚岁时记译注［M］. 武汉：湖北人民出版社，1999：18.
② 谭麟. 荆楚岁时记译注［M］. 武汉：湖北人民出版社，1999：18.
③ 礼记·乡饮酒义［M］. 上海：上海古籍出版社，2016：677.

株目前最大的茶树，树高 32.12 米，胸径 1.03 米。另外，在贵州晴隆县笋家菁曾发现茶籽化石 1 块，有 3 粒茶籽。这些材料证明，中国饮茶的起源可能在西南一带及其附近的少数民族地区。

据文献记载，汉代饮茶之风由巴蜀传入荆楚，在三国时，饮茶习俗开始在长江中下游地区流行，南朝齐刘澄之《荆州土地记》中说："浮陵（即武陵）茶最好……武陵七县通出茶，最好。"我国最早有关制茶的记载是三国时魏人张揖所做的《广雅》："荆巴间采叶作饼，叶老者，饼成以米膏出之。欲煮茗饮，先炙令赤色，捣末置瓷器中，以汤浇覆之，用葱、姜、橘子芼之。其饮醒酒，令人不眠。"南朝时的《桐君采药录》记载"西阳（治所在今湖北黄冈县东）、武昌、晋陵（今江苏常州）皆出好茗"。从《桐君采药录》所刊的 3 种名茶看，两种就属荆楚地区，说明长江中游或华中地区，在中国茶文化传播上的地位，逐渐取代巴蜀而明显重要起来。

据《三国志·韦曜传》记载，吴国皇帝孙"皓每飨宴，无不竟日，坐席无能否率以七升为限，虽不悉入口，皆浇灌取尽，曜素饮酒不过二升，初见礼异时，常为裁减，或密赐茶荈以当酒。至于宠衰，更见逼强，辄以为罪"[①]。孙皓因韦曜力不胜酒，就让他以茶代酒，后世我国民间因某人不能喝酒，就允许他以茶代酒之习俗盖源于此。孙皓曾经迁都武昌，所以此种习俗也在长江中下游一带流行。

这时，茶在南方虽已成为一种普通饮料，但在北方，特别是在出身于西北民族的王公贵族中不多见，他们仍习惯于以"乳酪为浆"。饮茶只是到了隋朝以后，由于修建了大运河，沟通了黄河与长江两大流域的交通，茶叶也由此被带到北方去了，饮茶习俗由此而渐盛行。

---

① 三国志·韦曜 [M]. 北京：中华书局，1982：1462.

第五节 日趋成熟的节日饮食

节日饮食习俗，是中华民族饮食文化一份珍贵的遗产，它集中、强烈地反映出中国文化的内容和色彩，是中国先民在长期社会活动中，适应生产、生活的需要和欲求而创造出来的。秦汉魏晋南北朝时期，中国许多节日开始形成并走向成熟，比较重要的节日有春节、元宵节、寒食节、端午节和重阳节等。

《荆楚岁时记》是我国第一部系统记述地方岁时生活的民俗志，囊括了魏晋南北朝前后，荆楚地区丰富多彩的岁时节令风物故事。该书以时为序，涵盖了自元旦到除夕的一个年度周期。《荆楚岁时记》的作者宗懔，在荆楚地区生活数十年，晚年被俘往长安。在北朝生活的日子里，宗懔结合故地生活和异乡体验，进行了回想式的岁时民俗记录。如今流传于世的《荆楚岁时记》中，除了宗懔所著的原文，还有北齐杜公瞻的注文。作者宗懔与注者杜公瞻出生于一南一北，在时间上也仅相隔数十年。杜公瞻的注文不仅可以解释原著，也对原著起到了补充和对照的作用。宗懔与杜公瞻二人，以亲身体验作为记述的基础，对魏晋南北朝时期岁时节令民俗文化的全貌进行了时间与空间相结合的动态描述。《荆楚岁时记》共有37个条目，其中有19条涉及饮食习俗，即全书有一半以上条目与饮食文化相关，为了解魏晋南北朝时期荆楚地区的岁时节令饮食文化概况提供了珍贵的史料。

一、春 节

秦汉至清末春节称旦日、元旦等。春节的滥觞非常古老，早在远古时期，便传承着以立春日前后为时间坐标，以春耕为主题的农事节庆活动。这一系列的节庆活动不仅构成了后世元旦节庆的雏形框架，而且它的民俗功能和构成因子也一直遗存至今。秦汉是由立春节庆向现代春节大年节的过渡时期，它表现为两个演进过程：其一为节庆日期由以立春为中心，逐渐过渡到以正月初一为中心；其二为单一形态的立春农事节庆逐渐过渡到复合形态的新年节庆。由此产生了一系列以除疫、延寿为目的的饮食习俗，如饮椒柏酒、吃胶牙饧等。

汉武帝太初元年（公元前 104 年）颁行《太初历》，以孟春正月为岁首，因此"正月一日是三元之日也"①。元即首，三元即岁之首、月之首、时之首。此后历朝历代都以农历正月一日为元旦，直到清王朝灭亡后，民国政府采用公历纪元，规定公历一月一日为元旦，农历正月初一便改称为"春节"。据《荆楚岁时记》中记载，秦汉魏晋南北朝时期，正月一日流行着多样的饮食习俗，用于食用的饮食品种也颇为丰富。在这一天，"长幼悉正衣冠，以次拜贺。进椒柏酒，饮桃汤。进屠苏酒，胶牙饧。下五辛盘。进敷于散，服却鬼丸。各进一鸡子"②。

椒柏酒是用椒花、柏叶浸泡的酒。椒酒原是先秦时期楚人享神的酒醴，到了汉代，"椒"又与寿神之一的北斗星神挂上了钩，据东汉崔寔《四民月令》载："椒是玉衡星精，服之令人身轻能（耐）老，柏是仙药。"人们相信元旦饮椒柏酒可以使人在新年里身体健康，百疾皆除，延年益寿。当时人们饮椒柏酒还传承着从年辈最小的家族成员开始，最后才由年辈最高的家族长辈饮酒的俗规。

"胶牙饧"是麦芽制成的一种饴糖，古汉语中"胶"有牢固的意思，据《荆楚岁时记》记载，胶牙即固牙，俗传吃了这种糖之后，可以使牙齿牢固，不脱落。可见，元旦吃"胶牙饧"和饮椒柏酒一样，寓吉祥之意，表达了人们对新年美好生活的向往。

"五辛盘"是用 5 种带有刺激性气味的蔬菜拌制而成的凉菜。关于"五辛"的具体组成有几种不同的说法，晋代周处的《风土记》中记载："五辛所以发五藏之气，即葱、蒜、韭菜、芸苔、胡荽是也。"但《本草纲目》中认为："元旦立春，以葱、蒜、韭、蓼蒿、芥，辛嫩之菜杂和食

---

① 谭麟. 荆楚岁时记译注［M］. 武汉：湖北人民出版社，1999：15.
② 谭麟. 荆楚岁时记译注［M］. 武汉：湖北人民出版社，1999：18.

之，取迎新之意，谓之五辛盘。杜甫诗所谓'春日春盘细生菜'是矣。"① 虽然五辛盘的配方在不同的文献记载中稍有出入，但是可以发现，这些在文献中提到的蔬菜品种在性味属性上都有着相类似的特点。中国古代中医药学对饮食的性味属性进行了分类与归纳，战国时期的《黄帝内经》就总结出了一套辛散、酸收、甘缓、苦坚、咸软的基本理论。辛味食品往往都具备发散邪气、调动气血的功能。魏晋南北朝时期，正月一日"下五辛盘"的习俗有益于人们在冬春之交通气活血、强身健体，用以季节性防疫。

《荆楚岁时记》中记载："正月七日为人日。"② 民间传说女娲创世之时，在前六天分别造出了鸡、狗、猪、羊、牛、马，直到第七天才创造出人。于是农历正月的一日为鸡日、二日为狗日、三日为猪日、四日为羊日、五日为牛日、六日为马日，而正月七日被视为人类诞生的日子，称为"人日"。魏晋南北朝时期，在"人日"这一节令中的主要饮食为菜羹和熏火。

据《荆楚岁时记》记载，"一日不杀鸡，二日不杀狗，三日不杀猪，四日不杀羊，五日不杀牛，六日不杀马，七日不行刑"的习俗正是遵循前文所提到的女娲创世的民间传说而来。因为正月一日到七日的讳食颇多，"故岁首唯食新菜"，即只吃刚上市的菜品。宗懔在《荆楚岁时记》中提到，魏晋南北朝时期，正月七日要"以七种菜为羹"③，即吃由 7 种新菜熬制而成的菜羹。人们食用菜羹，同样带有期盼身体健康，无病消灾的愿望。

大约自汉代起，元旦大吃大喝已成风气，据《汉官仪》和《后汉书·礼仪志》等书记载，每年元旦，群臣都要给皇帝朝贺，称为"正朝"，皇帝便大摆筵席款待群臣，君臣饮宴欢度佳节。

---

① 李时珍. 本草纲目·菜部［M］. 北京：人民卫生出版社，1982：78.
② 谭麟. 荆楚岁时记译注［M］. 武汉：湖北人民出版社，1999：25.
③ 谭麟. 荆楚岁时记译注［M］. 武汉：湖北人民出版社，1999：25.

二、元　宵

正月十五为元宵节，上元就是正月十五；宵即夜也，又称上元节。元宵赏灯起源于汉代。对其起源形式，有着不同的说法。第一种说法是，汉武帝采纳方士谬忌的奏请，在甘泉宫设立"泰一神祀"，从正月十五黄昏开始，通宵达旦地在灯火中祭祀，从此形成这天夜里张灯结彩的习俗。第二种说法是，汉末道教的重要支派五斗米道，创天、地、水"三官"说。正月十五是"三官"下降之日，三官各有所好，天官好乐、地官好人、水官好灯，因此，此日要纵乐点灯，人们结伴夜游。第三种说法是，上元节是汉明帝时由西域传入的，如宋人高承《事物纪原》云："西域十二月三十日乃汉正月望日，彼地谓之大神变，故汉明帝令人烧灯表佛。"

这些说法都有一定的道理，但一个成熟节日的形成，多是融汇了一些不同种类的原型因子。可以认为，上元节是多种文化和习俗复合而成的。正月十五灯火辉煌的活动，既有祭太（泰）一神的旧俗，又有燃灯礼佛的虔诚，形成了一个独具风采的传统节日。由于上元节刚刚形成，其节日饮食的独特性尚未表现出来。汉代上元节还未出现后世元宵之类独特的节日食品。

据《荆楚岁时记》中记载，魏晋南北朝时期每逢正月十五这一天，要"作豆糜，加油膏其上，以祠门户。先以杨枝插门，随杨枝所指，仍以酒脯饮食及豆粥插箸而祭之"。[①]　"粥之稠者曰糜"[②]，脂之润者曰膏，盖有肉脂的豆粥是正月十五被用来献祭的食物。人们在豆粥里插上筷子，再把水杨树枝插在门上，观察树枝随风飘动所指向的方位，将酒肉和豆粥放到这个方向来祭祀门户。

杜公瞻在《荆楚岁时记》的按语中引用了《续齐谐记》里记载的一段故事："吴县张成夜起，忽见一妇人立于宅东南角，谓成曰：'此地是

① 谭麟. 荆楚岁时记译注［M］. 武汉：湖北人民出版社，1999：40.
② 郭璞. 尔雅·释言［M］. 上海：上海古籍出版社，2015：27.

君家蚕室，我即此地之神。明年正月半，宜作白粥，泛膏其上以祭我，当令君蚕桑百倍。'言绝而失之。成如言作膏粥，自此后大得蚕。"① 吴县人张成有一天夜晚醒来看见一位妇人站在屋子的东南角，妇人对张成说："这里是您养蚕的地方，我是这个地方的神灵。明年正月十五日，要煮一碗白米粥，上面加盖些肉脂来祭祀我，我会使你蚕业兴隆的。"说完这段话，妇人就不见了。来年正月十五日，张成按照这位妇人所说的，做了油脂白粥来祭祀她，从此以后张成养蚕年年丰收。

三、寒　食

　　寒食节在清明节之前一二日，从先秦以迄隋唐，寒食节均为一大节日，寒食节有禁火冷食习俗。寒食节的形成有两个源头，一是周代仲春之末的禁火习俗；二是春秋时晋国故地山西一带祭奠介子推的习俗。曹操《明罚令》和晋人陆翙《邺中记》皆云寒食断火起因于祭介子推。其礼仪以晋国故地今山西一带最为隆重。秦汉时期，该区人民寒食禁火时间竟长达1个月之久。《后汉书·周举传》载："太原一郡，旧俗以介子推焚骸，有龙忌之禁，至其亡月，咸言神灵不乐举火。由是士民每冬中辄一月寒食，莫敢烟爨（cuàn，烧火做饭），老小不堪，岁多死者。"鉴于此，太原太守周举曾严禁过寒食节。周举是东汉安帝时期的人，周举离开后，这里的寒食之风很快又恢复了。汉末曹操鉴于此，曾下令革除寒食禁火1个月的旧俗，此后寒食3日才相沿成俗，这三日是冬至后的第104～106日。

　　秦汉魏晋南北朝时期，寒食节令食品尚比较简单，多为糗，即炒熟的麦、粟、米粉之类。食用时，加水调成糊状，也可直接食用。由于糗制作简单，比较粗粝，不适合社会上层和节日喜庆的需要，魏晋以后慢慢出现了饧大麦粥、寒具（又称馓子）等节日美食。

---

① 谭麟. 荆楚岁时记译注［M］. 武汉：湖北人民出版社，1999：40.

《荆楚岁时记》中记载，寒食节需"禁火三日，造饧大麦粥"①。因为寒食节要禁火3天，所以要准备一些饧糖和大麦粥来充饥。在其他文献的相关记载中可以找到"大麦粥"的具体做法。晋代陆翙在《邺中记》中说："寒食三日作醴酪。又：煮粳米及麦为酪，捣杏仁，煮作粥。"②北齐杜台卿在《玉烛宝典》中也提道："今人悉为大麦粥。研杏仁为酪，引饧沃之。"③可以推知，大麦粥是把粳米和大麦一起煮至浆状，再把杏仁捣碎后和糖水一起放入，由此做成的甜粥。

四、端　午

农历五月初五为端午节，其起源很早。"先秦时，人们就认为五月是个恶月，重五之日更是恶日，所以后世端午节要进行一系列的辟邪、祛疫活动，这说明构成端午节的一些事象及因子，在先秦时就已存在"④。秦汉时期是端午节初步形成的阶段，其节日饮食多具有除疫、辟邪的寓意，如饮菖蒲酒等。端午节最主要的节令食品粽子相传始于汉代。魏晋南北朝时期人们又将端午吃粽子与祭屈原联系起来，后世围绕着粽子这一食品，便衍生了一系列有关的食俗与禁忌。

端午节菰叶粽子

在《荆楚岁时记》中，作者宗懔提到《风土记》里介绍了粽子更为具体的制作方法："仲夏端午。端，初也。俗重五日与夏至同。先节一日又

---

①　谭麟. 荆楚岁时记译注 [M]. 武汉：湖北人民出版社，1999：56.
②　陆翙. 邺中记 [M]. 北京：中华书局，1985：11.
③　谭麟. 荆楚岁时记译注 [M]. 武汉：湖北人民出版社，1999：88.
④　姚伟钧. 中国传统饮食礼俗与文化史论 [M]. 武汉：华中师范大学出版社，2008：119.

以菰叶裹黏米，以栗枣灰汁煮，令熟，节日啖，煮肥龟，令极熟，去骨加盐豉秫蓼，名曰俎鱼黏米，一名粽，一名角黍。盖取阴阳尚包裹未（分）之象也。龟表肉里，阳内阴外之形，所以赞时也。"魏晋南北朝时期，粽子不只包裹有糯米，还掺杂了栗和枣等其他配料。北魏贾思勰在《齐民要术》中引《食经》曰："粟黍法：先取稻，渍之使释。计二升米，以成粟一斗，着竹筹内，米一行，粟一行，裹，以绳缚。其绳相去寸所一行。须釜中煮，可炊十石米间，黍熟。"①

　　明代李时珍在《本草纲目》中说："糉，俗作粽。古人以菰芦叶裹黍米煮成，尖角，如糉桐叶心之形，故曰糉，曰角黍。近世多用糯米矣，今俗五月五日以为节物相馈送。或言为祭屈原，作此投江，以饲蛟龙也。"② 到了明清时期，糯米已经成了制作粽子的主要原材料，而粽子也早已纳入到了端午的节令饮食当中。

五、重　　阳

　　农历九月九日为重阳节，重阳节起源甚早，定型于汉代，据《西京杂记》载："戚夫人侍儿贾佩兰，后出为扶风人段儒妻，说在宫内时……九月九日佩茱萸，食蓬饵，饮菊花酒，令人长寿。菊花舒时，并采茎叶，杂黍米酿之，至来年九月九日始熟，就饮焉，故谓之菊花酒。"由此可知，西汉初年，宫中即有过重阳节之俗，而且要佩茱萸，食蓬饵（即重阳糕），饮菊花酒。

　　《易经》中"以阳爻为九"，九被视作阳数。而农历九月九日恰逢日月并阳、双九相重，因此这一天也被认为是值得庆贺的吉祥日子。《荆楚岁时记》中记载了许多魏晋南北朝时期在农历九月初九日流行的节俗事象，其中不乏一些与饮食相关的习俗。作者宗懔在《荆楚岁时记》的正

①　贾思勰. 齐民要术 [M]. 沈阳：沈阳出版社，1995：172.

②　李时珍. 本草纲目·谷部 [M]. 北京：人民卫生出版社，1982：486.

文中说："九月九日，四民并籍野饮宴。"① 杜公瞻也在《荆楚岁时记》的按语中补充："九月九日宴会，未知起于何代。然自汉至宋未改②。今北人亦重此节。佩茱萸，食饵，饮菊花酒，云令人长寿。近代皆宴设于台榭。"③ 由此可知，在魏晋南北朝时期的农历九月九日，最具代表性的节令食俗是食饵和饮菊花酒。

（一）"食饵"

即吃糕饼。北齐杜台卿的《玉烛宝典·食饵》中记载："九日食饵饮菊花酒者，其时黍秫并收，以因黏米嘉味，触类尝新，遂成积习。"④ 古人素来就有"尝新"的传统，九月初九正值"黍秫并收"的秋报时节。于是，人们将黍和秫制作成糕饼用来尝新，久而久之便成了固定的节令习俗。

在《荆楚岁时记》的按语中，杜公瞻引用了南梁吴均在《续齐谐记》中记载的一个故事："汝南恒景随费长房游学。长房谓之曰：'九月九日，汝南当有大灾厄，急令家人缝囊盛茱萸系臂上，登山饮菊花酒，此祸可消。'景如言，举家登山，夕还，见鸡犬牛羊一时暴死。长房闻之曰：'此可代也。'"⑤ 汝南郡的恒景跟随费长房游学仙术。费长房对恒景说："九月初九这一天，汝南郡一定会发生大灾，快点叫你家的家人缝一个袋子，装上茱萸，系在手臂上，登到山上去喝菊花酒，这桩灾祸才可以免除。"恒景依照费长房所说的做了，全家人都上了山，直到傍晚回来，恒景看到家里的鸡、狗、牛、羊突然全死了。费长房听到这个消息后对恒景说："好了，这些家畜是代人受祸而亡了。"这个故事大概是人们在农历九月九日要去郊外登高的习俗来历。

---

① 谭麟. 荆楚岁时记译注 [M]. 武汉：湖北人民出版社，1999：107.
② 宋：指南朝宋。公元 420 年，刘裕代晋称帝，国号宋，建都建康（今江苏南京）。
③ 谭麟. 荆楚岁时记译注 [M]. 武汉：湖北人民出版社，1999：108.
④ 杜台卿. 玉烛宝典 [M]. 北京：中华书局，1985：130.
⑤ 谭麟. 荆楚岁时记译注 [M]. 武汉：湖北人民出版社，1999：107.

据汉代扬雄的《法言》解释："饵，谓之糕；或谓之粢。"①"饵"和"糕"只是同物异名，而"糕"又与"高"的发音相同。由此可以推知，魏晋南北朝时期的先民们在农历九月九日流行着"食饵"的节俗，体现了希望以此躲避灾祸、祈求长寿的理想诉求。

（二）饮菊花酒

"菊花酒"是一种用菊花和黍米酿制而成的酒。汉代刘歆在《西京杂记》中提道："九月九日配茱萸食饵饮菊花酒，云令人长寿。"②唐代徐坚在《初学记》引《太清诸草木》也说："九月九日采菊花与茯苓松脂，久服之令人不老。"③从这些文献记载中可以看出，菊花酒常被古代先民们赋予着可以使人延年益寿，甚至长生不老的期望。从中医药学的角度分析，菊花味苦，性微寒，具有"治头风、明耳目、去痿痹、治百病"等功效，菊花酒也因此被认为是"吉祥酒"。农历九月初恰逢菊花的花期，魏晋南北朝时期的民众在农历九月九日饮菊花酒，带有消灾祈福、延年益寿的期盼

六、除　夕

"除夕"是腊月，即农历十二月的最后一个晚上。《荆楚岁时记》中记载："岁暮，家家具肴蔌诣宿岁之位，以迎新年。相聚酣饮。留宿岁饭，至新年十二日，则弃之街衢，以为去故纳新也。"④年夜饭是一年中最重要，也是最隆重的家庭聚餐。魏晋南北朝时期，每家每户在除夕之夜都会置办出各种美味佳肴，全家聚集在守岁的地方，共同迎接新年的到来，这样的除夕饮食传统甚至一直延续到当今社会。魏晋南北朝时期，民众于除夕之夜阖家团聚、开怀畅饮，在聚餐完毕后还要留下宿岁饭，

① 扬雄. 方言·卷十三 ［M］. 北京：中华书局，1985.
② 周天游. 西京杂记 ［M］. 西安：三秦出版社，2005：146.
③ 徐坚. 初学记（上册）［M］. 北京：中华书局，1962：80.
④ 谭麟. 荆楚岁时记译注 ［M］. 武汉：湖北人民出版社，1999：126.

直到新一年的正月十二日，再把宿岁饭撒到马路上去。清代潘荣陛在《帝京岁时纪胜》中也留有类似的记载："岁暮，将一年食馀药饵，抛之门外，并将所集药方，拣而焚之，名丢百病。"① 在正月里抛撒宿岁饭和抛撒药饵一样，带有去故纳新的意味，人们希望将霉运和疾病都抛在过去的一年，以更好的状态迎接全新的一年。

---

① 潘荣陛. 帝京岁时纪胜·燕京岁时记 [M]. 北京：北京古籍出版社，1981：40.

第六章　隋唐宋元时期荆楚饮食文化

隋唐宋元是荆楚饮食文化发展史上一个十分重要的时期。一方面，江汉平原得到大开发，生产发展，人口增长，万方辐辏，湖北在全国经济和文化版图中所占的地位显著上升，日渐丰富的物产资源推动着食源开发、食具创新、食品生产与消费的增长；另一方面，凭借着独特的区位优势，荆楚大地成为南北、东西文化碰撞、交流和融合的大舞台，人文荟萃，与饮食有关的思想学术、文学艺术、教育科技都取得长足的发展。在这个时期，荆楚饮食逐渐形成了自己的特色，为博大精深的中华饮食文化的整体发展增光添彩。

第一节　饮食文化发展的自然与社会基础

饮食文化的起源和兴衰与自然环境密切相关。一方面，气候、地形、水文、地质和生物等自然因素是饮食文化形成和发展的物质基础；另一方面，各种自然因素又常常演化成为饮食文化的重要组成部分。自身变动最大且对隋唐宋元时期荆楚饮食文化发展影响最大的自然条件无疑是气候。总体上说，在这个时期，荆楚地区气候温暖湿润，从而为农业发展提供了比较适宜的自然条件，在农业发展的基础上，荆楚的手工业和商业也迈上了新的台阶，物阜民丰，荆楚饮食文化日益发展繁盛起来。

一、气候温暖，雨水充沛

气候包括气温和干湿状况两大基本要素，著名科学家竺可桢先生在《中国五千年来气候变迁的初步研究》一文中系统地总结了中国气候变迁的基本规律，表现在 5000 年来温度变化上，可以明显地总结出 4 个温暖期和四个寒冷期。① 其中，第三个温暖期从 600 年到 1000 年，即隋唐时期；第三个寒冷期从 1000 年到 1200 年，即两宋时期；第四个温暖期从 1200 年到 1300 年，即宋末元代温暖期；第四个寒冷期从 1300 年到 1900 年，即明清严寒期。由此可知，隋唐五代，中国处于温暖期，而两宋基本上处于寒冷期，唐宋之际经历了由暖转寒的气候变化。

5000 年来，我国气候 4 个温暖期与 4 个寒冷期交替变迁，其时间上的差异性是非常明显的。一般说来，气温每降低 1℃，亚热带北界位置也随着向南推移 1 个纬度左右，适宜于农作物生长的北界位置也随之南移。中国古代农业经营与发展，在很大的程度上依赖气候条件。作为植物的粮食和任何经济类作物，都离不开日照和降水，因此气候的好坏，对农业的发展有根本性的影响。在传统农业时代，气候条件决定着农业生产的水平，而粮食等资源的供给与社会需求之间的矛盾变化，即人地关系，是气候变化对王朝兴衰影响的实质体现。气候处于温暖湿润的适宜期，社会发展进入良性循环：粮食产量大幅增加，带动人口上升，土地、劳动力增加之后，又会继续扩大耕地面积，进一步推动粮食增产。王朝因此而处于盛世。而当气候处于又冷又干的不适宜时期，社会则转向恶性循环：农业歉收，而人口又无法迅速减少，人口与粮食的矛盾就会导致人口迁移、农民起义、民族战争等重大事件频繁发生，王朝在多重矛盾与冲突之下，最终只能走向衰落。

湖北省地处亚热带季风气候区，降水充沛，江河纵横，湖泊遍布，渠道交错，库塘众多，拥有各种类型的内陆水域。历史时期荆楚水灾频繁，旱灾也不时发生，但隋唐时期水旱灾害都相对稀少，发生频率低于前后各个时期。《湖北省志·地理（下）》对湖北省历史上的水灾进行了统计，从公元 2 世纪至 18 世纪的 1700 年间（缺 6 世纪数据），湖北总共发生可统计的水灾 484 次，平均 3.5 年发生一次水灾，而隋唐则是 11.5

---

① 竺可桢. 中国五千年来气候变迁的初步研究 [J]. 考古学报，1972（1）：2-23.

年发生一次水灾，远远低于 1700 年间的平均数。从公元 3 世纪至 18 世纪的 1600 年间（缺 6 世纪数据），发生可统计的旱灾 190 次，平均 7.3 年发生一次旱灾，而隋唐时期是 11 年发生一次旱灾，也大大低于 1600 年间的平均数。[①] 可见，隋唐是湖北历史上水旱灾相对比较少的一个时期。

根据气候史学家的研究，唐五代温暖期农作物的生长期比当代长 10 天以上，两宋寒冷期作物的生长期则比当代短。气候变化的幅度会随纬度增高而增大，因而北方气候变迁幅度大于南方，因此两宋时气候转寒所导致的生长期缩短，南方没有北方严重。[②] 气候变化也影响了粮食作物的产量。在我国，气温每变化 1℃，产量的变化约为 10%。"唐五代温暖期北方麦的单位面积产量比前代增长了 10.3%，宋金寒冷期则比前代减少了 8.3%。"[③] 水稻是需要高温的作物，其产量受温度的影响尤为显著。低温不仅影响其发芽，同时也不利于结实，易于增加空秕率。宋代南北普遍变冷，但南方变幅小于北方，加上其他有利条件，因此粮食亩产量普遍高于北方。

气候变化还影响了粮食作物的分布。隋唐五代温暖期北方农业区向周边扩展，关中、河南、黄淮平原、华北平原等地都大面积种植水稻。两宋寒冷期水稻种植范围则明显缩小，除河北平原淀泊地带、黄淮平原淤灌区在一段时期内还能继续维持水稻种植，北方其他地区的水稻种植只能零星分布，面积大为缩减，这使得湖北农业相对于北方地区更占优势，自唐代以来水稻两季轮作以及稻麦复种的发展趋势并没有受到太大

---

① 湖北省地方志编撰委员会. 湖北省志·地理（下）［M］. 武汉：湖北人民出版社，1987：1185-1187，1203-1205.

② 龚高法，张丕远. 气候寒暖变化及其对农业生产的影响［C］//《纪念科学家竺可桢论文集》编辑小组. 纪念科学家竺可桢论文集. 北京：科学普及出版社，1982：199-200.

③ 倪根金. 试论气候变迁对我国古代北方农业经济的影响［J］. 农业考古，1988（1）：292-299.

影响。总之，在气温降低、雨量减少的双重作用下，北方粮食作物单位面积产量明显下降。荆楚地区气温变幅小，雨量仍然比较充足，加上其他有利条件，亩产量和总产量反而有所提高。到了宋元时期，湖北农业在整个中国农业版图中已经占据十分重要的地位了。农业的发展提供了丰富的农产品，从而为湖北先民提供了稳定、充足的食物来源。可以说，隋唐宋元时期荆楚饮食文化的发展与进步，与比较适宜的气候是分不开的。

二、物阜民丰，农商繁荣

早在距今六七千年以前，我国黄河流域和长江流域就分别形成了以种植粟黍为主的旱地农业和以种植水稻为主的水田农业。在中唐以前，华北的旱地农业长期处于领先地位，黄河流域因此成为全国经济和政治的重心。

隋唐时期，湖北农业有了较大发展，特别是安史之乱以后，北方人口大量涌入，带来了充足的劳动人手和先进的精耕细作农业思想，农业生产出现了一个飞跃。《太平广记》卷 499《韦宙》记载了这样一个故事：晚唐时期，大臣韦宙善于治理产业，在江陵府有别业良田，产量很高，号为"膏腴"，出产的稻穗堆在地上，就像一座座小山。唐宣宗大中初年（847 年），韦宙改任岭南节度使，宣宗认为广州出产珍宝，告诫他不要贪婪。韦宙从容奏对说："我在江陵积蓄的粮食还有七千堆，因此没有什么可贪的。"宣宗都不由感叹："此所谓'足谷翁'也。"[①]

唐代湖北的农业不是孤立的单纯的粮食生产，它至少有 3 个层次，"这就是以稻麦循环复种为特色的第一层次，以桑麻种植平分秋色的第二层次，以水陆养殖和果木生产为辅的第三层次。由此形成了以粮食种植为主的多元复合"[②]。这种复合农业模式充分利用水陆空及其生物资源，

---

① 李昉. 太平广记 [M]. 中华书局，1961：4095.
② 李文澜. 湖北通史·隋唐五代卷 [M]. 武汉：华中师范大学出版社，1999：257.

扩大了营养物质的利用率，提供了比较丰富的农副产品，不仅有利于农业经济的发展，而且也促进了手工业和商业的发展。

宋元时期，江汉平原农业开发的对象已不是条件优越的平原，而是低洼的湖沼地。开发的方法，就是筑堤围田，建立起既能灌溉又能排涝的水网系统，为农业生产提供了旱涝保收的水利条件。这种耕田，就是所谓"圩田"。圩田四周，环有堤岸。为了调节田地水量，又沿堤修造木制或砖石砌的斗门，旱时可以开放斗门引江湖之水溉田，涝时则可闭斗门防止外水浸入。圩田内又设有水车，用以灌溉与排水，故能防免水旱之灾。由于土地肥沃，灌溉方便，又不怕水旱，因此产量很高，一般每亩可收谷三石，优质良田每亩可收谷六七石。南宋孝宗乾道二年（1166年）七月，监户部和籴场郑人杰上疏朝廷说："年来丰熟，米价低平，荆门、襄阳、郢州之米每硕不过一千，所出亦多。荆门、沙市、鄂州管下舟车辐辏，米价亦不过两千，诸州皆有仓廒可以盛贮。"[1]

值得一提的是，两宋时期，中国出现了一种新的农业工具——秧马。据已知史料，它于北宋中期最先出现于荆湖北路鄂州。《东坡集》卷22《秧马歌并引》记载苏轼所见说："予昔游武昌，见农夫皆骑秧马。以榆枣为腹，欲其滑；以楸桐为背，欲其轻。腹如小舟，昂其首尾；背如覆瓦，以便两髀。雀跃于泥中，系束藁其首以缚秧，日行千畦，较之伛偻而作者，劳佚相绝矣。"[2] 秧马的外形像小船，头尾翘起，背面像瓦，供一人骑坐，其腹以枣木或榆木制成。插秧的时候，操作者用右手将船头上放置的秧苗插入田中，然后以双脚使秧马向后逐渐挪动。拔秧的时候，则用双手将秧苗拔起，捆缚成匝，置于船后仓中。秧马不久就推广到南方各地，提高了水稻耕种的功效，并大大减轻了农民的劳动强度。

在农业发展的基础上，湖北的手工业和商业也发展起来。江陵、鄂州、襄阳都是全国闻名的都会。襄阳在唐代是湖北最主要的商业中心之

---

① 徐松. 宋会要辑稿［M］. 上海：上海古籍出版社，2014：5530.
② 苏轼. 苏东坡全集［M］. 北京：中国书店，1996：499.

一，有 3 条商路把长安与襄阳连接：商山路、上津路和荆襄路，其中荆襄路南达江陵。相对于京杭运河，上述 3 条商路耗费较大，但是仍然商旅不绝，沿途有旅店、商铺服务来往商旅。东都洛阳与襄阳有陆路相连，南方的茶叶、丝麻布绢、柑橘、药材，湖北名产髹漆器皿和竹编等经襄阳转运至北方。襄阳城西的大堤又称"老龙堤"和城南的岘首山南是两大商埠码头。老龙堤处水流平缓，便于船舶避风停靠，岸上则是主要商业区。商货在此装卸转运，同时进行买卖，客商云集大堤，堤上店铺林立。

宋代江陵汇聚西川、广南、江南等地商人，商业区达到数百处，货物转运通宵达旦，交易量非常大。宋代名士戴复古写作的《鄂州南楼》则描绘了鄂州的胜景，诗云："江渚鳞差十万家，淮楚荆湖一都会。"

元军攻占湖北后，实行了"通商贩""商者就途"政策，禁止剽夺商贩，保护商贩正常贸易。元朝时期，蒙古统治者派往湖北的官员对发展商业贸易给予了较多的重视与保护。商税一般是三十税一，甚至四十税一，六十税一，加之繁华的港区和便利的水陆交通，这些因素结合在一起，带动了元代湖北商贸的繁荣。马可·波罗在他的行记中写道："襄阳府是蛮子省的一个相当大的城市，管辖着十二个富庶的大城镇。这是一个相当大的商业重镇……凡一个大城市所应有的东西，它都能自给，而且供应充足。"①

汉阳商业贸易地位在元代也得到了加强。唐朝初年，汉阳城建成，其城址位置东临长江，北倚凤凰山，南接鹦鹉洲，西濒汉水。汉阳城周长为 1072 丈（约 3.6 千米），建有 8 座城门，东为迎春门，南为沙洲门，西为孝感门，北为汉广门，东南为朝天门，西南为汉南门，西北门为下汉门，东北为庆贺门。自此以后，宋元明清汉阳城的兴建，都沿袭了唐代汉阳古城的格局。元人诗人萨都剌（约 1271—1355 年）有一首关于汉

---

① 马可·波罗. 马可·波罗游记 [M]. 陈开俊，译. 福州：福建人民出版社，1981：169.

阳的诗《前题》云："落日在平地，苍茫吴楚秋。人随孤鹤远，天共九江流。风物吞淮海，楼船下鄂州。凭高一登眺，不尽古今愁。"[①] 可见，出入汉阳沿岸的商船越来越多，如崛起于北宋元祐年间的、位于汉阳南纪门外江中的刘公洲，四方舟楫聚泊，洲上开辟有鱼市、柴市和其他生活用品的集贸市场。汉阳日益成为荆楚地区的另一个商业重镇。

商业的主体是从事商品流通和贸易的商人，湖北商业的发展和繁荣是一代又一代楚商苦心经营的结果。随着商业的发展，商品分类，市场细化成为必然。为了行业的正常发展产生了行会等商业组织。在商业规则、传统和地域文化的影响下，形成一些约定俗成的商业习俗。行会的形成与发展对古代城市经济的繁荣起到明显的促进作用，不仅有力地促进了手工业、商业专业化程度的提高和技术的进步，而且对工商业的发展及工商业者自身也起了一定的保护作用。江陵、鄂州、襄阳等商业中心有各类行会。宋代城镇中的手工作坊多是同业聚居的，而各类商业店铺，诸如米行、鱼行、花市、金银铺之类，也都是聚集在同一条坊市、街巷上的。同业而居促进了行会的形成，手工业形成手工业行会，商业行铺也形成了商业行会。商业的行会偏重于货品的买卖，如鱼行、肉行、果子行等。商业行会在组织方面，入行的商户称"行户"或"行人"，参加商行叫"投行"。商行保护和垄断本行的商业利益，外来的商人，不经投行，不得在市上贸易。每行都有行志，也都有自己的行话和服装。各行都有自己的宗师，以及自己的社日。当某一种被认作有意义的神诞来临的时候，各行会都陈设本行的物品来祭献，来为本行前途祈福。遇到佳时令节的时候，行会还会举行种种共同的娱乐以联络感情。

隋唐宋元时期，湖北商业的发展刺激了民间市场的兴起，相对于官府管理的市场，称之为"草市"。草市满足百姓对商品交易的需要，可以说是商业城市交易市场的延续，一般位于这些城市商埠附近。如江陵周

---

① 武汉地方志办公室. 明万历汉阳府志校注［M］. 武汉：武汉出版社，2007：139-140.

边有后湖、曾口、马头、白洑南等草市。草市大多位于江边、湖边等交通便利处，或者位于要津渡口或位于陆路驿站。草市主要交易地方土特产，如桑麻、药材、竹编，以及居民生活必需品，如盐、茶、谷米、蔬菜、鱼虾、农具、柴薪等。随着市场的发展，出现了专业性的商贩，如专贩卖蔬菜、水果、鱼虾、粮米、猪肉、牛羊肉等的商人。

第二节　鱼米之乡与食源的拓展

一方水土养一方人。隋唐宋元时期，湖北农业日益发展，告别了火耕水耨的原始农耕方式，逐渐成为我国主要的鱼米之乡之一。在此背景下，先民们凭借自然的恩赐，依靠自己勤劳的汗水，不断地拓展食物来源，获得了更多、营养更丰富的农副产品作为食物。

一、麦稻两作

粮食是人类维持存在、发展最基本的生活资料。稻、麦是荆楚先民最重要的粮食作物。江汉平原气候湿润温暖，十分适应水稻的生长。在距今5000多年前的京山屈家岭文化时期，稻作生产就已经出现并逐渐发展起来。至少从那时起，稻子就是荆楚人民的主粮。在唐代诗人笔下，江汉一带的稻田始终呈现着兴旺景象："阴阴桑陌连，漠漠水田广"（钱起《奉和张荆州巡农晚望》），"衡茅古林曲，粳稻清江滨"（钱起《赠汉阳隐者》），"水浅红粒稻，野茹紫花菁"（白居易《江州赴忠州，至江陵已来，舟中示舍弟五十韵》），"郧国稻苗秀，楚人菰米肥"（王维《送友人南归》），"处处路傍千顷稻，家家门外一渠莲"（皮日休《送从弟皮崇归复州》），"罢亚百顷稻，西风吹半黄"（杜牧《郡斋独酌（黄州作）》）。以上诗歌分别描写了江汉平原各地产稻的情况，"百顷""千顷"等词语更显示了稻作规模之大。

据《元和郡县图志》载，唐代在湖北设置襄、复、郧、隋、均、房、荆、归、峡、鄂、沔、安、黄、蕲、施等十五州，辖62县，郡县数量剧增，表明湖北社会经济得到了长足的发展。安史之乱后任山南东道节度使的几任官吏不但勤于政事，有的还励精图治，兴修水利，发展生产，颇有政绩，从而保证了荆楚经济发展的连贯性。如唐文宗大和九年（835年），王起代替裴度为山南节度使，镇守襄阳，兴修淇堰灌溉农田。唐武宗会昌元年（841年），节度使卢钧修复邓州与南阳县之间的召堰（六门堰），"既成，秋田大登，八州之民，咸忘其饥"。①

降至唐末五代时期，关中、河北、河南等地由于受长期战乱影响，百姓流离失所，经济萧条，而湖北经济发展却十分迅速，尤其以襄阳为中心的襄州地区，在安史之乱及其后的地方割据中，虽遭受兵火之灾，但人口仍有大幅度增长。到唐宪宗元和（806—820）前期，襄州所辖仍为7县，户数增长为107107户，是天宝元年的2.2倍，在湖北及至长江中游地区是户数最多的一个州。鄂州人口发展到38618户，是天宝年间19190户的2倍，其中除土著人口的自然增长外，更多的是北方人口的流入。一定数量的人口是社会生产的必备条件，尤其在以农业为主要经济部门的封建社会，生产手段落后，产品的增长主要依靠劳动人手的增加。因此，人口总量和人口密度的大小，便成为反映一个地区经济发展程度的综合指标，也是官府征派徭役和评定郡县官员政绩的主要依据。北方流民的迁入，不仅带来了大量劳动力，同时也带来了北方先进的生产工具和技术经验，成为加快湖北及长江中游流域经济发展的重要因素。

宋真宗大中祥符年间（1008—1016），一种据说由占城（今属越南）引进的早熟耐旱、能够在高地上生长的稻种，先在江浙、淮南一带种植，后逐渐传入湖北。占城稻的引种改变了原来晚粳独尊的局面，占城稻与晚粳配合成为双季稻，使粮食产量大为增加。

小麦是世界上最早栽培的农作物之一，也是分布最广、面积最大的粮食作物。唐代湖北各地已经广泛种植小麦，如李白《荆州歌》云："白帝城边足风波，瞿塘五月谁敢过。荆州麦熟茧成蛾，缲丝忆君头绪多，

---

① 董诰. 全唐文 [M]. 北京：中华书局，1983：8338.

拨穀飞鸣奈妾何?"① 唐宪宗元和年间,元稹为江陵府士曹参军,在江陵居住五六年之久,他其诗作《竞舟》具体描述了江陵地区稻麦复种的情形:"年年四五月,苗实麦小秋。积水堪堤坏,拔秧蒲稗稠。"② 麦子成为荆楚先民的主粮之一。

北宋靖康之耻后,北方的士大夫及人民大量南迁荆楚地区,他们习惯面食,粮价大涨,卖家的利润较高,大大刺激了农民的积极性,同时,北方难民的涌入,许多是农业技术比较丰富之人,他们带来了良种和生产技术,在一定程度上促使小麦种植的规模扩大。麦子的种植,在湖北一些地方形成了稻麦两熟制,提高了产量,能养活更多的人口。在一定程度上满足了人口的粮食需求。

二、武 昌 鱼 美

渔业的悠久历史可追溯到原始人类的早期发展阶段。那时人类以采集植物和渔猎为生,鱼、贝等水产品是赖以生存的重要食物。随着农业和畜牧业的出现和发展,渔业在社会经济中的比重逐渐降低,但在江河湖泊流域地区,渔业在漫长的历史发展过程中始终占有程度不等的重要地位。

湖北素有"千湖之省"之美称,著名的江汉湖群分布于西起枝江,东迄大别山麓,北至应城、皂市,南接洞庭湖区的广大地区,大致分为河流遗迹湖、河间洼地湖、河流壅塞湖、河谷沉溺湖和河堤决口湖五种类型。由于湖泊数量繁多,水生高等植物生长茂盛,饵料充足,渔业资源十分丰富。南朝齐时期,荆楚地区就出现了河道养鱼。据《襄阳耆旧传》载,湖北襄阳岘山下汉水中所产鳊鱼肥美,以木栅拦河道养殖,禁人捕捞。刺史宋敬儿贡献齐帝,每日千尾,可见鳊鱼产量不小。

唐朝时,荆楚先民还开始利用动物捕鱼和进行人工养鱼。唐人段成

① 彭定求. 全唐诗 [M]. 北京:中华书局,1960:1692.
② 彭定求. 全唐诗 [M]. 北京:中华书局,1960:4465.

式《酉阳杂俎》前集卷5《诡习》记载："元和末，均州郧乡县有百姓，年七十，养獭十余头，捕鱼为业，隔日一放。将放时，先闭于深沟斗门内令饥，然后放之。无网罟之劳，而获利相若。老人抵掌呼之，群獭皆至，缘衿藉膝，驯若守狗。"① 獭即指水獭，这里记载的是唐代郧乡县（今十堰市郧阳区）某渔夫养水獭帮助捕鱼的情况。此外还有用鸬鹚（鱼鹰）捕鱼的。《夔州图经》就曾记载三峡一带农户用鸬鹚捕鱼的史实，并称鸬鹚为乌鬼。

宋代襄州地区的捕鱼业十分发达。北宋曾任襄州知州的刘邠描写了襄州渔户捕鱼的情景："清濛滚环城四十里，蒹葭苍苍天接水。使君褰帷乘大舸，观鱼今从北阙起。开门渔师百舟入，大罟密罾云雾集。小鱼一举以千数，赤鲤强梁犹百十。浊醪赏功倾瓦壶，公言锡爵争欢呼。余人不及色沮丧，数奇天幸相贤愚。浓云吹雨寒萧散，置酒移船泊前岸。暴殄天物古所矜，谁道于今为壮观。"这是一次由襄州官府组织的捕鱼竞赛，渔船竟有上百艘之多，渔网也多得如云雾样密集，场面的紧张与热烈溢于诗文的字里行间。官府举办这样大场面的捕鱼竞赛，一定是基于发达和普及的渔业。虽然是一次娱乐活动，但从中也可见官府对当地渔业的重视。

宋代还流行买家自捕的交易方式，黄榦《勉斋集》卷28《与漕司论放鱼利事》云："每岁冬月采鱼，湖主不得自采，皆是荆襄、淮西、江东、湖南诸处客人驾船载网前来湖主家，结立文约，采取鱼利而与湖主均分之。"

江汉平原出产著名的武昌鱼。武昌鱼学名团头鲂，是鳊鱼的一种，体型平扁，重一般1.5千克以内，之所以叫武昌鱼，是因为它原产于湖北省鄂州市樊口，樊口一带古称武昌，因此，人们又将团头鲂称为武昌鱼。樊口是武汉市江夏区和鄂州市境内的梁子湖与长江的连通口，江水可以由此倒灌进入梁子湖，致使湖内水质良好，水草丰富，适合武昌鱼

---

① 段成式. 酉阳杂俎［M］. 上海：上海古籍出版社，2012：30.

的繁衍生息，使得武昌鱼肉质嫩白，含有丰富的蛋白质和脂肪，成为名贵淡水鱼，蜚声海内外。

武昌鱼因其味美，在南朝时期成为朝廷贡品，禁止民间百姓捕食。唐宋时期，荆楚渔业养殖有进一步发展，开始人工养殖武昌鱼，武昌鱼这才飞入寻常百姓家。宋代诗人刘过《喜雨呈吴按察》诗云："黄鹤山前雨乍过，城南草市乐如何。千金估客倡楼醉，一笛牧童年背歌。江夏水生归未得，武昌鱼美价无多。掉船亦欲徜徉去，古井而今淡不波。"武昌鱼味道鲜美，价格却不贵，寻常百姓亦能购买消费，大快朵颐。

三、柑橘飘香

柑橘是世界水果生产中的大宗产品，我国是世界上最早栽培柑橘的国家，根据《尚书·禹贡》的记载，至今已有 4000 多年的历史。先秦时期杰出的爱国主义诗人屈原创作有《橘颂》，可见荆楚柑橘种植历史十分悠久。研究人员还发现，"在长江西陵峡的山地、河谷中，至今仍有大量的野生宜昌橙存在。这些野生柑橘属植物，堪称是见证远古野生柑橘属植物演进为人类园林果树的活化石"。[①]

到了唐代，荆、峡、襄三州的柑橘成为大宗贡品。其中，尤以荆州的柑橘最负盛名。唐玄宗曾将荆州所进柑子包以素罗赐赠宰臣，又将江陵所进乳柑相植于宫苑，10 余年后居然开花结果，一时传为佳话。在唐诗中也不乏赞美荆州柑橙的篇章。如"邑人半舻舰，津市多枫橘"（张九龄《登郡城南楼》），"白鱼切如玉，朱橘不论钱"（杜甫《峡隘》），"无贪合浦珠，念守江陵橘"（杨衡《送王秀才往安南》）。元稹在《贬江陵途中寄乐天、杓直，杓直以员外郎判盐铁，乐天以拾遗在翰林》一诗中云；"想到江陵无一事，酒杯书卷缀新文。紫芽嫩茗和枝采，朱橘香苞数瓣分。暇日上山狂逐鹿，凌晨过寺饱看云。算缗草诏终须解，不敢将心远

---

① 常正良. 柑橘：水果中的"名门望族"［N］. 北京日报，2016-12-28.

羡君"。① 想到被遣之地有芳名远播的紫茗朱橘，失意之中的诗人似乎得到某种安慰，并且专门和好友提到江陵的美味朱橘。

襄阳的柑橘种植也很普遍。诗人崔湜《襄阳作》云："江山跨七泽，烟雨接三湘。蛟浦菱荷净，渔舟橘柚香。"李颀游襄阳，写下《送皇甫曾游襄阳山水兼谒韦太守》，诗中云："白雁暮冲雪，青林寒带霜。芦花独戍晚，柑实万家香。"② 此诗描述了晚秋时节，襄阳万户人家种植柑橘丰收的景象。每年柑橘收入成为这些农户家庭副业收入的重要组成部分。

第三节　创始肇基的茶学

茶文化是中国饮食文化的重要组成部分。千百年来，茶文化积淀了丰富多彩、意境优美、雅俗共赏的深刻内涵，在世界范围内独树一帜，反映了中国人精神面貌和文化。在茶文化生成发展历程中，天门人陆羽居功至伟。他跋山涉水，四处云游，深入各主要茶区进行调查研究，撰写《茶经》。陆羽还身体力行，积极从事茶事活动，将茶道发扬光大，因此被后世称为茶神或茶圣，万古流芳。

一、茶圣陆羽

陆羽的身世十分悲惨，他大约出生于唐玄宗开元二十一年（733年），幼时被弃于天门竟陵的一座小石桥下。当时竟陵龙盖寺主持智积禅师路过小桥时，听到群雁哀鸣和婴儿的啼哭声，禅师寻下桥去看，发现一个婴儿冻得瑟瑟发抖，啼哭不止，一群大雁唯恐婴儿受冻，都张开翅膀为婴儿遮挡寒风，于是禅师抱回婴儿到寺中抚养。后人把这座小石桥称为"古雁桥"。桥附近的街道，称"雁叫街"，街口的一座牌坊称为"雁叫关"。因为婴儿无姓无名也无法访得父母是谁，智积禅师便用《易

---

① 彭定求. 全唐诗 [M]. 北京：中华书局，1960：4571.
② 彭定求. 全唐诗 [M]. 北京：中华书局，1960：666.

经》卜卦，为婴儿取名，占得《渐》卦，卦辞是："鸿渐于陆，其羽可用为仪。"于是禅师按照卦辞为婴儿定姓为"陆"，取名为"羽"，字"鸿渐"。此事在《唐国史补》和《新唐书·陆羽传》中均有记载。

陆羽长大后，智积禅师教他学文识字，习诵佛经，还教他煮茶。陆羽虽然生长在寺庙之中，与古佛青灯黄卷为伴，但他执意不愿削发为僧。智积禅师见陆羽桀骜不驯，罚他"扫寺院、洁僧厕、牧牛一百二十蹄"。陆羽没有屈服，于12岁那年逃离寺院。为了谋生，他做了伶人。

陆羽虽然相貌丑陋，且有口吃，但他聪明过人，且机智幽默，不但演丑角很成功，后来还编写了三卷笑话书《谑谈》。唐玄宗天宝五载（746年），河南尹李齐物被贬为竟陵太守。李齐物到任之后移风易俗，励精图治，且慧眼识英才，他十分赏识陆羽的才华和抱负，并且非常同情陆羽的身世。李齐物不仅赠送诗书给陆羽，而且介绍陆羽去火门山（今天门市佛子山）邹夫子处读书。陆羽在读书之余，常在龙尾山（今天门市李场镇与石河镇交界处）采野生茶，为邹夫子煮茗。邹看他爱茶成癖，便请人在火门山南坡凿了一眼井，后人称为陆子泉。此井清澈如镜，甘洌醇厚，四季常盈，现在佛子山镇的村民们仍用此泉饮用、灌溉。火门山求学，使陆羽真正开始了学子生涯，这对陆羽后来成长为唐代著名文人，被尊为茶圣具有重要意义。

唐玄宗天宝十载（751年），礼部郎中崔国辅被贬为竟陵司马，在这一年，陆羽也揖别了邹夫子离开了火门山。崔国辅比陆羽年长了46岁，两人一见如故，结为忘年交。他们交游3年，常在一起品鉴茶水、谈论诗文，情深意笃。天宝十三载（754年），陆羽为考察茶事，出游巴山峡川。《唐才子传》卷2《崔国辅》记载，崔国辅"临别谓羽曰：'予有襄阳太守李憕所遗白驴、乌犎牛各一头，及卢黄门所遗文槐书函一枚，此物皆已之所惜者，宜野人乘蓄，故特以相赠。'雅意高情，一时所尚。有酬酢之歌诗，并集传焉。"[①]

---

① 傅璇琮. 唐才子传校笺［M］. 北京：中华书局，1987：234.

　　天宝十四载（755 年），安史之乱爆发，陆羽随着关中涌向南方的难民渡过了长江。一路上，他对今湖北、江西、江苏、浙江等地的江河山川，风物特产，尤其是茶园名泉进行了实地考察。唐肃宗至德二载（757年）春，陆羽流落到太湖之滨的无锡。到无锡后，陆羽结识了无锡尉皇甫冉。后来陆羽来到吴兴，结识了唐代有名的诗僧皎然，并同居妙喜寺3 年。

　　皎然（730—799），俗家姓谢，是南朝大诗人谢灵运的十世孙。皎陆相识之后，竟能结为忘年之交，结谊凡 40 余年，直至相继去世，其情谊经《唐才子传》的铺排渲染，为后人所深深钦佩。

　　皎然长年隐居湖州杼山妙喜寺，但"隐心不隐迹"，与当时的名僧高士、权贵显要有着广泛的联系，这自然拓展了陆羽的交友范围和视野思路。皎然极喜饮茶，对茶艺有很高的造诣，并最早提出"茶道"一词。他所作《饮茶歌诮崔石使君》第一次提出了"茶道"这个概念，其文云："越人遗我剡溪茗，采得金牙爨金鼎。素瓷雪色缥沫香，何似诸仙琼蕊浆。一饮涤昏寐，情来朗爽满天地。再饮清我神，忽如飞雨洒轻尘。三饮便得道，何须苦心破烦恼。此物清高世莫知，世人饮酒多自欺。愁看毕卓瓮间夜，笑向陶潜篱下时。崔侯啜之意不已，狂歌一曲惊人耳。孰知茶道全尔真，唯有丹丘得如此。"[①]

　　唐肃宗乾元元年（758 年），陆羽来到升州（今江苏省南京市），寄居栖霞寺，钻研茶事。次年，旅居丹阳。唐肃宗上元元年（760 年），陆羽从栖霞山麓来到苕溪（今浙江省湖州市吴兴区），隐居山间，专心著述《茶经》。他自称"桑苎翁"，又号"东岗子"，经常乘坐"扁舟往来山寺，唯纱巾藤鞋，短褐犊鼻，击林木，弄流水。或行旷野中，诵古诗，裴回至月黑，兴尽恸哭而返。当时以比接舆也"[②]。接舆，是春秋时代楚国著名隐士，姓陆，名通，字接舆。平时躬耕以食，因不满时政，剪发佯狂

---

① 彭定求. 全唐诗 [M]. 北京：中华书局，1960：9260.
② 欧阳修，宋祁. 新唐书 [M]. 北京：中华书局，1975：5611.

不仕，人称楚狂接舆。《论语·微子篇》记载了接舆和孔子相交的事迹："楚狂接舆歌而过孔子曰：'凤兮凤兮，何德之衰？往者不可谏，来者犹可追。已而已而，今之从政者殆而！'孔子下，欲与之言，趋而辟之，不得与之言。"①　意思是说，楚国的狂人接舆唱着歌从孔子车前走过，他唱道："凤鸟啊凤鸟啊！你的德行为什么衰退了呢？过去的事情已经不能挽回了，未来的事情还来得及呀。算了吧，算了吧！如今那些从政的人都危险了！"孔子下车，想和他交谈。接舆赶快走开了，孔子无法和他交谈。此后，人们便用"接舆而凤"比喻政治腐败无望，表示隐避、傲世，用"楚狂"泛称狂放不羁的人；用"凤德"称誉美好的品德。

唐代宗大历七年（772 年），大书法家、政治家、诗人颜真卿到湖州任刺史，当时已有一定声望的陆羽和皎然、皇甫曾、皇甫冉、张志和等一批湖州的高僧名士都汇聚到了颜真卿的周围。陆羽的品学才识深得颜真卿的赏识，大历八年（773 年）到九年（774 年），陆羽成为颜真卿的幕僚，并参与了大型韵书《韵海镜源》的修编勘校工作。

陆羽写作《茶经》前后经历了近 30 年时间，直到唐德宗建中元年（780 年）左右才完成。朝廷曾先后两次诏拜陆羽为太子文学和太常寺太祝，他都婉辞谢绝。陆羽在成名后的晚年，依然是四处品泉问茶，先后到过绍兴、余杭、苏州、无锡、宜兴、丹阳、南京、上饶、抚州等地，最终又返回湖州。唐德宗贞元二十年（804 年），陆羽去世，葬于浙江湖州的杼山上。

二、千古《茶经》

《茶经》分 3 卷 10 节，约 7000 字，是唐代和唐以前有关茶叶的科学知识与实践经验的系统总结，是陆羽躬身实践，笃行不倦，取得茶叶生产和制作的第一手资料，又遍稽群书，广采博收茶家采制经验的结晶，是世界上第一本茶文化百科全书。在该书中，陆羽系统地阐述了茶道思

---

① 杨伯峻. 论语译注 ［M］. 北京：中华书局，1980：193.

想和他对茶事活动的主张，即：精行俭德、三教融合。

陆羽《茶经》第一篇《茶之源》开宗明义地指出："茶之为用，味至寒，为饮最宜。精行俭德之人，若热渴、凝闷、脑疼、目涩、四肢烦、百节不舒，聊四五啜，与醍醐、甘露抗衡也。采不时，造不精，杂以卉莽，饮之成疾。"[①] 陆羽认为，茶的性质极寒，而这样的先天寒凉之气，最适合于"精行俭德"的人饮用。当人们感觉又热又渴，或者头痛胸闷，眼睛干涩，四肢烦躁，关节不舒展的时候，适当饮茶，其功效就像醍醐灌顶，畅饮甘露一样。但如果是不按照时节采摘，不进行精细加工，夹杂野草或者其他植物，人喝了就会致病。

所谓"精行俭德"，就是行为精进挺拔，心无旁骛，生活简朴，杜绝奢华，是一种合乎儒家传统，也接近佛道僧人日常修身养性的方法。

"精行"思想，可以追溯到上古时期《尚书·大禹谟》里著名的16字心传："人心惟危，道心惟微，唯精唯一，允执厥中。"传说，这十六个字是尧将帝位传给舜，以及舜把帝位传给禹的时候，尧、舜留下的郑重嘱托和告诫。寓意深刻，意义非凡。《荀子·解蔽篇》对此云："故《道经》曰：'人心之危，道心之微。'危微之几，惟明君子而后能知之。故人心譬如盘水，正错而勿动，则湛浊在下而清明在上，则足以见鬓眉而察理矣。微风过之，湛浊动乎下，清明乱于上，则不可以得大形之正也。心亦如是矣。"[②] 简而言之，就是：人心居高思危，道心微妙居中，唯精唯一是道心的心法，我们要真诚地保持唯精唯一之道，不忘初心，不改变、不放弃自己原本的理想和目标。

至于"俭德"也是我国传统文化中"修身齐家"思想最基本的德目之一。孔子特别强调"俭"的重要性，《论语》中大量记载了孔子崇尚俭朴生活的话语。如子曰："奢则不孙，俭则固。与其不孙也，宁固。"[③]

①　傅树勤，欧阳勋. 陆羽茶经译注 [M]. 武汉：湖北人民出版社，1983：5.

②　王先谦. 荀子集解 [M]. 北京：中华书局，1988：400-401.

③　杨伯峻. 论语译注 [M]. 北京：中华书局，1980：77.

子曰："贤哉回也！一箪食，一瓢饮，在陋巷，人不堪其忧，回也不改其乐。贤哉回也！"① 子曰："禹，吾无间然矣。菲饮食而致孝乎鬼神，恶衣服而致美乎黻冕，卑宫室而尽力乎沟洫。禹，吾无间然矣。"② 可见，"俭德"是我国古圣先贤修身养性，治国平天下所必修的德目。

陆羽清高雅逸，喜欢与文人雅士交游，《全唐诗》中搜录了陆羽写的《六羡歌》。该诗原题为《歌》，因诗中写到 6 个"羡"字，人们便据此定名为《六羡歌》。全诗云："不羡黄金罍，不羡白玉杯，不羡朝入省，不羡暮登台，千羡万羡西江水，曾向竟陵城下来。"③ 这首诗表达了陆羽恬淡的志趣和高风亮节的精神，他不羡慕荣华富贵，念念不忘的是故乡竟陵的西江水。

总之，陆羽充分地了解茶叶的特质，又将其与中华传统思想的"精"和"俭"的德行联系在一起，因此"精行俭德"的茶道思想由此诞生，并最为陆羽所重。

"精行"思想贯穿《茶经》之始终，在源、具、造、器、煮、饮、枣、出等方面都要求至精、至妙、至备、至美，无所不至其极，从而树立了极高的茶艺标准。以《茶之器》中描述的风炉为例，其"以铜铁铸之，如古鼎形，厚三分，缘阔九分，令六分虚中，致其圬墁。凡三足，古文书二十一字。一足云'坎上巽下离于中。'一足云'体均五行去百疾。'一足云'圣唐灭胡明年铸。'其三足之间，设三窗。底一窗，以为通飚漏烬之所。上并古文书六字，一窗之上书'伊公'二字，一窗之上书'羹陆'二字，一窗之上书'氏茶'二字。所谓'伊公羹、陆氏茶'也。置墆㙞于其内，设三格：其一格有翟焉。翟者，火禽也。画一卦曰'离'。其一格有彪焉。彪者，风兽也，画一卦曰'巽'。其一格有鱼焉。鱼者，水虫也。画一卦曰'坎'。巽主风，离主火，坎主水。风能兴火，

① 杨伯峻. 论语译注［M］. 北京：中华书局，1980：59.
② 杨伯峻. 论语译注［M］. 北京：中华书局，1980：84.
③ 彭定求. 全唐诗［M］. 北京：中华书局，1960：3492.

火能熟水，故备其三卦焉。其饰以连葩、垂蔓、曲水、方文之类。其炉或锻铁为之，或运泥为之。其灰承作三足铁盘，抬之。"①

　　唐初阎立本所绘《萧翼赚兰亭图》中有风炉的样式，是用泥做成的陶器，肩宽足小，呈筒状，十分简单，远远不如陆羽设计得那么精美。青铜鼎是商周时期最重要的礼器，陆羽将风炉设计为鼎式，用铜铁来铸造，说明他希望把煮茶和饮茶提高到仪式化、精神化的层次。

　　陆羽特别要求风炉上的文字以古字雕刻，除了起到装饰的作用之外，内容也很有深意。"坎上巽下离于中"，其中坎代表水、巽代表风、离代表火，这句话直译过来是上面有水，下面有风，火在中间，完全符合风炉的意象，令人赞叹。

　　"体均五行去百疾"，指明饮茶之功效。五行指金木水火土，中医用五行来对应人的五脏，认为人体最佳状态就是五行达到平衡，相生相克，相辅相成。五行平衡，自然百疾不生。

　　"圣唐灭胡明年铸"是说铸造风炉的时间。"圣唐灭胡"指唐代宗平定安史之乱的事，陆羽是荆楚人，为了躲避兵祸，沿长江一路流离到江浙。虽然在这期间，他也结识了爱茶、懂茶的知己好友，茶道修养不断提升，但国难当头，人民流离的景象常使他慨叹涕零，切齿痛恨发动叛乱的乱臣贼子，这句话表明了他热爱祖国，热爱和平，对国家恢复安定局面的欣慰。

　　风炉窗洞上的文字为"伊公羹、陆氏茶"。伊公是指商代贤相伊尹，他帮助汤讨伐暴君夏桀，建立商朝，历侍六代商王，去世时年逾百岁，据说用鼎烹羹是伊尹的首创。而用鼎煮茶则是陆羽的发明，伊尹被后人奉为圣贤，陆羽希望能与伊尹一样获得后世的推崇和敬仰，表明了他的清高和自傲。当然，陆羽对茶文化开创性的贡献，使他成为当之无愧的茶神和茶圣。"伊公羹、陆氏茶"相得益彰，当之无愧。

　　陆羽设计的风炉不但具有丰富的文化意象和高雅的艺术装饰，还很

---

① 　傅树勤，欧阳勋. 陆羽茶经译注［M］. 武汉：湖北人民出版社，1983：15-17.

有科学道理。风炉内壁涂上泥，利于保温。炉腹上开洞，促使空气流动，让木炭燃烧更加充分。炉底设计漏灰孔和灰承，便于清洁，符合茶事洁净的要求。从风炉这一件器物，便可体会陆羽的"精行"思想。

《茶经》对于"俭德"的论述，立足于茶性，强调克制自己的欲望。如《茶之煮》云："第一煮水沸，而弃其沫，之上有水，如黑云母，饮之则其味不正。其第一者为隽永，或留熟（盂）以贮之，以备育华救沸之用。诸第一与第二、第三碗次之，第四、第五碗外，非渴甚莫之饮。凡煮水一升，酌分五碗，乘热连饮之，以重浊凝其下，精英浮其上。如冷，则精英随气而竭，饮啜不消亦然矣。茶性俭，不宜广，（广）则其味黯澹，且如一满碗，啜半而味寡，况其广乎！其色缃也。其馨欽也。其味甘，槚也；不甘而苦，荈也；啜苦咽甘，茶也。"[1]

这段话的意思是说：水煮到第一次沸腾的时候，要舀掉水面上一层像黑云母一样的膜状物，不然饮茶的时候味道不正。煮开的茶水，最好的谓之隽永，可以贮放在熟盂里，当锅里茶水沸腾的时候，可以倒入以防止沸腾。以下舀出的第一、第二、第三碗茶水，味道要比隽永略差些。第四、第五碗之外，要不是渴得太厉害，就不值得喝了。一般烧水1升，分作5碗，趁热连着喝完。因为重浊不清的物质凝聚在下面，精华浮在上面，如果茶放冷了，精华就随着热气散发光了。一碗茶如果不趁热喝完就可惜了。

茶的品性俭朴，水不宜多放，水加多了，茶味就淡薄无味。一碗茶只喝一半，味道就觉得差些了，何况煮茶时加很多水呢！好茶汤的颜色浅黄，香气醇厚。茶水的味道甘甜，叫作槚；不甜的而苦的是荈；入口时有苦味，咽下去又有甘甜回味的才是茶。

国学大师陈寅恪先生曾经指出："南北朝时即有儒释道三教之目，至李唐之世，遂成固定之制度。如国家有庆典则招集三教之学士，讲论于

---

[1]　傅树勤，欧阳勋. 陆羽茶经译注［M］. 武汉：湖北人民出版社，1983：35-37.

殿廷，是其一例。自晋至今，言中国之思想可以儒释道三教代表之。"①
正如陈先生所言，中国学术思想的发展，在魏晋以后逐渐形成了儒、佛、
道三教并存的局面。三教是中国传统文化的代表，但它们之间存在着既
互相排斥、冲突和斗争，又互相作用、影响和渗透的关系。需要指出的
是，这里所谓的"儒、释、道三教"中的"教"，其含义是教化，而不是
宗教。"儒教"主要是指儒家思想教化而言，"道教"则包括了先秦的老
庄、汉代的黄老等道家学说和东汉末产生的道教两个部分。

尽管存在矛盾斗争，但儒、释、道三教都必须在中国宗法社会这块
共同的土壤上求得生存和发展，因此它们在斗争的同时又必然要在相互
之间进行理论融合，共同发挥社会作用。儒家主张积极的入世主义，是
统治阶级维护社会秩序的主要工具；佛道两教则是消极的出世主义，可
以缓解社会的矛盾，可以成为儒家思想的有力助手。儒家、道家所不能
回答的现实苦难问题，佛教却恰恰用它的罪感哲学解决了这个问题，获
得了中国化的群众基础。三者互为补充、互相促进，共同维护着古老的
中华帝国。隋唐时期，"三教并奖"成为基本国策。三教理论在统治者的
大力倡导下进一步融合，特别是最具中国特色的佛教宗派——禅宗的产
生，吸收了中国本土儒、道二教思想，为佛教在中国的广泛传播做出了
贡献，表明三教融合已趋成熟。

中唐以来，儒、释、道三教合流的趋势日益明显，这对陆羽的茶道
思想产生了深远的影响，加之他生长于佛寺，青少年时期学习儒家经典，
成年后游历各地，又交结了许多道士。因此，陆羽《茶经》首次将儒、
释、道的思想融入饮茶文化，开创了融和儒、释、道的中国茶道精神，
不仅泽被后世，而且传播海外。

陆羽采茶、饮茶及写作《茶经》都将自身融于山野自然之境界中。
《茶经》所见茶道思想的另一重要内容就是强调天人和谐。

《茶之略》提出："其造、具，若方春禁火之时，于野寺山园，丛手

---

① 陈寅恪. 金明馆丛稿二编［M］. 北京：三联书店，2001：285.

而掇。乃蒸、乃春、乃炙，以火干之。则又启、扑、焙、贯、棚、穿、育等七事皆废。其煮器，若松间石上可坐，则具列废。用槁薪、鼎枥之属，则风炉、灰承、炭挝、火筴、交床等废。若瞰泉临涧，则水方、涤方、漉水囊废。若五人以下，茶可末而精者，则罗废。若援藟跻岩，引絙入洞，于山口炙而末之，或纸包，合贮，则碾、拂末等废。既瓢碗、筴、札、熟盂、醝簋悉以一笞盛之，则都篮废。但城邑之中，王公之门，二十四器阙一，则茶废矣。"①

这段话的意思是说：准备好制茶所用的器具，如果恰逢在春天寒食节前后，在野外寺院或者山间茶园，大家一起动手采摘，马上蒸青，春摘，用火烘干，那么，启、扑、焙、贯、棚、穿、育这七种器具便可以不用。对煮茶所用的器具而言．如果松林里有石头可以放置，就不需要用器具陈列．如果用干柴鼎锅煮茶，那么风炉、灰承、炭挝、火筴、交床也都可以省去。如果是在泉水旁溪涧侧烹茶，那么水方、涤方、流水囊也可以不要。如果是 5 人以下同时旅游，采制的茶芽细微而干燥，可以碾成精细的茶末，那么萝就不再用。如果攀藤上山，拉着绳子进入山洞烹饮，可以先在山下将茶烤好碾成细末，用纸包裹或茶盒装储，那么碾和拂末便不必带。假如瓢碗、筴、札、熟盂、醝簋等全用一个笞盛装，那么都篮就不需要了。但在城市人家，王公门第，那 24 种烹饮器具缺少一样，都谈不上品茶了。可见，在山野中饮茶最佳，人是自然中的人，茶境是自然茶境，人、境、茶统一在自然之中。天人和谐之道，是茶道最本原、最天然的内核，也是茶中真义。

陆羽的《茶经》在唐代和后代产生了深刻而深远的影响。晚唐皮日休《〈茶中杂咏〉并序》指出："自周以降，及于国朝茶事，竟陵子陆季疵言之详矣。然季疵以前，称茗饮者必浑以烹之，与夫瀹蔬而啜者无异也。季疵之始为《经》三卷，由是分其源、制其具、教其造、设其器、命其煮，俾饮之者除痟而去疠，虽疾医之不若也。其为利也，于人岂小

---

① 傅树勤，欧阳勋．陆羽茶经译注［M］．武汉：湖北人民出版社，1983：72-74.

哉！余始得季疵书，以为备矣，后又获其《顾渚山记》二篇，其中多茶事。后又太原温从云、武威段碥之，各补茶事十数节，并存于方册。茶之事，由周至于今，竟无纤遗矣。"①

唐和以后的茶道中人及其著作不断涌现，有宋代蔡襄《茶录》、黄儒《品茶要录》、宋徽宗赵佶《大观茶论》，元代王祯《农书·茶》，明代钱椿年《茶谱》、李时珍《论茶品》、田艺蘅《煮泉小品》、许次纾《茶疏》、高濂《论茶品》，清代陆廷灿《续〈茶经〉》、震钧的《茶说》等。这些著作"都和陆羽的《茶经》一脉相承，是进一步的细化、深化"。②

第四节　独具特色的饮食器具

饮食器具的演进与发展，对于饮食品种的增加，食品质量的提高，饮食习俗的变化，都会产生重要的影响。近年来，经过湖北考古学工作者的不懈努力，出土了一些独具特色的唐宋饮食器具，例如饮食漆器、湖泗窑饮食瓷器等。窥一斑而见全豹，这一段荆楚饮食器具发展历史逐渐展现在世人面前。

一、漆　饮　食　器

"漆"原本是一种树，主要长在在长江以南的地区。漆树的树干能分泌出一种黏性很强的树脂，这种树脂主要由漆酶、漆酚、树胶质和水分构成。后来，人们就把这种黏性很强的树脂叫作"漆"。用它来作涂料，具有耐潮、耐腐蚀、耐高温等优势，还可以配制出不同的光彩夺目的色漆。湖北漆器文化历史悠久，源远流长。考古工作者于20世纪80年代在湖北天门石家河遗址发现过漆器残片，而先秦楚国先民们把漆器制造发展成为一种专门精细的手工艺技术，达到了非常高的水平，并且对整

---

① 高文. 全唐诗简编（下册）[M]. 上海：上海古籍出版社，1993：1541.
② 吴功正. 唐代茶道美学 [J]. 西北师范大学学报（社会科学版），2017（6）.

个中国古代漆器的工艺技术都产生了非常重大的影响。

古代漆器中的饮食器种类很多，常用的有漆鼎、漆碗、漆盘、漆杯、漆樽、漆卮、漆匕等。其中，漆碗是一种盛饮食的漆器，其造型一般为圆形，口大底小。漆碗是出现时代最早、使用时间最长的餐具，最晚在新石器时代就已出现，一直沿用至今。

1978 年，湖北监利县福田公社发现一座唐代墓葬，出土了大量漆器。这批漆器均系木胎，外表髹褐黑色漆，内表髹朱漆，无彩绘纹饰，造型精致，保存完整。其中，大漆碗 1 件，椭圆形，花瓣状口沿，口径37.5 厘米，高 12 厘米，底径 21 厘米。小漆碗两件，花瓣状口沿，口径22.5 厘米，高 7.7 厘米，底径 11 厘米。另外还有漆盒 1 件、漆盘 2 件、漆勺 1 件，漆盂 1 件。除漆勺外，其他漆器的做法："采用 0.2 厘米宽的薄杉木条，一圈圈卷制成器形，外裱麻布，然后操漆。因而胎质极轻、薄，既坚牢耐用，也易脱水保存。出土时，这批器物泡在水中，取出放置一段时间后，就自然干燥了，器形也没有收缩变化。这种器胎的制法，在我国漆器工艺史上未见记载。"① 并且，由于漆碗做花瓣形，木条须随着器形凹入凸出，对漆工技巧的要求很高。

襄阳檀溪宋代壁画墓 196 号墓东壁绘制的庖厨图，展现了侍者在厨房中劳作的场景。南侧一组 4 人正在蒸包子，北侧一组 6 人正向墓主人进奉食物，皆双手托盘，盘中置碗、筷、瓶等饮食器，呈南北向一字排开。该墓墓室西壁的备茶图描绘了 10 位侍者准备茶水的场景，其中南侧3 人面前的桌上放置有碟、盘、食罩等饮食器，侍者身后的里屋内放置有罐数个，罐上书有"樱桃煎""木瓜"等字样，中部 2 人正在煮茶，北侧 5 人皆手持茶具正向屋内传递茶点。② 虽然我们无法从壁画中辨认饮食器具的质地，但从襄阳地区生产和使用漆器的悠久传统来看，其中应该有不少是漆器。

---

① 湖北荆州地区博物馆保管组. 湖北监利县出土一批唐代漆器 [J]. 文物，1982（2）.
② 襄阳市文物考古研究所. 湖北襄阳檀溪宋代壁画墓 [J]. 文物，2015（2）.

武汉市十里铺宋墓出土了大量的无纹漆器。其中，漆盏托呈垂直状，边口无外翻现象，相比金属器和陶瓷器的锐利外形，显得更加圆润。①

二、湖泗窑瓷饮食器

中国是瓷器的故乡，瓷器是古代劳动人民的一个重要的创造。长期以来，在宋瓷研究中，有一种观点为"湖北无瓷窑"，也就是说，宋代荆楚地区没有瓷窑，人们使用的瓷器都是从外地运输进来的。湖泗窑址群的发现，改变了这种成见。它是长江中游古陶瓷生产的一处重要链接，使南方和北方、黄河流域和长江流域陶瓷生产的历史得到衔接，使中国大地陶瓷生产成为一个完整的系列。具有湖北特色的湖泗窑饮食瓷器，是古代荆楚饮食文化的重要组成部分。

湖泗窑址群位于湖北省武汉市江夏区梁子湖和斧头湖沿岸，因最早发现于湖泗乡而得名。在这一区间内，东为梁子湖水系，由梁子湖、保安湖、鸭儿湖等湖泊组成，其由樊口进入长江。西为斧头湖水系，由斧头湖、团墩湖、上涉湖、鲁湖、后石湖等组成，其与金水河连通由金口入长江。中部为南北向的低岗丘陵特征的陆地走廊，海拔多在 30～80 米，其岗垄蜿蜒起伏，港汊曲折交错，蕴藏丰富的高岭土制瓷原料。

窑址多位于水运便利的濒湖岗地之上。在南北长约 40 千米、东西宽约 30 千米的范围内，迄今已发现窑业堆积 145 处。该窑址群的年代从晚唐五代一直延续到元明时期，而以宋代为主。以仰烧法烧制民间常用瓷器。窑堆一般高约 5 米，最大的高达 9 米。产品有青白釉瓷器和青釉瓷器两种，瓷器的种类均为壶、罐、碗、盘、碟等日常生活用器，造型规整匀称，胎以灰白色为主，釉面匀净晶莹，有的器物的内外壁还刻画菊瓣、莲瓣、团花等花纹。

湖泗窑最主要的产品就是青白瓷系。根据调查资料所显示，器形主要有壶、罐、碗、盘、碟等日用器具，其中又以瓜棱执壶、花口盘、碗

---

① 王振行. 武汉市十里铺北宋墓出土漆器等文物［J］. 文物，1966（5）.

较为精致。调查者认为梁子湖窑址主要采用垫饼匣钵装烧，制作技术与北宋早、中期景德镇湖田窑烧制方法大致相似，明显受到其影响。

宋代景德镇创烧的青白瓷以其精美典雅、莹润洁净，及"白如玉、明如镜、薄如纸、声如磬"之特征饮誉世界。人们曾将获得这种名贵瓷当作地位与财产的象征。其釉色介于青白之间，青中泛白，白中显青，故曰青白瓷。由于景德镇瓷工熟练掌握了强的还原焰，因此烧制的瓷器釉色白中泛青，光彩润泽，有"假玉"之称。这如玉般的瓷质美，恰恰映照着宋人细腻、委婉含蓄、缠绵的审美心理，由于古器物学在宋代的兴起以及文人趣味审美的特点，在当时，这种从外表走向内在、

宋代湖泗窑影青釉瓜棱执壶

在朴实敦厚现优雅华美的美学特质，可以说是当时艺术审美发展的主导倾向。那么，青白瓷恰好是这种审美精神的物化。

湖北亦是当时青白瓷的重要产、销地之一，占领了广大的城乡市场。瓷器商品的流通也往往伴随着生产技术的传播，和吸引商品所到地区对制瓷技术的学习。更为重要的是，当时政府出于财政收入和支持产业发展的需求，是积极提倡瓷器生产的，一时利之所趋，民间各地的窑火大兴，而湖泗窑址群的青白瓷生产也就是在这样的背景下开始的。

从武昌湖泗窑址群出土的窑青白瓷产品来看，它的供求对象是一般中下阶层的平民，主要是生产一般日常生活用品的民间瓷窑。这些生活瓷器满足了江汉地区广大民众的实际生活需要。

湖泗窑址的唐代青山窑大多数器物的施釉为白釉、淡青釉，青白釉或另有青灰、灰绿、青绿等，色调偏淡，估计也有窑温不足之故。而白釉偏乳白色或米黄色，青白釉色泽不够纯正，色调偏灰，釉层较薄，釉面灰暗，光泽较差，釉面间有开片并存在垂釉的痕迹，这也存在着窑火

不均，反映着当时烧制工艺不高的因素。

北宋晚期至南宋，湖泗窑址群生产青白瓷器的主要是梁子湖窑系。上乘产品的晶莹釉色，可与景德镇窑的青白瓷的釉色媲美。主要生产碗碟之类的日常生活饮食器皿，早期多为高大圈足的圆腹卷唇大碗，同时亦有高圈足的曲腹撇口碗，这些产品造型与景德镇的出品有相似之处，但同时也具有地方特色。黄陂铁门坎宋墓中，出土过一件湖泗窑瓷碗，"釉面平滑，青白二色结合完美，色泽光亮莹润，影青效果相当好；胎质细密近白，胎体薄而平整，映日几能透光"。① 这件瓷碗体现了湖泗窑细瓷的上乘水平。

据统计，梁子湖窑共出土陶瓷器（片）7080 件，其中可以修复复原的器物有 3042 件。这些瓷器不仅在烧制技术上超越前代，而且其装饰艺术设计方面的水平也堪称陶瓷史上的杰出代表。整体上看，有印花、刻花、剔花、贴花、镂花、弦纹、春字纹、珍珠地划花等。梁子湖窑瓷器则主要使用刻画法和画线法。在一些执壶的肩腹部外壁，多采用浅刻双线弦纹装饰，用刀刻线作为轮廓，其纹饰篦纹，技法娴熟，线条纤细流畅，多用于碗、盘等器物的内壁，少数施于其外壁。题材有卷草纹、折枝荷花、菊花、菊瓣、梳篦水草纹或波浪纹，还有蝴蝶、婴戏等纹样。"此外，梁子湖窑的瓷器中还有一种曲腹撇口葵口碗，是在碗口处的内壁，用白色的料浆画出五至六条垂直的竖线，表示花瓣形，然后上釉。在北宋时期，全国各个窑口都流行这种画线方法，梁子湖窑广泛将它用于碗盏、盘、碟等器物，使产品显得轻灵精巧，富于美感。"②

第五节　源远流长的饮食风俗

饮食风俗作为特定的文化现象，在个人社会化进程具有潜移默化的

---

① 武汉大学历史系考古专业，武汉市文物工作队，黄陂县文化馆. 湖北黄陂县铁门坎遗址宋墓［J］. 考古，1995（11）.

② 漆祖丽. 宋代湖泗窑青白瓷的审美形态研究［D］. 武汉：湖北美术学院，2010.

作用。相关风俗不仅规范和制约着一个社会中不同个体的行动，而且还维系着群体或民族的文化心理，促使其成员形成相同或相近的思维方式和价值理念。隋唐宋元时期，湖北的饮茶、饮酒之风盛行，相关风俗塑造着共同的文化心理。宋代大文豪苏轼在贬谪黄州期间，不仅对儒释道三家思想精华进行了融会，获取真正的个性自由，而且还留下了很多自制美食的民间传说，至今传为佳话。

一、饮 茶 风 俗

我国是世界上最早种茶、制茶和饮茶的国家。茶最初发现于今西南地区。西汉以后，逐渐向长江中下游传播。包括今湖北在内的两湖地区。唐代，佛教兴起，寺僧以饮茶清思。打坐入静，修身养性，并于寺周围植茶，增加收入，从而引领风气之先。饮茶逐渐作为开门七件事（柴米油盐酱醋茶）之一，蔚然成风。由于社会对茶叶的需求日益扩大，这对茶叶的发展形成强有力的刺激。到唐宋时期，我国茶叶产地的基本格局已形成。湖北成为当时我国的主要茶叶产区之一，主要产茶州有荆州、峡州、襄州、蕲州、安州、黄州和鄂州等地。

荆楚地区在唐代拥有许多名茶。中唐以前本区贡茶区只有峡州，后期则增加了蕲州茶。峡州地接巴蜀，茶叶利用自得风气之先。陆羽《茶经》卷下"八之出"首列峡州，将该州远安、宜都、夷陵三县所出茶叶列为上等，只有淮南光州、湖州顾渚、越州余姚和剑南彭州所出可与之媲美。峡州碧涧、明月、茱萸诸品在唐代茶叶中始终名列前茅。因此，唐代前期峡州就是贡茶州。中唐以后，夷陵又出现了小江源茶，虽然产量不高，但其质量"又胜于茱萸簝矣"。蕲州茶在《茶经》中的品第为下等，中唐以后，虽仍以量大闻名，但"其有露消者，片尤小，而味甚美"，亦属精品。吐蕃赞普向唐使炫耀他帐中所藏的六种内地名茶，其中就有蕲门茶。因此，唐后期也成为贡品。唐人记载当时名茶最称周备的要推李肇的《国史补》。该书列举饮誉全国的 21 种名茶，其中长江中游有 9 种，而出之湖北的有 6 种，计峡州碧涧、明月、芳蕊、茱萸簝，江陵南木，蕲门团黄。

其中，碧涧和明月茶是产于鄂西地区峡州（今湖北宜昌）的半烘炒条形绿茶。其品质特征是：外形条索紧秀显毫，色泽翠绿油润，内质香高持久，滋味鲜爽回甘，汤色黄绿明亮，叶底嫩绿匀整。宋代文学家欧阳修经过夷陵（今属宜昌）时创作七律《夷陵书事寄谢三舍人》，赞誉此地为"春秋楚国西偏境，陆羽茶经第一州"。

鄂东气候温和，雨量充沛，山丘肥沃，云雾缭绕，茶叶生态条件十分优越。大部分茶园分布在海拔 200～800 米高中低山和丘陵上，茶树生长旺盛，芽叶肥壮，持嫩性强，内含物丰富，自然品质好。早在唐代，鄂东"团黄""蕲门"就与安徽霍山的"黄芽"齐名，并称"淮南三茗"（唐代鄂东属淮南节度），因其"色澄碧而清冽，味馥郁而沁芳"，被列为上品进贡朝廷，故享有"鄂土茶称圣，英茗味独珍"之美誉。

当时茶叶已是普遍种植的饮料，成为人们生活必需品。《旧唐书》卷 173《李珏传》记载："茶为食物，无异米、盐，人之所资，远近同俗。既祛竭乏，难舍斯须，田间之间，嗜好尤切。"[1] 荆楚是"茶圣"陆羽的故乡，茶资源十分丰富，茶文化历史悠久。李白在《答族侄僧中孚赠玉泉仙人掌茶》序中说："余闻荆州玉泉寺近清溪诸山，山洞往往有乳窟，窟中多玉泉交流。……其水边处处有茗草罗生，枝叶如碧玉，惟玉泉真公常采而饮之，年八十余岁，颜色如桃花，而此茗清香滑熟异于他者，因此能还童振枯，扶人寿也。余游金陵，见宗僧中孚示余茶数十斤，拳然重叠，其状如手，号为仙人掌茶。盖新出乎玉泉之山，旷古未见。"[2]

唐中期以后，愈来愈多的荆楚农户专门从事茶叶生产，茶叶生产专业化水平日益提高，规模较大，需雇工经营或租佃经营的大茶园也出现了。唐人杨晔在《膳夫经手录》中记载：蜀茶自谷雨节气之后，能采摘数百万斤；江西的浮梁茶，产量百倍于蜀茶；荆楚的蕲州、鄂州茶，其

---

① 　刘昫. 旧唐书［M］. 北京：中华书局，1975：4503-4504.

② 　彭定求. 全唐诗［M］. 北京：中华书局，1960：1817.

出产又倍于浮梁。中国北方各地由于地理条件的限制，一般不出产茶叶，因此，每年的采茶季节，大量商业资本涌入荆楚进行茶叶交易，规模惊人。

唐德宗贞元九年（793 年），唐朝政府开征茶叶税，按三等征收，税率为什一而税。据《旧唐书·食货志下》记载："自此每岁得钱四十万贯。"此后茶税渐增，成为政府的重要财源之一。《新唐书》卷 54《食货志四》记载，到唐宣宗时，"天下税茶倍增贞元"。[1] 短短数十年时间里，榷茶所得就翻了一番。唐宣宗大中年间，全国财政收益总额是15386964万缗，其中茶税603370万缗，约占政府岁收入的 3.92%。荆楚地区是唐王朝重点征收茶税的地区之一。唐穆宗的宰相王播（759—830）在担任盐铁使时，把全国茶税又提高了 50%，并且亲自负责征收荆襄、江淮、浙东西、岭南、福建等地的茶税，两川的茶税则由户部管理。由此可见荆楚茶叶经济和贸易的繁荣及在全国的重要地位。

西南大学的卢华语教授总结了唐代茶叶经济的五大功能：增加财政收入，繁荣商品经济；加速经济重心的南移和江南地区的开发；激发农业活力，解决农民生计；推动制瓷业的进步；促进交通运输业的发展等，都是比较准确的。[2] 正是由于荆楚植茶业的发达，因此才出现了被后人尊为"茶圣"的陆羽。他的《茶经》成为中国乃至世界第一部茶学专著。

宋元时期，荆楚地区经济作物的种植，仍以茶叶为大宗。宋代湖北茶叶产地主要分布在蕲、黄、荆、鄂、归、峡六州和荆门、兴国军，是为宋代主要茶区之一，其产茶地及茶产量为：绍兴三十二年（1162 年），兴国军（今阳新等县）936555斤，鄂州177710斤，蕲州7132斤，荆门军100 斤，归州48500斤，峡州30880斤，荆南荆州3025斤。以兴国军产量最高，次为鄂州，再次为归州、峡州，即鄂东南、鄂西南，这是湖北茶叶两大传统产区。还有一些州县也生产茶叶，只是因为产量小，没有计

---

① 欧阳修，宋祁. 新唐书 [M]. 北京：中华书局，1975：1382.
② 卢华语.《全唐诗》经济资料辑释与研究 [M]. 重庆：重庆出版社，2006.

算在内。

茶叶生产的组织形式是茶园，有官营、民营两种。官茶园的规模较大，谓之山场，所采之茶须全部卖给官家。宋政府在淮南盛产茶叶的地区，设立了13场，其中属今湖北的蕲、黄二州设有4场，蕲州曰王棋、石桥、洗马，黄州曰麻城。开始还有黄梅场，景德二年（1005年）废，改设光山场。种茶的园户一律隶属所在山场。园户除所输茶租和自己所食之茶外，余茶均按照官府牌价卖给山场。私茶园则广布于产茶州郡，其经营者有官僚士大夫、地主和小茶农，而以后二种为主。一般的茶农是个体小生产者，他们一家一户经营自己的小片茶园，从种植到采摘制作，全靠自己的力量，较为富裕的茶农雇募少量日工佣作。大茶园主或由园主雇募贫民自己经营，或者采取租佃方式。这些茶园主的大多数也已从粮食种植业中分离出来。宋初张咏知崇阳县时，"崇阳多旷土，民不务耕织，唯以植茶为业"。他们以自产茶叶作为自家生活的基本来源，他们从事的已是商品性生产。因此，茶叶种植业已成为农业中的一个独立分支。

宋代湖北既生产片茶即饼茶，又生产散茶。《宋史·食货志下五》云："茶有二类，曰片茶，曰散茶。片茶蒸造，实卷模中串之，唯建、剑则既蒸而研，编竹为格，置焙室中，最为精洁，他处不能造。有龙、凤、石乳、白乳之类十二等，以充岁贡及邦国之用。其出虔、袁、饶、池、光、歙、潭、岳、辰、澧州、江陵府、兴国临江军，有仙芝、玉津、先春、绿芽之类二十六等，两浙及宣、江、鼎州又以上、中、下或第一至第五为号。散茶出淮南、归州、江南、荆湖，有龙溪、雨前、雨后之类十一等，江、浙、又有以上、中、下或第一至第五为号者。"[1] 江陵府的片茶天下闻名，被选为贡品。荆湖路则是全国散茶的主产区。大冶的桃花茶、黄州的松罗茶、蕲门团黄茶也很有名。团黄茶鲜叶细嫩，栗香浓郁，条索紧秀，醇厚温和，耐久冲泡，深受欢迎，被列入朝廷贡品，苏

---

[1] 脱脱. 宋史［M］. 北京：中华书局，1977：4477-4478.

东坡在担任黄州团练副使任上曾亲自护送团黄茶进京。

二、饮 酒 风 俗

荆楚地区的酒文化源远流长，今天湖北境内出土的史前时代陶酒器和先秦青铜酒器分布广，种类繁多，工艺精美。尤其是那些青铜酒器，壶大，尊深，盘阔，充分显示出荆楚酒文化精细巧丽而又大气的神韵。这些出土的青铜酒器，是先秦酒文化发展历史的主要见证。

宜城酒早在汉代即享誉天下，东汉著名学者郑玄在为《周礼》作注时，就引用了宜城酒，他在为《天官·酒正》中"泛齐"一语作注时说："泛者，成而滓浮，泛然如宜成（城）醪矣。"可见，宜城酒在汉代已是名酒。到三国时期，曹子建写了一篇《酒赋》，其中有句云："宜城浓醪，苍梧漂清。"所谓"醪"，是指酒味醇浓而甘甜。晋人傅玄《酒赋》在列举华夏名酒产地时说："课长安与中山，比苍梧与宜城。"《北堂书钞》引傅玄《七谟》说："甘醪贡于宜城。"宜城出产的"醪醴"是敬献朝廷的贡品。

隋唐时代，宜城美酒仍为诗人所咏颂，很多诗人都爱饮宜城美酒。《隋书·孙万寿传》记载了孙万寿（？—608）创作的诗歌《远戍江南寄京师亲友》，诗中有句云："被除临灞岸，供帐出东郊。宜城酝始熟，阳翟曲新调。"孟浩然《九日怀襄阳》云："祖席宜城酒，征途云梦林。"《岘山送张去非游巴东》云："祖席宜城酒，征途云梦林。"《除夜有怀》云："渐看春逼芙蓉枕，顿觉寒销竹叶杯。"《途中九日怀襄阳》云："去国似如昨，倏然经杪秋。岘山不可见，风景令人愁。谁采篱下菊，应闲池上楼。宜城多美酒，归与葛强游。"[①] 由此可知，孟浩然爱喝并且常饮宜城酒的。

王维《过李揖宅》云："一罢宜城南，县东一里有金沙泉，造酒极美，向以产美酒闻名。"戴叔伦（约 732—约 789）《汉南遇方评事》云：

---

① 佟培基. 孟浩然集笺注［M］. 上海：上海古籍出版社，2000：310.

"移家汉阴住，不复问华簪。赊酒宜城近，烧田梦泽深。"① 温庭筠《常林欢》云："宜城酒熟花覆桥，沙晴绿鸣咬咬。"② 李商隐在《自桂林奉使江陵途中感怀寄献尚书》诗中咏道："前席惊虚辱，华樽许细斟。尚怜秦痔苦，不遣楚醪沉。"③ 可见，宜城美酒是官僚士大夫们的筵宴佳酿。

宜城酒在宋代依然驰名全国，苏轼有一首诗，取名《竹叶酒》，其诗曰："楚人汲汉水，酿酒古宜城。春风吹酒熟，犹似汉江清。耆旧何人在，五坟应已平。惟余竹叶在，留此千古情。"④ 诗中所咏正是宜城美酒。"竹叶"乃酒名，又称"竹叶杯"。北宋著名史学家刘敞在《宜城酒》诗中写道："九酝宜城酒，人传岘首碑。古今情不同，更问习家池。"⑤

北宋仁宗嘉祐四年（1059 年）十月，苏洵、苏轼、苏辙父子三人在游访襄阳时，品尝了襄阳出产的美味佳肴——缩项鳊，饮用了宜城美酒——竹叶杯，苏东坡有诗纪其事，在食缩项鳊鱼时，苏东坡想到了杜甫怀念孟浩然的诗句："复忆襄阳孟浩然，清诗句句尽堪传。即今耆旧无新语，漫钓槎头缩颈鳊。"由此勾起了对这位襄阳才子的同情，因而写下了《鳊鱼》一诗。其文曰："晓日照江水，游鱼似玉瓶。谁言解缩项，贪饵每遭烹。杜老当年意，临江忆孟生。吾今又悲子，辍箸涕纵横。"诗里流露出命运似游鱼漂泊，怀才终不遇的遗憾与悲苦。

今湖北钟祥在唐代出产一种名叫"郢州春酒"的白酒。《大唐六典》卷 15《光禄寺》记载："今内有郢州春酒，本因其州出美酒。初，张去奢为刺史，进其法。今则取郢州人为酒匠，以供御及特燕赐。"⑥ 也就是说，唐代郢州（今湖北钟祥）春酒名扬天下。光禄寺特地从郢州征发多名酿酒工人，到长安来为皇帝及宫廷宴会准备佳酿。

① 彭定求. 全唐诗 [M]. 北京：中华书局，1960：3081.
② 彭定求. 全唐诗 [M]. 北京：中华书局，1960：276.
③ 彭定求. 全唐诗 [M]. 北京：中华书局，1960：6239.
④ 苏轼. 苏轼诗集 [M]. 北京：中华书局，1982：77.
⑤ 北京大学古文献研究所. 全宋诗 [M]. 北京：北京大学出版社，1993：7314.
⑥ 李林甫. 唐六典 [M]. 北京：中华书局，1992：448.

李肇撰写的《唐国史补》所载唐代名酒有："河东之干和、葡萄，郢州之富水，乌程之若下，荥阳之上窟春，富平之石冻春，剑南之烧春，岭南之灵溪，博罗、宜城之九酝，浔阳之湓水，京城之西市腔、虾蟆陵、郎官清、阿婆清。又有三勒浆类酒，法出波斯，三勒者，谓摩勒，毗梨勒，诃梨勒。"① 其中就列举了宜城九酝酒和郢州春酒。所谓"九酝春酒法"，就是在一个发酵周期中，原料不是一次性都加入进去，而是分为9次投入。这个方法就是在酿酒史上具有重要意义的补料发酵法，现代称为"喂饭法"。唐代宜城九酝酒可能正是采用这种酿制工艺酿造出来的。当时的宜城九酝酒面临着国内外数十种名酒的激烈竞争，顶住了压力，受到文人学士们的青睐。如孟浩然《九日怀襄阳》云："宜城多美酒，归与葛强游。"宋之问《宋公宅送宁谏议》云："尊溢宜城酒，笙裁曲沃瓠。"

宋朝大文学家苏轼，以《竹叶酒》为题咏宜城酒道："楚人汲汉水，酿酒古宜城，春风吹酒熟，犹似汉江清。耆旧今何在，丘坟应已平，唯余竹叶在，留此千古情。"② 从这首诗可知，宜城竹叶酒是汲汉江水酿造，酒色清冽，犹如汉江水。"唯余竹叶在，留此千古情"一句则可与三国曹操《短歌行》"何以解忧，唯有杜康"媲美，代表了中国酿酒文化和饮酒精神。

三、东坡美食文化

宋神宗元丰三年（1080年），经历了乌台诗案之后，苏轼被贬谪到黄州做了4年团练副使。这是他仕途的低谷，但也成为其提升精神境界的契机。在这里，苏轼写下了散文前后《赤壁赋》《记承天寺夜游》，千古绝唱《念奴娇·大江东去》。黄州苏东坡的文学作品是闪闪夺目的瑰宝，历经千年仍然魅力无限。苏轼不仅是一位多才多艺的大文豪，而且是一位美食家，他喜欢自己做菜，也善于做菜，从实践中品尝饮食的乐

---

① 李肇. 唐国史补［M］. 上海：上海古籍出版社，1987：447.
② 苏轼. 苏轼全集［M］. 上海：上海古籍出版社，2000：12.

趣；他还特别注重食疗养生之道。苏轼在黄州留下了很多自制美食的民间传说，例如著名的东坡肉、东坡饼、东坡鲫鱼、东坡春鸠脍、东坡鮰鱼、东坡荠羹等。这些传说时至今日依然脍炙人口，形成具有特殊魅力、体现荆楚风物的东坡美食文化。

东坡肉是一种炖肉，为黄州传统名菜。苏轼谪居黄州时常烧此菜，用以待客，无客自食。他还写过一首《猪肉颂》："净洗铛，少著水，柴头罨烟焰不起。待他自熟莫催他，火候足时他自美。黄州好猪肉，价贱如泥土。贵者不肯吃，贫者不解煮，早晨起来打两碗，饱得自家君莫管。"意思是说，洗干净锅，放少许水，燃上柴木、杂草，控制好火势，用不冒火苗的小火来煨炖。等待它自己慢慢地熟，不要催它，火候足了，它自然会滋味极美。黄州有这样好的猪肉，价钱却贱得像泥土一样；富贵人家不肯吃，贫困人家又不会煮。我早上起来打上两碗，自己吃饱了您莫要理会。

元祐四年（1089 年），苏轼任龙图阁学士、知杭州。次年，他率众疏浚西湖，动用民工 20 余万人，开除葑田，恢复旧观，并在湖水最深处建立三塔（今三潭印月）作为标志。他把挖出的淤泥集中起来，筑成一条纵贯西湖的长堤，堤有六桥相接，以便行人，后人名之曰"苏堤"。

东坡肉

据传，当时杭州百姓为感谢苏轼送来黄酒、猪肉。苏轼便令家人按照他的烹调方法炖肉与民共食，传为佳话。"东坡肉"之名遂走出湖北，传遍大江南北，成为中国名菜之一。

关于"东坡饼"的由来，源于苏轼在黄州所作《记游定惠院》。其文云："有刘唐年主簿者，馈油煎饵，其名为甚酥，味极美。客尚欲饮，而予忽兴尽，乃径归。"苏轼到黄州定惠院游览，主簿刘唐年馈赠油煎饵，名为"为甚酥"，这时候还不叫东坡饼。到宋人周紫芝所作《竹坡诗话》，就演变成苏轼为这种小食命名"为甚酥"。其文曰："东坡在黄州时，尝赴何秀才会，食油果甚酥。因问主人此名为何。主人对以无名。东坡又问为甚酥，坐客皆曰：'是可以为名矣。'又潘长官以东坡不能饮，每为设醴。坡笑曰：'此必错煮水也。'他日忽思油果，作诗求之云：'野饮花前百事无，腰间唯系一葫芦。已倾潘子错煮水，更觅君家为甚酥。'"①当代黄冈流传的东坡饼的传说，则增添了东坡改良饼的情节，并穿插了东坡与文人和诗、东坡与僧人参寥交往的内容。"这一类传说得以广泛的流传，其原因在于当地民众对家乡风物的热爱和东坡的深厚感情。社会往往是通过形成相关的集体记忆来传达文化的，口头传说是传承集体记忆的一种重要方式。东坡对生活之热爱、与黄州民众相处于融洽都体现在传说当中"。②

　　"东坡鲫鱼"，是苏轼居黄州时以鲜活鲫鱼为主料烹制的菜，故名。据《黄州府志》载："东坡居黄州好自煮鲫鱼，并曰其珍食者，自知不尽谈也。"其主料为活鲫鱼一尾，白菜心少许，橘皮一片即可。制作堪称简便：置炒锅旺火上，下猪油烧至五成热。将剖洗好的鲫鱼下锅煎至两面黄，入清水，加精盐，白菜心烧沸，再放入葱白、姜末、萝卜汁、料酒、橘皮、胡椒粉，起锅盛入汤碗即成。

　　"东坡春鸠脍"，是春天脍斑鸠肉，因苏轼喜食，并曾宣扬故名。苏轼在出川前就爱吃此菜，曾说"蜀人贵芹菜脍，杂鸠肉为之。"他在黄州的《东坡八首》中写道："泥芹有宿根，一寸差独在。雪芹何时动，春鸠行可脍。"它是选用春斑鸠胸脯肉，并杂以香芹丝合炒的一道佳肴。

　　"东坡鮰鱼"，鮰鱼，俗称"江团"，是东坡喜食并曾制作的菜肴，故名东坡鮰鱼。他写有《戏作鮰鱼一绝》，"粉红石首仍无骨，雪白河豚不药人。寄于天公与河泊，何妨乞与水精鳞"。东坡鮰鱼，鱼肉肥嫩，滑润鲜美，为湖北黄州传统名菜。

　　"东坡荠羹"，这是苏轼在黄州首创的滋补素肴。荠菜属十字花科，

①　梁廷楠. 东坡事类 [M]. 广州：暨南大学出版社，1992：179.
②　庄茵茜. 黄州东坡传说的生成与传承研究 [D]. 武汉：华中师范大学，2017：32.

春天开花，性喜温和，耐寒力强，不仅口味甘甜，且有止血、止痢等药物功效，被古代药书称作"护生草"。《广群芳谱》卷 15 记载了苏轼《与徐十二尺牍》中讲述的制作荠羹之法："今日食荠甚美，念君卧病，而醋酒皆不可近，唯有天然之珍，虽不甘于五味而有味外之美。《本草》荠，和肝气、明目，君今患疮故宜食荠。其法取荠一二升许，净择，入淘米三合，冷水三升，生姜不去皮，槌两指大，同入釜中，浇生油一蚬壳，当于羹面上。不得触，触则生油气，不可食。不得入盐醋。君若如此味，则陆海八珍皆可鄙厌也。"① 经过细心制作，荠菜这种寻常小花不仅能够治疗疾病，而且口味赛过山珍海味。

---

① 　汪灏. 广群芳谱［M］. 上海：上海辞书出版社，1985：357.

第七章　明清时期荆楚地区的饮食文化

明清时期是荆楚文化黄金发展时期，也是荆楚文化数千年的高潮期之一，具有全国性的广泛影响。也就是说，明清时期的荆楚文化，在众多方面构成中国文化史的重头戏，体现在饮食文化方面就是荆楚地区的饮食文化对过去有继承，更有创新与发展。在食材上，生产能力有所提高，食源更加广泛，既有本土生产的，也有从外国引进的玉米、番茄、马铃薯、辣椒等新作物。在食品加工与烹饪上，主食品种极大丰富，肉类菜肴以鸡、猪、羊原料为主，注意制作腌菜和利用各种豆制品来弥补新鲜蔬菜的不足，各具特色的地方菜肴逐渐形成。在酒文化上，荆楚地区名酒众多，饮酒习俗在传承前代的基础上有了某些新发展。在茶文化上，炒青、蒸青、瀹饮的兴起和花茶的普及，使荆楚地区形成了别开生面的泡茶文化。这一时期，茶文化世俗化的倾向明显，流行返璞归真的陶瓷茶具。在饮食习俗上，节日饮食习俗多姿多彩，人生礼仪食俗发展得相当成熟，饮食的寓意日趋深刻。

第一节　食物原料生产俱进

明清时期，荆楚地区农业有了较大发展，优质稻米品种增多。同时，由于人口增长较快，生态环境遭到严重破坏，人地矛盾加剧。传统的粮食生产越来越难以养活日益增多的人口，原产美洲的高产作物玉米、甘薯等得到了广泛种植，在一定程度上缓和了由于人口过量增长、环境恶化所造成的粮食危机。与此同时，荆楚地区的副食原料生产也发生了很大变化。

一、优质稻米品种增多

明清时期的荆楚地区，由于人口急速增加，稻谷品种增多，特别明显的是水稻优质品种增多，这里仅举几种为例。

房县冷水红米：学名康熙胭脂米，是一种极为珍贵的稻米。房县冷水红米种植历史悠久，盛行于唐代，曾被作为"贡品"，文学名著《红楼梦》中有两回提到了这种十分罕见的胭脂米。清同治五年（1866年）的《房县志》中，对房县冷水红米生产有这样的记载："谷有粳、糯二种。早晚谷名十数种，黄白赤青数色……粳米有盖草黄、冷水红……"房县冷水红米生长区域在海拔800～1200米的冷水田，山泉灌溉，成熟后的冷水红稻壳红褐色、有芒，芒特长，米粒细长，米色粉红，有独特的米香。米饭色泽棕红，栗香味浓，口感润爽。在房县万峪河乡和沙河乡还有这样一个风俗，每逢女儿出嫁必缝制一个大枕头，里面装上数斤冷水红谷子做陪嫁，求的不仅是多子多福，而且也有助女儿分娩时补气养血，有利于恢复体力和增加乳汁，故房县冷水红米又被誉为"月米"。

冷水红米形呈椭圆柱形，比普通米粒稍长，营养极其丰富，里外都呈暗红色，顺纹有一条深红色的米线，煮熟时色如胭脂，芳香扑鼻，味道极佳。同白米混煮，亦有染色传香之特点。

冷水红米种植过程中不能使用任何农药化肥，是纯天然无污染的有机大米。现今市场上每千克售价高达数百元人民币，是极其珍贵的大米品种。

桥米：是湖北京山市稀有的特产，独产于京山市孙桥区蒋家大堰附近一条山冲里的约120亩田间。此米温润如玉，腹白极小，做熟的米饭松软略糍，喷香扑鼻，可口不腻，营养丰富，自古享有盛名。据《京山县志》记载，早在明代就被御定为"贡米"，故有"御米"之称。

传说生于湖北钟祥县的明代嘉靖皇帝朱厚熜，从他断奶到后来当了皇帝，一直吃这里产的米。据说这种米的产量不受自然条件变化影响，刚好就够皇室吃用，故称之为"巧米"。"巧米"的"巧"字与产地孙桥的"桥"字谐音，遂讹称为"桥米"。京山桥米地域选择性很强，它"巧"在产地不扩散的特性。当地儿歌描绘了桥米之特色："桥米长，三颗米来一寸长；桥米弯，三颗米来围一圈；桥米香，三碗吃下赛沉香。"

黄冈蕲春水葡萄米：又称水葡萄贡米，产于湖北蕲春县桐梓河郑家山，此谷米属冷浸田栽种，性耐寒怕热，积温效果敏感，为中稻型优良品种，谷壳薄，腹白少，米质优，呈透明状，烹饭香美，煮粥尤佳，备受人们喜爱。

相传清光绪元年（1875 年），郑家山（现青石镇郑山村）吴中湾一位名叫吴洪一的农民，因灾逃荒到江西武陵葡萄山烧窑度日，年终窑主给 4 千克稻种作工钱。吴洪一将稻种带回后，在当地做中稻种植，因该稻种来自葡萄山，便取名"水葡萄"。由于该品种米粒外观玉白晶亮，蒸煮性好，米饭柔软清香、口感好，加之高秆、茎秆纤细坚韧，适宜用于打藤扭索，编草鞋，经久耐用，且适宜于高海拔地区山垅冷浸田种植，因此，世代相传，延续至今。1951 年 10 月底，青石区土改复查工作队寄给毛泽东主席水葡萄米 50 千克，46 天后，毛主席办公室委托国务院复信："钱寄上，以后不要寄各类物资。这是我们党纪所不容许的。"1984 年 9 月，湖北省科委、省农业厅、省农科院现代化研究所将水葡萄米作为稀有珍贵的地方品种资源征集并保存。

二、美洲高产农作物的引进

明清时期是中国继西汉张骞通西域以后又一次大规模引进外来农作物的时期。玉米、番薯、马铃薯等原产美洲的高产作物相继引入中国，并在荆楚地区广泛种植。这不仅丰富了粮食作物的品种，使粮食作物构成发生了重大变化，而且对于缓解人口迅速增加而出现的粮荒问题具有重大意义。

（一）玉米

玉米又称苞谷、玉蜀秫、玉茭等，原产墨西哥和秘鲁，1492 年哥伦布到达美洲后陆续传播到世界各地。明嘉靖年间（1522—1566年），玉米沿海路和陆路，分别从东南、西南和西北三个方向传入中国，随后又相继传入荆楚地区。荆楚地区引种玉米，大体经历了3个阶段。

1. 玉米的初步引种

从明嘉靖年间到清康熙年间，是玉米在荆楚地区的初步引种时期。这一时期，引种最早、最普遍的是襄阳地区。湖北引种玉米始于康熙年间，玉米由四川进入湖北西部和西北部地区。乾隆年间种植日盛。乾隆二十五年《襄阳府志》记载："苞谷最耐旱，近时南漳、谷城、均州山地多产之，遂为贫民常食。"其他如房县、荆州、竹山、郧西等地在乾隆时都已经有了种植玉米的记载。如同治《房县志》云："玉麦自乾隆十七年大收数岁，山农恃以为命，家家种植。"乾隆二十二年《荆州府志》云："玉蜀黍，俗名玉米。"这一时期玉米引种的广度和深度都不够，这是由于明清之际社会动荡不安，农业生产受到战争的严重破坏，人们面临的问题是如何恢复生产，而无暇顾及新作物品种的引种问题，加之受到传统习惯的影响，人们尚未认识到玉米耐旱涝、适于在山地沙砾土壤种植的优点。

2. 玉米的快速推广

从清雍正年间到道光年间，是玉米较快推广的时期。这一时期社会相对稳定，便于新的农作物品种的推广。同时，土地兼并日益严重，大批失去土地的流民，为了寻求生活出路，流入人口稀少的山区进行垦荒，而山区丘陵正适合种植玉米，这样玉米得到了较快推广。据有关县志统计，嘉庆、道光、同治年间，湖北的玉米种植迅速发展，已在全省的州县种植。同治《房县志》说："玉麦……七八月晴暖则倍收，山乡甚赖其利，间或歉收，则合邑粮价为之增贵。"同治《宜昌府志》记述"玉蜀黍……自彝陵改府后，土人多开山种植，今所在（指兴山、巴东等地）皆有，乡村中即以代饭"。同治《来凤县志》记载来凤县则是"山田多种之玉米"。同治《巴东县志》记其玉米也是"山中种此者甚多"。同治《咸丰县志·艺文志》记有黄裳吉的《玉蜀黍》诗"黍名玉蜀漫山岗，实好实坚美稻粱"。道光时,《鹤峰州志》记此时鄂西鹤峰的"邑产苞谷"已经是"十居其八"了。

3. 玉米的普遍推广

从清咸丰年间到中华民国时期,这一时期是玉米在荆楚山区普遍推广的时期,玉米在湖北山区普遍种植,成为当地居民的一种主要粮食。玉米在土家族地区的迅速传播,并得到土家族的认可是民间与官方两方面共同作用的结果。民间的作用主要体现在由于随着土家族改土归流的推行,原来较为封闭的土司地区迎来了大批的外来人口,这些移民将玉米大量地引入土家族地区,也成为原本农业生产不发达的土家族地区,能够为急剧增长的人口提供足够的粮食。官方的作用是指清廷为玉米的传播与种植提供了适宜环境,以及在农业上的技术指导。但在平原稻区的种植还是比较少,玉米仅种在田边地埂或傍山处,仅作为粮食品种的补充,如光绪《应城县志》说"苞谷……可炊饭充实,境内间有种者"。光绪《江陵县志》记载"傍山及洲田多种之,可做饭酿酒"。

(二) 番薯

番薯又称红薯、白薯、金薯、红芋、红苕、地瓜等,原产于墨西哥和哥伦比亚,明朝万历年间(1573—1620)分两条路线传入中国:一是沿海路自吕宋传入福建;二是沿陆路通过印度、缅甸,传入云南。

番薯是一种适应性极强的作物,耐旱耐瘠,还可以在沙碱荒滩上栽种,而且产量特别高,清人陆耀《甘薯录》称:"亩可得数千斤,胜种五谷几倍。"特别突出的是番薯在灾后有极好的救荒作用,"若旱年得水、涝年水退,在七月中气后,其田遂不及艺五谷;荞麦可种,又寡收而无益于人。计惟剪藤种薯,易生而多收",如遇"蝗蝻为害,草木无遗","惟有薯根在地,荐食不及,纵令茎叶皆尽,尚能发生,不妨收入"。[1]番薯的这些优良特性使其受到广泛的欢迎。但乾隆以前,番薯的种植主要限于中国南方各省,由于北方冬季寒冷,在技术上尚未解决薯种越冬

---

① 徐光启. 农政全书 [M]. 上海:上海古籍出版社,1979:692.

难题。这一技术难题直到乾隆初年才利用窖藏法加以解决，为荆楚西部地区引种番薯提供了前提。

荆楚地区的番薯种植主要分布在湖北西部地区。湖北番薯的种植最早是在乾隆初年，湖北在康熙年间未见到有关番薯的记载，到乾隆五年时已经有了引种番薯的记载。① 另乾隆三十八年《郧西县志》中有"红薯，可以疗饥"的记载。总体来讲，此时尚处于引种阶段。但此后番薯在湖北的推广也比较缓慢，道光时期的记载也不多，道光十四年《施南府志》记载"薯有数种，其味甚甘，山地多种之"。同治《咸丰县志》卷八食货志中也记载，"薯有数种，其味甘，山地多种之，清明下种，雨后剪藤插之，霜降后收，掘窖藏之，可作来年数月之粮。"道光十六年《蒲圻县志》记载"至田家所食，惟薯、芋。薯谓之苕，种山上"。直到同治年间，番薯的种植才有了较大发展。同治年间，在枝江县"山人以之代谷，歉岁活人甚多"②。宜昌东湖县则"旱地多种之"③，咸丰县亦是"山地多种之"④。同治十一年《广济县志》亦有番薯"处处有之"的记载。

湖北有一部分地区种植的番薯来自四川，如同治《东湖县志》言"红薯蓣，种自蜀来"。而湖北北部地区则因靠近早种的河南，则可能是河南传入的，因为河南在乾隆中期，番薯已成为重要的粮食作物，开始遍及全省，特别是中北部各州县。林龙友《金薯录》曰："孰导薯充谷，南邦文献存。种先来外国，栽已遍中原。"⑤ 例如，红安靠近河南，种植番薯有可能是河南传入的，清宣统元年（1909年）的《黄安乡土志》对红安番薯的品种、种植、加工、收藏和功用有着详细记载："外有非穀非蔬非果而有益民食者，曰薯芋，曰芋。不甚种薯。则冬月窖藏其种，二三月畦种之；五月截蔓寸余，雨中插之；九十月割其蔓而掘其实。红白

① 万国鼎. 古代经济专题史话・五谷史话［M］. 北京：中华书局，1997：28.
② 同治. 枝江县志・赋役志下・物产・蔬属，卷七.
③ 同治. 东湖县志・疆域志下・物产・杂类，卷五.
④ 同治. 咸丰县志・食货志・物产，卷八.
⑤ 陈世元. 金薯传习录・卷下［M］. 北京：农业出版社，1982：161.

二种，味甘性平；生熟皆可食，可酿酒，可取粉，可为饴。贫人半岁之食，多者百数十石（担）。茎叶且可豢豕（喂猪），（黄）安已遍植矣。"

（三）马铃薯

马铃薯又名土豆，原产于南美洲。中国最早引种马铃薯是在 18 世纪。马铃薯在中国传播和推广远比番薯为慢，这主要由于马铃薯味淡，不如番薯好吃。虽可以佐食，有救荒功能，但在番薯普遍栽种以后，这种作用也难以充分发挥。

乾隆三十八年湖北《郧西县志》记载有"土豆"。但荆楚地区关于马铃薯的记载在 19 世纪下半叶才逐渐多了起来，道光二十一年《建始县志》记载"邑境山多田少，居民倍增，稻谷不足以给，则于山上种苞谷、羊芋、荞麦、燕麦或蕨蒿之类""民之所食者苞谷也，羊芋也，次则蕨根，次则蒿艾也，食米者十之一耳。"

咸丰二年《长乐县志》记载"羊芋有红乌二种。红宜高荒，乌宜下隰……土人以之作粮，又可作粉，卖出境外，换布购衣。"

同治三年《宜昌府志》记载"山居者……所入甚微，岁丰以玉黍、羊芋代粱稻。"

同治四年《宜都县志》记载"山田多种玉黍，俗称苞谷。其深山苦寒之区，稻麦不生，即玉黍亦不殖者，则以红薯、洋芋代饭"。同治五年《保康县志》记载"羊芋粉"可充饥。同治五年《长阳县志》载"羊芋有黄、白、乌三种"。同治五年《恩施县志》记载"洋芋，种时用草薪，经火烧，则大获。夏种秋收，春种夏收"。

同治五年《房县志》记载"洋芋产西南山中……至深山处，苞谷不多得，唯烧洋芋为食"。

同治五年《宜昌府志》记载"内保所种之羊芋，可当半年粮。但羊芋喜冷地……且羊芋不可生食，薯可生咦，但薯不如羊芋之可以做米打粉耳……乐邑僻处万山中……稻寂荞麦几乎畴，玉黍以外惟羊芋"。

同治七年《恩施县志》记载"环邑皆山……最高之山，惟种药材，近则遍植洋芋，穷民赖以为生"。同治十年《施南府志》记载"郡在万山中……近城之膏腴沃野，多水宜稻……乡民居高者，恃苞谷为正粮，居下者恃甘薯为救济正粮……郡中最高之山，地气苦寒，居民多种洋芋……各邑年岁，以高山收成定丰歉。民食稻者十之三，食杂粮者十之七"。

综上可见，马铃薯的种植主要分布在荆楚西部地区。荆楚其他地区马铃薯种植面积一般不大，主要作为蔬菜来种植。一般作为蔬菜种植在园圃中，大面积种植的则不多。

玉米、番薯、马铃薯等农作物能够在荆楚西部地区迅速种植的一个重要原因就在于它们适合在山地生长，与传统的水稻、麦子相比，对土壤、水分等自然条件的要求比较低。不与传统的农作物争夺土地，这就使得人们可以在种植传统的稻谷、荞麦、小米等农作物的同时，在海拔更高的山地上种植玉米、番薯、马铃薯这些农作物。这些作物都极大地丰富了荆楚地区人们的饮食生活。

三、副食原料生产的变化

明清时期，荆楚地区的蔬菜生产与前代相比发生了一些变化，这些变化主要体现在以下几个方面。

（一）蔬菜种类增多

中国早期栽培的蔬菜品种较少。北魏贾思勰《齐民要术》中记载有35 种蔬菜的栽培方法。唐宋金元时期，蔬菜种类有所增加，但总的来说，数量增加有限。明清时期的蔬菜品种却增加了不少，清末杨巩编的《农学合编》汇集有57 种蔬菜的栽培方法。形成这一时期蔬菜品种增多的原因有3 个。

第一，豆类从粮食转化为蔬菜。明代宋应星《天工开物》卷上称"麻、菽二者，功用已全入蔬饵膏馔之中"。豆类从粮食转化为蔬菜，对新鲜蔬菜不够满足需求的荆楚地区来说意义重大。人们选用豆类制作豆芽、豆油、豆腐、豆酱、豆豉等各种豆制品，极大地丰富了荆楚地区人们的副食品种。

第二，新的蔬菜品种的培育。如武汉洪山菜薹，菜薹古名芸薹菜，又称紫菜、紫菘、菜心等，红色者称红菜薹，偏紫色或叫紫菜薹，洪山菜薹即属于此类。明清以后，红菜薹广泛生长在我国长江流域一带，特别盛产于江汉平原。种植此菜需要肥沃的土壤，较低的气温，一般是秋植冬撷。红菜薹其紫干亭立，黄花灿烂，茎肥叶嫩，素炒登盘，清脆可口，质脆味醇，最为上乘。红菜薹以武昌洪山一带所产质量最佳，故一般叫它"洪山菜薹"，有人称其为"国内绝无仅有的美食名蔬"。还有行家称，武昌洪山宝通寺一带的菜薹味道尤其出色，别处所产均不能与之媲美，以至有一种说法，以宝通寺钟声所到之处为范围的地方，出产的菜薹是正宗的洪山菜薹。

历史悠久的洪山菜薹，作为一种名贵佳蔬，千百年来甚为人们厚爱。据有关文献记载，洪山菜薹曾被皇家封为"金殿玉菜"，作为楚地特产被列为贡品。传说清代慈禧太后嗜爱洪山菜薹，常派人到武昌洪山一带索取。

关于洪山菜薹还有著名的"刮地皮"典故。据王葆心《续汉口丛谈》上记载："光绪初，合肥李勤恪瀚章督湖广，酷嗜此品（指洪山菜薹），觅种植于乡，则远不及。或曰'土性有宜'。勤恪乃抉洪山土，船载以归，于是楚人谣曰：'制军刮湖北地皮去也'。"

第三，海外蔬菜的引进。随着中国与海外诸国联系的加强，在引进玉米、番薯的同时，我国也引进了不少外国蔬菜，如原产于美洲大陆的辣椒、南瓜、番茄（西红柿）等。

辣椒最初传入中国时称"番椒"，16世纪末高濂《遵生八笺·燕闲清赏笺》对其描述道："番椒，丛生，白花，子俨秃笔头，味辣色红，甚可观。子种。"辣椒传入中国后得到了迅速传播，荆楚地区的辣椒种植也比较多。据《麻城县志》记载，清朝康熙年间麻城即有大规模辣椒种植。中华人民共和国成立前，麻城辣椒便是挑夫贩卒谋生的首选货物，大都将其贩运流通到汉口及周边的府县。在农村的深秋时节，麻城家家户户门前都要挂上几串鲜红的辣椒，条件好的人家要泡上几大缸，冬天，家人围坐在吊锅旁吃着有辣椒的吊锅菜，喝着老米酒，满屋弥漫辣椒味和老米酒香，这一习俗在大别山区域延续了几百年，时至今日仍在传承。

（二）夏季蔬菜品种较少、比重过低的状况得到改变

中国早期栽培的蔬菜品种较少，其中夏季蔬菜的品种更少。北魏贾思勰《齐民要术》记述 35 种栽培蔬菜，其中能在夏季栽培供应的只有甜瓜、冬瓜、瓠、黄瓜、越瓜和茄子六种，约占当时栽培蔬菜种类的 17.14%。唐宋金元时期，蔬菜品种的数量增长不多，夏季栽培的蔬菜品种增加得更少。从明代起，这种状况有了较明显的改变，清末《农学合编》汇集的 57 种栽培蔬菜中，能在夏季栽培的有 17 种，它们是白菜、菜瓜、南瓜、黄瓜、冬瓜、西瓜、越瓜、甜瓜、瓠、苋、蕹菜、辣椒、茄子、刀豆、豇豆、菜豆和扁豆，约占全部栽培蔬菜种类的 29.81%，初步形成了今天这种以茄果瓜豆为主的夏季蔬菜结构。①

（三）在传统秋冬季蔬菜中，白菜、萝卜的地位上升

明清时期，白菜、萝卜在人们蔬食结构中的地位上升，成为荆楚地区居民冬季的当家菜。白菜、萝卜地位上升是有其原因的。荆楚地区冬季寒冷而较长，新鲜蔬菜供应期较短，冬春两季往往缺乏新鲜蔬菜，白菜、萝卜为秋季收获的蔬菜，具有耐储存、可腌制等优点，因而白菜、萝卜被人们大量种植储存，成为荆楚地区居民过冬的当家菜。如明弘治《黄州府志》记载，"黄州萝卜"体大皮薄，水分充足，含糖量高，肉脆味美，生食甜脆可口似水果，熟食味佳回锅而不烂，有"生萝卜甜、熟萝卜香、腌萝卜脆，冬藏春吃更有味"之称。乾隆十四年《黄冈县志》记载，"自演武厅——下巴河口瓜菜圃也，有萝卜，大者一枚十余斤"。长圻廖至孙镇一带全长 40 余里，盛产萝卜、瓜菜，历史上誉称"四十里菜园"。该地区土地肥沃松软，气候温和，雨量充沛，远离污染，长出的萝卜所含矿物质和营养成分大大超过普通萝卜，具有很高的营养价值，在历史上久负盛名。

---

① 　闵宗殿. 海外农作物的传入和对我国农业生产的影响［J］. 古今农业，1991（1）.

（四）野生类和地方特色蔬菜受到重视

荆楚水乡，一直盛产野生藜蒿。清光绪《汉阳县志》记载："藜生于阪隰（低湿的地方），以沼泽尤佳。"藜蒿学名狭叶艾，又名芦蒿、水蒿、青艾等，为菊科多年生草本植物，具有极强的生命力，耐湿、耐寒、耐贫瘠，但不耐旱。民间有"正月藜，二月蒿，三月做柴烧"之说，指农历三月藜蒿纤维已显粗老，没有食用价值。《本草纲目》草部第十五卷记载："藜蒿气味甘甜无毒，主治五胀邪气，风寒湿脾，补中益气，久食轻身。"

房县黑木耳产于湖北省十堰市南部的房县。房县位于神农架和武当山之间，是中国著名的黑木耳生产基地县和驰名中外的"木耳之乡"。《湖北通志》云："黑木耳以郧属产者最为著名，世谓郧耳。"房县黑木耳因其"色鲜肉厚，朵大质优，营养丰富"而被称为"房耳"，又因其"形似燕，状如飞"，又被誉为"燕耳"。

白花菜，又名羊角菜，属白花菜科。湖北安陆市种植的白花菜，是一种别具风味的地方特色蔬菜，早在清朝康熙年间，即有"奇香味绝"的美誉。而其产量之多，质量之优均超过外地，故原《安陆县志》记载有"他处皆不及，异地异也"之说，有民谣云："安陆白菜花，十八九个爱。色美美得奇，味香香得怪。家里来了客，吃了还想带，游子种他乡，减了相思债。"

第二节　地方名食不断涌现

明清时期，随着食物原料的不断丰富增多，与其他区域经济文化交流的不断加强，荆楚地区的食品，无论是米饭面食，还是副食菜肴，都出现了不少新的花色品种，原有的食品加工、烹饪技艺也有了不少改进。

一、面食品种的丰富

明清时期，荆楚地区居民在日常饮食生活上，普遍重主食轻副食。

明清时期荆楚地区的主食种类极其丰富，不能尽数。这一时期荆楚地区出现了一些新的面条类食品的制作方法，如云梦鱼面、孝感桃花面、沙市早堂面、鄂西北酸浆面等。

（一）云梦鱼面

"去雁远冲云梦雪，离人独上洞天船。"这是唐代诗人李频对湖北云梦景物自然美的形象描写。云梦，古称云梦泽，亦曰曲阳（即宋玉对楚王问阳春白雪之曲得名）。又因古时这里曾是楚襄王建都和游猎之所，故又有"楚王城"之称。

云梦，历史悠久，物产富饶，素为鱼米之乡。这里有许多土特产，其中云梦鱼面，更是别具风格，味道鲜美。云梦鱼面系用上等鲜鱼的肉泥，掺和上等面粉精工细作而成。它有两种吃法，一种是面条做成后实时煮熟，加上佐料，即可进食，另一种是面条做成后晒干包装起来，可以长期贮存，吃时煮熟即可。云梦鱼面作为地方传统特色面食，早已驰名遐迩。

据道光二十年《云梦县志》记载，鱼面的创制时间是清朝道光十五年（1835年），出自许姓布行的一位姓黄的厨师之手。当时云梦城里有个生意十分兴隆的"许传发布行"，由于来这个布行做生意的外地商客很多，布行就开办了一家客栈，专门接待外地商客。客栈聘了一位技艺出众、擅长红白两案的黄厨师。有一天，黄厨师在案上和面时，不小心碰翻了准备汆鱼丸子的鱼肉泥，不好再用，弃之又可惜。黄厨师灵机一动，便顺便把鱼肉泥和到面里，擀成面条煮熟上桌，客商吃了，个个赞不绝口，都夸此面味道鲜美。以后黄厨师就如法炮制，并干脆称之为"鱼面"，这样，鱼面反倒成了客栈的知名特色面点。后来有一次，黄厨师做的面条太多了，没煮完剩下了很多，黄厨师就把它晒干。客商要吃时，就把干面条煮熟送上，不料味道反而更加好吃。就这样，在不断的摸索和改进之中，风味独特的云梦鱼面终于成为一道名点了。

云梦鱼面之所以味道特别鲜美，自然离不开云梦所具有的得天独厚的特产资源条件。《墨子·公输篇》曾记载："荆有云梦，犀兕麋鹿麑满之，江汉之鱼鳖鼋，为天下富。"由于盛产各种鱼鲜，故以所产鱼面最为出名。云梦民间流传歌谣有："要得鱼面美，桂花潭取水，凤凰台上晒，鱼在白鹤咀。"说的是城郊有一"桂花潭"，清澈见底，潭水甘美，"凤凰台"距桂花潭不远，地势高阔，日照持久，城西府河中"白鹤分流"处，所产鳊鱼、白鱼、鲤鱼、鲫鱼，鱼肥味美，是水产中之上乘。当初偶然制成了鱼面的黄厨师，后来专门潜心研制鱼面，他采用的就是"白鹤咀"之鱼，取鱼剁成茸泥，用"桂花潭"之水和面，加入海盐、掺和、擀面等工序，放置"凤凰台"上晒干，收藏。经心精心制作的鱼面，不仅用来招待客商。"许传发布行"的老板还用来作为礼品，馈赠来自各地布客，使得云梦鱼面广泛流传。

云梦鱼面的生产，由于经过不断地研制加工，质量愈做愈精，其面皮薄如纸，面细如丝，营养十分丰富，食之易于消化吸收，并且有温补益气的作用，被人们美誉为"长寿面"。此面不仅国人称赞，1915年，为参加"巴拿马国际商品大赛"，鱼面师傅精心地把一斤斤盒装鱼面，都切成"梁山刀"（即一百零八刀），色白丝细，从而征服了洋人，使其荣获银奖，因之驰名国际市场。

（二）沙市早堂面

沙市早堂面之起源有两种说法，一说是产生于清道光年间，据资料记载，它是170多年前由"汉剧大王"余洪元的父亲余四方创制的。1830年（清道光十年），湖北咸宁人余四方来沙市谋生，在沙市刘大人巷口开了家"余四方面馆"，后来迁到了闹市区的毛家巷。为了把生意做起来，他总结出沙市一般市民"三多"（即起早床的多、爱吃"油大"的多、喜欢在外面"过早"的多）的特点，把卖面的开堂时间，提早到凌晨。每晚从上半夜起，就开始用鸡架、猪大骨、鳝鱼骨等熬汤，把汤熬得乳白鲜美、酽而不腻。汤在锅里熬，人就在锅旁赶制大小码子。由于他做的面汤鲜味正，受到人们的普遍欢迎。当年住在荆州城内的龚将军为吃此面，每天清晨特地骑马10多里赶到沙市，传为佳话，这无形中又提高了余的声誉，日长月久，食客频增，余家面条几经改进便成了沙市的著名传统小吃。"早堂面"经过余四方的开创定型后，立即就成了沙市的一项著名的传统小吃，成为沙市人过早的首选。

另一说法为1895年左右，即中日甲午战争结束后，清政府与日本签订了丧权辱国的《马关条约》，沙市被迫开放为通商口岸之一，沙市自此划入全球经济的版图，现代工业的码头文明开始在沙市生根发芽，同时沙市的第一批的码头工人也就此产生。当地一面馆老板根据这里的码头工人因从事体力劳动喜欢吃油水大东西的特点，制作了这种肥腴丰厚、汤鲜味美的面条。由于码头工人多在凌晨时分到面馆吃面后上工，故得早堂面之名。

这两种说法时间相差60余年，且都有据可凭，似乎彼此矛盾，其实不然。早堂面确由余四方于道光年间所创，有创"早堂面"之实，只是那时还未叫"早堂面"之名，直到沙市开埠，早堂面因汤浓味厚深受广大码头工人喜爱，形成了极好的市场反响。于是，经过码头工人的口口相传，"早堂面"之名迅速在整个沙市流行开来，于是，余四方于19世纪30年代创制出的面条在60余年后的19世纪90年代后期最终以"早堂面"之名而风行整个沙市。而由于早堂面一般都是早上的汤最浓，随后由于逐渐加水而变淡，所以要吃到汤厚油重的面必须要在早上6时左右排队，故沙市人又称其为"头汤面"或"早汤面"。

沙市早堂面之所以受到广大沙市人和南来北往食客的喜爱是与其独特的制作工艺、鲜美醇香且极富营养价值的汤底以及丰富多彩的面码子分不开的，正所谓小小面里有大名堂。

首先是汤底，沙市人有爱喝汤的习惯，有人生活再困难，过年时也要煮一砂锅藕汤。好多人喜欢吃"早堂面"，不如说是为了喝一碗鲜美的汤。因此"早堂面"汤的制作特别讲究。先是将一大锅水烧沸，放入适量的盐，然后将冲洗好的活鳝鱼或鲫鱼投入锅中，盖紧锅盖，十几分钟后将鳝鱼捞出，加入数斤洗清摘净的黄豆芽煨烂捞出，再将淘净的糯米用白布包好投入锅中，使汤水更加白净悦目。以上都是用文火，叫"熬汤"。汤熬好后再放进洗剥好的母鸡、猪大骨，用武火猛烧，这称之为

"吊汤"。这一"熬"一"吊"，鳝鱼、老母鸡、猪大骨等食物的精华被浓缩到一锅乳白色的高汤里，满堂喷香，岂能不令人食欲顿开。凡食过沙市"早堂面"的人，都对"汤"特别钟情，将"早堂面"称为"早汤面"。一些面馆的老主顾，经常是喝完还要添，甚至随带一只保温饭盒，将汤带回家。某些食量大的，还买一二两糯米泡在汤内，所以一些早堂面馆除卖"早堂面"，门口都放着一个饭甑，附带卖糯米，很受大家欢迎。

其次就是面码子，码子分大码和小码。大码有外酥内嫩的油炸鳝鱼，纹理一致的瘦肉片，剔骨成片的鸡肉（以上都是熬汤后从锅里捞出来的），有时还要加几片荆沙鱼糕和腰花、几个鱼丸子。小码则是经过烹调加味的肥肉丁。顾客吃面时，可以随意选择，有不愿吃肥肉的，可以不要小码加点大码。码子多样而又味鲜，有的顾客干脆请面馆掌勺的将码子另打在小碗里，酌上一二两酒，将码子作为下酒菜。在这里不得不提一下，沙市人有喝"早酒"的习惯，据说这是旧时码头工人为了能在冬日清晨上洋码头卸货更暖和一点而兴起的，至今仍是沙市人过早的一大习俗。

旧时的面都是人工和面，和面有很多讲究，在精细的面粉里放进碱、盐和水，碱能使面粉中的淀粉不因糖化而发酸，这样和出的面特别有韧性，面条有"劲"。如果碱放多了（行话称"伤碱"）会苦涩，放少了（行话称"掉碱"）便有酸味。面和均匀后，在陶钵上盖上湿布让其醒半小时。然后是揉面，将面团置于案板上，通过横揉、直揉、摊揉、叠揉，使盐碱更加均匀分布，将面揉出精神来。然后是将生面煮成熟面。"煮面"是一道关键的工序，每次最多下三四斤面为宜，边来食客边下。水要烧翻滚，煮到八成熟即捞出，时间煮短了会成夹生面，煮过了会又将面煮易烂，吃起来没有嚼劲。所以，煮面掌握"火候"就显得十分重要。

（三）孝感桃花面

桃花面是孝感市传统风味小吃，因其制作精细，配料齐全，滋味多样，鲜美可口，颇受孝感人喜爱。它是一半包面（旧名"抄手"，北方人谓之"馄饨"）和一半手工面条，再加一些"臊子"烹煮而成。因馄饨皮薄，肉馅透红，浮于面条周围，宛如朵朵盛开的桃花，故名桃花面。又因其以混沌与面条混合制成，一碗两用，各擅其长，各尽其妙，故有"金丝穿元宝"之称，甚为贴切传神。这些极具诗意的名称让桃花面成为孝感人心中的一份温暖的回味，联结着孝感人的恋家情怀。

桃花面历史悠久，早在清末民初即已盛行，历时已有 150 余年，是孝感人极为喜爱的传统面食。在我国南方，一直有"冬至馄饨夏至面"的谚语，说的是炎热的夏至宜吃面条，寒冷的冬至宜吃混饨（南方所指混沌，即为饺子），以达到调和寒暑之目的。孝感师傅将这两种不同季节被人们所推崇的小吃品种合二为一，是颇有创意的，这可以让人们在一碗中可以品尝到几种风味，由此形成的丰富口感便是桃花面的最大特色之一。在桃花面兴起之初，商家经营桃花面并不需要门面，也不设店铺，只挑上副担子，敲着特制竹梆，走街串巷，流动烹售，这种经营形式各地都有，但这种面条、包面各半的"桃花面"，唯孝感独有。当今流行的菜点合一，几种小吃合拼为一的时尚，与桃花面的制法如出一辙。桃花面发展至今日，品种已相当丰富，形成系列。面条上所浇的浇头，也可做些变化，如鸡丝、火腿、虾仁、鳝鱼丝、三鲜、排骨等，制作成风味各异的桃花面。人们可以根据自己的喜好而选择不同口味的桃花面。

经过层层工序制作出来的桃花面，面条丝丝如波，各色"臊子"色彩分明，部分包面从面条中浮出，酷似朵朵桃花，真是色、香、味俱佳。虽然包面中包有肉馅，面汤中加有猪油，食之却清爽可口，全无油腻腥膻之感。这就是孝感桃花面的特殊风味。1958 年 11 月 14 日，毛泽东主席在视察孝感时曾专门去品尝过桃花面，桃花面深得毛主席好评，并被毛主席称为"孝感三宝"之一（另二宝即孝感麻糖、孝感米酒）。

桃花面看起来十分漂亮，吃起来也是筋道爽滑。清亮的肉汤，切成丝的面条，薄薄的带着肉馅的包面，还有各式各样的臊子，再撒上清香的香菜末，绿色衬着白色，面的爽滑混着肉的鲜美，虽不说入口即化，但那种柔软细腻的感觉让人难忘。20 世纪 30 年代中，孝感城关经营桃花面的有鼓楼街（今府前街）、西门正街地段的冷寿元，宪司街（今解放街）地段的冷灼云，北门内正街、外正街地段的孙小苟，汤家街儒学（今新华街）地段的李双泉等多家，其中冷灼云卖的桃花面以货真价实、制作精良、味道鲜美而颇有名气。中华人民共和国成立后，桃花面作为孝感城区一大传统食品，一直受到孝感人的喜爱。

（四）鄂西北酸浆面

在湖北地区，有一种颇受大家喜爱的特色面食——酸浆面。酸浆面在湖北的历史可谓久远，其酸辣香甜、油而不腻的风味和独特的制作工艺也世世代代地传承了下来。目前，在湖北地区流行的酸浆面主要有襄阳市枣阳的琚湾酸浆面和十堰的郧县酸浆面。

琚湾酸浆面是襄阳市枣阳的独特的面食，起源于清朝，距今大约已有300多年的历史。据传，酸浆面为武汉黄陂（旧称黄陂县）一彭姓人士所创制。据彭家子孙介绍，在当时，彭家经常将夏秋收获的青菜放在缸内发酵变酸，留作冬天食用。一日，佐以面食的素菜用光了，彭家便将酸菜水当作面食的佐汤做成酸乎乎、香喷喷的面条，酸浆面就此诞生。在嘉庆年间，彭氏族人由黄陂迁至琚湾（现为枣阳市琚湾镇），彭氏族人落户琚湾后，其中有支第五代酸浆面传人在镇上以面馆为生。第六代彭永福育之长子彭正福在琚湾南街彭家老馆执业，三子彭增寿在枣阳市区北关南头执业。城乡两家面馆都以"彭永福酸浆面"为名并传给子女，酸浆面由此流传开来，因酸浆面在琚湾流行开来，故此面又称"琚湾酸浆面"。经彭家几代人的不断改良、更新，所做出的酸浆面不但色香味俱全，而且有开胃、预防伤风感冒等功效。时至今日，在琚湾条条街道，酸浆面的香味充斥着人们的口鼻，就连许多襄阳市区的居民都经常驾车前往枣阳品尝美味的酸浆面，一饱口福。

郧县酸浆面是湖北郧县（现为十堰市郧阳区）的特色食品，是郧县人喜爱的一种风味小吃，特别在夏秋季节，酸浆面不凉不烫，酸香扑鼻，味美爽口，老幼皆宜。昔日老郧阳十里长街，铺面井然，处处设有酸浆面馆，就连寻常百姓家也喜做酸浆面，喜食酸浆面，直到现在，仍经久不衰。相传，酸浆面是因为郧县人爱吃酸菜而逐渐沿袭形成的，郧县人吃酸菜颇有学问，一年四季皆可入酸：腊菜酸菜、红薯叶酸菜、萝卜缨酸菜、莴苣叶酸菜、包菜酸菜、芹菜酸菜，任何时令蔬菜乃至红薯、萝卜等的花叶等都可制成酸菜。郧县人吃酸菜吃出了艺术，一天三顿皆有酸：酸菜面条、酸菜面叶、酸菜包子、酸菜米饭。在众多的酸味小吃中，郧县酸浆面一枝独秀，沿袭至今。据传酸浆面在清末民初时便已风行，流传至今已有100多年。近年来，有旅居台湾地区的郧县人写信给在郧县的亲人，倾诉他们喜爱家乡酸浆面的心情，并希望能在台湾地区把酸浆面推广开来，让更多的台湾同胞来品尝来自湖北郧县的特色小吃。

枣阳、郧县两地的酸浆面制作方法大同小异，只是在口感风味和浇头上略有不同。

酸浆面最为重要制作过程就是制浆汤了。一般来说，吃酸浆面的时间主要在春、夏、秋三季，而最佳的时期就是从清明节到中秋节，在此期间，制浆汤的原料是最为丰富的。枣阳酸浆面最重要的两种原料为小白菜和芹菜，且浸泡酸菜必须用陶制缸，而郧县酸浆面原料在此基础上又加了包菜、腊菜，更为丰富，制浆汤的方法也叫"抖浆"，在清明节以前抖的浆是上等的好浆。具体方法：把需用的菜放在烧开的水中稍煮（翻转一次就可以了）后，捞起来放在干净桶或盆里卧好，然后，将烧开放温的面条汤兑到青菜中，用一块"油光青石"将菜压住，夏天1周，冬天半个月。此后，陆续兑适量清凉开水。里面的"浮沫"一定要每兑每捞，直到浮沫清完为止。待闻到酸香时，美味的浆汤就制成了，每次食用后，要不断地将新鲜面条汤适量兑入老浆汤中。

酸浆面的风味是酸香带辣，辣而带酸，油而不腻，不咸不淡，越品越有滋味。酸浆面在湖北面食里是偏清淡的，微酸微辣的面条总透着一份面的素香，人们在吃面时总忍不住在嘴里多咀嚼几下，然后再喝一口酸辣的面汤，就着这酸辣汤的刺激将面条一同吞入肚中，绵长的口感让人回味无穷，这份吃面的讲究与爽快，可谓是湖北人民对饮食的热爱和创新。

枣阳、郧县均处鄂西北，多丘陵山地，耕地有限。因此，当地居民必须要在春夏季节把收获的蔬菜储存起来以备冬天食物的匮乏，酸菜就是他们最基本的一项干菜储备，旧时几乎每家每户都会制作酸菜。而把酸菜与面条集合制成美味可口的酸浆面，则是鄂西北人民的伟大创造，而这种创造力也一定会不断地继承发扬下去，创造出更多属于他们自己的美食。

二、烹调技艺的发展

明清时期，荆楚地区的肉类菜肴多以鸡、猪为原料制作而成。由于很多地方肉类除富裕者外，小康之家亦只于岁时令节始尝肉味，普通百姓下饭唯用菜蔬，且极简单，多以咸菜、酸菜、豆腐佐餐。因此，这一时期荆楚地区的咸菜、酸菜等腌菜生产十分普遍。腌菜、豆腐及各种豆制品的生产技术也获得了很大的发展。在荆楚地区内部，因物产、气候、风俗习惯的不同，在饮食文化生活上也表现出明显的差异性，形成了各具特色的地方菜肴风味。

（一）以鸡、猪、羊原料为主的肉类菜肴

荆楚地区的肉类菜肴以鸡、猪、羊肉为原料的比较多。仅在湖北地方志中就出现数百种肉类菜肴。

1. 以鸡肉、鸡蛋为原料的菜肴

以鸡肉为原料的菜肴有煨鸡、蘑菇煨鸡、焖鸡、酱鸡、炒鸡片、炒鸡丝、炒鸡丁、栗子炒鸡、黄芽菜炒鸡、蘑菇炒鸡腿、西瓜蒸鸡、焦鸡、炉焙鸡、蒸小鸡、爆鸡、生炮鸡、松子鸡、烧野鸡、拌野鸡丝等。

以鸡蛋为原料的菜肴有燉蛋、三鲜蛋、白花菜炒鸡蛋、蛋皮拌鸡丝、蛋饺、芙蓉蛋、地菜煮鸡蛋、煮茶叶蛋、八珍蛋、鸡蛋肉圆等。其中蛋饺、鸡蛋炕糍粑、八珍蛋、鸡蛋肉糕、鸡蛋肉圆的制作方法尤其别具一格。

2. 以猪、羊肉为原料的菜肴

以猪为原料的菜肴有煨猪里肉、煨猪肉丝、煨猪爪、煨猪蹄筋、煨猪

肺、煨猪腰、红煨猪肉、白煨猪肉、薰煨猪肉、菜花煨猪肉、笋煨火腿、西瓜皮煨火腿、火腿煨猪肉、火腿煨猪爪、干锅蒸肉、粉蒸肉、荷叶粉蒸肉、蒸糟肉、蒸煮腌猪肉、蒸煮暴腌猪肉、蒸煮风肉、煮腊肉、西瓜煮猪肉、煮鲜猪蹄、炒猪肉片、炒猪肉丝、炒排骨、韭黄炒猪肉丝、瓜姜炒猪肉丝、炖猪肉、生炙肉、蜜炙火蹄、蜜炙火方、八宝肉、东坡肉、芙蓉肉、荔枝肉、梅菜肉、神仙肉、狮子头、走油猪蹄、水晶蹄肴、火腿酱等。

以羊为原料的菜肴有烧羊肉、红煨羊肉、炒羊肉丝、煮羊头、煨羊蹄等。

（二）豆制品种类繁多

明清时期，豆类加工技术有了更大的进步，人们把豆类加工成种类繁多的豆制品，极大地丰富了人们的副食生活。这些豆制品主要有各种豆腐、酱油、豆酱、豆豉、腐竹、粉皮、粉丝等。

1. 豆腐

明代李时珍《本草纲目》卷二五云："豆腐之法，始于汉淮南王刘安。凡黑豆、黄豆及白豆、泥豆、豌豆、绿豆之类，皆可为之。造法：水浸，硙碎，滤去渣，煎成，以盐卤汁或山矾叶或酸浆、醋淀，就釜收之。又有入缸内，以石膏末收者。大抵得咸苦酸辛之物，皆可收敛尔。其面上凝结者，揭取晾干，名豆腐皮，入馔甚佳也。"

李时珍《本草纲目》中的豆腐加工流程图大致如下图。

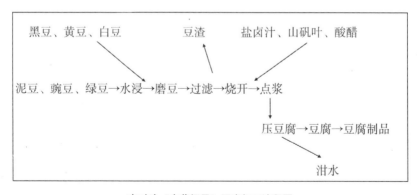

李时珍《本草纲目》豆腐加工流程图

从这个生产流程图中，我们可以很清楚地看到磨豆、过滤、点浆这三个工序是制作豆腐的最重要的环节。经过这些工序，人们就可制成各种豆腐，进而把豆腐进一步加工成豆腐乳、腐竹、豆腐干、冻豆腐、熏豆腐等。

2. 酱油与豆酱

食品史上，中国人用大豆制作酱油和豆酱的发明，无疑是对人类饮食业的一大贡献。酱油和豆酱，在明清时期深受荆楚地区居民的喜爱。每年"伏日"，晒制豆面酱成为该区域居民的风俗习惯。

酱油在汉代就已出现了。明代时酱油生产技术已非常成熟，在明代李时珍《本草纲目》卷二五"酱"字条下有"豆油法"，这是中国有关酱油制法中记录较完整的文献之一。书中云："豆油法：用大豆三斗，水煮糜，以面二十四斤，拌腌成黄，每十斤（黄），入盐八斤，井水四十斤，搅晒成油收取之。"

《本草纲目》中的"豆油法"可以用以下流程图来表示。

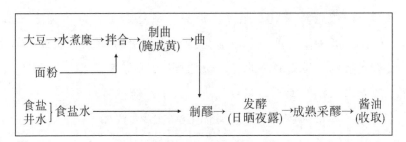

《本草纲目》中豆油法流程图

从这个生产流程上看，明代的制酱方法与西汉史游《急就篇》中的做酱法很相似。这里，大豆煮烂可以破坏大豆的坚实颗粒，使霉菌容易侵入到内部去，煮烂还可以初步分解一些蛋白质和使淀粉糊化，让霉菌食用后"容易消化"。但是煮烂的大豆含水分太多又不容易干燥和松散，所以加入干面粉就可以一举两得，即煮烂的大豆拌面粉松散了，面粉吸水膨胀，它们都成了霉菌的"佳肴"。从技术效果方面看加面粉制豆酱的方法是一种混合法，它使豆、面酱的风味融为一体，从而产生了中国首创"酱香味"的产品,这是世界食物史上的奇迹。

湖北应城黄滩酱油的传统酿造技艺有着近500年的悠久历史,至今还是沿用这种传统的古法酿造技艺。黄滩酱油的制作,从选料开始,经过洗净→浸泡→沥干→蒸料→摊凉→接种→拌面粉→通风制曲→成曲→晒霉→加盐水下缸→晒露发酵→翻醅→抽滤→晒露浓缩→加热灭菌→成品酱油等十多道复杂的工序方可酿制成功。

制作黄滩酱油,一般选用本地出产的籽粒饱满,色泽金黄的优质黄豆。这样的黄豆脂肪含量小,蛋白含量高,制作出的酱油营养丰富,氨基酸含量高,口味醇厚芳香。黄豆选好后,用清洁水浸泡。浸泡黄豆对水分的含量也有严格的要求,水分含量过高或过低都会对酱油的后期制作产生重要的影响。黄豆浸泡时间大约2小时,以黄豆泡涨表面没有褶皱为标准。黄豆浸泡好后,控干表面水分,然后用清洁水淘洗上锅蒸料。蒸煮器皿为木制的甑,采用土灶加热,蒸煮时间大约7小时。黄豆蒸熟后停火在甑中焖至红色方可出甑。黄豆出甑后,均匀地摊放在篾制的晒垫上降温,可以自然降温,也可用排风扇降温。黄豆温度降至32℃时进行接种。接种时先把种曲均匀地拌在面粉中,然后再把拌有种曲的面粉均匀地拌在篾制簸箕中,方可进入曲房进行制曲,俗称长霉。曲料成熟后,把曲料放在太阳下暴晒。暴晒至一定程度把曲料放入盐水缸中发酵,通过自然的日晒夜露,让酱醅不断地发酵,产生氨基酸和其他营养物质,并产生酱香。酱醅经过6个月的发酵逐渐成熟,进入10月后就可以开始提出头油。提出的头油氨基酸含量比较高,一般能达到一级酱油的质量要求。为了产生醇厚的酱香味以及更加丰富的营养物质,仍然需要把提出的油进行暴晒,最长可以暴晒5年以上,这种陈酿表面都会结一层冰晶一样的盐层,因此称之为冰油。冰油放在碗内摇晃一下就能粘住碗壁,具有汁浓、香醇、味鲜、耐储、有光泽、无沉淀、营养丰富等特点,是炒菜、凉拌或卤制菜肴的上等调料。

光绪年间的《应城县志》记载,早在清乾隆年间,黄滩酱油就被钦定为朝廷贡品,目前也是湖北省的非物质文化遗产保护项目。

（三）酱园的出现

1. 老锦春酱园

武汉老市民对老锦春酱园都有深刻印象。老锦春酱园制作的酱品，种类繁多，风味独绝，可谓是香、甜、脆、美，不仅驰名武汉三镇，而且在周边省市也有很高的声誉，因而生意一直十分兴隆。老锦春酱园是在1753年（清乾隆十八年）由原籍江苏镇江丹徒县的商人王锦江来汉阳东门显正街独资开设的。据记载，在1753年，王锦江从镇江贩运绸缎来到汉阳，他看到汉阳商贾云集，市场繁荣，但无一像样的酱园，而王氏老家镇江是以善于制作酱菜名闻全国的。王氏想到如果能从镇江请来技工在此开设酱园，必获大利。当他再次来汉阳后，即在汉阳东门内显正街买地建房，并由镇江请来掌作的师傅，从苏州买来酱缸，开设了锦春酱园，接着其家属也来汉定居。

锦春酱园开创之初，规模并不大，但它运用了镇江的先进生产技术，严格操作秩序和配方下料，决不粗制滥造，故其产品味美可口，很快影响了市场，奠定了基础。

锦春酱园在清代光绪年间取得了较大的发展，这时锦春酱园由王锦江的第七代传人王春卿接掌店务，此时，王春卿已入汉阳籍，考取了秀才，后又到日本留学两年，回国后曾到荆州书院当过教师，1901年弃儒从商。光绪末年在汉口黄陂街开设了分园，1913年（民国二年）在汉川开设了分园，后又迁至汉阳黄陵矶镇营业，至此，即形成汉阳、汉口、黄陵矶镇三足鼎立之势。为了显示百年老店，王春卿又将招牌改为"老锦春"，三处酱园共有酱缸一千五六百口。汉口和黄陵矶两分园还兼营糕饼、腊货、杂货。由于王春卿谙于中医，还研制了有药物健身作用的"长春酒"和"紫苏豆"，再加之藠头、蓑衣萝卜等名牌酱菜继续保持其传统特色，因而老锦春酱菜风靡三镇，成为武汉著名的酱园。

老锦春生产的酱菜，其特色品种计有蓑衣萝卜、紫苏豆、甜藠头、藠头脯、酱瓜、腌蒜苗、腌大蒜头、酱海带、泡豆角、酱豆角、腌南丰菜、泡辣椒、酱油干子、臭面筋、青方、红方、糟方、糟鱼、糟野鸭、各色酱油、白醋、酱红白萝卜、豆瓣酱等。

这些酱品在制作上都有其独特的工艺，据老锦春酱园第八代传人王远志先生回忆说："蓑衣萝卜选购上品黄州萝卜，先制成酱萝卜，把酱萝卜干切成可以扯长的蓑衣形，用冰糖末冲开水，放冷浸泡，晾干出售。顾客买回，临吃前加上小麻油，食之感到香、甜、脆，真是佐餐的佳品。"

酱瓜选用青嫩的小黄瓜做原料，泡在甜面酱缸里，每天在深夜转缸一次，把黄瓜上沾的面酱一条一条的抹掉，换放另一缸里。这样连续转缸 20 天或 1 个月，成为甜脆可口的酱瓜，才能出售。

豆豉本是江西的特产，汉口原来无此产品，为了适应群众需要，派人去湖南浏阳学习制作豆豉的技术。选用黑豆做原料，经过蒸熟发酵，适当的加温发霉后，晒干即成。豆豉炒肉丁，或豆豉拌红椒均为人们所喜爱的佳肴。

沙湖盐鸭蛋也是老锦春的特产之一。每年春末，派人到沔阳沙湖，选购鲜鸭蛋约 20 万个。进货早，不嫌贵，只要质优成色好。腌蛋时根据传统经验，有投料配方，即每个鸭蛋，须用盐多少，黄泥多少。盐泥浆调和均匀后，把鸭蛋包好腌透，咸淡适宜，经过阴藏一定时期，盐蛋内一律变成朱砂黄，而且蛋黄有油，这就达到标准，可以发售。这样沙湖油黄盐蛋，不仅畅销武汉三镇，还远销上海，堪称名产。

老锦春除重点酱品类外，还有糕点，品种也不少，其中也有名产品，在市场上可与汪玉霞等名牌产品竞争。

老锦春为保持质量，在生产管理上还有一些规定，如：

（1）生产时必须按照历来执行的操作规程进行，照规定配方下料，不得随意变更配方，不得减少原材料的投放，也不得浪费原材料。

（2）生产的成品，从储存到销出，指定专人勤加检查，不准发生缺岗和霉烂变质。如发现问题，不准上柜出售。如造成损失，要追究原因和责任。

（3）名特产品实行以产定销，卖完为止。不准因旺销而粗制滥造，增加产量，坚持保证风格和味道。

（4）腌制季节性生产的鲜菜，要抢鲜腌制，保证质量。

正是由于生产、储存、销售等环节层层检查，严格把关，才能创优质，保名牌，赢得信誉。

以上四点也就是老锦春酱园经久不衰，始终保持产品特色的主要原因。

老锦春酱园从 1754 年创业起，至 1954 年进入武汉市合作总社为止，恰好整 200 年。然后到"文革"前，在这漫长时间里，其产品能始终如一，给人们留下良好的印象，虽几经动乱，业务却能迅速恢复发展。

2. 伍亿丰酱园

"伍亿丰，挤不通"，这是武昌市场一句老的口头禅，描绘了伍亿丰铺店内外的顾客众多、生意兴隆的景象。伍亿丰开业于 1862 年（清同治元年），创始人是伍家模。据说，伍家模幼时家境贫苦，"穷人的孩子早当家"，他 14 岁时就在湖南学会做行商生意。幼时的经历，锻炼了他的才干，也培养了他艰苦奋斗、精打细算、勤俭节约的生活作风。即使他在家境丰裕之后，生活仍然十分简朴，用的手绢破了，还要打个补丁再用，不乱花分文。

1862 年伍家模用做小生意积累的资金在今武昌粮道街胭脂巷口创办了伍亿丰食品杂货店，称为伍亿丰福记。

伍亿丰福记坐落在武昌胭脂山下，为伍家开办的第一家店，约在 20 世纪 30 年代末期遭遇火灾，所幸店铺事先投保，火灾后得到偿金 1 万块银圆。借此，店堂得以重建开业。新店采用仿英式外形的两层楼建筑，在当时显得十分气派。柜内是木质地板，柜外是水泥地坪，经营环境之优越在当时的食品杂货业可谓屈指可数。1967 年伍亿丰福记改为国营，店名也改成了胭脂路副食品商店，20 世纪 80 年代复名为"国营伍亿丰商店"。

开店之初，伍亿丰福记即有独立的酱园。20 世纪 30 年代，伍亿丰酱园已颇具规模，酱缸由粮道街店后一直摆到胭脂山，达 400 口之多，每年黄豆上市，即大量囤积，备一年之用，将黄豆做成酱坯，趁盛夏伏天晒酱，制酱油。平时收购各种蔬菜，自制酱菜，其品种有辣酱、酱萝卜、酱姜、酱瓜和醋，并腌制春菜、雪里蕻、藠头、豆角、蒜苗、腐乳等。在生产经营过程中，伍亿丰酱园不仅注重产品的质量、口味，还时刻注意清洁卫生。出售酱品的工具，每日必定清洁 1 次；酱油、醋零售之时，必用过滤筛过滤；盛物器皿时刻注意用罩盖封闭严实。伍亿丰酱园生产经营酱制品注意细节，这些酱品又独具风味，深受顾客欢迎，往往供不应求。顾客对其产品看得赏心，买得放心，吃得称心。

第三节 城镇饮食业崛起

楚菜基本味型真正意义上的成熟与确立，与武汉这个城市密切相关。自春秋战国之后，湖北政治、经济、文化的中心随着历史的演进而逐渐由郢都（今湖北江陵）向江夏（今湖北武汉）东移，至明清时期，湖北地区的政治、经济和文化中心移至江夏（今湖北武汉）的局面已然确立，湖北作为一个行省在行政上不再分分合合，而是形成了相对统一的地理格局。自此以后，武汉作为荆楚饮食文化的中心，湖北各地的菜品在这里汇聚销售，争奇斗艳，湖北各地的厨师在这里各施其艺，各展其才，使得武汉饮食市场上售卖的菜品，成为楚菜菜品的典型代表。所以明朝中期至今的500 多年，武汉这座城市对于楚菜基本味型的确立有着重要意义。

一、汉口商品集散地的形成

对武汉这座城市而言，明朝成化时期是个重要的时间节点。汉口镇于明朝成化二年（1466 年）因汉江改道而横空出世，汉口水路交通的极大便利性，促进了汉口镇的空前繁荣，船运、码头、贸易，货物集散，助推生产方式的快速变化，改变了武汉原有的地理结构和经济结构，行商坐贾的为商生存方式，促使武汉尤其是汉口镇出现了广泛的人口流动。

明天顺年间（1457—1464）汉口还是一片芦苇滩，有零星居民迁入，他们择墩台、高地筑室定居。成化初，汉水改道，四乡居户陆续移居汉水两岸修房设铺，聚族而居，人烟渐密，渐成商船停泊、贸易之所，贸易市场开始萌生；明嘉靖年间，将汉水两岸商民划分为居仁、由义、巡礼、大智、崇信五坊；明隆庆六年（1572年），设立汉口巡检司，专门管理汉正街区域急剧增加的人口和日渐繁杂的商务；明末，崇信坊因火灾、水灾频发而彻底衰落，汉水南岸居民逐渐集聚北岸沿河高地，居仁、由义、巡礼、大智四坊逐渐形成繁华的街市，汉正街的雏形基本形成。

清康熙年间（1662—1722），汉口巡检司由汉水南岸迁至北岸，以强化繁杂的汉口镇商务与民事管理。北岸居仁、由义、巡礼、大智四坊联成的街区因驻扎汉口巡检司而成为汉口镇的正街（又称官街）。至此，汉口成为北岸的专称。清雍正五年（1727年），面对"居民填溢，商贾辐辏"的汉口大市场，官府将汉口巡检司分置为仁义、礼智两个巡检分司，对上下15华里的汉正街实行分区管理，传统意义上的汉正街最终形成。康熙年间，查慎行在《汉口》一诗中，描绘汉口的商业状况是："巨镇水陆通，弹丸压楚境。南行控巴蜀，西去连鄂郢。人言杂五方，商贾富兼并。纷纷隶名藩，一一旗号整。骈骈驴尾接，得得马蹄骋。傋傋人摩肩，蹙蹙豚缩颈。群鸡叫咿喔，巨犬力顽犷。鱼虾腥就岸，药料香过岭。黄蒲包官盐，青箬笼苦茗。东西水关固，上下楼阁延。市声朝喧喧，烟色昼暝暝。一气十万家，焉能辨庐井。两江合流处，相峙足成鼎。舟车此辐辏，翻觉城郭冷。"

清乾隆至嘉庆年间是汉正街快速发展的时期，作为汉口镇商业中心的正街（汉正街），上自硚口，下至接驾嘴（今集稼嘴）铺设条石路面。沿街店铺鳞次栉比，市井繁华。在正街的两侧及周边里巷，聚居着汉口镇的大部分人口，遍布大街小巷的酒楼、茶肆，清晨开业，夜半收市，宾客盈门，经久不衰。

二、城镇餐饮业的繁荣发展

1861年汉口开埠，列强纷纷在汉口临长江边设立租界，汉口租界的设立使汉口城市范围极大地扩大，新的租界区以其示范效应也产生了很大的影响，极大地改变汉口的城市风貌。汉口沿河流和腹地纵深也迅速扩大。汉正街作为汉口的一个相对独立的街区开始显现，进而与汉口逐渐名称分离。

清代汉正街一带的街巷习惯以寺庙名称命名，如大王庙、五显庙、沈家庙等，而多数街巷则与商业行帮、商品名称有密切联系，以至于"街名一半店名呼"。诸如：药帮巷、砖瓦巷、板子巷等，与所在行业有关；淮盐巷、茶叶巷、茯苓巷等，均以商品命名。还有一些街巷以居住者的籍贯取名，如宝庆正街、徽州巷、广东巷等，宝庆正街一带即是湖南宝庆府籍在汉船民的聚居地。这些具有特殊含义的老街老巷，历史上曾名噪一时，也是汉口镇旧时繁华的见证。

自明清之际汉口成镇后，汉正街成为汉口镇商业集市的中心地段，各地富商在汉正街一带先后建起一批会馆、公所，市场由此更趋繁荣，汉正街的街道系统也逐步形成。汉正街是整个汉正街区域的脊梁，其他主要的街巷都是南北走向，基本垂直于汉水和汉正街，与汉水沿岸各个码头相连接，并且街巷的名称也是根据码头的命名而得来的。这种格局为商业的发展提供了便捷的通道，也形成了汉正街竖格栅形街巷系统的雏形。

汉正街一带繁多的商业品种，鳞次栉比的店铺，络绎相接的茶楼酒肆，加上临街还有票号开设其间。为了招徕顾客，这些店铺便各打字号。有些相传久远的店铺，便以"老字号"相号召，而一些新店铺，等到经营时间一长，创出了"牌头"，便也成为"老字号"。当年有些字号如今已无痕迹可寻，但在清道光三十年（1850 年）刊行的叶调元《汉口竹枝词》中，有许多提到当时汉正街及其附近一带店铺和字号，可供参考。他写当时招牌字号道："街名一半店名呼，芦席稀稀草纸粗。一事令人惆怅甚，美人街上美人无。"

酒肆茶楼的招牌字号也颇具特色："银牌点菜莫论钱，西馔苏肴色色鲜。金谷、会芳都可吃，座场第一鹤鸣园。"据叶氏说当时酒楼有"金谷、会芳、五明、聚仙，皆有名。惟鹤鸣园座头明洁，器具精良，冠服之士，殇咏为宜。"茶楼的招牌字号也别有风致："层台百尺俯清流，客到先争好座头，一幅烟波分两地，小江园对楚江楼。"其中，小江园和楚江楼都是茶馆字号名。

汉口的通商开埠和租界设立，使居住在租界里不同国度的外国人，把他们各自的文化和生活方式带到了武汉，让来自四面八方的异国文化元素成为武汉文化的一部分，加快了汉口镇朝着开放性城市迈进的步伐，包括外国人在内的外来人口日见其多，人口的大流动带来了武汉地域文化的大融合，同时也促进了武汉饮食文化的大发展。

清末至民国时期，随着英、俄、法、德、日等国租界相继在汉开设，武汉码头林立，各国的洋行买办越来越多，从国外进口和从武汉码头外销的产品越来越多，于是，武汉诞生了一个为数众多的新兴职业群体——码头工人，以他们为消费对象的众多餐馆、小吃店为了迎合其消费习惯和消费能力，满足繁重的体力劳动对饮食口味的相应需求，使得武汉菜的基本味型在这个时期开始定格于"油大、味大"，继而武汉以其强大的政治、经济、文化辐射力，影响了湖北菜基本味型的定型与发展。在此阶段，江汉平原"天下粮仓"物产格局的进一步巩固，传统饮食习俗的不断积淀，对辣椒等外来特色食材的萃选接纳，使得楚菜进入到一个快速发展期，楚菜的整体风味特色基本形成，其"咸鲜"与"微辣"的基本味型得以确立。

三、武汉食品工业的兴起

武汉在历史上有众多的传统手工业，食品业发展渊源甚长，19 世纪60 年代就有糕点、酿酒、榨油、碾米等手工业，但都未采用机器生产，不能算入近代食品工业之列。汉口开埠后，各种洋货，尤其是纱、布、面粉的输入逐年增加，外资工厂纷纷建立，侵蚀着武汉传统轻工业市场。张之洞督鄂之后，认识到洋货倾销的危害，目睹外资工厂的丰厚利润，因此上奏说："棉、布本为中国自有之利，自有洋纱洋布，反为外洋独擅之利。耕织交病，民生日蹙，再过十年，何堪设想！今既不能禁其不来，唯有购备机器，纺花织布，自扩其工商之利，以保利权。"① 从而启动了湖北特别是武汉的近代轻工业。

举办近代工业是张之洞在武汉的一大政绩，同时也是对中国近代工业的一大建树。在张之洞之前，武汉没有一家官办近代工厂，也没有一家民营工厂。晚清武汉近代官办轻工业，大多与张之洞有关，在张氏带领下，武汉出现了 1890—1894 年、1904—1907 年两次办厂热潮。就轻工业来说，官办工厂主要集中于纺织和若干轻工业品的制造，如丝麻四局、白沙洲造纸厂、既济水电公司②等，对食品工业并没有过多的涉及。然而，官办工厂的兴起，打破了外资工厂垄断武汉市场的局面，同时，外资工厂和官办企业在采用机器生产、实行现代化管理等方面，为民营企业的创办起到了示范作用，而近代化工业生产的效益对拥有资金者也极具诱惑力。甲午战争之后，武汉民营食品工业，诸如面粉、榨油、肠衣等行业陆续出现并迅速地发展起来。

除外资工厂和官办工厂的示范效应，武汉近代民营工业的发展还离不开汉口商业贸易的支撑。甲午战后，武汉商品和劳动力市场日益丰富完备，当地政府对工商业的开放态度以及投资人和社会上的观念变化等，使得武汉近代民族资本主义起步和发展起来。1894—1910 年的 16 年间，汉口每年的进出口总额从 4300 万两猛增至 1.72 亿两，增长近 3 倍③，在同期国内的商埠中仅次于上海。如此庞大的市场运营必然带动湖北农村商品经济的发展，农民竞相种茶植棉，中小城镇出现农副产品的初步加工，如主要以手工制作的茶厂、米厂、榨油厂之类。在武汉最先出现的民营近代工业，相当大的部分也是此类加工工业。

皮明麻先生在其主编的《近代武汉城市史》一书中指出，辛亥革命

① 王树楠. 张文襄公全集 [M]. 北京：北平文华斋，1928：第 26 卷，"奏议" 26，6-7.
② 既济水电公司为官商合办。本文所述官办企业为广义，包含官办、官督商办、官商合办三种形式。
③ 皮明麻. 近代武汉城市史 [M]. 北京：中国社会科学出版社，1993：121-122.

之前，武汉共创办了 122 家民族资本主义工厂，"这 122 家民族资本主义工厂的创建，分为两个时期，1905 年前为第一阶段，创建了 25 家；1906—1911 年为第二阶段，共创建 97 家，前一阶段为初建阶段，速度较慢；后一阶段为兴盛时期，发展较快，行业较多，建厂规模亦较前扩大"①。就行业论，武汉民营食品工业发展迅速，占据了整个民营工业的 1/3。在 120 多家的武汉近代民营工业中，油厂豆饼厂 16 家；面粉大米加工厂 12 家；茶厂有大约 10 家；蛋厂 3 家；共约 40 多家。② 从民营工厂雇佣工人的情况分析，兴盛砖茶厂雇工 700 人，阜成面粉厂雇工 200 人，整个食品工业雇工人数十分可观；从投资规模来看，兴盛砖茶厂投资达百万元以上；汉丰面粉厂投资 28 万元；瑞丰面粉厂投资 22 万元；同丰榨油厂投资 20 万元，在同期民营工厂中，规模亦算较大者。

20 世纪初，武汉面粉业开始发生、发展并迅速壮大。一直以来，汉口都是华中地区小麦的集散市场，有着发展面粉业得天独厚的优势。汉口原有众多的旧式磨坊，但制作工艺粗糙，面粉质量欠佳。汉口开埠后，"洋粉"进口以供外国人食用为主，数量不大。随着外国人纷纷涌入汉口和外商在上海的面粉厂产量增加，输入武汉的"洋粉"数量也在不断增加。由于面粉销量较大，技术较易掌握，武汉民族资本开始涉足面粉加工业。1900—1905 年，汉口相继设立金龙（1900 年）、和丰（1904 年）、汉丰（1905 年）、恒丰（1905 年）、瑞丰（1905 年）五家民族资本面粉厂，其资金总规模达近百万元。1905 年，发端于上海并迅速在武汉掀起高潮的抵制美货运动，使美货在武汉被禁运禁销，大量美货在汉口被销毁。抵制美货运动后，武汉"洋粉"进口大量减少，这让武汉民族资本面粉厂借此迅速发展壮大，武汉由此成为仅次于上海的第二个面粉工业基地。

武汉传统手工业——榨油业，在此阶段摆脱手工与磨盘，走进了"机器时代"，迎来大发展时期。1896 年，潮州籍商人关美盛投资 30 万

① 皮明庥. 近代武汉城市史 [M]. 北京：中国社会科学出版社，1993：178.

② 罗福惠. 湖北通史·晚清卷 [M]. 武汉：华中师范大学出版社，1999：363.

元兴建美盛榨油厂，与兴盛砖茶厂一起，开武汉民营工业先河。美盛榨油厂首先以机器制油，取得巨大成功，开启了武汉榨油行业的近代化历程。1905 年，浙商阮雯衷投资 28 万元，兴办元丰豆粕制造所，雇工 140 人，日产豆油 12000 斤，豆饼 3000 块；1907 年设于汉口的允丰榨油厂，资本达 42 万元，日产豆油万斤以上，豆饼数千块。规模最大的天盛榨油厂创办于 1911 年，据 1926 年《中外经济周刊》187 号《汉阳制豆饼油厂》一文记载："迨前清末叶，鄂省一般商人始觉榨油方法有改良之必要，乃在汉阳地方创设天盛榨油厂……建厂后，各处需要豆饼豆油之程度日增，该厂出产大有供不应求之势。"同年，汉口大买办刘韵生创办韵生榨油厂，日产豆饼 700 块，豆油 28000 斤，规模亦十分可观。辛亥革命之前，武汉榨油行业已有 16 家工厂，其所产豆油、豆饼主要用于出口国外。1901—1905 年汉口豆饼输出统计见下表。

1901—1905 年汉口豆饼输出统计表[①]

年份	数量（担）	价值（两）
1901	535354	535354
1902	308634	308634
1903	583095	530616
1904	533497	426798
1905	834911	868309

与榨油业类似，武汉大米加工业也进入机器时代。开埠之前的武汉大米加工方式均为手工的碾米作坊，规模小，基本上以家庭为生产单位。1907 年，商人刘建炎筹集 14 万银圆（其中有大部分是慈善会公款），在汉阳南岸嘴兴办兆丰机米公司。购置国外蒸汽机 2 部，碾米机 8 部，大垄子 3 部，雇工近百人，12 小时可产米 900 石（每石 156 市斤），为武汉最早的机器碾米厂。开始，机米在市场上尚未打开销路，曾一度停产。慈善会公

---

① 资料来源：水野幸吉.《汉口：中央支那情况》，1908 年。

股股东又集资白银 5 万两，并邀杨文卿等 3 人投资 3 万两，共计 8 万两，于 1909 年承顶兆丰公司，改名宝善米厂，日产量增到 1000 石，获利极厚。武汉园槽碾坊纷纷起而效仿，添置新设备，采用新技术，产量大增。商业资本也转向碾米业进行工商兼营。正是这一批最早创办的机器碾米企业，引领了民国以后武汉大米加工市场的大发展。难能可贵的是，机器碾米业是由武汉民族资本首创并未被外商染指的少数行业之一。

武汉民族资本还积极涉足之前被外商控制的砖茶制造和蛋品加工业。1896—1909 年，武汉民族资本共开办砖茶厂约 10 家，其中，兴盛砖茶厂开办于 1896 年，为武汉最早的民族食品工业之一。1907 年，汉口大买办刘韵生联合某洋行买办唐朗山投资 60 万两于兴商砖茶厂，扩大兴商砖茶厂规模，此后兴商砖茶厂资金规模达百万元以上，年产砖茶 4.5 万担。兴盛砖茶厂雇工 700 人，雇工人数仅次于燮昌火柴厂（雇工 1200 人）和扬子机器厂（雇工 1000 人），规模可与同时期的俄商砖茶厂媲美。民族资本创办的蛋厂有 3 家，分别为同仁茂蛋厂（1908 年）、立泰蛋厂（1909 年）、公益蛋厂（1910 年），蛋厂规模比较小，与外资蛋厂比较，其产量和雇工规模均十分弱小，难以撬动外商蛋厂的垄断地位。

在官办企业和民营食品工业的兴起的同时，外资持续涌入武汉，形成外资、官办、民营工厂三足鼎立的局面。随着武汉对外贸易的空前发展，武汉出现了一种新式行业——肠衣业。猪肠等牲畜内脏一向作为"下水"，虽可食用，但在国内价格不高，也无专门经营。但在国外因加工香肠，肠衣需求量十分大。1908 年之后，汉口外国洋行陆续开办肠衣出口业务，其中以德商德昌洋行为最早，一些中国肠衣加工厂应运而生，分别对口供货给各个洋行。据 1930 年的《工商半月刊》第三卷第二期文章记载，"迨至 1900 年，西人以肠衣输出，遂为国际贸易品之一矣。始则洋商专在天津设厂收购，嗣因供不应求，乃往汉口交易。当时成本较低，收买便宜，至今已二十余年矣。"到了民国时期，武汉肠衣行业得到了进一步发展。

第八章　民国时期武汉的饮食文化

　　民国时期是武汉饮食文化发展比较快的时期之一。由于清末的洋务运动和口岸开放，促进了武汉工商业的繁荣，周边农民大规模地涌入汉口。至 20 世纪初，武汉已经成为一个具有相当规模的大城市。依托九省通衢的流通条件，使得"汉货"名满中华。到中华人民共和国成立前，武汉是中国内地工商业最发达的地区，诸多经济指标仅次于上海，居中国第二，与上海一起享有"殊荣"，可在城名前冠以"大"字，并享有"东方芝加哥"之誉。在民国时期，由于大量西方殖民者进入中国，在各色西方人涌居中国的同时，也带来了西方的物质文明、精神风尚和风俗礼仪。西式饮食的传入便是其中之一。由于西餐的原料、烹饪方法、调味均与中餐相异甚远，西餐传入中国后，中国厨师在吸收西菜烹制精华的同时，也创造出符合中国人口味的西式中菜。这不但丰富和发展了湖北人的饮食品种，同时也对湖北传统饮食文化产生了较大的影响。具体表现有两个方面：一是由西餐引发的中国人饮食结构的变化；二是大量西式餐馆的兴起。正是由于这些因素，促进了民国时期武汉餐饮业的兴旺发达。

第一节　武汉的餐饮市场

　　武汉的饮食成品市场历史悠久，唐末罗隐《忆夏口》一诗即有"汉阳城下多酒楼"。宋范成大在《吴船录》卷下中记述武昌南市："南市在城外，沿江数万家，廛闬甚盛，列肆如栉，酒垆楼栏尤壮丽，外郡未见其比。盖川、广、荆、襄、淮、浙贸迁之会，货物之至者无不售。"唐宋两代，武昌、汉阳酒楼等服务行业的繁荣可见一斑。明清以降，武汉成为一个商业都市，特别是汉口在清代已为全国四大名镇之一。

一、武汉餐饮业概况

民国时期，汉口已经是"路衢四达，市廛栉比，舳舻衔接，烟云相连，商贾所集，难觏之货列隧，无价之宝罗肆，适口则味擅错珍，娱耳则音兼秦赵"[1]。叶调元《汉口竹枝词》中也指出，当时汉口是"四通八达苍如塍，路窄墙高脚响腾"。在武汉市内"无数茶坊列市圜，早晨开店夜深关"；小江园和楚江楼两茶馆在龙王庙同巷对门，店面如此稠密，仍然是"客到先争好座头"，生意十分兴旺。餐馆已有菜面馆、豆丝馆、炒菜馆、素菜馆、杂碎馆、包席馆等多种类型。炒菜馆可供顾客"点菜"；杂碎馆和百余家"热酒坊"供应"鱼杂猪肠兼辣酱"，供人喝靠杯酒，所谓靠杯酒，就是店主不提供坐的凳子，大伙都站着喝酒，要上一二杯白酒和一盘花生米下酒，没有其他的菜肴，边喝边聊，谈笑风生。玉露斋熟食店的烧腊羊羔，大通巷徽子、狗肉卷、豆丝，祖师殿汤圆等风味小吃已很普遍。这正如叶调元《汉口竹枝词》所云："银牌点菜莫论钱，西馔苏肴色色鲜。金谷会芳都可吃，坐场第一鹤鸣园。"所谓西馔即指山西、陕西饮馔。苏肴则为江苏饮馔。西馔馆和苏馔馆将菜肴的各种花色品种介绍给武汉居民，而面馆业除本帮外还有徽帮、湖南帮、小京帮、川帮的佳肴面食，丰富武汉人的饮食习俗。

清末 50 年间（1861—1911）可以说是武汉饮食风俗大幅度嬗变的滥觞时代。西方资本主义的冲击，是推动武汉城市半殖民地化的外部力量，既把武汉推离了东方农业社会发展的传统格局，也把武汉推离了中国封建性商业城市发展的常轨。其客观影响是揭开了武汉城市近代化的第一页，由此也带动了武汉饮食文化的近代化的进程。这也使得武汉市场由国内埠际贸易市场转变为资本主义世界市场的一部分，市场规模逐步扩

---

① 范锴. 汉口丛谈 [M]. 武汉：湖北人民出版社，1999：367.

大，商业和手工业不断发展，近现代工业终于诞生，这也首先是在武汉饮食业中出现的。例如，自 19 世纪末期机器制面的方法行于中国后，"华人厌故喜新，面粉舶来进口日多"①。面包和各式西式糕点也日益盛行。当时的上海是中国面粉工业最发达的地区，而汉口则为第二。

　　武汉近代工业的发展也导致武汉城市规模的扩大和人口的猛增，商旅食宿、手工业者打尖歇脚等，给饮食业带来大量业务，促进了饮食市场的发展。1809 年，武汉三镇共有茶馆 411 家、餐馆 992 家、旅馆 329 家，其中汉口有茶馆 250 家、餐馆 445 家、旅馆 194 家。到 1918 年，汉口的茶馆已达 696 家、餐馆 1712 家、旅馆 489 家。② 有些地方还形成了餐饮一条街，如硚口的升基巷，老硚口的人都有这样的说法："饿不死的升基巷，干不死的大火路。"这句话的意思就是说升基巷吃的东西多，大火路喝的东西多。

　　升基巷在汉正街下段，横连汉正街与大夹街，巷子东面是原老凤祥金号的侧面和沥泉池浴池，没有其他门面。西面整条巷子都是餐馆和熟食店，先后有老大兴园酒楼、新大兴园酒楼、景阳酒楼、张汉记牛肉馆、爱雅亭粉面馆、芙蓉川菜馆、黄天兴酒楼等。南面巷子口有一家熟食店卖生煎包子和蒸饺。因此，该巷也就由于吃的东西多而得名。相传在清代道光年间就有这条巷子，至今已有百余年的历史。最早来此巷的是汉阳人刘木堂开设的大兴园酒楼，刘病殁后由徒弟吴云山与刘的遗孀合股经营，后来又在招牌上加了一个"老"字，显示自己是有几十年传统的"老大兴园"，老大兴园是以鱼菜为主的餐馆，吴云山特别重视鱼的质量，亲自把关挑选。在鮰鱼价格上，只要货好，他总是照要价付款。所以，鱼贩子云集而来，货源充沛。由于原料新鲜，菜肴味道好，颇受顾客欢迎，生意日益兴隆。1936 年，吴云山看中了名厨师刘开榜的手艺，用重

---

① 清朝续文献通考（四）［M］. 上海：商务印书馆，1936：11314.
② 侯祖畲，吕寅东. 夏口县志商务志（卷 12）［M］. 武汉：湖北省长公署，1920：138.

金聘请他到老大兴园，挂出了"鮰鱼大王刘开榜"的牌子，使老大兴园名声大振，这就是第一代鮰鱼大王。

升基巷中的张汉记牛肉馆也是汉阳人张新汉开设的，专门经营牛肉菜肴。蒸、炸、烹、煮均以牛肉、牛心、牛肝、牛肚、牛筋等作为原料，在汉正街一带独具特色。还有一样产品"牛肾筋汤"，具有滋补强壮的功效，深受人们喜爱，因货源有限，每到秋、冬两季供不应求。此项菜肴独此一家，也曾享誉武汉三镇，并在原汉口新市场（民众乐园）内电影院和当时汉正街建国电影院（文化电影院）放映过幻片广告。该餐馆规模虽然不大，但在饮食业中还小有名气。过去汉口的餐馆业能在电影屏幕上登广告的还不多见。其他餐馆、煨汤馆、熟食店都有各自的特色，所以，当时人们称升基巷为"好吃巷"并不虚假。

不仅餐馆有一条街，茶馆也有一条街，这就是上面提到的大火路，大火路在长堤街的中段，贯穿于长堤街与大夹街之间。相传在辛亥革命前后，汉正街商业市场繁荣，各行各业兴旺，从黄陂、孝感、汉阳、天门、沔阳、汉川等县农民进城经商的逐渐增多，他们都是自营自劳的小手工业者。当时，在长堤街、汉水街、汉中路、大夹街、宝庆街和集家嘴等地就出现了不少手工业个体户和手工业作坊，如圆木业（木桶、木盆）、竹篾业（竹器、篾器）、红炉业（铁器用具）、驳船业（驾木船）、车木业（小型模具）、铜器修理业（铜匠担子）、旧货业（收废品）等。这些人来汉口谋生，相互之间联系，就要有个落脚的地方，为此，茶馆应运而生，当时在大火路就有汉江、龙泉、协兴、合兴、联兴、清香、洪发、万利、春来、汉泉等17家茶馆。这些茶馆与旧时社会上的茶馆不同，没有旧时社会的残渣余孽做背景，而是为着行业议事、交易往来、相互联系、谋事雇工、乡亲往来、寻亲访友、暇时休息而服务的。当时有民间歌谣赞曰："大火路长又长，家家户户是茶馆，宾客进门茶一杯，笑问客人去哪方？不去东、不去西，找乡亲，会同行。"这些茶馆起了同业公会和同乡会的作用。每遇当地元宵节玩龙灯，中元节的盂兰会，太阳节的太阳会等民间祭祀活动，他们都利用茶馆聚会商议，集资筹办。①

二、武汉餐饮业之类型

近代以来，由于武汉租界中西方生活方式日益对社会发生影响，追求西方生活方式成为时髦，这就产生了对饮食服务高消费的市场需求。于是，一批近代大餐馆陆续出现在武汉街头。

汉口开埠以前，叶调元《汉口竹枝词》中提及的"有名"餐馆只有"鹤鸣园"等5家。到1909年，三镇较大的餐馆共有152家，其中汉口占去111家。1913年，武汉第一家西餐馆——瑞海番茶馆开业以后不久，普海春、海天春等大型西餐馆相继面市，12家具有风味特色的大型酒楼也于1920年在汉口注册，这批餐馆为汉口著名的中西餐馆，足以大宴嘉宾。民初的这批大餐馆，无论是在经营规模和豪华程度上，与以前的所谓"较大的餐馆"都是不能同日而语的，其中又以吟雪、蜀珍、味腴三家酒楼为最。

吟雪大酒楼以鱼翅席出名，此为最上等酒席，价格16元（银圆）四拼盘，采用双拼形式，实际八样，不外乎鸡鸭与猪肉之卤制品。十大菜，两道点心，四盘水果。大菜首先推出海参圆子，即大海参条子与大肉圆混合烩成，再继之以鳜鱼片。红烧鱼翅则在上完四五样菜后端出，一大盆，热气腾腾，每人盛一小碗分食。继之以挂炉填鸭，宛如北京之填鸭制法，一大盆，亦盛以小碗，分而食之。另将鸭皮烤脆，切成小片，附以烤制之小块面皮，包裹而食。再继之以小炒数样，如腰花、肚片之类，最后为糖醋鳜鱼与全鸡或全鸭。黄焖圆子、烧青鱼等则不能上席。两道点心在中间穿插而上，为糊油包子与油炸起酥之面点。糊油包子用桂花白糖猪油做心子，颇具特色。吟雪大酒楼每日开数十桌鱼翅席，该酒楼之鱼翅、海参皆从上海直接进货，而不在汉口之海味号购进。来吟雪大酒楼吃酒席者各界人士均有。

---

① 皮明庥. 汉口五百年［M］. 武汉：湖北教育出版社，1999：41.

味腴与蜀珍酒楼等级更高，均系四川人创办。味腴称别墅，在岳飞街口一栋小洋房内。蜀珍称酒家，在洞庭街原上海电影院旁。味腴较蜀珍更为高级，一桌酒席非20元"莫"办。来此饮宴者多为达官世富。每日只开数桌，不超过10桌。因场地较小，价格较高，一般人家望而生畏。其酒席极别致，有爆虾仁、爆双脆，即肚尖腰花合爆，炖银耳鸽蛋，亦有鱼翅海参。两处均有豆瓣鲫鱼，即伴以四川特制之豆瓣酱烧制，为四川名菜。最珍贵者为炒山鸡片，山鸡即野鸡，其肉较家鸡更嫩，故更可口。

当时武汉上层社会饮食豪侈，在传统的山珍海味、满汉全席外，请吃西餐大菜已成为买办、商人与洋人、客商交往应酬的手段。有的人家还雇有西餐厨师。西点、西式糖果以及三星白兰地等洋酒和茄莉克、三五牌、绿炮台等高级洋烟已进入日常生活。

（一）民国时期武汉餐馆类型

1. 酒楼

即中餐大型餐馆，一般有两三个楼面的餐厅，陈设布置雅致，高级的备有银、象牙、细瓷等餐具。以风味酒席、菜肴供应为主要业务，兼营小吃、点心，既坐堂营业，也出堂下灶。以有产阶级为主要服务对象。

2. 包席馆

又称包席赁碗馆，是一种有门面、字号，无店堂，专门应顾主约定上门操办筵席和出租饮食餐具的馆子。资金大小、厨师、服务员、采购人员多寡、技术高低不等，因此服务层次也不同。高层次服务对象是富户、公司、商号，低层次的是为一般家庭红白喜事筵席服务。盛于清代，可能由宋代专为官府豪门宴会服务的"四司六局"演变而来，20世纪30年代开始萎缩，中华人民共和国成立初消亡。

3. 饭馆

饭馆有4种：一是夫妻店，常年供应小菜饭，夏卖凉菜，冬熬骨头萝卜汤；二是扒笼馆，以供应蒸菜故名，稍大于夫妻店；三是饭铺，供应家常风味炒菜，承办低档酒席，规模大于前者，是劳苦大众充饥、小酌的"经济饭馆";四是低档餐馆,如升基巷之老大兴与景阳楼,4 元钱和菜,一上桌即可饱食而去,不外乎粉蒸肉、黄焖圆子、烧青鱼之类。此两处尚有零拆碗菜,便于一人独食或二人合食。另有三鲜面,面条用老方法制成,即用粗竹竿压制而成。面条极硬,一大海碗,三鲜盖满,年轻人一碗即饱。价格 5 角,小商小贩多乐于就食。

4. 熟食小吃店

供应卤菜、油条、饼子、包子、水饺、面、粉、豆丝、煨汤等,遍布三镇街头巷尾,品种繁多,各方风味尽有,供市民过早、过中、夜宵。

5. 西餐厅

这里主要是指由中国人经营的但厨师大多出身洋行帮厨,陈设、餐具全盘西化,供应份菜、套餐、点菜,食客主要是买办和民族资本家。比较著名的有普海春、一江春、万国春等七八家。

6. 西餐小吃馆

这多由外国人在汉口租界内经营,主要为外国在汉侨民、外轮水手服务,供应俄式菜肴的居多,如邦可、美尼琦等馆,也有少数英、美、日风味的馆子,个性、风味比西餐餐厅正宗。此外,还有一些酒吧。[①]

(二)武汉的番菜馆

1861 年汉口开埠以后,汉口逐渐成为西方国家对华中进行经济掠夺、文化渗透的基地。来汉口经商办企业、传教办教育的洋人逐渐增多。为了满足这些来汉外国人的口味,一些国外风味的餐馆开始在武汉出现。这些异国风味的餐馆在当时被人们称之为番菜馆(后又称为西餐馆、西餐厅)。

老武汉的番菜馆和北京、上海、广州、天津等地的番菜馆出现的情况大致相同。这些番菜馆最初是外国人在汉口租界内经营的,主要为外国在汉侨民、外轮水手服务,供应俄式菜肴的居多,如邦可、美尼琦等

---

① 张崇明. 武汉城市发展轨迹·旧武汉的茶馆、餐馆、旅馆及其文化经济功能 [M]. 天津:天津社会科学出版社,1990:256.

馆，也有少数英、美、日风味的馆子，个性、风味比较正宗。其中，邦可位于汉口鄱阳街和洞庭街交汇处，1930 年由俄国浪人邦可和俄国面包师杨格诺夫合资开办，初名"邦可食品店"，专营俄式西点，如油炸俄式牛肉面包、什锦水果面包、吐司面包、奶油花蛋糕、奶油哈斗、开面点心等。1956 年人民政府赎买归国营，"文化大革命"中，先后改为"临江食品厂""韶山食品厂""江岸食品厂"，1979 年才定名"邦可食品厂"。该厂现为三层楼房。前半部为门市部，后半部为厂房，二、三楼为西餐厅。

随着时间的推移，番菜馆逐渐走出租界，开办番菜馆的也不限于洋人，服务对象更是面向整个社会，十分广泛。武汉第一家番菜馆为瑞海番菜馆，开业于 1913 年。不久，普海春、海天春等大型番菜馆相继面市。1920 年，12 家具有风味特色的大型酒楼在汉口注册，这批餐馆"为汉口著名之中西餐馆……足以大宴嘉宾"。

清末海天春番菜馆

这时的汉口番菜馆多主要经营者也多是中国人，但厨师大多出身洋行帮厨，陈设、餐具全盘西化，供应份菜、套餐、点菜，食客主要是买办和民族资本家。比较著名的有普海春、一江春、万国春等七八家。番菜馆一向以洁净著称，且有情调，除悠扬的西乐以助兴外，纯无喧哗之声，灯光、炉火皆得适度，西餐厅不仅有优良的进食环境，而且还具有浪漫高雅的就餐氛围。西餐经营的高额回报率也驱使更多的人经营西餐。武汉当时的番菜馆中，西式的饭菜、洋酒、蛋糕等价格都要高于其他中式食品的价格，因而经营西餐较中餐有利可图。

民国时期，番菜的传入是以六大类来分的，在我国主要流行的是法式菜、美式菜、英式菜、俄式菜、德式菜和意式菜。其中，法式菜以烹调讲究闻名；美式菜肴以营养和随心所欲而让人喜爱；德式菜肴以生、酸为特色；俄式菜肴以其油大、味厚而独树一帜；英国菜则以烹制手法简单，午茶独特而吸引人们。总之，这六大类番菜是各有各的绝招。

近代的中国，在欧风美雨的影响下，趋洋求新一时成为社会风尚，因此，去番菜馆品尝一下异国口味也成为一些新潮人物的选择。一些婚丧嫁娶、迎来送往的大型宴会也有在西餐馆举办的，如武汉沦陷时期，伪立法院委员雷闳肆之子雷景源结婚，就在主要经营西餐的汉口德明饭店（现名江汉饭店）厅堂内举行。婚礼场面颇大，新郎着礼服，新娘披婚纱，乘汽车至饭店门口步入，乐队即奏婚礼进行曲。证婚人为伪汉口市长石星川，婚礼完毕后，百余宾客在两条长桌上吃西餐。当时的西式餐厅，一方面是环境布置典雅，富有浓厚的异国情调；另一方面这些西菜馆厨师技艺较高、口味纯正、厨房设备先进，能制作出各式西菜。当时政府很多重大活动都安排在武汉各大饭店举行，这样，就进一步扩大了西菜在中国的影响。在饮食方面，上层社会饮食豪侈，除传统的山珍海味外，请吃西餐大菜已成为买办、商人与洋人、客商交往应酬的手段。

此时的番菜馆生意兴隆，番菜开始对中国传统的菜肴产生影响，为适应广大中国食客的口味，番菜自身也在走中国化的道路。因此，在近代中国的番菜馆里品尝到的所谓正宗"西洋大菜"也多是采用"中西合璧"的方法烹制而成的。一些番菜馆的菜肴干脆就直接命为"中西大虾"等，体现了近代以来外国饮食文化与中国传统饮食文化的互相影响、互相融合。

（三）武汉的素菜馆

素菜是中国菜肴中的一朵清新靓丽的奇葩，素菜作为一支独立的菜系至迟在宋代就已经形成了。据宋代孟元老《东京梦华录》记载，当时市肆上已有专门经营素菜的素菜馆了。中国古代的素菜可分为市肆素菜、寺观素菜和宫廷素菜三大流派。在长期的发展过程中，它们互相影响、互相融合。近代以来，老武汉的素菜馆可分两类：一类是市肆素菜馆，一类是寺观素菜馆。前者以"菜根香"素菜馆为代表，后者以归元寺云集斋素菜馆为代表。

"菜根香"素菜馆，位于江汉路冠生园旁。中华人民共和国成立前，

"菜根香"素菜馆分上、下两层。楼下经营经济客饭，一钵饭、一盘菜、一碗汤，只需5角钱。菜多为芹菜、干子、面筋合炒而成，汤则为冬瓜汤，别有风味。一般公务员和学生多为座上客。楼上经营筵席大菜，中华人民共和国成立前汉口洪帮大亨杨庆六十大寿即借该处楼上举行拜寿庆典，国民党党政要人袁雍等均前往拜寿。拜寿毕即吃素酒席。

归元寺云集斋素菜馆，创办于1933年，其前身是归元寺素菜馆。当时全是由僧人主理，曾任归元寺方丈的昌明法师，是素菜馆的第一任经理。昌明法师在经营管理上很得法，使素菜馆不断发展、壮大。过去主要供应的对象是出家之人、居士和社会上的善男信女，每天的素食供不应求，生意兴隆，名声远扬。

汉阳归元寺云集斋素菜馆的素食品种花样繁多，曾吸引了成千上万的游客，大获好评。归元寺云集斋素菜馆经过多次维修和改建，设备齐全，环境幽雅，目前已成为武汉市最大的一家素菜馆。

在保持和发扬传统素食的前提下，云集斋素菜馆不断创新产品。如该店制作的"素什锦"，又名"罗汉大江""罗汉斋供"，原是佛门流传于民间的名菜。用精制豆制品、冬笋、木耳制作，后经厨师们从营养学、美学角度进行改革，加以冬菇、玉米笋、红枣及时令蔬菜等材料，精心制作，命名为"罗汉上寿"，意在祝福善男信女食后多福多寿、祛灾消病，此菜视之悦目，食之清淡爽口，颇受食客欢迎。云集斋素菜馆每天可供应素菜品种100多个，能承办素席、素宴。著名的传统素菜有"罗汉上寿""佛手冬笋""归元全鸭""香酥雀头""红皮素鸡"，名点有"东坡饼""什锦素包""什锦素面""欲长寿""常食素"等。

（四）武汉的"徽馆"

中西饮食文化的交流，不同地区的饮食文化互相渗透、互相影响在民国时期日趋加剧。川味东下，苏味西上，武汉成了四方风味交汇之地，这些不同风味的交流与融合，使得武汉的餐饮市场发生了较大变化。武汉餐饮老字号大多是在这一时期发展起来的，并都有自己的特色菜。如鄂帮大兴园酒楼（1838年开业）的鱼类菜肴及"红烧鮰鱼"；京津帮德华酒楼（1924 年开业）及"煎鸡煸""抓炒鱼片""爆双脆""焦溜里脊"等菜肴；川帮蜀菜雅川菜馆（1946 年开业，川味香餐馆的前身）的成都、重庆风味菜肴；粤帮冠生园酒楼（1930 年开业）及其"蛇羹""烤乳猪"等菜肴；浙宁帮冀江楼（1915 年开业）的海鲜类菜肴；徽帮新兴楼（1936 年开业）的"红烧划水"菜肴；京味东来顺清真馆（1939 年开业）及其"涮羊肉""烤牛肉"等菜肴；以及四季美的汤包、福庆和的湖南米粉、老通城的豆皮、祁万顺的水饺、小桃园煨汤、蔡林记的热干面、马福盛的清真牛肉面等，各种风味争妍斗奇。

叶调元《汉口竹枝词》中指出，当时汉口是"四通八达巷如塍，路窄墙高脚响腾"。在武汉市内"无数茶坊列市圜，早晨开店夜深关"；小江园和楚江楼两茶馆在龙王庙同巷对门，店面如此稠密，仍然是"客到先争好座头"，生意十分兴旺。餐馆已有菜面馆、豆丝馆、炒菜馆、素菜馆、杂碎馆、包席馆等多种类型。炒菜馆可供顾客"点菜"；杂碎馆和百余家"热酒坊"供应"鱼杂猪肠兼辣酱"，供人喝靠杯酒；玉露斋的"烧腊羊羔、大通巷散子、狗肉卷、豆丝、祖师殿汤圆等风味小吃已很普遍。这正如叶调元《汉口竹枝词》所云："银牌点菜莫论钱，西馔苏肴色色鲜。金谷会芳都可吃，坐场第一鹤鸣园。"[①] 所谓西馔即指山西、陕西饮馔。苏馔则为江苏饮馔。西馔馆和苏馔馆将本地菜肴的各种花色品种介绍给武汉居民，而面馆业除本帮外还有徽帮、湖南帮、小京帮、川帮的佳肴面食，各种风味在武汉都有一席之地，特别是徽菜，更是在民国时期的武汉餐饮市场上占有较大的份额。

据新编《绩溪县志》说："县人自唐代即设酒店于长安，宋代设菜馆于徽州府，明清时期发展到大江南北，民国时期徽菜馆遍及海内。"由此可见，徽馆业出现较早，但形成群体规模，还是在清朝中后期，因为当时的徽商已发展到饱和阶段，大利润的行业早已被先行者垄断殆尽。绩溪徽商向外开拓时，便有目的地选择了投资数额较小、收入相对均衡的

---

① 叶调元. 汉口竹枝词·市廛［M］. 武汉：湖北人民出版社，1999：39.

的旅外饮食业为其经营方向。绩溪商人跟随着徽商群体到外埠谋业，在徽商较为集中的经商地区开店设馆，从而使得徽州人在外埠也能够享用到家乡特有的风味餐食，聊慰乡恋之情，同时也让外埠居民品尝到了正宗的徽菜。

"徽馆"这一名称始于清乾隆年间，当时徽班晋京，绩溪徽商随之北上，开始涉足京城餐饮业，他们所设的徽菜馆被简称为徽馆。可以说，为在外经商的徽州人提供饮食服务，为徽商谋取另一片餐饮天地，这就是徽馆业最初的立馆之本，也是徽馆业最初的市场定位。

据《绩溪县志》介绍，徽馆的发展路线是这样的："烹调业也是吾绩新兴事业之一——其始仅创设于徽州府、屯溪、金华、兰溪、宣城等县市；继则扩展及于武汉三镇、芜湖，南京、苏州、上海、杭州等各大都市，则是随近百年来海禁大开，工商业的发展而日臻发达。"他们最早是先在徽州府境内营业，后来随着徽商群体其他行业的辗转迁徙，其中一支经宣城、郎溪、广德至浙江孝丰、安吉一带；另一支由新安江进入杭州、嘉兴、湖州各重镇。徽馆业在长江中下游一带渐成气候，形成徽籍旅外经济的一大产业。在绩溪徽商的推动下，徽菜进一步拓宽了外向发展的空间。

武汉徽菜馆始于清末，最早也是绩溪人，首创者是绩溪湖村的章祥华。章氏年少时，曾随父亲去浙江淳安航头一家杂货店当学徒，后因不甘三尺柜台的严束，便专事外出采购土特产。1900年，他经人介绍改行到上海徽馆学厨。1904年，又与同乡好友章正权赴汉口开辟店业。因章祥华在淳安任采购时跑过武汉，对三镇并不生疏，这次抵汉，见市面上或明或暗地盛行公私鸦片交易，尽管当地政府查禁甚严，但他还是冒险做了几笔鸦片生意，获得可观利益后便戒而绝之。次年，他以其所蓄，并在其父的资助下，与章正权于汉口的华景街首创了华义园菜馆。由于章祥华专心经营，勤俭守业，店事日隆，后陆续于中山大道开办了华兴园、华旗园、兴华园，在华景街开设了华义园、华盛园，又在民权路、民生路、大智门、花楼街和新安街开设华庆楼、民乐园、汉华楼、醉白楼和庆云楼等。15 年中，他先后创办徽菜馆 11 家，其声名也誉满三镇。[①]

与此同时在武汉创办徽菜馆的还有胡桂森。胡氏系绩溪胡家村人。少时在郎溪当学徒，后到芜湖同庆楼任打面师傅，经友人推荐，赴汉口徽馆从厨。1903 年，他与家乡人合伙筹资在武昌斗级营创办同庆楼菜馆。在清代末至 20 世纪 30 年代期间，武昌曾流传着这么一句话："登黄鹤楼，不到同庆楼，等于'黄鹤'没有游。"将一家同庆楼与标志武汉的黄鹤楼相提并论，可见当时的同庆楼有多么大的吸引力。1910 年，辛亥革命前夕，市面尚为繁华，他又与人合资开设了胡庆园菜馆，生意红火，于是，1912 年又招股于汉口中山路创办胡庆和菜馆，3 年后又在汉口大夹街设立胡庆和酒楼。此外，为推销家乡土产徽州绿茶，民国元年（1912 年），他还在汉口江汉路开设胡元泰茶号。

1921 年至 1937 年，是在汉徽馆的鼎盛时期，共设有大中华、新兴楼、新苏、大中国、大江等馆店 39 家。抗战胜利后，伏岭下村邵之琪、邵培柱等又在汉口设大上海、中央大酒楼、新上海、四季美、大中元等徽州酒菜馆 10 余家。

绩溪人在武汉开设的徽菜馆，多数集中在汉口，有 54 家。武昌有 15 家，共有 69 家。开设徽馆酒楼的多数为伏岭镇人，开办 35 家；瀛洲乡 22 家；扬溪镇 8 家；上庄镇 4 家。武汉三镇所开的徽馆中，一部分在抗战间收歇，一部分至中华人民共和国成立后转为公私合营，至目前为止，在武汉尚保留的徽馆有武昌大中华酒楼。

大中华酒楼创办于 1930 年，主要创始人为安徽绩溪人章在寿。章在寿 12 岁时即在武昌的同庆酒楼当学徒。同庆酒楼以经营徽面、徽菜为主。章在寿由于勤劳肯干，不怕吃苦，深得老板胡桂森的喜爱，因而很快学到一手做徽帮菜的手艺。1930 年，章在寿离开同庆酒楼，与程明开等人合伙盘下了芝麻岭（今彭刘杨路武昌邮局对面）的五香斋餐馆，自

---

① 姚伟钧. 武汉徽馆与大中华酒楼［J］. 武汉文史资料，2011（5）.

立门户，仍以经营徽面、徽菜为主，这家徽帮馆子便是后来闻名全国的大中华酒楼的前身。我们根据武汉档案馆的档案资料考证，大中华酒楼登记的时间在民国二十一年（1932年）十月，因此创办时间在1930年左右比较可靠。

由于章在寿等人齐心协力，注重特色，讲究质量，生意很快就兴旺起来。股东中有3人是在上海学的烹饪手艺，上海当时有3家徽州餐馆的招牌都叫大中华，而他们也想搞徽州风味，于是就把自己的这家餐馆取名为"大中华"。1932年因武昌修建马路，芝麻岭的餐馆被拆除，"大中华"搬到了武昌柏子巷口即现在的位置至今。当时的地址是彭刘杨路七十一号。

20世纪30年代初的武昌，餐饮业一度比较繁荣，行业竞争日趋激烈。在"大中华"附近就开了汤四美汤包馆、蜀珍川菜馆，加上汉宾酒楼、味腴餐馆的日渐兴盛和发展，都对"大中华"构成了直接挑战，其中尤以汤四美为最，它既卖汤包，又兼营小炒，还承办筵席。但由于各自都有特色，所以都能够经营下去。当然，大中华酒楼获得长足发展是在中华人民共和国成立以后。

第二节　武汉的茶馆与茶庄

民国时期，武汉不仅茶馆林立，且逐渐形成了武汉茶馆的饮茶习俗，这就是茶馆成了人们消闲和获取信息的重要场所，武汉人进茶馆，不仅为饮茶，而首先是为获得精神上的满足，将自己的新闻告诉别人，又从他人那里获得更多的新闻与信息。同时，茶馆也成了三教九流的相聚之地，重要的社交和经济交易场所，不同行业、各类社团在此或群体聚会，或了解行情，洽谈买卖，休闲娱乐、听书看戏。与此同时还出现了一些著名茶庄。

一、茶　馆

茶馆，又称茶坊、茶楼、茶社，是商人、行帮洽谈生意，游客、行人谈天说地的场所。武汉是九省通衢之地，历来商业繁盛。在唐宋时期，武汉最繁盛的地区先集中在武昌南市，后逐渐移到汉阳东、南门。到了明末清初，汉口出现了"北货南珍藏作窟，吴商蜀客到如家"的繁荣景象。随着武汉商业的日趋发达，来往客商逐日增多，武汉的茶馆业开始繁荣。这里仅就茶叶贸易而言，汉口的地位就十分重要。例如，汉口在羊楼洞砖茶贸易史上起着重要作用，1861 年汉口开埠，俄商来到汉口，因俄国对砖茶有大量需求，俄商看到砖茶贸易有利可图，于是很快加入洞砖茶经营中。

1863 年，俄商不满足于在汉口从中国茶商手中收购砖茶，于是直接前往砖茶生产地羊楼洞，在那里自行开设茶庄，收购毛茶，开办了顺丰砖茶厂，"招人包办，监制砖茶"。之后又相继于 1866 年开设新泰、1874 年开设阜昌等多个砖茶厂。此后，考虑到汉口交通便利，并且拥有明显的市场优势，俄商先后把顺丰、新泰、阜昌三大砖茶厂从羊楼洞迁到汉口，将砖茶厂建在汉口滨江外国租界附近，改用机器生产砖茶。1893 年，俄商在汉口又增建了一家砖茶厂，此时汉口俄商砖茶厂发展为 4 家，俄商基本控制了汉口茶市，这时的汉口成为洞砖茶生产地，提高了其在洞砖茶发展史上的地位。俄国十月革命之后，汉口俄商开设的砖茶厂相继倒闭，英国曾将新泰砖茶厂收购，但是由于英国等西欧国家多消费红茶，洞砖茶市场较小，所以洞砖茶在汉口的生产量大为减少。抗日战争爆发后，因洞砖茶贸易不畅，汉口砖茶生产日益没落。现在的汉口对羊楼洞砖茶运销的重要性虽然有所消退，但作为繁华大都市的汉口依然保留了当年茶事兴盛的缩影，当年与砖茶生产相关的砖茶厂及俄商公馆等遗址还依稀可见。位于江岸区洞庭街与兰陵路交叉路口的顺丰茶栈，建于 19 世纪 60 年代，当时俄国茶商李凡诺夫来汉口经营洞砖贸易，陆续开设顺丰砖茶厂和顺丰茶栈码头，并设立顺丰茶栈当作茶商买卖茶叶的中介场所，见证了老汉口茶事的繁荣。

正是由于汉口茶叶贸易的繁荣，茶馆业十分兴旺发达。叶调元的《汉口竹枝词》就描写了清道光年间汉口茶馆的盛况："无数茶坊列市阛，早晨开店夜深关。"据范锴《汉口丛谈》（成书于 1823 年）记载："后湖之有茶肆，相传自湖心亭始。近若涌金泉、第五家、翠芗、惠芳、习习亭、丽春轩之名为著，皆在下路雷祖殿、三元殿后。其余尚有数十处。"仅后湖一带就有数十家茶馆，范锴的《汉口

《汉口丛谈》书影

丛谈》中对汉正街附近后湖的茶馆盛况做过详细记载："后湖茶肆，上路以白楼为最著。白楼者，白氏之故址也，在大观音阁后，百弓地辟，畲土坚浸，编槿为篱，积石成径。中构小楼，作东西两厢。轩窗豁达，槛曲廊回之内，皆设小座，以供茗坐。"比较著名的有"涌金泉""第五家""翠芗""习习亭""丽春轩"等。《汉口竹枝词》记载："两层屋宇势毗连，晴日游人擦背肩。要吃情茶兼望远，楼高须上涌金泉。"1909 年（清宣统元年）时，武汉三镇的茶馆发展到 411 家，其中汉口 250 家、武昌 133 家、汉阳 28 家。

民国时期武汉的茶馆遍及大街小巷，尤以江边、汉水边和闹市区为多。1918 年时，仅汉口就有 696 家茶馆。1928 年，增加到 1117 家。1931 年武汉大水后，百业萧条，大批失业者拥进了茶馆，茶馆生意格外兴隆，到 1933 年时，武汉三镇的茶馆多达 1373 家。武汉在抗日战争中沦陷以后，茶馆业在日寇铁蹄下只残存 250 家，从此一蹶不振，中华人民共和国成立前夕，武汉三镇共有 300 多家茶馆。

旧时茶馆，有"清水"和"浑水"之分。清水茶馆以卖茶为主，里面不唱戏、不打牌；浑水茶馆，唱戏、说书、演皮影戏、标会以至打牌赌博，全都可以。

清末以来，青洪帮成员往来多在茶楼或酒馆，常用"茶碗阵"来进行活动，茶馆成了他们的主要活动阵地。"浑水"茶馆渐多，于是赌博、

吸食鸦片、贩卖枪支、拐卖妇女的交易都在茶馆里进行。来泡茶馆的人员三教九流无所不有，人们多认为泡茶馆者不是"三教九流"之辈，便是好吃懒做之人。进入民国以后，会党分子以"功臣"自居，大者窃国，中者霸户，小者占房开茶馆、酒楼、旅社、客栈等。当时的刘玉堂、刘桂苟、章庆澜、潘义以及后来的杨庆山、周汉卿等，都是从茶楼、酒楼、旅社、客栈起家的。后来汉口有一句俗话："不是光棍（青洪帮分子）不开茶馆。"即使不是光棍，也得找一个光棍做后台。

老武汉茶馆在武汉的发展中还发挥着积极作用。如昔日汉口大火路有汉江、龙泉、协兴、合兴、联兴、清香、洪发、万利、春来、汉泉等17家茶馆，这些茶馆大多是为了行业议事、交易往来、相互联系、谋事雇工、乡亲往来、录亲访友、暇时休息而服务的。当时有民间歌谣赞道：

清末民初武汉汉正街茶馆内的情景

"大火路长又长，家家户户是茶坊，宾客进门茶一杯，笑问客人去哪方？不去东，不走西，找乡亲，会同行。"这些茶馆起到了同业公会和同乡会的作用。

到清末民初，有的茶馆又增添了新的功能，成为人们阅读报刊的场所。1917年4月19日的《政府公报》统计了全省阅读所的开设情况，湖北全省共设立公共阅报所103处，其中省立2处，州县政府设立76处，私人创办25处，每处陈列报纸最多为16种，每处每日平均有50人阅览，全省约计每日有读报者5000余人。[1]由读书看报，到谈论时事，茶馆成为重要的城市公共空间。

汉口的茶馆大致可分为大型、中型和小型三类。

---

① 刘望龄. 黑血·金鼓：辛亥前后湖北报刊史事长编［M］. 武汉：湖北教育出版社，1991：461.

大型茶馆多称茶楼，也多设在楼上，经营面积较为宽敞，雇用茶房（工人）10余人，内有头佬1人，负责管理业务。茶桌（俗称"八仙桌"）至少三四十张以上，茶具十分讲究，一般用盖碗茶具，也有用红瓷茶壶泡茶的。茶叶多采用二号、三号"毛尖"。冬季有火炉取暖，夏季初用布叠折成的土吊扇，用人工拉送，后来多改用电扇。馆内设有雅座，备有竹木躺椅若干张，冬用狗皮褥子，夏用竹席，一般季节用长毛巾铺垫，茶资比普通座略高。有些进行地下交易的客商或谈私房事的人，就常常到雅座品茗休息。不少茶馆

民国时期的汉口茶馆

还辟有静室数间，供客人抹牌赌博，从中抽盈头。有的还附设有小型酒馆，制作各种面点及小炒，同时兼营香烟、糖果、瓜子、花生之类生意。为方便茶客，有的还附设有理发店。当时这类茶馆较有名的有中山大道积庆里口的临城茶楼、花楼街口的楼外楼、六渡桥附近的江南春和洞口春、民生路江边的话雅、集家嘴河边的怡心楼等。

汉口茶馆之规模，25张茶桌以上算是一等，15～25张茶桌的为二等，5～15张桌子的系三等，5桌以下的属四等。大茶馆大都集中于闹市区，其茶客多是工商圈内人物。一等大型茶馆往往附设小酒馆，制作各种面点及小炒，同时兼营香烟、糖果、瓜子、花生之类的小买卖，供饮茶者食用。如集家嘴河边的怡心茶楼就是客商云集的品茗一等大茶馆。怡心茶楼共有3层，摆设六七十张茶桌，该馆既卖茶，又经营面食和炒菜。早上经营的早点

汉口茶馆里的评书演出

是广东风味的小碟荤菜，中午出售叉烧包。往来汉水、长江上的船民停

靠汉口后，都要上岸踏踏地气，喜欢到怡心茶楼歇个脚，泡上一壶茶，端上一碟小菜、半斤包子，一边喝茶，一边吃包子，既可休息消除疲劳，又可以填饱肚子，还可以听听各种新闻，可谓一举几得。一等大茶馆内一般都设有雅室，专供有要事密谈的人活动及休闲，茶资要比普通茶馆要高。中型茶馆比大型茶楼规模略小一些，一般雇请茶房3～5人，头佬1人，设有雅座，茶具、茶叶都不太讲究，茶资也较便宜。白天以卖茶为主，晚间就演出评书、皮影戏、楚汉剧清唱等，聚众抹牌赌博另辟有静室，与大型茶楼相同，如安乐泉茶馆、凤台茶馆、汉泉茶馆、一洞天茶馆等就属于此类茶馆。

小型茶馆是社会下层阶级经常聚会的地方。它一般只有两三间房子，十几张茶桌，较为简陋。茶房通常只有1人，老板和老板娘一般只招呼客人抹牌，晚上也有评书和皮影戏等活动，这类茶馆有的有招牌，如杨鹤茶社、清香茶社等，有的则连个招牌也没有，或以茶馆为名，或冠以姓被大家称为某家茶馆。

武昌、汉阳的茶馆与汉口的茶馆不同，如徐家棚的一些小茶馆，专供粤汉、平汉铁路线上的旅客休息候车之用（旧时没有长江大桥，京广线不能直达）。黄鹤楼上的茶社专供游人少憩品茗。钟家村只有两三家露天茅棚茶馆，供扫墓人休息解渴。

上茶馆喝茶也有各种规矩。茶馆有一天"三茶"之说：从早上开门到午饭时分为早茶，下午为中茶，下午6点到晚上10点关门为晚茶。过了早茶时间，茶客就要"换茶"，另付中茶钱；过了中茶时间，也得"换茶"付钱。喝早茶大多就在茶馆里吃早点。有些单身汉，一起床就上茶馆洗脸漱口，然后泡壶茶。这时候提篮卖早点的食贩，已经把饼子、油条摆上桌子，任凭茶客吃，吃多少算多少钱，剩下的还是由食贩收去。茶水最初论壶卖，可以免费增加开水，一壶茶只能配两个茶杯，如人多，可以增加茶杯，但不能超过4个，熟茶客可以例外，否则得另加一壶茶。到了后来，茶水改用论杯卖时，情况就不同了，来客一人各泡一杯，如今的茶馆也都是如此，这样可以互不吃亏。茶客若有事，要暂时离开一下，只需把茶杯盖翻过来盖在茶杯上，靠着茶壶放好，茶博士一看就知道这位茶客还要回来，就不会把茶壶收去，别的茶客也不会占这个座位了。否则，再来时，又得付钱重泡一壶。

20世纪三四十年代，每到夏天人们总想找一处纳凉场所。于是，新市场（今民众乐园）、长江饭店（今军人饭店）、中南旅社（今"六门"桥南商场）都开放"屋顶花（茶）园"，出卖清茶、冷饮供人们消夏。租界内的维多利亚（今市政府大礼堂处）、新生花园（今汉口健康幼儿园）、天星花园（今江岸区文化馆）也卖起茶来了。不过他们用的桌椅茶具跟茶馆不同，多用小型方桌、圆桌、活动靠椅和高级玻璃杯，具有一点现代气息。

二、茶 庄

所谓茶庄，就是贩售茶叶的店铺，也是以经营茶叶茶具等为主的茶店一类通称。

位于汉口六渡桥闹市区的毓华茶庄，在武汉茶叶商店中是历史比较悠久的著名茶叶店之一。它以名茶纷呈、品种繁多、规格齐全、质量优良赢得顾客好评，营业兴旺，历久不衰。追溯毓华茶庄的历史，还要从抱云轩说起。

近代以来，武汉茶馆越开越多，茶叶的消费量很大，故茶叶店的生意也是不错的。安徽六安名茶在中华人民共和国成立前畅销武汉三镇及襄河一带。安徽金寨县人江伯良、杨某（其夫人为许兰芳）于是就设想开设茶庄。二人合资开办了一家抱云轩茶庄。店名是从家乡的抱儿山盛产名茶而取的。茶庄设在汉正街682号，地皮为安徽茯苓公所产业，房屋为江伯良父亲江选钱出资建造。门面为传统的中式楼房，装饰在柜台上的两块台面，是由家乡运来又厚又长的整块银杏木做成的。其建筑装修、家具设备，古朴典雅，环境怡人。开业以后，生意兴隆。茶庄自制的六安名茶在1912年曾参加巴拿马国际博览会，获得金质奖牌。由此，抱云轩茶庄名声远扬，鄂皖两省的六安、霍山、英山、潜山、岳山、太湖一带在汉经营茯苓、茶叶的商人，无人不知抱云轩茶庄的大名。

抱云轩茶庄在经营发达以后，得知江西友人在中山大道六渡桥有门面房屋一栋，地点适中，便出高价租下，于1925年开设毓华茶庄，所用职工多为安徽家乡人。

武汉沦陷期间，江伯良和杨某离开武汉，毓华茶庄停止营业，房屋为一洋行占据。1945年日本投降后，江伯良等回到武汉，以黄金24两为代价收回毓华承租权，并投资1万银圆在毓华茶庄招牌上加"云记"二字，表明是抱云轩茶庄的支店，恢复营业，业务得到继续发展。

毓华茶庄之所以经营发达，长期立足于江城武汉，归纳起来有以下一些有利条件。

首先，江伯良和杨某两家都来自盛产名茶的故乡安徽，对茶叶的产购制销，了如指掌，而武汉九省通衢，商业繁盛，是茶叶的销售市场。因此，进货与销售渠道畅通，生意兴隆，稳操胜券。

其次，拥有技术熟练、经验丰富的制茶技术力量，炕、检、烘、选、窨制花茶，拼制品质，均有行家里手，精制优选，质高价廉，赢得了顾客的信赖。

再次，经营优质名茶，品种齐全，既有安徽名品，如六安瓜片、金寨苞蕊针、太平猴魁、休宁松茗、歙县珠兰、黄山毛峰、九华云雾等，又有各省名茶，如杭州西湖龙井、君山银针、龟山崖绿、天蒙山白毫、福建眉毫香片、玉露松针、滇红、滇绿、沱茶、四川松峰云雾、祁红、信阳毛尖等，可谓名茶荟萃，清香馥郁，任君选购。

最后，地处闹市中心的六渡桥，商店云集，人流如潮，顾客盈门。

中华人民共和国成立后，毓华茶庄不仅恢复茶叶零售业务，还于民权路筹建了振华茶叶有限公司，直到公私合营。1956年，毓华茶庄公私合营后成立中心店，恢复了前店后厂传统的经营方式，自制经营各种名茶，毓华茶庄的业务得到了进一步的发展。随后，毓华茶庄改为国营体制。

概而言之，近代武汉开埠以后，汉口茶市形成，并逐渐成为国内著名的茶市。汉口茶市兴盛的一个重要表现就是茶馆、茶庄、茶厂众多，茶叶制品在当时处于国际领先水平，在一定程度上推动了武汉城市经济和社会发展。

民国时期武汉饮食文化与饮食市场之所以能够取得较快的发展，从根本上来说，还是得益于近代武汉的开放，尽管这一开放是被迫的，但它给武汉饮食文化带来了巨大的变化，这使得武汉的饮食文化成为率先由封闭走向开放，不断适应时代潮流的地域饮食文化，事实上，武汉的饮食文化在西俗东渐和各地风味夹击之时并未萎缩，相反却发展迅速，并逐渐成为中西结合，融中国各地风味之所长，传统与现代结合的风味的特色，充分显示了武汉饮食文化的巨大包容性。

第九章　荆楚饮食风味与民俗

中国是一个具有数千年风俗习惯的文明古国。中国的饮食习俗，是中国悠久文化的一个重要方面，它体现着中国社会和文化的特点。各个时期饮食习俗的变化，实际上也就生动具体地反映着各个地区经济、政治和文化的变化。因此，研究荆楚饮食习俗，对于认识与评价荆楚文化，是不可缺少的重要课题。俗话说，"一方水土养一方人"，"十里不同风，百里不同俗"。《礼记·王制》也认为"中国戎夷，五方之民，皆有性也，不可推移：东方曰夷，被发文身，有不火食者矣；南方曰蛮，雕题交趾，有不火食者矣；西方曰戎，被发衣皮，有不粒食者矣；北方曰狄，衣羽毛穴居，有不粒食者矣"。这些都说明饮食习俗有明显的区域性与族群特性。

第一节　楚菜的地方流派与特色

楚菜是目前湖北菜的统一规范简称，其基本含义是指历史悠久并主要集中于湖北地区的饮食风味体系及饮食习惯，其发源地是古代的楚国，历经千年逐渐演变而来，植根于荆楚大地。

一、楚菜的地方流派

由于荆楚各地的地理环境不同，又形成了不同的地方流派与特色，大体上可以分成 5 个支系。①

---

① 湖北省商务厅，湖北经济学院. 中国楚菜大典［M］. 武汉：湖北科学技术出版社，2019：62.

（一）以古云梦泽为中心的汉沔风味

具体包括武汉、孝感、仙桃（古称沔阳）等地，以武汉三镇为中心。特点是选料严格，制作精细，擅长烹制大水产（即鳊鱼、财鱼等体型相对较大的淡水鱼类和水生植物），尤以"蒸菜"和"煨汤"见长，米类小吃颇具特色，菜肴口感柔嫩滑爽，口味鲜香微辣，被誉为"湖北菜之精华"。代表名菜有"沔阳三蒸""排骨煨藕汤""清蒸武昌鱼""珊瑚鳜鱼""菜薹炒腊肉""泥蒿炒腊肉""黄陂烧三合""全家福"等。

（二）以荆江河曲为中心的荆南风味

具体包括荆州、荆门、宜昌等地。此地为湖北菜的发祥地，擅长烹制小水产（即鳝鱼、甲鱼等体型相对较小的淡水特种鱼类和水生植物）和野味，尤以鱼糕、鱼圆著称，菜肴芡薄爽口，咸鲜微辣，被誉为"湖北菜之正宗"。代表名菜有"橘瓣鱼氽""荆州鱼糕""皮条鳝鱼""冬瓜鳖裙羹""蟠龙菜""龙凤配""千张肉"等。

（三）以汉水流域为中心的襄郧风味

具体包括襄阳、十堰、随州等地，以畜禽类辅以淡水鱼鲜和山珍野味，菜肴口感软烂，汁少味重。代表名菜有"清蒸翘嘴鲌""金汤大鲵""太和鸡""武当素菜"等。

（四）以鄂东丘原为中心的鄂东南风味

具体包括黄石、黄冈、咸宁等地，擅长加工粮豆蔬菜和畜禽野味，尤以大烧、油焖、干炙见长，菜肴口感醇香味重，山乡气息浓郁。代表名菜有"黄州东坡肉""金包银""银包金""蜜汁甜藕""鄂南石鸡"等。

（五）以鄂西南山地为中心的土家风味

具体包括恩施土家族苗族自治州以及宜昌市鹤峰土家族自治县、长阳土家族自治县等地区，擅长烹制山珍野味和杂粮，喜食熏腊，菜肴酸辣醇香，民族气息浓郁。代表名菜有"鲊广椒炒腊肉""恩施腊蹄子火锅""菜豆腐""炕土豆""小米年肉"等。

二、楚菜的风味特色

楚菜的风味特色可以用这样 16 个字来表述，这就是武汉大学方爱平教授总结的"鱼米之乡，蒸煨擅长，咸鲜微辣，兼容四方"①。"鱼米之乡"是从历史发展层面体现了楚菜选材用料的主要特点，"蒸煨擅长"突出了蒸和煨是楚菜最具特色的烹调方法，"咸鲜微辣"表明了楚菜最基本的口味特点，"兼容四方"从地域性角度体现了楚菜包容并蓄、善于吸纳的多元风格。这十六个字，又具体体现在以下几个方面。

（一）以鱼为本，擅烹猪、鸡及植物菜

（1）水产菜位居各类名菜之首。谢定源《中国名茶谱·湖北风味》一书中收录了 236 道湖北名菜，在收录的 236 道湖北风味名菜中，水产菜所占比例高达 31.4%，这与湖北具有丰富的水产资源和悠久的食用水产品传统是分不开的。所用原料有鳊鱼、青鱼、鳜鱼、鲤鱼、鲫鱼、鳡鱼、鮰鱼、鳝鱼、银鱼、甲鱼、虾、蟹、蚌、鱼肚、鱼翅、海参、鲍鱼、干贝、石鸡、乌龟等，其中以团头鲂（武昌鱼）、鮰鱼、鮰鱼鱼肚、鳜鱼、鳝鱼、甲鱼、春鱼等最具特色。在此基础上烹制出了一系列颇具地方特色的水产名菜，诸如"红烧鮰鱼""珊瑚鳜鱼""明珠鳜鱼""清蒸武昌鱼""荆沙鱼糕""黄焖甲鱼""虫草八卦汤""皮条鳝鱼""鄂南石鸡""炸虾球""酥徽糊蟹"等。

（2）肉菜、禽蛋菜地位显著。在收录的 236 道湖北风味名菜中，肉菜占比为 20.8%，仅次于水产菜。肉菜选用的原料以猪肉及其内脏为主，有 35 道肉菜以此为主料，占肉菜总数的 71.4%；其次为牛肉、牛掌、羊肉，以及獐肉、鹿肉、野兔等。代表菜品有"珍珠圆子""粉蒸肉""应山滑肉""螺丝五花肉""千张肉""蟠龙菜""黄州东坡肉""洪山菜薹炒腊肉""夹沙肉""小笼粉蒸牛肉""蜜枣羊肉"等。在收录的

① 何习文，王灵儿. 鱼米之乡蒸煨擅长鲜香为本融和四方楚菜有了统一说法. 湖北省人民政府门户网站，2018-12-25.

236 道湖北风味名菜中，禽蛋菜占比为 20.3%，位居第三。禽蛋菜中以鸡及内脏为主料的菜最多，共 23 道，占禽蛋菜总数的 47.9%；其次为鸭及鸭掌（6 道菜）、野鸭（6 道菜）、野鸡及竹鸡（5 道菜），还有鹌鹑等，代表菜有"板栗烧仔鸡""翰林鸡""瓦罐鸡汤""芙蓉鸡片""红烧野鸭""母子大会"等。

（3）山珍海味菜、植物菜也具特色。在收录的 236 道湖北风味名菜中，山珍海味菜占比为 11.0%，位列第四。较有地方特色的原料为猴头、燕窝（湖北神农架山地岩洞中出产土燕窝）等。代表菜有"武当猴头""蟹黄鱼翅""冬瓜鳖裙羹""鸽蛋燕菜"等。在收录的 236 道湖北风味名菜中，植物菜占比为 10.6%。湖北省丘陵、河湖广布，盛产各类植物原料，其中包括香菇、银耳、猕猴桃、香椿、桂花、柑橘等特色原料，代表菜有"豆腐圆子""椒盐蛋皮椿卷""花浪香菇""散烩八宝""银耳柑羹""拔丝猕猴桃"等。

总体上看，湖北名菜在原料选用上颇具地方特色，通常以本地土特产和时鲜产品做原料，即使采用部分省外海味原料，也能因地制宜，制作出富于楚乡特色的菜品。

（二）形态多样，新品菜有追求艺术化的倾向

（1）湖北名菜的形态以块形菜和整形菜居多，比较"大气"。在收录的 236 道湖北风味名菜中，较大形状的块状菜占 32.2%，整形菜占 19.9%，即有半数以上的湖北名菜形状较大，这与湖北名菜多以蒸、烧、炸、焖、煨等烹法制作是一致的。片状菜占 16.3%，位居第三。

（2）茸、泥类菜所占比例较高。在收录的 236 道湖北风味名菜中，茸、泥类菜达 14.8%，这是湖北名菜的一个显著特点。不少菜品是将猪肉、鱼肉、鸡肉、红薯等制成茸、泥后再烹制而成。代表菜有"明珠鳜鱼""橘瓣鱼汆""空心鱼圆""白汁虾面""蒸白圆""蟠龙菜""芙蓉鸡片""桂花红薯饼""黄陂烧三合""三鲜圆子"等。

（3）新品名肴有追求艺术化的倾向。使用花刀和刀工处理后再造型的菜品比重较大，特别是新品名肴，有追求艺术化的倾向。据初步统计，在收录的 236 道湖北风味名菜中，使用花刀和刀工处理后再造型的菜品占名菜总数的 33.9%。花刀种类繁多，诸如凤尾花刀、柳叶花刀、兰草花刀、葡萄花刀、百叶花刀、十字花刀、多十字花刀、螺丝花刀、佛手花刀、麦穗花刀等。还有不少菜品的原料，先制成丝、片，后再制成卷。将原料制成茸、泥后更是富于变化，如制成圆子、球、橘瓣、片、元宝、饼、面条、荷花、葵花等多种形状。这类艺术创新菜有"绣球干贝""葡萄鳜鱼""珊瑚鳜鱼""白汁鱼圆""鱼皮元宝""玉带财鱼卷""螺丝五花肉""锅烧佛手肚""梅花牛掌""琵琶鸡""葵花豆腐"等。

（三）以蒸、烧、炸、炒、烩、熘、煨等烹调方法见长

（1）蒸制法使用频率最高。蒸制法是荆楚应用最广的一种烹调方法。楚菜的蒸法又分为粉蒸、清蒸、干蒸几种。代表菜有"武当猴头""蒸粉石头鱼""粉蒸肉""小笼粉蒸牛肉""清蒸武昌鱼""荆沙鱼糕""珍珠圆子""扣蒸酥鸡"等。

（2）烧制法颇有地方特色。在收录的 236 道湖北风味名菜中，烧菜占比为 15.9%，分干烧和红烧，其中以红烧最具特色。代表菜有"红烧鮰鱼""红烧瓦块鱼""红烧鲇鱼""红烧野鸭""海参武昌鱼""烧鱼桥"等。

（3）炸、炒、烩、熘也占有相当比重。在收录的 236 道湖北风味名菜中，使用炸、炒、烩、熘等技法制作的菜品，分别占 11.0%、9.5%、7.2%、6.1%，也具有相当比重。"炸菜"较有特点的是炸制鱼虾，以及鸡菜、鸭菜等，代表菜有"炸鳜鱼卷""酥炸鱼排""炸虾球""夹沙肉""炸鸡球""锅烧鸭"等。"熘菜"以酸甜味重、质感外酥内嫩的焦熘菜较突出，代表菜有"珊瑚鳜鱼""酥鳝""糖醋麦啄"等。湖北名菜中的"烩菜"一般不加酱油等有色调料，以白汁为主，汤宽汁多，几乎汤菜各半，口感多松软细嫩滑润，几乎均为咸鲜味，如"鸡茸笔架鱼肚""白汁鱼肚""白汁鱼圆""芙蓉鸡片""双黄鱼片""烩鸭掌"等。湖北名菜中的"炒菜"多为咸鲜味，质感以软嫩、脆嫩为多，如"五彩鳜鱼丝""清炒虾仁""元葱炒斑鸠"等。

（4）煨汤技术具有独特的楚乡情韵。在收录的 236 道湖北风味名菜中，"煨菜"占比为 4.2%，其中以煨汤技术最具特点。湖北民间多用灶内柴草余火煨汤，方法是把经过煸香的各种肉、禽类原料装在瓦罐中，置于灶内余火中长时间加热使其成熟；特点是使用暗火，煨制时间长，菜品骨酥肉烂，汤汁浓醇，色泽乳白，鲜醇浓香。武汉小桃园酒楼的煨制法是将原料煸香入瓦罐后置小火较长时间加热，改良后虽有失原来浓醇的乡土气息，但仍在一定程度上保留了原有风味。代表菜有"虫草八卦汤""龟鹤延年汤""牛肉萝卜汤""瓦罐鸡汤"等。

（四）咸鲜、咸甜、酸辣、咸鲜微辣等味型颇具地方特色

（1）湖北名菜以咸鲜为最基本的味型。在收录的 236 道湖北风味名菜中，有 115 道属咸鲜味型，占比为 48.7%。从六大类菜品中咸鲜味型所占比例看，以山珍海味菜最高，高达 88.5%；其次为其他菜，占 78.6%；在植物菜中占 52%，在水产菜中占 44.6%；较低的为肉菜，占 32.7%，在禽蛋类菜中占 41.7%。说明山珍海味、植物菜、水产菜等多突出本味、鲜味。湖北素称"千湖之省"，淡水鱼虾资源丰富，而咸鲜口味的形成可能与楚人爱吃鱼有关。

（2）咸甜、酸辣、咸鲜微辣等味型颇具地方特色。在收录的 236 道湖北风味名菜中，咸甜味型、甜酸味型、无咸苦味型（纯甜、纯甜酸）几种味型占有一定比例，尤以咸甜味型更具特色。咸甜味型、甜酸味型、无咸苦味型占比分别为 18.2%、8.1%、6.8%。带甜味的湖北名菜数量多，占比为 41.9%。十分突出的是，不少湖北名菜具有咸鲜甜或咸鲜回甜味道。咸甜味型是在咸鲜味的基础上，用白糖、冰糖、甜面酱等调料调出甜味，所以此味型有回味悠长、滋味醇美的特点。甜辣、甜酸辣、咸麻等味型也颇有特点，占比分别为 4.2%、3.8%、3.4%。在所收录的湖北风味名菜中，带辣味的菜品占比为 13.6%，带酸味的菜品占比为 16.1%，这些菜品除以咸鲜味为基础外，往往添加甜味调料，形成咸鲜甜辣、咸鲜甜酸辣等味型，这也是湖北名菜的独特之处。需要说明的是，统计时未将用胡椒、生姜等调出的微辣菜计入辣味菜中，实际上大部分湖北名菜添加了胡椒粉、姜、葱等香辛调料。此外，带麻味的名菜占比为 7.2%，多为咸麻、酸辣麻、辣麻、甜麻、甜辣麻等味型菜品。

（五）注重本色，追求红、黄色泽

（1）注重本色。在收录的 236 道湖北风味名菜中，本色菜占有较大比重，为 42.4%。本色菜烹调时不加有色调料，突出原料的固有色彩，不做粉饰，体现了一种明净秀雅、清新淡雅之美。代表菜有"武当猴头""鸡茸笔架鱼肚""汆鮰鱼""空心鱼圆""芙蓉鱼片""鸡粥菜花""清炖野鸡汤""虾蛋蹄筋"等。

（2）追求鲜艳的红、黄色泽。在收录的 236 道湖北风味名菜中，红、黄色彩菜品比例大，合计占湖北名菜总数的 57.6%，具有古代楚人"尚赤"之遗风。呈红色的代表菜有"珊瑚鳜鱼""黄州东坡肉""螺丝五花肉""红烧野鸭"等；呈黄色的代表菜有"酥炸鱼排""黄焖圆子""拔丝猕猴桃""黄陂烧三合"等。

（六）名菜质感嫩、烂、酥、糯突出

（1）湖北名菜的质感以"嫩"最为突出。在收录的 236 道湖北风味名菜中，有近百款菜品的质感以嫩为主，占比高达 40.9%。菜品质感主要与其用料、刀工成形、烹调方法等有直接关系。首先，原料质地是菜肴质感形成的基础。湖北名菜所用的动物原料以鱼虾、鸡鸭及猪肉等为主，这些原料组织结构中含水量高，结缔组织少，肌肉持水性较强，经烹调后常能保持质嫩的特点；而所用的植物原料更是以柔嫩的豆腐和各种鲜嫩蔬果为主，为成菜的质嫩提供了物质基础。其次，刀工成形和烹调方法是菜感形成的关键。在所收录的湖北名菜中，有相当数量的菜品原料被加工成细小或极薄的片、丝、茸、丁、粒等形状，有些还要上浆，这样有利于菜品快熟和保持水分。而蒸、炒、烩、烧等烹调方法的大量使用，更促使菜品形成质"嫩"的特点。

（2）"烂"在湖北名菜质感中位居第二。在收录的 236 道湖北风味名菜中，有 21.3% 的菜品呈现软烂、肥烂、酥烂的质感。使用的烹调方法是蒸、煨、炖、焖等，长时间加热。

(3)“酥”在湖北名菜质感中的地位较突出。在收录的236道湖北风味名菜中，有20.8%的菜品表现出酥的质感，此类菜多以油传热的烹调方法完成。当原料与高温油接触后，组织中的水分迅速气化逸出，则形成酥松、酥脆、外酥内嫩的质感。

(4)“糯”在湖北名菜质感中也占有一定的比重。在收录的236道湖北风味名菜中，有8.1%的菜品表现出糯的质感。湖北名菜中有一些采用含胶原蛋白高的原料及糯米等原料制成，烹调中又经慢火加热或加入白糖、冰糖烹制，令成菜呈现出糯的质感。①

例如，下面这款荆楚美食乡情宴菜单，就充分体现了湖北的风味特色。宴席是由武汉商学院研制，全席菜品16道，主要由透味凉碟、楚乡热菜和汉味小吃三部分组成。

透味冷碟：	荆南卤水鹅胗	大刀千层顺风
	应时酱汁青瓜	襄郧美酱牛肉
楚乡热菜：	什锦荆沙鱼糕	黄州东坡肉方
	水晶葛粉虾仁	罗田板栗仔鸡
	沔阳珍珠米丸	江城酥炸藕夹
	鸡汁时令菜心	清蒸鄂州樊鳊
精美靓汤：	孝感米酒汤圆	鸡汁橘瓣鱼氽
汉味小吃：	武汉迷你面窝	金奖特色麻丸

宴席第一部分是“荆南卤水鹅胗”“大刀千层顺风”“应时酱汁青瓜”“襄郧美酱牛肉”四款特色凉菜，调配精妙，质精量巧，佐酒品味，引人入胜。

宴席的第二部分由8道热菜和2道汤菜所组成。其总体特征是蒸煨烧炒做工考究，荆楚饮膳特色鲜明，菜品排列跌宕变化，宴饮渐次进入

① 湖北省商务厅，湖北经济学院．中国楚菜大典［M］．武汉：湖北科学技术出版社，2019：66.

高潮。头菜"什锦荆沙鱼糕",是湖北荆南地区的传统风味名菜。此菜晶莹洁白,软嫩鲜香,鱼糕柔韧,对折不断,素有"食鱼不见鱼,可人百合糕"之美誉。"黄州东坡肉方"是湖北黄冈风味名菜之首。苏东坡的诗词:"黄州好猪肉,价贱如泥土,富者不肯吃,贫者不解煮。净洗锅,少著水,柴头罨焰烟不起,待它自熟莫催它,火候足时它自美。"道出了它的工艺精髓和操作要领。"沔阳珍珠米丸"是湖北沔阳风味三蒸之一,此菜荤素搭配,简约大方。"罗田板栗仔鸡"系以中国板栗之乡——湖北罗田的特产板栗与江汉流域的黄孝仔公鸡焖制而成。成菜色泽黄亮,酥嫩粉糯,肉中有菜香,菜中有肉鲜。"清蒸鄂州樊鯿"是湖北传统风味名肴,选用鄂州梁子湖的樊口鯿鱼(俗称武昌鱼)清蒸而成,成菜口感滑嫩,清香鲜美,素有"千湖之省的首席鱼馔"之称。"孝感米酒汤圆"系取湖北孝感地区特产的糯米酒,配以汉口五芳斋的糯汤圆煮制而成。成品酒香四溢,香甜可口,柔软绵糯,解酒醒腻。食之口角吟香,余韵悠长。座汤"鸡汁橘瓣鱼氽"是湖北荆南地区的传统风味名菜。本品以黄孝老母鸡煨汤取汁,氽制清江白鱼制作的鱼氽,成菜汤汁清醇,鱼氽白亮,滋味鲜香醇美,质地细嫩滑爽。

宴席的第三部分由两款汉味小吃——"武汉迷你面窝"和"金奖特色麻丸"组成,精致灵巧,乡情浓郁,能使筵宴锦上添花,余音绕梁。

第二节　荆楚传统饮食民俗

一、荆楚饮食民俗概要

荆楚饮食民俗的特点主要表现在以下 4 个方面。

(一)大米和淡水鱼鲜是人们日常饮食中重要的主副食原料

所谓"鱼米之乡"是对荆楚地区饮食结构最准确的概括,大米是本地一日三餐不可缺少的主食原料,在一些乡村地区,早餐是大米粥,中晚餐是大米饭,大米占摄取量的 70%～80%。大米产量大,食用广,加工方法也很多，除了常见的大米粥、饭等主食外，还可制成米糕、米豆丝、米粉丝、米面窝、米泡糕，以及用糯米制成的汤圆、年糕、糍粑、欢喜砣、粽子、凉糕、米酒等小吃品种，还可以将大米做菜，最常见的是做粉蒸菜，如粉蒸肉，肉有粉香，粉透肉味，风味独特，另外是将糯米与其他原料拌合，做出所谓的"珍珠菜"。如珍珠圆子、珍珠鲴鱼，等等。由此可以证明大米在人们饮食生活中的重要地位。

荆楚民间素有"无鱼不成席"之说。鱼在荆楚人的餐桌上扮演了十分重要的角色。荆楚拥有鱼类 170 多种，常见经济鱼类有 50 多种，产量约占全国 16％。荆楚人爱吃鱼，逢年过节，少不了一道"红烧鲢鱼"，以图"年年有余"之大吉；婚庆席上，少不了一道"油焖鲤鱼"，以祈"多子多孙"之预兆；酒店开张，免不了一道"财鱼奶汤"，以求"恭喜发财"之大利。荆楚人会吃鱼。光鱼的烹调方法就不下 30 种，红烧、油焖、氽、清蒸、焦熘、水煮，等等。加工方法多样，鱼块、鱼片、鱼条、鱼饼、鱼圆、鱼面、鱼糕，等等，光是鱼类菜肴多达近千种，荆楚人吃鱼还积累了许多经验，什么季节食什么鱼，到什么地方食什么鱼，什么鱼吃什么部位最好，什么鱼用什么烹调方法最好，都很讲究。

（二）以"蒸、煨、炸、烧"菜多

正如前文所述，楚菜的烹饪方法以蒸居多，以咸鲜为主，这也成为荆楚饮食民俗中的一个特点。"荆楚地区不仅鱼能蒸、肉能蒸，鸡、鸭、蔬菜也能蒸，尤其是在仙桃市（原沔阳）素有"无菜不蒸"之说。荆楚地区蒸菜十分讲究，不同的原料、不同的风味要求各有不同的蒸法，如新鲜鱼讲究"清蒸"，取其原汁原味；肥鸡肥肉讲究"粉蒸"，为了减肥增鲜，油厚味重的原料讲究"酱蒸"，以解腻增香。荆楚名菜"清蒸武昌鱼""沔阳三蒸""梅菜扣肉"是这三种蒸法的代表作。

"煨"也是极富江汉平原地方风格的一种烹调方法。逢年过节家家户户少不了要做一道"汤"，汤清见底，味极鲜香。此外，"炸""烧"的烹调方法使用也十分普遍。民间称做菜叫"烧菜"，谓腊月二十八准备春节食品叫"开炸"，可见炸、烧在楚地民间应用之广泛。

荆楚口味以"咸鲜"为主，调味品品种较少，过去许多地方都是"好厨师一把盐"，基本上不用其他调料。在一些乡村的筵席菜点中，所有的菜几乎都只一个味——咸鲜。这种口味特征可能与楚人爱吃鱼有关，因为鱼本身很鲜，烹调鱼时，除了需加少许姜以去腥味外，调味品只需盐则足矣。

（三）"无鱼、无圆、无汤不成席"

"无鱼不成席"是因为鱼味道鲜美，鱼价格便宜，鱼营养丰富，更重要的是鱼富含寓意，多子、富裕、吉祥、喜庆等，所以"逢宴必有鱼，无鱼不成席"。

"无圆不成席"是说荆楚人特别喜欢吃"圆子菜"，如鱼圆、肉圆等。荆楚人不仅可用动物原料做圆子，而且还善于用植物原料做圆子菜。如藕圆、萝卜丝圆、绿豆圆、糯米圆、豆腐圆、红薯圆等。同鱼菜一样，圆子菜也是各种筵席不可缺少的，在民间，肉圆子是筵席中的主菜，它的大小、好坏往往是衡量该桌筵席档次的重要标准。在鄂东南一带还盛行一种"三圆席"——以肉圆、鱼圆、糯米圆为领衔菜组成的一种筵席。以连中"三元"（解元、会元、状元）寓祝福之意。故民间举办婚嫁、喜庆筵席必用"三圆席"，以示吉祥如意，事事圆满。

荆楚人爱喝汤，举凡筵宴都少不了一钵汤。汤的制法多样，有汆、煮、熬、煨、炖，汤的原料丰富，鱼、肉、蔬菜、水果、野味、山珍等都是良好的原料。汤菜品种繁多，高级的有清炖甲鱼汤、长寿乌龟汤，中档的鲖鱼奶汤、瓦罐鸡汤、野鸭汤等，低档的有汆圆汤、三鲜汤、鲫鱼汤等。这种爱喝汤的饮食习惯可能与荆楚人偏爱咸鲜的口味和荆楚大地冬季寒冷，借汤驱寒，夏季炎热，借汤以开胃补充水分、盐分的需要有关。

（四）吃鱼习俗多

荆楚地区筵宴不仅是"无鱼不成席"，而且，年节筵宴还讲究"年年有鱼"，即鱼是看的，而不是吃的。鱼作为荆楚地区人们日常生活和宴请的一道必不可少的菜肴，其品种也可谓繁多。每逢新春佳节，家家户户吃团圆饭的时候，都必然有一盘全鱼，取其年年有余之意。或红烧、或清蒸、或溜炸，但是，怎么吃法，各地有各地的习俗。在我国长江流域的荆楚地区，鱼是整个宴席的最后一道菜，基本上是端出来摆摆样子，谁也不去吃它，这意味着，这条鱼是今年剩下来的，留给明年，还有一些地区，一上热菜就是全鱼，一直摆在桌子的中间，直到宴会快结束时，人们才动筷子。这两种吃鱼的习俗，都是人们所寄托的一种期望，希望家业发达，"年年有余"的象征。

在举行婚宴时，一般也离不开全鱼，这道菜一般是在酒过三巡后上的，吃的时候要注意，只能吃中间的，鱼头和鱼尾都要完好地保留下来，最好是连中间的脊骨都不要弄断，因为这是一种对新婚夫妇白头偕老的美好祝福。当然，有时鱼很大，盘子盛不下，在这种情况下，掌刀的厨师可将鱼的中段切掉一块，但吃的时候仍然要有头有尾。

鱼是荆楚地区人民所喜爱的一种菜肴，它可煎可煮，可炸可溜，可腌可卤，可糟可爆，味道各不相同，大宴小宴都离不开它，在吃鱼的时候也就伴随着许许多多习俗的产生，一直流传至今。在不少山区，在上鱼这道菜的时候，必须把鱼头对着长辈或尊贵的客人，鱼头对着谁，谁都必须先饮 3 杯，因为这是主人对客人的敬重，而后鱼头所对的人开始吃鱼，其他人才可以吃。如果在他还没动筷子吃鱼时，别的人先去吃鱼，就必须罚酒 3 杯。有些地方还在鱼头上点一点红，以示吉庆。

在水上吃鱼，那就更有许多讲究了，大鱼上桌时，必须将鱼头放在船老大，或者是驾驶舵手面前，鱼尾放在舢板小老大处，捕鱼手吃鱼的中段，其他人只能吃放在自己面前的鱼。在渔船上吃鱼，要先吃上半片，吃完后把鱼骨头拿掉，再吃下半片，只顺着吃，切不可把鱼翻过身来吃，渔民们在"三面朝水，一面向天"的渔船里，最忌讳的就是一个"翻"字。

荆楚地区中一些山里人还爱吃一种"熏鱼"。就是把鱼洗净晾干后，吊在灶口上让烟熏，然后在锅里放上少许米或糖，上面架上甑皮（一种用竹片编架起来用来蒸东西的工具），再把经过烟熏的鱼洗干净后放在上面，用文火慢慢地熏烤，一边烧，一面在鱼身上涂一些红酒糟，直至锅里的米或糠完全烧焦为止，便可食用了，这种熏鱼味道奇香，带有浓郁的酒糟味，咬起来带有弹性，便于保管，所以，山里人把它切成片后，作为正月里人来客往的一种最好的下酒菜。

事实上，长江流域其他地区对鱼也有很多讲究，居住在长江上游的云贵一带的苗族，每年的三月初九是他们的"杀鱼节"。这一天，人们来到河边，从河里叉起一条条鲟鱼，就地架起铁锅，燃起篝火，用河水煮着鲜鱼，喝着米酒，吹起芦笙，唱着山歌，祭天求雨。祝愿风调雨顺，五谷丰登。此外，老家中老人死了，亲戚朋友送祭品时，必须要有鱼，端午节要吃"鱼包韭菜"；云南的傣族在过中秋节时也必须从池塘里抓鱼；侗族秋收季节在田边燃起篝火，用树枝穿在鱼嘴里，在火上烤焙而熟的"烤鱼"。喝着糯米酒，手撕着烧鱼，就着糯米饭，把酒品鱼，山歌四起，一幅农家乐的图画展现在人们的面前，这些都充分说明了一方水土养一方人。

鱼是人们所喜爱的，由它产生的一些习俗，在湖北的一些地区，有的正渐渐地消亡，而有的却被人们一代一代地传了下来。

二、荆楚婚嫁生育饮食民俗

荆楚地区的节令、婚嫁、生育等活动中，也有丰富多彩的饮食内容，值得回味。

（一）婚嫁食俗

婚嫁食俗是婚嫁活动中的一个重要方面。它的内容十分广泛，地区差异性也很大，这里仅对一些比较有特色的食俗内容做一介绍。

婚嫁食俗从相亲开始。鄂东南地区，如果丈母娘对新上门的女婿看不中，会做一碗鸡蛋面条给小伙子吃，若是明智的小伙子，他就会知道吃了鸡蛋就该"滚蛋"了。如果双方家长相看中意，则由男方提出订婚。民间订婚要备办订婚礼物（俗称聘礼），聘礼中有些食物是必不可少的，茶叶就是其中之一。明人郎瑛《七修类稿》中引《茶疏》说："茶不移本，植必子隆。古人结婚，必以茶为礼。取其不移植之意。"可见聘礼用茶，有"一经订婚，决不解毁（改悔）"之意。

女儿出嫁，家母要在嫁妆中放一些具有特殊意义的食品，以示期望，如在被子角放上红枣、花生、桂圆、瓜子等，取其"早生贵子"之意，或在马桶（现在一般用痰盂）里放一些煮熟染红的鸡蛋和筷子，谓之"送子"。

新婚之日，男方要大摆宴席，民间谓之"喜酒"，婚宴一般分两天举办。第一天迎亲日，名为"喜酌"，第二天名为"媒酌"。喜酌的赴宴者为三亲六戚，媒妁的赴宴者为亲朋好友。在鄂东南地区，婚宴正式开始前，要先行一个"茶礼"。新娘在姑子的陪同下，给入席坐定的客人倒"喜茶"（旧时为红糖水），名为倒茶，实为认亲。小姑子给新嫂子介绍客人的称谓，新娘随后喊一声"××请用茶"，客人站起，接过茶杯喝完后，将早已准备好的红包放进杯中，新娘收起红包，再给下一位倒茶。——倒完，茶礼结束，婚宴开始。

荆楚风味婚庆宴排菜习用双数，最好是扣八、扣十，菜名风光火爆，寄寓祝愿；忌讳摔破餐具和饮具，不上"梨"等果品，不用"霸王别姬""三姑守节"等不祥菜名。常常通过吉祥菜名烘托夫妻恩爱、幸福美满的主题；借用重八排双的筵宴格局，寄寓良好祝愿，从心理上愉悦宾客；延用当地的饮食习俗，趋吉避凶，将美好的祝愿与美妙的饮食交织在一起，使宾客在品位与审美上获得最大满足。

十堰市"山盟海誓"婚庆宴菜单

一彩拼：花好月圆（象形工艺彩盘）

四围碟：	珠联璧合（腊味合蒸）	前世姻缘（四色珍菌）
	永结同心（襄阳捆蹄）	白头偕老（花菇仔鸡）
八热菜：	山盟海誓（山海烩八珍）	比翼双飞（油淋乳鸽）
	鸾凤和鸣（琵琶鸭掌）	早生贵子（甜枣莲羹）
	四喜临门（四喜丸子）	枝结连理（植蔬四宝）
	麒麟送子（麒麟鳜鱼）	福满华庭（珍珠炖甲鱼）

二点心：相敬如宾（金银小包）　　　浓情蜜意（玉带甜糕）

一果品：百年好合（时果拼盘）

在民间，婚宴菜品的构成都有特殊的规定。农村许多地方，婚宴菜肴还有吃菜、看菜、分菜之别，所谓"吃菜"即是供客人在席桌上吃的菜。按理说，筵席上的菜肴都是可以吃的，但出于某种礼仪，有的菜却只能看而不能吃，谓之"看菜"。因为这道菜象征着某一种意义，此时它已成为某种寓意的寄托物。所谓"分菜"是指给赴宴宾客带回来吃的菜肴。分菜一般是炸制或烧制的无汁或少汁菜，常做成块状或圆子状，便于分装携带。菜肴一上桌，由席长或同席长辈分给每位客人，客人取出早已准备好的布袋或手巾包好带走。

（二）生育食俗

十月怀胎，饮食为要。在民间，妇女怀孕后，为了达到预想的生育目的（生儿或生女）和顺利生产，总是采取一些饮食手段来加以影响，如"咸男淡女""酸男辣女"等。又如：要求孕妇多吃龙眼（干品叫桂圆），以为多吃龙眼，生的孩子眼睛会像龙眼一样又大又明亮。荆州地区，长辈总要孕妇吃藕，因藕多孔，多吃藕，希望孩子将来又白又胖又聪明，多长心眼。还有的地方要求妇女多吃猪脚，以求孩子将来走步早，会走路。

民间除了鼓励、要求孕妇吃某些食物外，还禁止孕妇吃某些食物，如牛肉，说是吃了牛肉，小孩身上会多毛。禁止吃狗肉，认为狗肉不洁，食后会导致难产。有的地方还忌吃生姜，认为孕妇吃了生姜，出生的孩子可能是六指。

产妇进补最主要的方式是喝老母鸡汤，所以亲戚朋友送礼大多都是送鸡，产妇产后一般要吃二三十只鸡，有的地方还用红糖进补，说是红糖可补血。"产前一盆火，饮食不宜暖；产后一块冰，寒物要当心"。这是民间对产妇饮食的科学总结。

孩子出生后，亲戚朋友都要前往祝贺，主家则要设宴款待。诞生礼宴席多在婴儿出世、满月或周岁时举行，主要包括三朝酒、满月酒、百日酒和周岁宴等。它的主角是"小寿星"，赴宴者为至亲好友，贺礼常是衣服、首饰、食品和玩具。此类宴席要求突出"长命百岁、富贵康宁"的主题，宴席菜品重十，须配花色蛋糕、长寿面等，菜名要求吉祥和乐，充满喜庆。湖北的"三朝酒"又称"三朝礼宴"，是指新生儿出生的第三天为其举办的盛大仪典和庆贺酒宴。例如，土家族人的"打三朝"宴。土家族人特别重视婴儿诞生礼。婴儿降生后，父亲要怀抱"报喜鸡"去外婆家报喜，外婆家则要置办"三朝礼"，3天之后，与亲友们挑着礼品前来贺喜，即为"打三朝"。宴饮聚餐时，婴儿的外公或舅父要给婴儿取名，俗称"命名礼"。满月那天，外婆家要给婴儿母子送来相应的衣物和食品，如醪糟、猪腿、熏肉、鸡、蛋、糖等，并与亲友们一起分享"满月酒"。随着时代的推移，现今多数土家族人把"三朝酒"与"满月酒"合二为一，统称为"打三朝"，有条件的家庭喜欢在餐馆酒店里操办"打三朝"宴。下面是鄂西长阳土家族人秋季使用的"打三朝"宴席菜单及伴宴山歌，可供赏鉴。

长阳土家族秋令"打三朝"宴席菜单

冷　菜：蒸长阳香肠　　卤艮山野兔　　拌鄂西珍菌　　熏清江白鱼

热　菜：吉星全家福　　香酥炸斑鸠　　板栗焖牛腩　　长命粉蒸肉

　　　　土家凤姜鸭　　团馓煮鸡蛋　　砂堡吉庆鱼

汤　菜：山菌炖野鸡

主　食：香甜玉米饼

这时还有伴宴山歌，"土家的山，绿茵茵，土家的水，甜津津；土家的咂酒香喷喷，土家的客人笑盈盈；山青青地灵灵，清江鲤鱼跳龙门；家鸡肉野鸡汤，土家风味醉仙人"。宴席上的客人听着悦耳的民族歌谣，尝着可口的特色美食，身临优美的自然景观，感触独特的饮食风俗，真的是如醉如痴。

第三节　荆楚节日饮食习俗

节日礼仪食俗，是中华民族饮食文化一份珍贵的遗产。它是中国先民在长期社会活动过程中，适应生产、生活的需要和欲求而创造出来的，特别是在荆楚地区，中国许多年节饮食习俗形成并成熟于这一地区，这些年节几经嬗变，一直传延至今。

荆楚地区的年节具有 4 个特点：①数量多；②节日形式成熟，构造复杂，每个节日都有一套相应的节日传说、节日饮食、节日礼仪，构成了一个个繁复的节日习俗系统；③在每个节日中都可找到一些最为古老的文化遗传因子；④荆楚地区年节中的饮食，最能集中、强烈地反映出汉唐文化的内容和色彩。

荆楚地区年节中的这四个特点，一方面证明它的载体文化是高度发达而成熟的；另一方面证明它自身也是高度成熟的。可以说，正是由于这两方面成熟的条件，才使得荆楚地区年节饮食习俗如此绚丽多彩，撩人兴味。

一、荆楚节令食俗概况

春节，俗话说："腊八过，办年货。"家家户户腌腊鱼腊肉、碾糯米粉、泡糯米打糍粑、做小吃、打豆腐、宰牛鸡、福（伏）年猪（民间过年杀猪叫"福"，福作动词用）。直至腊月二十八晚"开油炸（锅）"，将年饭食品全部准备完毕。二十九或年三十日，将家中水缸储满水，以后3 天不能挑水。腊月三十除夕夜，家庭举宴，长幼咸集，多作吉利语，名曰"年夜饭"。关于吃"年饭"的时间，各地不尽相同，有的是早晨，有的是中午，也有的是晚上，但不管什么时间，其食品之丰盛、进餐礼俗之讲究是任何筵宴不可比拟的。

正月初一开始，亲戚朋友相互拜年，彼此相邀畅饮，从正月初一至十五止，民间谓之"请年酒"或"吃新年酒"。这段日子里真是"灶里不断火，路上不断人"。

端午节时在荆楚地区除吃粽子外，在鄂东南地区，端午节还要吃糯米饭或包裹糖馅的糍粑，有的还吃麦面馍。江汉平原地区，端午节要吃芝麻糕、绿豆糕、盐蛋、鳝鱼。家家户户要腌一些鸡蛋、鸭蛋，农村小孩总是在这天胸前挂上一个用线网装着的咸蛋，互相逗乐。端午节还是食鳝鱼的最佳时节，这个时候鳝鱼肥美味鲜。《汉口竹枝词》："艾糕筶粽庆端阳，鳝血倾街秽莫当。"即是这一民俗的真实写照。

除夕

中秋节，中秋食月饼自古已然。鄂北一些地方，中秋节还有吃馒头或包子的习俗。荆江一带，中秋节还必食鸡蛋煮米酒，在武汉市，每逢中秋节板栗喷香，"仔鸡烧板栗"成了家家户户餐桌上的必备菜肴。

除了上述三大节日之外。三月初三"上巳节"（又名荠菜花节）的饮食习俗尤具地方特色。是日，家家采地米菜（荠菜）煮鸡蛋吃，俗以为上巳日吃了地米菜煮鸡蛋可以清毒、防暑、免灾、治头晕。《汉口竹枝词》载："三三令节重厨房，口味新调又一桩。地米菜和鸡蛋煮，十分耐饱十分香。"记录了上巳节汉口地区的饮食习俗。

二、春节饮食习俗

百节年为首，新年春节，是荆楚地区人民生活中的盛典。

春节的滥觞非常古老，早在远古时期，便传承着以立春日前后为时间坐标，以春耕为主题的农事节庆活动。这一系列的节庆活动不仅构成了后世元旦节庆的雏形框架，而且它的民俗功能和构成因子也一直遗存至今。

汉唐是由立春节庆向现代的春节大年节的过渡时期，它表现为两个演进过程：其一为节庆日期由以立春为中心，逐渐过渡到以正月初一为中心，如《荆楚岁时记》所云："正月一日，是三元之日也。"即岁之元、时之元、月之元，所以汉唐人将此称为元旦；其二为单一形态的立春农事节庆逐渐过渡到复合型态的新年节庆。由此在荆楚地区产生了一系列以除疫、延寿为目的的饮食习俗，其主要表现就是饮椒柏酒、屠苏酒、桃汤、吃五辛盘、胶牙饧等。

早在汉代，元旦便与饮椒柏酒的习俗结合在一起了。椒酒在先秦时曾是楚人享神的酒醴，到了汉代，"椒"又为寿神之一的北斗星神挂上了钩，据东汉崔寔《四民月令》说："椒是玉衡星精，服之令人身轻能（耐）老，柏是仙药。"

隋人杜公瞻仰《荆楚岁时记》注中引魏晋文献说："成公子安《椒华铭》则曰：'肇惟岁首，月正元旦，厥味惟珍，蠲除百疾。'是知小岁则用之，汉朝元下则行之……董勋云：'俗有岁首酌椒酒而饮之，以椒性芬香，又堪为药，故此日采椒花以贡尊者饮之，亦一时之礼也。'"

可见，汉晋时荆楚地区的人们已相信元旦饮用椒花柏叶浸泡的酒，能使人在新年里身体健康，百疾皆除，延年益寿。

当时人们饮椒柏酒还传承着从年、辈最小的家族成员开始，最后才由年、辈最高的家庭长辈饮酒的俗规，至于为什么要先从小孩饮起，董勋《答问礼俗说》曾做解释："俗云小者得岁，先酒贺之；老者失岁，故后饮酒。"

魏晋南北朝时，荆楚地区的人们在元旦除了饮椒柏酒外，还兴起了饮屠苏酒的习俗，《荆楚岁时记》中说：元旦"长幼悉正衣冠，以次拜贺，进椒柏酒，饮桃汤；进屠苏酒，胶牙饧，下五辛盘；进敷淤散，服却鬼丸；各进一鸡子"。

屠苏是一种药剂，南朝梁人沈约《俗说》云："屠苏，草庵之名。昔有人居草庵之中，每岁除夜遣闾里药一剂，令井中浸之，至元旦取水置于酒樽，合家饮之，不病瘟疫。今人有得其方者，亦不知其人姓名，但名屠苏而已"。

显然，最早的屠苏酒是预防时疫的一种中药配剂，在元旦取浸过屠苏药剂的井水饮用，含有新水崇拜的意味。后来，晋人葛洪曾用细辛、干姜等泡制屠苏酒，逐步演化为用一些中药来泡制酒，以起治病防病的作用。

吃五辛盘也是为了健身，魏晋时将大蒜、小蒜、韭菜、芸苔、胡荽称为五辛，在元旦时，人们将这五种辛香之物拼在一起吃，意在散发五脏之气。唐代著名医学家孙思邈在《食忌》中说："正月之节，食五辛以辟疠气。"他在《养生诀》中亦云："元旦取五辛食之，令人开五脏，去伏热。"按照现代科学观点，元旦之际，寒尽春来，正是易患感冒的时候。用五辛来疏通脏气，发散表汗，对于预防时疫流感，无疑具有一定的作用。吃五辛盘反映了荆楚地区人们把新年健康的追求，寄托在元旦这一天。

五辛盘是后世春盘、春饼的雏形，唐代时，人们对五辛盘做了改进，增加了一些时令蔬菜，汇为一盘，号为春盘，取其生发迎春之义，在元旦至立春期间食之。如唐代《四时宝镜》中言："立春日春饼生菜，号春盘。"当时吃春盘不仅在荆楚地区十分普及，在黄河流域也同样普及，《关中记》也说："唐人于立春日作春饼，以春蒿、黄韭、蓼芽包之。"随着时间的推移，春盘、春饼、春卷的名称相继更新，其制作也越来越精美了。

元旦中的其他一些食物，也多寓吉祥之意，表达人们对新年美好生活的向往，如元旦吃"胶牙饧"，这是一种饴糖，古汉语中"胶"与"固"相通，胶牙即固牙，俗传吃了这种糖之后可以使牙齿牢固，不脱落。

在荆楚地区流行的春节食俗中，最有代表性的节令食品要数年糕，"糕"谐音"高"，过年吃年糕，除了尝新之外，恐怕主要是为了讨个口彩，意取"年年高"。正如清末一首阐发年糕寓意的诗所说："人心多好高，谐声制食品，义取年胜年，藉以祈岁稔……"新年吃年糕之俗，反映了人们对美好生活的向往和追求。

年糕是将糯米浸泡磨浆后，压干水分，蒸制而成的一种米制品。其特点是口感柔软，食法多样，便于存放。

"十里不同风，百里不同俗。"我国幅员辽阔，各地食年糕习俗不尽相同，年糕品种多种多样。北方年糕多以黄米年糕、黍米年糕为主，南方年糕以糯米年糕为主。南方年糕又分广式和苏式两大风味，广式多以糯米粉、片糖、生油、瓜子仁、竹叶等为原料，其色泽金红、口感软滑，内含竹子清香。苏州年糕最为讲究，有猪油年糕和红糖年糕、白糖年糕等不同品种。红糖年糕、白糖年糕，粉细糯甜，色泽白亮，蒸透揉韧，水煮不腻，油煎香甜，久藏不霉。猪油年糕有玫瑰、桂花、枣蓉、薄荷四种，其特点是色泽鲜艳美观，肥润香糯，食而不腻。除甜年糕外，有些地区还喜欢吃咸年糕。以南瓜丝、萝卜丝为料，加入糯米浆中，上屉蒸熟。咸年糕吃起来更是别有风味。在湖北、湖南、江西等地，每年一进腊月，家家户户便开始制作年糕，年糕成为春节重要的食品和礼品。如清道光年间湖北《安陆县志·民俗》云："村中人必致糕相饷，名曰'年糕'。"年糕多由糯米或黏小米制成，谐音年（黏）年（黏）高（糕），寓意"步步登高"，一年更比一年好。

拜年客人进门后，主妇们先给客人敬茶一杯。潘荣陛《帝京岁时纪胜》云："镂花绘果为茶。"清代苏州诗人袁景澜在《年节酒词》中云："入座先陈饷客茶，饤拌果饵枣攒花。"按上海旧时习俗，年初一的早上一起床，便要喝一杯"元宝茶"，茶中除了要放一些上等的茶叶以外，还要放上两枚清香爽口、涩中带甜的青橄榄。此日的早点，大多是两只加有红糖的"水铺蛋"，以寓甜甜蜜蜜、团团圆圆。一些富裕人家，到了春节时还要用红漆果盘装出各种

春节拜年

富有吉祥意义的风味食品，如荸荠、蜜枣、桂圆、橘红糕、云片糕、油枣、金橘、糖莲心、芝麻糖、花生等，以供家人和宾客享用。过去汉口亦称加有红枣、瓜仁、莲子等物的糖开水为"元宝茶"。清代叶调元《汉

口竹枝词》云："主客相逢吉语多，登堂无奈磕头何。殷勤留坐端元宝，九碟寒肴一暖锅。"注云："正月饮酒用元宝杯，谓之'端元宝'。"元宝杯是酒杯上绘有元宝或钱币图形，以示吉祥发财之意。后来改用"元宝茶"。一般取红枣沿腰切口，四周嵌入瓜仁，冲白糖开水。考究一点的红枣、莲子、桂圆羹也称"元宝茶"。民国四年刊印的《汉口小志》云："拜年客来，多留吃元宝茶，或摆果盒以待。"果盒中装有年糕、蜜枣、糖莲子、柿饼、花生等，分别寓意年年高、早生贵子、早日高中、连生贵子、事事如意、花着生。

　　荆楚地区春节饮食活动的高潮是吃"团圆饭"。在民间，人们对吃团圆饭十分重视，羁旅他乡的游子，除非万不得已，再忙也要赶回家吃顿年饭。因特殊原因不能回家吃年饭的，家人也要为他们留一席位，摆上一套碗筷，以示团圆。筵宴菜肴的内容在不同地区各不相同。如江汉平原地区，除夕年夜饭必有一道全鱼，谓之"年鱼"，意取"年年有余"。年鱼一般是不能吃的，虽然个别地方可以吃，但鱼头、鱼尾不能吃，谓之"有头有尾"，来年做事有始有终。圆子菜在许多地方的年宴上是少不了的，因"圆子"正好合"团圆"之意，所以，鱼圆、肉圆或藕圆便成宴席上的必备菜。总之，年宴上一般要有一至两道包含吉祥寓意的菜肴，以此表达人们对未来生活的美好祝愿。

三、元宵节饮食习俗

　　正月十五元宵节，又称上元节，是新年的第一个月圆之夜。

　　元宵节起源于汉代，但对其起源形式，存在着不同的说法。第一种说法是，汉武帝采纳方士谬忌的奏请，在甘泉宫中设立"泰一神祀"，从正月十五黄昏开始，通宵达旦地在灯火中祭祀，从此形成了这天夜里张灯结彩的习俗，如宋人朱弁《曲洧旧闻》云："上元张灯，自唐时沿袭，汉武帝祠太一自昏至明故事。"实际上，汉武帝祀太乙沿袭的是先秦楚人的旧俗，《楚辞·九歌》以"东皇太一"为至尊之神。

　　第二种说法是，汉末道教的重要支派五斗米道，创天、地、水（或人）"三官"说，魏晋时，道教又以"三官"与时日节候相配，定正月十五为上元，七月十五为中元，十月十五为下元，合称"三元"。三元节由此产生。明人郎瑛《七修类稿》引唐人说法，认为正月十五是"三官下降之日"，而三官各有所好，天官好乐，地官好人，水官好灯，因此在上元节要纵乐点灯，士女结伴夜游。

第三种说法是，上元节是汉明帝时由西域传入的，如宋人高承《事物纪原》云："西域十二月三十乃汉正月望日，彼地谓之大神变，故汉明令烧灯表佛。"

这些说法都有一定的道理，但是一个成熟节日的形成，多是融汇了一些不同种类的原型因子，可以认为，上元节是多种文化和习俗复合而成的，如荆楚地区先秦楚文化的遗绪，汉代正月十五燃灯祭太一的礼仪，道教者流造作的"三元"说，以及佛教传入中国后，法事庆典的影响等。正是由于这些因素的结合，才形成了上元节。这样，正月十五灯火辉煌的活动，既有祭太一神的旧俗，又有燃灯礼佛的虔诚，成了一个独具风采的传统节日。

正月赏花灯

元宵节吃元宵这一习俗，是从宋代长江下游一带开始的。南宋周必大《平国续稿》记云："元宵煮浮圆子，前辈似未曾赋此……"《岁时杂记》说："煮糯为丸，糖为臛，谓之圆子。"其制法是以各色果饵和蜜糖为馅，用糯米粉包裹起来搓成球，置水中煮沸而食。圆子与耍狮、舞龙的球一样是月亮的象征物，吃圆子含有祭月、赏月的意味。周必大《元宵浮圆子》诗云：

今夕知何夕，团圆事事同。

汤官寻旧味，灶婢诧新功。

> 星灿乌云里，珠浮浊水中。
>
> 岁时编杂咏，附此说家风。

因为"前辈似未曾赋此"他才写了这个"时令风尚"的食品。同代人周密在《武林旧事》一书中说："节食所尚，则乳糖圆子，澄沙团子……十般糖之类。"这里所说的"乳糖圆子""澄沙团子"等，是应节而做的，系用江米粉（南方称糯米粉）包裹各种果饵料做馅，搓成球状，然后用开水煮制而成。

元宵寓团圆之意，又有元旦（今春节）完了义，也作为祭祀祖先之物，寄托对亡灵的哀思和敬意。[①] 清同治年间湖南《巴陵县志》云："'元夜'作汤圆，即呼食元宵，圆元语同，又有完了义。"同治年间江西《乐平县志》曰："十三夜，四衢张灯……至十八日乃止，谓之'元宵节'。十四日，夜以秫粉作团……谓之'灯圆'，享祖先毕，少长食之，取团圆意。"

荆楚地区不同地区，元宵节饮食习俗不尽相同，各有千秋。武昌的"弄龙"要一连三天。全村的男女老少都跟随龙灯到邻村赴宴，称为"龙换酒"。宜昌素有"三十的火，十五的灯"之说。也就是腊月三十家里的火要旺，年才不敢进来；正月十五的灯要多，那样才是好年份。宜昌人在元宵节的时候家家户户都要炸制春卷，这带有荆沙风俗；还会有人蒸糯米粑粑，这是地方特色；元宵节的晚上，人们还要用糯米粉和豆沙馅做汤圆吃，以预祝一年的工作圆满、生活顺利。

而在恩施土家地区，农历正月十五的晚上吃完代表"团圆"的汤圆后，土家人的年就到了最后一个大型活动了——"耍毛狗"，这是一种带有娱乐和宗教色彩的篝火晚会。这个活动实际上从白天就开始准备了，邻近几家的孩子们用手腕粗细的木棍、树枝、玉米秆和竹子找一片开阔的地方搭起一个很大的圆锥形"毛狗棚"。到了天将黑的时候，这几家的

---

① 赵荣光，谢定源. 饮食文化概论 [M]. 北京：中国轻工业出版社，2000：132.

大人小孩们都会带着大量的鞭炮、烟花聚到这个"毛狗棚"边上，等人到齐后，就有人迫不及待地开始点燃这个"毛狗棚"。这时候，大家就不断地燃放烟花，往篝火里面扔鞭炮。年轻人和小孩子在附近跑来跑去，嘴里大声地"要"（喊）："正月十五要毛狗，要到河那边的灶门口。"期待这样能将以前为害乡里的豺狼等动物赶到很远的地方去。

湖北省《枣阳县志》记载："元宵"，家家和粳米、大豆、荞麦等面为金盏、银盏，燃香（油）炷于中，遍处张照，次日收取煎食。[①]

在中国，偷盗行为历来为百姓所不齿。但在黄石阳新，元宵节"偷者"光明正大，而"被偷者"无动于衷，民间谓之"偷青"。当晚，小孩子早早吃完饭，准备好袋子，等待月亮升起，然后去"偷"别人家的菜，而且当地还有俗话说"偷来葱，吃了就聪明；偷来蒜，就是算术快"。这种习俗在其他地区也有，如西南地区的四川合江，在元宵节这天，入夜，煮汤圆而食，称为"吃元宵"。男人则窃人青菜煮食，称为"偷青"。或私取人家檐灯以送亲友，据说可生子，称为"送红灯"。

正月十五吃元宵也与中秋吃月饼一样，含有家人团圆的意味。如周必大在前诗中又云："今夕知何夕，团圆事事同。"1913 年，袁世凯因"元宵"与"袁消"谐音，于己不吉利，下令改"元宵"名称为"汤圆"。此后，汤圆之名也流行开来，有的地方直至现在仍称元宵为汤圆。

四、清明节饮食习俗

寒食节在清明之前一二日，从先秦以迄隋唐，寒食节均为一个大节日。寒食节与清明节在节俗内容上并无十分明显的继承关系，两者间存在的主要是一种置代关系。纵观这两个节日的演变、发展轨迹，我们可以很清楚地发现这么一条线索，那就是，寒食节式微的时候，清明节就从一个单纯农事节气上升为一个大的节日，这说明清明节的产生，是借用了寒食节的节期，寒食仅先于清明一二日，因而很自然地便被后者借

---

① 枣阳县志. 1939 年铅印本，卷 34.

用了。这种借用的文化基础是人们世世代代传承、积淀下来的对年节节期的稳定的习惯心理。除节期的借用外，清明节也借用了寒食节作为一个纪念性、祭祀性节日的内核，清明的祭祖扫墓之俗的深层结构无疑就是纪念和祭祀。

古代寒食节主要吃粥。据《荆楚岁时记》记载："去冬节一百五日，即有疾风甚雨，谓之寒食。禁火三日，造饧大麦粥。"

唐代以后，寒食的地位日趋式微，逐渐成为清明节的一部分，寒食节禁火风俗也逐渐消失。但是与这个节日有关的馓子这一节令食品（古时叫"寒具"），却仍为人们所喜食，千百年来，传承不绝，并发展为具有款式繁多、风味特殊的特点，在荆楚地区各地流行。

清明节的饮食活动，各地也不尽相同。清明时节，鄂东一带有吃清明果艾糍的风俗习惯。踏青时，采摘田野里的棉菜（学名鼠曲草），有止咳化痰的作用，制成清明果蒸熟，其色青碧，吃起来格外有味，也是扫墓时用来祭奠先人的必备食品。还喜欢吃春卷，又称春饼、薄饼，是汉族民间节日的一种传统食品。目前流行于中国各地，在荆楚等地尤盛。民间除供自己家食用外，常用于待客。用上白面粉加少许水和盐拌揉捏，放在平底锅中摊烙成圆形皮子，然后将制好的馅心（肉末、荠菜、猪油）摊放在皮子上，将两头折起，卷成长卷下油锅炸成金黄色即可。春卷皮薄酥脆、馅心香软，别具风味，是春季的时令佳品。春卷历史悠久，由古代的春饼演化而来。据宋人陈元靓的《岁时广记》中记载："春日食春饼，生菜，号春盘。"可见春日做春饼，食春饼的民俗风情由来已久。春的意思就是春天，有迎春喜庆之吉兆。

五、端午节饮食习俗

农历五月五日端午节是中国传统节日中仅次于元旦的第二大节日。端午又称端五、重五、重午、端阳、地腊（道教节庆）、女儿节、浴兰和天中节。除汉族外，荆楚地区还有一些少数民族也过端午节，如彝族、傣族、土家族、纳西族、侗族、布依族等。

端午节起源很早，在先秦时，人们就认为五月是个恶月，重五之日更是恶日，如《史记·孟尝君列传》中就有这样的事例，其云："初，田婴有子四十余人，其贱妾有子名文，文以五月五日生。婴告其母曰：'勿举也'。其母窃举生之。及长，其母因兄弟而见其子文于田婴。田婴怒其母曰：'吾令若去此子，而敢生之，何也？'文顿首，因曰：'君所以不举五月子者，何故？'婴曰：'五月子者，长与户齐，将不利其父母。'文曰：'人生受命于天乎？将受命于户邪？'"婴默然。

司马贞对此也持同感，其索隐中有"五月盖层，令人头秃"的话。①《吕氏春秋》中也认为五月是阴与阳、死与生激烈斗争的一个月，其中云："是月也，日长至，阴阳争，死生分。君子斋戒，处必掩，身欲静无躁，止声色，无或进，薄滋味，无致和，退嗜欲，定心气，百官静，事无刑，以定晏阴之所成。"②

所以后世端午节要进行一系列的辟邪、祛疫的活动，这说明构成端午节的一些事象及因子，在先秦时就已存在。

汉代至魏晋是端午节初步形成的阶段，而南北朝至隋唐则是端午节定型化、成熟化的阶段，因为端午节中的许多风俗事象，特别是饮食风俗，都是在这一时期形成的。

端午节最主要的节令食品是粽子。相传粽子始于汉代，是端午节投向水中祭屈原的供品。南朝梁人吴均《续齐谐记》载："屈原五月五日投汨罗而死，楚人哀之，每至此日竹筒贮米，投水祭之。汉建武中，长沙欧回白日忽见一人，自称三闾大夫，谓曰，'君当见祭，甚善。但常所遗，苦蛟龙所窃。今若有惠，可以楝树叶塞其上，以五采丝缚之。此二物蛟龙所惮也。'回依其言。世人作粽并带五色丝及楝叶，皆汨罗之遗风也。"可见，最早的粽子是用楝叶包裹的。

后来，人们又改用菰叶来包粽子，周处《风土记》云："仲夏端午，

---

① 史记·孟尝君列传. 司马贞. 索隐［M］. 北京：中华书局，1959：2355.
② 陈奇猷. 吕氏春秋·仲夏纪［M］. 上海：学林出版社，1984：242.

烹鹜角黍。"又云:"五月五日,以菰叶裹黏米煮熟,谓之角黍,以象阴阳相包裹,未分散也。"《齐民要术》中又引《风土记》注云:"用菰叶裹黍米,以淳浓灰汁煮之,令烂熟,于五月五日夏至啖之。粘黍,一名粽,一名角黍,盖取阴阳尚相裹,未分散之时象也。"《荆楚岁时记》亦云:"夏至节日,食粽。"其注云:"按周处《风土记》谓为角黍,人并以新竹为筒粽。"此外,《尔雅翼》卷一"芘"字注引《荆楚岁时记》佚文云:"其菰叶,荆楚俗以

端午饮食图

夏至日用裹黏米煮烂,为节日所尚,一名粽,一名角黍。"

从以上这些材料中可以反映出,在南朝时,荆楚地区粽子的名称已逐渐代替了角黍,其制作原料也由黍米改为主要用大米了,而且粽子也成为夏至和端午两个节日的节令食品。

事实上,所谓用竹筒贮米和包裹"粽子",原是巴楚地域稻作民族制作主食的两种古老方法,制筒粽的方法是在新砍的竹筒中贮米注水,置火上烧烤成熟食。制粽子的方法是以楝树叶或菰叶包裹黏米,用线缚紧,投水中煮烂,然后取出剥食。这两种制作主食的方法至今仍为部分西南少数民族所沿袭。

竹筒贮米和粽子均是上古代巴楚人们的日常食物,本无特殊的纪念意义,后来,在魏晋南北朝传承过程中,人们又将吃粽子与祭楚人屈原联系了起来,这样,后世围绕着粽子这一食品,便衍生了一系列有关的食俗与禁忌,粽子包裹的花样及品种也越来越多。特别是荆楚地区,粽子种类更多。近代以来,随着当地民众生活水平的提高,荆楚地区端午节时所吃的粽子品种也日益丰富起来。喜吃苏式的,有白米、赤豆、豆沙、鲜肉、火腿等诸多名色,喜吃广式的,则有椰蓉、莲蓉、烧鸭、猪油豆沙、叉烧、蛋黄等各种类型,另外还有诸多的花色粽,如干贝、冬菇、虾米、绿豆、咸蛋等。真可谓琳琅满目,丰富至极。

端午节吃咸蛋也是楚人的重要习俗,江汉平原地区在端午节前,家

家户户都要腌一些鸡蛋或鸭蛋以备节日之用，以表达驱瘟辟邪、渴求平安之意，人们认为，孩子最容易受到邪毒侵害，因此就产生了很多保护儿童的辟邪措施，吃蛋习俗也表达了同样的主题。关于此俗，民间流传着一段传说：相传很久以前，天上有个瘟神，每年端午的时候，总要溜到下界播疫害人。受害者多为孩子，轻则发烧厌食，重则卧床不起。做母亲的对此十分心疼，纷纷到女娲娘娘庙烧香磕头，求她消灾降福，保佑后代。女娲得知此事，就去找瘟神说："今后凡是我的嫡亲孩儿，决不准许你伤害。"瘟神知道女娲法力无边，不敢和她作对，就问："不知娘娘下界有几个嫡亲孩儿？"女娲一笑说："我的孩儿很多，这样吧，我在每年端午这天，命我的嫡亲孩儿在衣襟前挂上一个蛋袋，凡是挂有蛋袋的孩儿，都不准许你胡来。"这年端午，瘟神又下界，只见孩子们胸前都挂着一个小网袋，里面装有煮熟的咸蛋。瘟神以为这都是女娲的孩子，所以就不敢动手。这样，端午吃蛋之俗逐渐流传开来。这些活动也充分体现了人们爱护儿童的心理，期盼其健康顺利成长的美好心愿。

此外，作为节日重要食物的鸡蛋或咸蛋是节日人际交往的重要礼品。据《通城县志》（清同治六年版）记载："五月五日亲故以角黍、腌蛋相馈遗。"江汉平原有送端阳的习俗，送端阳是男女姻亲的重要一环。男方大多当日携带礼物到女方求定婚期，如果确定明年端午节前结婚，节礼就应该更多。礼物既有酒肉水果也有粽子咸蛋等。蛋俗在各个节日和人生节点的不同内涵，表明禽蛋不仅仅是一件普通生活物品，其文化和习俗具有多方面的作用和功能。

古代荆楚地区的人民在端午节除了食粽子外，还要饮菖蒲酒和雄黄酒。菖蒲是生长在山涧泉流旁的一种名贵药材，具有开窍、祛痰、理气、活血、散风和去湿等功用。饮菖蒲酒起源较早，《荆楚岁时记》云："以菖蒲或镂或屑，以泛酒。其酒味芳香爽口，疗效显著，通血脉，治骨痿，久服耳目聪明。"

在荆楚地区许多地方，流行有端午节食"五黄"的习俗。这"五黄"是指雄黄酒、黄鱼、黄瓜、咸蛋黄、黄鳝（有的地方也指黄豆）。

雄黄，其色橙红，有解毒杀虫之功，可治痛疮肿毒、虫蛇咬伤。俗信端午节时有"五毒"之说，所谓"五毒"，指的是蛇、蝎、蜈蚣、壁虎和蟾蜍。民间认为，饮了雄黄酒便可杀"五毒"。《白蛇传》里写到端阳惊变的故事，许仙误信法海谗言，端午时强使白娘娘饮雄黄酒，致使白蛇显露原形。因此，民间广泛传信饮雄黄酒后能够解毒。但是，雄黄如果和烧酒同饮，稍不留意也会引起中毒。现代饮雄黄酒之俗逐渐消亡。那么古人为什么要在端午节饮雄黄酒呢？其原因也是在于古人认为五月为恶月，饮雄黄酒可以起到辟邪、除疫的作用。

每逢端午佳节，江南水乡的孩子们胸前都要挂一个用网袋装着的咸鸡蛋或咸鸭蛋。关于此俗，民间流传着一段传说：

江汉平原一带，每年端午节必食黄鳝。黄鳝又名鳝鱼、长鱼，端午时节最为肥美。清末《汉口竹枝词》记有"艾糕箬粽庆端阳，鳝血倾街秽莫当"之句，可见当时的汉口人吃鳝鱼之普遍。

激活端午传统节日，要创造更多的品赏体验，使之在味蕾上绽放。在2020年秭归推出的端午食俗单中，就以屈原《招魂》里的诗句为食谱，展示了屈原家宴的经典菜肴，并以文图视频全方位展示端午节"十大招牌菜"：大招炖腊蹄、屈姑唤哥鲴鱼、特色四眼蚕豆、腊味高山土豆、坛香鲊肉、香溪银鱼、橙皮牛肉、粽橙之恋、金城神仙鸡、九畹茶香肉。引人食指大动。

十道招牌菜都是源自《楚辞》，其中大招炖腊蹄，引自《离骚》"折琼枝以为羞兮"，意为攀折下琼枝做腊肉，用秭归脐橙树枝熏制的腊肉，具有外皮金黄、内里瘦肉鲜亮暗红、肥肉透白的好颜色。腊蹄是秭归人民招待贵客的必备菜肴。用洗干净的腊蹄，再加上秭归人家家会晒制的洋芋坨坨儿（干土豆块）一起煮，汤色乳白，肉和土豆都软而不烂。

另外，如橙皮牛肉这道菜，来自屈原家乡乐平里自古流传着"灵牛"的传说，《归州志·俗尚》记载："耕牛不加绳索，转环听使，驯如也。"橙子之先祖为橘子，屈原著有《橘颂》："后皇嘉树，橘徕服兮。受命不迁，生南国兮。绿叶素荣，纷其可喜兮。"此菜选用上好新鲜牛腱子切成片，用秘制酱料和新鲜橙皮一起烧炖入味，待汤汁渐浓随即收汁装盘。橙皮牛肉略带橙香、牛肉劲道，有健胃消食、强身健体之特点。2018 年 2 月，此菜被湖北省烹饪酒店行业协会评为"湖北名菜"。

千百年来，"路漫漫其修远兮，吾将上下而求索"的屈原精神，如同奔腾不息的长河，滋养了博大精深的中华文化，浸润了绚丽多姿的中国诗歌，哺育了英勇顽强的华夏儿女。每逢端午佳节，万人空巷、齐聚一堂，缅怀先贤，颂扬屈原，挂艾草、割菖蒲、赛龙舟、包粽子、办诗会，已经成为荆楚屈原故里千年不断的传统，成为中华大地一道独特的风景。

六、中秋节饮食习俗

在中国传统的岁时节日中，中秋和元旦、端午是三个最大的节日，如果加上正月十五元宵节，共为四大节。

八月十五，秋已过半，是为中秋。中秋的渊源是先秦时的秋祀和拜月习俗。秋天是收获的季节，家家拜祀土地神，久而久之，围绕"秋报"形成了一系列风俗。同时，中国的原始宗教是多神教，自然崇拜占有重要地位，祭月、拜月之风很盛，这便为中秋节的产生提供了温床。但是，中秋节成为一个气氛隆重、情感色彩强烈的大节日，却是在南北朝以后，节日的某些习俗形成也比较迟，一般认为，中秋节成为节日，大约始于唐代。

中秋节也叫团圆节，所以这一天的饮食活动，多以家庭和亲朋好友为单位进行，以联络感情，增进亲情。从中秋月圆引申出家人团圆，并以中秋为团圆节，虽然这是比较后起的风俗，但企望家庭平安，亲人团圆的心理实际上已深深扎根在中国人的心中。所以，在中国传统节日中，均可找到两条主要线索：一是祭祖，二是聚餐，这两点之所以成为中国传统节日礼俗的两条主要线索，与我国传统的重孝道、人伦，重血缘纽带和宗族家庭的文化精神和民俗心理息息相关。

明人田汝成说:"八月十五日谓之中秋,民间以月饼相赠,取团圆之意。"① 说明在中秋这天吃月饼,有以圆如满月的月饼来象征月圆和团圆的意义。所以中秋节这天,家人有在外未归者,分月饼时也要替他留一份。

我国的月饼种类繁多,因产地不同而风味各异。其中的京式、苏式、广式、潮式等月饼最为著名。苏式月饼油多糖重,层酥相叠。它的传统品种是吸取了江浙各地月饼之精华,如苏州的玫瑰、扬州的椒盐、平湖的枣泥等。其中以豆沙制作的最为考究,味香细腻,最易消化,尤适童叟食用。

近年来,月饼的外形也有所突破,已不再是千百年来一直袭用的圆形,而增添了花形、多角形等多种新花样。

中秋佳节除食月饼外,荆楚地区一些地方还有食"桂花糕""桂花酒"的习俗。

八月十五桂花香,中秋之夜,仰望月中丹桂,喝些桂花蜜酒、吃些桂花蜜糕,乃是中秋之夜饮食风俗中又一件美事。桂花不仅有观赏价值,而且还有食用价值。屈原《九歌》中"援北斗兮酌桂浆""奠桂酒兮椒浆"的诗句,表明我国很早起就用桂花酿酒了。在我国的长江中下游一带,每到中秋前后,店肆中卖桂花酒的生意总比平时好得多。人们喜食桂花,将桂花作为食品制作中添香的作料。人们用糖或食盐浸渍桂花,长期保香于密封容器中。或者在制作糕点时,和入米面做成桂花糕,或者在烧食山芋时撒上一撮,色香俱美。还有用桂花熏茶,或在泡茶时将其加进去,称之为"桂花茶"。此外,荆楚地区的人民还很喜欢在节日吃糯米桂花甜酒酿。

在荆楚地区不少地方都有"摸秋""送瓜"风俗。清光绪年间湖北《咸宁县志》:"中秋……团为饼,曰'月饼',彼此馈送。设酒果宴集,曰'赏月'。于瓜田探瓜,曰'摸秋',送至祈子之家,置卧榻上,出吉

---

① 田汝成. 西湖游览志余·熙朝乐事 [M]. 上海:上海古籍出版社,1998.

语征兆，盖取绵绵瓜瓞之义也。"清同治年间湖北《长阳县志》亦云："以西瓜、月饼、核桃、栗子、水梨、石榴馈亲朋。至夜设酒馔，食饼瓜诸果，谓之'赏月'。三五成群偷知好园中瓜果，谓之'摸秋'。摸得南瓜，用彩红、鼓乐送无子之家，谓之'送瓜'。男、南同音，瓜又多子，谓宜男也。"在湖南、江西、贵州都有这种习俗，如生活在贵州布依族人中秋节晚上，就有偷老瓜（即冬瓜）煮糯米饭的习俗。他们将偷来的老瓜用红布包好，一路鸣放爆竹送到缺子女的人家，主人要请他们吃酒消夜。孩子们还要到地里偷葵瓜籽、花生，拿到无子女人家去炒着吃，民间认为这样会给无子女的人家带来子女。

七、重阳节饮食习俗

农历九月九日重阳节，又称重九节。古人将九看作阳数，两阳相重，故称"重阳"，又因日月逢九，两九相重，故名"重九"。

重阳节起源甚早，但它的节日化完成于汉代，重阳节自汉代以来就有传统的饮食，这就是做重阳糕，饮菊花酒。汉晋时将重阳糕谓之"蓬饵"，"饵"《说文解字》释为"粉饼也"。饵，又称为糕，扬雄说："饵，或谓之糕。"[①] 它是将熟米捣烂或先将米磨成粉子，然后做成糕饼。汉魏时，用麦粉制作的叫饼，用米粉制作的就叫饵。《急就章》注云："溲米而蒸之，则为饵，饵之言而也，相粘而也，溲面而蒸熟之，则为饼，饼之言并也。"此饼、饵的分别是很清楚的。但是，自贾思勰《齐民要术》将米粉、麦面皆入于饼法之中，后世言食经者，就没有将饼、饵的界限分开了。"蓬饵"是用蓬草加黍米或秫米制成，蓬草是一种菊科植物，用蓬草只是取其香味。据《玉烛宝典》云："九月食饵，饮菊花酒者，其时黍秫并收，以因黏米嘉味，触类尝新，遂成积习。"

到了唐代，重阳糕的名目就多了起来，据《唐六典》和唐《食谱》等中记载，唐代重阳节有麻葛糕、米锦糕以及菊花糕，《文昌杂录》中

---

① 扬雄. 方言·卷十三［M］. 北京：中华书局，1985.

说:"唐时节物,九月九日则有茱萸酒、菊花糕。"茱萸可"辟除恶气,而御初寒"。讲究的重阳糕要作成九层,像座宝塔,上面还作成两只小羊,以符合重阳(羊)之义。

近代以来,荆楚地区各地都还有沿袭重阳节饮菊花酒,吃重阳糕之习俗,清同治年间《湖北通志·风俗》云:"今俗于九日酿重阳酒,造茱萸酱,蒸粉面为糕,以相饷遗。士大夫载酒登高或延宾为'赏菊会'。"

为什么在重阳节饮菊花酒呢?菊花象征长寿,是生命力的表现。中国医学证明,菊花药性甘寒微苦,有疏风除热、养肝明目、消炎解毒之功。科学实验也证明,菊花有扩张血管的功效,可以降血压,对冠心病也有一定疗效。菊花可以食用,李时珍在《本草纲目》中说:"其苗可蔬,叶可啜,花可饵,根可药,囊之可枕,酿之可酒。"可见,保健养生才是重阳节饮菊花酒的根本原因。从三国魏晋以来,重阳聚会饮酒、赏菊赋诗已成时尚。古时菊花酒,是头年重阳节时专为第二年重阳节酿的。九月九日这天,采下初开的菊花和一点青翠的枝叶,掺和在准备酿酒的粮食中,然后一并用来酿酒,至第二年九月九日饮用。

中国古代重阳节有到野外登高之俗,因此,中国先民在此日举行野宴。孙思邈《千金月令》中说:"重阳之日,必以肴酒登高眺远,为时宴之游赏,以畅秋志。酒必采茱萸、甘菊以泛之,既醉而还。"由此可见,野宴已成为中国先民重阳节一项重要的饮食活动。

九月登高

重阳野宴始于何时,不得而知,据《荆楚岁时记》说:荆楚地区在魏晋南北朝时,"九月九日,四民并藉野饮宴"[①]。隋人杜公瞻注云:"九月九日宴会,未知起于何代,然自汉至宋

---

① 谭麟. 荆楚岁时记译注 [M]. 武汉:湖北人民出版社,1999:107.

未改。"任何风俗都不是突兀地出现的，而是前代文化、风俗传统的产物，汉唐九九重阳节的野宴，无疑传承自先秦时。

以上我们着重介绍了荆楚地区的人民在 6 个节日的饮食习俗，我们认识荆楚地区年节饮食礼俗，关键就是要抓住这几个传统性的大节日，虽然中国传统岁时节令活动多达十几个，但是这些节日多是从几个大年节发展变化而来的。但在荆楚地区为数众多的节日中，最具有民族节日饮食特色、最能牵动荆楚人的情感，最能反映民族传统的民俗心理和文化精神的，还是以上几个大节日。而这几个大节日中的饮食活动，也构成了一幅荆楚地区传统饮食文化的生动图景。

附：黄鹤楼仙人养生宴

根据中国古代重阳节登高之俗，为此，我们与黄鹤楼管委会设计了"黄鹤楼仙人养生宴"。传说中的黄鹤楼是一座酒楼，人们心目中的黄鹤楼不仅可以登高望远，风光无限，而且还可以逍遥地宴饮。黄鹤楼美食是黄鹤楼文化的表现形式，是可以吃的黄鹤楼文化。

黄鹤楼仙人养生宴依据黄鹤楼的传说故事，秉承"医食相通"的中国饮食思想，遵循"以味为核心，以养为目的"的中国烹饪原则。以宴席形式再现黄鹤楼传说故事，诠释黄鹤楼道教文化内涵。让客人在饮食过程中体验黄鹤楼的道教文化，品味黄鹤楼美食，享受食以养生的乐趣。

宴席席面由五彩拼盘、果碟、冷拼、热菜、汤品、面点、茶水七个部分组成。根据"黄鹤楼特色宴席"的性质，按照文化旅游体验宴席进行设计。一桌宴席的宾客容量初步设计为 12～16 人。7 个部分的菜点名称以黄鹤楼神仙传说和民间故事形成的道教文化为依据，采用象征手法体现黄鹤楼独特的道教文化内涵，反映人们的黄鹤楼心理图景。

一、宴席菜单

五彩拼盘：昔人乘鹤

八　果　碟：沧州枣、肥桃、红安花生、玉皇李、武当猕猴桃、
　　　　　　砀山梨、兴化龙眼、宜昌蜜橘

八　凉　拼：仙人对弈、吕仙吹笛、白云黄鹤、点石成金、
　　　　　　芙蕖香柔、黄鹤伏龙、木屑化鱼、龟蛇对望

十二热菜：香茗太和鸡、瑶台银鱼、别有洞天、应山滑肉、
　　　　　　参草葛仙米、海参武昌鱼、桂花白果、炸熘松花蛋、
　　　　　　鸡茸笔架鱼肚、仙草鸭子、鹿茸三珍、全素冬瓜盅

二　　　汤：龟鹤延年汤、海马三鲜汤

四　面　点：豆蔻何首乌饼、太极阴阳酥、天圆饼、仙翁银丝面

茶　　　水：观音祈福、仙山玉露

二、宴席菜单的文化内涵

（一）五彩拼盘——昔人乘鹤

黄鹤楼传说中最为著名的是一位道士为感激酒店主人在墙壁上用橘皮画黄鹤，几年后又来此驾鹤飘然而去的故事。著名数学家祖冲之在他的志怪小说《述异记》中讲述了江陵人荀瓌在黄鹤楼上遇到驾鹤仙道并与之交谈的故事。在二十四史之一的《南齐书》中有仙人子安驾黄鹤过黄鹄矶的记载。仙人驾鹤的故事在民间广为流传，后来又加入了贪官抢鹤遭仙人惩罚的、酒店女主人贪得无厌等元素。自古以来很多人就主张黄鹤楼的名字就来源于仙人乘鹤的传说。唐代诗人崔颢的诗句"昔人已乘黄鹤去，此地空余黄鹤楼"，让这个传说更加脍炙人口。

"昔人乘鹤"用松花蛋、海带、鱼肉、冬笋、鸡肉、鸭肉、黄瓜等原料调味拼成仙人驾鹤的造型，以富有动感的造型表达仙人的飘逸形象和扬善除恶的正直品格。

（二）八果碟

（1）沧州枣。枣子是五果之一，红枣清香、甘甜、爽脆。据中国医药本草典籍记载，红枣具有气血双补，健胃健脾的功效。西药学书籍阐述了红枣与胃酸中和，被肠壁吸收，使血中氧气增加，提高细胞繁殖力的功效。自古以来红枣就是益气、养血、安神的保健佳品，民间流传有"一日吃枣，三辈子不显老"的谚语。枣的食疗功效让它与长生不老的仙道结缘。黄鹤楼传说中就有黄鹄山上仙枣树的枣子大如瓜，食后成仙的传说。仙枣树建有一亭子，起初取名"盼枣亭"。据说仙枣树只是叶繁枝茂并不结果，人们建这个亭子盼望枣树早日结果。传说仙枣与吕洞宾有关，又名"吕仙亭"。明景泰四年（1453 年）重建亭子，取名"仙枣亭"，是黄鹤楼景区景点之一。

枣子选用著名的河北沧州枣，金丝小枣因为风味独特，成为我国红枣中的珍品，掰开半干的红枣，可清晰地看到粘连果肉的缕缕金黄色糖丝，拉伸延长二三寸而不断，故名"金丝小枣"。

（2）肥桃。桃子是五果之一，桃子是长寿的象征，所以为老人祝寿必送寿桃。民间的神话传说也把桃子与神仙联系起来，认为吃了桃子可以长生不老，称为"仙桃"。黄鹤楼下就曾长有仙桃，传说八仙之一的吕洞宾游览了黄鹤楼后在楼下歇息，手中拂尘化作结满桃子的仙桃树。人们争相购买，吕洞宾看到没有一个人买桃孝敬老人，一气之下毁了桃树，人群中一位年轻轿夫见此急得掉泪，吕洞宾问明后得知年轻轿夫为了给病重老母亲买桃才如此心急的。吕洞宾马上变出大仙桃送给了他，他母亲吃后就大病痊愈了。后人感激吕洞宾用仙桃教人行孝、治病救人，在黄鹤楼下修建了"仙桃亭"。

桃子长寿、治病的传说源于桃子本身的食疗功效。桃子具有补心血、养肝气、益肺气、生津润肠的功效。现代营养学测定桃子含有人体所需的碳水化合物和有机盐、钙、磷、铁、钠、钾、镁等微量元素。果碟选用有"天上蟠桃，人间肥桃"美誉的肥城桃。肥桃又名佛桃、寿桃，单个重 900 克左右，被誉为"群桃之冠"，肥桃不仅和吕洞宾卖桃传说中的大桃子相似，而且具有很高的食疗养生价值。

（3）红安花生。花生是落花生的简称，民间称为长寿果、长生果、长果等。这些与长寿相关的名字是长久以来人们对花生养生价值的通俗表达。花生具有补气、润肺、健脾、开胃的食疗功效。民间流传着"常吃花生能养生"的说法。现代医学研究发现花生具有降胆固醇、改善心血管功能、抗衰老等功效。我们选用的是湖北特产红安花生，红安花生以果壳薄、果仁饱满、品质好、出油率高而闻名四方。

（4）玉皇李。李子是我国常食水果之一，汉代的《乐府诗集》以"瓜田不纳履，李下不正冠"比喻君子的行为。在安徽亳州把李子叫做灰子，传说道教尊神老子出生时以李子树为姓，故叫作李耳，也称李子。亳州人忌讳，认为吃李子是把老子吃了，见李子成熟时为灰色，故把李子叫作灰子。李子具有清肝涤热、生津利水的食疗功效。李子不仅味甘止渴，而且入肝，对肝火导致的虚劳骨蒸、口舌生疮有一定的疗效。李子在我国南北方都有种植，玉皇李是湖北著名的特色水果。成熟时，皮色黄澄，鲜亮如玉，薄带粉霜，肉质细密而脆，汁多味甜香浓，有"河东李子河西香"之说。传说明代嘉靖皇帝品尝后大为赞赏，定为贡品，又称"嘉靖果"。

（5）砀山梨。中国是梨的起源地之一，种植历史已有 4000 年左右。梨是我国栽培最为普遍的果树之一。梨被称为"百果之宗"，食疗养生价值较高，有润肺、消痰、清热、解毒等功效。《本草纲目》载：梨子"润肺凉心，消痰降火，解疮毒、酒毒。"梨含有蛋白质，脂肪，糖，粗纤维，钙、磷、铁等矿物质，多种维生素等，具有降低血压、养阴清热的功效，患高血压、心脏病、肝炎、肝硬化的病人，经常吃些梨大有益处；能促进食欲，帮助消化，并有利尿通便和解热作用。果碟选用著名的砀山酥梨，砀山酥梨为以果大核小、黄亮形美、皮薄多汁、酥脆甘甜而驰名中外。"生食可清六腑之热，熟食可滋五脏之阴"，被历代中医称之为"果中甘露子，药中圣醍醐"。明万历、清乾隆时就被列为贡品。中华人民共和国成立后，毛泽东、胡耀邦等党和国家领导人也给予很高的评价。

（6）武当猕猴桃。中国是猕猴桃的原生中心，早在公元前的《诗经》中就有了猕猴桃的记载。国外的猕猴桃是从湖北宜昌引种的。1899 年，英国园艺学家威尔在湖北西部把猕猴桃作为花卉引种到英国和美国。1904 年，新西兰汪加努女子学校女教师伊莎贝尔将在宜昌雾渡河采摘的猕猴桃种子带回新西兰，由新西兰培育出来的品种被逐渐引种到澳大利亚、美国、丹麦、荷兰、南非、法国、意大利和日本等国。

猕猴桃以丰富的营养价值被誉为"水果之王"，国外称其为"水果金矿"。含有丰富的维生素 C、维生素 A、维生素 E 以及钾、镁、纤维素之外，还含有其他水果比较少见的叶酸、胡萝卜素、钙、黄体素、氨基酸、天然肌醇等营养成分。现代医学研究发现猕猴桃具有抑制癌病变、镇定情绪、缓解抑郁、清除体内有害物质等作用。

我们选用道教名山武当山出产的武当猕猴桃，李时珍的《本草纲目》就记载了武当山的野生猕猴桃。武当山的仙山圣地环境造就了营养价值出众的武当猕猴桃。

（7）兴化龙眼。龙眼俗称桂圆，与荔枝、香蕉、菠萝同为华南四大珍果。因为果肉圆墨光泽，有白脐，就像传说中龙的眼睛，故称龙眼。龙眼的成熟期在农历八月，由于古时称八月为"桂"，加上龙眼果实呈圆形，所以又称龙眼为桂圆。我国素有南方"桂圆"北"人参"的说法。早在南北朝时期就被定位贡品，北朝西魏魏文帝元宝炬（535—551）曾诏群臣："南方果之珍异者，有龙眼、荔枝，令岁贡焉。"贾思勰《齐民要术》曰："龙眼一名益智，一名比目。"龙眼具有益心脾、补气血、安神志，润肤美容等多种功效，可治疗贫血、心悸、失眠、健忘、神经衰弱及病后、产后身体虚弱等症。李时珍的《本草纲目》指出："食品以荔枝为贵，而资益则龙眼为良。"

我们选用著名的福建兴化龙眼，素有"兴化桂圆甲天下"之美誉。同其他地方的龙眼相比，兴化龙眼更为香甜，可溶性固形物含量维生素 C 含量更为丰富。

（8）宜昌蜜橘。橘子具有润肺、开胃、理气、化痰、止渴的功效。对内热口干、食欲不振、内热多痰等症状有一定的疗效。蜜橘的主要成分为水分、蛋白质、脂肪、碳水化合物、热量、粗纤维、灰分、钙、磷、铁、维生素、胡萝卜素、硫胺素、核黄素、尼克酸、抗坏血酸、钾、钠、镁等。经常吃蜜橘可以提高肝脏的解毒作用，加速胆固醇转化，防止动脉硬化、缓解疲乏、养颜润肤。

（三）八凉拼

（1）仙人对弈。"仙人对弈"这道凉拼取材于黄鹤楼周边湮灭景点之一"烂柯石"。"烂柯石"位于黄鹤楼旁，石上镌刻着"烂柯"二字，下方刻有一副棋盘。棋盘下刻有古诗一首："局上闲争战，哪管人是非。堪叹采樵者，烂柯不知归。"据《江夏县志》记载，一位老人在蛇山里砍柴，看到两位仙人下棋，在一旁看着入了迷，忘记了回家。等二人把棋下完了，樵夫准备回家时才发现挂在腰间砍柴的斧头柄子已经烂掉了。

本菜采用仙人掌为原料，代指两位仙人；用墨鱼汁、紫薯、马蹄等做成黑白棋子；把荆沙鱼糕做成棋盘的造型，再现"烂柯石"传说中仙人对弈的情景。

（2）吕仙吹笛。黄鹤楼有过八仙之一吕洞宾的传说，"吕仙吹笛"依据的就是吕洞宾在黄鹤楼吹笛的传说。这个传说早在宋代就有了，据考察是由唐代诗人吕岩的《题黄鹤楼石照》演化而来。诗中写道"黄鹤楼前吹笛时，白蘋红蓼满江湄。衷情诉与谁人会，惟有清风明月知"。传说吕岩在黄鹤楼下的石照洞修炼成仙后，称为吕洞宾，成为八仙之一。"黄鹤楼前吹笛时"就成了吕洞宾黄鹤楼前吹笛的依据，也广为流传，据说听了笛声一切烦恼忧愁都会消失。

这道拼盘采用鲜嫩的芦笋，入味后做成笛子的造型。用竹笋、香菇、鸡肉、粉丝、黄瓜等原料做成吕洞宾的仙人形象。造型生动，仿佛听到拂去万千忧愁的笛声。

（3）芙蕖香柔。明代成化年间任按察副使的俞振才游览了黄鹤楼后写了一首《黄鹤楼避暑漫兴》诗作。诗人展开丰富的想象力描绘了一幅幅黄鹤楼仙境图。"芙蕖香柔"这道菜就源于诗中"芙蕖荏苒香初柔，长梯愿食华峰藕"一句。芙蕖就是莲花，出淤泥而不染的莲花，冰清玉洁，清香柔和。莲花的品格与讲求抱朴守贞、本性自然的道教文化切合，道教赋予了莲花仙灵之气。

这道菜以处理过的白萝卜、鸡蛋、清汤、菠菜等为原料做成碧波之中雪白莲花初放的造型。莲花发出怡人心脾的淡淡清香。

（4）白云黄鹤。"白云黄鹤"是湖北经济学院余明社教授根据黄鹤楼的传说创制的。崔颢描写黄鹤楼美景的"黄鹤一去不复返，白云千载空悠悠"诗句传唱了千年。武汉也被人们称为"白云黄鹤的故乡"。菜品以蛋白糕、蛋黄糕、松花蛋、海带、盐水鸭脯、鸡肉脯、冬笋、冬菇、鱼糕、紫菜、黄瓜、卤口条等为原料拼成了一幅黄鹤展翅飞翔、白云缭绕的黄鹤楼美景。

（5）点石成金。传说黄鹤楼下有一处山洞，名叫石照洞。有一位老人在洞中常年打扫灰尘杂物。有一次他在洞中碰到了两位仙人，请求仙人给他留下一点纪念物。两位仙道在他的再三请求下给了他两块石头留作纪念。回家后，老人打开包袱后发现石头变成了金光闪闪的金子。武昌知府得知后抓走了老人，抢走了金子，岂料打开只是粗糙的石头，知府派人找遍石洞也没找到仙人的踪影。老人被放回家后继续清扫石照洞，直至离世也没再碰到神仙。"点石成金"就取材于这则黄鹤楼传说。以鸡蛋、可可粉、肉糕、鱼肉等为原料做成圆圆的"石头"，顾客用筷子点开表皮，里面金黄的馅料就展现在面前。这道凉拼不仅造型逼真，别有韵味，而且弘扬了"教人向善"的黄鹤楼道教文化。

（6）黄鹤伏龙。传说很久以前蛇山周围一片汪洋，乱石丛生的水中有一条无恶不作的毒龙。周围渔民常遭毒龙毒害。天上的黄鹤仙子路过蛇山，见到这种情形后多次救助渔民。毒龙得知后恼羞成怒，率领虾兵蟹将与黄鹤仙子和前来助阵的天兵天将恶战，黄鹤仙子被毒龙喷出的毒火烧毁了翅膀，她们就飞下来啄瞎了毒龙眼睛。最终，毒龙被杀死，人们也不再遭殃。传说人们为了感激黄鹤仙子，就在蛇山上修建了一座楼，取名黄鹤楼。"黄鹤伏龙"就是根据这个传说制作而成。选用蛋糕、白鸡脯肉、白鸭脯肉、黄瓜、鱼糕、龙眼、鸡蛋、肉糕、紫菜、海带、冬笋、口条等为原料做成黄鹤啄龙眼的造型。此菜不仅造型生动，而且传达了黄鹤楼道教文化中帮人除害的因素。

（7）木屑化鱼。黄鹤楼高耸入云，雄伟瑰丽，那么黄鹤楼是如何修建的呢？传说是在木匠祖师爷鲁班的帮助点化下修建成的。传说三国时期吴国孙权修建黄鹤楼时，发生了大饥荒，无饭吃的工匠们无力修建黄鹤楼了。一天，一位鹤发童颜的老者来到修建中的黄鹤楼下。老者借用了工匠的斧子和刨子，肩扛一棵杉木爬到了楼顶。斧子砍下的木屑和刨木形成的刨花飘落江中化作了两种鱼，成群游来。工匠捞鱼后想感激老者，却发现老人不见了影踪。在一捆木楔子下留有一张纸条，上面写道"木楔一百零八块，精心收藏待安排。刨花木屑成江鱼，可度饥荒建楼台"。这时工匠们才醒悟到是神仙鲁班在帮助他们修建黄鹤楼。传说木屑和刨花变作的鱼就是今天的参子鱼和剥皮鱼。

"木屑化鱼"就是依据这个传说制作而成。用入味的马铃薯、甘薯等做成木屑和刨花造型，与清汤里参子鱼和剥皮鱼相照应，寓意这些鱼是由木屑和刨花变作的。

（8）龟蛇对望。黄鹤楼位于蛇山之巅，长江对面就是龟山，两山隔江对望，在黄鹤楼上可以一览两山锁大江的壮丽景观。传说龟蛇两山是由天廷的龟蛇二将化作的。龟蛇是玉帝派往镇守长江的两个将军，可是凶狠的龟将军和狡诈的蛇将军为称霸争来斗去，搅得长江洪浪滔天，百姓苦不堪言。一位叫做黄鹤的小伙子和未婚妻幺妹带上状子向天廷告状。在路上二人被龟蛇二将杀死，二人的冤魂飞到天廷，向玉帝诉说了龟蛇的罪恶行径。玉帝把龟蛇化作大山，镇守长江。黄鹤、幺妹自告奋勇来看守龟蛇，人们修建了黄鹤楼和归元寺作为二人歇息场所。

"龟蛇对望"就是以传说为题材，运用鱼肉、鸡肉、玉米、黄瓜、冬瓜、海带、紫菜等为原料做成龟蛇隔江对望的造型，同时传达黄鹤楼为民除害的文化内涵。

（四）十二热菜

（1）香茗太和鸡。太和鸡是道教养生名菜，也是鄂菜名菜。太和鸡是道教圣山武当山 800 米左右的地方生长的一种山鸡，一般体重在 2500 克左右。其肉质细嫩，肉色纯白，味鲜而香。武当山又名太和山，当地人把这种山鸡叫做"太和鸡"。在海拔 1500 米处，还生长着一种茶，人称"太和茶"，太和茶具有生津止渴、消暑、明目等功效。相传曾有一个害了眼病的小道士上山采茶，下山的路上捉到一只山鸡，高兴之余，却苦于无法食用。后来他借到一个罐子，就在山上煮起鸡来，没有盐、油调料，就在山上顺手抓了把新采来的茶叶丢进罐中以求味。鸡煮熟了，奇香诱人，小道士饱餐一顿，没几天，眼疾竟奇迹般好了。

香茗太和鸡就是以武当山特产的太和鸡和太和茶为主料，在传承传统技艺的基础上加以改进而成。不仅保持了该菜品原有的食疗养生价值，而且鸡的造型如展翅欲飞，口味更加丰富。

（2）瑶台银鱼。银鱼是极富钙质的鱼类，营养学家将它列为长寿食品。在日本，银鱼被誉为"鱼中人参"，成为水产稀世之珍。银鱼入肴是席上珍馐，据史料记载，早在春秋战国时期人们就食用银鱼，称其为"圣鱼""神鱼"。晋代干宝《搜神记》卷十三说："江东名馀脍者，昔吴王阖闾江行，食脍有馀。因弃中流，化悉为鱼。"唐代大诗人杜甫的《白小》赞颂道："白小群分命，天然二寸鱼。细微沾水族，风俗当园蔬。人肆银花乱，倾箱雪片虚。生成犹舍卵，尽其义何如。"

银鱼全身无骨无刺，通体晶莹剔透，体内没有杂物，具有很高的食用和药用价值。银鱼味甘平，适宜于任何人群，具有补虚、养胃、健脾、益气之功效。现代营养学研究证实银鱼含有碳水化合物、钙、磷、铁、烟酸、维生素 B_1、维生素 B_2 等营养素。

瑶台银鱼就是选用著名的丹江口银鱼和淮南八公山嫩豆腐为主料烧制而成。洁白如玉的方形豆腐浮在汤中，好似仙境的瑶台，周围的银鱼好似围绕瑶台游来游去。

（3）别有洞天。洞天是指道教中的仙山福地。包括五岳在内的十大洞天、三十六小洞天。洞天是道士修炼成仙的福地，黄鹤楼下的吕仙洞就是吕洞宾修炼成仙的地方，也属于道教中所说的洞天。

"别有洞天"这道菜实际上是武汉名菜"空心鱼圆"。这道菜肴在武汉已流传了 170 年之久，清代道光年间的《汉口竹枝词》就唱道"鲜鳞如玉刮刀楂，汁和姜葱滋味深。要向宴宾夸手段，鱼餐做出是空心"。以白鱼肉为主料，菜心、枸杞、香菇、红枣为配料，鸡汤、葱姜、蛋清、熟猪油为调味料。把熟猪油包入鱼茸做成鱼圆，在鸡汤中煮熟后，猪油融化，成为空心鱼圆。漂浮在清澈如水上的雪白空心鱼圆，就像仙山上的洞天，别有韵味。白鱼学名鲌鱼，湖北境内的水域内有多种品质优良的鲌鱼。中医认为鲌鱼具有开胃、健脾、消食、利水功效，配料红枣、枸杞等加强了这一食疗养生功效。

（4）应山滑肉。应山滑肉是鄂菜名菜，也是食疗养生名菜。相传，贞观年间唐太宗李世民久病，不思饮食，诏书天下，凡能进美食开皇上胃口者有重赏。当时应山一位詹姓厨师得知后，便去长安。到宫中为唐太宗精心制作了一盘肥而不腻、滑嫩可口的猪肉菜进献，岂知皇帝刚把肉送进嘴里，略为品味，那块肉一滑便下肚，满口留香。于是连吃几块，胃口大开。连呼："滑肉！滑肉！"姓詹的厨师从此便留在宫中当了御厨，"滑肉"也成名馔流传于世了。人们为了纪念创制滑肉的詹厨，应山（今天的随州广水县）流行每年农历八月十三祭"詹厨"的习俗，宴席上的第一道菜就是滑肉。目前"应山滑肉"制作技艺已被列入湖北省非物质文化遗产。

"应山滑肉"以猪肥膘肉为主料，鸡蛋、猪肉汤、麻油等为调味料。油润滑爽、软烂醇香、肥而不腻，有养颜健身之功效。脂肪中含有人体需要的卵磷脂和胆固醇。胆固醇，是组成脑、肝、心、肾必不可少的物质。据日本琉球大学专家研究发现，只要烹调得法，肥肉是一种长寿食品。"应山滑肉"就是一道烹调得法的长寿菜肴。

（5）参茸葛仙米。参茸葛仙米是以海参、葛仙米、鸡脯肉为主料烹制而成的一道食疗养生佳肴。

海参同燕窝、鱼翅、鲍鱼齐名，是著名的山珍海味之一。从记载来看，海参的食用历史与黄鹤楼的历史相当，最早见于三国时期吴国沈莹所著的《临海水土异物志》中，"土肉正黑，如小儿臂，长五寸，中有腹无口目，有三十足，炙食"。清人赵学敏的《本草纲目拾遗》始称为海参，"虽生于海，其性温补，功抵人参"，故名"海参"。海参具有补肾、滋阴、养血、益精、温阳、调经、养胎、抗衰老等食疗养生功效。现代医学研究表明，海参具有提高记忆力、延缓性腺衰老，防止动脉硬化、糖尿病以及抗肿瘤等作用。

葛仙米是一种念珠藻，俗称天仙米、天仙菜、水木耳。相传东晋时期，炼丹术家、医学家和道教理论家葛洪隐居南土（今鹤峰县）时，灾荒之年采以为食，发现有治病健体之功效。后来葛洪把它献给皇上，体弱太子食后病除体壮，皇上赐名"葛仙米"。葛仙米是一种世界罕见的天然绿色滋补品。湖北省恩施州鹤峰县走马镇是世界上最大的葛仙米产区。目前除了湖北恩施州的鹤峰县外，只有非洲少量出产，鹤峰葛仙米堪称世界珍稀，中国一绝。人体 8 种必需的氨基酸，葛仙米含有 7 种，干物质总蛋白含量高达 52%～56%，维生素 C 含量比号称水果之王的中华猕猴桃高 23 倍以上，维生素 B_1 和维生素 B_2 也比一般菌藻类高得多，还含有钙、钾、铁、锶等人体必需的重要元素。据《全国中草药汇编》介绍，葛仙米性寒，有清热、收敛、益气、明目之功效，主治夜盲症、脱肛，外用可治烧伤、烫伤。

参茸葛仙米是精选海参名品刺参、鹤峰葛仙米和十堰乌鸡等为原料，制作而成的一道味道鲜美的食疗养生佳肴。

（6）海参武昌鱼。武昌鱼俗称团头鲂、缩项鳊。据《武昌县志》载："鲂，即鳊鱼，又称缩项鳊，产樊口者甲天下。"武昌鱼是驰名中外的水产，盛产于武昌县和鄂州市共管的梁子湖中，封建社会时是贡品，现在是席上珍馐。武昌鱼性温，味甘；具有补虚、益脾、养血、祛风、健胃之功效。

海参武昌鱼是卢永良创制的一道武昌鱼名菜。1983 年，全国首届烹饪技术表演鉴定会上，卢永良大师以此菜和其他三种鱼菜被评为全国"最佳厨师"称号。此菜不仅造型美观，而且海参的鲜味融于武昌鱼的鲜美，综合了二者的食疗营养价值，也是一道养生名菜。

（7）桂花白果。桂花白果是一道中国药膳名菜。桂花又名"岩桂""木犀"，具有温肺散寒、暖胃止痛、化痰、生津、平肝等功效，对于胃寒、暖气饱闷、慢性支气管炎、痰饮咳嗽有一定的疗效。自汉代至魏晋南北朝时期，桂花已成为名贵花木与上等贡品。

白果又称银杏果，食用白果养生延年，在宋代被列为皇家贡品。有滋养人肺脏和肾脏，敛肺气，定咳喘之功效。白果是营养丰富的高级滋补品，含有粗蛋白、粗脂肪、还原糖、核蛋白、矿物质、粗纤维及多种维生素等成分。现代医学研究表明，银杏还具有通畅血管、改善大脑功能、延缓老年人大脑衰老、增强记忆能力、治疗老年痴呆症和脑供血不足等功效。

本菜选用湖北名产咸宁桂花和随州白果。湖北咸宁盛产桂花，名扬华夏，而桂花品种众多、质地优良、产量丰富、香浓横溢，有"中华桂花之乡"的美誉。据史料载，2300 多年前战国时期诗人屈原途经咸宁写下了"奠桂酒兮椒浆""沛吾乘兮桂舟"的美妙诗句。

随州有全国乃至全世界分布最密集、保留最完好的一处古银杏树群落。选用随州野生银杏，其食疗养生价值更高。

（8）鸡茸笔架鱼肚。鸡茸笔架鱼肚是湖北独有的名贵筵席大菜。笔架鱼肚，是石首市的名特水产品，早在明洪武二十年（公元 1387 年），即作为贡品，进献宫廷。笔架鱼肚是鮰鱼鱼鳔的干制品，产自石首境内长江中下游的九曲回肠地段，鱼肚晒干后有拳头大。表面晶莹光洁，对着光亮照看，里面隐约可见淡青色的石首县绣林镇笔架山的图影。据说鮰鱼经常活动在笔架山一带，鱼肚便印上了笔架山的影子，"笔架鱼肚"因此而得名。

本菜以笔架鱼肚为主料，母鸡鸡脯肉、香菇为辅料。鱼肚是海味八珍之一，味道鲜美，营养价值很高。鱼肚味甘、性平，入肾、肝经；具有补肾益精，滋养筋脉、止血、散瘀、消肿之功效。笔架鱼肚之所以名贵如金，一是品质为鱼肚上品；二是产量极为有限。笔架鱼肚是长江鮰鱼的腹中之鳔。此鳔非常独特，看上去形如笔架、色似白玉，拿起来细嫩如脂、又重又滑，吃起来松软香甜、入口即化，易于吸收。富含高级胶原蛋白、多种氨基酸、维生素和微量元素。鸡胸肉有温中益气、补虚填精、健脾胃、活血脉、强筋骨的功效。对营养不良、畏寒怕冷、头晕心悸、乏力疲劳、月经不调、产后乳少、贫血、中虚食少、消渴、水肿、尿频、遗精、耳聋耳鸣等有很好的食疗作用。

香菇含有丰富的维生素 C，具有延缓衰老、提高人体免疫力、抗癌变等功效。因此，"鸡茸笔架鱼肚"是一道名贵的养生佳肴。

（9）炸熘松花蛋。此菜扬松花之长，柔软滑嫩，补松花冬凉之短，经炸制，焦酥干香，酸甜细腻，口感舒适。若佐以香醋、姜碟，酸香微辛，饶有风趣。

湖北是千湖之省，自古以来就有吃松花蛋的习俗，每个地市几乎都制作松花蛋。一般松花蛋是凉拌，炸熘松花蛋则别有风味。松花蛋具有清凉、明目、平肝之功效，有泻肺热、醒酒、去大肠热、治腹泻的食疗保健功效。本菜选用湖北名企神丹公司制作的无铅松花蛋，不仅无铅，还增加了钙、锌等人体必需微量元素。

（10）鹿茸三珍。本菜源自宫廷御膳名菜，三珍，是指鱼翅、海参和干贝。原汤原味，鲜香浓郁，味道极美，且富有滋补作用。

鹿茸三珍是名贵的滋补菜肴。鹿茸系雄性梅花鹿或马鹿等尚未骨化的幼角，含蛋白质、钙、磷及其它微量元素等成分，是名贵的中药材，具有补精填髓、温助肾阳、强筋健骨的功效。鱼翅与燕窝、熊掌、鲍鱼齐名，自古以来就是名贵原料。据《本草纲目》所载，鱼翅能补五脏、长腰力、益气清痰。干贝具有滋阴补肾、调味和中之功效，对于气血不足、脾胃虚弱、五脏亏损有一定的食疗价值。

这道宫廷名菜综合了鹿茸、鱼翅、海参、干贝等名贵原料的食疗保健价值，是养生宴席的一道大菜。

（11）仙草鸭子。本菜选用深山野生紫灵芝和湖北荆江麻鸭炖制而成。本菜融合灵芝与鸭肉的食疗保健功效，是男女老少皆宜的食疗养生菜肴。

灵芝又称灵芝草、神芝、芝草、仙草、瑞草。传说能治愈万症，灵通神效，故名灵芝，又名"不死药"。灵芝具有补肝气、益心气、养肺气、固肾气的功效。对神经衰弱、心悸头昏、失眠多梦有一定的功效。现代医学研究表明，灵芝能显著提高机体的免疫功能，增强患者自身的防癌、抗癌能力。保护肝脏，减轻肝损伤。所含的多糖、多肽等有着明显的延缓衰老功效。

鸭肉具有滋阴补虚、养胃利水之功效，能有效抵抗脚气病、神经炎和多种炎症，还能抗衰老。鸭肉中含有较为丰富的烟酸，它是构成人体内两种重要辅酶的成分之一，对心肌梗死等心脏疾病患者有保护作用。

（12）全素冬瓜盅。此菜全素，集冬瓜、冬菇、冬笋、白果、莲子、山药等多种原料为一菜，口感各异，滋味鲜美，为夏令应时佳肴。

冬瓜性味甘淡偏凉，有清热利尿化痰之功，是减肥妙品。《食疗本草》指出："欲得体瘦轻健者，则可长食之；若要肥，则勿食也。"现代研究认为，冬瓜不含脂肪，含钠量低，不但可以减肥，对肾脏病、糖尿病、不明原因的浮肿也大有益处。冬瓜仁性甘平，有清肺化痰、去毒排脓之功。炒熟久吃，令人悦泽好颜色，久服轻身耐老。山药健脾胃、补肺气、益肾经，对身体虚弱、食欲不振有一定的疗效。元代脾胃专家李杲说："治皮肤干燥以此物润之。"李时珍写道："山药能润皮毛。"山药对滋养皮肤、健美养颜有独特疗效。冬笋具有清热、消痰、滋阴凉血、和中润肠、清热化痰、解渴除烦、清热益气、利隔爽胃、利尿通便、解毒透疹、养肝明目、消食、消油腻、解酒毒等功效。冬菇是防治感冒、降低胆固醇、防治肝硬化和具有抗癌作用的保健食品。

全素冬瓜盅不仅口味清鲜，而且具有很高的食疗养生价值。特别是冬笋、冬菇的护肝解酒作用，是宴席中不可多得的一道健康佳肴。

（五）二汤

（1）龟鹤延年汤。龟鹤延年汤是武汉名菜，也是汉味名吃代表"小桃园煨汤"的著名菜肴。在中国文化中，龟与鹤都是长寿的象征。《抱朴子·论仙》载："谓生必死，而龟鹤长寿焉。知龟鹤之遐寿，故效其导引以增年。"龟鹤同煨寓意长寿万年，鹤用形似的鸽子代替。

湖北省内的水域富产龟，有"蕲龟""断板龟""金龟"等名品。龟有滋阴壮阳、去湿解毒、防癌抗癌、益肝润肺、益阴补血等功效。鸽肉具有补肝肾、益气血、祛风解毒等功效，对身体虚弱、贫血头晕、腰膝酸痛有一定的疗效。

（2）海马三鲜汤。海马三鲜汤以海马、淡菜、牡蛎为主料，紫菜等为调味料烹制而成，因3种海鲜为主料，故称"海马三鲜汤"。

海马，补肾壮阳、散结消肿。淡菜，补肝肾、益精血。牡蛎，能滋阴益血、清热除湿。紫菜，补肾利尿。淡菜、牡蛎肉、紫菜中均含有较丰富的锌，锌对于提高人体免疫力、皮肤润滑、增强食欲、组织再生和身体生长发育等有显著疗效。

（六）四面点

（1）豆蔻何首乌饼。豆蔻何首乌饼由道教食疗养生面点豆蔻何首乌馒头改进而成。以白豆蔻、何首乌、面粉为主料，蒸制而成。豆蔻，化湿消痞，行气温中，开胃消食。民间流传服食何首乌可以长生不老。传说八仙之一张果老吃了何首乌而成为神仙。何首乌，养血滋阴、润肠通便、乌发、截疟、祛风、解毒。

（2）太极阴阳酥。太极阴阳酥以皮面、酥面、枣泥馅、红樱桃、青豆为原料温油炸制而成。味道酥香，形似太极阴阳，故名"太极阴阳酥"。枣泥，气血双补，健脾胃。樱桃，益气，健脾胃，祛风湿。青豆，健脾宽中，润燥消水，富含不饱和脂肪酸和大豆磷脂，有保持血管弹性、健脑和防止脂肪肝形成的作用。因此太极阴阳酥不仅象征太极阴阳，而且具有补气血、健脾胃、健脑等食疗保健功效。

（3）天圆饼。天圆饼以山药、豆沙、白糖、桂花等为原料经炸制、挂糖浆和蘸麻霜而成。山药健脾胃、补肺气，益肾经。对身体虚弱、食欲不振、润滑皮肤有一定的疗效。桂花具有温肺散寒，暖胃止痛、化痰、生津、平肝等功效，对于胃寒、暖气饱闷、慢性支气管炎、痰饮咳嗽有一定的疗效。炒熟芝麻捣碎后与白糖拌匀而成的麻霜具有补肝肾、润肠、乌发、抗衰老等功效。因此寓意天圆地方的天圆饼具有健脾胃、补肝肾、暖胃温肺、生津润肠、延缓衰老等养生功效。

（4）仙翁银丝面。仙翁银丝面，细如毛发，洁白如雪，好似神仙的飘逸白发，故名"仙翁银丝面"。以上好面粉、米粉、鸡蛋清、熟猪油等为原料煮制而成。仙翁银丝面柔韧细滑，筋道爽口。面粉原料小麦具有养心神、敛虚汗之功效。米粉原料粳米补中益气、健脾养胃。鸡蛋清、润肺利咽、清热解毒，富含蛋白质和人体必需的 8 种氨基酸和少量醋酸。

（七）茶水

（1）观音祈福。观音祈福是选用清茶极品福建安溪铁观音，寓意为宾客祈福。铁观音茶，产于福建省泉州市安溪县，发现于 1723—1735 年，属于乌龙茶类，是中国十大名茶之一。据传，有人把此茶献给清代乾隆皇帝，乾隆细观茶叶形似观音，重如铁，便赐名为"铁观音"。铁观音除具有一般茶叶的保健功能外，还具有抗衰老、抗癌症、抗动脉硬化、防治糖尿病、减肥健美、防治龋齿、清热降火、敌烟醒酒等功效。饮用此茶不仅神清气爽，而且身体健康，好似观音祈福。

（2）仙山玉露。仙山玉露选用的是恩施大山的特产玉露富硒茶。恩施被称为"世界硒都"，水土中富含硒。所产茶叶无污染且富含人体必需的硒元素，茶叶平均含硒量 1.068×10^{-6}。长期日均饮用富硒茶 500 毫升，是人体补充有机硒的最佳途径。富硒茶具有抗癌防癌、抗高血压、延缓衰老的功效。抗氧化能力强，能清除水中污染毒素，增强免疫力，解毒、排毒，保护肝脏，防治糖尿病、白内障等。

"黄鹤楼仙人养生宴"的主题是"体验黄鹤楼道教文化，品味黄鹤楼养生美食"。宴席环境要围绕这一主题进行设计。黄鹤楼的道教文化积淀于古代黄鹤楼的历史时期，因此环境基调是仿古环境。色调、灯光、音乐、装饰、字画、器皿摆设等因素要围绕黄鹤楼传说和故事创设出浓厚的黄鹤楼道教文化氛围，同时突出道教养生的主题。台面的桌椅形态、材质、台布和椅套及其摆放要与仿古环境和道教文化氛围相协调。

第十章　荆楚区域饮食文化

地域性是饮食文化的一个显著特征，自然地理、民族心理、文化习俗等诸多因素使得饮食文化呈现出十分明显的地域性，任何地方饮食文化的发展均离不开地理环境与历史传承两个因素，由此也形成了荆楚饮食文化的一些区域特征。

湖北省位于中国中部，这里不仅有一望无际的平原，更有错落的低山丘陵和峡谷地带，整个省是由丘陵、峡谷和平原组成，境内河湖星罗棋布，气候湿润，适于耕种，物产丰富，优越的地理环境使其成为全国著名的鱼米之乡，历来就有"两湖熟，天下足"之说。千湖之省的美誉，使得淡水鱼鲜品种繁多，常见的就有 50 多种，产量居各省之首。湖北地域广阔，各地还有许多独特的烹饪原料，一首脍炙人口的湖北民歌很好地概括了各地的特色原料："萝卜豆腐数黄州，樊口鳊鱼鄂城酒，咸宁桂花蒲圻茶，罗田板栗巴河藕，野鸭莲米出洪湖，武当猴头神农菇，房县木耳恩施笋，宜昌柑橘香溪鱼。"另外还有石首笔架鱼肚、沙湖盐蛋、洪山菜薹、鹤峰葛仙米、襄樊大头菜等。丰富的烹饪原料，不但为楚菜的发展奠定了坚实的基础，而且还表现出了浓厚的楚乡特色。

第一节　宜昌的饮食文化

由于长江的纽带作用，长江上、中、下游内的经济、文化交流比其他区域要频繁快捷得多，这些都是长江流域不同于其他区域所特有的性质，而位于长江中游门槛的宜昌在这方面的优势也更为明显，因此，其饮食文化也更加丰富多彩。

一、宜昌的地理环境

长江中游的宜昌地区是古代楚文化的发祥地，它与长江上游的巴文化和同处于长江下游的吴越文化是紧邻却异同互见，但又互相渗透、吸收，具有高度亲和力的文化圈。荆楚文化作为一个大地域文化，其中又含有若干个基本的子文化，而宜昌地域文化就是这些子文化中一颗璀璨的明珠。

宜昌位于湖北省西南部，地处长江上游与中游的接合部、鄂西秦巴山脉和武陵山脉向江汉平原的过渡地带，地势西高东低，地貌复杂多样，境内有山区、平原、丘陵，大致构成"七山一水二分田"的格局。

宜昌历史悠久，远在四五千年前先人已在宜昌这块土地上繁衍生息。春秋战国为楚西塞，是楚文化的发祥地。西汉初年（约公元前200年）为县治，东汉建安年间（约公元200年）又为郡治。此后各代，称郡或称州或称府。宜昌是鄂西政治、军事的中心。近代以来，进出口四川、重庆的物资都要在这里换载，成为重要转口码头。1876年《中英烟台条约》辟为通商口岸。宜昌古名较多，使用时间较长的是夷陵和峡州。古称峡州，因位于长江西陵峡口而得名。称夷陵，缘于"水至此而夷，山至此而陵"。1648年改"夷陵"为"彝陵"，1735年撤州升府置县，名府"宜昌"，名县"东湖"。民国时期，废府留县，定名宜昌，意寓"宜于昌盛"。

宜昌地区资源广阔，物产丰富，加上宜昌百姓十分勤劳，一直都能自给自足，出产米、麦、鱼，盛产橘、柚、茶等。宜昌为鄂、渝、湘三省市交汇地，"上控巴蜀，下引荆襄"，素以"三峡门户、川鄂咽喉"著称。自古以来，宜昌就是鄂西、湘西北和川（渝）东一带重要的物资集散地和交通要道。

二、宜昌饮食的文化资源

宜昌是伟大的爱国诗人、世界文化名人——屈原的故乡，也是民族友好的使者——汉明妃王昭君的故乡。这片神奇的土地，记录了无数古往今来的历史名人。古城周围山川形胜天下称奇，历朝历代 30 多位赫赫有名的文学家、诗人、学者先后来过宜昌。他们在陶醉于此，流连于斯的同时，也记录与发展了宜昌的饮食文化资源，值得我们深入挖掘。

宜昌不仅是楚文化的发祥地，而且也是古代巴文化的摇篮、巴楚文化之乡。在长期的历史发展中，宜昌地区的土家族人民依据富饶的土地和丰富的自然资源，逐渐形成了独具特色的饮食习俗。同时，由于这里相对封闭的地理环境，也使得这里保存了丰富的原生态饮食文化，具有很大的研究及开发利用的价值。例如，土家族人以苞谷、土豆、红苕、大麦为主食，这与居住深山有关。"乡人居高者，恃苞谷为接济主粮；居下者，恃甘薯为接济正粮"。高山乡民用苞谷熬糖，再用苞谷、稻谷炒制的米花制作成"糖苞谷托"和"鲜谷饼"，加上核桃、板栗、葵花籽等，成为高山特有的点心。低山乡民用糯米做米酒，又称醪糟，用糖和芝麻做饼以及柿子晒晾成饼，成为低山乡民特有的点心。城里人用芝麻、阴米和糖制作各式各样的糕点糖食就更为丰富。

人们日常所食，几乎餐餐不离酸菜和辣椒。酸菜是将青菜、萝卜、辣椒等用盐水腌泡而成，成品酸脆爽口。土家族常将辣椒作主料食用，而不是做调配料。他们习惯用鲜红辣椒为原料，切开半边去籽，配以糯米粉或苞谷粉，拌以食盐，入坛封存一段时间，即可随时食用。因配料不同称为"糯米酸辣子"或"苞谷酸辣子"。烹调时用油炸制，光滑红亮，酸辣可口，刺激食欲，为民间常备菜。这些美味佳肴已成为宜昌与鄂西地区特有的非物质文化遗产。

糍粑油饼　　　　　　　夹货　　　　　　　窝窝酥

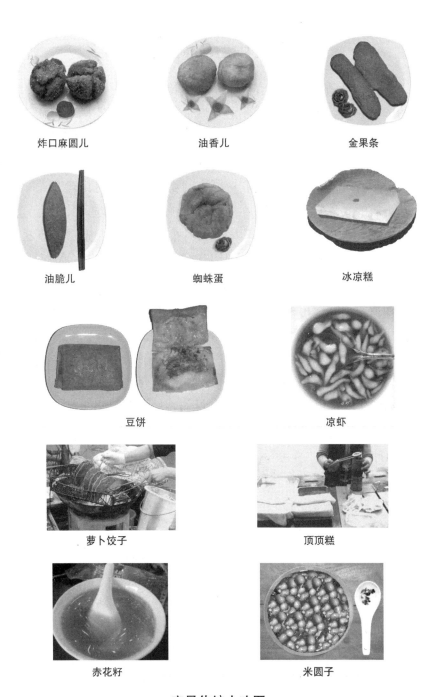

炸口麻圆儿	油香儿	金果条
油脆儿	蜘蛛蛋	冰凉糕
豆饼		凉虾
萝卜饺子		顶顶糕
赤花籽		米圆子

宜昌传统小吃图

三、宜昌饮食的创新发展

千百年来，勤劳淳朴的宜昌人薪火相传，突出"江河水鲜与山乡土特"的选材风格，讲究"鲜而不腥，咸而不重，肥而不腻，辣而不烈"，逐渐形成了"原汁、油重、香鲜、酸辣、软嫩"的峡江饮食传统风味。由于饮食文化的传承性特别强，今天宜昌的饮食文化，既有巴地特色的麻辣烫，又有楚地特色的甜淡腥；既有河鲜鱼虾，又有山珍野菜；既可品尝到酒店的高档宴席，又可吃到街边地摊的风味小吃。然而，宜昌的美食与南北菜系相通又有诸多不同，特殊的地理环境又造就了宜昌美食独特的魅力。这里既有川菜善于利用麻辣而又不囿于麻辣的优点，又有楚菜善于烹鱼和蒸菜的特长；既有山村田坎的野趣，又有鱼米水乡的清醇。鲜香楚菜、麻辣川菜、清淡粤菜等各大菜系在此相互交融，在传统饮食风味的基础上，敢于创新的宜昌人兼收并蓄，多种美味佳肴、名席名宴与风格流派交相辉映，土家菜、山野菜、柴火菜、渔村菜等缤纷多彩，三国宴、屈原宴、昭君宴、三峡风情宴、清江民俗宴等群宴争辉，推动并造就了"原鲜味，一点辣"、风味自成一体的宜昌巴楚菜，丰富了楚菜的内容，也充实了楚菜的内涵。

从口味上来说，"喜辣"已经成为今天宜昌人口味的一大特点，而在辅助调味和定性调味中，宜昌味型属于以香辣咸鲜为主、原汁原味并重的地方家常味，进而形成了宜昌饮食的主要风格，即"原汁、咸鲜、偏辣"，反映了宜昌饮食文化内部的交融性。

在烹饪方法上，如今宜昌的烹饪文化，也由过去单纯的蒸、炒、爆等，发展到了今天的煮、炖、煨、烤、涮等，讲究"鲜而不腥、咸而不重、肥而不腻、辣而不烈"，使饮食结构趋于合理，实现了主次分别、营养均衡、口感丰富，多元并存，具有浓厚的地方特色，使传统的饮食结构与现代饮食时尚相互交织、相映生辉。所以，宜昌的饮食文化，就像三峡的神奇一样，总能给人美食之外的遐思。

饮食文化作为一种非物质文化遗产，反映了一个地区居民的生活状态和生活习惯，与传统艺术、民俗等"非遗"一样需要保护和传承。历史悠久、独具特色的宜昌饮食文化尤其值得我们加以保护和传承。

第二节　鄂西土家族原生态饮食文化

从大量文物考古资料看，鄂西土家族地区也是我国早期人类发祥地之一。鄂西的建始、巴东等县的"南猿"化石，是更新世地质年代的遗存。长阳县的"长阳人"化石，说明清江流域在 10 万年以前，已有古人类繁衍生息，也说明远在有关巴人的记载之前，该地区就有古人类活动。在长期的历史发展中，鄂西土家族人民依据清江流域富饶的土地和丰富的自然资源，逐渐形成了独具特色的饮食习俗。同时，由于这里相对封闭的地理环境，也使得这里保存了丰富的原生态饮食文化，具有很大的研究及开发利用的价值。

一、原生态饮食特色浓郁典型

鄂西土家族人以苞谷、土豆、红苕、大麦为主食，这与居住深山有关。"乡人居高者，恃苞谷为接济主粮；居下者，恃甘薯为接济正粮"。"收藏甘薯必挖土窖，欲其不露风也"[①]，这是一种保鲜防腐技术，窖中甘薯食用如鲜。"收藏苞谷及杂粮，或连穗自悬屋角，或于门外编竹为囷，上覆以草，欲其露风也"。露风凉干的苞谷杂粮比放在屋内炕烘而干的食用起来香醇得多。高山乡民用苞谷熬糖，再用苞谷、稻谷炒制的米花制作成"糖包谷托"和"鲜谷饼"，加上核桃、板栗、葵花（向日葵）等，成为高山特有的点心。无稻谷的高山乡民用苞谷泡涨用石磨磨成谷"米"，作为节日食用和待客的佳品。低山乡民用糯米做米酒，又称醪糟，用糖和芝麻做饼以及柿子晒晾成饼，成为低山乡民特有的点心。地域性

---

① 来凤县地方志编纂委员会. 来凤县志·风俗志［M］. 北京：中国文史出版社，2017：279.

还表现为丰富多彩的风味菜肴与食谱。土家族在长期的日常生活中，根据本地的物产，造就出许许多多独具地方风味的菜肴佳品，素净而味美。

土家族的饮食习俗受地理环境的影响很大。土家族居民所居之地气候潮湿，所谓"高处不胜寒"，需驱寒散湿，故有喜食辣椒的习惯。又因山路崎岖，交通不便，购物较难，为解决日常饮食之需，民间都采用腌渍贮存的方法，每家每户都有一些酸坛子，因腌制的食物含有酸味，又能刺激人的食欲，所以形成了以酸辣为明显特征的饮食风味。

土家族的酸肉、酸鱼、腊肉别具风味。酸肉是以肥膘为原料，切成重约100克的块，配以食盐、五香、花椒粉腌渍数小时，再拌和玉米粉，入罐存放半月即成，食时配以其他佐料焖制，其味微酸有黏性，油而不腻。酸鱼的制法：在春耕季节，土家族农户购回鱼种，当地称它为"呆鱼"，利用稻田养殖，秋收捕捞，每条约重250克以上。制作时，去内脏洗净，肚内填以玉米粉或小米、燕麦粉、面粉均可，拌以食盐，置坛中密封，存放一二年之久而不变质，生熟可食。一般用油炸制，色泽金黄，具有焦、香、酸、脆特点，不加佐料，民间常备，以待宾客。

每年春节前夕，土家族家家户户纷纷用猪肉熏制腊肉，为新的一年开始而做贮备，或作为礼物馈赠亲友。当地称为"土腊肉"的制作方法，世代相传。制法是将猪肉切成大条块，用食盐、花椒、山胡椒腌渍1周，再烟熏两三天，抹灰除尘，将植物油烧沸，浇淋在腊肉的整个表层，放在阴凉处吹干，放在稻谷堆内埋藏，也可放在植物油内浸泡，两三年内不变质。熏制好的腊肉，炒回锅肉片，肥而不腻，色泽橙黄；精肉色嫣红，肉鲜嫩，味清香，是宴中佳品。土家族的腊羊肉特别香，炒时加以辣椒、生姜、大蒜、橘叶，是下酒的好菜。

二、节日饮食习俗内涵丰富

鄂西土家族人民十分讲究节日的饮食，不同的节日，饮食品种和方式具有不同的特色和文化内涵，并渐演成俗。下面我们择其主要食品做一介绍。

　　逢年过节或来了至亲好友，土家人的餐桌上往往会摆上一碗血豆腐。血豆腐是土家族的传统菜，用新鲜的豆腐加上干净的猪血，拌以食盐、辣椒、花椒、橘皮、肥肉末，用手捏成块状，放在柴草烟上熏烤，以表面稍黑、内质稍硬为度。食用时可以切成薄片，加以猪肉爆炒，也可以切成细丝，加上辣椒、香葱炒制。入口时令人觉得清香酥软，大开胃口。是一道下酒佐食的佳肴。

　　土家族逢年过节，都要打糯米糍粑。先将糯米洗净（也有用小米、高粱和糯米拌玉米的），泡上一两天，再滤干蒸熟，盛在粑槽内，用锤打烂，捏成坨子，大小均匀，压成圆形，上下板涂有蜡油，制成后风干几日，泡在坛子里，十天半月换一次水，这样，可以放到端午节，经久不坏。吃时只需文火烤熟，又方便又快速，再蘸上芝麻糖粉或酸菜、酱豆腐之类小菜，酸甜咸辣各随己欲。

　　土家族为儿子定亲或走亲拜年，一对宛如明月的大糍粑是不可少的，这也是团圆的象征。土家族在招待客人时，也可以把糍粑切成一小块一小块的和甜酒一起煮着吃，别有风味。

　　有的在打糍粑时，将豆粉包在中间，然后用油炸，这种糍粑脆香松软，却不腻人，非常可口。平时，用猴梨叶包糍粑，糍粑内包豆粉或猪肉，再在锅内蒸熟，也是一种味美的食品和待客的佳品。

　　一些地方的土家族人还有吃社饭的习惯。所谓社饭，就是在山坡上挖来一种叫"白蒿芝"的野菜，洗净切碎，加上肉丁，与糯米拌匀，放适当的盐，用蒸笼蒸熟即成。社饭很有风味。做社饭的时间在二月初五到三月十五，称为"社日"。在"社日"中，集市上会有大量的"白蒿芝"出售，住在城镇的土家族人不必去野外采集，花费几块钱就可买到一大筐。平时，如果哪家要做，那就只好自己去田野中寻找了。

　　栽秧虽称不上土家族的正式节日，但届时山村像过节一样热闹，大人小孩喜气洋洋，节日气氛十分浓郁。鄂西一带的土家族农民，在每年栽秧那天，家家吃"栽秧汤圆"。汤圆的成分是90%的糯米加上10%的黏米，分别以糖和猪肉做馅，香甜鲜美。吃时，每碗盛4个或5个，分别象征四季发财或五谷丰登。

团馓是土家人特有的风味食品，它是选用色白粒状的大糯米制成。先将糯米淘洗干净，浸泡一夜后入甑蒸熟。以圆形竹圈做模，用饭勺取热腾腾的糯米饭在模内边团边揉，制成瓷盘大小的圆饼，放在竹架上用微炭火烘干或晒干，再用品红、品绿写上字或画上花草。土家以团馓做礼品或供品，若是供祖先用则写"福禄寿禧""五谷丰登"之类；乔迁则以"竹苞松茂"等词致贺；"望月"则是用"玉燕兆瑞""石麟呈祥"来区分性别以贺喜；若是婚娶用，则要做几个模圈特大超过箩筐上圈的盖面团馓，上写大红双"喜"字。食用前以茶油浸炸，酥香膨脆，或干食，或以开水加蜂蜜冲兑，酥脆甜香可口。烘干而未经油炸的叫生团馓，多做"望月"用。吃时先烧开油汤，再煮团馓，盛入碗中常盖上两个荷包蛋，再撒上胡椒，吃起来清淡香糯，土家产妇多以此做早餐。

鄂西部土家族同胞，有提前过年或称过赶年的习俗，月大二十九过年，月小二十八过年。为什么提前过年？在《明史·湖广土司》《长乐县志》《田氏族谱·田九霄》等文献中有几种传说如下。

一种说法是在明嘉靖年间，湖广土司奉调征讨倭寇，率兵战于江浙前线，有次到了年底，预计倭寇可能在过年时乘我不备，突然袭击。于是土家人就提前一天过年，做好应战准备，严阵以待。大年三十那天，倭寇果然来犯，土家军队突然反击敌人，大获全胜。以后土家族就提前一天过年，来纪念祖先这次赫赫功勋。

另一种说法是土家族准备过年时向敌人发动突然袭击，于是提前一天过年，为防止走漏消息，过年时不准添客。过年那天乘敌不备，把敌人打得大败。后来，土家族吃年饭时不许外人参加也就成了传统。

还有一种说法是土家族祖先在一次战斗中失败了，于是提前一天过年，准备撤退。在过年时，偷偷在堂屋里杀猪，并藏在门背后，用蓑衣盖起，以免被敌方发现。在团年的席上只坐三方，朝大门的一方空着，以观察敌情。席上备有大肉，每人1块，如敌人来了，好拿着边走边吃，这就是杀猪藏门后和过年吃大肉的来由。大肉也叫坨子肉，是把猪肉切成大坨大坨的，拌上小米和灌肠，一同放在大米饭上蒸。大肉也真大，小的每块有 250 克，大的一块有 500 克。土家族老人说："吃得大肉的就是我土家的好儿孙。"到土家族人家过年做客，最难过的关莫过于吃大肉了。为什么吃大肉，说法不一。有的说当初土家人的祖先逃难出门，从老家带来的就是一块大肉；有的说祖先逃难到此地，正逢过年，当地人给了一刀肉，因没菜刀，就用镰刀每人割了一大块；有的说从前土家族儿孙打了胜仗，赏赐的就是大肉。总之，吃大肉是为了纪念祖先。

土家人的"团年饭"除了要吃大肉外，还要吃合菜。合菜是用萝卜、炸豆腐、白菜一锅炒，然后把猪下水、海带等一起放在锅中煮，并加以调料而制成的多料合烹菜肴。

三、玉液琼浆醇美宜人

茶文化是鄂西土家族饮食文化的主要组成部分。鄂西土家族地区盛产茶叶，加工制作技术精细，历史悠久，不仅成为土家族地区向中央王朝朝贡的驰名方物，而且又是土家族民间馈赠交际的上等礼品。茶是鄂西土家族地区的家常饮料，茶叶是人们生活的主要必需品，人们在长期的饮茶过程中，形成了一些独特的饮用法。最具有民族风味特点的是油茶汤。土家族的油茶汤有悠久的制作饮用历史。陆羽在《茶经》中转引《广雅》云："荆巴间，采茶叶做饼，叶老者，饼成，以膏米出之，欲煮茗饮，先炙令赤色，捣末，置瓷器中，以汤浇覆之，用葱、姜、橘芼之，其饮醒酒，令人不眠。"①

土家族人至今还沿袭着喝油茶汤的传统习俗。每逢佳节或喜庆日子，土家族群众往往煮上油茶汤，合家畅饮，并献给自己最尊敬的客人。油茶汤以茶叶、阴米（糯米蒸熟晒干制成）或苞谷、花生米、干豆、芝麻，再加上姜、葱、蒜等佐料，用茶油炸焦，然后用水煮沸。油茶提神解渴，驱热御寒，呷上一口，清香味美，别具风味。

---

① 陆羽. 茶经·茶之事 ［M］. 上海：上海古籍出版社，1993：7.

鄂西土家族酿酒的历史也十分久远，并创造了独特的咂酒。土家族古籍中记载了不同的酿造咂酒的方法。"其酿法于腊月取稻谷、苞谷并各种谷配合均匀，照寻常酿酒法酿之。酿成携烧酒数斤置大瓮内封紧，于来年暑月开瓮取糟，置壶中冲以白沸汤，用细秆吸之，味甚醇厚，可以解暑。"① 《咸丰县志》也记载"乡俗以冬初，煮高粱酿瓮中，次年夏，灌以热水，插竹管于瓮口，客到分吸之曰咂酒"。"饮时开坛，沃以沸扬，置竹管于其中，曰咂。先以一人吸咂，曰开坛，然后彼此轮吸，初吸时味道甚浓厚，频添沸汤，则味亦渐淡。盖蜀中酿法也，土司酷好之"。酒渗透于土家族人民整个生产生活活动中，它与土家人民的宗教信仰、礼尚往来、民族性格、民风民俗结下了不解之缘，最有意思的是姑娘出嫁时喝的"戴花酒。"

鄂西来凤县土家族姑娘出嫁时，一般要哭 3 天，有的还由 10 个姐妹陪哭。哭嫁时不仅姑娘自己哭，伴娘和所有到姑娘家吃"戴花酒"（因为姑娘出嫁时要戴花，故名）的女客都要陪。按土家人习惯，在姑娘哭嫁的 3 天中，凡是姑娘家的亲戚、邻里、朋友都要到姑娘家去贺喜吃"戴花酒"。"戴花酒"第一天称"起酒"，第二天称"正酒"，第三天称"出嫁酒"。第三天凌晨，姑娘要哭出离别父母和亲人的词。哭完后被亲人用一条 5 尺长的大红带子背到堂屋。这时堂屋已摆好酒席，姑娘见了酒席，首先要哭桌子、凳子、筷子，然后才能入席。入座后对酒席上每道菜必须依次挨个哭到，如见了茶，即哭"吃了父母一杯离娘茶，家也发来人也发"，见了酒则哭"吃了父母一杯离娘酒，家也有来人也有"。但是姑娘只哭不吃。宴罢，新娘就被送上轿，哭嫁也就结束了。

四、"入山愈深，其俗愈厚"

鄂西土家人平时粗茶淡饭，生活俭朴，不讲排场，但十分好客。据廖思树《巴东县志》记载："惟家里人客至，则系畅开酒坛，泡之以为

---

① 李焕春. 长乐县志·习俗. 清咸丰二年刻本.

敬，……（猪）肘至膝以上全而献之，谓之脚宝，特以奉尊客，切肉方三寸许，谓之拳肉。酒以碗酌，非此不为敬。"穷户人家如有酒、肉、蛋类，必留存有客至才食。"邑中风气，乡村厚于城市，过客不裹粮，投宿寻饭无不应者。入山愈深，其俗愈厚"。①

请客吃酒席或有客临门，均要用美酒佳肴，尽其所能地款待。客至，夏天先请客喝一碗糯米甜酒，冬天则请客吃一碗开水泡团馓，再待以酒菜。鄂西土家人待客还喜用盖碗肉，即以一片特大的肥膘肉盖住碗口，下面装有精肉和排骨。为表示对客人尊敬和真诚，待客的肉要切成大片，酒要用大碗装。无论婚丧嫁娶、修房造屋等红白喜事，均要置办酒席，一般习惯于每桌七碗菜、九碗菜或十一碗菜，但不设八碗菜或十碗菜酒席。由于八碗菜酒席被称为叫花子席，十与石同音，八碗与十碗被视为对客人不尊。

鄂西土家族的酒席分水席、参席、酥扣席、五品四衬席等。水席只有一碗水煮肉，其余均为素菜，多为正期前或过后办的便席；参席有海参；酥扣席有一碗米面或油炸面做成的酥肉；五品四衬有四盘五碗，均为荤菜。入席时座位分辈分老少，上菜先后有序。

清江源远流长，鄂西土家族历史悠久，饮食文化内容丰富，醇美宜人。唐代诗人韦应物《酒肆行》中有"终岁醇醲味不够"，那么就让我们一起来品尝并开发清江流域土家族饮食文化的醇醲之味吧！

第三节　巴楚饮食习俗之比较

从文化类型上分析，川东与鄂西属于古代巴文化的范畴，而在此下游地区的湖南、湖北之辖地，则属于古代楚文化的范畴。如果说巴人的饮食习俗形成于高山峡谷的特殊自然环境的话，那么楚人饮食之嗜好，

---

① 来凤县地方志编纂委员会. 来凤县志·风俗志［M］. 北京：中国文史出版社，2017：276.

则是由坦荡的平原，众多的河流、湖泊孕育而成的。

巴、楚由于各自所处的自然环境不同，文化背景各异，因此两地饮食习俗各有特色，并且在许多方面存在着明显的差异。从传承至今的饮食民俗事象来看，这种差异性主要表现在以下几个方面。①

一、食料的"文""野"之别

这里所谓的"文"是相对"野"而言的，它特指食物原料的大众、普通，并有精细之意。而"野"（或曰"土"）特指在其他地方很少使用而为本地所特有的食物原料，亦指原料的粗野之意。就主食而言，如果我们把大米、面粉视为"文食"，那么苞谷、小米、红苕等即为"野食"。就副食而言，我们把鸡、鸭、鱼、肉（猪肉）、种植蔬菜、大宗水果视为"文食"，则可把野禽、野兽、野菜、野果等视为"野食"。

众所周知，中国素有"南米北面"之说，主食以大米为主，而在黄河流域地区主食以面粉为主，大米和面粉构成我国南北两大主食系统。古楚国的主要区域在长江流域地区，因此大米成了楚地最重要的主食原料。就副食而言，以黄豆为原料制作的系列豆制品，以家庭种植的萝卜、白菜、瓜果等为主的季节性蔬食，鸡、鸭、鱼、肉为礼赠、待客、节庆饮食的荤食品，构成了楚地副食结构系统，这些食物原料都可称之为"文食"。

而在巴地，虽处在长江流域，但多为山地，不适宜种水稻，其主食比较粗野，苞谷、小米、高粱、洋芋、红苕等在巴人主食结构中占有十分重要的地位。巴地民谣"好玩不过鹤峰州，苞谷洋芋是对头。要想吃碗大米饭，八月十五过中秋"，即是这一事实的写照。巴地副食充分利用山区优势，采集野果、野菜，狩猎野禽、野兽，清人顾采在《容美记游》中对巴地饮食做过这样的记载："入馔，以野猪腊为上味，鹿脯次之，竹

---

① 方爱平. 巴楚饮食风俗之比较［M］//彭万庭，屈定富. 巴楚文化研究. 武汉：中国三峡出版社，1997：274-282.

鼬即笋根，稚子以谷粉蒸食……甚美，然不恒得。洋鱼味同鲂鱼，无刺不假调和，自然甘美，龙溪江所产也……麂如鹿，无角而头锐，连皮食之……"①

上述的野猪、鹿脯、竹鼬、稚子、洋鱼、麂等都是楚地难得的"野食"。

巴人用料的"野"，还表现在他们能巧妙地利用本地资源，制作一些外地不曾制作的地方食品，例如"桐树粑粑"和"橡子豆腐"。"桐树粑粑"是将苞谷面经发酵后，用桐树叶包裹蒸熟，剥叶而食，带有浓郁的桐叶味；"橡子豆腐"是用橡树的果实——橡栗，经浸泡磨浆后，做成如同楚地黄豆豆腐的一种食品，这是在其他地方未曾见过的巴地特产，由此可见巴人在食物原料的用料方面"野"的特点。

二、加工的精、粗之异

从菜点的加工烹调来看，楚地菜点加工制作比较精细，而巴地菜点制作则比较粗、简。首先从菜肴刀工成型来看，巴地"年肉，一块足有四两半斤重"，"尺鱼斤鸡鲜羊羔，半百猪娃儿五香烤"②，可见其菜肴比较粗犷。楚地菜肴在刀工成型方面，片、丁、丝、条、块、段、茸、末、粒、花，均因菜定型。特别是楚地茸泥类菜肴，使用广泛，且颇费刀工。如鱼圆、鱼糕、鱼线等，加工复杂，技术性强，是楚地精细菜肴的代表。就拿"鱼圆"来说，据说起源于楚文王时期，在荆楚传承两千多年，如今在荆楚民间，仅鱼圆就能做出几十个品种。清末《汉口竹枝词》就有"鲜鳞如玉刮刀棋，汁和葱姜得味深。要向宾筵夸手段，鱼餐做出是空心"的记载。"空心鱼圆"、"芙蓉抱蛋"（鱼圆中间包蛋黄）、"银包金"（鱼圆中间包肉圆）、"橘瓣鱼圆"等都是绝妙精细的楚乡名菜。

---

① 顾采. 容美记游［M］. 武汉：湖北人民出版社，1999：278.
② 廖康清. 鄂西土家食俗探源［M］//方培元. 楚俗研究（第二集）. 武汉：湖北美术出版社，1995：416.

巴地菜肴的"粗"还体现在另一层含义上，那就是原料的"混杂"，也就是习惯于用多种不同原料混合烹调，类似"大杂烩"。例如巴人后裔土家族之名菜"年和菜"，又称"合菜"，就是将粉条、豆腐、白菜、香菇、猪肉、下水等多种原料混合炖制而成，味鲜辣而杂，往往一炖就是一大锅。川东名菜"羊杂絮"，是利用山羊内脏，如肚、肠、肺、蹄及头等物，配上陈皮、八角、香茴香、干辣椒、花椒等佐料，混合煮制而成。巴地主食也同样喜欢掺杂，如常见的"苞谷饭"，是以苞谷为主，掺少许大米蒸制而成。"豆饭"，是将绿豆、豌豆等与大米混合烹制。"合渣"是将黄豆磨浆，浆、渣不分，煮沸澄清加青菜等其他他配料煮熟而食。民间还常常将豆饭、苞谷饭加合渣汤一起烹食。

楚地菜肴虽不乏用多种原料混合烹调的例子，但楚地菜肴多有主料、配料之分，每道菜都以一种原料为主，其他原料量少为辅，并重在配色、调味。主食则强调原料的单一性，不过多掺杂其他原料，如大米饭、面条等。

表现为精、粗之异的第三个方面，则是巴地菜点多为一次烹调，而楚地菜点有许多是二次、三次烹调。如楚地鱼圆、肉圆，先必须经过汆熟或炸熟，然后或烩或焖。楚地名菜"虎皮扣肉"，先要煮肉断生，再要炸制上色，继而扣碗蒸熟，最后调汁上味，要经过4次加热过程，这种复杂的工艺过程，正说明楚菜工艺"精"之所在。

三、调味的"鲜""辣"之分

就巴、楚两地的口味特征来看，巴地味型偏重酸辣，楚地味型偏重咸鲜，这是千百年来受自然地理环境和本地物产资源等因素影响的结果。

巴人居住的地区以山地峡谷为主，在这些悬崖峡谷中，森林茂密，降水丰富，日照不足，空气阴冷潮湿。而辛辣具有除湿利汗、温胃健脾的作用，于是当地居民在烹调时总喜欢放些辣椒或花椒，嗜辣成了当地一大饮食习俗。

据考证，辣椒是在16—17世纪由海路传入中国的新植物品种，在此之前巴人主要是用花椒和胡椒增辛调味。巴地山区盛产一种野生山胡椒，李时珍《本草纲目》卷三十二载：山胡椒"似胡椒色黑，颗粒大如黑豆，味辛，大热，大毒，主心腹冷痛，破滞气，俗用有效"。至今在川东地区，每年端午前后，山胡椒收获季节，家家户户都要加工、贮存一些山胡椒，以供来年调味之用。

巴地菜肴的辣，不是单一的辣，而是麻、辣、香兼备的复合味，这正是巴人及其后裔土家人擅于将花椒、辣椒混合使用的结果，也是巴地调味的特殊之处。

巴人除嗜辣，口味还偏酸，这是山区水质硬、碱性大，吃酸菜则可中和的缘故，所以巴地的许多菜都具有"酸辣"的味型特征。

楚地口味总的来说以"咸鲜"最为普遍，这可能与楚地盛产淡水鱼有关。鲜的本义为鱼鲜，引申为"新鲜"，再引申为"滋味好"，现成为一种固定的味型。楚地常用的副食原料鸡、鱼、猪肉，都含有丰富的鲜味物质成分，而且烹调时只需加适量盐，味道就十分鲜美，楚地民谚"好厨师一把盐"，既说明盐在烹调中的重要性，同时也说明楚地调味比较单一。

然而，反映古代楚人饮食风貌的楚辞《大招》《招魂》中，却未有楚人"好鲜"的记载，难道今日楚地流行"好鲜"习俗是后来"移植"演变而来的？其实在屈原时代，本没有"鲜味"的概念，今人理解的"鲜味"，在当时往往以"甘""旨"等其他词汇来表示。楚辞中未记有"鲜味"，并不等于楚人"好鲜"的事实就不存在，有人曾对湖北省饮食服务处组织搜集、整理的《湖北菜谱》进行过统计，其中70%以上的菜肴以咸鲜味为主，而搜集的楚地传统菜90%以上的是咸鲜味道，这足以说明楚人"好鲜"的习俗是有一定的历史渊源和广泛的群众基础的。

四、食效的疗、补之差

饮食除了具有充饥、饱腹的功能外，人们往往还追求更高层次的功用——养生、治病等。巴人注重饮食疗疾，楚人讲究滋补养生，这是巴、楚两地追求高层次饮食功用上的又一区别。

巴人注重食疗，这与巴人所处地理环境不无关系。据《吴船录》载："至峡州路……山水皆有瘴，而水气尤毒，人喜生瘿，妇人尤多，自此至秭归皆然。"①《华阳国志》亦云："（巴）郡治江州，时有温风，遥县客吏多有疾病。"② 可见川东鄂西历来阴冷潮湿，瘴气弥漫，疾病流行，这给巴地人民生活带来了严重威胁。因此古代巴人所开发的药用物产，多有祛湿、散寒、驱虫等功效，并且都有味道辛香的特点，这些用来治病的药物同时又可用来作为调味品，《华阳国志·巴志》中记载的巴地名产，其中有许多是兼作调料的天然药物。例如，胡椒科，巴人和盐、蜜渍以为酱，味辛香，能下气，消谷；芳藬，即今之魔芋，能消肿、攻毒；巴戟天，能壮筋骨、祛风湿；天椒，即花椒，能温中、祛寒、驱虫；姜为"御湿之菜也"，它的散寒功能，对于多雾、潮湿的巴蜀地区尤为重要。

巴人还擅长以茶疗疾，五代时，毛文锡《茶谱》载：巴国境内有一种较粗的泸茶，"其味辛，性热，饮之疗风"。《舆地纪胜》卷一八一载：大宁监（今巫溪）"地接朐忍，多瘴，土人以茱萸煎其饮之，可以避岚气"。可见巴人在食疗方面积累了丰富经验。

与巴人不同的是，楚地多平原，地势开阔，日照充足，没有明显的因地理因素带来的疾患。楚人饮食的目的是为了滋补养生、强健身体，所以楚人十分重视食物的滋补作用。

楚人滋补重在汤补、粥补。民谚："饭前若是先喝汤，强似医生开药方。十冬腊月喝热汤，暖身活血身体壮。"楚地民间的瓦罐鸡汤、八卦汤、奶汤鲫鱼、甲鱼汤等均是常见的滋补佳品，大凡老人身体羸弱、小孩营养不良、妇女产后补身均离不开汤补。楚地产妇生小孩，坐月子一般每天要吃一只老母鸡汤，直至满月。

楚地粥补也十分讲究，仅李时珍在《本草纲目》中收载的楚地药粥

① 范成大. 吴船录 [M]. 北京：中华书局，1985：18.
② 刘琳. 华阳国志校注·巴志 [M]. 成都：巴蜀书社，1984.

即达 62 种之多。用五谷粮食制作的种种药粥，可"充养后天之气，补益气血之源，强身壮体，防病治病"。如楚地"莲子粥"具有"补中、养神、益气力"的作用；"山药粥"有"补脾胃，益肺肾之功""桂圆红枣粥"具有"补脾、养心、益智"之效。

楚人在饮食养生方面还积累了许多经验，如民谚："冬吃萝卜夏吃姜，不劳医生开药方。""大蒜是个宝，常吃身体好。""鱼生火，肉生痰，青菜豆腐保平安。""宁可一日无肉，不可一日无豆。"等等，均是楚地人民千百年养生智慧的结晶。

五、巴人寓"战"于食，楚人寓"情"于食

古巴国的历史，基本上是由战争构成的历史，在短暂的时期内，竟在川东鄂西沿江一线留下近 10 个都城，这反映了巴人在战争中求生存的一种近似于"行国"的生活方式，这种生活方式自然对他们的饮食生活带来影响。

在今日巴地土家族饮食生活中，仍然遗留着"战争"的痕迹。例如：土家族有过"赶年"的习俗，即提前一两天过年，这是因为古代巴人为了抗击外侮，提前过年设伏迎防。过"赶年"要吃大块的"年肉"和切细合煮而食的"年合菜"，据说"年肉"切大块是为了打仗便于携带。"年合菜"是因战情紧急，合煮而食，以便紧急赶路。过年的酒宴上也富有"烽火硝烟"的味道，如糍粑上插满梅枝与松针，上挂纱布，表示征战的"帐篷"。坐席时大门一方不设位，这是为了"观察敌情"。相传土家族"咂酒"也与战争有关。明代土家族士兵赴东南沿海抗倭，为让壮士们临走喝上一口饯行的家乡酒，同时也不误战期，村长遂将酒坛置于道口，插上竹筒管，每过一个士兵咂上一口。后来这种饮酒法成为土家人招待贵客饮酒的一种方式。

相比之下，楚人的宴饮生活却显得安宁、祥和，富有人情味。楚地过年，称"吃团圆饭"，全家人围坐宴饮，辞旧话新。即使家中有人因故不能团聚，家人也要在席桌上为他摆上一套碗筷，以示团圆。

年席菜肴也极富有吉祥意、人情味，如：全家福、元宝肉、如意蛋卷、金果、银丝卷等，家家户户少不了肉圆、鱼圆、全鱼，寓意团团圆圆、年年有余、新年发财。楚地名菜点的传说，也大都带有人情味。如"楚乡母子会"表达了母子俩灾后重逢、母子团聚的深情；"西山东坡饼"记述了苏东坡与灵泉寺长老的友谊；"楚乡元宝肉"讴歌了出身监利的台湾宜兰县令朱才哲廉洁治政的功德；"安陆状元油"描述了安陆兄弟俩双中状元的喜悦；"武当山冻豆腐"赞美了武当道人张三丰的善良美德。总之，楚地食品寄寓的浓郁情感与巴地饮食遗留的征战痕迹，形成鲜明对照，从一个侧面折射出巴、楚两地不同的历史文化背景。[①]

六、巴、楚饮食文化的交融

巴、楚饮食习俗虽然存在着一定的差异性，但是巴、楚毕竟是两个相邻的文化区，不仅在邻近地区其饮食习俗往往相互渗透，难分彼此，即使在巴、楚腹地，常常由于战争迁徙、民间往来、商品贸易等原因，相互交融，你中有我，我中有你。

古代巴人以山区特产如木品、果品、竹品、草品、药品、干货、野味等通过长江、清江，运往荆楚，换回江汉平原的粮食、丝绸、麻类及地方食品，以互通有无。

清代改土归流，大量汉民及其他民族人口迁入巴地，给巴地带去了先进的生产技术、优良的作物种子和烹调技术，也给巴地饮食习俗带来一定的冲击和影响。及至近代，巴、楚饮食文化交流达到水乳交融的境地，我们从土家族民间歌手载歌载舞的民歌《端公招魂词》中即可窥视一斑，歌词唱道：

> 堂屋为你设宴席，火坑为你把汤熬。
>
> 武昌厨子调甜酱，施南厨子烹菜肴。

---

① 姚伟钧. 从物质生活管窥楚文化［J］. 中华文化论坛，1999（1）.

熊掌是你枪下物，团鱼是你各人钓。

山珍海味办得齐，川厨子专把麻辣焦。

白狸子尾巴炖板栗，小米年肉五指膘。

仔鸡合渣酸酢肉，尺鱼斤鸡鲜羊羔。

半百猪娃儿五香烤，獐麂兔肉配合酸广椒。

梳子扣肉炸得皮香脆，斑鸠竹鸡儿卤得香味飘。

高粱苞谷酿美酒，山泉美酒把参药泡。

天麻焖鸡香千里，醉虾香醋火酒。

泥鳅钻豆腐味鲜美，油茶汤过后尝醪糟。

糖食糕点尽你逮，水果品后又饮料。

魂梭、魂梭快回来，好吃伙儿等你乐逍遥。

歌词中既有"武昌厨子"献艺，又有楚地食物原料，同时在烹调方法、菜点味型等方面都体现了楚地饮食文化对巴地的影响。

中华人民共和国成立以后，随着交通条件的改善、国家政治的稳定、民族政策的改善，特别是近些年旅游事业的发展，巴、楚饮食文化交流进一步密切，楚地居民逐渐开始接受麻、辣、酸，巴地辣椒、花椒源源不断运往楚地城镇。巴地的辣子鸡丁、缠蹄、天麻炖鸡、酸菜鱼、和菜火锅在楚地城市十分盛行。作为巴、楚接合部的宜昌市，其饮食风俗更是分不清巴、楚，巴中有楚，楚中有巴，难辨你我。

总之，巴、楚饮食习俗的交融一方面有利于本地人民生活水平的提高，促进了饮食文化的发展，另一方面，融合后的巴、楚食俗其地方特色并没有被磨灭，反而更增添了它的独特风韵。

第四节　江汉平原的饮食文化

饮食文化是地域特色文化的集大成者，沉淀着丰富历史民俗和人文传统，牵系着人们对家乡的深挚情感，以及对群体的认同感、归属感，这正是饮食的文化价值。美食是劳动和智慧的结晶，是向世界展示形象的极佳的载体。荆州是荆楚文化重要的发祥地，这里已经形成了以楚文化为主、三国文化等为代表的"一主多元"文化格局，还可称为楚菜发源地，汇聚了荆楚大地以楚菜为代表的各种美食。食在湖北，味在荆州。楚味美食是荆州人展现性情、表达乡情的独特方式，也是世界认识荆州、了解荆州的一个标志。

一、荆州饮食文化的特色

《周礼·夏官·职方氏》中记载荆州、扬州："其谷宜稻。"荆州地处长江中游，在春秋战国属楚，是著名的水乡泽国，《左传·襄公二十五年》云（楚）"薦掩书土田，度山林，鸠薮泽，辨京陵，表淳卤，数疆潦，规偃潴，町原防，牧隰皋，井衍沃"，楚国曾对原开垦和新开垦的土地进行过卓有成效的治理工作。对此，有学者认为根据纪南城内西南部的陈家台，发现了成层成堆的呈乌黑色的炭化稻米，认为这里是楚都的储米粮仓所在。纪南城东南的凤凰山，在 167 号西汉早期墓的随葬品中有成束的稻穗，表明水稻在荆州人们心中的重要地位。正如《史记·货殖列传》中叙述这里的饮食生活状况为"饭稻羹鱼"。那么，在这种基础上产生的荆州饮食文化有什么特色呢？

一是饮食文化深厚。楚味之源在荆州。当今楚菜，由古代楚菜（荆菜）演变而来，发源于楚国都城郢都，是我国最古老的菜系之一。早在春秋战国时期，楚人就形成了以五谷为主食，以蔬菜、莲藕、鱼鲜及家畜家禽为副食的饮食结构。楚国定都荆州 400 多年，正是楚国国力最强盛的时期，为古楚菜的发展繁荣奠定了坚实基础。"千年楚菜史，半部荆州食"。与鲁、苏、粤、川等传统"四大菜系"相比，楚菜的"菜龄"更长，一般为 2200～2400 年。屈原《楚辞》篇中记载楚宫佳宴有 20 多种楚地名食，为国内有文字记载最早的宫廷宴席菜单；著名的曾侯乙墓中一次出土 100 多件各式各样的饮食器具，表明古楚菜在春秋战国时期已具独立菜系雏形。自秦以来，荆州或为陪都，或为中国近代最早的开埠城市，特别是在近代开埠和计划经济时期，荆州商业异常繁荣，在全省乃至全国的地位举足轻重，为楚菜的传承、发扬、创新提供了大显身手的舞台。

二是食材资源丰富。早在春秋战国时期，荆州便以物产丰饶而久负盛名，据《史记·货殖列传》记载，"江陵故郢都，西通巫巴，东有云梦之饶。"《墨子·公输》更是记载"江汉之鱼鳖鼋鼍为天下富"。在郑国王室为吃甲鱼而大动干戈，甚至发生血案的时候，甲鱼在楚国却是寻常之物。荆州属亚热带季风湿润气候区，处于南方作物适宜种植带的最北边、北方作物适宜种植带的最南边，光照充足、气候温和、雨量充沛、土层深厚肥沃，特别是水资源极为丰富，水域面积 531 万亩，占到版图面积的 1/4。得天独厚的气候地理条件，孕育了丰富的生物资源，荆州现有生物资源 3300 多种，其中农作物品种 1169 个、畜禽品种 33 个、水生生物 385 种（鱼类 82 种），也成就了荆州"鱼米之乡""天下粮仓"的美誉，年产粮食 40 亿千克，油菜籽总产、淡水产品产量多年保持全国市州第一。特别值得一提的是，通过近几年科学环保的种养体系的推广，2018 年全市小龙虾产量达到 35.9 万吨，占全省产量的 44%，约占全国产量的 30%。

三是菜系特色鲜明。荆州东临汉沔，西通巴蜀，南极潇湘，荆州楚菜在漫长的演变过程中，学习借鉴、师承百家，融会贯通川菜、湘菜、苏菜之长。以水产品为例，黄鳝、泥鳅、鳖、龟、虾、蟹等制作方法多种多样、各具特色，以青鱼、草鱼、鳙鱼等制作的菜肴除常规红烧煎蒸外，还有鱼糕、鱼丸、鱼片、鱼丝等。其中，荆州鱼糕以"食鱼不见鱼""吃鱼不见刺"成为荆州地方特色饮食文化的代表，2009 年入选湖北省第二批非物质文化遗产保护名录。荆州充分利用丰富多样的地方食材，以烘烤、油炸、香煎、红烧、爆炒、清蒸、水煮、凉拌等各种传统烹饪手法，特别是清蒸、红烧方法更是传承了荆州美食的独特风味。当前，荆州已拥有荆沙鱼糕、皮条鳝鱼、龙凤配、青莲甲鱼、千张扣肉、聚珍园八宝饭、板栗烧仔鸡、红烧鲫鱼、元宝肉等名菜。各县市也都拥有各自的特色菜，例如，荆州区冬瓜鳖裙羹、豆腐珍珠圆，沙市小胡鸭、九黄饼、公安牛肉、锅盔，石首笔架鱼肚、牛骨头，松滋杜家鸡、洈水大白刁，监利油焖大虾、银鱼，洪湖藕带、野鸭、清水大闸蟹，江陵水煮财鱼、粉蒸肉，等等，均小有名气。

据记载，湖北鱼圆就诞生在荆州。《汉口竹枝词》中的一首描述鱼圆制作工艺的诗，"鲜鳞如玉刮刀椹，汁和葱姜得味深。要向宾筵夸手段，鱼餐做出是空心"。诗中的"鱼餐"即"鱼圆"，又称"鱼丸""鱼氽"，是楚乡湖北著名的传统佳肴，也是鄂菜中的佼佼者，深为湖北人民所喜爱。在楚地民间，每逢年节举行家宴，或婚丧喜庆宴请亲朋，几乎都要烹制这道菜。且鱼圆色泽洁白，质地软嫩，鱼肉鲜美，吃鱼不见鱼，无骨刺之烦恼，堪称鱼菜之绝作，鱼肴之精品。

鱼圆这一美味佳肴是如何创制的呢？相传，楚文王迁都到郢（今湖北江陵）以后，特别酷爱吃当地的鱼鲜，几乎达到无菜不鱼的地步。但文王却偏偏是个吃鱼不会吐刺的人，每次进膳，总是面对丰盛的鱼肴一筹莫展。据《荆楚岁时记》记载：一次，楚文王被鱼刺扎喉后，当即怒杀司宴官。此后，厨师每给文王烹制鱼宴，首先必将活鱼斩头去尾，剥皮除刺。尽管如此，也难免有时因细刺卡喉而使文王恼火，往往盛怒之下，便喝令处死做菜的厨师，于是，不知有多少御厨名师沦为刀下冤鬼，许多厨师便因此逃往他乡。时有大臣建议出榜招贤，聘用会烹制无骨刺鱼肴的名师。当获得文王应允后，便立即行文张榜招聘。

张榜数天，却一直无人敢就聘。后来，有一位名厨应召担任楚文王的御厨，但他烹制出的鱼肴，仍不能令文王满意。眼见厄运就要降临到自己头上，然而，他再也想不出好办法来。只得木呆呆地站立在案板前，手握厨刀，用刀背狠狠地猛击案板上的鱼块，以发泄愤恨之情。突然，他却意外地发现鱼肉与刺神奇地分离了，鱼肉变成了细茸。这时，已快到楚文王用膳时间，慌忙之中他灵机一动，速将各种调味料和鱼茸掺和在一起，然后挤成一个个的小圆子，氽入鸡汤中奉献给楚文王。而文王见这飘浮在汤中玲珑剔透、异常精美的鱼圆肴馔时，感到惊奇，当品尝时，入口即化，无刺无渣，且泡软香嫩，色质味皆佳。文王顿时大悦，赞不绝口，自此，鱼圆这一美肴便产生了。

鱼圆这一特殊风味美肴产生以后，楚文王下令定为"国菜"，不许外传。于是，鱼圆便成为历代宫廷御膳珍品，专供皇室帝王享受。至元代时，还出现有炸制的鱼圆，称为"鱼弹儿"，手艺日趋精湛，品种越来越多，由原先的普通鱼圆，发展到现在的灌汤鱼圆、空心鱼圆、金包银（肉圆包鱼圆）、银包金（鱼圆包肉圆）、橘瓣鱼圆等，而且还由鱼圆发展为鱼面、鱼饼、芙蓉鱼片、芙蓉抱蛋、鱼糕、鱼饺等衍生品。如今，鱼圆已不再是皇室的专用品，而成为荆楚平民百姓的寻常肴馔。

二、监利黄鳝

监利位于湖北省中南部，江汉平原腹地，属亚热带季风气候区，南临长江，北襟襄水，东邻洪湖，西接江陵，光照充足，雨量充沛，河网密布，湖泊星罗，土壤肥沃，有"鱼米之乡"和"芙蓉之国"的美誉。

监利因公元 222 年东吴派官"监收鱼稻之利"而得县名。区域经济特色明显，水产养殖全国闻名，是著名的"全国水产先进县"和"全国平安渔业示范县"。域内湖泊、沟渠和稻田是黄鳝天然栖息场所，特别是 7 万余亩洪湖子湖群、近万亩东港湖黄鳝水产种质资源保护区，蕴藏着丰富的黄鳝种源。20 世纪 80 年代，监利开始人工养殖黄鳝，经历了砖池圈养、水泥池暂养、土池养鳝、稻田养鳝、网箱养鳝等多个阶段，是我国网箱养鳝模式的主要发源地之一。近 10 年来，监利县黄鳝网箱改良为 6～12 平方米的中小网箱，渔民们还探索出池塘养鱼套网箱养鳝，同时在配方饲料中拌喂鱼糜、螺蛳肉等方法，用生态养鳝模式以保证黄鳝的优良品质。

监利黄鳝品质优良，体形长而圆，尾柄尖且渐细；体色橙黄，背部有 3 条花斑，黑黄斑纹相间，主筋与副花明显，色泽鲜艳。经过多年的探索和发展，监利在黄鳝的养殖、培育、销售品牌等方面拥有国内优良的资源和领先的技术。2012 年以来，监利县黄鳝养殖规模和产量稳居湖北省前两位，同时位居全国前列。2013 年，"监利黄鳝"被国家工商总局商标局核准注册为国家地理标志证明商标。在监利黄鳝产量构成中，约 90％为生态养殖产量，天然捕捞作为黄鳝商品的产量约 4000 吨，黄鳝产品近 5 年药残抽检合格率均为 100％。因为品质优良，监利黄鳝已畅销武汉、长沙、重庆、成都、北京、南京、广州、上海、香港等地，远销美国、日本、韩国等国家。

监利民间食用黄鳝的历史悠久，最早可追溯到春秋时期的"金砂鳝鱼"。监利黄鳝肉质细腻，口感绵糯，营养丰富，在当地素有"黄鳝赛人参""无鳝不成宴"的说法。监利县烹饪大师们继承和发扬历代名厨烹调技艺，以本地土特产为配料，精心烹制出一系列色彩绚丽、造型美观、口味丰富的黄鳝佳肴，诸如"金丝鳝鱼""皮条鳝鱼""虎皮黄鳝""青椒鳝丝""鸡腰鳝花""清炖黄鳝""青椒焖梿鳝"等 100 多道菜式，深受民众喜爱，其中 10 多道黄鳝佳肴被湖北省烹饪酒店行业协会、中国烹饪协会评为"湖北名菜""中国名菜"。监利黄鳝美食中最负盛名的当属"金丝鳝鱼"，又名"蛋皮鳝丝"，其色泽金黄，汤香味浓，鲜嫩爽口，是监利传统名菜，也是"中国名菜"。目前，监利县滨江美食街、实中路、茶庵大道东端等多条街道形成了"黄鳝美食一条街"，新沟、朱河、程集、白螺、周老嘴等乡镇的鳝鱼面和鳝鱼菜闻名遐迩，以"监利黄鳝"为代表的餐饮美食文化悄然成为监利黄鳝产业链上的新亮点。

2017 年 9 月，监利县人民政府正式致函中国烹饪协会申报"中国黄鳝美食之乡"。同年 9 月，"监利黄鳝"被评为"2017 中国百强农产品区域公用品牌"。同年 10 月，监利获得"中国黄鳝特色县"称号。同年 11 月，以"鳝行天下，生态监利"为主题的 2017 湖北·监利黄鳝节成功举办，中国水产流通与加工协会正式为监利县颁发了"中国生态黄鳝县"牌匾，中国烹饪协会正式为监利县颁发了"中国黄鳝美食之乡"牌匾，湖北水产产业技术研究院正式在监利挂牌成立了黄鳝研究所。

2018 年 9 月，在我国首个中国农民丰收节期间，"监利黄鳝"与"潜江龙虾""宜昌蜜橘""秭归脐橙"一起入选中国"100 个农产品品牌名单"。

三、潜江小龙虾

潜江地处江汉平原腹地，属北亚热带季风性湿润气候，四季分明，雨量充沛，域内河流沟渠纵横交错，池塘湖泊星罗棋布，拥有水域面积约 40 万亩，素有"水乡园林""鱼米之乡"的美誉。潜江地表组成物质以近代河流冲积物和湖泊淤积物为主，独特的土壤、气候、水质环境十分适合克氏原螯虾的繁育生长和大规模养殖，造就了潜江小龙虾尾肥体壮、爪粗壳薄、色泽明亮、肉质鲜美的特点，深受国内外消费者青睐。潜江人不仅善于养殖小龙虾，烹制小龙虾，而且善于品尝小龙虾，销售小龙虾，为潜江赢得了"中国小龙虾之乡"和"中国小龙虾美食之乡"的金字招牌。

在 20 世纪 60 年代初，江汉平原为消灭血吸虫，从天津一带引进克氏原螯虾（俗称淡水小龙虾）以消灭血吸虫的寄宿体——钉螺。这种淡水小龙虾因其杂食性广、生长速度快、适应能力强而迅速在江汉平原生长繁衍。

20 世纪 90 年代中期，小龙虾逐渐成为潜江民间的一道乡土美食，比较盛行的吃法是吃"虾球"。随后在湖北潜江市广华区五七片区开始出现用油焖方法烹制的小龙虾，俗称"广华油焖大虾""五七油焖大虾"，并逐渐以潜江为中心向周边地区流传开来，被称为"潜江油焖大虾"。由于餐饮市场需求的快速增长，潜江小龙虾的养殖和供应开始受到关注和重视。

潜江小龙虾特色餐饮起始于"潜江油焖大虾"。在"潜江油焖大虾"于 2011 年 9 月被中国烹饪协会授予"中国名菜"称号的基础上，潜江小龙虾菜品随着市场的不断发展而演变出多种做法，逐渐形成了油焖大虾、卤虾、蒸虾、泡虾、汤虾（煮虾）、烤虾、炒虾球和冻虾等八大系列 100 多个品种，风味多样的龙虾菜品有效满足着消费者日益挑剔的味蕾需求。每年夏季，八方游客接踵而至，"游潜江，品龙虾"已形成了一道亮丽风景。截至 2019 年，潜江市小龙虾餐饮店总计 2000 多家，从业人员约 2 万人。由此可见，以中国名菜"潜江油焖大虾"为招牌的特色龙虾美食文化，已成为潜江饮食文化的重要代表，风靡荆楚，香飘海外。

四、沔 阳 三 蒸

仙桃原名沔阳，位于湖北省中南部的江汉平原腹地，属亚热带季风气候区，阳光充足，雨量充沛，湖泊众多，土壤肥沃，物产丰富，是我国重要的粮、棉、鱼生产基地，有"鄂中宝地，江汉明珠"之称。

沔阳蒸菜的历史悠久，从仙桃沙湖、越舟湖新石器时代遗址中发掘的甑（蒸食用的陶器），证明沔阳蒸菜历史可追溯到 4500 多年前。

关于沔阳蒸菜的起源，目前尚无定论。沔阳"水乡泽国"的地理特点是其基础。历史上明清时期的沔阳地区，曾经"一年雨水鱼当粮，螺虾蚌蛤填肚肠"，当时平民百姓吃不起粒粒如珠玑的大米，只有用少许杂粮磨粉，拌和鱼虾、莲藕、野菜等蒸熟充饥，这大概就是"沔阳蒸菜"的雏形了。沔阳蒸菜的起源，也有民间传说与元末农民起义领袖陈友谅的夫人张凤道有关，故其在当地有"娘娘菜"和"义军菜"之称。

沔阳人民爱吃蒸菜，家家能蒸菜，人人会蒸菜，有"无菜不蒸"的食俗。旧时的沔阳餐馆，用餐点菜还未上席之前，先上蒸菜，名曰"压桌"。现在的仙桃城乡，无论逢年过节还是婚丧嫁娶，招待亲朋好友，宴席上都要摆几道热气腾腾的蒸菜，寓意"蒸蒸日上"，不然会被视为对客人不尊重、不热情，故有"三蒸九扣十大碗，不上蒸笼不成席"之说。千百年来，"做蒸菜，吃蒸菜"在沔阳民间早已成为广为流传的一种饮食文化现象，传到外地，就有了"蒸菜大王，独数沔阳，如若不信，请来一尝"的歌谣，沔阳由此被称为"蒸菜之乡"。

沔阳蒸菜以"稀、滚、烂、淡、鲜"见长，"稀"主要是指粉蒸素菜要以好汤和匀，稀稠适中，不可过干；"滚"是对加热温度的要求，讲究"一滚三鲜"；"烂"是对成菜质感的要求，追求入口即化；"淡"是指粉蒸菜属满口菜，宜淡不宜咸；"鲜"是指原材料以新鲜为主，成菜鲜美可口。

"沔阳三蒸"是沔阳蒸菜的代表。所谓"沔阳三蒸",有人说是以粉蒸、清蒸、扣蒸等多种蒸制技法做成的系列菜肴,因其起源于沔阳而得名;通常是指粉蒸肉、粉蒸鱼、粉蒸青菜,或者说粉蒸水产(诸如"粉蒸鲶鱼""粉蒸青鱼""粉蒸鳝鱼"等)、粉蒸畜禽(诸如"粉蒸肉""珍珠丸子"等)、粉蒸蔬菜(诸如"茼蒿蒸螺蛳""太极蒸双蔬""粉蒸莲藕"等)。

如今的"沔阳三蒸",经过不断的改良和发展,具有原料简朴、粉香扑鼻、鲜嫩软糯、原汁原味、味美可口的鲜明特点,符合现代人清淡饮食的健康理念,适合广大民众"美味与健康同在"的生活需求。

沔阳三蒸

传说清朝的时候,乾隆皇帝游江南,到沔阳吃了"三蒸"菜品后啧啧称赞。有了皇帝的赞赏,精明的沔阳人立即将沔阳三蒸馆开到了北京。

民国时期,沔阳人在汉口开了沔阳饭店,以"蒸菜大王唯有沔阳"的口碑招揽生意而享有盛名。东北军少帅张学良曾到北京跑虎坊的湖北蒸菜馆品尝"沔阳三蒸"后,即兴而书"一尝有味三拍手,十里闻香九回头",这幅题联更让"沔阳三蒸"名声大噪。

1988 年 4 月,原国家主席李先念视察仙桃时,排湖宾馆厨师制作的一道"粉蒸青螺",上桌时碧绿的茼蒿里飘散出的浓浓螺香味,让李主席连连称赞。

1995 年 11 月,国务院原总理李鹏在仙桃考察工作期间,在一次就餐时,对饭桌上一道选用产自沔城东沼莲花池的九孔莲藕与肥瘦相间的猪五花合制的"莲藕粉蒸肉"赞叹不已。

1998 年,江泽民主席吃了"蒸南瓜""蒸豆腐圆子"后,连声赞叹道:"沔阳三蒸,味道不错。"

2011 年 6 月,仙桃市申报的"湖北蒸菜制作技艺·沔阳三蒸制作技艺"入选湖北省第三批省级非物质文化遗产代表性项目名录。

2015年3月，中国烹饪协会派出专家组，对仙桃市申报"中国沔阳三蒸之乡"项目进行了评估认定。专家组通过审核材料和实地调研后，认为"沔阳三蒸"历史悠久，特色鲜明，制作工艺简单方便，味道清醇，最大限度地保持了食物的原汁原味及营养，具有朴实的民间特色和鲜明的江汉地域特点及浓厚的文化底蕴，既符合现代人清淡饮食的健康理念，又适合人们对"美味与健康同在"的生活需求；群众基础广泛，地方政府高度重视，市场发展前景良好。

2015年4月，在仙桃市首届沔阳三蒸文化节暨沔街庙会开幕式上，中国烹饪协会正式授予仙桃"中国沔阳三蒸之乡"牌匾。

2016年2月，为期9天的仙桃市第二届沔阳三蒸文化节暨沔街庙会在沔街隆重举办，仙桃市民在"蒸蒸日上"的氛围中过了一个味道满满的新年。

2018年9月，中国烹饪协会在河南省郑州市发布《中国菜——全国省籍地域经典名菜、主题名宴名录》，"沔阳三蒸"位居"中国菜"之湖北十大经典名菜之首。

目前，"沔阳三蒸"已成为仙桃市的一个饮食品牌和一张鲜活名片，在推动仙桃餐饮行业和湖北楚菜产业发展方面发挥着越来越重大的作用。仙桃人民将用自身的勤劳和智慧，把"沔阳三蒸"演绎得更加精彩纷呈。

五、天门八蒸

一方水土养一方人，孕育于长江中游的天门饮食文化，由于境内河网纵横交错，湖泊呈罗棋布，是中国主要的鱼米之乡，因而在饮食上也形成了与此相应的文化习俗，其蒸食文化闻名全国，而"蒸"是最能体现中国烹饪独特的技巧，也是最能保留食物营养的烹调技法，"蒸"还是最能保持食物原味的烹调方法，任何不鲜不洁的菜，蒸制出来后会暴露无遗。因此，从现代营养科学角度来看，中国蒸菜所蕴含的养生保健原理与营养学价值，尤为其他类菜肴体系所不及。

（一）天门蒸菜的起源与发展

考古资料证明，中国独特的炊具——甑产生后，"蒸"法才得以问世。甑源于新石器时代，有了甑就有了"蒸"。考古资料证明，在距今五六千多年前的江汉平原的京山屈家岭、天门石家河文化遗址中，就出现过陶甑、陶壶、陶罐等陶器。

《说文》曰："蒸，火气上行也。"远古时期，蒸就用于做饭，《周书》有"黄帝始蒸谷为饭"的记载，《诗经·生民》形容蒸饭说："释之叟叟，蒸之浮浮。"《正义》解释说："洮米则有声，故言叟叟之声，蒸饭则有气，故言浮浮之气。"显然，这是指水吸收火的热能，使甑的内压形成百度以上的蒸汽。蒸也可用于做菜，《论语》中已提到"蒸豚（小猪）"，到战国时楚国有美食"蒸凫鸟（野鸡）"，北魏时有名菜"蒸熊""蒸藕"，唐朝时有"醋蒸鸡"，宋代有"蟹酿橙"，系用蒸法。元时有蒸鲥鱼，明清时有盏蒸鸡、清蒸肉、藏蒸猪蟹丸（放入竹筒内蒸）、干锅蒸肉、黄芪蒸鸡等。另外，《周礼·天官·笾人》中提到的名点"饵"也是蒸成的。

蒸的历史可谓源远流长。但在西方，直至当今，欧洲人也极少使用"蒸"法。像法国这样在烹调术上享有盛誉的国家，却据说连"蒸"的概念都没有。说来有趣，西方人发明了蒸汽机，使人类进入了蒸汽时代，但东方人利用蒸汽的历史却比西方人为早，可见东方早在史前时代就进入了自己的"蒸汽时代"。所以，我们从东西方文化的比较来看，蒸菜是中国的国菜，而这一国菜在天门香飘了6000年左右。

众所周知，荆楚饮食文化是伴随着楚文化的崛起而兴旺发达起来的。荆楚菜的制作，早在2000多年前的楚国时期就已达到相当的水平，《楚辞》中的《大招》与《招魂》中所列举的菜馔已证明了这一点，其中也有蒸菜。另外，从考古发现的资料上来看，特别是1978年荆楚随州曾侯乙墓中出土的100多件饮食器具更是较好的例证，其中甗、甑等都是蒸食器，反映了楚人蒸菜的历史，所以蒸菜也是楚菜的一个重要组成部分。蒸菜起源于江汉平原天门一带，具有浓厚的乡土气息，并以其独特的烹饪技法和风味特色闻名于世。

　　饮食文化的兴衰与地区的物质文明、生态环境紧密相连。天门地处湖北省中南部，江汉平原北部，属长江和汉水交汇而形成的冲积平原。其北与大洪山余脉的低丘相连，西南有汉水环绕，依山带水，呈龙盘虎踞之状。境内天门河、汉北河横贯腹地，皂市河、东河、西河等河流纵横交错，沉湖、华严湖、张家湖、白湖等湖泊星罗棋布，是名副其实的鱼米之乡。在长期的与大自然斗争的生产生活实践中，天门人民依靠汉江流域富饶的土地和丰富的自然资源，逐渐形成了独具特色的蒸菜美食文化。

　　"天门三蒸"源于何时尚无定论，但至少有 2000 多年历史。2005年，天门石河镇出土了东汉陶甑，东汉陶甑的出土，清楚说明天门蒸法的运用有悠久历史。

　　天门蒸菜的产生与其地理有密切的关系，天门是水乡泽国，据记载，古代天门是："一年雨水鱼当粮，螺虾蚌蛤填肚肠。"平民百姓吃不起粒粒如珠玑的大米，只有用少许杂粮磨粉，拌和鱼虾、野菜、藕块投箄而蒸，以此充饥。久而久之，便发展成了驰名湖北的传统名菜。

　　据载，西汉末年，天灾人祸频繁，形势每况愈下，民不聊生。公元17 年暮秋，王匡、王凤兄弟揭竿白湖，遭地主武装和官兵合击，被困粮绝，他们多靠挖野荸荠和野菜充饥，当地村民闻讯后，踊跃献出备度春荒的一点粮食，以济义军。然杯水车薪，无济于事。于是王氏兄弟命将士将这些粮食磨成米粉，拌和野菜甑蒸，竟使难以下咽的野菜成为可口食品。从此，这种蒸菜法四处传开，人称"匡凤菜""绿林菜"。可见，早在汉代天门就有了粉蒸菜。

　　唐代茶圣陆羽和他的恩师智积禅师，因长住西塔寺中，朝夕与荷湖相伴，与藕为伍，那"西湖舟十里，一半是荷花"，那"荷叶罗裙一色裁，芙蓉向脸两边开"的景象煞是动人，撩人的荷湖不得不使他们在湖藕上寄情用功，终于烧制成了清新爽腻的藕蒸菜。至今天门仍广泛流传"东湖的鲫鱼，西湖的藕，南门的包子，北门的酒"。从此陆羽藕蒸菜从寺院传到民间，由素菜向荤素转移。

天门蒸菜经过辗转相传，代有增益，人们借用"素蒸"的方法进行"荤蒸"，开始蒸肉、蒸鱼，并进行荤素"混蒸"。虽然天门蒸菜过去仅限于"三蒸"——蒸菜、蒸肉、蒸鱼，品种比较单一，但它仍然是天门人民家家喜爱的菜肴。平常日子，逢有客来，东家就用"三蒸"待客。每到过年，在迎春接福之时，沿袭祖辈相传的习俗，"清香三柱，清酒三樽，盘列三蒸，祀神祭祖"。"三蒸"，一般指蒸肉、蒸鱼、蒸青菜，取"鱼"与"余""蒸"与"增"的谐音，表达人民年年增收、岁岁有余的美好愿望。

（二）天门蒸菜的主要特点

天门蒸菜是楚菜的代表品种之一，与中国的众多的传统佳肴一样，它以厚重的历史文化积淀，独特的风味和精湛的技艺，形成了魅力无穷的美食文化。具体而言，天门蒸菜有如下几个特点，对此我们逐一论述。

1. 丰富的蒸菜原料

天门蒸菜非常丰富，与天门的地理、气候和物产等得天独厚的条件有关。天门沃野千里，水网密布，又地处华中腹地的长江中下游，是全国有名的"鱼米之乡"，历来有"天沔熟，天下足"之说。如此丰富的烹饪原料，为蒸菜的发展奠定了坚实的基础。清末曾任黑龙江巡抚的竟陵名人周树模有诗赞曰："曲巷明渔火，平田足雁粮，灌园父老来，已知近吾乡。"可见这里生物资源极为丰富，是野鸡、鹌鹑、水獭、水貂、草兔、獾类等良好的生息场所，盛产莲藕及各种鱼、鳖、龟、蚌、蟹、虾。这里气候适宜，土地肥沃，耕作精细，农田生产的各类农产品和农民饲养的畜禽、水产品畅销国内外，一个富饶的天门为其饮食文化兴盛奠定了坚实基础。

天门蒸菜用料十分广泛，选料也特别讲究。其基本原料既有米、面等主食，也有蔬菜等植物性原料，还有肉、鱼、禽等动物类原料。几乎所有的粮食作物、动物产品和植物类的蔬菜，都可以作为蒸菜的主要原料。蒸制菜肴食品的特点是保持食物的原汁原味，如果食物原料出现了不新鲜的情况，其成品菜肴自然就含有异味，菜肴的质感也会大大降低。

由此来看，蒸制菜肴对菜肴原料的使用有着极其严格的品质要求，这就确保了蒸菜的新鲜程度与食品安全保障，而这一点恰恰是当代人饮食消费中最为关心的事情。天门乃中国鱼米之乡，蒸菜丰富新鲜的原料要求与天门丰富的物产是分不开的。

形态不同的天门地貌有利于各种动植物的生长和繁殖，温暖湿润的气候使得天门盛产稻谷、小麦、大豆、大麦、蚕豆、荞麦、粟、玉米、薯类、花生、芝麻及各种蔬菜和水果，还有经济价值较高的水生植物，如藕、荸荠、菱菜等。这些都为天门的蒸菜提供了取之不尽用之不竭的原料。天门境内有河流 29 条纵横交错，河道总长 600 余千米，大小 57 个湖泊星罗棋布，丰富的水资源孕育了众多的水产品，仅鱼类就有 64 种，此外还有软体动物 15 种。天门居民主要肉食是猪、牛、羊、鸡、鸭、鱼，此外还有禽蛋等。这些产品，都成为天门蒸菜的主要原料，再加上历史久远、质量上乘的佐料，如横林陶溪潭酿造的白酒和渔薪豆瓣酱及蒋场的豆制品等，使天门蒸菜具备了一套完整的主料、副料、小料和调料。正如天门流传的民谣中所说的："东湖的鲫鱼，西湖的藕，南门的包子，北门的酒"，这都是天门的蒸菜美味的最好口碑。还有天门流传的"素三蒸"如"金银蒸菜""蒸茼蒿""蒸压桌"等，具有清香绵延、清鲜可口、营养丰富的特点。"荤三蒸"如"炮蒸鳝鱼""清蒸甲鱼""粉蒸鲢鱼""糯米蒸蚌"等，汤清汁鲜，鱼肉软柔，肉质滑嫩，香味浓郁，成为享誉全国的美味佳肴。

2. 多样的技法传承

众所周知，各大菜系都有自己独特的烹调风格，川菜讲究调味，以干煸、干烧等烹调方法较为擅长。鲁菜善于制汤，对扒、爆比较熟练。而楚菜在烹调技法上，蒸、煨、炸、烧应用最广，也最为擅长。鲁菜厨师讲究"勺功"（即翻锅技巧），川菜厨师讲究调味，苏菜厨师讲究菜肴外形，这些统称为勺上功夫（即锅上功夫）。而荆楚厨师则讲究勺底功夫，即注重火候的掌握，对火候的要求十分严格。鄂菜的蒸、煨等烹调方法是特别讲究火候的几种烹调方法，如"蒸"，这一技法尤以天门为最。天门蒸菜最传统的技法有"粉蒸"、"清蒸"和"炮蒸"三种。

粉蒸，就是将要蒸制的食物原料和米粉或其他谷物类的原料拌在一起进行蒸制。粉蒸由于使用了米粉类的原料，荤素皆宜，米粉品可以起到去油腻和增加米香的作用，使菜肴更具特色。其中最具代表性的是粉蒸茼蒿，颜色翠绿，清香鲜软；粉蒸猪肉，色泽棕红，滋味鲜美，肥而不腻；粉蒸鸡块，颜色微黄，软嫩味香；粉蒸甲鱼，色泽调和，肉质嫩软，胶质味鲜。还有一种在天门很有名的"竹篙打老虎"，亦称"压桌菜"，就是用莲藕、猪肉相混后拌上米粉、调料上笼蒸熟而成。此菜既有莲藕的清香软和，又有猪肉的滑润。

清蒸，是把食物放入调好调料的汤或汁中，再入笼进行蒸制。其中最具代表性的是清蒸全鸡和清蒸鲫鱼，这两种菜形态完整，原色原味，肉烂脱骨，醇香可口；清蒸甲鱼，汤清汁鲜，鱼质柔软，肉松味美；清蒸鳝鱼，肉质滑嫩，香味浓郁。

炮蒸，是在粉蒸无鳞类的鱼时，用滚烫的食油处理其表皮，使表皮形成一些泡状。其中最具代表性的是炮蒸鳝鱼。

如今，在传统的天门三蒸外，天门蒸菜已发展到8种烹制技法，分别为粉蒸、清蒸、炮蒸、扣蒸、酿蒸、包蒸、封蒸、花样蒸。"八蒸"之名，据传来自明代《嘉靖帝一语启八蒸》的故事。故事说当初嘉靖皇帝由钟祥潜邸取道进京，途经天门多宝，宿店进膳时，因饭店打烊，准备不及，店主乃以蒸笼格所盛之各种蒸菜呈供。嘉靖询问菜名，店主以"蒸笼格"相答。嘉靖以其名不雅，及见蒸笼格中之蒸菜为蔬菜、土豆、贝肉、猪肉、牛肉和3种淡水鱼类，共8种，乃信口名曰"水陆八蒸"。及至嘉靖称帝后，人们又叫它为"天龙八蒸"。中华人民共和国成立后，人们又改口称为"天门八蒸"。尽管这个"天门八蒸"与现代"天门八蒸"意义有别，人们还是"用其名，广其意，以光前人。"天门八蒸的形成，使天门蒸菜由少数几个品种成了一个众多品类的蒸菜系列，极大地丰富了天门蒸菜的内涵和外延，使天门成为名实相符的蒸菜之乡，为天门饮食市场的发展起了推动的作用。如今，天门蒸菜技艺还在不断发展，已经有了 9 种蒸菜法。

3. 丰富的营养与安全的养生价值

天门蒸菜是中国烹饪方法中较为符合现代营养科学原理的菜肴体系，其特点是保持了菜肴的原形、原汁、原味，比起炒、炸、煎等烹饪方法，蒸出来的菜肴所含油脂少，且能在很大程度上保存菜的各种营养素，更符合健康饮食的要求。这是因为，炒菜时，油的沸点可达 300℃ 以上，会破坏营养成分。与之相比，蒸菜中水的沸点只有 100℃，营养物质可以较多地保留下来。研究表明，蒸菜所含的多酚类营养物质，如黄酮类的槲皮素等含量显著地高于其他烹调方法。另外，蒸菜要求原料新鲜，调味适中，而且原汁损失较少，具有形态完整，口味鲜嫩、熟烂的优势。更重要的是，由于蒸制食物容易消化，非常适合消化不好的人食用。

从科学烹饪的角度来看，蒸的烹饪方法具有能够很好地保护食物营养素的优点，能够在很大程度上减少对营养素的破坏，起到保护食物营养素的作用。一切运用食物油脂作为烹饪传热媒介的菜肴，都会因为烹调油的高温加热使食物中的营养素遭到不同程度的破坏。但蒸制菜肴则与此不同，食物的营养素完全被保留在食物之中，没有造成任何的流失，尤其是那些在加工中保持食物原有完整形状的菜肴，营养素几乎一无所失，这就很好地保留了食物原料的原有营养成分与风味特点。蒸制菜肴在蒸汽高温的作用下，还有利于食物中营养成分的分解变化，对于中老年人来说尤其重要，这样一来，就无形之中提高了动物蛋白质的利用率，其养生保健学意义与营养经济学意义都非同寻常。可以说中国蒸菜具有原汁原味、清淡素雅、保护营养、利于养生的特点。

天门蒸菜吸收了古代饮食文化的精髓，如今又汇集了国内菜系的众多风味，经过一代又一代烹饪大师的传承和创新，形成了天门丰富多彩的蒸菜品种和方法。近年来，随着餐饮业的发展，不断创新的天门餐饮文化造就了一代又一代的名厨。在蒸菜技艺上，名厨们留下了许多经典名菜。这些都说明天门饮食文化资源十分丰厚，因此，应该根据天门饮食文化资源的特点，因地制宜地采取相应的开发策略，其中最重要的就是要整合资源、做大做强，实现规模效应，扩大品牌影响。

第五节　武汉饮食文化的特色

自古以来，湖北就有"九省通衢"之称，而武汉市不仅是湖北的政治、经济、文化中心，而且也是整个华中地区的一个特大城市。武汉不仅人流、物流密集，水、陆、空交通运输便利，同时也是连接全国其他大区的重要枢纽与中转站。武汉所具有的独特的区位优势，为餐饮业的快速发展提供了有利的条件，餐饮业在武汉市的经济发展战略中占有重要地位。改革开放以来，在政府有关部门的大力扶持及广大餐饮业从业者的努力经营下，武汉餐饮业取得了较快的发展，并形成了烹制淡水鱼鲜为主的一些特色。

一、中国淡水鱼美食之都

武汉地处江汉平原东部。世界第三大河长江及其最大支流汉水横贯市境中央，将武汉城区一分为三，形成了武昌、汉口、汉阳三镇隔江鼎立的独特格局。境内江河纵横、湖港交织，上百座大小山峦，160 多个湖泊坐落其间，水域面积占全市面积约 1/4，构成了极具特色的滨江滨湖水域生态环境。

先秦时期，楚文化光彩夺目。《楚辞》中的《招魂》和《大招》篇给我们留下了两张相当齐备的菜单，列有"煎鱼""臑蠵""胹鳖"等鱼龟鳖佳肴。《左传·宣公四年》记有"楚人献鼋于郑灵公"的故事。秦汉魏晋南北朝时期，已经形成"饭稻羹鱼"特色。三国时期，吴国左丞相陆凯上疏孙皓时，引用了民间童谣："宁饮建业水，不食武昌鱼。"反映出早在 1700 多年前，武昌鱼肴便被人们所赞赏。宋代范成大和元代马祖常，一个说"却笑鲈乡垂钓手，武昌鱼好便淹留"，一个还劝他的朋友"南游莫恋武昌鱼"，充分体现了武昌鱼的美食魅力。隋唐宋元时士大夫饮食文化兴起，涌现出"鲫鱼脍""风鱼"等名菜。宋代文豪苏东坡谪居湖北黄州时，曾在品尝过鮰鱼的美味后，即兴挥毫写下了《戏作鮰鱼一绝》，将其与河豚相比，"粉红石首仍无骨，雪白河豚不药人，寄语天公与河伯，何妨乞与水精鳞"。这一时期，鱼菜不仅是黄州风味美食，也是江城人的餐桌佳肴。清代叶调元《汉口竹枝词》中讲武汉过节时客人来了要殷勤款待，菜肴规格是"九碟寒肴一暖锅"。腊鱼、鱼圆为常用之品。春节"三天过早异平常，一顿狼餐饭可忘。切面豆丝干线粉，鱼餐圆子滚鸡汤"。豆丝、鱼圆、鸡汤三味均是武汉独具地方特色的菜品和小吃。虾鲊是一道武汉乡土风味名菜。据民国十年出版的《湖北通志》记载："鲊，酝也。以盐糁鲊酿而成，诸鱼皆可为之。"此菜是以河虾或湖虾为主料，拌以米粉及调料入坛腌制成虾鲊后，采用炕焖法制成，成品咸、鲜、辣、香俱全，风味独特，是武汉民间年节喜庆之时的美食。

湖北是千湖之省，武汉是百湖之市。湖北淡水产品总产量连续 23 年居全国第一。2018 年，全省池塘养殖面积 796 万亩，占全国池塘养殖面积的 20.1%，水产品总产量 458 万吨；主要经济鱼类有青鱼、草鱼、鲢鱼、鳙鱼、鲤鱼、鲫鱼、鳊鱼、鮰鱼、鳡鱼、鳜鱼、鳗鱼、鳝鱼等五十余种，还富产甲鱼、乌龟、泥鳅、虾、蟹、蚌等小水产，许多质优味美的鱼类如长吻鮠、团头鲂、鳜鱼、鮰鱼等名闻全国。青鱼、草鱼、鲢鱼、鳙鱼、小龙虾、黄鳝、黄颡鱼七个品种产量居全国第一。餐桌上 7 条鱼就有 1 条来自湖北。截至 2018 年底，全省水产商标品牌超过 1000 个，其中，中国驰名商标 10 个、中国名牌农产品 4 个、中欧互认地理标志产品 1 个、湖北著名商标 39 个、湖北名牌产品 25 个。1990 年中国财政经济出版社出版的《中国名菜谱》湖北风味 236 道名菜中，以淡水鱼为主的水产菜所占比例高达 31.4%，加上其他菜中以淡水鱼等水产原料做主料的菜肴，湖北名菜中以淡水鱼等水产原料做主料的菜肴所占比例达 43.2%。武汉利用全市及全省丰富的水产资源，创制了"清蒸鳊鱼""红烧鮰鱼""珊瑚鳜鱼""明珠鳜鱼""黄焖甲鱼""虫草八卦汤""炸虾球""酥徽糊蟹"等一系列颇具地方特色的淡水鱼鲜名菜，成为楚菜"鱼米之乡、蒸煨擅长、鲜香为本、融和四方"特色的典型代表。

毛泽东主席 1956 年 6 月视察湖北时，在品尝过"清蒸鳊鱼"等鱼肴，挥毫写下的壮丽诗词《水调歌头·游泳》发表后，"才饮长沙水，又食武昌鱼"这一家喻户晓著名词句，使武昌鱼驰名中外，名扬天下。武汉烹饪人才荟萃，烹饪科教实力雄厚。汪显山、陈昌根、黄昌祥、卢永良、孙昌弼、余明社、汪建国、卢玉成、涂建国等著名楚菜大师，都是身怀绝技的烹鱼高手，在国内餐饮界享有盛誉。武汉厨师曾在各类烹饪技术大赛中摘金夺银，硕果累累。湖北经济学院、武汉商学院等高校举办有烹饪类本科专业，他们为全省乃至全国各地同行业培养输送的淡水鱼制作技术人才数以十万计。武汉建有湖北省淡水鱼加工技艺非物质文化遗产传承人大师工作室，包括卢永良技能大师工作室、孙昌弼技能大师工作室、邹志平国家技能大师工作室等。湖北经济学院楚菜研究院，武汉商学院湖北省非物质文化遗产保护中心，华中农业大学国家大宗淡水鱼加工技术研发分中心（武汉）、楚菜产业研究院，均以淡水鱼菜品创新及研发作为研究重点。

武汉淡水鱼鲜类非物质文化遗产丰富。武汉小桃园煨汤技艺、老大兴园鮰鱼制作技艺、武昌鱼制作技艺等先后入选湖北省级非物质文化遗产代表性项目名录。武汉餐饮市场发达，唐宋时期，武汉的餐饮业已具相当规模。罗隐《忆夏口》记汉阳酒楼"汉阳渡口兰为舟，汉阳城下多酒楼。当年不得尽一醉，别梦有时还重游"。明末夏口（汉口）商业日渐繁荣，餐馆业相应发展。至民国时，武汉已产生了小桃园、老会宾、大中华、老通城、德华楼、冠生园、祁万顺、蔡林记、谈炎记、四季美等一批餐饮名店。老大兴园原名大兴园，汉阳人刘木堂 1838 年创办，以鱼菜著称，其烹制鮰鱼的名师辈出，有四代相传的"鮰鱼大王"。大中华酒楼由章再寿等于 1930 年创办，以擅长烹调鱼菜在顾客中享有盛誉。1946年，"小桃园"（原名"筱陶袁"）开业，专营煨汤，有"甲鱼汤""八卦汤"等特色汤品。武汉市小蓝鲸酒店管理有限责任公司、湖北三五醇酒店有限公司、武汉湖锦娱乐发展有限责任公司、武汉市亢龙太子酒轩有限责任公司、武汉艳阳天商贸发展有限公司、武汉华工后勤管理有限公司、武汉半秋山餐饮管理有限公司先后入围"中国餐饮百强企业"。武汉美食街区发达,著名的有武昌户部巷小吃一条街、汉口吉庆街饮食文化街、硚口美食街、江夏汤孙湖鱼圆一条街、沌口财鱼一条街、汉阳鹦鹉洲风情一条街、洪山鲁磨路农家乐一条街等。

2005 年 10 月,第 15 届中国厨师节在武汉举行,武汉市餐饮协会经市人民政府、市商务局同意,曾向中国烹饪协会申报"中国淡水鱼之都"。

2018 年 9 月,中国烹饪协会在河南省郑州市发布《中国菜——全国省籍地域经典名菜、主题名宴名录》,"原汤汆鱼丸""葱烧武昌鱼""粉蒸鲴鱼"等五道武汉菜品入选中国菜之楚菜十大经典名菜,长江鲴鱼宴、武昌全鱼宴、惟楚有才宴等七桌武汉(含与其他城市共同享有的宴席)宴席入选中国菜之楚菜十大主题名宴。目前,武汉的淡水鱼鲜美食已成为武汉市的一个特色品牌和一张鲜活名片,在推动武汉餐饮行业和湖北楚菜产业发展方面发挥着越来越重要的作用。①

二、武汉"过早"

清代道光年间,"过早"这一词汇最早出现在《汉口竹枝词》中。1991 年,池莉曾经在其作品《热也好冷也好活着就好》里盘点过武汉早点的种类。2002 年,武昌区政府选定户部巷为"汉味早点一条街"打造试点,目前已经成为全国闻名的具有汉味小吃特色的知名品牌,户部巷小吃已经成为汉味早点的代名词。2006 年,"过早"因其种类丰富而被成功申请为武汉市非物质文化遗产。

(一) 早尝户部巷

武汉饮食,可谓一早一晚,过早和消夜最为经典,有"早尝户部巷,夜吃吉庆街"之美谈。武汉是著名的美食之都。"过早"这一词汇最早出现在清代道光年间的《汉口竹枝词》中。"过早"是湖北地区对吃早餐的

---

① 湖北省商务厅,湖北经济学院. 中国楚菜大典 [M]. 武汉:湖北科学技术出版社,2019:206.

俗称，是武汉人约定俗成的一句俚语。"过早"，就词性而言，亦名亦动，名词即是"早餐"的意思，动词即为"吃早餐"的意思。"过早"，尤其在武汉、黄石、襄阳、宜昌、随州等地，这种俗称更盛。在九省通衢的武汉市，由于受到地理环境与经济活动的影响，长时期的积累，人们养成了出门"过早"的习惯。在武汉，没人会说"吃早餐"，只会说"过早"。武汉的任何一份过早从做好到吃完，为不耽误时间，也可以边走边吃，最多不超过 15 分钟时间。所以，过早简单方便，用餐时间短暂，匆匆而过。而武汉的早点，又以种类多、搭配妙、做法绝、价不高、吃得饱为特色。在"过早"的名义下，武汉人展示出荆扬相会、九省通衢、江汉大都气吞山河的食量。

　　武汉人将用早点称为"过早"，在很多地方被敷衍甚至忽略的早餐，被武汉人随意而隆重的提升到"过年"般"过"的位置。2012 年，《过早歌》颇为风靡，它生动而详细描述的就是武汉的"过早"，其中的几句歌词是：一日三餐里，那早点最重要，老人家常讲，那早上要吃好。天下美食客，南北好吃佬，都来这条巷子过早……行人，匆忙，大街小巷，一个模样，左手报纸，拿着，每天看的，右手拎着，一份过早。《过早歌》充分地展示了全国知名的汉味小吃天下第一巷"户部巷"的繁荣景象。户部巷位于武昌司门口，是一条长 150 米的百年老巷，其繁华的早点摊群 20 年经久不衰。清朝时候，这条百米小巷曾因毗邻藩台衙门而得名。以"小吃"闻名的户部巷，就是武汉最有名的"早点一条巷"，现有"早尝户部巷，夜吃吉庆街"之说。

汉味早点第一巷——户部巷

　　户部巷作为地名，历史相当悠久，在明嘉靖年间的《湖广图经志》里有一幅地图，上面清楚地标注着这条狭窄的小巷，由此看来，这条小巷至少有 400 多年的历史了。历史上的户部巷，知名度很高，巷子虽小，名气却很响亮，因其东邻负责管理户籍钱粮、民事财政的藩署（直属京城的户部）而得名。此巷古往今来，因紧靠码头，舟车络绎，人气鼎沸，小巷人家勤劳巧作，汇江汉钱粮、天下干鲜精烹细调，以鲜、香、快、热之汉味小吃惠及熙攘人群，声名鹊起，经久不衰。

作为"汉味小吃第一巷"这个品牌，已经有12个年头。2002年，武昌区政府决定实施"早点、健康、就业、防盗、互助"五大亲民工程，就选定了这条仅147米长，当时只有3米宽，拥有12户小吃经营户的巷子作为了"汉味早点一条街"试点，由政府投资对原来破旧的小巷依户部巷明清古朴形制修葺，化古老于新韵，楚风蔚然，特色溢彰，声名远播；加上政府的关注、媒体舆论的引导和广大经营户的努力，历经3次阶段性改造，目前已经成为全国闻名的具有汉味小吃特色的知名品牌。

户部巷已经成为"汉味小吃"的代名词，成为汉味小吃的领军品牌，户部巷的经营模式和管理模式已经成为饮食行业（特别是小吃行业）"教科书"，形成了一张靓丽的武汉新名片。

（二）浓郁的地方特色

众所周知，武汉一直都是个忙碌的城市，武汉人不像广州人那样讲究，也不像成都人那样闲适，没有一大早坐下来吃早茶的习惯。相反的，武汉人早上来不及在家用早餐，养成了出门"过早"的习惯。过去的赶码头、抢生意，后来的跑月票、上早班都促成和助长了"过早"的习俗。直到今天，当地人仍然保持了这一习俗，并且由于现代生活节奏的加快，加之人们工作和学习的场所与居住区距离的增大，这种"过早"的习俗呈增强的趋势。

武汉的"过早"是一种地方习俗，具有普遍的代表性和浓郁的地方特色，"过早"的说法和吃法在全国是独一无二的，不仅吃的东西品种丰富，其内涵也很丰富。武汉著名作家池莉曾经在其作品《热也好冷也好活着就好》里排点过武汉的早点：老通城的豆皮，德华楼的一品大包，蔡林记的热干面，谈炎记的水饺，田恒启的糊汤米粉，厚生里的什锦豆腐脑，老谦记的牛肉枯炒豆丝，民生食堂的小小汤圆，五芳斋的麻蓉汤圆，同兴里的油香，顺香居的重油烧梅，民众甜食的汰汁酒，福庆和的牛肉米粉……实际上，这仅仅只是武汉名气极大的老字号，而街头巷尾叫不出名字来的更是数不胜数。虽然那些大街小巷路边摊的过早也许不够纯正，配料也许不够齐全，做法也许不够精致，但毕竟那才是和我们老百姓关系更密切的早点。武汉早点，小巧精雅，造型别致，兼容别样，蒸煮煎炸，艺巧味多，举凡平民达官，学人商贾，南北过客皆其食者，故食不在繁巨，小吃小喝，有味则名。

热干面是武汉的招牌过早，最出名也最具特色。一种碱制的熟面，弹性非常好，用笊篱盛着放入开水中烫一会儿，捞起后沥干水，放入碗中再开始加佐料和配料。佐料无非就是盐、胡椒、味精之类的，配料则有虾米、辣萝卜碎丁、葱花，再加上芝麻酱，美味又可口，价钱也便宜。

煎炸类的过早比较丰盛，比如内裹各种馅的油饼，酥脆的油条，豆沙馅的酥软油糍，小巧玲珑的煎包，贴锅煎成的饺子等。此外，有3样油炸食品恐怕在全国范围内是只此分号，别无一家了，它们分别是面窝、糯米鸡和欢喜坨。面窝其实并非用面粉做成，而是将米磨成浆，放点盐、胡椒、味精，再加点姜末、葱末调制好，用一个外凹内凸的铁勺舀上一勺放到油锅里炸，不一会儿，一个状如圆圈样的面窝就成型而从铁勺中脱落而出，夹起后等不再滴油了便可食用。糯米鸡也与鸡没有任何关系，是用糯米裹成一个团子，里面加点榨菜丝什么的鲜味配料，然后放至油锅中炸至金黄，炸好后的糯米鸡外表凸凹不平而呈金黄色，形如鸡皮，因而得名。欢喜坨是用糯米粉滚成一个圆溜溜的团子，外面一层全部均匀地裹着芝麻，放到油里炸，炸熟后的欢喜坨外脆内软，轻咬一口，一声脆响，跟着里面的糖汁四溢，接着满嘴就都是甜蜜的味道了，欢喜之名应由此而得。

如果过早的人嫌煎炸类食品太油腻，那么豆皮可能是一个不错的选择。豆皮是用蛋汁在锅中摊成一层金黄色的蛋皮，然后蛋皮之上又铺满煮熟的晶莹剔透的糯米饭，里面包着香菇丁、干子丁、肉末等放入锅中焖熟。最后再撒上一片鲜绿的葱花，五颜六色，未饱口福，先饱眼福了。除此之外，还有用铁炉烤出的形如蟹壳的烧饼，用小蒸笼蒸出来的鲜美小笼包、饺子和烧麦，至于汤面、汤粉、炒面、炒粉就更不必多提了，在过早摊边非常普遍。

过早的食物不仅包括吃的，还有喝的。豆浆、牛奶不为武汉独有，姑且不提。但这里的豆腐脑却不得不说。豆腐脑在武汉街头早晚均有供应，因在豆腐脑里加上馓子、糯米、虾米、叉烧肉丁、榨菜丁、酱瓜丁、五香菜、芝麻、胡椒、葱花等配料和调料，称为什锦豆腐脑，看上去白生生的，吃起来脑嫩米滋、馓酥、菜脆，多味备尝，异常鲜美，入口即化，直接下肚，只余淡淡的甜味和豆香味。糊米酒，又称麸子酒，米酒中打个蛋花，再加点小汤圆就成了。白的米粒，黄的蛋花，浮浮沉沉的小汤圆，配上酒的淡香，就宛如一首诗的意境了——两个黄鹂鸣翠柳，一行白鹭上青天，窗含西岭千秋雪，门泊东吴万里船。桂花糊也不错。藕粉调制好，加上桂花、红糖、红枣、莲米煮熟，借着各种清香而食用，就有些身处江南水乡的意思了。

（三）此俗只应武汉有

任何一个武汉人身处异乡，最先怀念可能就是武汉的过早。因为八大菜系在全国各地都能品尝，而过早只能在武汉，只能在大街小巷的路边摊上才能享受。武汉过早食物的种类如此丰富，吃上 1 个月都不带重样的，所以当地的小吃店极为发达，大街小巷无处不在，有蔡林记热干面、老通城豆皮、四季美汤包、小桃园煨汤、谈炎记水饺、老谦记牛肉豆丝、民生全科小汤圆、福庆和米粉、楚宝桂花赤豆汤、宝庆牛肉面、顺香居重油烧梅、老会宾五叶梅等，生意兴隆，食客盈门。其中蔡林记的热干面、小桃园的瓦罐鸡汤、四季美的汤包、老通城的三鲜豆皮被称为武汉的四大名早点，来武汉不吃这四样，可谓枉行。如果你来到这里，一定不要错过武汉的过早。

我们从地域这一角度出发，对武汉的饮食文化的特色进行了初步的探讨，这不仅仅在于了解过去，更重要的在于为当今武汉饮食文化的进一步发展提供借鉴。鉴古知新，可以预期在重视武汉地域文化的今天，武汉的饮食文化会更加的繁荣。

第六节　荆楚东部地区的美食文化

一、中国东坡美食文化之乡黄冈

黄冈位于湖北省东部，雄踞大别山南麓，俯卧长江中游北岸，属亚热带大陆性季风气候，依山带水，风光秀丽，光照充足，四季分明，历史文化源远流长，自然人文交相辉映，素有"吴头楚尾"和"湖北东大门"之称。

中国历史上著名的文学家和美食家苏轼（苏东坡）与黄州古城血脉交融。北宋神宗元丰三年（1080 年），苏轼因"乌台诗案"被贬为黄州（今黄冈市）团练副使。贬居黄州的 4 年零 4 个月期间，是苏轼艺术创作的高峰期，其文学代表作"一词二赋"（《念奴娇·赤壁怀古》和《赤壁赋》、《后赤壁赋》）以及被誉为"天下第三行书"的书法代表作《寒食诗帖》都作于此。余秋雨在《苏东坡突围》中曾写道："苏东坡成全了黄州，黄州也成全了苏东坡。"苏轼《自题金山画像》中说："问汝平生功业，黄州惠州儋州。"在出生于眉州的苏东坡心中，黄州是最值得眷念的地方，也把黄冈、惠州、儋州、眉山四座城市紧密地联系在了一起。

东坡躬耕地在黄州，东坡居士始号于黄州，东坡文化始铸于黄州，黄州无疑是东坡文化的发祥地，东坡文化无疑是黄冈的品牌文化。黄冈市委、市政府致力于将东坡文化资源优势转变为发展优势，打造城市的核心竞争力。

东坡美食文化是东坡文化最具象的内容，是东坡文化最鲜活的表现，是全体黄冈人的骄傲。黄冈市将苏东坡在黄州的生活方式总结为"躬耕东坡，放浪山水，修身养性，激情创作"。苏东坡在黄州的饮食生活简朴而精致，享自然之味，求味外之美，以自己的大智慧和平淡心塑造的美食之道，独具特色，别有风味。后人以苏东坡诗文中记载的制作方法和风味特点为依据，进行整理和开发，逐渐形成东坡荤菜、东坡素菜、东坡小吃、东坡饭粥和东坡饮品等五大类，"东坡肉""东坡饼""东坡羹"等近百品种的黄州东坡菜，每道东坡菜都融文学性、知识性、艺术性于一体，既有制作工艺，又有文化渊源，形成了黄冈美食的一个熠熠生辉的文化标识，为黄冈、湖北乃至中国留下了一份宝贵的饮食文化遗产。

刘醒龙在《黄州赤壁文化丛书总序》中说："后来者多将苏东坡在黄州研习厨艺，给世上留下一道名为东坡肉的美食作为美谈。往深处看，这本是一时的无奈之举。宋时食物以羊肉为第一尊贵，牛肉第二，而吃猪肉的人是要被嘲笑和瞧不起的。可叹苏轼囊中羞涩，又好面子，唯有将自己的才情投资进去，给猪肉披上艺术的外衣，也是给自己治疗内伤，同时将黄州及黄州以远的粗俗幻化为斯文。如此掌故，所对应的不再是时势造英雄，而是英雄造时势。时势之下，草莽中也可以蹦出英雄来，然而能够造时势的英雄非才子莫属。"

黄州东坡菜是黄冈美食的地标，是湖北菜的一个重要组成部分，也是中国菜的一朵奇葩。以"黄州东坡菜"为载体的东坡美食文化，对推动中国传统饮食文化的发展和创新产生了重要影响并发挥着积极作用。

"黄州东坡肉"薄皮嫩肉，色泽红亮，味醇汁浓，酥烂而形不碎，香糯而不腻口，是黄州东坡菜的经典代表。1990 年 5 月，"黄州东坡肉"被录入《中国名菜谱·湖北风味》。1992 年 4 月，"黄州东坡肉"被录入《中国烹饪百科全书》。2008 年 5 月，"黄州东坡肉"被录入《中国鄂菜》。2015 年 11 月，"黄州东坡肉"被中国烹饪协会评为"中国名菜"。

黄冈餐饮业非常注重挖掘和收集东坡美食文化，积极开展东坡美食研发和东坡美食品牌建设，编撰东坡美食菜谱，制定东坡美食标准，做到一景一典故，一景一菜品，一菜一故事，以彰显东坡美食文化魅力，占领东坡美食文化高地，牢牢掌握东坡美食文化的话语权。

2016 年 9 月，中国烹饪协会向黄冈市颁发"中国东坡美食文化之乡"牌匾，全国第一个以历史人物命名的美食之乡名定黄冈，让黄冈人民和黄冈餐饮业界为之振奋。

2016 年 12 月，黄冈被湖北省民间文艺家协会授予"东坡文化之乡"称号。

2018 年 9 月，中国烹饪协会在郑州市发布《中国菜——全国省籍地域经典名菜、主题名宴名录》，"黄州东坡肉"跻身"中国菜"之湖北十大名菜之列。

二、武昌鱼美食之乡鄂州

鄂州市位于湖北省东部，长江中游南岸，属亚热带季风气候过渡区，阳光充足，雨量丰沛，气候宜人，依山傍水，湖泊众多（其中梁子湖是湖北省第二大淡水湖，位列中国十大淡水名湖之一），是一座因长江而兴的千年古城，有"楚东门户"之称，是著名的"百湖之市"和"鱼米之乡"，被誉为武汉的"后花园"。

鄂州是武昌鱼的故乡。作为我国名贵鱼类，武昌鱼古称"樊口鳊鱼"，别称"缩项鳊"，原产梁子湖水系的樊口地区。梁子湖入口众多，但出口只有一个。长江鳊鱼作为洄游鱼类，在梁子湖育肥后，每年深秋经 90 里长港洄游至长江。据《湖北通志》记载："鳊鱼即鲂鱼，各处通产，以武昌樊口所出为最。"鄂州樊口是长港入长江的交汇之处，因当樊港入江之口，故名樊口，于是便有了"樊口鳊鱼甲天下"之说。武昌鱼最初得名于三国时期，东吴甘露元年（265 年），吴帝孙皓欲从建业迁都武昌，左丞相陆凯上疏劝阻，引用了"宁饮建业水，不食武昌鱼"这句民谣。虽然当时的"武昌鱼"是对古代武昌地区所产鱼类的泛称，但从此之后，"武昌鱼"这个名称渐渐为人所熟知。

历代文人墨客对武昌鱼吟咏不绝，仅见诸典籍吟咏武昌鱼的诗篇就有逾百首。诸如：南北朝诗人庾信《奉和永丰殿下言志十首》云："还思建业水，终忆武昌鱼。"唐代诗人岑参《送费子归武昌》曰："秋来倍忆武昌鱼，梦著只在巴陵道。"宋代诗人范成大《鄂州南楼》赞："却笑鲈乡垂钓手，武昌鱼好便淹留。"明代何景《送卫进士推武昌》说："此去且随彭蠡雁，何须不食武昌鱼。"历代文人墨客笔下的武昌鱼诗意盎然，他们的吟诵和推崇让武昌鱼声名远播。

20世纪50年代中期，中国科学院水生生物研究所就在梁子湖设立了工作站，对梁子湖鱼类资源和水生动植物进行了全面调查。调查发现梁子湖有一种鳊鱼，既不同于长春鳊，也不同于三角鲂，是梁子湖独有鱼类。最后由易伯鲁教授把这种鱼定名为"团头鲂"，就是如今俗称的武昌鱼。

1956年6月，毛泽东主席在武汉畅游长江后，品尝了湖北的鱼菜，并欣然写下了《水调歌头·游泳》，其中"才饮长沙水，又食武昌鱼"的词句，蕴含深广，脍炙人口，使武昌鱼更加闻名遐迩。

1986年12月，人民文学出版社出版的《毛泽东诗词选》一书中对武昌鱼的注释是："武昌鱼，指古武昌（今鄂城）樊口的鳊鱼，称团头鲂或团头鳊。"

2007年12月，"鄂州武昌鱼"被湖北省政府授予"湖北十大名牌农产品"称号。

2013年11月，中国烹饪协会授予鄂州市"中国武昌鱼美食之乡"称号。

如今，在鄂州市大大小小的餐馆酒楼，用武昌鱼制作出来的菜品达上百道之多，"清蒸武昌鱼""葱烧武昌鱼""干烧武昌鱼""黄焖武昌鱼""香煎武昌鱼""酥皮武昌鱼""醋烹武昌鱼""风干武昌鱼""清汤橘瓣武昌鱼"，等等，每道美食都是这个城市的记忆和印象。毫无疑问地说，武昌鱼已经不折不扣地成为鄂州的优势品牌，深入人心地成为鄂州的城市名片。

2018年12月15—17日，以"振兴乡村产业、培训乡村旅游技能人才、发现乡村美食"为主题的"武昌鱼杯"鄂州首届乡村旅游楚菜大赛暨中国武昌鱼"百味宴"吉尼斯挑战赛，在鄂州市莲花山隆重举行。其间，120位鄂州厨师利用武昌鱼为主食材，运用蒸、煨、炸、烧、炒、煮、熘等多种烹调方法，烹制出了"小米炖武昌鱼""黑米蒸武昌鱼"

"串烤武昌鱼""面烤武昌鱼""太极武昌鱼""酥炸武昌鱼鳞"等155道不同的武昌鱼菜品，成功创造了单食材最多不重样的上海大世界吉尼斯纪录。

三、菊花美食之乡麻城市

麻城历史悠久，境内诸多出土文物证明，公元6000年前已有人群在举水流域生活。夏商时期境内属于商王朝控制的小方国"举国"，公元前11世纪以后，成为黄国的属地。春秋战国时期隶属楚地。秦灭六国，兴郡县，先属南郡，后隶衡山郡。两汉时期为"西陵辖地"，隶属江夏郡。三国鼎立，先属魏弋阳郡，后属吴国蕲春郡。公元338年，后赵部将麻秋奉命在今阎河古城畈筑城以守，遂称该城为麻城，其饮食文化自古以来一直是楚菜文化的重要组成部分。

麻城市地处鄂东北，鄂豫皖三省交界，是鸡鸣三省之地。麻城是"千年古县"，人文发达，明代麻城进士136人，他们是麻城美食乃至菊花美食的实践者和传播者。麻城籍进士梅国帧曾对麻城菊花美食赞不绝口，他将菊花美食从实践到理论都提升到一个新的高度，丰富了麻城菊花特色美食的文化内涵和底蕴。麻城饮食文化可谓是食材易得，烹法不繁，粗中见细，化俗为雅，内涵丰富、独具特色的菊花美食文化就是其重要代表。

（一）麻城饮食文化的地域环境

在鄂东地区，麻城饮食文化是比较兴旺的，究其原因，主要有4个方面。

其一，麻城是光黄古道的必经之路。古代，从光州到黄州一条古道，是京城南下到达湖北的重要通道，这是一条人员和物资交流的繁忙通道。取道麻城，可以联通汉口水运，交汇茶马古道。

其二，麻城是鄂豫皖三省的集散中心。麻城历来是兵家必争之地，这里农业生产是人们的主业，而副业中的菊花产业也是麻城人勤劳耕作的主要途径。菊花入市交易，食用、药用价值凸显，从而带动了菊花餐饮的发展。

其三，麻城人文发达，是文人骚客最向往的游览胜地。"钟灵毓秀，地以人传"。古代麻城就以其经济优势促进了文化发展，吸引了一大批文人学者在麻城交流，理学家、文学家李贽寓居麻城 16 年，著名的"公安三袁"多次往来麻城，苏东坡在黄州任职时常到麻城与陈季常叙旧，于成龙在歧亭驻扎，留下了大量的诗篇故事，也激活了麻城的人文。明代，麻城进士 136 人，占湖北省的 1/10。由此吸引各地文人学士来此旅游观光、以诗会友、留墨抒怀、刻书传世，文化促旅游，旅者需食宿，对于文人来说，尤讲究菊花餐饮。

其四，麻城是湖广填四川的移民发源地，也是江西填湖广的必经之地。明清时期，麻城人奉旨入川、战乱入川、经商入川，估计不下 10 万人，而为了弥补填川的空缺，江西移民源源不断地来到麻城，他们或定居、或中转，吃喝需首先解决，这也奠定麻城餐饮发展的基础。现在，成渝地区有 60％的人认为自己是麻城移民后裔。"五百年前一台戏，祖祖辈辈不忘记。问君祖籍在何方，湖广麻城孝感乡"。这就是流传在川渝的歌谣，而古代四川的竹枝词多次出现"川人半楚"的诗句。

以上客观环境条件促使这里餐饮业发展和兴盛的历史要早于他地。而宋以前的生产力水平很低，餐饮食材长时期靠自然供给，肉类食材由于人们尚不善畜禽饲养而多仗狩猎，果蔬亦有种植，宋代起，麻城菊花就开始种植，促进了菊花餐饮日后的繁荣。

（二）麻城菊花美食文化形成

明清以后，麻城餐饮业开启新的历程，交通地缘优势，使得麻城的餐饮业从被动走向主动，人们创造条件、寻找滋味，研究烹调技法，饮食文化有了极大的进步。例如，东山吊锅、肉糕、鱼面相继出现，并形成特色。同时，人们也寻求多元化食材，开始关注菊花菜品，以此为基础和根源，民间逐渐开创了其独特的美食文化体系。

肉糕是麻城的标志大菜。肉糕制作工艺简单，几乎每家每户，每逢重要节日、重大事件都少不了肉糕。于是，麻城人把宴席叫作"肉糕席"，肉糕成为老百姓离不开、少不了的核心菜品。过年的时候，家家户户把门板当成案板，买来鲜鱼、鲜肉，按照一定的配料，把鱼和肉剁成泥，配以苕粉，打芡，上蒸笼，有的有 10 多层，大锅大火蒸熟，即成。从此，"肉糕席"成为麻城宴席的标

菊花鱼圆

配，也形成了独特的以肉糕为核心的餐饮文化。后来，有人在肉糕制作时用菊花点缀，增加美感，由此形成了一系列的菊花菜肴。在此基础上，又经过文人们在理论上的提升，丰富了菊花菜的文化内涵及底蕴，为麻城菊花饮食文化的发展开辟了新路径。

（三）麻城菊花美食的特色

麻城山区、平原、丘陵都有分布，丘陵区林茶竹密布，平原土地肥沃，山区森林覆盖率高，盛产粮油蔬菜和药材，菊花产量较大。地处中纬度地带，雨量充沛，属亚热带湿润型气候区，四季宜农。境域水利资源丰富。境内河网密布，大部分田地有浇灌保障。天时、地利，是湖北省重要的粮油果蔬的重要基地，拥有"中国菊花之乡""中国油茶之乡"等多个美誉，拥有多个国家地理标志保护产品。菊花作为菊花美食最重要的基础食材，已成为重点打造的产业，并建设有菊花小镇、全国第一个菊花博物馆、湖北省菊花产品质量检测中心，丰富优质的特产原料为麻城菊花美食发展奠定了良好的物质基础。麻城人因地制宜，利用麻城本地丰富的菊花食材烹制美馔佳肴，创制了许多烹饪方法，成为盛宴必备的菜品。在饮食养生方面，麻城人崇尚自然之品，菊花芽菜就是最简单易行的代表。麻城人不仅传承和传播着自己家乡的美食文化与制作技艺，另一方面也博采外地的烹饪文化，融会贯通，形成了众多的美馔佳肴。

麻城民间饮食在食材选择上崇尚土味新鲜，索本来品质，啖原始生态。许多餐馆名称叫作"农家菜""农夫菜"、农庄等。在吃上尤其讲究"土"，蕨、笋、荞、蒿、菌等野生菜与传统种植蔬菜抢市场，马齿苋、

菊花芽、枸地芽、丝瓜尖、南瓜花等成为餐桌宠物。赏菊花景、饮菊花茶、喝菊花酒、享菊花宴，既能大饱眼福，还能大饱口福。麻城还十分注重菊花美食传统制作技艺的保护和传承，已经申报菊花美食非物质文化遗产保护项目。通过对麻城菊花美食文化的挖掘梳理和传承弘扬，不仅能够促进麻城餐饮产业发展、提升麻城品牌形象，也将对推动整个楚菜产业发展起到重要作用。

第七节　荆 楚 小 吃

在历史的长河中，湖北人民创造了许多风味各异的风味小吃。这些风味小吃是荆楚文化的物质再现。

一、湖北小吃的起源与发展

早在战国时期，屈原在《楚辞·招魂》中记述过楚王宫的筵席点心，如粔籹、蜜饵之类，这也就是甜麻花、酥馓子、蜜糖团子、糕点的雏形。例如粔籹之类，就是如今的馓子，据庞元英《文昌杂录》云："今岁时，……油煎花果之类，盖亦旧矣。"贾思勰《齐民要术》中也说："细环饼，一名寒具，脆美。"所谓"细环饼"，就是馓子，因其形状酷似妇女之环钏而得名。唐代诗人刘禹锡《寒具》诗曰："纤云搓来玉数寻，碧油煎出嫩黄深，夜来香睡无轻梦，压褊佳人臂缠金。"曾经贬谪鼎州（今湖南常德）、夔州（今四川奉节）等地的刘禹锡不但对"寒具"（馓子）的制作、造型十分熟悉，而且还在字里行间流露出对制作者的同情与共鸣。迨及近现代，馓子一直是荆楚名牌风味小吃之一，有扇形与枕形的两种。馓子的丝要粗细均匀，质地焦脆酥化，造型新颖别致。它既属点心，又可当菜食，为南方广大顾客所喜爱的传统风味小吃之一。

蜜饵，是用糯米和大米并加与蜜掺和做成的十分柔软、可口的食品，鄂湘等地俗称"团子"。这种食品，历史古老。先秦古籍《周礼·天官》中已有"羞笾之食，糗饵粉糍"的记载。汉代郑玄注云："糗，熬米，使之熟又捣之为粉也。"宋代《东京梦华录》载述："冬月虽大风雪阴雨，亦有夜市，……糍糕、团子、盐豉汤之类方盛。"可见其历史久远。

魏晋南北朝时，湖北已有众多的节令小吃，《荆楚岁时记》中有楚人立春"亲朋会宴啖春饼"和清明吃大麦粥的记述，《续齐谐志》介绍了楚地端午用彩丝缠粽子投水祭奠屈原的风俗，而且荆州刺史桓温常在重阳邀约同僚到龙山登高、品尝九黄饼。

唐宋时，湖北小吃创造出了许多流传至今的名品，如禅宗发源地黄梅五祖寺的白莲汤和桑门香（油炸面托桑叶），黄冈人新年祭祖的绿豆糍粑，秉承石燔法的应城砂子饼，可存放一旬的丰乐河包子、酷似荷花的荷月饼，以及泉水麦面香油煎的东坡饼等。[①]

明清两代，湖北小吃不断充实新品种，又推出孝感糊汤米酒、黄州甜烧梅、郧阳高炉饼、光化锅盔、宜昌冰凉糕、荆州江米藕、沙市牛肉抠饺子、江陵散烩八宝饭，以及武汉的谈炎记水饺等。《汉口竹枝词》中所谓："芝麻馓子叫凄凉，巷口鸣锣卖小糖，水饺汤圆猪血担，深夜还有满街梆。"这便是清末汉口小吃夜市的写照。

20世纪以来，湖北小吃有了较大的发展，品种增多，质量提高，出现了一些名特小吃，如四季美汤包、老谦记枯炒牛肉豆丝、蔡林记的热干面、归元寺的什锦豆腐脑、杨洪发的豆皮、金大发的红油牛肉面、曾天兴的炒汤圆、高公街的油炸米泡糕、怡心楼的一品大包、存仁巷的发米粑、顺香居的油香、油糍粑和老通城的豆皮等。

二、湖北小吃的特色

粤、苏、浙的小吃，甜味令人难忘，川、湘的小吃，麻辣居多。而要用简短的语言来概括湖北小吃的特点，确实不是一件容易的事。湖北小吃之所以丰富多味，是与湖北的地理位置有关系的，湖北地处祖国中

---

① 中国烹饪百科全书编委会. 中国烹饪百科全书·湖北小吃［M］. 北京：中国大百科全书出版社，1992：241.

部，长江横贯其境内，可谓是得中独厚，得水独利。从古至今湖北汇集了天南海北各地人，同时兼收并蓄了东西南北的饮食文化，湖北小吃无疑是在兼容各地风味的基础上广收博采、人为我用中发展起来的，呈现出各地小吃在此荟萃的特色。

在兼收并蓄中发展起来的湖北小吃，能够满足不同人的口味，适应天下人的需要。例如，作为地处九省通衢的武汉，每天的流动人口多达百万人以上，这些人不可能是一种口味，一种饮食习惯，而武汉品种丰富的各色小吃，风味各异，正好满足众口的需要，即使是某一食品，也可任人调味，如武汉名吃热干面，芝麻酱、香醋、酱油、辣椒等都可根据自己的口味任意加入，而且正因为是大众食品，其价格也为一般平民所接受。

据此，也有人认为湖北小吃的特色不甚明显，事实上，我们细究起来，湖北小吃可概括以下几个主要特色。

（1）湖北小吃品种丰富，品味各异。

（2）湖北小吃的主料多为米、豆制品，兼及面、薯、蔬、蛋、肉、奶。

（3）因时而异，轮流上市，一年四季，小吃的上市品种不相同。

（4）小吃是湖北人过早（吃早餐）的主要品种，武汉居民不论是春夏秋冬，都习惯在小食摊上过早，可谓是"神州一奇"。

（5）包容性强，对外来品种大胆移植和改进。

荆楚小吃在形成独特的地方风味的过程中，涌现了众多的名食名点，如东坡酒楼的"黄州烧麦"、孝感鲁元兴的"湖汤米酒"、蔡林记的热干面、老通城的三鲜豆皮、四季美的汤包、荆州聚珍园的"散烩八宝饭"、沙市好公道的"早堂面"、宜昌甜食馆的"冰凉糕"、随州张三口的"羊肉面"、浠水味稀楼的"藕粉元"、襄樊隆中酒楼的"炒薄刀"、襄阳牛肉面、光化马悦珍的"锅盔"、马口餐馆的"发面包"、阳新王腊子的"酥麻花"、鄂城大众酒楼的"东坡饼"、郧阳回民餐馆的"三合汤"、黄石挹江亭的"夹板糕"、蕲春酒楼的"糍粑鸡汤"、云梦"鱼面"和汉川"荷月"，等等，这些小吃都有其丰富的历史文化内涵，值得我们细细品味。

第十一章　荆楚地区的饮食器具

荆楚地区的饮食不但讲求色、香、味、形的美，而且还非常重视饮食器具的美。色、香、味、形、器是荆楚地区饮食不可分割的 5 个方面，美食与美器的和谐、统一，也是中国饮食的优良传统。

早在新石器时代，荆楚地区的先民就已经会制造和使用陶制的炊食器，并开始注意到它的美观，在上面画有写实意味的彩色鱼纹、鹿纹、鸟纹和蛙纹等动物纹饰，还有各种各样的抽象几何纹。这些线条流畅的纹饰，显示出早期饮食器具所特有的古朴之美。殷商时期又发明了青铜制饮食器，这些青铜器，其器形纹饰或雕琢，或刻镂，纹样精丽，形制端庄。春秋战国时期又出现了木雕漆食器，其形制之精巧，纹饰之优美，令人惊叹不已。秦汉以后出现的金银、陶瓷食器，使荆楚地区饮食器具达到了顶峰。

荆楚地区饮食器具的精湛制作技艺和鲜明的传承关系，是世所罕见的，荆楚地区饮食器具是我国传统文化的重要组成部分，也是人类物质文化史上一个重要的研究对象。

第一节　古朴典雅的青铜饮食器

随着岁月流逝，时代的变迁，人类的饮食器具也在不断地改进和完善，每种炊具和食具的问世，都标志着中国古代社会生产力有了新的发展，因为只有当社会发展到新的阶段时，新的饮食器具才能出现。在新石器时代，人们还是饭于土簋，饮于土杯，食器的制作停留在陶土质的阶段。但是到了商周时期，便一跃而为辉煌灿烂的青铜时代，饮食器具的制作材料由陶土为主逐步地渡到以青铜为主，饮食器具日趋完整和配套。所谓青铜，是指纯铜和其他化学元素的合金，最常见的是铜与锡、铜与铅的合金，颜色呈青灰色，因而得名。这些青铜制作的饮食具，是中华饮食文化中的瑰宝。近几十年来，随着楚国各地考古的大量发掘，青铜饮食器具的出土是层出不穷，使我们对这些精美的器具有了更直接的认识。

在发明青铜以前，商代饮食器具先有一个使用红铜（纯铜）的时期，红铜质软，远不如石器坚硬。青铜比红铜有三大优点：一是熔点低，易于铸造；二是根据需要加减锡、铅的比重，得到不同的硬度；三是溶液流畅，少气泡，可铸精美的花纹。所以青铜的发明对于生产工具、贵族饮食器具而言，都是一个划时代的创造。我国古文献中常称商周时代的青铜为"金"或"吉金"，吉金就是指精纯美好的青铜。

商周时代，青铜铸造业全部被贵族们所占有，权贵们用青铜制作鼎以盛肉，作簋或敦以盛黍、稷、稻、粱，作盘或匜以盛水，作爵或尊以盛酒。他们用这些青铜食具"以蒸以尝""以食以烹"，演绎为权力的象征。例如，在武汉市黄陂区盘龙城周围杨家嘴、杨家湾和楼子湾都先后发现了制铜作坊的遗迹，而且在盘龙城周围还发现了 4 座贵族墓，表明这些贵族是这些制铜作坊的主人，据皮明庥先生主编的《武汉史稿》指出："盘龙城遗址发现不少炼铜陶片，还发现铜渣、木炭、孔雀石、红烧土等，这正是冶铸铜器的遗物。表明这座城本身就是古代冶铜基地。在盘龙城附近一二百里地内，铜矿等蕴藏量很大。在附近的鄂城也有冶铜矿遗址和炼铜器物出土，这说明，商文化传播到南土，使江汉地区的手工业、农业和冶矿业有了长足的发展，正是在这些初具规模的铸造作坊里，诞生了灿烂的盘龙城青铜文化。"[①]

由此可见，盘龙城是商代一个极其重要的青铜生产基地，生产出来的铜及其青铜器，通过盘龙城南面的府河及其干流向北越过大别山、桐柏山与当时王都相联系，又可以由长江进入汉水，经南阳盆地抵达关中地区。

---

① 皮明庥，欧阳植梁. 武汉史稿 [M]. 北京：中国文史出版社，1992：36.

沿长江上下，到达的地区就更为广泛了。

青铜饮食器具主要分为三大类，即炊器、食器、酒具，这三类饮食器具在楚国各地均有出土，1976 年，荆楚省博物馆对盘龙城出土的青铜器做过一次统计，在武汉黄陂盘龙城商代文化遗址，这三类饮食器具都有出土，如鼎、鬲、甗、爵、尊等。下面，我们择要做一介绍。

一、炊　　器

是商周贵族煮肉、调味和蒸煮黍、稷、稻、粱等熟食的器具，主要有鼎、鬲、甗、簋，等等。

（一）鼎

是商周时期最常用的炊器，相当于现在的锅，用于煮肉盛肉，形态大多是圆腹、二耳、三足。也有四足的方鼎。最早的青铜鼎都是仿照陶鼎而制作的，但又具备陶鼎所没有的某些特征，如鼎的两耳一般立在口沿上，目的是在取用鼎时，用钩将鼎钩起。

在武汉黄陂盘龙城商代文化遗址中，就出土过几个圆腹鼎，如李家嘴 2 号墓出土的一件大圆鼎，高达 55 厘米，口径 50 厘米，是仅次于郑州出土的两件商代早期大鼎。要铸造如此尺寸大小的青铜器，必须许多坩埚同时熔铜，从烧炭、观火色到运输等，需要几十个人协同动作，如果没有统一有效的技术指

西周曾伯鼎

导，没有一定规模的作坊，是无法胜任这一浇铸任务的。

鼎随着时代或地域不同，其形制也有所变化。商代前期的鼎多为圆腹尖足，也有柱足方鼎和扁足鼎。商代后期尖足鼎逐渐消失，分档鼎增多。到西周后期，扁足鼎和方鼎基本消失，鼎足呈蹄形。战国至汉代的鼎多为敛口（口沿向内收缩），大多有很短的蹄足并有盖子，盖上多有钮或三

小兽。

从用途上来说，商周时期的鼎又分为镬鼎、升鼎和陪鼎三大类。镬鼎形体较大，多无盖，用来煮牲肉。《周礼·天官·烹人》曰："掌共鼎镬。"郑玄注云："镬所以煮肉及鱼腊之器，既熟，乃陈于鼎。"升鼎是把镬中的熟肉放到这一类型的鼎中去，这又称之为"升"，故名为"升鼎"，也称"正鼎"；陪鼎是升鼎之外的另一种鼎，盛放佐料的肉羹，与升鼎相配使用，故称陪鼎。

在古代，鼎还是一种权势的象征。《周礼》规定，天子九鼎，诸侯七鼎，卿大夫五鼎，元士三鼎。春秋战国时期，诸侯僭越，用鼎数目逐步升级，诸侯九鼎，卿大夫七鼎。九鼎、七鼎称大牢（牛、羊、豕三牲俱全），五鼎称少牢（只有羊、豕），三鼎只有豕。鼎的多少是"别上下，明

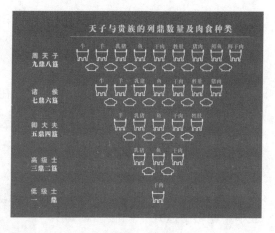

中国古代用鼎制度

贵贱"的主要标志，所以古代文献中记述帝王生活有"列鼎而食"和"钟鸣鼎食"的说法。

鼎后来发展成为一种礼器，所谓礼器，就是帝王贵族在进行祭祀、宴会等活动时，举行礼仪使用的器物，具有浓重的宗教巫术色彩。后世甚至还把鼎视为国家政权的象征，传说大禹收九州大金，铸为九鼎，遂以为传国之重器，所以后世称国家的栋梁大臣称为"鼎辅"，就好像锅底下的足拱托着大锅一样，取得政权叫"定鼎"，其名均由饮食器具引申而来。

（二）鬲

也是商周时期常用炊器之一。《尔雅·释器》说："鼎款足者，谓之鬲。"鬲的作用与鼎相似，属于鼎类。最初形式的青铜鬲就是仿照陶鬲制成的，它的形状是大口，袋形腹，其下有3个较短的锥形足，这种奇特的

设计是为了使鬲的腹部具有最大的受火面积，使食物能较快地煮熟，特别便于煮饭。商代鬲的袋腹都很丰满，上口有立耳，颈微缩。因为 3 个袋腹与三足相连，而且鬲足较短，习惯上把袋腹称为款足。在江西、安徽、湖北等地都有青铜鬲出土。江汉流域曾出土过一种三鸠鬲，袋足上各有一鸟作鸠形，属西周中期的器物。

商代兽面纹鬲

商周时期，鬲也是国家礼器之一，到春秋晚期，鬲已基本上退出礼器的行列。而到战国晚期，不论在祭器或炊具的范围内，都不见鬲。因此，容庚在《殷周青铜器通论》中指出："鬲发达于殷代，衰落于周末，绝迹于汉代，此为中国这时期的特殊产物。"

（三）甗

亦是商周时期的炊器，相当于现在的蒸锅。全器分为上、下两部分，上部为甑，放置食物，下部为鬲，放置水。甑与鬲之间有箅，箅上有通蒸汽的十字孔和直线孔。青铜甗也是由陶甗演变而来，青铜甗流行于商代至战国时期。

商代至西周的甗是把甑和鬲铸成一件，圆形，侈口（口沿向外撇），有两直耳（或称立耳，耳直立口沿之上），如 1958 年在江西余干黄金埠出土的应监甗。春秋战国的甗是甑和鬲可以分开，直耳变为附耳（耳在器身外侧）。这一时期还出现了四足、两耳、上下可以分合的方形甗，如 1972 年湖北随州熊家老湾出土的波曲纹方甗。有的方形甗上部甑内加隔，可同时蒸两种食物。甗盛行于商周时期的饮食生活中，至汉代和鬲一起绝迹。

二、食　　器

青铜食器是指商周贵族盛饭菜和进食的用具，主要有以下几种。

（一）簋

是商周时中最常用的食器。长江流域的青铜食器的纹饰和形制也在承袭中原青铜文化的基础上初步形成了自己的风格。比如无耳或双耳簋等青铜器，就以胎薄匀称、花纹绮丽而见长。簋是用来盛放煮熟的黍、稷、稻、粱等食物的，形体犹如大碗。西周贵族与民众在宴飨时均是席地而坐的，簋放在席上，人们再用手到簋里取食物。至今，还有一些少数民族沿袭着这种生活习惯。

西周杞伯簋

陶簋在新石器时代就已出现了，青铜簋是在商代中期发展起来的。簋的形态变化最多，起初是流行无耳簋，大口，颈微缩，腹部均匀地膨出，下承圈足。在此形制的基础上，后来又出现了器侧装有1对手执的耳，商代晚期，已盛行双耳簋。西周和春秋晚期的簋常带盖，有二耳或四耳。这一时期还出现了加方座或附有三足的簋。战国以后，簋就很少见到了。

商代中期，簋与鼎等饮食器具的性质一样，也曾作为象征王室贵族等级的器物。据考古发现，簋往往成偶数出现，礼书也规定，天子九鼎配八簋，诸侯七鼎配六簋，大夫五鼎配四簋，元士三鼎配二簋，一鼎无簋。可知，簋的多少也是区别等级的重要标志。

（二）簠

也是西周的食器，为长方形，口外侈，四短足，有盖。盖与器的形状大小相同，合上成为一器，分开则成为相同的两个器皿。郑玄在《周礼·地官·舍人》的注中解释了它与簋的区别："方

春秋"缰王之孙叔姜"铭文铜簠

曰簠，圆曰簋，盛黍、稷、稻、粱器。"湖南、湖北、安徽等楚地出土较多。

簠的有途，与后世的盘子相似。簠主要流行西周中期，战国以后渐衰退。商代和秦汉时，都未见有簠。

（三）敦

主要是东周时期的食器。敦是从鼎演变而来，其器形较多，一般有三短足、二环耳、圆腹、有盖。因敦为盛黍、稷、稻、粱之器，黍、稷宜温，所以有盖。有的敦为"上下圆相连"形，即盖与器形状完全一样，只不过器下足长一些，使用时可分一器为两器用，提高了器物的使用价值，即通常说的"球形"或"西瓜形"敦。敦最初有三足，下边可以烧火，后来渐成短足，以至无足，遂为盛器。

（四）豆

是商周时期的食器。青铜豆是陶豆演变而来。从甲骨文、金文中的字形来看，像奉豆而内盛黍、稷，可知豆最初用来盛饭食。西周时期又用来盛肉酱、肉羹一类食物，所以《说文解字》释"豆"为"古食肉器也"。豆的形状如后世的高脚盘，大多数有盖。盖可仰置，腹间两侧有环形耳，通体刻画各种纹饰，如 1989 年江西新干大洋州商墓出土的兽面纹豆，及 1978 年荆楚随州擂鼓墩曾侯乙墓出土的镶嵌鸟首龙纹盖豆。另外还有把柄较长的豆。

（五）盘

盘现在一般用于盛菜，但在商周时，主要用于饮食前或行礼前盥洗手，楚国以江苏仪征出土的四凤盘、安徽繁昌出土的蟠龙鱼纹盘、江苏武进淹城出土的双兽三轮盘、江西靖安出土的徐王义楚盘较为著名。

三、酒　　器

酒器是指商周权贵用来饮酒、盛酒、温酒的器具，有些酒器还兼有盛水的功能，酒器主要有以下几种。

（一）爵

是殷商时期的饮酒器，相当于后世的酒杯。早期的爵是陶制的，商代贵族开始使用青铜爵。爵的名称十分雅致，有让人听其名而知其高贵的感觉，它是商王或贵族举行宴饮时使用的酒具。在湖南、湖北、安徽等商代墓葬中均有爵出土。

商代饕餮纹铜爵

爵的名称是由宋代人定的，取雀的形状和雀的鸣叫之义。爵的形制是圆腹，前有倾酒用的流，后有尾，旁有钮（把手），口上有两柱，下有三个尖高足。古代文献记载，爵的容量为一升，但事实上商代爵的容量悬殊，甚至有大型或特大型的。

（二）尊

是酒器的共名，凡是酒器都可称尊。青铜器中专名的尊特指侈口、高颈、似觚而大的盛酒备饮的容器。也有少数方尊和形制特殊的尊，模拟鸟兽形状，统称为鸟兽尊，主要有鸟尊、象尊、羊尊、虎尊、牛尊等。在中国古代的青铜礼器中，尊占据着仅次于鼎的重要地位。唐代诗人李白曾有"金樽清酒斗十千，玉盘珍馐值万钱"的著名诗句，这里的金樽就是泛指一般用金属制作的盛酒用具。因为后来尊又专指酒杯，在指酒杯这个意义上，尊又写作"樽"。

曾侯乙铜尊盘

1978 年，湖北随州擂鼓墩 1 号墓，曾出土过一件曾侯乙铜尊盘，这是迄今在楚国出土所见最为精致的一件尊盘。

尊是盛酒器，盘则为盛水器。曾侯乙

铜尊盘出土时，尊置于盘内，拆开来是一尊一盘两件器物，放在一起又浑然一体。尊为喇叭状，高 33.1 厘米，口宽 62 厘米。唇沿外折，下垂，形成宽沿。口沿上饰玲珑剔透的蟠虺透空花纹，这种花纹又分上、下高低两层，形如一朵朵云彩。尊的颈部较高，附饰有 4 只豹形爬兽，皆由透空的蟠螭纹构成兽身，作攀附上爬状，头返顾吐长舌。在四兽之间，饰有四瓣蕉叶，蕉叶向上舒展，与器颈往上微张的弧线相适应，显得柔和而协调。在圆鼓的尊腹和高圈足部位，于浅浮雕及镂空的蟠螭纹上，各加饰 4 条高浮雕的虬龙，从而突破了春秋时期满饰蟠螭纹的铜器所带有的僵滞、繁缛的格调，取得了层次丰富、主次分明的装饰效果。同出的铜盘，高 24 厘米，宽 57.6 厘米，深 12 厘米。盘口外折下垂，直壁平底，下附 4 只龙形蹄足，口沿上另附 4 个方耳，耳的两侧为扁形镂空夔纹；在四耳之间，各有一条龙攀附。总之，从整体上看，具有与同出的尊一致的艺术风格。

不难看出，曾侯乙铜尊盘最为惊人的地方，在于那千丝万缕、藤连瓜悬、鬼斧神工的透空附饰。这种透空附饰由表层纹饰和内部多层次的铜梗所组成。表层纹饰不同于其他青铜器上连续的镂空花纹，互不接续，彼此独立，全靠内层铜梗支承，内层的铜梗又分层联结，这种构成为一个整体，高低参差与对称排比相结合，寓变化于整齐之中，达到了玲珑剔透、节奏鲜明的艺术效果。重要的是，附饰是用锡青铜（铜和锡的合金）铸成，没有经过锻打，也不曾留下铸接和焊接的痕迹，而形制的高度细密复杂又排除了浑铸或分铸的可能，因此，铸造这种透空附饰必须要使用失蜡法。考古学家和中国机械工程学会及铸造学会的专家曾经为此进行了反复的研究和鉴定，证明这一结论是正确的。

失蜡法的工艺，是先将易熔化的黄蜡制成蜡模，然后用细泥浆多次浇淋，并涂上耐火材料使之硬化，做成铸型。再经烘烤使黄蜡熔化流出，形成型腔，最后浇铸铜汁成器。曾侯乙铜尊盘是我国第一件得到科学鉴定的先秦失蜡法所铸标本。过去，人们以为中国秦以前不曾掌握失蜡法这种先进工艺，至迟要到西汉才出现，曾侯乙铜尊盘以无可辩驳的事实，推翻了这种观点。从曾侯乙铜尊盘纹饰的纤细、精致、铸作的齐整、精致来看，失蜡技术已经较为成熟，它的最初出现显然早得多。[①]

（三）钫

为古代器名。即方形壶，或有盖，青铜制，用以盛酒水或粮食。盛行于战国末至西汉初，陶制的多是明器。

（四）壶

是商周时期的盛酒和盛水器。河北平山中山王墓出土的铜壶内保存2300 年前的古酒，可见壶最早是盛酒的，后来也用来盛水。壶是长颈容器的统称，其变化的式样甚多，商代的壶多扁圆、贯耳（耳像筒子）、圈足。周代的壶圆形、长颈、大腹、有盖、兽耳衔环，湖南、江西等地商、周时期墓葬中均有壶出土。

春秋时的壶为扁圆、长颈，肩上有二伏兽，有盖，盖上装饰莲瓣，中立一鹤，作振翼欲飞的姿态，造型生动，工艺精湛，是我国古代酒器中的杰作。战国时期的壶有圆形、方形、扁形和瓠形等多种形状。圆形壶到汉代称为钟，方形壶则称为钫。

春秋时期楚地的龙耳方壶

（五）卣

是商周时期的盛酒器，古代文献中常有"秬鬯一卣"的话，秬鬯是商代权贵们特别爱饮的一种香酒，卣是盛这种香酒的酒器。卣在考古发现中数量很多。器形是椭圆口、深腹、圈足、有盖和提梁，腹或圆或椭圆或方，也有作圆筒形。

（六）钟

是古代器名，即圆形壶，用以盛酒水、粮食，盛行于汉代。

① 梁白泉. 国宝大观［M］. 上海：上海文化出版社，1990：304.

（七）觚

古代酒器，圈足，敞口，长身，口部和底部都呈现为喇叭状。

兽面纹十字孔觚

（八）盉

是商周时期盛酒或调和酒味之器。王国维在《说盉》中云："盉之为用，在受尊中之酒与玄酒（水）而和之而注之于爵。"其意是说，在进行祭祀时，将尊中的酒倒入盉中，加水以调和酒味浓度。盉的形状较多，一般是深腹、圆口、有盖。前有流，后有鋬，下有三足或四足，盖和鋬之间有链相连接。

（九）方彝

是商周时期的盛酒器，形体为高方身，带盖，盖上有钮，盖似屋顶，有的方彝上还带有扉棱。腹有直的，有曲的，下连方圈足，现存于中国历史博物馆的周王室的方彝为众多方彝中的成功之作。

（十）罍

为商周时期中的大型盛酒和盛水器。《诗经·周南·卷耳》中有："我姑酌彼金罍。"《仪礼·少牢馈食礼》中有："司宫设罍水于洗东。"说明了罍有盛酒、盛水的两种功能。罍有方形和圆形两种。方形罍宽肩、两耳、有盖。圆形罍大腹、圈足、两耳。两种形状的罍一般在一侧的下部都有一个穿系用的鼻。一般认为，罍在西周晚期便基本消失了，但

商代凤纹青铜方罍

1933 年在安徽省寿县楚王墓中出土过兽耳罍，这是一件战国时期少见的青铜艺术品，现珍藏于安徽省博物馆。该罍为圆口、直颈、广肩、鼓腹、圈足，高 30 厘米，口径 23.5 厘米，腹围 124 厘米，足径 22.5 厘米，重 9.6 千克，两侧有对称兽耳衔环，腹部饰模印羽纹（有称云纹），罍体较矮胖，是一件大型盛酒器，在造型结构和花纹装饰

上，大胆地改变了昔日复杂形体与面目凶恶的纹样，而成为端庄大方、纹饰简洁和风格清新的具有楚国文化特征的青铜艺术品。战国青铜罍，经历2000多年历史，仍完好无损，对研究酒器的演变和探讨传统历史文化有着重要的意义和价值。

以上青铜饮食器具，在楚国许多地方均有出土。

由于楚国是春秋战国时期一个幅员辽阔、国力强盛的南方大国，其青铜饮食器因具有独特的形制而自成一系。楚国青铜饮食器的发展大抵可分为3个阶段：第一阶段为西周晚春秋早、中期；第二阶段为春秋晚期至战国早期；第三阶段为战国中、晚期。第一阶段的楚国青铜饮食器深受中原地区影响，形制上与中原器相似或相同，如湖北当阳赵家湖8号墓所出的一鼎一簋，形制上虽有自己的特点，但与中原地区西周晚期至春秋早期的同类器相似。春秋中期器如赵家湖4号墓、金家山9号墓、郑家洼子23号墓等所出的铜器，与同时期的郑国铜器极为相似，尤其是带盖的三足圆簋，形态几乎完全一致。第二阶段，楚国青铜饮食器已形成自己的风格。这时重要的楚墓如春秋晚期的河南淅川下寺1号墓、2号墓，战国早期的固始侯古堆1号墓和白狮子山1号墓、长沙浏城桥1号墓等，所出器物都极富特征，众多的圆腹鼎，足细高而外撇，至战国初期时腹更深、蹄足也更长而外撇，是中原所罕见而楚国所特有的；此外如爬兽鼎、罐形鼎、尊缶、盥缶等，也是楚文化的典型器物；纹饰则多繁缛的浮雕状花纹和立雕状的附加装饰（早于中原地区），已显示出楚器的特色。属于楚文化范围内的战国早期随县擂鼓墩1号墓所出繁复剔透的盘尊等器物极为精美，达到了这一时期青铜饮食器制作的顶峰。第三阶段战国中期的楚国大墓，如湖北江陵藤店1号墓、望山1号墓和沙冢1号墓，湖南湘乡牛形山1号墓、2号墓，河南信阳长台关大墓等，所出青铜饮食器多为素面，时代属战国晚期。墓主可能是楚幽王的。安徽寿县李三孤堆大墓所出器物却又有繁复美观的纹饰，可能与该墓属王陵有关。江苏无锡前洲出土的几件同时期的器物器形则比较简单，而且是全素面的。

另据2011年6月14日《河南日报》报道：在人们的普遍认知中，青铜器一般都是暗绿色的，但这绝不是唯一的颜色。6月12日，记者在省文物考古研究所看到一组极为珍贵的国宝级文物——楚国青铜饮食器皿，这是一组发出金子般璀璨光芒的青铜器。

这组饮食器皿包括10件平口圆盘、8件折沿圆盘和4个两两相扣的圆盒，盘与盒大小套合，摆放规则，盛装在一个扁圆形的铜壶内。细看这件扁壶，通高27.6厘米，腹径9.9～22.7厘米，壶的腹部以黑漆为底，用银粉作画，绘有一只线条流畅、身姿柔美的凤鸟。

河南省文物考古研究所所长孙新民告诉记者，在扁壶的腹部两侧，各有一个鸟首和圆环，当转动鸟首和圆环时，扁壶就从中间开启，青铜饮食器也随之展现，像这种类似现代器皿的组合盛装方式，在目前已知的楚国文物中更是独一无二的，在中国古代饮食器具中也极为罕见。此外，青铜器是包括铜、锡、铅、锌等金属元素的合金，一般经过若干年的埋藏之后，出土时呈现出绿色，显得古色古香。但这组青铜饮食器皿却呈现出金光灿灿的外观，颠覆了传统概念中的青铜文物的外观形象。专家们认为，这种现象，一方面与成分配比、埋藏环境有关，一方面，还有尚未知晓的因素有待于进一步的破解。

遥想当年，是谁用如此精致富丽的青铜器皿摆设了一场盛宴？当时的发掘者——信阳长台关7号楚墓项目考古发掘领队陈彦堂介绍说，2002年10月在对一座墓葬进行抢救性发掘时，墓内出土各类文物700多件，其中最令人惊叹的就是这组青铜饮食器。在同一墓葬还出土了一

信阳长台关7号楚墓彩绘铜扁壶

件战国盾牌，上面刻有铭文"集"。考古专家初步推测，"集"可能是楚国的封邑，墓主人是楚国中晚期的一个封君。

信阳长台关境内的城阳城是当时楚国的军事重镇，大批楚国的贵族也聚集在这里，过着奢侈豪华的生活。这组青铜饮食器的出土，展示了楚国

北部和中原南部文化的完美交融。[①]

第二节　色彩艳丽的漆饮食器

殷商时代，中国进入青铜时代，但漆制饮食器也在不断发展，这时，漆液里不仅已开始掺和各色颜料，且出现了在漆器上粘贴金箔和镶嵌钻石的做法，开汉唐"金银平脱"技艺之先河。历西周、东周，漆器制作技术日精，漆器之优良品质越来越被人们所认识、掌握，它轻便、坚固、耐酸、耐热、防腐，外形可根据用途灵活变化，装饰可依审美要求花样翻新。于是，在这时各诸侯王的生活领域中漆器逐渐取代了青铜器皿，形成了中国漆饮食器发展的一个高峰。

一、楚地漆食器概况

这时的漆食器以楚国最多，楚漆食器分布在楚国中游一带，其中又以湖北江陵为最。这些漆食器类别繁多，应用广泛，有碗、盘、豆、杯、樽、壶、钫、羽觞、卮、匕、勺等，出土楚国漆器中，彩绘漆器占有相当大的比重，或者大笔写意，或者工笔勾勒，用黑红两色写出辉煌的画幅，这些漆器反映了"楚人生活在一个漆的王国中，生离不开漆，死也离不开漆。其生时使用的日常生活实用器具和娱乐用品是漆品，死后

彩漆盖豆

丧葬用品也多用漆品。生活用具如漆杯、漆碗、漆豆、漆盒、漆卮、漆盘、漆勺、漆方壶、漆案、漆俎、漆几、漆杖、漆箱、漆床等；娱乐用具

---

① 陈苗. 楚国青铜饮食器皿：发出金子般光芒：展示楚国北部和中原南部文化的交融[N]. 河南日报，2011-6-14.

如漆鼓、漆瑟、漆琴、漆竹笛等；工艺品有如漆鹿、漆座屏；丧葬用品有漆镇墓兽、漆木俑、漆棺等"①。

二、楚地漆食器精萃

春秋时期，楚国贵族的中型墓中出土的方壶、簋、盨、豆、俎等漆器，是作为礼器而制作。战国时期，楚国一些酒具盒与食具盒，就比较注重实用与审美相结合。

猪形酒具盒，湖北省荆州市天星观 2 号楚墓出土。是战国时期出现的新式便携酒具盒，用于盛放耳杯，两端握手有销拴固定，长 64.2 厘米、宽 24 厘米、通高 28.6 厘米。全器外壁皆以黑漆为地，在其上用红、黄、银灰、棕红等色描绘龙纹、凤纹、云气纹等，内壁髹红漆。出土时内装 3 个耳杯（类似于今天的酒杯），故知其为酒具盒。江陵望山 1 号楚墓也出土有类似酒具盒，盒里分 4 格放置酒壶两件，耳杯 9 件，大、小盘各 1 件，整器作长方形而圆其四角，整体造型新颖别致，美观大方。酒具盒应是楚人踏青郊游时，用于随身携带酒具的，可以看出楚人的日常生活是非常讲究的。

楚国漆制饮食器具

江陵望山 1 号战国楚墓出土的酒具盒

---

① 唐译. 文玩杂项［M］. 北京：中国戏剧出版社，2007：75.

该酒具盒造型新颖，盒身为双首连体的猪，猪的嘴、鼻、眼、耳都雕刻得惟妙惟肖，盒身还装饰了宴飨、狩猎等生活场景图案，生动体现了楚人的世俗生活情趣。研究发现，每幅漆画所反映的内容虽然不尽相同，但从描写的事件可以看出，8 幅漆画是以连续的、一环紧连一环的图画形式来叙述楚人举行狩猎和宴乐活动的生动场面。其中，第一幅描写的是楚国贵族园林中野兽成群，弱肉强食的自然生态环境。第二幅通过一只受到惊吓而奔跑的鹿和一只左右观望的鹤来描绘狩猎活动即将开始。第三、第四幅通过一头受到重创而挣扎着向前拼命爬行的野猪和一只已倒地不起的鹿，以及一匹踢腿嘶鸣的马，来描写惊险刺激的狩猎活动场面。第五幅通过抽象的马车、站立的御者，描写狩猎活动即将结束，准备凯旋。第六幅通过一人驾一辆四驾马车，两只在悠闲吃草和向山上攀爬的鹿，描写狩猎已经结束，园林已归于平静。第七幅描绘的是狩猎归来后，狩猎者抬着猎获物载歌载舞的活动场面。第八幅通过三人已卸下猎装，着长袍在室内乐舞和室外一只翩翩起舞的白鹤，描绘了楚国贵族狩猎归来后长袖飘舞、琴笙和鸣的宴乐场面。

秦代楚地漆生活用具的器类与数量有较大的增加，其器皿造型也很巧妙，云梦睡虎地 13 号秦墓出土的一件漆耳杯盒，外作椭圆形，内作耳杯形，能紧凑地平置 5 件漆耳杯，十分讲究实用价值。漆卮、樽、壶和扁壶等酒器的造型，也

猪形酒具盒

各具特色：卮为圆筒状、平底，器外附单环形鋬，少数还有盖；樽的造型与卮相类似，但平底下有三蹄足，大多有盖（盖上一般有 3 个 S 形钮饰）；壶为圆口、圆颈、圆鼓腹、圆圈足、圆盖；扁壶则是扁腹，长方形圈足，并有圆口圆盖与方口盝状盖两种。漆圆奁、椭圆奁、笥等，造型特点都是器身与盖相套合，盖顶隆起，体现了既有规则又有变化的艺术特点。

西汉时期的楚地漆器，在继承秦代的造型艺术基础上又有一些发展。

例如江陵凤凰山 168 号西汉墓发现的一件漆耳杯盒，整个盒的内外均近椭圆形，平底，盖顶隆起，造型别致；盒里空间恰好竖置 10 件对扣的漆耳杯，比秦代耳杯盒平置耳杯更可充分利用盒里的空间；盒外有繁丽的彩绘花纹。它的构思巧妙，更注重实用，造型也显得美观大方。[①] 这也反映了楚国漆器有礼器到食器，注重实用性这样一个过程。

以下几件饮食器具充分体现了艺术性与实用性的统一。

凤鸟形双联漆杯，出土于荆楚江陵境内的纪南城，纪南城是春秋战国时楚国的国都郢所在地。楚漆器中最多见的是形色各异的凤鸟形象，被称为"楚艺术的装饰母题"。该器作凤鸟负双杯状，前端为头颈，后端为尾翼，中间并列两个桶形杯，杯高 9.2 厘米，长 17 厘米，杯之间有孔相通。杯的凤

彩绘凤鸟形双联漆杯

鸟形状经雕刻而成，昂首展翅，似在飞翔，口中衔有一珠，珠为黑漆地，绘红、黄相套的圆环纹，胸腹下二爪正好作器足。凤鸟的头、颈、胸、尾遍刻象征羽毛的鳞状纹，全身除尾翼底面为红色外，其余皆髹黑漆地，再用红、黄、金三色漆绘圆圈纹、点纹、卷云纹、放射状线纹等，用笔细腻，描摹逼真，体现了很高的绘画技巧。

此外，凤鸟的头顶、颈侧、两翼、下胸部还嵌有银色宝石 8 颗，使凤鸟更显得华贵俏丽。双杯内髹红漆，杯口绘黄色卷云纹，外壁上口及近底部一段用红、黄色相间绘波浪纹，外壁中部以黑色绘相互缠绕的双龙，龙头伸向两杯相连处，龙身加绘金色的斑纹和红黄色的圆圈纹等，龙纹外的空白处填红色，绘黄色云纹。杯底髹黑漆地，又以红色分别绘两蟠龙。龙凤形象集于一杯，应有"龙凤呈祥"之意。

两杯底外侧各接一雏鸟形足，皆髹黑漆地，用红、黄、金三色画羽

---

① 　陈振裕. 楚秦汉漆器艺术［M］. 武汉：湖北美术出版社，1996：导言.

纹，鸟双翅上展，双足蜷曲，似在使尽全身力气顶扛双杯，神情令观者怜爱。同时，这一装饰手法也让人们觉得硕大的双杯好像变得轻盈了不少。

这种凤鸟形双联漆杯不仅做工精美，装饰繁缛，而且还凝聚着深刻的民俗含义。胡应麟《甲乙剩言》说："都下有高邮守杨君家藏合卺玉杯一器，此杯形制奇怪，以两杯对峙，中通一道，使酒相过，两杯之间承以威凤，凤立于蹲兽之上。"这里所说的合卺玉杯与双联漆杯均为婚礼仪式上的一种饮酒器。因此，有人认为漆杯可能是墓主人喜爱的结婚纪念品。

彩漆鸭形木雕豆，出土于江陵楚墓之中。此豆通高 25.5 厘米，由盘、柄、座三部分组成，盘深 5 厘米，座高 4.4 厘米，柄径 3.5 厘米。柄和座一木刻成，柄上端凿榫头与盘部卯眼相接。豆盘较深，盖凸起，柄座上彩绘工整对称的三角形云纹与卷云纹，显得庄重而沉稳。最巧妙处是盖与盘合为一体，被雕成一只鸭，头、身、翅、脚、尾均刻得惟妙惟肖。

此器鸭的尾部两侧还绘有两只对称的金凤，凤鸟作为吉祥、幸福的象征，深化了器物的主题内涵，使这种豆更显贵重。该器雕刻精美，造型奇特，鸭的全身各个部分用金、黄、朱红、黑诸色精细描绘，雕刻与彩绘相得益彰，色彩斑斓，富丽堂皇。作为一件食器，它绝不是为一般宴会所用，而可能是楚国王室举行隆重宴会，如婚礼之类才用的器具，寄托了时人的美好向往。

彩绘鸳鸯漆豆

另外，在随州曾侯乙墓中，还出土了一件彩绘乐舞图鸭形盒。它有可转动的头颈，羽毛描画甚精。尤为奇特的是鸭腹两侧各画有一个方框，左腹绘撞钟击磬图，右腹绘鼓舞图，就像镶嵌了两幅装饰画。此器可能是盛食物的用具，充分反映了当年曾国君主"钟鸣鼎食"的生活情景。

第三节　精美绝伦的金银食器

一、金银食器的起源

中国使用黄金的时间很早，根据考古发现，早在距今 3000 多年前的商代就已开始使用黄金了。一般来说，秦以前的金银器工艺尚未脱离青铜器铸造工艺的范畴，到了两汉，特别是在东汉以后，由于金加工的发展，就使得金银器制作从青铜器制作传统工艺中分离出来，成为一种独立的工艺门类了。

唐代是我国金银食器制作的繁荣时期，各地出土的唐代饮食器的数量相当丰富。宋代的金银器制造业有了进一步的发展，而且更为商品化。不仅皇室宫廷、王公大臣、富商巨贾享用着大量金银食器，甚至一些庶民和酒肆餐馆的饮食器皿都使用金银器。清代金银器工艺空前发展，宫廷用金银器更是遍及生活中的各个领域。

二、楚地的金银食器

下面我们就荆楚历代金银钦食器具的珍品，择要做一介绍。

金盏、金勺。1978 年，湖北省随州市擂鼓墩附近发掘的战国早期曾国君主曾侯乙的墓内，出土了一批盏、杯、器盖等金制器皿，其中金盏和金勺制作最精。像这样大宗的金器发现，在战国墓葬中并不多见。

曾侯乙墓出土的金盏、金勺

金盏高 10.7 厘米，口径 15.1 厘米，足高 0.7 厘米，重 2150 克，是迄今我国出土最早，并且最重的一件金质饮食器皿，其含金量高达 98%。

盏盖为方唇，折沿，盖顶中央有环式提手，环下以 4 个短柱与盖面连铸一起，把环架空以防止传热，避免提取时烫手。盖的口沿两侧安有两个定位的边卡，与盏口相扣合。盏身为直口，腹壁稍斜渐内收成圜底，腹外有两个对称的环状耳，底部有三个倒置的凤形足。盖上环式捉手饰云纹，盖面铸有精细的蟠螭纹、陶纹和云雷纹，盏腹上部铸宽带状蟠螭纹。金勺置盏内，通长 13 厘米，重 50 克。勺端略呈椭圆凹弧形，内镂空云纹，附扁平形长柄。

金盏造型端庄稳重，铸造工艺十分复杂，采用钮（提手）、盖、身、足分铸，即器身与附件分别铸成，然后再合范浇铸或焊接成器，与青铜器的铸造方法很相似。器表铸造纹饰也十分精细，特别是蟠螭纹上浮雕凸出的尖状云纹，有的细如毫毛，其铸造工艺之精，远远超过中原地区同期的蟠螭纹饰。过去，有人认为中国金银器的制作技术是从西方传入的，但此器无论从形制上还是花纹上，均属典型的楚国风格。因此，可以说中国古代金银器制作技术，应是在中国传统的青铜铸造工艺基础上发展起来的一种新的工艺。

这套金盏、金勺等食具，是墓主曾国君主曾侯乙生前豪华的饮食用具，金盏内盛放食物。金勺有镂孔，是专为从汤汁中捞取食物用的。

曾侯乙墓还出土了一件双耳素面金杯，金杯呈圆桶状，束腰，有盖有耳，通体素面无纹，杯壁较厚，盖足圆拱形，显得敦厚庄重。杯通高 10.65 厘米，盖径 8.2 厘米，重 789.9 克，系锤工艺制作而成，亦为先秦重器。

双耳金杯出于曾侯乙墓主棺下，有盖，出土时盖已打开，置于杯旁。杯腹

曾侯乙墓出土的双耳素面金杯

上部有两个略不对称的环形耳。盖呈圆拱形，盖边有 3 个等距的衔扣，可卡在杯内。此杯应是曾侯乙生前豪华的饮食用器或招待宾客宴饮的酒器。它以造型古朴见长，通体无任何纹饰，打磨光润，给人敦厚庄重之

感。虽已深埋 2400 余年，出土时仍光可鉴人，金质灿烂，可见冶炼工艺之高超。其造型与楚国青铜酒杯相同，但装饰却与当时占主流的雕刻繁缛之风迥异，此件金杯内弧似矮青铜觚般的器身、隆凸的器盖弧面，乃至光素无纹的器表，组合在一起，在视觉上不免给人以怪异甚而陌生的感觉，然而楚地文化正是以奇谲、瑰丽而著称的，这或许预示一种新的审美趣味的出现。总体来看其造型的素朴简约与材质的美感相得益彰。

楚地工匠不仅制出了中国最早的金质器皿，同时也是中国最早银质容器的制作者。战国时为银容器初始阶段，传世及出土银器极少，且大部分为小件银器饰物及青铜器上镏银。中华人民共和国成立前出土于安徽寿县的楚王银匜，出土时器物上还附有铜锈和朱砂：

楚王银匜

一则说明战国时银器因为无法达到融炼纯银的技术，故为银和铜的合金，故出土时定有铜锈。二则说明此器在墓主棺椁之内，有棺椁的朱砂粘连。银匜高 4.9 厘米，口径 12.5～11.8 厘米，重 100 克，现为故宫博物院藏。这是我国目前发现时代最早的银质容器。银匜无足，形制略似瓢形，通体光素无纹。流下腹刻款"楚王室客为之"六字，外层刻"室客十"三字，笔道纤秀婉转，看得出与楚国铜器铭刻及楚简墨书是一脉相承的。据铭辞内容，知此银匜实系楚王为室客作器，所谓的"室"，乃指上层人物活动的地方或用来招待宾客的场所。中国古代的匜，是一种盥洗用具，多以青铜制作，故宫博物院所藏楚王银匜形制较小，故不大可能作水器使用，而是招待宾客宴饮的酒器，说明楚国在战国末期就已经能够制作比较高水平的银酒器了。

以上我们对荆楚地区饮食器具做了一个简要的巡礼，从中我们不难得出这样一个结论：满塘荷花，须有绿叶映衬，才显得雅丽；丰富的饮食，须有相应的食器搭配，才能使佳肴耀眼，美器生辉。所以，清代著名学者袁枚在纵观自古美食与美器的发展后说："古语云：'美食不知美器。'斯语是也。然宣、成、嘉、万窑器太贵，颇愁损伤，不如竟用御窑，已觉雅丽。惟是宜碗者碗，宜盘者盘，宜大者大，宜小者小，参错其间，方觉生色。若板板于十碗、八盘之说，便嫌笨俗。大抵物贵者器宜大，物贱者器宜小；煎炒宜盘，汤羹宜碗；煎炒宜铁铜，煨煮宜砂。"[①] 袁枚认为，明代宣德、成化、嘉靖、万历四朝所烧制的器皿极为贵重，人们很担心其被损坏，不如干脆用本朝御窑烧造的器皿，也够雅致华丽了。但要考虑到该用碗的就用碗，该用盘的就用盘，该用大的就用大的，该用小的就用小的。各式盛器参差陈设在席上，令人觉得美观舒适，这无疑是对美食与美器关系的一个精炼总结，而荆楚饮食器具正是建立在这种美食与美器协调统一基础之上的。

---

① 袁枚. 随园食单·须知单·器具须知 [M]. 北京：中国商业出版社，1984：13.

第十二章　荆楚饮食类非物质文化遗产

从近几年中国文化的发展过程中，我们清楚地看到各地饮食文化的发展，在提升各地影响力、增强地区文化软实力方面起到了重要作用。这是因为，饮食文化是一个地区物质文明和精神文明发展的标尺，是一个地区文化本质特征的集中体现，也是考察一个地区的历史文化特征的社会化石。作为饮食的一种活态传承，中国饮食中的"非遗"文化，既是中国饮食的文化载体，也是饮食文化潜移默化作用于我们日常生活的部分。因此，饮食中的"非遗"文化在文化传承与文化认同，以及在传播地区文化方面都可以发挥了不可替代的重要作用。

饮食类非物质文化遗产是广大民众知识和智慧的结晶，是中华民族卓越创造力和思想情感的体现。荆楚饮食类非物质文化遗产是荆楚人民在生产和生活实践中，在食源开发、食具研制、食品调理、营养保健和饮食审美等方面创造、积累的物质财富及精神财富。加深对这些非物质文化遗产项目的利用与开发，集中力量发展具有特色的地方饮食文化，有助于提高荆楚饮食文化产业的竞争力，也有助于提升中国饮食文化的世界地位。因此，我们应该不断完善饮食"非遗"传承保护机制，积极生产与传承餐饮"非遗"产品，让饮食非遗满足人们美好生活的需求，担当起民族文化传承与创新的重任。

目前湖北省饮食文化中非物质文化遗产项目的数量还不多，以下就是到现在为止整理出来的湖北省饮食类非物质文化遗产项目，可以看出这与全国先进省市相比，尚存在一定的差距。由于饮食技艺文化的特殊性，一些口耳相传的传统制作工艺逐渐消失，部分手艺被机器替代，甚至还有很多传统技艺慢慢走向消亡，使得研究并挖掘饮食文化中的非物质文化遗产,将成为今后湖北省开展传统技艺类非物质文化遗产保护工作的重要内容。因为饮食类"非遗"项目列入"非遗"保护名录,主要目的是引起社会各界重视饮食文化遗产,使越来越多的政府部门、企事业单位和个人广泛地参与到饮食类"非遗"的保护工作中来。让饮食"非遗"与文物古迹、历史建筑、历史街区、特有技艺、著作文献等中华宝贵的文化遗产一起经受岁月考验而尽展历史芳华。让饮食"非遗"这一传统文化顺应社会发展和时代潮流不断发展进步,具有更旺盛、更长久的生命力。

第一节 烹饪类非物质文化遗产

一、菜肴与小吃制作技艺

(一)荆州鱼糕制作技艺

荆州自古盛产鱼,鱼糕作为荆州的八大名肴,其历史源远流长。相传为舜帝妃子女英所创,在荆楚一带广为流传,春秋战国时开始成为楚宫廷头道菜,直到清朝,仍是一道宫廷菜,据说乾隆尝过荆州鱼糕后脱口而咏:"食鱼不见鱼,可人百合糕。"

荆州鱼糕色彩绚丽,营养丰富,回味悠长,以吃鱼不见鱼,鱼含肉味,肉有鱼香,清香滑嫩,入口即溶被人称道。鱼糕谐音"余高",寓意"年年有余,步步高升"。千百年来在荆州一带,逢年过节,婚丧嫁娶,喜庆宴会,鱼糕都是宴请宾客必须有的一道大菜,并有"无酒不成宴,无糕不成席"的说法。荆州鱼糕已经演化为人们体现喜庆、表达美好愿望与祝福的重要元素和载体,是荆州八大菜肴之首。

2009 年,荆州市荆州区申报的荆州鱼糕制作工艺入选湖北省第二批省级非物质文化遗产代表性项目名录。

(二)老通城豆皮制作技艺

老通城是坐落在汉口中山大道大智路口一家大型酒楼的名字,以经营著名小吃三鲜豆皮驰名，有"豆皮大王"之称。这家酒楼创办于 1931 年，老通城制作的豆皮，具有"皮薄色艳，松嫩爽口，馅心鲜香，油而不腻"的特点，武汉人一提起它，总是津津乐道，赞不绝口。

老武汉人一直把老通城视为武汉的骄傲，因此来武汉的人有"不吃老通城豆皮，不算到武汉"的说法。因为武汉人都知道，豆皮虽有千家做，但要想尝到正宗地道的老汉口风味，还是要到老通城。老通城豆皮的名气也因为招待国内外名人而成为武汉引

三鲜豆皮

以为傲的名片。1958 年 4 月 3 日和 9 月 12 日，毛泽东主席先后两次来到老通城品尝了三鲜豆皮，留下了"国营要更好地为人民服务"的教导。毛泽东主席一生没有给任何餐饮店题词，唯一例外的是给老通城题过词，成为老通城店史上最光辉的篇章。据说，毛泽东主席品尝的老通城豆皮，也都是由该店"豆皮大王"高金安和"豆皮二王"曾延林分别执厨做出来的。刘少奇、周恩来、朱德、邓小平、董必武、李先念及外国元首金日成、西哈努克等中外领导人吃过老通城的豆皮后，都给予了极高的评价。

2009 年，武汉市江岸区申报的老通城豆皮制作技艺入选湖北省第二批省级非物质文化遗产代表性项目名录。

（三）武汉小桃园煨汤技艺

武汉煨汤历史悠久，素有"三无不成席"（无汤不成席、无鱼不成席、无圆不成席）之说。武汉有许多煨汤馆，其中最为著名的是"小桃园"（原名筱陶袁）。"筱陶袁"最初是由来自黄陂的陶、袁两姓的两个小贩在汉口搭棚设摊，经营油条、豆浆之类的小吃，后来两家合作经营煨汤。

1939 年，喻凤山经同乡介绍来到小桃园，在传承前辈煨汤技艺的基础上大胆创新，独创了"先炒后煨，炒中入盐，一次加足水，大、中、

小火配合"的"喻记煨汤技艺"。小桃园在喻凤山的主理下，生意越来越兴旺发达，名气越来越大，武汉三镇及外地的顾客慕名纷纷前来品尝小桃园的煨汤。该店主要品种有"瓦罐鸡汤""排骨汤""甲鱼汤""牛肉汤"等，以"瓦罐鸡汤"最为有名，其原料为黄陂一带 750 克重以上的肥嫩母鸡，剁成鸡块，先入油锅爆炒，再倒入内有沸水的瓦罐内，用旺火煨熟，小火煨透，汤鲜肉烂，原汁原味，营养丰富，是滋补上品。这里的老厨师搜集民间煨汤技术的精华，再加以汇总，不断改进和提高，成就了小桃园煨汤别具一格的品位。

2011 年，武汉市江汉区申报的煨汤技艺（武汉小桃园煨汤技艺）入选湖北省第三批省级非物质文化遗产代表性项目名录。

（四）老大兴园鮰鱼制作技艺

老大兴园酒楼由汉阳人刘木堂创办于清朝道光十八年（1838 年），原址设在武汉汉正街，1996 年迁至利济北路。由吴云山主持后，以经营武汉风味菜为特色。因当时汉口有多家"大兴园"，故名为"老大兴园"。曾有刘开榜、曹雨庭、汪显山三代"鮰鱼大王"掌灶。主要名菜有"白烧鱼""清炖鱼""什锦鱼羹"等。

鮰鱼制作可谓多彩多姿，烧、熘、焖、酿、蒸、炸、烩样样都有。第一代"鮰鱼大王"刘开榜，在老大兴园酒楼推出了鮰鱼制作技艺的独特技法。第二代"鮰鱼大王"曹雨庭，师从刘开榜，传承前辈技艺，在鮰鱼制作技艺上探索并总结出了"选料认真、刀口讲究、注重火候、烹调得法、一次给水、鱼肉透味"的诀窍。第三代"鮰鱼大王"汪显山在制作技艺上独创的"三次换火、三次加油"技巧，使烹饪出的鮰鱼更加鲜嫩。

汪显山去世后，其徒弟孙昌弼不仅全面继承了汪显山的精湛技艺，而且在鮰鱼菜肴造型上有所创新，成为第四代"鮰鱼大王"。孙昌弼既尊重传统，又勇于突破，不断推出适应现代人口味和营养需求的新菜肴，如"珍珠鮰鱼""三味鮰鱼""鮰鱼线""鮰鱼鱼圆"等。孙昌弼设计制作的鮰鱼宴获评"中国名宴"，后被列入《中国筵席 800 例》。

2011 年，武汉市硚口区申报的老大兴园鮰鱼制作技艺入选湖北省第三批省级非物质文化遗产代表性项目名录。

（五）湖北蒸菜制作技艺

1. 沔阳三蒸制作技艺

沔阳三蒸历史悠久，相传为元朝末年农民起义军领袖陈友谅之妻罗娘娘创造，其将肉、鱼、藕拌上米粉装碗上木甑，猛火蒸熟，犒赏兵士，便萌生了沔阳三蒸的早期雏形。后来流传民间，蒸食原料不断扩展，逐渐开始成为酒馆饭庄菜品。清代、民国时期，武汉三镇不少饭馆悬挂"沔阳三蒸"的牌子招揽生意，后流传全省乃至全国。

沔阳三蒸指蒸肉、蒸鱼、蒸蔬菜，其特点是粉蒸，原料品种繁多，大凡畜禽肉类、水产鱼类、素菜类，都可蒸制。在如今的仙桃市，可谓"无蒸不成席"，沔阳三蒸已成为当地广为流传的饮食文化现象。

2011 年，仙桃市申报的湖北蒸菜制作技艺（沔阳三蒸制作技艺）入选湖北省第三批省级非物质文化遗产代表性项目名录。

2. 天门蒸菜制作技艺

天门蒸菜，亦称竟陵蒸菜，最早可上溯到石家河文明时期。2005 年，天门市石河镇出土了东汉陶甑，甑是蒸食器，反映了天门菜式蒸法的运用至少有 2000 多年历史。

天门市地处湖北省中南部，江汉平原北部。这里气候适宜，雨量充沛，土地肥沃，物产富饶，素有鱼米之乡美称。丰富的物产使天门蒸菜具备了完整的主料、副料、小料和调料。"无菜不蒸，无蒸不宴"是蒸菜在天门的真实写照。

天门蒸菜制作技法现在有粉蒸、清蒸、炮蒸、包蒸、封蒸、扣蒸、酿蒸、干蒸、花样造型蒸等九种，其中以粉蒸、清蒸、炮蒸最具特色。天门蒸菜以滚、淡、烂为基本风味，特别注重滚烫效果，既保证了菜肴的色、香、味、形，又营造了待客时的热烈气氛，给人以和谐美好、率直纯真之感，彰显出天门人热情好客的特性。

2011 年，天门市申报的湖北蒸菜制作技艺（天门蒸菜制作技艺）入选湖北省第三批省级非物质文化遗产代表性项目名录。

（六）应山滑肉制作技艺

应山滑肉是楚乡名馔，至今已有 1000 多年的历史，相传于唐代开元年间由古荆州应山名厨首创。应山滑肉的主要原料是猪肥膘肉、胡椒粉、精盐、鸡蛋、酱油、高汤、葱花、湿淀粉、姜末、植物油、味精。制作工艺：猪肉去皮洗净，切成 2 厘米的方块，用清水浸泡 10 分钟取出沥干，盛于碗内，加适量精盐、味精、姜末、淀粉稍拌，再加入鸡蛋液拌匀上浆；炒锅置旺火上，下植物油烧至七成热，将肉块散开下锅，炸 10 分钟，成金黄色时，倒入漏勺沥去油，稍凉后码在碗内，上笼用旺火蒸 1 小时左右，取出放入汤盘；炒锅置旺火上，下猪肉汤、酱油、味精烧沸后，勾薄芡端锅离火，加葱花、胡椒粉，起锅浇在肉块上即成。应山滑肉具有"油润滑爽，软烂醇香，肥而不腻，风味隽永"等特点。

2011 年，广水市申报的应山滑肉制作技艺入选湖北省第三批省级非物质文化遗产代表性项目名录。

（七）蟠龙菜制作技艺

钟祥蟠龙菜俗称"盘龙菜""卷切子""剁菜"，源于湖北省钟祥市，据传说是专门为嘉靖进京即位争取时间而由厨师詹多研制出来的，至今有 460 多年历史，享有盛誉。

数百年来，湖北钟祥市人民一直将蟠龙菜视为"皇菜"，有无"龙"不成席之说。此菜红黄相间、色泽悦目、造型美观、鲜嫩可口、油而不腻，营养丰富，"以吃肉不见肉而著称"。历来烹制方法：将猪瘦肉剁成茸，放钵内，加清水浸泡半小时，待肉茸沉淀后沥干水，加精盐（5克）、淀粉（100 克）、鸡蛋清、葱花、姜末，边搅动边加清水，搅成黏稠肉糊状；鱼肉剁成茸，加精盐、淀粉搅上劲透味成黏糊状；鸡蛋摊成蛋皮；鱼茸、肉茸合在一起拌均匀，分别摊在鸡蛋皮上卷成圆卷上笼，在旺火沸水锅中蒸半小时，取出晾凉，切成 3 毫米厚的蛋卷片；取碗一只，用猪油抹匀，将蛋卷片互相衔接盘旋码入碗内，上笼用旺火蒸 15 分钟后取出翻扣入盘；炒锅上火，加鸡汤、食盐、味精，勾芡，淋入熟猪油 10 克，点缀花饰即成。

2011 年，钟祥市申报的蟠龙菜制作技艺入选湖北省第三批省级非物质文化遗产代表性项目名录。

（八）武昌鱼制作技艺

武昌鱼学名团头鲂，最早得名与三国东吴故都的古武昌有关，当时就有"宁饮建业水，不食武昌鱼"的民谣，此后岑参、王安石、苏轼、毛泽东等历代名人都写过吟咏武昌鱼的诗词。最著名的是毛泽东脍炙人口的"才饮长沙水，又食武昌鱼"名句，让这一美食享誉全国，成为湖北的一道特色菜。

武昌鱼入菜，烹制方法多样，或红烧，或清蒸等。"清蒸武昌鱼""海参武昌鱼""葱烧武昌鱼"等都是湖北风味名菜。例如"葱烧武昌鱼"这道名菜，以武昌鱼为主料，配以葱花、姜末、精盐等调味料制作而成，色泽美观，肉质细嫩，油润爽滑，味道鲜美，老少皆宜，在餐饮市场上深受大众的喜爱与推崇。

2013 年，武汉市硚口区申报的武昌鱼制作技艺入选湖北省第四批省级非物质文化遗产代表性项目名录。

（九）毛嘴卤鸡制作技艺

毛嘴卤鸡是仙桃市传统名菜之一，采用五谷杂粮喂养的本地土鸡为原料卤制而成。在卤制过程中，用地道老卤汁，配以蜂蜜、杜仲、枸杞、八角等十几种中药材及天然香料，经传统工艺加工而成。毛嘴卤鸡肉质细嫩、油而不腻、香醇可口、品味绵长，号称"荆楚一绝"。

2016 年，仙桃市申报的卤菜制作技艺（毛嘴卤鸡制作技艺）入选湖北省第五批省级非物质文化遗产代表性项目名录。

（十）笔架鱼肚制作技艺

笔架鱼肚是用石首鮰鱼肚（鮰鱼的腹中之鳔）为原料，经传统工艺制作而成的石首特产食品，富含高级胶原蛋白、多种氨基酸、维生素和微量元素。笔架鱼肚为鱼肚上品，且产量极为有限，堪称名贵如金。石首鮰鱼的鱼鳔非常独特，看上去形如笔架、色似白玉，拿起来细嫩如脂、又重又滑，吃起来松软香甜、入口即化。用笔架鱼肚可烹制出"鸡茸鱼肚""虾仁鱼肚""海参鱼肚""红烧鱼肚"等多种佳肴，皆味道鲜美可口，营养价值甚高。

2016年，石首市申报的传统鱼类菜肴制作技艺（笔架鱼肚制作技艺）入选湖北省第五批省级非物质文化遗产代表性项目名录。

（十一）竹溪蒸盆制作技艺

竹溪蒸盆是竹溪民间传统美食的经典代表，选料考究，工序复杂，色鲜、汤清、味醇，充分体现了竹溪饮食讲究色香味形融合的风味特色。关于竹溪蒸盆的起源，当地民间有多种说法，其中一种传说与唐代薛刚有关。此菜集土鸡肉、猪蹄、蛋饺、香菇、萝卜、土豆、山药、菠菜等10多种主辅食材于一盆，以独特的方式蒸制成熟，成品红绿相映，香气袭人，味道鲜美，营养丰富。

2016年，竹溪县申报的蒸菜制作技艺（竹溪蒸盆制作技艺）入选湖北省第五批省级非物质文化遗产拓展项目名录。

（十二）黄陂三鲜制作技艺

黄陂三鲜也称为"黄陂三合"，即为肉丸、肉糕、鱼丸混合制作的菜肴，"三鲜"各有其制作传统技艺。

鱼丸选用草鱼刹茸，配上蛋清、葱白、姜汁、猪油等制作而成。鱼丸子做好后，色白晶莹剔透，有弹性，状如玉珠，入口松脆。肉丸选用猪腿夹肉刹碎，配上鱼茸和各种调料，酥炸而成。在黄陂当地，人们做"三鲜"里的肉丸喜欢用较多的肥肉，如今的人逐渐注重养生和健康，所以在用料上就做了些调整。但肉丸仍采用五花肉为原料，肥瘦搭配大约三七开，以瘦肉为主。切好的肉馅同样加水盐等拌匀做成丸子，而后入油锅炸至金黄即可捞出备用。肉丸色泽黄亮，酥脆清香。肉糕的原料和肉丸相同，但做成糕状，蒸制而成。至七八成熟时，倒上一层去除蛋清搅拌好的蛋黄液，再继续蒸至成熟。肉糕光滑亮脆，有韧性，含鱼丸、肉丸双重风味，回味无穷。

最后就是把这些鱼丸、肉丸、肉糕合烧。砂锅中加入高汤，高汤一般由大骨和母鸡肉慢火熬制而成，汤白味浓。把切片的肉糕、鱼丸、肉丸进锅"灌汤"，稍调味，加入发好的黄花菜、黑木耳、小白菜、切花的胡萝卜。一道用了汆炸蒸烧四种技法、融合了新款 7 种颜色的黄陂烧"三合"才算完工。几乎同样的食材，做出来的食物风味却各不相同，最后三菜合烧，"合三为一"。

1941 年黄陂人在汉口打铜街开设黄陂合记餐馆，把"黄陂三合"传到武汉，把乡土菜的质量进一步提高，使得鱼丸滑嫩、肉丸松泡、肉糕软柔，颇受广大食客的欢迎。

黄陂有"没有三合不成席，三鲜不鲜不算好"之说，逢年过节的家宴、结婚、祝寿的宴席上，"黄陂三合"是必不可少的压轴菜。究其原因，除了美味，营养价值高外，主要是这道菜具有吉祥喜庆的寓意。观其名，"鱼"与"余"谐音，蕴含了年年有余的美好向往；"糕"与"高"谐音，象征着"步步高升"；"圆"字更简单，象征着"花好月圆""团团圆圆"之美。将"三合"连起来，则充满了年年有余、合家团圆、步步高升的吉祥色彩。可见，"黄陂三合"不仅仅是融入了人们的饮食中，融入了人们的日常生活中，更是代表着人们向往美好、团圆的愿望，是荆楚文化中不可或缺的一部分。

2019 年，黄陂三鲜制作技艺入选湖北省第六批省级非物质文化遗产项目名录。

（十三）四季美汤包制作技艺

汤包本是江苏一带久负盛名的小吃，喜欢消夜的汉口居民，也特别中意这种小食。1922 年，田玉山在做过五六年小商贩又做了十几年水果生意后，毅然决然改做熟食店。在徐大宽师傅的帮助下，开始经营下江风味的小笼汤包，挂起了"美美园"的招牌。1938 年，武汉沦陷，田玉山继续坚守在武汉，并奇迹般地在沦陷区将生意越做越好。1945 年，抗战胜利，田玉山迎来了事业巅峰，买下整栋楼，扩大了"老四季美"的营业面积。1949 年，中华人民共和国成立后，田玉山将小笼包进行改良成为更适应湖北口味的汤包。并在江汉路上建起了 4 层楼的大厦，由小吃店变为大餐馆，改名为"四季美"。1990年、2006年四季美汤包两次荣获中国餐食业最高奖"金鼎奖"。

四季美汤包吃起来滋味香美，制作起来程序严格，第一步熬皮汤，做皮冻，第二步做肉馅，第三步制包，最后"一口气"火候，都要一丝不差。用料也很讲究，肉皮要绝对新鲜的，肉馅要一指膘的精肉，蟹黄汤包要用阳澄湖大鲜蟹等，不得以次充优。如此食鲜物美，自然备受江城人民的宠爱。蟹黄汤包是"老四季美"汤包中的名品，据田玉山说："重阳时节，菊黄蟹肥，制作蟹黄汤包，其利润高出普通汤包50%。原料选用阳澄湖新鲜大蟹，蒸后拆取蟹肉蟹黄，加1/3的板油，温火吞熬，乘温热拌入嫩肉及各项配料，冷却后成馅。在制包时应注意收口，'鲫鱼嘴'比普通汤包稍小，做起来不能马虎，要求极为细致。"

四季美汤包制作技艺经徐大宽、钟生楚、徐家莹等三代传承人的传承发展，总结出汤包制作技艺的特征："面熟碱准水适当，节准量足个一样，边薄中厚擀圆形，馅子挑在皮中心，花细均匀鲫鱼嘴，轻拿轻放要摆正，火候时间掌握准，皮薄馅嫩美味鲜。"在外形上具有花匀、汤包口呈鲫鱼嘴的特点，在质地上具有皮薄、馅嫩、汤鲜、味美的特点。

2012年，四季美汤包制作技艺入选武汉市第三批非物质文化遗产名录。

2019年，四季美汤包制作技艺入选湖北省第六批省级非物质文化遗产项目名录。

（十四）公安牛肉三鲜制作技艺

肖记公安牛肉三鲜源于湖北省公安县，又称"公安牛肉三鲜炉子"，是属火锅类的一种菜肴。它根植于江汉平原与洞庭湖平原交界的湖北省公安县，在湖北省会——武汉成长、壮大、开花。在"不走第一，只做唯一"经营理念下，以湖北风味的特色菜品留客，以低廉的销售价格留心，以舒适清新的就餐环境留人，以热情朴实的服务留情，成就了"老品牌、正宗、特色、行业标准"核心竞争力的地方特色餐饮品牌。

肖记公安牛肉三鲜，在选材和烹饪技艺方面独特，与其他菜系中的火锅类菜肴相比，食后让人口齿余香、回味无穷。

在选材用料方面，精选食材，原料上等。优质的食材和原料决定了菜肴鲜美的味道。肖记公安牛肉三鲜牛肉的来源是公安本地纯种散养的土黄牛，牛的年龄一般在 2 岁左右，如果是养殖场饲养的黄牛，一定要经过 1 年以上的再次散养，放松黄牛的皮肉筋骨后方能取材。肖记公安牛肉三鲜烹制用的油是精心熬制的专用油，系使用熟菜籽油、色拉油、熟牛油、荆沙豆瓣、稀辣椒酱、生姜、大葱、干辣椒、白蔻、八角、桂皮、花椒等多种调料混合，熬制而成。在制作方法上，肖记公安牛肉三鲜的烹制注重色、香、味、形、艺等的调和与统一。以传统技艺酿制的本地豆瓣酱、干辣椒等调料烹制，吸纳了两湖地区以咸、鲜、微辣为主的"三鲜"饮食口味特色。

2019 年，公安牛肉三鲜制作技艺入选湖北省第六批省级非物质文化遗产项目名录。

（十五）东坡肉制作技艺

北宋元丰二年（1080 年）十二月，苏轼因"乌台诗案"受挫，被贬至黄州任团练副使。由于贬职，因而自号"东坡居士"，每月薪俸也不多，生活不宽裕。闲暇时便研究起烹饪技术，还亲自烹制各式菜肴。有一次家里来客，他即烹制猪肉飨客，把猪肉下锅，着水放调料后，于微火中慢慢煨着，便与客人下起棋来，两人对弈，兴致甚浓，直至局终，苏轼才恍然想起锅中之肉。他原以为一锅猪肉定会烧焦，急忙进厨房，顿觉香气扑鼻，揭锅一看，只见猪肉色泽红润，汁浓味醇，醇香可口，糯而不腻，并博得客人们高度评价，苏轼本人也由此得到了启发。尔后如法复制，同样味美，自这以后，他便常做此菜，有客待客，无客自食。并将烹制这道菜的经验进行总结，写了一首《猪肉颂》："洗净铛，少著水，柴头罨烟焰不起。待他自熟莫催他，火候足时他自美。黄州好猪肉，价贱如泥土。贵者不肯食，贫者不解煮。早晨起来打两碗，饱得自家君莫管。"

苏轼的煮食猪肉，确属烹制得法，按他自己总结的烹饪要领是："慢著火，少著水"。故而烹制出的东坡肉，味极鲜美。因为，"慢著火，少著水"能使汤质稠浓，味道自然醇厚强烈。而在当时，又由于苏轼的名望，特别在知识分子中间，曾被"传为美谈"。菜因人传，加上黄州人民怀念和敬仰这位名满天下的大诗人，并将他所创的这种香美软烂的佳肴——红烧肉，命名为"东坡肉"。后世厨师还在东坡肉中增添了两种原料：冬（东）笋、菠（坡）菜，使其更加寓意深长。

东坡肉的成品特点，色泽酱红，形态方正，皮薄肉厚，咸鲜回甜，肥不腻口，瘦不黏牙。

2019 年，东坡肉制作技艺入选湖北省第六批省级非物质文化遗产项目名录。

（十六）簰洲圆子制作技艺

滚滚长江东逝水，至此西流三十里，簰洲湾亦名西流湾。特别是1998 年抗洪"众志成城"的奇迹，更让簰洲湾扬名中外。

鱼是嘉鱼饮食文化的代表，自古便"无鱼不成席"，鱼圆、鱼丁、鱼片、鱼糕、鱼氽、鱼面等各种风味独特的鱼制食品，引来了八方仙客；"无鱼不成礼""年年有余（鱼）""无鱼不为乐"成为独特的地方风俗。真的是"嘉鱼，嘉鱼，家家有鱼""水乡水乡，处处鱼香"。嘉鱼簰洲圆子成为当地的一道名食，每逢佳节或宴请，餐桌必备簰洲圆子，"无圆不成席"的民俗沿袭至今。

簰洲圆子从食材鱼的筛选以及刀工和配料上极其讲究，其湿温、水质都有着极其严格的要求。簰洲湾因长江东流，水在此西流 30 里这一神奇的地理环境，其气温以及水质得天独厚，因此，簰洲湾百姓人家采用西流水制作的簰洲湾鱼圆子味道特好，别有风味，独树一帜。

簰洲圆子既保持了传统特色的原汁原味，又安全卫生，摆上了千家万户的餐桌，在湖北已家喻户晓，在全国享有盛名，并逐步走向世界，成为嘉鱼县一张独特的名片。

簰洲圆子原材料：草鱼（青鱼）、猪肥肉、鸡蛋（蛋清）、生姜、葱（葱白）、盐、味精、白胡椒等。

传统工艺的制作流程为：选鱼→清洗→切片→漂洗去油→绞肉→擂溃→捏圆→蒸制。

制作工序相当严格，选好的鱼要先细致地去皮剔刺，然后取上等的白色嫩鱼肉，采用祖传的传统制作工艺剁碎鱼肉，剁鱼时需掌握一定的力度和刀工；所需的猪肉要挑选上好膘且不腻的优质肥肉；鸡蛋选用家养的土鸡蛋，并且只用蛋清；葱只能选用白色的根基部分；将和好的鱼茸加上配料充分搅拌，手工打出圆形状，其形状晶莹剔透、均匀一致；然后采用蒸的方式上笼蒸 8 分钟左右即可，不可过火也不可缺火。所有工序都以祖上传承的传统方法制作。

簰洲圆子是原生态绿色环保食品，富含高蛋白、不饱和脂肪酸，及铁、钙、磷、镁、硒等多种微量元素，经常食用，对人体能起到良好的滋养、保健功效，传承到今已有千余年的历史，历经千年的发展和演变，至今仍为当地群众所崇拜、喜爱，簰洲圆子作为嘉鱼饮食文化的一张名片，已成为嘉鱼、咸宁市乃至全省扩大对外文化经济交流的一个品牌。

2019 年，簰洲圆子制作技艺入选湖北省第六批省级非物质文化遗产项目名录。

（十七）宜昌凉虾制作技艺

凉虾是产于湖北宜昌的十分常见的特色小吃，滑糯清爽，柔软清甜。因头大尾细形似虾，故此得名。它用大米制浆煮熟，用漏勺漏入凉水盆中而成，再放置红糖水，是人们消暑的一道甜品。

制作工艺：将大米洗净，用清水浸泡 4～5 小时后，捞出打成米浆待用。锅置火上，倒入清水烧开后晾凉待用。另取一锅置火上，倒入清水烧开，加入 20 克清石灰水，再将米浆慢慢倒入锅中，顺时针搅拌，煮成米糊，再转入漏勺中，

宜昌凉虾

不断摇动，使其慢慢滴落在凉开水中，凝固成白白的凉虾待用。取适量

凉开水倒入碗中，放入红糖拌匀，盛入凉虾，冰镇即成。其成品特点，形态生动，冰爽软糯。

2019 年，宜昌凉虾制作技艺入选湖北省第六批省级非物质文化遗产项目名录。

（十八）神仙叶凉粉制作技艺

神仙叶，又名黄荆叶，学名双翅六叶二道木，是十堰市高山地区生长的一种独特的野生植物，叶片中含有丰富的果胶、维生素 C、氨基酸、蛋白质、纤维素和叶绿素等营养物质。其叶还可以外敷涂抹，起到消毒解肿、消除毒疮等作用，药用价值显著。神仙叶凉粉，夏季食之，既可消暑降温，清凉去火，还有降压、抗菌等保健功能。

神仙叶凉粉制作工艺：首先将采摘回来鲜叶（或用刀稍微切碎）清洗后盛于器皿中，用烧沸的开水淋在叶子上，再用一个木棍快速搅拌（或者用双手反复揉搓，让叶子和热水成为糊状），待树叶全都"溶化"成墨绿色的汁液后，接着用细筛子（或纱布）过滤掉碎渣，然后加入适量经过过滤的草木灰水，再轻轻地搅拌均匀，待浆汁冷却凝固，存放于阴凉处（冰箱）或放进清水里漂，即成一道纯天然的绿色食品神仙叶凉粉。用手拍之，闪闪动动，颤颤巍巍；观之绿如翡翠，晶莹剔透；闻之清香淡雅，垂涎欲滴，堪称"翡翠凉粉"。

2013 年，神仙叶凉粉制作技艺列入十堰市非物质文化遗产保护名录。

2019 年，神仙叶凉粉制作技艺入选湖北省第六批省级非物质文化遗产项目名录。

二、传统面食制作技艺

（一）石花奎面制作技艺

石花奎面是谷城县著名的特色面食，具有"精益求精，每根空心，细如发丝，养颜健身"的工艺特点。石花奎面已经有 200 多年的历史，其做工十分考究，在用料上，面粉为精选的红皮小麦良种，种于背北朝南的黄土岗地，单收单打，淘净晒干，经石磨磨出的二道精粉。在做奎面前，一要洗澡更衣，保证清洁；二要剪磨指甲，不伤面绒；三要熄烟漱口，气无异味。心情不好时不做，怕做不专一；身体不"美气"（不舒服）时不做，怕体力不支；屋里有外人时不做，怕神工走邪。制作工艺严谨，30斤面拉成一丝，长约150华里，细圆柔韧，晾干为空心，白脆清香，煮不糊汤，丝丝清晰，落口滑嫩，爽口爽心。

2009年，谷城县申报的石花奎面制作技艺入选湖北省第二批省级非物质文化遗产代表性项目名录。

（二）蔡林记热干面制作技艺

武汉人家喻户晓的蔡林记热干面，以其"爽而筋道、黄而油润、香而鲜美"的特色而闻名遐迩，是武汉的名特小吃之一。

相传，20世纪初，在武汉的汉口长堤街一带，有位叫李包的食贩，一次偶然的失误发明了面条的新吃法，立即引起了顾客的哄抢。由此，许多食贩遂向李包拜师学艺。在众多学艺的人中有个叫蔡明伟的食贩，他不仅学了技艺，还看准了其中的商机。于1928年在汉口满春路口开了一家面馆，并以"集木为林，财源茂盛"之意，取店名为"蔡林记热干面馆"。

改革开放后，热干面制作技艺的第三代传人，现任蔡林记执行总经理王永中先生，结合现代人的食味需求不断创新，拓宽了蔡林记热干面的品种，丰富了餐饮文化内涵。蔡林记热干面先后被评为"中华名小吃""最佳汉味小吃""中国名小吃"等。

2011年，武汉市申报的传统面食制作技艺（蔡林记热干面制作技艺）入选湖北省第二批省级非物质文化遗产项目名录。

（三）浮屠玉塅油面制作技艺

阳新县浮屠镇玉塅村油面制作有着悠久的历史，其质量享誉鄂赣边区。明朝期间，李氏从江西迁居落业玉塅村后，就开始从事油面制作，在清朝时进入鼎盛期，至今还有很多传人。玉塅村油面制作工艺已有400多年历史，蕴涵着丰富的传统文化价值。

浮屠玉塅油面手工制作工艺，具有一套完整的工艺流程。工艺流程为和面、割面、搓条、盘（条）面、上筷、拉面、晾晒、割面头。其主要原料有面粉、食用油（菜油、豆油、花生油）、食盐等。主要制作工具是油面架、竹筷、面板、面盆、油面槽、面凳、面刀等。该村手工制作的油面不仅销往我国的武汉、黄石、上海、北京、广东、香港等地，还远销加拿大。

2011年，阳新县申报的传统面食制作技艺（浮屠玉塅油面制作技艺）入选湖北省第二批省级非物质文化遗产项目名录。

（四）还地桥鱼面制作技艺

大冶市还地桥鱼面，是还地桥这座千年古镇的传统特色美食。还地桥鱼面是采用国家级无公害水产品养殖示范区——黄金湖的上等青鱼、草鱼、鲢鱼等优质鲜鱼肉，配以红薯精粉、精盐，经过揉、擀、蒸、切、晒等传统工艺精制而成，富含人体必需的钙、铁、锌等矿物质和多种氨基酸，属高蛋白、低脂肪、低胆固醇的健康食品。其食法多种多样，烹煮煨汤，营养丰富；香油凉拌，鲜美可口；油炸酥脆，满口生津；放入火锅，爽滑不腻；炒食配菜，风味独特。

2011年，大冶市申报的传统面食制作技艺（还地桥鱼面制作技艺）入选湖北省第二批省级非物质文化遗产项目名录。

（五）罗田手工油面制作技艺

罗田县位于湖北省东部，大别山脉南麓。罗田手工油面制作，是大别山人一种季节性的小作坊手工技艺。一般是单家独户在秋季或冬季进行制作，大多为家族式的传承。制作油面的主要原料是小麦、植物油和食盐，是纯手工制作的食品，不含任何添加剂，无任何污染，食用时不需要加任何作料。每逢老人做寿、产妇坐月子、婴儿出生、小孩做周岁、婚嫁等，特别是春节期间，都要请人做油面款待亲戚朋友。除此之外，手工油面还是馈赠亲友的最佳礼品之一。

2011年，罗田县申报的传统面食制作技艺（罗田手工油面制作技艺）入选湖北省第二批省级非物质文化遗产项目名录。

（六）应山奎面制作技艺

应山奎面，即应山魁面，又称银丝贡面，吃起来清鲜滑爽，易于消化吸收，是广水当地传统美食之一。应山奎面制作工艺，于明朝初年从四川夔县传入应山。由吴太盛（1613—1688）对其工艺进行改良，历经六代人心手相传，在不断地工艺革新和原材料更新调配中达到了一个新的高度。这跟各代做面师傅必尊师训"心诚、意正、物实、身洁"的教诲是不可分的。应山奎面在工艺制作上极为严格，面粉"拌必均，和必柔，揉必慢，搓必匀，拉必沉"，才能做出细如丝、色如银的成品空心奎面。

2011 年，广水市申报的传统面食制作技艺（应山奎面制作技艺）入选湖北省第二批省级非物质文化遗产项目名录。

（七）红安油面传统制作技艺

红安县手工油面是大别山地区特有的传统面食，迄今已有数百年的历史，由于工艺独特，尤其是对天气、温度、湿度及食盐的要求非常高，因此在民间以祖传师承的方式传承。其粗细均匀，口感筋道，易煮不糊，全部制作过程均为手工操作，俗称"一根面"，是不含任何添加剂的民间民俗美食。

2013 年，红安县申报的传统面食制作技艺（红安油面传统制作技艺）入选湖北省第四批省级非物质文化遗产项目名录。

（八）枣阳酸浆面制作技艺

酸浆面为枣阳的独特面食，起源于清朝，距今已有 100 多年的历史。据传，清朝中期枣阳琚湾一家小吃店以做面条生意为主，经常将夏秋收获的青菜放在缸内发酵变酸，留作冬天食用。一日，佐以面食的素菜用光了，店家便将酸菜水当作面食的佐汤做成酸乎乎、香喷喷的酸浆面，没想到客人食用后赞不绝口。从此之后，酸浆面逐渐成了枣阳特有的风味

枣阳酸浆面

小吃。

经几代人的不断改良、更新，加上几十种香料做出的酸浆面，酸、香、辣兼具，油而不腻，面白味美，酸鲜可口，特别是在夏天，食后具有消暑开胃之功效，堪称夏季佳品美食。

2013 年，枣阳市申报的传统面食制作技艺（枣阳酸浆面制作技艺）入选湖北省第四批省级非物质文化遗产项目名录。

三、食品糕点制作技艺

（一）武穴酥糖制作技艺

武穴酥糖产自湖北省武穴市。武穴市原名广济县，历史悠久，源远流长。相传明代万历年间，武穴镇桂花桥有一董姓孝子与母相依为命。入秋一日，母亲偶感风寒，卧床不起。董姓孝子用芝麻炒熟研末，并用院中新鲜桂花，以蔗糖浸渍，与芝麻末混拌，侍奉床前。母食数日，竟咳止康复，神清目朗，心舒气畅，犹如枯木逢春，遂传为佳话，时人称为"桂花董糖""孝母酥"。后经作坊加工，历代糕点名师不断改进，于清朝道光八年（1828 年）定名为"酥糖"。

武穴酥糖的制作原料中主要有麻屑、白糖、香条、桂花等，具有"香、甜、酥、脆"的特色，色泽麦黄，骨子多层，松脆爽口，入口即化，甜而不腻，并能治咳润肺。武穴酥糖被收入《湖北糕点》名录，曾连续多次荣获中国国际食品博览会金奖。

2009 年，武穴市申报的武穴酥糖制作技艺入选湖北省第二批省级非物质文化遗产代表性项目名录。

（二）黄石港饼制作技艺

黄石港饼是湖北驰名的特产食品，起源于清嘉庆年间大冶刘仁八镇的刘合意师傅制作的合意饼。当时大冶人到黄石港做木排生意，把合意饼带入黄石港一带，民间老百姓都喜欢食用，于是在黄石港一带开小作坊加工合意饼，取名"港饼"，黄石港饼迄今已有 200 多年的历史。

黄石港饼制作工艺独特复杂，经炒麻、碾碎、捏心、和面、擦酥坨、包酥、包心、捶饼、擀饼、摇麻、烘烤、包装等多道工序完成。食用起来酥松爽口，甜润清香，回味悠长。黄石港饼具有独特的地方风味和丰富的营养价值，成为中老年人喜欢食用的食品。同时，也是鄂东南地区民间习俗中婚嫁喜事、逢年过节、走亲访友以及从事文化经济交流等活动常用的礼品。

黄石港饼

2011年，黄石市申报的糕点制作技艺（黄石港饼制作技艺）入选湖北省第三批省级非物质文化遗产代表性项目名录。

（三）建始花坪桃片糕制作技艺

花坪桃片糕，是建始久负盛名的百年老字号产品，源于乾隆皇帝御赐浙江小吃云片糕。清嘉庆初年（1796—1820），浙江富商吴秉衡将制作技艺带入建始花坪。花坪桃片糕用料很讲究，手工工序极其复杂。选料、炒制、碾磨、露制、陈化、炖制、切片、包装到上市等13道工序要3个月以上时间才能完成，学通这门技艺，至少需要3年以上。

吴氏后代利用花坪得天独厚的条件，不断地改进和创新传统工艺，历经了200多年的锤炼，制作出来的花坪桃片糕色泽玉白，桃仁布于其间，糕片薄如纸，细润绵软，散开似纸牌，卷裹如锦帛，香甜可口，具有滋阴补气、润肺化痰之功效。

2011年，建始县申报的糕点制作技艺（建始花坪桃片糕制作技艺）入选湖北省第三批省级非物质文化遗产代表性项目名录。

（四）孝感麻糖制作技艺

孝感麻糖是湖北名特产品之一，早在元朝末年，就以名食享誉于世。八埠口是孝感麻糖的起源地，孝感当地有"一河两岸八埠口，两块麻糖一杯酒"俗语。"馋嘴婆娘"与"太监偷吃麻糖"的故事又为孝感麻糖的起源与传说披上了神秘的色彩。

孝感麻糖以芝麻、糯米为主要原料，配以桂花、金钱橘饼等，经过

12 道工艺流程、32 个环节制成，风味独特，营养丰富，有暖肺、养胃、滋肝、补肾等功效。1981 年，孝感麻糖荣获国家银质奖。

2013 年，孝感市申报的孝感麻糖制作技艺入选湖北省第四批省级非物质文化遗产代表性项目名录。

（五）汉川荷月制作技艺

汉川荷月是汉川风味独特的传统点心，约有 600 多年的历史。据清代《汉川县志》记述，白饼子（即汉川荷月）酥软香甜，相传汉川尹令奉敬朝廷，经开水冲泡，碗中点心如同层层叠叠的洁白荷花瓣，而外形又如一轮皎洁的明月。皇上品尝后，倍加赞叹，根据白饼子产于汊汊之乡的特点，赋予"荷塘月色"之意境，赐名"荷月"。

孝感麻糖

汉川荷月

汉川荷月用料考究，采用上等面粉、猪油起酥两次，内馅用麻油、青梅、桂花、橘饼、白糖做成，呈圆形空心，面凸起，周边还有匀称的皱褶，整体表面乳白细腻，色、香、味俱佳，具有开胃理气之功效。

2013 年，汉川市申报的汉川荷月制作技艺入选湖北省第四批省级非物质文化遗产代表性项目名录。

（六）曹祥泰酥京果制作技艺

曹祥泰是著名的中华老字号，曹祥泰酥京果历史悠久，深受武汉及湖北民众喜爱。清代光绪十年（1884 年），曹南山（武昌城外卓刀泉人）在武昌长街新街口（今解放路）开办一家名号为"曹祥泰"的门店，经营干货、水果等。1910 年，曹祥泰增办糕饼坊，自制中式糕点出售，品种多，质量好，颇受欢迎。

曹祥泰酥京果的主要原料是糯米和绵白糖，但其传统制作工艺独特，生产周期长达 1 年。首先，选用优质糯米放入缸中，加水浸泡，每天清晨换水，日晒夜露全凭自然发酵，约 30 天后，捞起晒干即为晒米。然后，将晒米泡水沥干，碾成细粉，水烧开加适量晒米粉，搅拌

曹祥泰酥京果

成稀糯糊状的和粉（称为冲浆），或者水烧开加适量晒米粉，搅拌成干稠状的和粉（称为勾芡），经揉团、擀片、切条后，再横切成方形小块。最后，入油锅中炸至外表色泽金黄、内部形成丝瓜瓤状的酥京果坯，蘸上糖浆，再滚上用绵白糖和熟细糯米粉拌成的糖粉即成。成品色泽雪白，外形滚圆，酥甜可口，象征着团团圆圆、甜甜蜜蜜。

2013 年，武汉市武昌区申报的糕点制作技艺（曹祥泰酥京果制作技艺）入选湖北省第四批省级非物质文化遗产代表性项目名录。

（七）扬子江传统糕点制作

扬子江传统糕点，有近百年的历史，其制作技艺秉承"古法原香，传统手工"的理念。扬子江传统糕点最具有代表性的是"小法饼""荆楚汉饼""麻烘糕""老月饼"等，系武汉特有的地道的本土发酵类烘焙糕点。

扬子江传统糕点的主要原料是面粉、糖、油、鸡蛋及各种馅料，其制作有独特的工艺：荆楚汉饼的制作需经和皮、和酥、制馅、成型四道工艺后，进行烘烤。入炉烤制，炉底温度 100℃，面火 150～200℃。麻饼在烤制中要翻两次面，使两面麻色一致。出炉冷却后包装。烤熟的荆楚汉饼形若锣弦鼓边，麻色黄亮，松酥爽口，甜润清香，顺气开胃。总之，荆楚汉饼生产工艺比较复杂，生产顺序很有讲究。月饼是扬子江传统糕点中最拿手的产品。

2016 年，武汉市武昌区申报的糕点制作技艺（扬子江传统糕点制

作）入选湖北省第五批省级非物质文化遗产项目名录。

（八）东坡饼制作技艺

东坡饼又名空心饼、千层饼，圆、黄、酥、脆，是黄冈地方风味名点，当地人一般用来招待远道而来的贵宾，或于逢年过节时作为馈赠礼品。此饼相传为苏东坡设计，并由当时的黄州安国寺长老参谬试制而成，距今已有 900 多年历史。东坡饼是用上等细面粉加水糅合成面团，摊长成细丝后做成盘龙状，用麻油煎炸，成品形态美观，有千丝万缕之势、盘龙虬绕之姿，色泽金黄，气味香甜，酥脆爽口。

2016 年，黄冈市申报的糕点制作技艺（东坡饼制作技艺）入选湖北省第五批省级非物质文化遗产项目名录。

（九）八角雪枣制作技艺

八角雪枣，又名荆门雪枣，原产于湖北省荆门市东宝区子陵铺镇八角街，是具有浓郁地方风味特色的传统糕点。雪枣，因为外形如枣，色泽雪白晶莹而得名。八角雪枣闻名遐迩，源于明代八角街的民间老艺人刘之芳。八角雪枣选料严格且工艺复杂，成品色形美观，清香甜润，酥脆爽口。

2016 年，荆门市东宝区申报的糕点制作技艺（八角雪枣制作技艺）入选湖北省第五批省级非物质文化遗产拓展项目名录。

（十）虎福瑞麻花制作技艺

虎福瑞麻花是随州市著名商标，2013 年已入评曾都区第二批非物质文化遗产保护名录。

虎福瑞蜂蜜麻花作为随州一项传统的民间技艺，属百年传承的地方名吃，从乾隆末年第一代传人傅朝阳传承至今，已有 200 多年的历史，至傅红兰已是第六代，她的儿子杨欢是第七代传人。

虎福瑞麻花的特点是，麻花盈寸，精致小巧，成品麻花呈金黄色，裹有蜂蜜和黑芝麻，口感甜而不腻，香酥可口，回味无穷。

2019 年，虎福瑞麻花制作技艺入选湖北省第六批省级非物质文化遗产项目名录。

四、酱菜酱油豆豉酿制技艺

（一）襄阳大头菜腌制技艺

襄阳大头菜是中国四大名腌菜之一，据《中国风物志》记载，为诸葛亮隐居襄阳隆中时所创，民间素有诸葛菜、孔明菜之美称。襄阳大头菜，有强烈的芥辣味，又称为芥菜。叶、根均可食用，其根部如同萝卜，形如小孩大头脸状，所以称之为"大头菜"。腌制后的大头菜呈黄褐色，甘咸适中，质地脆嫩，味道鲜美，常食之有健胃增食欲之效，具有独特的地方风味和历史意义。

据《襄阳志》记载，大头菜流传的传统腌制技艺主要有两种：五香大头菜和普通大头菜。其腌制工艺具有"三腌五卤六晒一封缸"的流程，加工后的大头菜只有原重量的四成左右，存放越久味越香。

2009 年，襄樊市襄阳区申报的襄阳大头菜腌制技艺入选湖北省第二批省级非物质文化遗产代表性项目名录。

（二）远安冲菜制作技艺

远安冲菜，又名宠菜，是远安地方特色时令小菜肴，具有"好看（黄绿相间，鲜嫩悦目）、好吃（清脆爽口，酸咸适度）、好闻（香气扑鼻，暗藏冲劲）"三大特色。

远安冲菜的制作为全手工制作。主要原料是腊菜（又名青菜）。每年霜降之后，将青腊菜整棵砍回，劈成两半，晾蔫后去除老叶洗净切碎，入沸水中打个翻身，迅速捞起放入盆内，拌上早已准备好的盐、辣椒面、姜末、香油、味精等调味品，旋即趁热装入陶罐等容器中，将罐口用大青菜叶或塑料膜封严，盖上盖子，次日即可开罐食用。

2011 年，远安县申报的酱菜制作技艺（远安冲菜制作技艺）入选湖北省第二批省级非物质文化遗产项目名录。

（三）杨芳酱油豆豉酿制技艺

通山县杨芳林乡的酱油豆豉酿制技艺，是楚吴地区民间酱油豆豉酿制技艺的结晶，也对该地区酱油豆豉传统酿制工艺的传承和制酱业的振兴发挥着积极的作用。

杨芳林乡酿制酱油豆豉业起源于民间，据考证，魏晋时期就开始生产，至清代晚期达到鼎盛，在清乾隆年间曾作为贡品进献朝廷。杨芳酱油豆豉选用杨芳林乡独特名产牛肝豆为原料，取用杨芳林乡龙岩山溪泉水，依据北魏时贾思勰在《齐民要术》卷八中所介绍的酿造方法和传统秘方，经过选豆、浸泡、蒸煮、露晾、温室发酵、冷水洗黄、翻晒等多道工序酿制而成。杨芳酱油豆豉是杨芳林乡著名特产，所取原料牛肝豆只有在杨芳林乡才能生长，由于气候、水质和土壤的关系，邻近的地方都生长不好。

2011年，通山县申报的豆豉酿制技艺（杨芳酱油豆豉酿制技艺）入选湖北省第三批省级非物质文化遗产代表性项目名录。

（四）凤头姜制作技艺

凤头姜，因其形似凤头而得名，主产湖北省恩施土家族苗族自治州来凤县，品质优良，风味独特，鲜子姜无筋脆嫩，富硒多汁，辛辣适中，美味可口。凤头姜在来凤具有500余年的种植加工历史，产量居湖北省之首。来凤县凤头生姜品质独特，具有"皮薄色鲜，富硒多汁，纤维化程度低，营养丰富，风味醇美"等特点。

凤头姜常见的制作方法有两种：一是洗净去皮后与红辣椒、大蒜等一起泡制成咸菜；二是将凤头姜切成片，拌适量的糟辣椒、食盐等佐料，入瓮几日后食用。

2013年，来凤县申报的酱菜制作技艺（凤头姜制作技艺）入选湖北省第四批非物质文化遗产项目名录。

（五）潜江传统酱品制作技艺

《潜江县志》（卷十六）记载："清道光末年潜江城关关厢门有吴长茂酱园以老字号面市，以酱芥菜、酱火腿、酱牛肉、花椒腐乳远近闻名。"历经100多年沧桑，演绎成就了今湖北尝香思食品有限公司。尝香思酱品分为发酵性和非发酵性两大系列，共有38个品种，以香辣牛肉酱为代表，集中反映了其酱品生产的工艺特征：一是原料选自于绿色农产品种植基地和优质畜牧品养殖基地；二是采用优秀的传统酿造方法，生产出既是独立的产品又是配方辅料的发酵性品种，以秘制工艺合成"酱母"，繁衍出风味别致的非发酵性酱品；三是以熬制、泡制、腌制多种方式，经 30 多道工序制成色、香、味、形俱全的系列产品。

2013 年，潜江市申报的酱菜制作技艺（潜江传统酱品制作技艺）入选湖北省第四批省级非物质文化遗产项目名录。

（六）黄滩酱油制作工艺

黄滩酱油是应城市黄滩镇的特产，经过选料→洗净→浸泡→沥干→蒸料→摊凉→接种→拌面粉→通风制曲→成曲→晒霉→加盐水下缸→晒露发酵→翻醅→抽滤→晒露浓缩→加热灭菌→成品酱油等十多道复杂工艺酿制而成。

黄滩酱油具有汁浓、香醇、味鲜、耐储、有光泽、无沉淀等特点，营养丰富，氨基酸含量高，口味醇厚芳香，是炒、凉拌或卤制菜肴的上等调料。《光绪应城志》记载，早在清乾隆年间，黄滩酱油就被钦定为朝廷贡品。1958 年，周恩来总理把黄滩酱油作为礼物馈赠给朝鲜金日成主席。1985 年，黄滩酱油荣获湖北省优质产品称号。1988 年，荣获首届中国食品博览会铜奖。1990 年，荣获消费者满意杯金奖。1995 年，荣获首届中国国际食品博览会金奖。1996 年，在湖北工业精品名牌消费品展销会上荣获金奖。

2013 年，应城市申报的豆豉酿制技艺（黄滩酱油制作工艺）入选湖北省第四批省级非物质文化遗产项目名录。

（七）白花菜制作技艺

京山白花菜是一种具有悠久历史的地方名片型特产美食。早在盛唐时期，白花菜因风味独特而成为朝廷贡品。白花菜的食用方式主要是腌制食用，经过腌制后的白花菜散发出一种独特的香气，熟制后别具风味。白花菜传统腌制工艺至今已有 1300 多年历史，采用手工制作，产品色泽鲜亮，口感细腻，滋味浓香。现在，采用传统工艺与口味创新相结合加工而成的京山白花菜速食产品，在腌制的白花菜中拌入了天然晒酱、鲜肉、虾米、银鱼等食材，开袋即食，白花菜独特的风味价值得到更好的利用和发挥。

2016 年，京山县申报的酱菜制作技艺（白花菜制作技艺）入选湖北省第五批省级非物质文化遗产项目名录。

五、豆制品制作技艺

（一）利川柏杨豆干制作技艺

利川柏杨豆干，是湖北省利川市柏杨镇的一种地方特色风味食品，因产于利川市柏杨镇柏杨村而得名。柏杨豆干色泽金黄，滋味绵醇，质地细腻，无论生食还是热炒，五香还是麻辣，均有沁人心脾、回味无穷之感。

明清时期，在利川柏杨集镇一带就开始生产豆干，其中尤以柏杨沈记豆干作坊生产的豆干最为有名，并被当地官员列为朝廷贡品，深受朝廷皇族们的喜爱，康熙皇帝还曾给柏杨沈记豆干作坊亲笔御赐"深山奇食"金匾。

柏杨豆干主要以优质地产高山大豆、龙洞湾泉水和若干种天然香料为原料，经过水洗、浸泡、碾磨、过滤、滚浆、烧煮、包扎、压榨、烘烤、卤制、密封等十几道独特工序加工而成。在整个制作过程中，不用石膏及其他任何化学品。

2011 年，利川市申报的豆制品制作技艺（利川柏杨豆干制作技艺）入选湖北省第三批省级非物质文化遗产代表性项目名录。

（二）巴东五香豆干制作技艺

巴东五香豆干起源于清代后期，是由一个叫朱天襄的人发明的，距今已有 100 多年历史。

巴东五香豆干的制作技艺独特，选料讲究，精工卤制，颜色深黄，质细坚韧，五味俱全，食之回味无穷，被称之为"巴东美食名片"。巴东五香豆干生产工艺尤其讲究，泡料、磨浆、煮浆、过滤、点浆、压榨、漂煮、点卤、卤煮等，各道工序都独辟蹊径。

2011 年，巴东县申报的豆制品制作技艺（巴东五香豆干制作技艺）入选湖北省第三批省级非物质文化遗产代表性项目名录。

（三）石牌豆制品制作技艺

钟祥自古以来盛产黄豆，也有加工食用豆制品的悠久历史，自汉唐以来就享有盛誉，钟祥市石牌镇是全国闻名的豆腐之乡。石牌豆制品自明清起即享誉大江南北，是老少皆宜的健康长寿食品。目前，石牌镇有 2.8 万人在全国各地，以及新加坡、泰国、俄罗斯等国家从事豆制品加工业。

2013 年，钟祥市申报的豆制品制作技艺（石牌豆制品制作技艺）入选湖北省第四批省级非物质文化遗产项目名录。

（四）蒋场干子制作技艺

蒋场干子产自湖北省天门市蒋场镇，是当地有名的地方特产，也叫蒋场香干。因其独特的制作工艺和极其美味的口感，深受当地人民的喜爱。和其他豆制品一样，都有浸豆、磨浆、烧浆、点浆、包货、压制等项工序，除此之外，蒋场干子还有与众不同的后续三道工序。其一谓之"短水"，把压制成型的干子放入水中煮开，去除干子的豆腥味，也使成品更加柔韧筋道。其二谓之"过卤"，短水后的干子，继而下到秘制的卤汤里沐浴，以增强干子的纯正香醇。其三谓之"摊晾"，出浴后的干子，要迅速摊晾于竹芦秆编织的席子上，使之自然冷却固形，从而达到保质的效果。

2013 年，天门市申报的豆制品制作技艺（蒋场干子制作技艺）入选湖北省第四批省级非物质文化遗产项目名录。

六、蛋品制作技艺

（一）松花皮蛋制作技艺

皮蛋是我国传统的风味蛋品，生产历史悠久，早在 1600 年前的北魏时期，贾思勰的《齐民要术》就有相关记载。明清时期，德安府所在的安陆是鄂中一带的皮蛋产销中心。安陆地处丘陵山地与江汉平原交汇地带，悠悠涢水纵贯南北，溪流塘堰星罗棋布，自古以来民间就有养鸭习惯。农家为使富余的鸭蛋保存较长时间，不断摸索既可长期保鲜、又可提高经济价值的皮蛋制作技艺。数百年来，安陆松花皮蛋享誉一方。现在，安陆更是全国最大的蛋品加工基地。湖北神丹健康食品公司传承和发掘安陆流传已久的松花皮蛋生产技艺，不断改进和优化生产配方与生产工艺，生产的无铅皮蛋输往 20 多个国家及地区。

2013 年，安陆市申报的松花皮蛋制作技艺入选湖北省第四批省级非物质文化遗产代表性项目名录。

（二）沙湖盐蛋制作技艺

沙湖盐蛋是湖北仙桃市沙湖镇的传统名菜。在沙湖镇周围，水中有一种水草叫麦黄角，活虾喜栖于角中，鸭子寻食连角带虾吞食后，所产鸭蛋的蛋黄呈红色，腌制的盐蛋如打破后将蛋黄蛋清置于白色瓷碗中，则见蛋黄像一朵色泽艳红的花朵，十分美观。如将盐蛋煮熟食用，则见蛋白极白，蛋黄艳红带油，有"蛋白如凝脂白玉，蛋黄似红橘流丹"之说。沙湖盐蛋以沙湖鸭蛋为主料，以泥土、清水、食盐为配料制作而成，一般蛋盐比为 100 只鸭蛋 500 克食盐。将泥土加适量清水和成稀糊状，取鸭蛋裹上泥糊，两头蘸上少许食盐，放入坛中封口，半月即成盐蛋。

2016 年，仙桃市申报的盐蛋制作技艺（沙湖盐蛋制作技艺）获得湖北省第五批省级非物质文化遗产代表性项目名录。

第二节　酒醋油类非物质文化遗产

一、蒸馏酒传统酿造技艺

（一）白云边酒传统酿造工艺

白云边出产于湖北松滋市。公元 759 年，唐代大诗人李白秋游洞庭，乘流北上，夜泊湖口（今湖北松滋市境内），借湖光月色，举杯吟诗："南湖秋水夜无烟，耐可乘流直上天。且就洞庭赊月色，将船买酒白云边。"美酒绝句相得益彰，白云边酒由此得名。

白云边酒生产工艺创造性地结合了浓香型白酒混蒸续渣、窖泥发酵的工艺特点和酱香型白酒高温制曲、高温堆积的工艺特点，形成了浓酱兼香型白酒独特的生产工艺，使白云边酒以其"芳香优雅，酱浓协调，绵厚甜爽，圆润怡长"的独特风格成为全国浓酱兼香型白酒的典型代表。

2011 年，松滋市申报的白云边酒传统酿造工艺入选湖北省第三批省级非物质文化遗产代表性项目名录。

（二）园林青酿酒技艺

园林青酒产于湖北潜江，园林青酒业从民间槽坊起步发展至今，已有百年以上历史。园林青酒包括露酒和保健酒系列，是以高粱为原料，采用传统地缸发酵、清蒸清烧的清香型白酒为酒基，选用当归、砂仁、丁香、檀香、竹叶等十余味名贵中药调配而成。曹禺先生曾为之亲笔题词"万里故乡酒，美哉园林青"。园林青原酒是湖北清香型酒类的代表，其露酒、保健酒汲取代传的工艺精华与众家之长，从而形成了自身的品牌特色。

2013 年，潜江市申报的园林清酿酒工艺入选湖北省第四批省非物质文化遗产项目名录。

（三）三峡老窖酒传统酿造技艺

三峡老窖酒用富含硒元素的响水洞泉水，加上当地富硒五谷酿造而成，有极高的营养价值。再加上海拔 1200 米高山洞藏的独有自然环境，更让三峡窖酒具有"清香纯正，醇甜柔和，自然清冽，谐调甘滑，余味爽净"的独特风格和"饮后不上头也不口渴"的特点。

2013 年，巴东县申报的三峡老窖酒传统酿造技艺入选湖北省第四批省级非物质文化遗产项目名录。

（四）枝江酒酿造技艺

枝江酒业股份有限公司成立于 1998 年，由创办于清代嘉庆二十二年（1817 年）的"谦泰吉"槽坊演变而来，是湖北最大的白酒生产企业之一，有 200 余年酿造白酒的悠久历史。枝江酒具有浓香型白酒"芳香爽口，绵软甘冽，香味协调，柔和纯净"的显著特点和"窖香浓郁，尾净余长"的独特风格。2011 年，"枝江"注册商标被商务部认定为"中华老字号"。

2016 年，枝江市申报的枝江酒酿造技艺入选湖北省第五批省级非物质文化遗产项目名录。

（五）石花酒传统酿造技艺

千年古镇石花是中国有名的酒乡，它因石花美酒而闻名遐迩，石花美酒也因古镇而名播中华大地。湖北省石花酿酒股份有限公司坐落于谷城县石花镇杨溪湾村，它是湖北省"老字号"企业，"石花"商标被国家工商总局认定为"中国驰名商标"。

清朝同治九年（1870 年），江西盐商黄兴廷在石花街创立"黄公顺酒馆"，用传统工艺酿酒，距今有 148 年的历史。如今，石花酒已经形成系列产品：旗帜产品霸王醉酒凭"上好原酒、二十年窖藏、原汁灌装"三大特点和 70 度的极致口感，曾荣获"第三届中国厦门国际食品博览会金奖"，有"中国高度、世界品味"的美誉；石花三品酒得到消费者普遍喜爱，是石花品级系列酒的代表，引领了市场对白酒口感和饮后舒适度的要求，即"醉得慢，醒得快"；石花生态三香酒融合浓、清、酱工艺之精华，酿成三香共生共融的和谐生态三香健康型白酒，石花酒业既是中国三香型白酒的开创者，也是三香型白酒的标准制定者。

石花酒传统酿酒工艺具有不可模仿的独特性质，历史遗产价值十分巨大。在原料选配上以高粱为主要原料、集五谷之精华而成，以独有的配方与工艺，使酒体清香味觉物质特别丰富。生产工艺特点为：多粮原料；高温润糁；蒸煮糊化熟而不黏，内无生心；撒曲有自己的独特配方；堆积入地缸发酵；出缸蒸馏，有"缓汽蒸馏，大汽追尾"之说；量质摘酒，主要是看花取酒。整个过程可归结为"地缸固态发酵，一清二次清"的生产工艺。其中的霸王醉酒作为酒中极品，清芬香气，口感醇厚，极富营养，具有极高的饮用价值，厚重的历史渊源和独有的生产工艺，更具有宝贵的历史文化价值。

2014 年 6 月，石花霸王醉酒荣膺联合国环境规划基金会等机构颁发的"绿色中国·2014 环保成就奖——杰出绿色健康食品奖"。2016 年 10 月，荣获中国质量监督检验检疫总局颁发的《生态原产地产品保护证书》，是湖北省首家获此殊荣的白酒企业。

2019 年，谷城县申报的石花酒传统酿造技艺入选湖北省第六批省级非物质文化遗产项目名录。

二、米酒制作技艺

（一）孝感米酒制作技艺

孝感米酒是湖北省的传统地方风味小吃，源于宋代，成名于明代，具有千年历史。孝感米酒白如玉液，清香袭人，甜润爽口，浓而不黏，稀而不流，食后生津暖胃，回味深长。1958 年，毛泽东主席亲临孝感视察工作时，品尝了孝感米酒后称赞"味好酒美"。从此，孝感米酒闻名全国。

2013 年，孝感市孝南区申报的孝感米酒制作技艺入选湖北省第四批省级非物质文化遗产代表性项目名录。

（二）房县黄酒制作技艺

房县黄酒历史悠久，早在西周时期（公元前 827 年）已成为"封疆御酒"。

房县黄酒兴盛于唐代。武则天废中宗李显，贬为庐陵王，流放于房陵。李显登基后，封房县黄酒为"黄帝御酒"，故又称"皇酒"。

房县黄酒酒体乳白色或淡黄色，清澄爽净，酒味甘醇绵长，酸甜可口，米香浓郁，酒性温和，喝不赘头。房县黄酒含有多种氨基酸、维生素及微量元素，具有通经养颜、舒筋活血、提神御寒、强身健体功效。

2013 年，房县申报的房县黄酒制作技艺入选湖北省第四批省级非物质文化遗产代表性项目名录。

（三）麻城东山老米酒酿造技艺

麻城老米酒主要产于麻城市东部山区的木子店、东西城等地，因而又叫东山老米酒，其酒色泽清亮，味道醇甜，质浓而不伤脾胃，含有多种氨基酸和维生素，具有健脾胃、舒筋络、消痛化瘀的功能，享有"神仙汤"之誉。

2013年，麻城市申报的麻城东山老米酒酿造技艺入选湖北省第四批省级非物质文化遗产代表性项目名录。

（四）枣阳黄酒制作技艺

枣阳黄酒历史悠久，尤以枣阳鹿头镇自酿黄酒为代表，是枣阳地区最富乡土气息的土特产品之一，因其发酵时将酒母窖藏于地下密封，故称"地封"，也叫"见风倒"。枣阳黄酒色泽黄亮，酒性温和，醇厚柔和，绵甜可口，营养丰富。

枣阳鹿头黄酒

2016年，枣阳市申报的枣阳黄酒制作技艺入选湖北省第五批省级非物质文化遗产扩展项目名录。

三、酿醋技艺

主要介绍李长茂香醋酿造技艺。

李长茂香醋是传统酿造米醋，在全国诸多醋品中它别具一格，色、香、酸、甜、醇俱全。制作技艺与山西及镇江不同处在于以糖制醋，因此与其他醋品相比有独特的饴糖味，独树一帜。因用水不同，有雪蜂醋和净水醋两种。

总体制作工艺分制糖、制曲、发酵、陈贮四大流程，大小60多道工序。其制作技艺继承于晚清及民国时期的"恒生乾"香醋老字号，品质优良，久享盛誉。成醋及醋胆有滋阴、开胃润肠、解毒解酒功效。其色泽呈琥珀色，清澈透明，醋香浓郁，口感酸甜，久不变质，愈存愈醇。

2020 年，天门市申报的李长茂香醋酿造技艺入选湖北省第六批省级非物质文化遗产项目名录。

四、榨 油 技 艺

主要介绍郧阳榨油技艺。

湖北省十堰市郧阳区地处鄂、豫、陕交汇处的秦巴山南麓，位于南水北调中线工程核心水源区域内。郧阳土地肥沃，非常适宜种植芝麻、黄豆、油菜、花生等农作物，为郧阳传统木榨油坊提供优质的原材料，使郧阳曾聚集着大量的传统木榨油坊，榨油技艺在这里得到广为传承利

郧阳榨油技艺

用。所以，郧阳有"油乡"的美称。传统的木榨榨油选用的是天然、无污染的优质油籽、玉米、花生、芝麻、核桃、橄榄、茶籽等油料作物作为原材料，不添加化学制剂或抗氧化剂，经过手风车除杂、炒锅煸香、上槽碾末、包饼进榨、木槌榨压、沉淀沥油、存放等多种传统的木榨榨油技艺和环节，经过人工撞（锤）榨而成。传统的木榨油清亮红润、古木留香、香味醇厚、食用健康。油中含有低芥酸、低硫苷以及多种氨基酸等丰富的营养成分，可以满足消费者追求返璞归真、崇尚自然的生活情趣和需求。

"郧阳榨油技艺"经过千年的传承、利用并在长期的实践中得到发展，逐步形成了具有地方特色的纯手工制作芝麻油的技艺，使"郧阳榨油技艺"在郧阳一带流传久远并盛行不衰。改革开放后，各地油坊转为个体承包经营。虽然随着科学技术进步和现代化生产方式的发展，传统

的人工木榨油技艺逐步被现代化技术、机械化生产所取代，但是"郧阳榨油技艺"却仍然在传承。湖北省十堰市郧阳汉江河谷的谭家湾镇十方院村的刘权家族至今仍然还完整地保留着北魏时期使用传统的撞（锤）榨油技艺生产木榨食用油的工艺。他们家木榨油坊生产规模较大，生产的香油油味纯、香味浓、口感好、无异味、耐贮藏。在注重环保健康、追求绿色消费的环境中，他们采用"郧阳榨油技艺"，生产的系列传统木榨食用油供不应求，成为烹饪和馈赠亲朋好友的上等佳品。"老郧阳木榨坊"牌木榨油，于2015年经国家绿办检测鉴定，评定为一级食用油，并荣获"第十二届中国（武汉）农业博览会金奖""第二十四届中国食品博览会金奖"。

2016年，郧阳榨油技艺入选湖北省第五批省级非物质文化遗产代表性项目名录。

第三节　茶叶类非物质文化遗产

一、绿茶制作技艺

（一）武当道茶炒制技艺

武当道茶，产于道教名山武当太和山，亦名太和茶。武当道茶主要以绿茶为主，还有黑茶、乌龙茶、红茶、茶食品、茶工艺品、茶叶提取物七大系列100多个产品。绿茶和红茶鲜叶采摘都要求新鲜、细嫩、匀净，武当道茶红茶揉捻的加压要比绿茶重，要求多次揉捻充分，时间较长。武当道茶具有"形美、香高、味醇，品质上乘，底蕴深厚"。

2009年，十堰市武当山旅游经济特区申报的武当道茶炒制技艺入选湖北省第二批省级非物质文化遗产代表性项目名录。

（二）五峰采花毛尖茶制作技艺

采花毛尖产于宜昌市五峰土家族自治县，产自这里的茶叶以香清、汤碧、味醇、汁浓而著称。

五峰采花毛尖外形细秀匀直，长短均衡，形如新月，色泽绿润，白毫披身，内质香高持久，滋味鲜醇回甘。

2009年，五峰土家族自治县申报的五峰采花毛尖茶制作技艺入选湖北省第二批省级非物质文化遗产代表性项目名录。

（三）仙人掌茶制作技艺

仙人掌茶产于湖北当阳境内的玉泉山地区，又名玉泉仙人掌茶。据《全唐诗》、《当阳县志》及《玉泉寺志》记载，仙人掌茶始创于唐代玉泉寺（创制人是玉泉寺的中孚禅师），至今已有1200多年的历史。仙人掌茶含有多种氨基酸、维生素和微量元素，营养丰富。

玉泉仙人掌茶外形扁平似掌，色泽翠绿，白毫披露；冲泡之后，芽叶舒展，嫩绿纯净，似朵朵莲花挺立水中，汤色嫩绿，清澈明亮；清香雅淡，沁人肺腑，滋味鲜醇爽口。初啜清淡，回味甘甜，继之醇厚鲜爽，弥留于齿颊之间，令人心旷神怡，回味隽永。

2011年，当阳市申报的玉泉仙人掌茶制作技艺入选湖北省第三批省级非物质文化遗产代表性项目名录。

（四）恩施玉露制作技艺

恩施玉露产于湖北恩施市芭蕉乡及东郊五峰山，号称湖北"第一历史名茶"，是中国国家地理标志产品，为湖北恩施"四大名片"之一。

恩施玉露蒸青工艺道法陆羽《茶经》，自唐时即有"施南方茶"的记载。

恩施玉露外形条索紧圆光滑，纤细挺直如针，色泽苍翠绿润。经沸水冲泡，芽叶复展如生，初时亭亭地悬浮杯中，继而沉降杯底，平伏完整；汤色嫩绿明亮如玉露，香气清爽，滋味醇和。观其外形，赏心悦目；饮其茶汤，沁人心脾。

2011年，恩施市申报的恩施玉露制作技艺入选湖北省第三批省级非物质文化遗产代表性项目名录。

2014年，恩施玉露制作技艺入选第四批国家级非物质文化遗产代表性项目名录。

（五）宣恩伍家台贡茶制作技艺

伍家台贡茶产于湖北省宣恩县伍家台，久负盛名。据传早在清朝，曾作为贡品献给乾隆皇帝，皇帝品后大悦，下旨御赐"皇恩宠赐"牌匾。

宣恩伍家台贡茶条索紧细圆滑，挺直如松针；色泽苍翠润绿，外形白毫显露，完整匀净，茶汤嫩绿明亮，清香味爽，滋味鲜醇，叶底嫩绿匀整。

2011年，宣恩县申报的宣恩伍家台贡茶制作技艺入选湖北省第三批省级非物质文化遗产代表性项目名录。

（六）栾师傅制茶技艺

手工制茶是纯粹依靠传统手工技艺和制作工艺而加工制作的茶叶成品。"栾师傅"传统手工"绿茶制作技艺"是三峡地区茶农一代又一代不断探索而传承的技艺精华，从鲜叶采摘、遮阴、摊凉、炒制火候的掌握，揉捻的手法，到香茗的烘焙，是劳动人民智慧的结晶。

2016年，宜昌市夷陵区申报的栾师傅制茶技艺入选湖北省第五批省级非物质文化遗产代表性项目名录。

（七）团黄贡茶制作技艺

团黄贡茶始于唐代，英山产的"团黄"与"蕲门"以及霍山产的"黄芽"并称"淮南三茗"，被列为贡品运往京都长安。

团黄贡茶栗香浓郁，条索紧秀，绿润洁净，醇厚温和，耐冲泡。

2016年，英山县申报的团黄贡茶制作技艺入选湖北省第五批省级非物质文化遗产代表性项目名录。

二、黑茶制作技艺

（一）赵李桥砖茶制作技艺

赵李桥砖茶始于晋、盛于唐、兴于明清，历史悠久。

赵李桥砖茶外形多为长方砖形，色泽青褐，香气纯正，滋味醇和，汤色橙红，叶底暗褐。饮用青砖茶，除生津解渴外，还具有提神、助消化等功效。

2013 年，赤壁市申报的赵李桥砖茶制作技艺入选湖北省第四批省级非物质文化遗产代表性项目名录。2014 年，赵李桥砖茶制作技艺入选第四批国家级非物质文化遗产代表性项目名录。

（二）长盛川青砖茶制作技艺

长盛川青砖茶制作技艺是湖北何氏家族世代传承下来的传统制茶技艺，始创于明洪武年间，创始人为何氏先祖何德海，后于 1791 年开设长盛川砖茶厂，专事青砖茶的制作，至今已有 650 年历史，堪称青砖鼻祖。该茶色泽青褐，香气纯正，汤色橙红清亮，浓酽馨香，回甘隽永，具有生津解渴、清新提神、帮助消化等功效。

2016 年，宜昌市伍家岗区申报的长盛川青砖茶制作技艺入选湖北省第五批省级非物质文化遗产代表性项目名录。

三、红茶和黄茶制作技艺

（一）杨芳林瑶山红茶制作技艺

咸宁通山杨芳林乡种植茶叶有近 1300 年历史，清《康熙通志》云："茶出通山者上，……而杨芳林茶为最。"

杨芳林瑶山红茶口感绵甜，花香浓郁，滋味醇厚，汤色红亮。

2016 年，通山县申报的杨芳林瑶山红茶制作技艺入选湖北省第五批省级非物质文化遗产代表性项目名录。

（二）远安鹿苑黄茶制作技艺

远安鹿苑茶，芬芳馥郁，滋味醇厚，品质独具风格，是楚茶中为数不多的黄茶类精品，因产于湖北省远安县鹿苑寺（位于远安县城西北群山之中的云门山麓）而得名。在清代乾隆年间，远安鹿苑茶被选为贡茶。远安鹿苑毛尖，外形条索环状，白毫显露，色泽金黄，香郁高长，冲泡后汤色黄净明亮，滋味醇厚回甘，叶底嫩黄匀整。

2009 年，远安县申报的远安鹿苑茶制作技艺入选湖北省第二批省级非物质文化遗产代表性项目名录。

（三）宜昌宜红茶制作技艺、五峰宜红茶制作技艺、利川红茶制作技艺、鹤峰宜红茶制作技艺、宜都宜红茶制作技艺

宜昌红茶称宜红，又称宜昌工夫茶，是我国主要工夫红茶品种之一。历史上因由宜昌集散、加工、出口而得名。

宜昌出好茶，但最先让宜昌茶叶享誉海内外的，却恰恰不是现在宜昌人平常爱喝的绿茶，而是一种适合欧洲人的饮茶口味，且制作起来颇费工夫的出口红茶。

1886 年前后系宜红出口的最盛期，每年输出量达 15 万担左右。主销英国、俄国及西欧等国家和地区，品质稳定，声誉极高。

宜昌红茶产于鄂西宜昌、恩施地区，这里崇山峻岭，森林茂密，河流纵横，气候温和，雨量充沛，适宜茶树生长。

宜红工夫茶外形条索紧结秀丽，色泽乌润显毫，叶底红亮柔软；汤色红艳透明，香气清鲜纯正，滋味鲜爽醇甜。

2019 年，萧氏茶业集团有限公司、五峰土家族苗族自治县文化馆、利川市茶产业协会、恩施齐天农业开发公司、湖北省茶业集团股份有限公司、宜都市文化馆申报的红茶制作技艺入选湖北省第六批省级非物质文化遗产代表性项目名录。

第十三章　荆楚饮食老字号

老字号是中华优秀传统文化的一部分，其字号本身就是宝贵的无形资产。然而，由于种种原因，在现代市场经济的冲击下，许多老字号经营萎缩、境地困顿，基业无法长青，老字号的生存与发展备受世人瞩目。我们应该认识到，一个城市的文化遗产元素，也是这个城市的经济因素。今天，城市与城市之间的竞争不仅是经济的竞争，更是文化的竞争。在一个国际交流日益频繁，多元文化相互激荡的时代，文化所具有的软实力功能势必成为区域竞争的丰厚底蕴，而文化遗产正成为我们站在前人肩上继续迈进的基石，让我们探寻这些老字号成功的足迹，获取创新经济的灵感。

第一节　湖北饮食老字号的起源与发展

一、何谓老字号

字和号本来最早是用在人的名以外的称呼，对人名的一种补充和人特征的描述。后来店家为了突出自己商铺的特色和声望，以示与别家的区别，也把字号用于商铺的名称或招牌。北宋魏泰的《东轩笔录》中就有"京师置杂物务，买内所须之物。而内东门复有字号，径下诸行市物，以供禁中"的记载。这里所言"字号"，是专为皇宫采办生活日用品的机构。以后引申为商业店铺的名号，再往后，凡是从事工商贸易、金融服务的店、铺、行、栈，其招牌名号都谓之字号。而老字号则指那些创业有年、声名卓著、饮誉久远的商店、行栈、钱庄、票号、酒楼、客栈、公司、场铺，以及一些驰名的商标与品牌。

商务部《"中华老字号"认定规范》中对于"老字号"的定义为"历史悠久，拥有世代传承的产品、技艺或服务，具有鲜明的中华民族传统文化背景和深厚的文化底蕴，取得社会广泛认同，形成良好信誉的品牌。"《商务部文化部关于加强老字号非物质文化遗产保护工作的通知》中这样为老字号定位："老字号作为我国传统商业文化遗产的重要载体，广泛分布在餐饮、零售、食品、医药、居民服务等众多行业，其拥有的专有品牌、传统技艺、经营理念和文化内涵，不仅是我国优秀商业文化的集中体现，也是非物质文化遗产的组成部分。"老字号同其他非物质文化遗产一样，是我们历代先民在生产和生活实践中直接创造并世代延传而积淀下来的宝贵财富，不仅真切地体现着我们民族的精神和智慧特征，而且深刻地寄托着中华民族在漫长的历史进程中逐步形成的价值观念和审美理想，沉淀着中华民族的思想文化基因，体现了中华民族丰富蓬勃的文化创造力。

根据商务部上述文件对老字号的认定办法，湖北省商务厅颁布的《"湖北老字号"认定办法》规定"湖北老字号"的认定必须具备以下条件：湖北省内拥有商标所有权或使用权，且无权属争议；品牌创立 50 年以上（含 50 年）；传承的独特产品、技艺或服务；具有深厚的中华传统文化底蕴和鲜明的湖北地域文化特征，具有一定的市场知名度和良好信誉，得到广泛社会认同；经营状况良好，且具有较强的可持续发展能力。

二、历史变迁中的湖北老字号

老字号不仅是公认的优良品牌的同义词，更是被视为传承传统文化的重要载体。北京、上海、重庆、天津、浙江、江苏、广东等地，均分布有众多的老字号。

老字号与百姓生活息息相关，曾经占据着市镇经济的重要的位置，旧时为当地经济提供了巨大的贡献，它们见证了城市的繁华与变迁，与城市的历史文化融为一部分。湖北现存的老字号主要涉及餐饮、食品、医药、服务等 15 个行业，多为民国时期始建，早的可追溯至明清时期。其发展大致经历形成与发展时期、转型与衰退时期、保护与振兴时期。湖北的老字号主要集中在武汉，并以餐饮业居多，武汉老字号在一定程度上也是湖北老字号的代表与缩影。

（一）形成与发展时期（明清至民国）

湖北省位于中国中部，长江中游，长江、汉水从境内穿过，水陆交通网络四通八达。明清时期的湖北境内，长江、汉水沿线码头林立、市镇密集，货运往来不绝，上下游沿线省份商人纷纷来鄂贸易往来。北部襄阳、南部的荆州、东部的武昌与汉阳等地都是湖北传统的区域经济中心，明代中后期汉口迅速兴起，后来居上，明末清初汉口已成为天下四大之一的商业名镇，商贸繁盛，被誉为"楚中第一盛处"。自古就是"三楚名镇"的沙市，至明末时"列巷九十九条，每行占一巷。舟车辐辏，繁盛甲宇内"，清末开放为通商口岸后，逐渐成为湖北省仅次于汉口的商业城市。处于长江中游的宜昌，"上控巴蜀，下引荆襄"，有"川楚咽喉"之称，至 19 世纪中叶准许川盐行楚之后，城外的江面上"帆樯如林，首尾相接，蔚为壮观"，晚清被辟为对外通商口岸以后，更是一跃成为长江航线上重要的转运商埠和商业城市。此外，老河口、钟祥、武穴、团风、鄂州、蕲州、随州等地也是重要的商品集散地。湖北的棉花与棉布、茶叶、粮食、药材、木材等销往外省，同时两淮与四川的食盐、江浙的纺织品、湘赣云贵黔的茶叶、陕甘晋豫的牛羊皮、川贵湘黔的竹木等大宗商品都进入湖北。此外，闽粤的日杂百货、京苏的鞋靴、广东的铁器以及湖笔徽墨等全国各地的精品名牌也纷然杂陈于湖北各大商业市镇。繁荣的商业活动孕育了大量知名的"字号"，湖北现存最早的老字号就产生于明代，而创立于清朝后期至民国时期的老字号尤多。

尤其是汉口，汉水两岸码头林立，江汉之滨舳舻相连，形成了"十里帆樯依市立，万家灯火彻夜明""人烟数十里，贾户数千家"的壮观景象，云、贵、川、湘、桂、陕、豫、赣之货皆于此转输。河街、汉正街、夹街、堤街一带密集分布着各种商号、行栈、店铺，"街名一半店名呼"，这里成为商贾辐辏、五方杂处的繁盛之区。那些分布于其间的场、坊、店、铺、庄、号、行、栈纷纷依托汉口大市场，风云际会，乘势而上，其中一些卓异俊秀者一跃而成为贸迁四方的巨贾大商。我们所熟知的老字号于是兴焉。叶开泰成为全国著名的四大中药店之一，谦祥益发展成购货于海外、行销于四方的大布号，汪玉霞也成为汉上食品行业的巨头，更有一大批商业字号几经磨砺，渐成规模，诸如苏恒泰、曹祥泰、邹协和、鸿彰永、悦新昌、亨达利、冠生园、周恒顺、老同兴、曹正兴、胡开文等一时俱兴，它们各具特色，异彩纷呈，成为名重汉上、声播四海的驰名工商企业，成为武汉老字号的主体。汉口开埠以后，华洋互市、中外贸易大规模展开，武汉渐显国际化大都会的风采，那些经营有年且规模粗具的店铺、行栈，栉风沐雨，终于发展成规模可观、声誉卓著的名号大行，自然也成为湖北老字号这一商业群体中最具魅力的代表。

自 1911 年辛亥革命至整个民国时期，其间战乱、天灾不断，湖北大部分地区的商品市场遭受了严重的破坏。这一时期老字号大多在曲折中发展。以武汉市为例，辛亥革命时清军纵火焚烧汉口，众多商铺化为灰烬。民国政府时期，军阀连年混战，军费开支浩大，武汉经济恢复缓慢。1931 年汉口大水，生产停顿，商业萧条，商户减少 2000 余户。与此同时，1929—1933 年世界资本主义国家爆发了一场空前严重的经济大危机，帝国主义为了转嫁危机，他们不断加强对中国的经济侵略，在湖北表现为倾销商品、争夺原料市场和销售市场，这对湖北商品经济的发展是一个沉重的打击。全面抗日战争爆发初期，国民政府确定四川为战时大后方，并决定把西南作为工业建设重点地区，武汉等地的工商企业西迁。据 1947 年《中国经济年鉴》统计，当时光是武汉迁往川、湘、桂、陕、黔等内地的工厂就达 223 家，占全国迁往内地工厂总数 452 家的一半。1938 年日军占领武汉后，许多商家停业外逃，商铺大量减少，武汉经济受到严重破坏和损失。抗战胜利后，一些官僚资本家在武汉垄断操纵市场，致使商业经营困难。

在整个民国时期内湖北的大部分老字号都不同程度受到过影响，许多老字号甚至多次被摧毁，尤以抗日战争时期为甚，但实力强的老字号却能在灾后重建并迅速恢复。如创建于 1864 年的苏恒泰伞铺，在 1911 年，店铺和仓库全部毁于汉口大火，次年东山再起；1931 年，武汉大水，苏恒泰店铺被水淹毁；1938 年，日寇侵入武汉，苏家全家被迫离汉，店铺内所有货物、原料、家具等被人搬运一空，后为谋求复业，筹措少量资金，雇工在艰苦运营中度过 8 年；1945 年，抗战胜利后，"苏恒泰"用汉口店面不动产契约抵借到一笔贷款，又恢复到原来生产水平；1955 年，公私合营，1962 年并入硚口雨具社，1970 年停产。汉口的叶开泰药店的经历情形也大抵相同。曹祥泰杂货店在武汉沦陷时被日寇强占成了海军酒吧，抗战胜利后恢复经营。高洪太铜响器店在 1938 年武汉沦陷时也遭遇到了巨大破坏，生产陷入瘫痪，抗日战争胜利后恢复生产，并将业务推向全国。老大兴园酒楼在 1944 年美军飞机轰炸武汉日军兵营时，被失去准头的炸弹炸毁，但至年底"老大兴园"又恢复营业。"老通城"的经营场所在 1938 年被炸毁，抗日战争胜利后在原址复业。而"四季美""小桃园""长生堂"等老字号在抗战时期依然坚持营业。

（二）转型与衰退时期（20 世纪后半叶）

1949 年，湖北各地在中华人民共和国成立后，相继设立国营商业公司和商业合作社，统一领导市场，市场逐步为国营商业所掌握。与此同时，政府两次调整公私商业关系，加强市场管理，私营商业也有了很大程度的恢复和发展。国民经济恢复时期，国营商业建立了统一管理、统一经营的专业公司，实行资金大回笼、物资大调拨制度，形成高度集中的商业管理体制。

1956 年后，国家对私营商业的社会主义改造完成，实现了全行业公私合营，很多小的商号在行业合并中，品牌字号被取消。在大跃进和人民公社化中，实行政企合一，商业企业分级管理，层层下放，取消专业公司系统的垂直领导关系，批发机构改按行政区划设置，供销合作社与国营商业合并，集市贸易基本停止，造成地区封锁，流通渠道单一化；对合作商店、合作小组，又急于升级过渡，使商业网点和商业人员大幅度减少；在浮夸风、高指标的影响下盲目采购，虚假销售；加之农业遭灾，连年减产，加大了商业工作和市场购销的困难。

1960 年下半年，国营商业贯彻执行"调整、巩固、充实、提高"的方针，疏导商品流通渠道，恢复专业公司系统的垂直领导关系，恢复供销合作社机构，调整批发机构的管理权限，恢复与发展贸易货栈，开展代理业务，恢复合作商店、合作小组。在这一时期，湖北省的老字号都纷纷执行了党的政策，老字号大都变成了国有企业，有的甚至失去了原有的独立的字号品牌。公私合营对老字号恢复发展起了一定的作用，但是由于高度集中的管理机制、政企合一等，对老字号的未来发展埋下了很多弊病，在改革开放实行市场经济后都暴露了出来。

"文革"期间，商业机构大精简、大合并，致使商品流通渠道不畅，城乡市场分割，经营环节增多，企业管理混乱，服务质量下降，社会效益和经济效益降低。老字号在这一时期，遭到了很大破坏，例如牌匾被摘被换、工作人员被批斗，等等。

中共十一届三中全会以后，商业体制进行了初步改革，特别是在 1984 年中央批准武汉市进行经济体制综合改革试点后，以"两通"（流通、交通）为突破口，加快了商业体制改革的步伐。1985 年全部取消统购、派购，改为订购；取消统购包销，实行自销；发展横向经济联合，逐步建立与发展多渠道的商品流通体系。1992 年开始国家发展社会主义市场经济，进行国企改制，以建立现代企业制度，改革后政企职责分开，权力下放，扩大企业自主经营权，有利于企业参与市场竞争，但市场是残酷的，改革后企业要自负盈亏，由于体制、观念等一系列问题，老字号国有企业很难适应市场经济，必然有些老字号企业要被市场所淘汰。

一方面，中华人民共和国成立后很长一段时期内老字号的管理模式存在问题，且不能与时俱进。旧时的老字号是家族式经营，经营方式比较灵活，积极性比较高。一般老字号产品的制作技艺是世代相传，那些知名的老字号能历久不衰，都有自己的方法和优势，在经营管理上恪守祖训，诚信经营，保证质量，生意都比较好。公私合营又归国营后，长期受计划经济的影响，导致经营模式、管理模式都发生改变，管理模式和产品种类不能有所创新，不少老字号还背负着沉重的企业包袱，改革开放及国企改制后很多老字号受市场经济和外国、新兴民营工商企业的冲击，缺乏竞争优势，加之人们对产品需求的变化，渐渐趋于惨淡经营甚至消失的境地。

另一方面，老字号产品技艺的传承出现困难，产品质量和服务难一如既往。由于经济效益差、学艺难等因素，许多老字号的非物质文化遗产传统技艺缺乏传承人，导致产品质量不如从前。尤其是不少饮食类老字号后来不断增开分店，使得师傅水平参差不齐。

20世纪后上半叶以后老字号大多经历了公私合营、国企化、改革开放、市场经济、国企改革等阶段。在经历了这些阶段后，那些曾经辉煌灿烂的老字号多数业已凋零，繁华不再。有的在中华人民共和国成立初期即停业，有的消失于公私合营浪潮，有的成长为现在的国有企业，有的在市场经济竞争中倒闭，有的因产品不符合时代需求被淘汰……

据中国品牌研究院的调查显示，中华人民共和国成立初期，我国大约拥有"中华老字号"16000家；1991年经原国内贸易部认定的"中华老字号"企业仅剩1600余家，是中华人民共和国成立初期的10%，这些企业中，只有少数经营情况良好。湖北地区老字号大体上也是这种情况。

（三）保护与振兴时期（21世纪以来）

21世纪对老字号企业来说是一个机遇与挑战并存的时代，存活的老字号多数现状不容乐观，要么萎靡不振，要么负债累累，老字号在数量上还在继续减少。

只有少数能够抓住机遇、与时俱进的老字号，打开了比较好的局面。湖北的老字号大多为中小型企业，年销售收入过亿的企业寥寥无几，能实现规模化经营的也仅仅集中在烟草、医药等传统优势产业。在湖北，细细数来有300多家老字号，但仍然在经营的只有70多家，其中经营状况比较好的有40余家，其余的基本上已经停止营业。老字号的整体衰落已成为不争的事实。

随着对传统文化重视程度的提高，老字号越来越受到人们的关注，保护老字号、发展老字号的话题也再一次引起政府部门和社会各界的广泛关注和讨论。

2006 年 4 月，商务部颁布了《关于实施"振兴老字号工程"的通知》（商改发〔2006〕171 号）；2007 年 2 月，颁布了《商务部文化部关于加强老字号非物质文化遗产保护工作的通知》（商改发〔2007〕45 号）；2008 年 3 月，商务部等 14 部门关于印发《关于保护和促进老字号发展的若干意见》的通知（商改发〔2008〕104 号）。

自 2006 年后的 10 多年间，国家密集出台各种政策扶持老字号企业的发展，各省市也都有相应的跟进和配套相关措施，老字号进入了保护和振兴时期。如 2014 年，湖北省商务厅颁布了《关于印发"湖北老字号"认定办法的通知》（鄂商务发〔2014〕131 号），而武汉市自 2010 年就正式启动老字号振兴工程，2010 年 11 月颁布了《市人民政府办公厅关于印发武汉老字号认定办法的通知》（武政办〔2010〕156 号），并从 2010 年至 2015 年每年投入 500 万元专项资金支持老字号发展。

自 2006 年起，国家和各省都建立了老字号名录体系，商务部认定了两批"中华老字号"企业，共 1129 家，其中湖北省共 26 家。自 2014 年起，湖北省共认定两批 52 家"湖北老字号"企业。武汉市自 2011 年起，共认定 3 批 48 家"武汉老字号"企业。

各地老字号企业在国家和当地政府的支持下，有了阶梯式的进步，一些老字号经过努力，获得了转机，呈现出了良好的发展势头。但目前湖北的老字号，从数量看，总体上偏少；从地域分布看，主要集中在武汉市，而其他地市则寥寥无几；从行业分布看，主要分布在餐饮、食品加工、医药品生产、日用品制造等行业，其中前两类数量占压倒性优势。并且普遍存在着缺资金、缺人才、缺创新、缺宣传、缺文化特色等方面的问题，有些老字号虽然得到了一定的政策和资金帮助，但依然萎靡不振、生存维艰。湖北的老字号保护与振兴仍任重而道远。

三、湖北老字号如何再创辉煌

鉴于湖北老字号发展的历史和现状，我们应该科学合理地对其进行传承保护，进而对其弘扬和发展利用，以为经济文化建设服务。如能做到这些，对湖北来说实为一件幸事。老字号非物质文化的保护、发展和复兴工作实非易事，但可从以下几个方面着手来做。

（一）政府加强对老字号的抢救措施

老字号是一个城市发展的象征，老字号曾经的辉煌也带动了城市经济的发展。据了解，湖北现存有名可考的老字号约有 300 多家。不过，仍在经营的老字号萎缩至 70 多家，这其中的一半处于苦苦支撑的状态。当社会的大环境发生巨大的变化时，这些老字号无法适应突如其来的变化，变得衰老、缺乏活力，但其本身所蕴含的文化价值和品牌价值是现代新兴品牌无法比拟的。因此，政府在关注现新兴企业发展的同时，也要充分认识到老字号的价值所在，重视老字号在城市发展进程中的重要作用。让老字号重新焕发"青春"需要老字号自身的努力，也需要政府的大力扶持。就目前武汉老字号状况而言，十分令人担忧，非得用"抢救"来强调不可。

老字号代表着湖北的一种市井文化，其抢救与扶持的措施应该是可以找到的。首先，恢复或回迁知名老字号。众多久负盛名的商业老字号是历史街区商贸文化中不可或缺的要素。一些老字号因为某些历史原因停业或迁往别处，或因市政建设、房地产开发等原因，店面缩小或原址被拆除。对那些有恢复价值或者愿意复兴的老字号，政府要加以振兴和扶持，应有计划、有重点、有步骤地鼓励这些独具特色的老字号恢复，对于迁往他处的老字号，在条件允许的情况下，如果其愿意回迁到原老字号聚集街区或再设分店的，在这方面，有关的政府部门要加大扶持力度，制定合理的政策，给予恢复或回迁的老字号适当的优惠条件。

其次，政府除了对老字号加大资金扶持力度外，还要开展银行信贷方面的支持，如拿出专项资金为缺乏发展资金的老字号提供免息贷款。

再次，加强老字号的知识产权保护，尤其要防止老字号品牌被人抢注。

另外，还要加强对老字号"非遗"内容的保护。如积极保护老字号所承载的非物质文化遗产，妥善保护和传承老字号蕴涵的传统技艺；做好传承人才的培养、培训和扶持。

（二）发展创新老字号及其产品

老字号既有历史的烙印，也有时代的元素。老字号毕竟不是古董，要想恢复经营或获得好的发展，不能倚老卖老，必须与时俱进，赶上潮流。虽然一些老字号意识到了这些方面，但行动上做得还不够。

其一，在经营管理上，实行现代化科学管理，找准市场定位，发展连锁经营，做大做强品牌，积极谋求走出本地，面向全国，甚至走向海外。

其二，在服务上，结合时代发展，提高服务质量和服务水平，建立企业文化，对员工进行培训，树立企业形象。

其三，在产品上，设立研发平台，注重产品创新和设计，挖掘产品的文化内涵、体现文化特色或独特个性，不断推出适合现代人们品味和需求的产品，这样才能获得顾客青睐，重新打开市场。在产品的包装设计上也要突出个性，别出心裁。

其四，在店面上，老字号可改变传统的店面空间设计风格，打造成集体验互动一体的空间。老字号店面建筑外观可沿用原来的仿古样式，墙体可采用大面积透明玻璃，店内分区进行设计成生产加工区、产品展示区、体验互动区等。

其五，在销售渠道上，充分利用现代化信息技术和电子商务平台，借助新媒体、"互联网＋"、大数据、大健康的时代背景和发展成果，建立宣传网站，搭建网络销售平台，发展网上销售业务，如开通品牌网上商城及与电商合作，推广应用手持设备 App 及微信公众平台等。

（三）挖掘老字号的文化内涵，加强品牌传播

品牌文化是一种无形、无价的文化资产。保持或重塑消费者对品牌

的价值认同，才是老字号品牌走向复兴、重新引领时代潮流的关键。湖北的老字号能突破地域的不多，许多老字号不仅没有走出去，在本土也已步履蹒跚。造成这种局面的直接原因就是湖北的老字号在发展过程中，文化特色的凸显不足、宣传力度不够，品牌未有效传播。拿湖北的餐饮业老字号来说，品牌价值未充分发挥，产品特色彰显不够，难以形成足够的吸引力竞争优势。曾有人建议"蔡林记"建一个民俗馆，甚至可以考虑建立一个武汉饮食文化博物馆，这个建议值得重视。其实不仅是"蔡林记"，其他老字号都可以进行这样的尝试，如"叶开泰"已经建立了"叶开泰中医药文化街区"，"杨子江非遗糕饼文化园"。这样不仅使这些老字号的特色更加鲜明，将武汉老字号的文化底蕴突显出来，同时也从一个侧面显现了武汉历史文化的魅力。这样不仅会吸引武汉本地的顾客，也会吸引外来顾客，无形中传播了老字号的文化品牌，

扬子江湖北非遗糕饼文化园

增加了老字号的竞争力。因此，政府应加大对老字号的宣传力度，让老字号深厚的文化底蕴得以家喻户晓；实施品牌战略，培育形成一批历史文化底蕴深厚、品牌影响力大、彰显特色的老字号骨干企业。老字号自身也要不断开发特色产品和服务，扩大老字号品牌影响力，提升老字号品牌价值，并充分利用互联网等新媒体，借助应用手持设备 App 及微信公众平台推广等，加大宣传力度。

（四）恢复老字号聚集街区的历史风貌

老字号保护和发展需要借助店铺作为载体，也需要一定的商贸环境，尤其老字号聚集的街区对老字号的发展有重要的作用。在城市建设改造中充分考虑对老字号的原址原貌的保护，尽量避免对老字号建筑的盲目拆除与迁建，特别要加强老字号起源店址的保护。对于已经破坏的街区，有条件的应予以适当恢复历史风貌。例如，历史上汉正街是老字号密布

的街区。早在《武汉市城市总体规划（1996－2020 年）》中就提出了要恢复汉正街传统商贸风貌区（北抵长堤街，南至汉江，西起硚口路，东至规划的友谊路延长线的区域）。在当前的开发中我们必须保护和规划好这个传统商贸风貌区。我们可以建立汉正街历史文化核心保护区，对现存的老街区、老建筑，如青石板路、新安书院残墙、红十字会等建筑遗址、遗迹进行严格保护。重新修建复原关帝庙、药王庙、保寿桥，同时可以对新安街和药邦一巷两边的建筑按照明清的建筑风格，以"修旧如旧"的原则进行修复改造，然后把汉正街老字号店铺、酒肆、茶楼、会馆、工艺作坊等聚集在此区域内，并恢复汉正街的一些传统习俗，建成有浓郁汉味特色的，具有旅游、购物、观光休闲功能的汉正街历史文化街区。

国内外的一些经验值得借鉴。建于15－17世纪的法国里昂老城和汉正街的情况较为相似。里昂老城每到周末，城中其他街道上的商店大都关门不营业，行人稀少，而老城弯曲狭窄的街巷中，游人却是摩肩接踵。他们踏着用乌黑的石头铺就的、有些高低不平的路，观赏着两旁低矮却特色浓郁的店铺和店铺里摆放的琳琅满目的工艺品、旅游纪念品等。出售玻璃料器的商店，旁边就是作坊。工匠站在炉旁，现场制作五光十色的料器，堪称前店后厂……你一踏入老城，就会被浓重的法国历史文化氛围所笼罩。

我们曾考察过国内的一些古街镇，发现它们发展得相当好，街区古色古香，间或有老字号分布，极具特色，商贸、旅游甚是繁盛。如北京的大栅栏和老北京风情街、上海的城隍庙、西安市的"回民一条街"、成都市的锦里古街、重庆市的磁器口古镇、贵阳市的青岩古镇等都发展得不错。老字号放在这样的环境里才能取得更好的发展。如果把汉正街历史文化街区，配合周边的汉江、长江、龟山等特色鲜明的旅游景点，形成购物、旅游、娱乐休闲一体化的旅游专线，发展汉正街商贸旅游，不论对老字号的振兴还是对旅游业的发展，都会起到事半功倍的效果。

在悠长的岁月中，湖北老字号给我们积累了一笔宝贵的财富，它们已成为湖北的一张张名片，与我们的生活息息相关、密不可分。老字号之所以能历经沧桑，占领市场，取得顾客信任，主要是因为其品质过硬、经营诚信、管理有方、服务良好，这些都起到引领市场的向心力作用，这是它们成功法宝。其核心概括起来就是以质取胜、以诚取信。即便是在今日，一提到一些老字号，人们仍然会津津乐道，如："中药要买叶开泰，雨伞要买苏恒泰，铜锣要买高洪太。""叶开泰的药，吃死人都是好的。""汪玉霞的饼子——绝酥（劫数）。""谦祥益的招牌——一言堂。""谦祥益的房子——内外强（墙）。""没有谦祥益的布不出嫁。""曹祥泰，不愁卖。"这些都是老武汉人耳熟能详的购物经。

虽然湖北的许多老字号已渐渐淡出人们的视线，但它们的历史、文化、艺术、科技、经济等方面的价值却依然发挥着作用，这些是湖北文化底蕴和文化软实力的体现，也是发展文化创意产业、提升城市形象的源泉。它们留下来的宝贵商业价值、商业精神和治企良方、经商法则在今天看来都是无价之宝。它们对于维护经济市场秩序、促进区域经济的发展以及传递正能量、净化社会风气，起到极大的推动作用，值得学习和发扬。

目前，湖北老字号的金字招牌虽然有些蒙了点灰尘，但它们的成色并没有减少，只要大家共同努力，这些老字号仍可再创伟业，使其金字招牌再次放出耀眼的光芒。下面，我们对湖北省餐饮老字号企业或代表性的产品做一介绍。

第二节　餐饮类老字号

（一）大中华酒楼

大中华酒楼创办于 1930 年，主要创始人为安徽人章在寿。章在寿12 岁时即在武昌的同庆酒楼当学徒。同庆酒楼是一家徽州风味的餐馆，以经营红烧鱼面为主。章在寿由于勤劳肯干，不怕吃苦，深得老板胡桂生的喜爱，因而很快学到一手做徽帮菜的手艺。1930 年，章在寿离开同庆酒楼，与程明开等人合伙盘下了芝麻岭（今彭刘杨路武昌邮局对面）的五香斋餐馆，自立门户，仍以经营红烧鱼面为主，兼营炒菜，这家徽帮馆子便是后来闻名全国的大中华酒楼的前身。

大中华酒楼

在《徽州文化全书——徽菜》中却有这样的记载：武昌大中华酒楼"该店原为绩溪县伏岭镇卓溪村的章本桃于民国二年（1913 年）所创设，早年店名为徽州大中华面馆。当时，店舍为 5 间门面，3 层楼房，主营徽面、徽菜，后由同镇岭前村章在寿等人接业。章在寿原是绩溪旅汉一徽菜馆的账房先生，为人耿直善良，办事诚朴公道，处世恪守信誉，深得老板的器重和店伙的信赖。后因菜馆的小老板趁其父外出之机，强行向账房先生章在寿索要钱款，当遭到严词拒绝时，便将章殴打致伤，引起了店中员工的强烈愤懑，章在寿不堪其辱，在全店店员的支持下，脱离了该馆，后于民国十九年（1930 年）与程明开合力投股顶下了章本桃的徽州大中华面馆，更名为徽州大中华酒楼"。

我们根据武汉档案馆的档案资料考证，大中华酒楼登记的时间在民国二十一年（1932 年）十月，因此创办时间在 1930 年左右比较可靠。

由于章在寿等人齐心协力，注重特色，讲究质量，生意很快就做开了。股东中有 3 人是在上海学的烹饪手艺，上海当时有 3 家徽州餐馆的招牌都叫"大中华"，而他们也想搞徽州风味，于是就把自己的这家餐馆取名为"大中华"。1932年因修建马路，芝麻岭的餐馆被拆

大中华酒楼登记证

除，大中华酒楼搬到了柏子巷口即现在的位置至今。

大中华酒楼搬迁后，营业扩大，股东增加到19人，股金总额最多达到5200银圆，由章在寿任经理。大中华酒楼经营有道，对服务规范有明确的要求：顾客进门，笑脸相迎；迎客安座，服务周全；香茶先送，毛巾后行；送上菜簿，任客挑点；介绍品种，替客参谋；餐后结账，征求意见；热情相送，欢迎再来。服务接待上的分工，除堂头（即服务组长）外，还分照堂（即服务员）和帮堂（跑炉，即送菜员）。堂头由股东担任，负责店堂的全面，同时也直接参与服务接待。

初创时的大中华酒楼是一幢旧式的两层楼房，在当时还算有一定规模。一楼卖经济客饭，三五角钱，一菜一汤，饭管饱，也兼营一些面点，经济实惠，很受民众欢迎，学生、小职员和收入不多的劳动者川流不息。二楼做各种炒菜，后来发展到承办筵席，经营合菜。这些均以鱼菜为主，如清蒸鳊鱼、网油松鼠鳜鱼、糖醋鳜鱼、五彩鳜鱼、牡丹鳜鱼、银丝鳜鱼、烧青鱼划水、烧肚当、瓦块鱼等。二楼的顾客大多是社会中上层人士，以各级官吏、高级职员居多。由于地处法院对面，许多官司的诉讼双方在宴请法官、律师时，多就近光顾于此。偶尔也有大人物，如省、市要人也来光临品尝，生意日渐兴旺发达。

20世纪30年代初的武昌，餐饮业一度比较繁荣，行业竞争日趋激烈。在"大中华"附近就新开了汤四美汤包馆、蜀珍川菜馆，加上汉宾酒楼、味腴餐馆的兴盛和发展，都对"大中华"构成了直接挑战，其中尤以汤四美为最，它既卖汤包，又兼营小炒，还承办筵席。其

烧青鱼划水

老板汤荣昆活动能力强，当时的震寰、裕华、一纱等几大纱厂，还有米厂、电厂等都被他拉到汤四美包席。面对强劲对手，大中华酒楼采取了果断的应对措施。首先是扩建三楼，重新装修了门面，三楼店堂布置成活动客间（即包房），可大可小，以满足顾客需求。其次，在经营上，严

把质量关，进货选料十分讲究。为保证原料新鲜，还专门制作了土冰箱。那时没有味精，用原汤做菜，以达到原汁原味，口感鲜美，由于这些改进，大中华酒楼嘉宾接踵，人气兴旺，省内无匹。

大中华酒楼创办初期，员工的薪酬分两种。一是固定工资，按职务技术等级评定，管事 10 元，炉子、掌勺 7 元。其余分别 6 元、5 元、4 元、1 元不等，收入很少。二是分账，这项收入视经营情况而定，常常比固定工资要多。每 5 天分 1 次，一个中等水平的师傅每次可分七八元。伙食由店里包干，饭管饱，素菜为主，十天半月打一次牙祭。

当时社会上流传着这样一种说法：吃菜要上"行时"的餐馆，喝茶要上"背时"的茶馆。意思是"行时"的餐馆生意好，原材料销得快，食品新鲜的多；"背时"的茶馆生意差，水烧得很开。为了办成"行时"的餐馆，大中华酒楼除了十分注重菜的质量外，还要求服务员善于向顾客推荐介绍，因而在激烈的竞争中总是占得上风。20 世纪 30 年代，"一·二八"和"八·一三"日本两次进攻上海吴淞口，许多有钱的下江人逃难到武汉，他们都是餐馆的常客，当时许多餐馆都发了财，大中华酒楼也不例外。1936 年，大中华酒楼修建了一座 500 平方米的三层楼房，开始经营徽、浙名菜。这段时间是大中华酒楼最鼎盛的时期。

1938 年 10 月武汉被日本侵略军占领，武昌最热闹的长街（今解放路）一带餐馆大多关门停业。由于大中华酒楼的股东均为安徽人，家乡早已沦陷，无乡可归，在这里财命相连，只得硬着头皮苦苦支撑。长街中心地区被日军占驻，一些小型餐馆纷纷迁到八铺街难民区一带集中，像大中华酒楼在这里坚持经营的寥寥无几。直到敌伪省府成立以后，这里才逐步恢复一点生机。由于生意清淡，又缺乏资金，员工的生活非常艰苦。这时股东、员工都不拿工资，生意好吃好点，生意差吃差点。在武汉被占领的 7 年中，大中华酒楼经营艰难，生意清淡，只能是勉强维持。

抗战胜利后，内战爆发，国民党政府滥发钞票，引起恶性通货膨胀，物价飞涨，苛捐杂税多如牛毛，官吏横征暴敛，民不聊生。大中华酒楼的生意越来越做不去了，加上国民党军伤兵经常闹事，更是难于应付。

中华人民共和国成立后，大中华酒楼才重现生机，获得了长足的发展。1957年公私合营后，逐渐演变成国营企业。

大中华酒楼在中华人民共和国成立后先后进行了3次扩建装修，第一次是在1971年，大中华酒楼新建4层大楼落成，面

大中华馆

积1600平方米，比原大中华酒楼扩大了2倍，外表焕然一新，内部安装也实现了现代化。此后又在1985年、1991年进行了两次扩建装修，其规模在1971年的基础上又扩大了数倍，建筑面积达6000平方米，全店为5层，建筑华美，颇具楚乡风情。一楼正厅是风味小吃城，在装饰雅致的一楼赏湖厅内，有山石流水，池里放养着酒楼经营的鳊、鳜、鲫、鮰、鳗等十多种名贵鱼类供顾客观赏。主要供应湖北地方风味名点、小吃，并提供小吃配套服务。正厅西侧为聚珍火锅城，特聘四川名师下厨，经营正宗川味火锅；东侧为鱼味鲜美食城，经营以各种江鲜、河鲜、海鲜为风味特色的快餐业务。二楼大厅气派豪华，格调高雅，揽江厅中悬挂着气势磅礴的长卷《万里长江图》，音响中不时播放着悠扬的乐曲。该厅备有峡口明珠、琵琶鱼、腌鲜鳜等数十道鱼类珍馐，食客在一边品尝美味鱼鲜的同时，可一边饱览浩瀚的长江景趣。二楼的喜庆厅是专供举行婚宴喜席的餐饮场所，可同时开办40余桌酒席。三楼的望云、闻鹤、佳会3个宴会厅内，置挂着以黄鹤楼为题材的不同历史时期的绘画精品及名人雅士的诗咏。该厅主要承办高档筵席，其中设有武昌鱼席专用厅。当宾客端坐于望云、闻鹤的佳席之处，可充分领略"鹤鸣百味，云生四香"的绝妙意境。三楼西侧还辟有西餐厅。四楼的楚乐厅内分别设有编钟乐室、酒吧、鹤翩舞池。这里装潢典雅，灯光、音响设备齐全，常有乐队、歌星在此献艺，为宾客助兴。大中华酒楼上下4个楼层，共设有

喜庆、赏湖、揽江、望云、闻鹤、佳会、楚乐等大小宴厅、舞厅等十余个，可供 1500 人同时进餐，此外还设有鹤翩舞池、酒吧等现代服务设施。

与此同时，大中华酒楼的经营风格和特点日臻成熟。值得一提的是，1956 年 6 月初的一天，该店接到一个重要的接待任务，有中央首长来此用餐，品尝武昌鱼。于是，经理立马召开厨师会议进行布置，按照市委提出的"原料新鲜、烹饪精细、特色浓郁、品种多样"的原

清蒸武昌鱼

则，大厨们认真研究武昌鱼宴的菜谱。遵照市委领导关于鱼宴的烹饪原则，几位师傅合计了一下，为这次特别的武昌鱼宴设计了 10 道鱼菜，菜谱是清蒸武昌鱼、杨梅武昌鱼、松鼠鳜鱼、抓黄鱼片、拔丝鱼条、汤粉鱼、如意鱼、荷花鱼和两道徽式传统鱼肴青鱼划水、清炒鳝糊，另加两道蔬菜和一道空心鱼圆汤。鱼宴设计好后，当晚大中华酒楼经理又接到市委通知，要将菜谱提前报去。该通知的下达，说明中央首长可能不来大中华酒楼用餐，但大中华准备了晚宴工作，事后得知这次接待的是毛泽东主席。

《水调歌头·游泳》

　　此后不久，毛泽东发表了《水调歌头·游泳》一词，其中有"才饮长沙水，又食武昌鱼"的名句。当时，武汉市财贸办公室主任王健对武汉市饮食公司经理说："要根据毛主席的诗句搞个'武昌鱼'。"不久，武汉市财贸办公室组织二商局、水产公司、饮食公司的有关人员，并邀集全市著名厨师共同研究"武昌鱼"的烹调方法。参加的名师各显身手，精心试制。考虑到13根半刺的团头鲂，又称樊口鳊鱼，作为湖北特有的代表性鱼种，肉质鲜嫩，形如银盘，恰好当日毛主席所吃的鱼宴上有这道菜，于是樊口鳊鱼就与武昌鱼挂钩了。为了更加明晰武昌鱼的形象，1959年，市委专门召集全市各大宾馆的名厨，在大中华酒楼召开了"武昌鱼"命名大会。

　　在毛泽东"才饮长沙水，又食武昌鱼"的诗词发表以后，大中华酒楼更加凸现了以烹制"武昌鱼"为主的淡水鱼类菜肴的经营特色。他们继承传统，不断创新，在原来几十种传统鱼菜的基础上，发展到500余种，其中仅武昌鱼的做法就有30多种，如花酿武昌鱼、杨梅

清蒸菊花武昌鱼

武昌鱼、荷包武昌鱼、梅花武昌鱼、菊花武昌鱼、蝴蝶武昌鱼等，各具特色，色香味形俱佳。与此同时，大中华还获得了一项"特权"：在鲜鱼紧俏的当时，所有供鱼点，首先保证大中华酒楼的供应。哪怕在三年特殊困难时期，别家连死鲢子都拿不到，这家还能分到少量的青鱼、鳜鱼。由于武昌鱼的推出和不断创新发展，大中华酒楼更是名声大震。许多外地游客都是慕名而来，以到大中华酒楼品尝正宗武昌鱼为快。一些人甚至认为，不食武昌鱼，枉自到武昌。这一时期是大中华酒楼最辉煌的时期，逢节假日订位子还得托朋友找关系。

　　在继承传统的基础上，大中华酒楼又发展创新了包括鳊鱼、青鱼、鳜鱼在内的"全鱼席"系列菜品及一鱼多吃等，推出了"红枣炖甲鱼"

"虫草八卦汤""莲茸鱼夹"等一批滋补、食疗菜肴,同时还发掘整理了荷香鱼、鱼羹等一批具有楚乡风情的传统名馔佳肴。

大中华酒楼之所以闻名海内外,靠的是拥有一支技术雄厚、训练有素的烹饪队伍,该店名师云集,技术力量雄厚,计有特级厨师和三级以上厨师52人。80余年的苦心经营培养了一代又一代出类拔萃的厨师。老一辈名厨有程明开、邵观茂、邵在维等,为大中华酒楼创业树名。第二代厨师以号称鱼菜大师的黄昌祥为代表,他们根据主厨烹饪鱼馔的丰富经验,编写了《武昌鱼菜谱》,为烹饪工作者、美食家和广大食客所喜读。第三代厨师以"全国十名最佳厨师"之一的卢永良,全国第二届烹饪技术比赛金牌得主余明社,特一级女厨师向家新、善长冷,特三级厨师、"包子状元"胡松林等为代表。

菊花鳜鱼

粉蒸黄颡鱼

大中华酒楼厨师学术风气浓厚,撰写多部专著。这些从名师培养出来的一代又一代后起之秀中,先后有5名被派往欧美等国家执厨,或到日本讲学、传授技艺,或为全国各省、市、自治区培养了数以千计的烹饪人才。1988年,大中华酒楼率先进入湖北省先进企业行列;1989年,被定为"国家二级企业",并多次被评为商业部、省市的先进单位,据不完全统计,大中华酒楼获得商业部和省、市、区政府颁发的荣誉称号达50多项。每年约有几十万人次的国内外宾客来这里进餐,其中有各界名流、著名科学家、艺术家、体育明星、中外美食家到此品尝鱼鲜佳肴,对精心烹制的色、香、味、形俱佳而又千姿百态的名菜名点,都以为是一次难得的精神和物质享受。

大中华酒楼在1966年改名为"新中华酒楼",1968年改为"武昌饮食部"，后来又改成"武昌餐馆""武昌酒楼"。为什么改名呢？据酒店工作人员回忆，这些改名理由十分荒诞，"文革"时说"大中华"的名字是"沙文主义"的招牌，不能用，要改名"武昌饮食部"；后一次又说店里主打武昌鱼，又不是叫中华鱼，店名中就该有武昌两字，又改叫"武昌酒楼"。1985年十一届三中全会后，"春风又绿江南岸"，大中华酒楼恢复了老牌名。1992年为武汉市饮食业前10家最大的企业之一。此后，由于市场情况发生急剧变化，大中华酒楼的经营开始下滑。但是，鱼菜的特色却被武汉餐饮行业广为继承并发扬光大。

20世纪90年代以后，国家鼓励中小企业下放，武昌区政府也将大中华酒楼转给了南方集团。1997年，南方集团入股大中华酒楼49%。但该集团并不满足自己所持有的股份，要求整体收购，并拿出700万元把大中华酒楼又重新装修一番。装修后的大中华酒楼虽然更具现代感，却也因此失去了本身的韵味。大中华酒楼在1991年已经花了400多万元来专门进行装修改造，屋里的柱子上雕刻着龙、凤，楼上有中央花园，每一个包房根据名字进行不同的装修，根据不同的环境配有不同的音乐伴奏，比如钢琴、古筝、提琴等乐器，每个来吃饭的顾客说："大中华酒楼不仅菜做得好吃，环境也优美。"重新装修时，把以前装修的都砸了。原以为现代化的装修会让人赏心悦目，但事与愿违，生意反而不如以前。

2001年4月1日，走过70多年辉煌历程的大中华酒楼终因步履维艰，暂停营业。同年10月又将经营权"嫁"给江西新光集团。该集团2000年登陆武汉，以"瓦缸煨汤"成功地包装了原汉口大哥大酒店，打出"煨汤馆"的招牌，同时也经营"武昌鱼"这块品牌。当时还请大师"出山"指导"武昌鱼"，本以为老字号大中华酒楼能再焕发青春，但在2005年以同样的命运宣告关张。

2005年3月，黄鹤楼街为了盘活闲置多年的老字号大中华酒楼，正式和内蒙古小尾羊连锁有限公司签订了租赁协议，并于5月28日开业。当时内蒙古小尾羊连锁火锅位居全国连锁百强第三，大中华小尾羊是武汉市江南地区第一家连锁店，但好景不长，经营出现了问题。

2009 年，武汉天龙集团与大中华酒楼签约，融资改组后的新店落户光谷，在短短几年时间里，大中华酒楼已经恢复勃勃生机，并显示出大中华老字号的传统经营特色，大中华酒楼的历史又掀开了崭新的一页。

（二）四季美汤包馆

"四季美"是湖北武汉著名的特色小吃店名，其意为一年四季按照季节都有美食供应，一般就是春季春卷，夏天冷食，秋天炒毛蟹，冬天酥饼。但随着时代的变迁，店内的汤包变得越来越受欢迎，成为"四季美"的主打招牌菜品，所以现在武汉提到"四季美"，一般都会想起各色汤包制品。清人林兰痴赋《泡包》诗云："到口难吞味易尝，团团一个最包藏。

吉庆街四季美店面

一个最包藏。外强不必中干鄙，执热须防手探汤。"这首诗突出地描写了汤包的内藏热汤，"到口难吞"且易烫手的特点。

"四季美"汤包的问世、演变、发展，直到形成鲜明的地方特色风味，有一段历史过程。小笼汤包，原是下江风味的小吃食品，最早源于镇江，武汉自古商旅云集，饮食汇集各地风味，小笼汤包被引进后，不断革新，便逐渐成为武汉著名的美点。

提起四季美，就不得不谈到其创始人——田玉山。1883 年，田玉山出生于汉阳。1897 年，14 岁的他随着在汉口广益桥马林芳牛肉面馆做红白二案的父亲做了一名学徒，学做烹饪牛杂碎。田玉山不是一个安于现状的人，他认为与其帮人做工，不如自己做点小本生意。几经周折，终于在花楼街交通路摆了一个卖牛杂碎的小摊子。1 年多后，因政府禁止当街设炉摆摊，田玉山只得干起了挑担卖水果的买卖。吃苦耐劳的他，穿街走巷。在五六年间，同当时的很多小商小贩一样，受人白眼，又被小偷光顾，甚至被警察欺压。倔强的田玉山为了改变这种命运，在后花楼侧巷内，装点了门面，挂上了"田万顺"的招牌。时人多用"大王"

二字招徕顾客，田玉山就在招牌上写上"水果大王"四字，这一做，又是十几个春秋。

1922年开始，水果生意变得清淡。商机嗅觉十分敏锐的田玉山，毅然决然地将水果店改为熟食店。请来了南京籍的徐大宽师傅，经营猪油葱饼，并且小有起色。徐师傅是外地人，外乡人在汉口打拼不容易。可田玉山不把徐师傅当外人，时常叫妻子弄点下酒小菜，与徐师傅边饮边谈。田玉山真心相待徐师傅，使他深受感动。一段时间相处下来，两人建立了深厚的友谊。于是徐师傅向田玉山道出了他有做小笼汤包的手艺，想在猪油葱饼的基础上再加一个品种。田玉山当即同意，说干就干。工具没有，徐师傅在外面借；资金不足，田玉山就典当衣物。经过1年的努力，在两人的齐心协力下，生意越来越好。在又请了两位下江师傅后，彻底打起了"下江风味"的特色，挂起了"美美园"的招牌。田玉山用自己坚持不懈的精神、真诚待人的美好品格，终于完成了从"水果大王"到"美美园"的华丽转身。

汤包本是江苏一带久负盛名的小吃，喜欢消夜的汉口居民，也特别中意这种小食。田玉山秉持着精益求精的原则，对汤包的制作工艺不断地进行改良，最终得出了一套成熟的制作经验。为了应时应景，还在重阳时节，推出了蟹黄汤包。更突发奇想的按季节划分供应不同的品种：春炸春卷、夏卖冷食、秋炒毛蟹、冬打酥饼等，使得四季都有美味。田玉山的经营之道，由此可见一斑。

"四季美"是专门经营小笼汤包的下江招牌，当时汉口回龙寺和长胜街有两家江苏馆子都打着"四季美"的招牌做汤包生意。田玉山因怕招惹麻烦，仍然用"美美园"的招牌。可没过多久，他的侄子田泽春竟在隔壁打起"四季美"的招牌，与他大打对台戏。也正是这一激，使田玉山愤而摘下"美美园"的招牌，"老四季美"横空出世。虽与田泽春偶有争执，但田玉山知道，只有在质量和服务态度上下功夫才能真正在商业上打败自己的侄子。终于，田泽春只经营了3个月就关门大吉。

1927年，武汉"四季美"汤包馆开业，当时店名之意是取一年四季都有美味供应。后来，由该店第一代门人，被誉为"汤包大王"的名厨师钟生楚，潜心研制汤包。他吸取历代名师经验。又根据本地人的口味，在配料和制作技巧上进行了改进，使汤包皮薄、馅嫩、汤鲜、花匀，从而形成四季美特有的小笼汤包。刚出笼的四季美汤包，佐以姜丝、酱油、陈醋等进食，别具风味。凡是往来武汉的

"汤包大王"钟生楚向徒弟
传授汤包制作技艺

外地游客，总会有"不进四季美，枉来三镇游"的感叹。

但一波未平一波又起，周围的人见汤包生意有利可图，纷纷打起了四季美的招牌开起了汤包馆，然而因请不到下江师傅都不敢说自己是正宗的下江牌子。真正的难关是从对面新开的"泰康"挖走"老四季美"的熊师傅开始的。越来越多的汤包馆，加之下江师傅的加盟，使得田玉山的汤包生意一落千丈。在经过了一夜的促膝长谈后，田玉山跟工友们达成了一致意见，减少开支，共渡难关。工友们的支持是跟田玉山一贯的真心待人分不开的，在危难的时刻，不离不弃、共同进退，是工友们对田玉山最真诚的回报。没过多久，有的同行业关了门，还有许多经营汤包的熟食馆也都取消了这一业务。很快，"老四季美"逐渐恢复了生气，营业额也开始提升。

在一系列的残酷竞争中，"老四季美"总能渡过难关、再创新高并非偶然。"老四季美"汤包选料讲究，丝毫不马虎。田玉山晚年曾撰文介绍说，汤包馅用猪油专用板油。面皮采用头等面粉。小笼汤包本属扬州、镇江等地的江南风味小吃，南京徐师傅把江南的以甜为主，改为湖北的以咸为主，使"老四季美"汤包更加适合武汉人的口味。

在生意好转之后，隔三差五地就会有地痞流氓成群结队地到"老四季美"来闹事。田玉山心生一计，在消防队捐了一个消防主任的职务，又在店堂中挂上了奖章，那些小混混就再也没敢去"老四季美"闹事。

这只是田玉山几十年的经营生涯中的一段小插曲，也是千千万万个旧社会的小生意人都会面临的难题。他用一种实属无奈的方式，轻松地解决了这道难题，为"老四季美"创造了一个更为良好的发展环境。

抗日战争全面爆发的初期，南京沦陷，许多的下江人逃难到汉口。因为下江风味纯正，一时之间，"老四季美"的营业额节节攀升。1938年武汉沦陷，当时伪市政府的稽查队，以及日本侵略者时来闹事。田玉山仍然坚守在武汉，并坚持营业。不久，生意渐渐好转。经过几年的艰苦经营，1945年田玉山迎来了事业的新高峰。他在店子后面买下一栋楼房，扩大营业面积的同时，也扩招包括正工、杂工、学徒等各种人员，"老四季美"开始规模发展。

抗战胜利后，本以为可以大干一场的田玉山却在国民政府的统治下，经营得愈加困难。法币贬值，通货膨胀，物价一日三涨。但田玉山考虑到老百姓生活的不易，坚持"老四季美"的汤包价格不随着物价的增长而增长。在这种情况下，生意只能勉强维持。雪上加霜的是，徐大宽师傅年纪渐老，身体一日不如一日，萌生去意。后来终于辞工回家，田玉山有感于徐师傅将自己的一生都献给了"老四季美"，因此在他回家时还送了50块现洋作为路费。怎知徐师傅一走，其余的几位下江师傅也相继离去，中华人民共和国成立前夕的"老四季美"生意每况愈下。

1949年以后，"老四季美"在政府的支持下，生意逐渐好转，与此同时，将汤包进行了改良，更加迎合当地人的口味，生意也越来越好。因原有的店面已无法接待四方来客，遂在江汉路上建起了4层楼的大厦，小吃店变成了大餐馆，"四季美"的汤包闻名遐迩，成为极

四季美四喜汤包

具武汉风味的特色小吃。1949年后建成的"四季美"，经营种类多元化，同时秉承了田玉山关爱员工、不畏艰难、勇于创新、想顾客之所想的经营理念，真正做到了香飘四季，美满江城。

四季美汤包制作技艺经徐大宽、钟生楚、徐家莹等三代传承人的传承发展，总结出汤包制作技艺的特征，在外形上具有花匀，汤包口呈鲫鱼嘴的特点，在质地上具有皮薄、馅嫩、汤鲜、味美的特点。

四季美的员工合影旧照

四季美汤包，这一诱人的美食，不仅是广大民众欢迎的风味小吃，而且也是贵宾宴席上的佳肴，在中共八届六中全会期间，毛泽东等中央领导同志，都曾多次品尝过"四季美"汤包；朝鲜人民的领袖金日成将军也亲口品尝过"四季美"汤包，均对其赞不绝口，给予了很好的评价。还有许多社会名流也曾先后慕名前来品尝，一饱口福。

（三）谈炎记水饺馆

饺子，是我国北方人民最爱吃的传统美食。开设于武汉硚口区中山大道南侧的谈炎记水饺馆，其水饺以皮薄、馅多、汤鲜、味美享誉武汉三镇，在武汉有"水饺大王"的美誉。老硚口的居民无不以一尝"谈炎记"的水饺为快事。要知道它是如何赢得"水饺大王"美称的，还得从 20 世纪 20 年代谈起。1920 年，黄陂人谈志祥从乡下来汉谋生，开始时肩挑小担，在利济路一带穿街串巷叫卖水

谈炎记门面

饺，并兼卖汤圆。那时水饺属夜宵食品，白天在家准备材料，到夜晚才肩挑上街来卖。因为是晚间生意，水饺担子上挂有一盏煤油灯，以做照明之用，谈志祥就在他那盏灯罩的玻璃上横写了"谈言记"三个字，中间又写了"煨汤水饺"四个字，连起来就是"谈言记煨汤水饺"。后来谈志祥为了图吉利，把谈言记的"言"字，改为"炎"字。"炎"字是两个

火字组成，以示火上加火，越烧越旺，生意兴隆之意。这就是"谈炎记"招牌的由来。

1940年谈志祥去世，其子谈艮山继承父业，与别人合伙摆起了水饺摊子，地点固定在硚口利济路三曙街口。不久谈艮山与别人散伙，自己单独摆起了摊子，又正式恢复了父亲的招牌"谈言记煨汤水饺"。

1949年前，在武汉做水饺生意的竞争性很强。据统计，当时在汉口挑担经营水饺的约有300余个。谈艮山采用在饺皮、饺馅、汤汁、佐料等方面提高质量、薄利多销的办法，很快赢得了信誉，站稳了脚跟，生意逐渐兴隆起来。特别在硚口地域、襄河码头一带，名声很好，被人们誉为"水饺大王"。

谈艮山继承父亲谈志祥的职业时，开始只不过是在三曙街口别人房子旁边搭起一个小棚作为固定摊点。抗日战争胜利后，他在小棚子的基础上搭盖了一间4平方米的简陋小房。后来随着生意的发展，又对这一间小房进行了改造，并加盖了一层楼房。营业场地扩大了，声誉日隆，于是将"煨汤水饺"改为"水饺大王"，正式挂起"谈炎记水饺大王"的招牌。

谈炎记水饺之所以享有盛名，实有其独特之处，主要原因就在于它把质量放在第一位，而且始终不渝，数十年如一日，保持自己的特色和风味。谈炎记制作出来的水饺有两大特点：一是鲜，二是热。

谈炎记鲜肉水饺

食物的味道鲜美，才能增进人们的食欲。谈炎记为了一个"鲜"字，狠下了一番功夫。首先，讲究配料。俗话说得好"水饺没巧，配料要好"。在配料中所用的猪油，谈炎记采用的是花油，因为花油炼得好，不但有板油的香味，而且油面上浮有珠子，晶莹好看。在炼油时，将葱段、姜片投入油中一起炼，这样葱、姜的香味就吸进油中，使人闻着香味扑鼻。使用的味精、酱油也是有选择的。谈炎记用的味精主要是日本的味之素和上海的天厨牌味精，酱油则是蘑菇虾子等高级产品。水饺馅别人用的是纯猪肉，而谈炎记则在猪肉内加30％的牛肉。这样做的目的有两个，一是吸水，二是吸油。按照这种比例配料，大大增加了鲜味。其次，用新鲜包皮。谈炎记的水饺皮薄如纸，又很有"精神"，下锅后不破不粘。别人的水饺皮，今天卖不完就留到明天用，这样的水饺皮既跑碱、不好包，又不好吃。谈炎记则采用以销定产，卖多少就做多少，决不用隔日的水饺皮，以确保质量。第三，佐料齐全。水饺味道鲜不鲜，与佐料齐不齐有很大关系。谈炎记水饺的佐料计有猪油、食盐、香菇、虾米、葱、榨菜、五香菜、荆冬菜、酱油、胡椒、味精等十余种。事先配备齐全，放置在每个碗里，随要随用，既方便，又使各种滋味融合在一起，增加水饺的鲜美度。最后，坚持原汤原汁。谈炎记煨制的骨头汤，是根据骨头的多少按比例依次将水放足，煨好后不再加清水。已经煨过的骨头，也不再重煨，使汤汁始终保持在一定浓度上，既不腻口，也不清淡。

谈炎记的水饺除鲜外，还讲究一个"热"字。武汉人形容饺子汤时有句土话，叫作"一热当三鲜"。谈炎记牢牢掌握了这一点，很注意"热"字，每天用两个炉子两口锅，一口锅里烧的是下水饺的开水，一口锅里煨的是骨头汤，烧开后，始终保持一定的沸度，顾客来了，要一碗，下一碗，要两碗，下两碗，因此，下的水饺不粘连，不混汤，而且开水下水饺，加上滚滚的骨头汤，热气腾腾，香气四溢。特别是严寒的冬季时，人们吃上一碗水饺，既饱腹又驱寒，一举两得，皆大欢喜。

谈炎记水饺

1949 年以后，谈炎记水饺馆又有了很大发展，"水饺大王"谈艮山主持业务，管理技术，在制作方面不仅保持了汤鲜、馅嫩、味道可口的固有特色，而且又新增了鸡茸、鱼茸、虾仁、冬菇等花色品种，质量也进一步得到了提高。

谈炎记水饺自始创至今已近百年，其汤鲜馅美、皮薄馅大的特色始终如一，成为武汉人民赞不绝口的风味小吃，以至于武汉人提起风味小吃的时候，很容易就想起了"谈炎记"的水饺。

谈炎记店铺荣誉

2012 年，"谈炎记"水饺制作技艺成功申请为武汉市非物质文化遗产。

（四）五芳斋

在粽子的产业化发展过程中，不得不提五芳斋。这家带有时代印记的中华老字号企业，在历史的沉浮中不断发展壮大。

武汉五芳斋历经百余年之久，远近闻名，三镇皆知。批量生产经营的五芳斋速冻汤圆系列、真空保鲜粽系列、苏式糕团系列等深受广大消费者青睐。武汉五芳斋由于产品质量上乘，风味独特，企业获得的荣誉不胜枚举。

五芳斋于咸丰八年（1858 年）在上海始创，1946 年由倪锦财先生引入武汉。

倪锦财，1913 年出生于江苏省南通县（现属南通市）的一个贫苦人家中，家中有五兄弟，他排行老大，由于家境贫困，他能吃苦耐劳，农活家事都能干，但是依然无法摆脱贫寒。1941 年 2 月，他在重庆新门号开设

五芳斋门面

了一家"三六九"小菜馆。由于抗日战争的全面爆发，当时逃难至重庆的人群中，江浙人不少，所以江浙菜比较受欢迎，"三六九"生意不错。倪锦财赚到钱后，信心大增，不久便将"三六九"小菜馆改名"小世界小吃经营店"，仿制上海"大世界"的格局，生意更加红火。1945 年 10 月，时局变我亦变，倪锦财做出一个大胆的决定，变卖"小世界"，东迁至长江沿线。走南闯北的倪锦财根据多年跑船的经验，他看准并决定落脚汉口这个能够生财的好地方。1946 年 5 月，他便选择了中山大道大智路较为繁华的地带，在一个很有名的大舞台（过去是演戏的场所，后拆掉建成五金商场，现为华中通信市场）的正隔壁，租了一间 30 平方米的小房子，搭盖起简易的房屋后，然后再申请汉口市政府核准创设，开始了第二次创业，其商号，名为"上海五芳斋"。所谓"五芳"指的是金花、银花、铜花、铁花和桂花，它们香气袭人品位芬芳，故取名为"五芳斋"。创业之初，倪锦财聘用江浙名厨掌厨，所雇用的员工阿土、阿元、阿三等 18 名员工也全部是江浙人，"五芳斋"主要经营汤圆、粽子、糕团等江浙风味小吃。由于倪锦财头脑聪慧、经营有方，江浙风味独特，导致"五芳斋"名气大增，生意越来越红火，人称"汤圆大王"，与老通城的豆皮、四季美的汤包、蔡林记的热干面齐名，被戏称为"四大天王"。

中华人民共和国成立后，五芳斋随着社会的进步有所前进。1956 年公私合营后，倪锦财任私方经理（经过核资，倪锦财个人股金 1160 元，每年股息 58 元，拿到 1966 年 9 月为止），他分工负责业务兼采购。由于倪思想开明，自觉接受社会主义改造，工作表现积极。每天不辞辛苦东奔西跑，采购生鲜优质原材料，所以货源

五芳斋汤圆

充足及时，保证了供应和店里计划超额完成。他能见事就干，如绞肉机

坏了他多次修理，实在不行了，购回新机器他又亲自负责安装，他还能开动脑筋想办法，将酒楼剩下的废油角料积攒下来，冲兑碱块熬制成肥皂使用，节省了一笔不小的费用开支。因此倪锦财在 1957 年被评为"先进工作者"，光荣出席江岸区先进工作者会议，获二等奖和三等奖各 1 次。他工作到 1979 年 8 月退休。即使退休后，仍然不忘店里的工作，多次到店里来传帮青工、教授技术。1985 年 10 月，倪锦财因脑出血病逝，享年 73 岁。倪锦财一生为社会做出许多贡献，五芳斋之所以今天有这么大的名气，与他艰辛创业和努力地工作奉献是分不开的。

中华人民共和国成立后，在党和政府的支持下，五芳斋几经投资改造，不断扩大经营场所，企业面貌逐步发生了变化。尤其是 1978 年，企业在原有基础上，继续扩大规模，建成经营面积达 1300 平方米的大楼，形成格调高雅、富

五芳斋粽子

丽堂皇的初具规模的中型餐饮企业。一楼经营面点和特色小吃，二楼、三楼经营中餐、酒宴，由新一代特一级厨师张永利（江浙名厨谢荣成的高徒）等人主持料理，做出富有江浙风味的菜肴，供人们品尝，深受食客的欢迎和好评。由于店貌的改观，经营得法，坚持保持店堂整洁，牢牢把住卫生关，又加之服务质量的优良，便吸引了武汉市众多顾客的光临，并以到五芳斋就餐为乐。著名汉剧艺术表演家陈伯华，越剧名演员金雅楼、华倩，著名歌唱家吴雁泽等文化名人也前来品尝。

浙江和武汉的两家"五芳斋"，有竞争更有合作，一直在餐饮业被人津津乐道，目前两家已经合为一家。

武汉五芳斋，百年老字号，它不仅仅是一个商业符号，更是一座城市文化记忆的一部分，五芳斋作为武汉特色饮食的文化记忆，在吐故纳新中蒸蒸日上，赢得了广大消费者的信赖和喜爱。

（五）小桃园

楚菜的"三无不成席"（无汤不成席、无鱼不成席、无圆不成席）集

中反映了楚菜的特色。湖北人爱喝汤，也会做汤，瓦罐鸡汤、排骨藕汤、鲫鱼汤、鮰鱼汤、鱼圆汤、龟鹤延年汤等，均为汤中杰作。举凡筵宴，压轴戏必然是一钵鲜醇香美的汤，"无汤不成席"，已成为一条不成文的规定。

　　从历史上来看，武汉地方特色最浓的要数"八卦汤"，所谓"八卦汤"就是乌龟汤。因为楚地巫师往往用龟壳占卦，所以湖北人便把乌龟肉称为八卦肉，把龟肉汤称为八卦汤。作家秦牧在一篇文章中写道："我在武汉虽然仅仅是在解放初期住过十几天，但印象却是十分深刻。……那次我到武汉时，武汉中小饭馆里有一样菜式引起了我强烈的兴趣，那就是'八卦汤'。当时饭馆里普遍都卖这道菜。这使人想起古代云梦泽的遗迹……"湖北人的饮食习俗，不仅与自然环境和食物资源有关，而且与灿烂的楚文化有关。虽然经过3000多年的流传和变异，现代仍有很多菜肴保持着楚菜遗风。在著名的《楚辞·大招》中，有"鲜蠵甘鸡，和楚酪只"这道名菜。汉代王逸注释说，这是用鲜活的大龟烹之作羹，调上饴蜜，再与鸡肉合烹，和以酢酪，味道清香鲜润。可见湖北人用龟肉煨汤的历史何等悠久，烹调方法何等讲究。

　　在武汉有许多以煨八卦汤著称的餐馆，抗日战争全面爆发前，以"佘胖子煨汤馆"最为著名；抗日战争胜利后"筱陶袁"就取代了"佘胖子"的地位。

　　抗战期间，"筱陶袁"煨汤馆坐落在汉口胜利街兰陵路口，当时只是一个搭建起来的简易小棚，是第一代煨汤王陶坤甫和袁得照两人创建的。陶、袁两人原本是汉口天主堂医院的厨工，20世纪30年代日本轰炸汉口，医院被炸毁，两人只得自谋出路。陶坤甫在兰陵路的废墟上找了块空地，搭了个小棚子卖豆浆、糯米包油条等小吃，袁得照也过来炸面窝，生意清淡，艰难维持生计。

　　离兰陵路不远的大智路有家卖八卦（乌龟）汤和牛肉汤的小店生意不错，陶、袁二人便登门请教，回来以后两人寻思，武汉人喜欢喝汤，民间有"无汤不成席"一说，于是，两张桌子，一方灶台，两人合伙卖起了牛肉汤和八卦汤。陶坤甫在医院做厨工时，就对煨汤颇有研究，两人在材料上狠下功夫，所进牛肉、乌龟都要求十分新鲜，做法也极其讲究。

武汉沦陷后，陶袁两人的小棚子奇迹般地存活下来，来此喝汤的人越来越多，小棚子外常有人排队等候。解放战争胜利之前，法币、金圆券贬值，物价飞涨，煨汤的价钱一日要涨 3 次，食客仍然不减。兰陵路附近曾驻扎过一队国民党军队，其中的高官要员，每日都要来喝汤，弄得兰陵路是车水马龙。

有熟客建议汤馆竖个招牌，方便客人认门，陶坤甫便同袁得照商量："我姓陶、你姓袁，三国时有个桃园三结义，我们俩也来个陶袁结义。我们店小，就叫'小陶袁'吧？"袁得照听了摇摇头说："小字只三划，三天就要垮台，不吉利！"老陶灵机一动说："有了，不是有个越剧名角叫筱牡丹吗？我们把'小'字改成'筱'字就可以了。"渐渐地"筱陶袁"便在三镇出了名，以后又改名为"小桃园"，如今的"小桃园"以汤菜名闻三镇。

小桃园创店以来，为了争取顾客，十分讲究质量，精工细作，始终保持煨汤的原汁原味，再加上他们采取薄利多销，物美价廉，很快就受到顾客的欢迎。

1939 年喻凤山经同乡介绍来到小桃园，虽然他过去曾在别的餐馆中做过事，也有过一些经验和技术，但老板还是要他从头做起，专门给师傅打杂，例如生炉子、挑水、剥蒜剁姜、杀鸡宰鸭等，把这些杂活干完后再交给师傅去烹调煨焖，是不能直接上厨房煨汤的。过去的有些师傅一向很保守，怕你学去了技术他就没饭碗了，所以凡在餐馆酒楼学艺，起码要干上几年，他们认为你勤快，能吃苦，人灵光，才肯让你进去帮忙。其实这个时候所做的也还是一些下手活，真正的要学技术，还得靠你自己。所谓"师傅领进门，修行在各人"。一般地说，真正学技术全靠你自己的悟性。首先是观察，其次是模仿，过去很多人都是这样偷学过来的。喻凤山刚开始却没有这样的好运气，虽然老板也赏识他，但就是

不让上厨房学煨汤。怎么办？聪明过人的喻凤
山自有一套办法。他每天干完杂活后，就偷偷
地站在门外看他们操作，并暗暗地记在心上，
再就是用鼻子闻，汤煨好后，有一股浓郁的香
味，经过长期熏陶，他能辨香知味。从而练出
了独具特色"鼻闻汤香断火候、判品质"的绝
技。同时他还非常注意煨汤的火候，从汤的色
泽浓淡等方面观察从厨房里端出来的汤。就在
这样的环境中，他基本上掌握了这样一套煨汤
技术，终于有一天机会来了。

第二代煨汤大王喻凤山

　　1948 年，小桃园煨汤的生意越来越兴旺发
达，原有的小棚子经营远远不能满足四面八方的
顾客了。于是就将小棚子加以改造，扩建了 20
多平方米，能摆上七八张桌子，这时的员工又增
加了十几个人。喻凤山就是在这个时候开始了主
理煨汤的生涯。自从他主理煨汤起，他更加刻苦
研究煨汤技艺，广采民间煨汤技术，传承前辈煨
汤技艺，大胆创新，独创了"先炒后煨，炒中入
盐，一次加足水，大、中、小火配合"的"喻记
煨汤技艺"，在传统的牛肉汤、八卦汤煨汤的基

汉口里的"小桃园"

础上，又推陈出新，增加了甲鱼汤、鸡汤、排骨汤、鸭子汤等 10 多个品
种。小桃园在他的主理下，名气越来越大，武汉三镇及外地的顾客都慕名
纷纷前来品尝小桃园的煨汤。他们说，小桃园的汤最好喝。

　　1949 年后，省市领导经常到这里来喝汤，凡有贵宾来汉，总是要请
他门品尝武汉的小吃，到小桃园喝汤。1958 年，中共八届六中全会在武
昌召开，这次会议期间，毛泽东、周恩来、朱德、董必武等都亲自品尝
了喻凤山煨的地道湖北汤，其间还传说毛主席喝了"八卦汤"后兴致很
高地说"煨汤大王，名不虚传啊"。

1950 年，由国家和私人共同管理"筱陶袁"，它成为一家公私合营的企业。而在 1958 年，"筱陶袁"被陶坤甫和袁得照移交给国家，又成为一家国营的企业，陶坤甫被任命为餐馆副经理。但是在"文化大革命"初期，"筱陶袁"招牌和其他许多名牌一样被当作封、资、修砸掉了。后来，改了字号，搞的连本地人都不知道其踪迹了。外地顾客更是乘兴而来，扫兴而归。广大群众迫切希望恢复"筱陶袁"的风味和字号。

1974 年，"筱陶袁"恢复老字号的店名，并更名为"小桃园煨汤酒楼"。当时任副总经理，已到古稀之年的陶坤甫想起了当年取店名之事，建议将"筱陶袁"店名改为"小桃园"，以纪念店面开张 30 余年的"不吉"早已变成"大吉"的招牌，并为当年二人的结合之情深切怀念，这一想法得到了上级的批准，并正式挂牌。从此，"筱陶袁"终于获得新生，"小桃园"在武汉更具名气。

小桃园的票据

（六）蔡林记

迄今为止，热干面已有近百年的历史。据说它是在一个偶然的情况下形成的。大约在 20 世纪 20 年代末，汉口长堤街住着一个名叫李包的人，他每天在关帝庙一带卖凉粉和汤面。做小本生意的人，特别注意进货、出货数量，生怕亏本。但武汉是个出了名的火炉，夏天天热时更易使得食物变质。李包虽然平时很小心，但是有一天，时辰已近傍晚，他的面条还是没有卖完。李包担心面条发馊变质，就把剩下的面条用开水煮过摊在案板上，想保存到第二天再卖，忙乱中，一不小心碰到了麻油壶，把麻油全泼洒在面条上了，散发出阵阵香气。李包正在懊恼之时，忽然又灵机一动有了主意，索性将所有的面条与泼洒的麻油拌和均匀，再摊晾在案板上。

第二天早上，李包将头天晚上拌了油的熟面条放在沸水里烫几下，滤出水，放在碗里，再加上卖凉粉所用的芝麻酱、葱花、酱萝卜丁等佐料，弄得热气腾腾，香气扑鼻，可谓三鲜俱全，诱人食欲，人们顿时涌了过来，争相购买，吃得津津有味，个个赞不绝口，都说从来没吃过这等美味的面条呢！有人问李包，这叫什么面，李包不加思索地脱口而出，说是"热干面"。又有好事者打听是从哪里学来的，李包半开玩笑半认真地说道："这是咱自己独创的。"人们当然信以为真。此后，李包便专卖热干面，后来便有许多人向他学艺，渐渐地，经营热干面的人越来越多，吃过热干面的人更是深深被其美味所折服，一传十，十传百，由此，热干面开启了它在武汉的传奇，而其中最有名的就是蔡林记热干面。

刘焕章书《蔡林记》

蔡林记热干面由蔡明伟于 1930 年创立，因店门口有两棵大树，双木成林，郁郁葱葱，便定名为"蔡林记"，寓意生意兴隆，财源茂盛。现在，武汉三镇大大小小的餐馆、面食摊子都有热干面供应，但是，吃热干面一定要选正宗的老字号，武汉热干面最负盛名的当然要数"蔡林记"了。在武汉甚至流行这样一句俗语："不到长城非好汉，到了武汉，不食蔡林记热干面好汉也遗憾。"由此可见蔡林记热干面的魅力之大了。

当年，老板蔡明伟对"蔡林记"的经营颇具匠心，不仅请当时来自山西的书法家路达题写了"蔡林记"金字匾额，对面条和酱料的调制更是追求精益求精。从和面、

蔡林记招牌

掸面、烫面、配料、芝麻酱制作等项目对热干面的制作工艺反复加以改进，并且用上了当时价格昂贵的味精。这样一包装，蔡林记热干面就鸟枪换炮，今非昔比，档次跃上一层楼：面条纤细秀美，根根筋道有咬劲，黄亮油润爽口，香醇鲜美耐饥。它既不同于凉面，又不同于汤面，还有别于捞面，可以说，热干面的创制使中国的面条家族有增加了一个风味特异的新成员。

1955 年春，"蔡林记"由私营改造成公私合营企业，店铺迁至中山大道 726～728 号。1966 年起，"蔡林记"由公私合营转为国有国营，最兴旺时，每天烹制热干面可达 1.2 万人份。

全料热干面

由于蔡林记的热干面不仅制作工艺独到，而且十分注重品种花样的更新以满足更多消费者口味的需求，特别是在王永中大师的带领下，不断推进热干面产业的发展，热干面的品种上不断扩大，在原有 8 种口味基础上又新增 4 种。现在的热干面种类有全料热干面、虾仁热干面、牛肚热干面、雪菜肉丝热干面等多个品种。另外蔡林记热干面的特色口味更是其他任何小吃都无法比拟的，黄色的油面、褐色的酱汁、白色的盐、绿油油的葱花、焦黑的胡椒末儿、再来点儿红色的萝卜丁儿，筷子拌匀了，再高高挑起，香气扑面而来，耐嚼有味。难怪老武汉的食客曾发出"蔡林记的热干面——香喷了"这样的赞叹了。

武汉户部巷热干面馆及铜像

目前，武汉有多家蔡林记热干面的店面，但是户部巷蔡林记热干面的生意尤为火爆，在此不得不提下有"汉味小吃第一巷"美誉的户部巷。户部巷这样一个名字听起来就颇有历史感，事实亦是如此，户部巷作为地名，历史已相当悠久，早在明嘉靖年间的《湖广图经志》里的地图中就有明确的标注。因从前司门口为中央布政使司衙门在武昌府的办事处，而布政司主管钱粮户籍，民间称为户部，明清年间，户部巷东为藩库，即布政司存放钱粮的金库和粮库；西为武昌府的库粮所在地，户部巷位于两库房中间，因而得名。

蔡林记宣传折页

刚走进户部巷，各色香味便扑鼻而来，烤肉香、米酒香、瓜果香……而在这些香味中有一味香格外浓郁，那就是蔡林记热干面的芝麻酱香，可以说，很多人去户部巷是奔着蔡林记的热干面去的；也可以说，去了户部巷，有一款小吃人们必会品尝，那就是蔡林记的热干面，其火爆程度可想而知了。

其实，一座老店，不仅仅是商铺，也是一个地域文化的载体，一种特定文化的象征，一种牵动乡土情怀的称谓。蔡林记的热干面大概就承载了这样一种感情。现在，蔡林记热干面的铜像前每天都有不少游人在拍照，这是游客对热干面的肯定；另外，蔡林记热干面还获得了"中华名小吃"等美誉。

2006 年，其制作工艺还被列入了武汉市首批非物质文化遗产名录，这是中国面食文化对热干面的认可。

蔡林记的热干面里不仅混杂了长江汉江水的灵气和神韵，更凝聚着武汉人的精气神，作为江城的文化符号，蔡林记热干面——武汉，两个名词已紧紧融合在一起，不容割裂。

（七）老通城

江城武汉的风味小吃品种很多，誉满海内外的名点也不少，其中老通城豆皮更是首屈一指，美名远扬。

"老通城"，原名"通城饮食店"，是 1929 年汉阳人曾厚诚在大智路口开办的。关于老通城"通城"二字的由来，历来有很多种说法。也许只是它的创始人曾厚诚在上海的匆匆一瞥，一家叫"通城"的店让他印象深刻，后来就沿用此名；也许只是因为店门

老通城酒楼

口的路以前叫后城马路，是通向老汉口城墙的处所；也许只是因为，一个出身寒苦的贫农子弟对他来之不易又倍感珍贵的小店的一份期望，希望这个承载他半生心血的饮食店"通达成功"。不论是哪一种可能，曾厚诚都不会想到，这个店名在经历了接近百年的风雨后，成为一座城市弥足珍贵的记忆，也承载、延续了他的生命。

1929 年，年满 44 岁的曾厚诚，无法满足这样沿街摆摊叫卖的小本买卖。当时正好在中山大道大智路口转角处新建了一批街面房屋。胆大心细的曾厚诚在妻子的支持下，租下了大智路三号楼下的门面，开了"通城饮食店"。只有 50 多平方米的饮食店里设有六七个方桌，主要经营甜点以及面食。曾厚诚发现不同的时段会有不同的客源，一天 24 小时都是商机：天不亮时是棉花厂的工人，中午则为普通市民及学生，晚上尤其是戏院散场时人更多。因此在那个时候通城饮食店就实行 24 小时营业，由于周到的服务，通城饮食店在开店之初就实现了盈利，小店得到了不断的发展。

1931 年是真正改变通城饮食店发展格局的一年。这一年，大水冲进了武汉三镇，汉口全境浸没于水中，高及屋顶。随处可见门板做成的小舟，木片结成的木排，大大小小的跳板成了人们出行的必需品。当其他商家正在为汹涌而来的洪水发愁时，曾厚诚看准了商机。他租了几条木

船，划着船将做好的肉包子用竹篙挑起卖给舟桥上的行人们。巨大的盈利，为他进一步增加经营品种提供了重要的物质保证。同时，作为一个商人，曾厚诚将危机转化为商机的能力体现得淋漓尽致。

也是在这一年，他做了一个影响至今的决定——开始豆皮的供应。在当时看来，这仅仅只是一个饮食店为了扩大营业规模的一种商业行为。当初谁也没想到，小小的豆皮会成为老通城的镇店之宝；谁也不会想到，这么一个重大而简单的决定，却在 20 多年后成就了一个家族乃至一座城市的荣耀。

1938 年武汉沦陷，曾厚诚的经营场所被炸毁，全家迁往重庆。1945 年，抗日战争胜利后，曾厚诚携家从重庆返回武汉，几经周折，曾厚诚在原址复业，大事修饰，扩充店堂，增加经营品种，改招牌为"老通城食品店"以示其资格老，排面大。重新开张的老通城，扩充了二、三楼的营业，请了广东的师傅做广东卤菜和叉烧，北京的师傅做冰镇酸梅汤和北方点心，抗战后的老通城再次焕发了生机。

曾厚诚是经营饮食业的行家，重新开业以后，他认为再经营一般的小吃不会有大起色的，必须有叫得响的名产品撑住门面，才能使生意红火。几经打听访探，了解到曾在武汉几处工作的名厨高金安制做豆皮的手艺出众，于是便以重金聘用，意以高金安师傅擅长的"三鲜豆皮"为突破口，作为本店产品的特色，并在三楼高处安装"豆皮大王"的霓虹灯，招徕顾客，这一招果然大奏奇效。

豆皮原是湖北农村的食品，传到城市，用糯米、香葱做馅子，很受食客欢迎，武昌王府口"杨洪发豆皮馆"开业于清同治年间，是武汉最早的豆皮馆，当时只是出售光豆皮，颇具有油重、外脆、内软特色，人称"杨豆皮"。

老通城豆皮

豆皮制作过程中要求"皮薄、浆清、火功正"，这样煎出的豆皮外脆内软、油而不腻。高金安师傅之所以被称为"豆皮大王"，是因为他善于琢磨，他在民间制作技术的基础上，经过精工细作，用大米和绿豆磨的浆粉烫成豆皮，最初因配鲜肉、鲜蛋、鲜虾仁作馅制成，故以"三鲜豆皮"而得名。尔后在馅里又配有猪心、猪肚、冬菇、玉兰片、叉烧肉等，制馅十分讲究，煎制出来的豆皮，色泽金黄，外酥内软，两面油光透亮，吃起来爽口，且回味香醇。由于其豆皮选料严格，用料齐全，制作精细，形成了一种独特风味。由此可见，老通城豆皮的独具一格，不是一朝一夕之功，也非一人一手之劳，而是经历了一个较长发展阶段，是博采众长而制成的。正如"豆皮大王"高金安所言："不能说武汉豆皮由我高金安首创，因为在我之前已有不少的同行前辈，我是吸取他们的经验，并有所改进。"

高师傅的手艺加上曾厚诚父子的经营，三鲜豆皮在饮食界的风头一时无二。此时，老通城的另一位师傅，就是在很多年后为毛主席做豆皮的曾延林师傅也逐渐成长起来。如果说世事真有因缘际会的话，那么在曾厚诚与曾延林身上就体现得尤为突出。中华人民共和国成立前，曾厚诚参加过"同善社"，每年农历四月初八都会花钱买一些活鳝鱼到江里放生。每年腊月总会买一二十石或更多的米票救济家乡的穷苦亲戚。曾延林家很穷，曾厚诚基于"善事好报"的信念常常周济他家度过寒冬。曾延林的回报则是将摊豆皮的技术发展到炉火纯青的地步，帮助老通城在日后成就辉煌。

与此同时，曾厚诚一家并没有因为安稳、富裕的生活而丧失革命的热忱。在解放战争期间，儿子曾照正因反对造军火打内战而拒绝到汉阳兵工厂当技术员，他还利用自己的有利条件，掩护过党的地下工作者。中华人民共和国成立后，曾厚诚在工商联担任职务，长女曾子平由崇明县委书记调任到汉口江岸区委参加领导工作。陆陆续续，其他几个兄弟姐妹都参加了革命工作。1953年，曾厚诚因脑出血去世，享年68岁。他的孩子们没有继承自己父亲的家业和其他遗产，而是毅然决然地将老通城上交给了国家。1956年，公私合营，由江岸区接管，改称"国营老通城餐馆"。

毛主席与老通城员工合影

名噪武汉三镇的老通城豆皮，具有皮薄色艳、松嫩爽口、馅心鲜香、油而不腻的特点，武汉人一提起它，总是津津乐道，赞不绝口。真正使老通城豆皮美名远扬、驰誉国内外的，是中华人民共和国建立以后，许多名人、要人的亲口品尝和赞扬。

老武汉人一直把老通城视为武汉的骄傲，因此来武汉的人有"不吃老通城豆皮，不算到武汉"的说法。因为武汉人都知道，豆皮虽有千家

今老通城门面

做，但要想尝到正宗地道的老汉口风味，还是要到老通城。毛主席和许多外国贵宾和友好人士参观、访问武汉，都会光临老通城，亲口品尝三鲜豆皮，至于海外归国华侨和港澳同胞及外地慕名者，更是难以计数。久而久之，老通城豆皮的名气越传越远，真是闻名遐迩，蜚声中外。

"老通城"经历了多年的沧桑历史，社会的变革在其身上留下了深刻的烙印，而且有幸与众多历史伟人、名人产生过交集，并得到了普通民众的一致认可。作为武汉人日常生活中的一部分，其品牌价值及影响力留存在人们的心目中。

（八）德华楼

每岁腊月，汉味小吃备受市民青睐，位于汉口六渡桥附近的德华楼一天到晚门庭若市。人们喜欢"德华水磨年糕"，但未必知道德华楼的历史渊源。始创于1924年的德华楼，在近百年的历史长河中与时俱进地打

造"德华小包""德华北方水饺""德华水磨
年糕"等"中华名小吃",在江城餐饮业中无
人不晓。

德华楼标志

1924 年,天津人李焕庭在汉口创建了
"得华楼",由于经营得法,赚了一大笔钱后,
就衣锦还乡了。临行前他声明,如果有人以
"得华楼"招牌继续开办餐馆,必须略改名
称,做出区别,方可经营。1931 年,又是几
个天津人——陈世荣、曹树召、陈大友等合股,在汉口中山大道民众乐
园正对面,一栋两层楼的木板房,以"德华楼"为招牌开办了一家餐馆。
开业后不久正逢汉口遭水灾,被迫停业。1932 年,由原股东之一陈大友
接手继续开业,更名为天津德华楼,由于管理不善,资金耗尽,不到两
年遂告歇业。

就在酒店面临绝境之际,原掌作
师傅李晶珊、堂头周秉山两人于 1934
年重新集资 2000 余元、雇工 30 余人
再度开业。营业用房两层楼,共约
500 平方米,店堂整洁雅致,并设有
喜、寿、丧专厅,还高薪聘请了名厨
刘开榜、龚虎臣等人。在店前装上

德华楼正门

"鮰鱼大王刘开榜""筵席专家龚虎臣"的大型霓虹灯,一时轰动武汉三
镇,顾客络绎不绝,生意日趋兴旺。一时间菜肴名满两江水,风头正劲。
红案的百菜十八式和白案的众多精致点心不光吸引着来自武汉三镇的食
客,也吸引着包括梅兰芳先生在内的京城各大名角。到 1938 年,员工增
至 70 余人,可见规模之盛。

武汉沦陷后,日本商人强占店房,开办了汽水厂,德华楼被迫停业。

1945 年抗战胜利后,原店房物归原主,但设备被洗劫一空,李晶
珊、周秉山二人只得另起炉灶,重新组股,恢复营业。但开业后名厨甚

少，风味也不如以前，信誉下降，每日营业额仅百元左右，支撑数月就歇业了。1947 年李晶珊又重邀孙凌霄、曹树华、萧锦堂等 6 人，筹款 800 元，雇工 50 余人，聘请京帮名厨多人，再度开业，经营旺盛，声望逐渐恢复。

银丝卷

中华人民共和国成立后，1956 年德华楼实现了公私合营，营业日益发展。20 世纪 60 年代著名特级厨师万德森曾在德华楼掌厨，在他的带领下，先后涌现出梁宗元、王义臣、刘友玉、段喜山、王永中等技艺高超的特级厨师。在保持传统京津名菜、名点的基础上，他们还根据消费者的需求，不断开发新品种。由当时特级面点师余东海、特二级面点师王永中主持开发了"银丝卷""莲茸包""寿桃""水晶糕"等 40 多个新品种，其中"螃蟹酥"获得全国商业系统"金鼎奖"。

螃蟹酥

1985 年德华楼整修后，店堂扩大，营业面积 400 平方米，一楼设南、北两厅，专供北方水饺、天津小笼包子等北方面点小吃；二、三楼辟有"雅苑"，设"吟宣轩""丽景园""水月宫"等雅厅，供应京津风味菜肴。名菜有红烧鲍鱼、三丝鱼翅、三鲜海参、溜桂花片、抓炒鱼片、爆双脆、拉丝香蕉、炸虾球、八宝香酥鸭等。此外，其节令食品水磨年糕也驰誉江城。

德华年糕

自 1924 年天津人创建"得华楼"始，德华楼已走过近百年的风雨沧桑。现在，岁月变迁，江水东去，德华楼依然扎根江城。在近百年的蜕变与革新中，经过几代德华人的不懈努力、锐意革新，不断引入新工艺，调整经营机构，创新名点名肴，德华楼变通趋时，不停书写着新的华章。同时，德华楼将京津风味与武汉风味完美结合，德华水磨年糕、德华小包、德华北方水饺等风味小吃早已源源不断进入到广大百姓家中，广受食客喜爱。那冲击着味蕾的美妙滋味是岁月的味道、时间的味道，也是近百年德华人传承的味道，更是历经沉浮不曾变化的老武汉味道。

（九）老大兴园

老大兴园位于汉口升基巷内，1949 年前武汉有句俗语称"饿不死的升基巷，渴不死的大火路"，其中前一句就是形容升基巷内餐馆林立的情景。升基巷相传在清代道光年间就有了，至今已有百余年的历史。

1838 年，汉阳人刘木堂在汉正街下段升基巷内，创办了一家酒楼，当时刘木堂按"开张大发，生意兴隆"的寓意，取店名为"大兴园"，虽称不上文雅，却也不失财气。大兴园酒楼建立时不大，不足 200 平方米，主要经营湖北地方菜肴、酒饭、面点。刘木堂本是个"江湖人"，黑白两道都比较吃得开，酒楼有一定的客源基础，加之经营的鱼类菜肴确实比较有特色，使得大兴园酒楼在这条激烈竞争的"好吃街"里始终占有一席之地。

刘无嗣，收吴云山、吴宝成两兄弟为徒弟。刘病殁后由吴云山与刘的遗孀合股经营。不料其弟吴宝成竟在与大兴园仅隔两家的地点开了一家"新大兴酒楼"。吴云山为了在竞争中占上风，便在招牌上加了一个"老"字，显示自己是有几十年传统的"老大兴园"，同时还托人请夏口县知事书写"老大兴园"四字，制成金字招牌。从此，老大兴园在汉口独树一帜，声誉日高。

老大兴园是以鱼菜为主的餐馆，老板吴云山特别重视鱼的质量，亲自把关挑选。在鮰鱼价格上，只要货好，他总是照要价付款。所以，鱼贩子云集而来，货源充沛。由于原料新鲜，菜肴味道好，颇受顾客欢迎，生意日益兴隆。但是它的鮰鱼菜在汉口还不出名。1936 年，吴云山看中了名厨师刘开榜的手艺，用重金聘请他到老大兴园，挂出了"鮰鱼大王刘开榜"的牌子，使老大兴园名声大振。这就是第一代鮰鱼大王。

1944年，美军飞机轰炸武汉日军兵营，失去准头的炸弹炸毁了老大兴园酒楼，刘开榜也不幸遇难，被迫暂时停止营业。这一年的年底，吴云山集股，在老大兴园旧址的基础上建了一座平房，以恢复营业，此时又有盈利。1946年，"老大兴园"继续兴建，建起了两层小楼，自此又恢复原样，继续营业。同时刘开榜的徒弟曹雨庭继续掌勺，在厨艺上，曹不仅继承和发扬了师傅的优良特点，而且还有多项发明和创新，使老大兴园的湖北菜肴更加独特鲜明。

1958年老大兴园由汉正街升基巷迁到居仁门，此时营业面积达到400平方米，获得了一次大发展。在厨艺方面，曹雨庭对各种鱼类进行了改进和创新，尤其是鮰鱼，并做了"老大兴园"的4道名菜——红烧鮰鱼、海参碗鱼、荷包圆子、大鸡鸢，备受好评。在1959年底，曹被武汉市人民政府授予"名师巧匠"的称号，同时还被称为功臣。1961年底，老大兴园在曹雨庭的掌勺下，被武汉市饮食公司列为14家风味餐馆之一。1963年，湖北省饮食公司要制作名菜谱，为此曹雨庭与另外一名师傅共做了14道关于鱼的菜系，都有红烧鮰鱼、红烧鳜鱼、氽鮰鱼、清炖鮰鱼、虾子海参碗鱼、清蒸樊口鳊鱼、双黄鱼片、白汁鳜鱼、滑溜鳜鱼、炸鳜鱼块、红烧樊口鳊鱼、油焖樊口鳊鱼、糖醋熘鳜鱼、五花肉烧甲鱼，备受好评。1964年曹雨庭病逝，曹的徒弟汪显山继承和发扬了前两任师傅的厨艺，创新鱼类菜肴。汪师傅的技艺与"老大兴园"的生意在这一时期都达到顶峰。

1966年，老大兴园又迁至航空路口的武汉饭店旁，其中营业面积达到800平方米，职工也增加至97人，经扩建、改造、装修，环境十分优雅，集娱乐、餐饮为一体，常常食客如云，宾朋满座。到了20世纪70年代，"老大兴园"门前常常排满争购

1986年老大兴园酒楼员工合照

鲴鱼菜的人群，生意最火的时候，汪显山一天要烧 300 千克鲴鱼，才能满足顾客的需求。那一时间，"老大兴园"航空路本店与居仁门分店常常要架上 10 多个炉灶，汪师傅带着徒弟们穿梭于灶台间，从早到晚，手脚不停，烹制出一盘又一盘的红烧鲴鱼，排在前面的顾客得以大快朵颐，没排上的顾客只好怏怏而归，改日起个早床再来买。在 1972—1982 年，10 年内，平均营业额达到 71 万元，到 1985 年经营额达 71.95 万元。

孙昌弼展现厨艺

曹雨庭、汪显山的徒弟孙昌弼，在两位鲴鱼大师的点拨下，制作的鲴鱼不仅鲜嫩，更是透味而肉不老，卤汁如胶似漆，10 多年炼成一席"长江浪阔鲴鱼美"。而此时的"老大兴园"经扩建后，宾朋满座，国内外名流纷沓而来，盛况有诗为证"最是多情桃花水，养得扬子一日肥，高手烹成天厨液，留驻鄂人醉方归"。1984 年，一位北京的高龄书法家，来老大兴园吃过孙昌弼烧制的鲴鱼之后，欣然题下了"老园旧业逾百年，鲜味鲴鱼独一家"的楹联。1988 年，老大兴园 150 周年庆迎来了新的辉煌，政府非常重视，影响力很大，二楼 11 张台子，三楼 9 个包房，加起来 20 桌，天天爆满，盛况空前，轰动三镇。

汉口里老大兴园门面

2015 年，百年老店"老大兴园"重新回归，在园博园的汉口里开门迎客。"鲴鱼大王"就这样代代相传，截至目前，已历 4 代。孙昌弼常说希望将手艺全部都传给下一代，让湖北特有的鲴鱼菜发扬光大。

（十）老会宾楼

汉口的老会宾楼是以烹饪楚菜出名的大型酒楼。楚菜历史源远流长，早在公元前 4 世纪，楚国就能办成丰盛精美的筵席。两千多年来，随着经济、文化的发展，楚菜在中华民族众多代表菜系中已取得了独具一格的地位。楚菜可分武汉、荆沙、鄂州、襄阳等四个地方风味，而武汉菜是其中的佼佼者。在武汉，集鄂菜之大成者，要算老会宾楼了。

老会宾楼创办于 1929 年，老板朱荣臣是湖北汉阳县朱家台人。他十几岁时就在汉口大观楼（茶馆兼酒馆）里做跑堂。后来他兄弟三人

老会宾楼

合伙在汉口开餐馆，数次搬迁，多次倒闭。1932 年朱荣臣在汉口三民路口独资开了一家餐馆，由他儿子朱世泽取名为会宾楼。1935 年迁至三民路中段现址。营业规模一底二楼。一楼供应大众化的客饭和小吃；二楼是宴会酒厅；楼顶平台，每到夏天开辟为夜茶园。当时会宾楼的顾客主要是一些普通的体力劳动者。菜肴主要是湖北风味，受到武汉以及黄陂、孝感等县群众的欢迎。

全面抗日战争初期，武汉城市人口骤增，外出就膳需求扩大，会宾楼的生意红极一时。但好景不长，武汉沦陷前夕，餐馆业日渐萧条。日军侵占武汉后，伪市政府对餐馆施行物料配给，复业户虽不少，但营业清淡，勉强维持。此时的朱荣臣选择了避乱离汉。直到 1939 年战火稍息，他重新回到汉口恢复营业。而此时有一个日本商人在离会宾楼不远的地方（原健民药店）开了一家"会宾楼"，企图以假乱真抢会宾楼的生意。许多曾经的老顾客进了"会宾楼"之后大失所望，出门便摇头直叹："会宾楼成了日本人的手下了，可惜啊！"朱荣臣见日本人的无耻行径很是生气，还找到日本领事馆控告，但此时无权无势的朱荣臣哪能抵得过强权的日本人，遭败诉。怒火难消之际，朱荣臣在招牌上加一个"老"字，成为"老会宾楼"，以示区别，市民也以"老会宾楼"为正宗。

1945 年日本投降后，由于"杏花楼""燕月楼"等相继停业，一些著名的京苏帮厨师也加盟到老会宾楼，加强了老会宾楼的技术力量，使其形成湖北风味加京苏风味，为武汉三镇最具名气的一家酒楼。顾客由

原来的体力劳动者转变为社会知名人士、文化界人士等，如京剧艺术大师梅兰芳，影坛明星胡蝶，楚剧名演员李百川、沈云陔，汉剧名演员牡丹花、胡桂林、周天栋等都曾在此举行过宴会。还有国民党的高级军政人员、青洪帮头目以及一些豪商富户，也曾在此开办婚丧喜庆筵席。最有意思的是，那时汉口各行业均有同业公会，每年改选，选毕必在老会宾楼办酒席，最少4桌，需报上级备案，并请汉口市政府及国民党市党部派人指导。老会宾楼的营业蒸蒸日上，每天营业额达六七千元（法币）。

老会宾楼的著名菜肴有生氽鮰鱼、东坡肉、绣球燕窝、掌上明珠、全家福、龙戏珠、蟠龙卷切、橘瓣鱼圆、金包银、清炖甲鱼、五香葱油鸡、烧滑鱼、葵花豆腐、财鱼三吃、干贝裙边、什锦鱼肚、白汁银肚、峡口明珠汤等，色香味俱臻上乘，名扬全省。

葵花豆腐

如葵花豆腐，此菜初名一品豆腐，是20世纪40年代由宗良植、宗良松兄弟俩根据胡承藩师傅的传授创新的。制作时，先把鲜豆腐去皮擦碎，然后掺入鱼茸、虾仁、火腿等配料。此菜名为豆腐，实为上等佳肴，一经应市，即轰动武汉三镇，深受各界欢迎。后来，老会宾楼的厨师又在一品豆腐的基础上，加以改进造型，用鸡蛋皮切成丝条贴在豆腐上，旁边镶以绿菜叶，形同葵花，故取名"葵花豆腐"。

中华人民共和国成立后的老会宾楼于1955年实行公私合营，成为武汉市第一家率先实行公私合营的酒楼。经营方向始终坚持楚菜风味，不断挖掘传统特色菜肴，在大众化上创新发展，曾受到中南商业部的好评。老会宾楼房屋年久失修，1982年6月老会宾楼得以重建。新建的老会宾楼为6层楼房，建筑面积达4000平方米，外形美观。餐厅分布在一、二、三楼，四楼附设旅社。楼顶呈波浪形，夏天开放茶园，宛如屋顶花园。

老会宾楼自开业以来，名师辈出。如特级名师宗良植，从事烹饪近60年，精通红白两案。1958年中共八届六中全会在武昌召开，他制作的宴会名点"五叶梅"，毛泽东、周恩来等中央领导品尝后十分赞赏。1983年11月，一级厨师汪建国在人民大会堂参加全国烹饪技术表演，他做的湖北名菜生炆鮰鱼，汤如奶汁，入口粘唇，肉质柔嫩，鲜美绝伦。各地名师裁判品尝后，无不为楚菜新秀的高超技术喝彩。还有曾受聘美国的特级厨师李贤皋、宴会设计师赵子舟以及在全国烹饪技术表演鉴定会上获奖的一级厨师聂亚农和周翼铨等，可谓名师荟萃。

不可否认的是，老会宾楼曾经作为武汉三镇最著名的酒楼之一的称号已一去不复返。随着武汉经济的发展，老会宾周围高楼大厦云集，交通堵塞，没有停车场，曾经辉煌的老会宾酒楼，逐渐被后起之秀超越。相较于曾经辉煌一时的老会宾楼，如今的老会宾楼更似一个老态龙钟的耄耋老人，但耄耋之貌确也自有其深厚韵味，坚守"初心"，老会宾楼将不仅存在于我们的记忆里，它的独特芳香也会传遍街头巷尾。

（十一）祁万顺酒楼

祁万顺酒楼位于武汉市汉阳大道114号，是武汉市著名的湖北风味餐馆。该店经营的菜点有300多种，过去以京苏风味为主，名菜有"万顺滋补鸡""四季鱼糕"，名点有"椰蓉小包""滋补灌汤蒸饺"等，先后由文家元、杜永松、李泽华、谢学宽、刘和平等名厨主理。

早先的祁万顺酒楼由黄陂人祁海洲创办于1920年，原址在汉口大智路，主要经营早点、水饺和发糕。1939年更名为"福兴和粉面馆"，辗转经营至1955年。1956年调整网点，迁到汉阳西大街与李金章小吃店合并。1959年10月1日迁到汉阳区钟家村现址。1963年因经营很有特色，出席了全国群英会。1966年后曾两次更改店名，1980年恢复"祁万顺酒楼"的店名，国家投资重建4层楼，一楼供应小吃，二楼供应瓦罐鸡汤、小笼蒸包及风味小吃，三楼名"抚琴楼"，内设"白云""翠微""鹦鹉"等雅厅。

1989年祁万顺酒楼进行扩建装修，面积扩至6000平方米，竣工后的祁万顺酒楼有 6 层楼，有大小 12 个餐厅，客座 1600 位。一楼小吃餐厅有电炸系列、蒸点系列、面食系列、滋补品系列，品种达 60 余种。二、三楼为醉鹤园餐厅，供应楚、粤早晚茶、中餐晚餐、中高档宴席。四楼有港、韩式餐饮。五楼主要为娱乐场所，设有美容美发、健身房、台球厅等服务设施。六楼为豪华酒吧、西餐歌舞厅。祁万顺酒楼每层各异，格调新颖，装饰典雅，环境舒适，店堂内具有园林式立体格调和现代风格。

祁万顺酒楼曾被评为武汉地区十大餐饮企业之首，《长江日报》《武汉晚报》《湖北日报》曾以"小吃自有大排场""早晚茶更具魅力""名牌老店重新放光彩"等标题先后予以报道，电视台也多次进行采访、报道，使祁万顺酒楼誉满江城。

（十二）福星居酒楼

福星居酒楼是湖北风味餐馆，位于繁华的汉口三民路，原名"福星居"，1936 年由曾宪财和伍仁甫合作创办，以甜食小吃闻名武汉三镇。1966 年福星居改为民众甜食馆，该馆经营的甜食小吃具有花色多、质量精、风味足的特点。花素豆皮、酒酿赤豆羹等品种，清香可口，甜而不腻；重油烧梅、蒸饺、瓦罐鸡汤等品种，也颇受顾客喜爱；元宵汤圆、端午粽子更是在群众中享有盛誉。

1991 年福星居酒楼进行了全面改造装修，扩建了二、三楼餐厅，增加了风味菜肴。现有营业面积 450 平方米，一楼经营大众甜食小吃，花色繁多，因时而异；二楼首家推出汉味小吃套餐、汉粤早茶、KTV 晚茶；三楼承办各种筵席和南北风味大菜。并先后在武汉民生路及宜昌、常德、重庆等地开设分店。

经过几代职工的努力，现在的福星居酒楼饮食品种不断增多、业务不断扩大，形成了品种多样，风味独特，具有浓郁武汉乡土气息的风味小吃系列。由于选料严

福星八宝

谨，制作精细，"三鲜豆皮"等 6 个品种被评为市优质产品；"四味烧梅"等 3 个品种在湖北省面点小吃大奖赛中获铜牌。"三鲜豆皮"还列入了 1990 年北京亚运会美食节产品，并获得商业部颁发的荣誉证书，受到中外顾客的赞扬称道。

玻璃虾饺

为了满足不同层次消费者的需要，适应市场的需求，发展武汉的名优小吃，福星居酒楼推出汉味小吃套餐和汉、粤早晚茶。小吃套餐荟萃了武汉市的名优小吃品种，如"杯子花糕""蟹壳黄饼""福星八宝""欢乐香团""水晶蛋糕""菠萝米酒""玻璃虾饺"等百余个品种。套餐中的甜食宴更集传统小吃和特色菜肴于一体。

（十三）春明楼

春明楼位于汉口胜利街 184 号，创办于 1947 年，原名为"北京春明楼"，是武汉市老牌正宗京、津风味酒楼，以选料精细、制作考究、注重产品质量和菜肴风味特色而闻名武汉三镇。

春明楼初开张时，面积仅有 200 平方米，楼下有 4 个包厢餐室，大半面积是餐厅，连同楼上 8 个正台、6 个边台、1 个厨房，红白两案在一起，可容纳顾客 200 多人。

由于进餐顾客大部分是来自商业界、戏剧界、金融界、纱厂、行栈等的老板和客商，春明楼特别讲究环境舒适、格调高雅，所以添置了不少西洋和景德镇出产的美观、精致的碗碟和银器、铜器餐具，如火锅、边炉、酒壶及银筷、象牙筷等，精美的菜肴、周到的服务深受顾客的好评，生意十分红火。

中华人民共和国成立后，春明楼获得了新的发展。1960 年春明楼全部重建，面积扩大到 450 平方米。1976 年利用后院空地 100 平方米扩建了办公室、压面车间、煤炭房。1983 年再次扩建店堂，使营业面积达到了 500 平方米，可同时接待顾客 350 人。为了搞活经济，增强企业活力，开展多种经营，该店于 1986 年全部拆修，扩建了二楼营业大厅，新增了三楼营业场所，现在面积扩大到 540 平方米，可同时容纳 500 余人进餐。

扩建后的春明楼以全新的姿态迎接四方来客，其设备、设施、店容、店貌焕然一新。一楼有精美的风味小吃、快餐，食客感到清洁、实惠、方便、舒适。二楼有 2 个装饰豪华典雅的餐厅承办各种大小筵席。

春明楼厨师阵容强大，技术力量较强，经理陈继衡为特一级烹调师，培养了一大批烹调技术骨干。有职工 115 人，其中厨师有 39 人，主要掌厨名师有陈继衡、陈永春、刘中权、阎保珠、范金华等。近几年来先后有 6 名厨师到中国驻伊拉克、阿尔及利亚、几内亚、瑞士、德国、希腊、日本等国使馆工作，吸收和借鉴了国外烹饪技艺。

春明楼在继承传统风味菜肴的基础上，先后创新了一大批风格各异的菜点，如"雪里藏针""拔丝山药""美人菜薹""菠萝鳜鱼""二龙戏珠""兰花鱼卷""游龙腾云""鸡茸汽参""太后火锅"等，受到中外宾客的青睐。其

菠萝鳜鱼

中，"蒜爆肚尖""涮羊肉""拔丝山药"被评为武汉市优质产品。春明楼还经营风味小吃和面点，如"天津小包""手工北方水饺""风味馅饼""家常饼""家常面""炸酱面""配套花饺"等，其中"天津小包""手工北方水饺""配套花饺"被评为武汉市优质产品。

（十四）沔阳饭店

沔阳饭店是刘松山于 1922 年创立的。刘松山是洪湖县新堤镇人，他祖宗三代都在新堤镇开餐馆，招牌为"迎风酒楼"。刘松山青年时在自家餐馆里学得一手烹调技术。一次，他与家人发生争吵，一气之下独自跑到汉口，在前进四路巷子口以炸面窝为生。在朋友的支援下，1922 年他在民乐楚剧院对面的三星街口，租了一间 20 多平方米的房屋，雇了三四个工人，开了一家小餐馆，命名为沔阳饭店。

荆州地区老百姓逢年过节、红白喜事时常习惯于做蒸菜，那时武汉三镇饮食业中还没有蒸菜这个品种。刘松山擅长沔阳的蒸菜烹调，聘请

的师傅也是做蒸菜的高手，他的餐
馆以卖蒸菜为主，深受食客好评，
一传十，十传百，久而久之，食客
越来越多，供不应求。生意好了，
钱赚多了，刘松山于 1929 年又在汉
口民生路统一街口 189 号租了一栋 3
层楼房屋，扩大了营业面积。沔阳

沔阳饭店

饭店的新址，规模较大，设备豪华，玻璃砖台面，雅厅有沙发、红木桌
椅、象牙筷子、银质汤匙、酒杯等，别具一格。沔阳饭店开始承办高级
筵席、喜庆宴会，供应中西茶点、经济小吃。

迁址后的沔阳饭店更以蒸菜为招牌
菜，刘松山还在店门柱子上挂了"湖北筵
席""蒸菜专家"两块匾额。进入沔阳饭
店，不论是经济小吃，还是高级筵席，都
少不了品尝蒸菜。沔阳饭店的"三蒸"在
武汉三镇享有盛誉，几乎家喻户晓，人人
皆知。武汉人习惯于把蒸肉、蒸珍珠丸

粉蒸肉

子、蒸鱼叫作沔阳"三蒸"。其实沔阳饭
店何止是"三蒸"呢？平时卖的荤菜有蒸
鸡子、蒸鲍鱼、蒸鳝鱼、蒸牛肉、蒸排
骨，素菜有蒸藕、蒸芋头、蒸豆角、蒸萝
卜丝等。

蒸菜的主要特点有三：一是上米粉，
没有汤水，保持鲜味；二是速度快，蒸
肉、蒸鸡子、蒸珍珠丸子，还可以预制，

南瓜粉蒸鳝鱼

食客不用等候，有的蒸菜现卖现蒸，如蒸鱼必须现蒸，保持鱼的鲜嫩；
三是经济实惠，价廉物美，保持特色。

沔阳饭店的蒸菜颇受人们欢迎是有原因的。老板刘松山对烹调很讲

究，选料严格，保证了蒸菜的质量，如一
个普通蒸肉，要挑选不肥不瘦的二级五花
肉。制作蒸肉时要去掉上脑肥膘和下摆泡
子，切成 1 厘米厚、5 厘米长的方块，排
成 12 块，叫作"天牌"。蒸肉所用的米粉
要炒成黄色，配料要有红腐乳汁。这样蒸
出来的肉香气四溢，吃起来爽口。蒸鱼以

蒸肉

活青鱼为佳、鲩鱼次之，鸡子选黄老母鸡，糯米选三颗寸糯米（长颗糯
米），佐料不全不卖，做到名副其实，成为正宗的"沔阳三蒸"。半个世
纪以来，久卖不衰。老板刘松山 1955 年去世时，他的好友写的挽联上有
这样的一句话"业务研究精质量上乘"，反映了刘松山一生对沔阳蒸菜精
益求精的追求。

　　沔阳饭店能够成名的另一个重要原因是刘松山善于选拔人才。经过
他挑选的工人素质较好，红、白两案师傅技术高超。沔阳饭店有一大批
比较有名的厨师，如李贵矩、李连成、王宏佑、马台簿、王春堂、谭俊
卿、李怀林等。1963 年武汉市命名的特级厨师共 4 名，沔阳饭店就有谭
俊卿、李怀林二人，占全市特级厨师的一半。

　　过去，到沔阳饭店进餐的主要
对象是工商界人士，贺衡夫、王际
清、徐雪轩等都是沔阳饭店的常
客。国民党军政要员也经常光顾沔
阳饭店。抗日战争胜利后，国民政
府还都，从重庆迁往南京，路过武
汉的国民党元老立法院院长于右
任、司法院院长居正等都曾慕名来

20 世纪 60 年代在沔阳饭店就餐的人们

沔阳饭店品尝蒸菜。沔阳张沟人张难先亲笔为沔阳饭店题词"家乡风
味"。

　　武汉解放前夕，武汉工商业萧条，沔阳饭店生意一落千丈。1949 年

初，一次解雇工人 20 人，留下一批技术好的老师傅，共 23 人维持生意。中华人民共和国成立后，沔阳饭店于 1955 年 12 月公私合营，这年年底沔阳饭店搬迁至青山，为服务武钢立下了功勋。

（十五）武鸣园

在改革开放前中国的餐馆里，是几乎没有河豚应市的，现在也没有多少年轻人吃过河豚。主要原因是河豚的肝脏、生殖腺和血液中含有剧毒，若烹饪不当很容易使食客送了性命，故中国有句老话称"舍命吃河豚"。

武汉人吃河豚的历史，有据可查的至少可以上溯到 1840 年（清道光二十年）。叶调元在《汉口竹枝词》中赞道："鱼虾日日出江新，鳊鳜鮰斑味绝伦。"诗中的斑鱼，就是河豚鱼的俗称。创建于 1875 年（清光绪元年）的武鸣园就是一家以制作河豚菜出名的餐馆。

武鸣园位于汉口襄河边鲍家巷，它每天只在上午营业，出售的名菜有糖醋排骨、烩虾仁、鳜鱼片等。煮鮰鱼和河豚更是武鸣园的招牌菜，台湾地区美食家唐鲁孙先生在《中国吃的故事》一书中提到武鸣园时，称道："那

煮鮰鱼

是吃鮰鱼和河豚最有名的老店，据说有 100 多年的历史，煮鮰鱼和河豚的是百年的老汤，鮰鱼肉白呈半透明，状似肥猪肉，加上百年老汤，汤滚鱼肥，红烧清炖，香腴可口，是鱼中的上品。"唐鲁孙先生称赞的主要是该店的煮鮰鱼。武鸣园制作的河豚，更是受到好评：不仅滋味鲜美，还保证绝对不会中毒。当时武汉有这样一句歇后语："武鸣园的河豚——独一无二。"一到秋高气爽，荆楚大地河豚应市时，来武鸣园吃河豚的人总是摩肩接踵，所烹制的河豚菜供不应求。

1919 年，著名京剧艺术大师梅兰芳应汉口合记大舞台经理赵子安的邀请，到汉口做第一次演出，同行的还有王凤卿、姜妙香、朱素云、姚玉芙等名角。按照当时社会的规矩，梅兰芳在演出前，要先到武汉地区

的一些头面人物家中"拜客"。受拜访的人则为他"洗尘"，请他吃饭。梅兰芳就曾应约到武鸣园去吃河豚。梅兰芳回到北京后还对人说："汉口的餐馆，数武鸣园最好。"1933年，有人旧事重提，写了一首竹枝词在汉口《镜报》上发表："口之于味亦犹人，到底梅郎赏识真。舍命但求能适口，武鸣园里吃河豚。"

1938年10月下旬武汉被日本侵略军占领，武鸣园停业。从此，武汉人就吃不到味美无毒的河豚了。

（十六）汉阳野味香

武汉人对野味佳肴向来十分喜爱。清道光年间（1821—1850）叶调元的《汉口竹枝词》云："陆肴争及海肴鲜，鸡鸭鱼肉不值钱，冬日野凫春麦啄，尚和酒客结姻缘。"可见，野味佳肴早就与武汉人结下了不解之缘。坐落在汉阳钟家村附近鹦鹉大道右侧的野味香酒楼，就因善于烹饪野味佳肴而闻名于武汉三镇。

野味香酒楼，原来只不过是一家很小的夫妻店。1942年，汉阳人解华忠和妻子王菊英迁到汉阳三里坡，开了一个小卤菜店。当年三里坡周围湖汊遍布，芦苇丛生，野生动物资源十分丰富。当地有"九雁十八鸭，外找一个红爪爪"的民谣。据有经验的猎人介绍，雁的品种有黄头雁、沙雁、

野味香酒楼菜肴

麦雁、斑子雁、鸡眼雁、短颈雁、菱角雁和企鹅雁等，野鸭的品种更多。由于品种不同，栖息、觅食的活动不同，捕猎的方法也不同。三里坡一带有不少以捕猎为生计的人家。解华忠广泛联系猎民、收购野味，专门经营野味卤菜、卤汁面和酒。

为了招徕顾客，他们很重视卤菜质量。对猎者送来的猎物，先看货色是否新鲜，择优收购。生货一进店就及时去毛，除内脏，反复漂洗，直到血水漂尽，闻不到土腥气。他们一般是头一天把货卤好，第二天出

售之前又打一次卤，起锅后刷上一层
油，颜色金黄透亮。顾客来店，当面
解刀装盘，佐以麻油、酱油、醋、蒜
泥，味道甚是鲜美。他们用来卤菜的
是一口大铁铫子，由于长久使用，铫
子里边便积上了一层厚厚的卤垢，这
样卤起货来，更加鲜香，因此被他们
视为传家宝。有一年该店失火，解华

干锅三鸟（麻雀、鹌鹑、鸽子）

忠急得一头钻进火里，什么也没抢，只抢出了那口卤菜的铫子。他说：
"有了它，生意就不愁了！"

　　由于该店卤菜的味道特别适口，生意逐渐兴旺起来。每年逢年过节
许多到归元寺游玩的香客，以及到郊外上坟的人，必到该店品尝野味。
还有春夏季节，到三里坡贩鱼苗的生意人也纷至沓来。1945年，有一天
来了4个客人，有一位自称是记者。解华忠给他们切了几盘卤野味菜肴
佐酒。几天后，这位记者又邀了人来品尝野味，他们边吃边赞："这野味
真香，越嚼越香！"并且兴冲冲地对解华忠说："老板，你这个店子怎么
没有招牌？我们给你起个名好吗？"解华忠欣喜不已，赶忙拿来红纸和笔
砚。一位记者挥笔写下了"野味香小吃店"六个大字。从此，汉阳野味
香渐渐出了名。有些人为了品尝野味竟远走十几里地，有的富人阔佬也
慕名坐上人力车出城到三里坡品尝野味香的美味。

　　1947年，解华忠因病住进了医院，
花费很大，野味香几近破产。1949年
中华人民共和国成立后，野味香小吃
店的经营渐渐发展。1956年转为公私
合营。1958年，在原址建造了一幢古
色古香飞檐画栋的楼房，营业面积达
600平方米。1962年"野味香"酒楼

红烧蹦蹦

迁入现址。传统的野味香以野味卤菜为主，供应 10 多个品种，有鹌鹑、斑鸠、麦啄、獐子、野猪、野兔、野鸡、野鸭、麻雀、大雁等，此外还有野味卤汁面。经过几十年的发展，野味香的厨师和管理人员致力于技术研究、整理、挖掘、引进，野味菜肴的烹制方法由过去单一的卤制品，发展到用煎、炒、爆、熘等烹调方法烹制的上百种佳肴。一菜一格，各具风味。如用冬季前后的麻雀烹制的"熘酥花雀"，外焦内酥，甜酸交织，香酥味美。"芙蓉野鸡片"形似芙蓉花瓣，色泽洁白如雪，入口柔润清香。"琵琶雁腿"用 10 只雁腿摆成，造型优美，宛若琵琶置入盘中，使人凝视久不下箸。

随着对野生动物保护意识的日益增强，现在的汉阳野味香酒楼经营的品种是国家允许可供顾客食用的家养野味。其独特的风味和精湛的技艺，吸引了众多中外食客。

（十七）东来顺饭店

坐落在汉口中山大道 704 号的东来顺饭店，是武汉较早经营北方清真风味菜肴和小吃的餐馆。

武汉东来顺正式挂招牌是在 1939 年春，创始人是河北保定人马辅忱。马辅忱生于 1887 年，全面抗战前曾同北京东来顺负责人共师学艺，还曾在平汉铁路餐车上担任过服务员。全面抗战开始后，为了找到一个安稳栖身之地养活家人，他邀集失业的亲朋好友，共同筹措资金，在中山大道生成南里口租赁到两层双开间门面作店堂，创办了一家具有清真饮食特色的餐馆。马辅忱得到"北京东来顺"丁德山三兄弟的同意，根据"紫气东来，万事顺遂"的民间传说，为小店取名为"北京东来顺"。当时店员只有七八人，四张半桌子，由于战乱，该店一直无大的发展。后又迁入汉口清芬路。

中华人民共和国成立后，东来顺迎来了发展的机遇。1956 年公私合营后，为了扩大规模，东来顺由汉口清芬路搬迁至汉口中山大道 704 号现址，更名为"东来顺饭店"。以经营北方小吃、清真炒菜、挂炉烤鸭、涮羊肉为主，并增设了旅社。

现在的东来顺饭店楼高 5 层，餐厅布置整洁，设备典雅大方，具有浓郁的民族风格。一楼是经营清真牛肉面的快餐城，有 50 余张餐桌；二楼经营清真风味菜肴，有 20 个台面；三楼是 6 个典雅的高级餐厅；四、五楼为客房，在顶楼还装饰了一个供穆斯林进行宗教活动的场地。东来顺饭店已成为武汉市唯一的一家集餐厅、旅社、穆斯林活动场所为一体的综合型民族饭店。

武汉东来顺饭店拥有不少技艺精湛的厨师。20 世纪 50 年代初期，为周恩来总理做过烹调的特级名厨吴文秀和特级技师卢瑞云加盟东来顺饭店，为各界人士热忱服务，赢得了社会名流关啸霜、陈伯华、关正明等人的好评。吴文秀还曾以高超的"响堂鱼"技艺夺过烹饪比赛的金牌。

东来顺饭店制作的清真菜肴选料严格，以牛羊肉为主。烹调方法除继承北方京菜的涮烤等特色外，又兼顾南方各种烹调方法，著名的菜肴有"涮牛羊肉""葱爆三样""烤羊肉串""一鸭四吃""爆炒四件""焦熘牛里脊"等。其中"一鸭四吃"最具特色，一吃"鸭皮带饼"，二吃"炒鸭丝"，三吃"鸭骨炖汤"，四吃"鸭油黄菜"，一料多用，烹调不同，脆、鲜、醇、嫩，余味无穷。自 20 世纪 50 年代起，饭店曾接待过不少国际友人，并受到赞扬。

（十八）谦记牛肉馆

武昌青龙巷因其地形几经弯转，宛若游龙而得名。民国初年，此巷有一家谦记牛肉馆，其烹调的牛肉小吃，因风味独特，选料讲究，五味俱备，物美价廉，赢得老武汉人的一致称赞，享誉盛名，素有"到省城不吃谦记牛肉不算到省城"之说。

谦记牛肉馆的开设者为湖南长沙人冯谦伯。清朝末年，冯谦伯因家贫投奔湖北新军当兵。辛亥武昌起义，他随着新军反正，参加起义。与冯谦伯一起当兵的一位老炊事员，在新疆时学会了烹调牛肉的技术。这位炊事员看到冯谦伯心窍灵活，做事勤勉，便把这套烹调牛肉的手艺毫无保留地传授给了他。1912 年，冯谦伯退伍后，在青龙巷定居，挂起了谦记招牌，开设牛肉馆。

谦记是一家典型的夫妻店，冯谦伯亲自当炉掌瓢，他的爱人坐柜管账，他的义子跑堂。经营的品种仅有牛脯、枯炒牛肉豆丝、牛肉煨汤、原汤豆丝、清汤豆丝五种。其中，最著名的是牛肉枯炒豆丝。相传，谦记开张时，生意也很清淡，冯谦伯见市面上所卖的大多是素炒粉、素炒豆丝和汤豆丝，便灵机一动，将自己店中独具风味的牛肉与豆丝配炒。老谦记的牛肉枯炒豆丝，以湿豆丝、水发香菇、玉兰片为原料。煎炒时，必用小麻香油，因而色泽鲜亮，香脆可口，这道菜一应市，便大受武汉市民的青睐。

谦记牛肉馆烹调技艺的主要特色如下。首先，选料精细。牛肉质量好，才能做出好味道，每头牛全身净肉二三百斤，哪部分宜于煨，哪部分宜于烧，哪部分宜于炒，都精心选择，做到心中有数。其次，讲究进货渠道，所用的牛肉是从汉口一家最大的和记牛肉加工厂购进的，订有合同，斤两有定量，交货有定时，牛肉也有定位，确保新鲜，不买隔夜肉。其三，讲究操作。灶旁挂上时钟，便于掌握时间和火候。冯谦伯说："钟，就是我的老师，汤该煨多久，牛脯该烧多久，豆丝牛肉该炒多久，各有定时。同时还要掌握火力，有时需猛火，有时需文火。"

谦记牛肉馆的经营方式也有独到的之处，主要体现在以下几个方面：

第一，定价低廉。顾客花钱不多，能够既吃得好，又吃得饱。比如，有些人力车工人，有时拖着空车，经过青龙巷，找个空角落把车停放下来，就近买一两个馒头或烧饼带进去，买一碗清汤豆丝，配合起来吃一顿，就很满足了。正是由于味美价廉，适应劳动群众和学生的消费水平与需要，所以顾客川流不息，座无虚席。

第二，清洁卫生。谦记店铺的房屋，旧式砖木结构，面积狭小，仅可安排三四张方桌。但是，四壁却经常粉刷，或用报纸裱糊，还挂上几幅字画或一张地图，加上经常打扫，显得一尘不染。所用的餐具，常用热水或碱水洗涤。对用具也及时揩抹，件件干干净净，虽旧如新。夏秋之际，店里看不到一只苍蝇。顾客们一进店，顿时产生新鲜感、清爽感。

第三，限量供应。谦记不为每天客满所动，每日限量供应，卖完了就收场，挂出"明日请早"的牌子。这样做可谓掌握住了顾客们的心态，今日吃不上，改日必再光临。这样，既保住了声誉，又赢得了回头客。该店每天的营业时间，有 4～5 小时，从上午 9 点开始，到下午 1 点结束。

第四，供应迅速。顾客临门，等候有空座就坐下来，跑堂的摆上筷子，听清顾客说明要吃什么，立即朗声传到掌瓢的，掌瓢的应声复述一遍，随即依次加工，上菜。由于事前已完成了几道工序，并做好了充分准备，加上冯谦伯心灵手巧，驾轻就熟，跑堂的也锻炼有素，一屋之内，声息相闻，呼应方便，相互配合得法，所以顾客不要等候多久，菜就端上桌了。顾客吃完了，再去柜前结算、付款。

第五，以礼相待。跑堂的小伙子很机灵，尽管应接不暇，手脚不停，却彬彬有礼。管账的内当家，不苟言笑，却显得落落大方，于端庄、安静中仍带一团和气。冯谦伯本人，身在锅边，紧张操作，还随时照顾着全局，偶一转身，就用笑脸和喜悦的表情，向四座的顾客们打招呼；或者触景生情讲几句幽默话，使顾客为之发笑，食味以外，又增娱乐。

现在老谦记经营的牛肉枯炒豆丝、牛肉汤、烧牛脯、黄焖牛肉等十多个品种，都由原老谦记中华人民共和国成立后第一代女艺徒黄敬民厨师掌瓢，基本上保持了原有的特点。

中华人民共和国成立前，武汉地区其他著名的牛肉馆还有不少，如金大发的红油牛肉面馆等，其中最值得一提的是张汉记牛肉馆。张汉记牛肉馆位于升基巷中，是汉阳人张新汉开设的，专门经营牛肉菜肴。蒸、炸、烹、煮均以牛肉、牛心、牛肝、牛肚、牛筋等作为原料，在汉正街一带独具特色。还有一样产品"牛肾筋汤"，具有滋补强壮的功效，深受人们喜爱，因货源有限，每到秋、冬两季供不应求。这道菜肴独此一家，也曾享誉武汉三镇，并在原汉口新市场（民众乐园）内电影院和当时汉正街建国电影院（文化电影院）放映过幻灯片广告。该餐馆规模虽然不大，但在饮食业中还小有名气。过去汉口的餐馆业能在电影屏幕上登广告的还不多见。

（十九）福庆和米粉馆

福庆和米粉馆是一家专营湖南风味米粉的小吃馆，它是湖南长沙人沈少忠、沈宪阶兄弟 1921 年在武汉开设的。沈氏兄弟原在长沙挑担子走街串巷修理木屐、雨伞等。后来汉，仍操旧业，借住在汉口刘家庙同乡刘某家。在闲谈中，刘某向沈氏兄弟介绍说，汉口人有在外过早和消夜的习惯，湖南人在汉口居住和工作的也不少，经营湖南米粉准会生意兴隆。于是沈氏兄弟就积极筹备，在汉口郭家巷租到一间房子，摆了两三张桌子，请了两个湖南师傅开业。湖南米粉深受人们欢迎，顾客日益增多，米粉生意蒸蒸日上。不久，同乡人沈万和在汉口民权路租有宽敞门面，约沈少忠、沈宪阶、谭子寿三人合伙迁至民权路营业。这时，职工增至 10 余人，生意更加兴旺。

在 4 人合伙经营过程中，沈氏兄弟发现沈万和游手好闲，不务正业，便打算独自经营。于是以扩大营业为名，将民权路店交沈万和经营，自己另在民生路找到门面，由谭子寿开业经营。再以 300 石米的代价租到中山大道六渡桥铺面一间，由沈氏兄弟经营。名义上福庆和米粉馆已有 3 个分店，实际上是拆伙分别经营。后来民生路店因谭子寿经营不善而歇业，民权路店由李寅生掌握，业务得以维持。

1931 年以沈宪阶为经理的中山大道福庆和米粉馆开业。它经营的米粉和面花色品种比较多，如牛肉、卤汁、三鲜、冬菇、墨鱼、虾仁、蟹黄等。顾客普遍爱吃的是牛肉、卤汁两种，既经济又实惠。有的顾客买一碗牛肉粉，先以牛肉下酒，然后饱腹，这叫作"过桥"，花钱不多，一举两得。

由于福庆和米粉馆地处汉口最热闹地段六渡桥下首，行人众多，加之门面宽敞，风味独特，物美价廉，因此顾客盈门，生意非常火爆。福庆和米粉馆分上、下两层，有近 50 张桌子，每天售出各色粉、面四五千碗。特别是早、中、晚三场营业，场场客满。经常出现后来者站在桌旁等候就座的情况。同在这一地段的大华、大富贵、大中华、四川等多家熟食店均被福庆和挤垮。

福庆和仅凭湖南米粉这一风味小吃就能挤垮同一地段的众多饭店，是有其原因的。

第一，坚持风味特色，保证质量，赢得顾客信任。为保持特色风味，福庆和选料严格、制作精细，不敢有丝毫马虎。如制作米粉时，选购特级白米，放入水中浸泡四五个钟头，漂洗干净，现用现磨，浆磨得很细，蒸成的粉皮厚薄均匀，不粘手。粉皮冷却后，切成宽窄均匀的粉条，做出的米粉又薄又软，又有韧性。

面条用头等面粉。和面时，每袋面粉加30～40个鸡蛋。面和好后，要用扛子压到厚薄均匀，再用手工切成宽度一样的条子。这样的面条，煮出来不仅"精神好"，而且柔软爽口。

牛肉要买现宰的新鲜牛肉。自选部位，用水漂洗，把血水洗干净，切成500克左右的小块。然后加佐料干辣椒、甘草、桂皮、冰糖、香料等，放入原汤，用温火煨卤，使其透味。待卤熟至七八成，捞出冷却后切成片，再放入汤中，汤好后咸中带甜，香烂可口。

卤汁是用肉丁、笋衣、木耳、蛋花等配合制成。肉丁要用开水汆出血水，然后加酱油、冰糖、味粉等煨炖。笋衣要用清水泡两天，吐水后，再用开水汆，冷水冰，用布包裹把水挤干，再在火上炒干。然后与煨卤的肉丁合在一起，再加木耳、蛋花、虾米等即成。

第二，利用优厚的工资、福利调动员工的工作积极性。在福庆和工作的师傅每月底薪约20银圆左右，学徒每月七八银圆。另有营业提成，即每天晚上结账后，按当天营业额的9：1提成（每100银圆提10银圆），分成若干股，按每人工作成绩定股分账。小费收入，每晚结账后由堂头分配，出堂小账归个人。另外杂骨、油渣、面袋、杂菜等出卖后所得，每个职工都有分账。每人福利收入都超出工资。端午、中秋、春节另有红包。

第三，服务水平一流，获得了广大食客的好评。福庆和的每个服务员要管四五张桌子。每桌有几个客人，吃的品种不一，服务员都要一一记在心里，结账时用心算，分毫无差。为求快速，把粉、面送到顾客手上，一次能端20碗。这种基本功确实不简单。这样做能博得顾客满意，多得小费，也赢得老板信任，得到重用。

第四，降低成本，薄利多销。福庆和的风味小吃，自从做出声誉后，不仅营业兴旺，购料上也有有利条件，如米、面、肉以及各种原料、佐料等，除自采选购大批进货外，一些往来户也纷纷送货上门，甚至将货物存放，用完结账。这样，原料佐料进价较低。考虑到开支是固定的，货销得越多越有利，在保证质量的同时，把售价定低一点，便可以达到多销的目的。因此，福庆和就形成了一个质量比别家好、成本比别家低、售价比别家廉的优势，更能吸引顾客。

全面抗战初期，沈宪阶、沈少忠为避战乱，弃店回湖南家乡。汉口沦陷期间，店子被别人占据。直到1945年5月日军败局已现，沈少忠才绕道回汉口，这时沈宪阶已在老家去世，经过许多周折，把六渡桥房子收回，重整旗鼓，又继续开业。因为福庆和已在武汉有较大影响，营业很快恢复正常，顾客盈门，经常客满，达两三年之久。后来纸币贬值，每天营业所得，都要兑换成银圆以保本。幸好福庆和不需要许多本金，也没遇到什么困难，直到中华人民共和国成立。

中华人民共和国成立后，特别是改革开放以后，人民生活安定，市场繁荣，福庆和的生意更加兴隆，成为大武汉著名的特色酒楼。

第三节　食品类老字号

(一) 曹祥泰

曹祥泰是武汉地区传承百年的老字号，从清朝末年的杂货店到如今的著名食品公司，几经兴衰。从籍籍无名的杂货店到产业遍及各领域，它的发展始终与时代潮流紧密结合。时代在变化，无论是战火纷飞的乱世，还是和平稳定的盛世，不变的是曹祥泰坚守诚信的信念以及适应潮流、迎难而上的精神。

曹祥泰副食品商店，位于武昌解放路中段闹市中心，历经三世，是一个由小摊贩发展起来的远近闻名的百余年老店。

曹南山像

曹祥泰的创始人曹南山，原籍武昌卓刀泉。他勤劳而善于经营，白手起家，一手创办了曹祥泰。1863 年（清同治二年）曹南山的父亲去世，留下母亲和两个弟弟，无以为生。当时年仅 13 岁的他挑起了家庭的重担，他向街邻借钱，买下几升蚕豆炒熟提篮叫卖，以此维持生活。此时曹南山就显露出优于常人的经营眼光。人们买他的蚕豆，他总给人家抓一大把，比别的小贩多，久而久之，"一大把"出了名，曹南山也多销多赚。后来又做水果生意。由提篮发展到挑担子，进而摆摊子，渐渐有了积累。

此后，他的两个弟弟相继长大成人，弟兄三人对于经营水果各有经验和专长。二弟善于贩运桃子，三弟善于储藏秋波梨，曹南山则擅长盘西瓜。在水果的经营上，曹南山再次显露出投资经营的独特眼光和胆识。清光绪年间，有一年六月下连阴雨，河下到了大批西瓜船，瓜价大跌。他预料久雨必变晴转热，连买带赊用几串钱买了两大船西瓜，运回家来，自己的小屋子堆不下，还堆满邻居的堂屋。不几天，天气连日放晴，气候酷热，人们争着买西瓜解暑。当时又值"秋闱"之期，各州县的考生云集武昌省城，曹南山的西瓜成了"奇货"，西瓜由几个钱一斤涨到几十个钱一斤，最后甚至卖到一串钱一斤。两船西瓜竟赚了 400 多串钱。这笔钱为曹南山起家奠定了基础。

曹祥泰杂货店画

1884 年（清光绪十年），有了一定积蓄的曹南山在武昌长街新街口（今解放路）开设了一家食品杂货店，招了两个学徒，请了一个伙计，挂起了"曹祥泰"的招牌，"曹祥泰"的店名即起源于此。"曹祥泰"起初主要经营水果、干果、炒坊、食糖、海味、五金、锅罐、碱、纸张、香烟、蜡烛等300多种商品。食品杂货店经营了一个时期，他们兄弟三个分了家。二弟以开茶馆为业，三弟开曹祥泰元记杂货米店，均无多大发展。唯独曹南山经营的曹祥泰福记食品杂货店生意兴隆，有"曹祥泰，不愁卖"之说。

但天有不测风云，一日该店炒坊失火，将店子烧光，曹南山多年的心血付之一炬，痛心疾首，深受打击，一度心灰意冷，无意再事经营。但曹南山的为人诚信与经营头脑在商界已小有名气，一些往日同行对其遭遇深感惋惜。特别是汉口晋和铁号的经理权景泉，更是出于对他的信任，主动借出3000两银子力劝其重振旧业。曹南山痛定思痛后决定东山再起，于1907年在长街复业，后因年事渐高，店内业务逐渐转交其长子曹云阶。

曹南山的长子曹云阶接办杂货店，兢兢业业，由于经营得法，当年不仅还清了3000两银子的借款，还有盈余。到了1910年，"曹祥泰"就有了福记杂货店、禄记米店、寿记钱庄、喜记槽坊，资金总额约1万两银子。

1911年辛亥革命后不久，曹南山次子曹琴萱进了食品杂货店，他原是武昌二中的学生，当时受到民主革命思潮的影响，抱有"振兴实业，挽回利权"的愿望。适值第一次世界大战爆发，中国的民族工商业得到了一定的发展。此时，曹祥泰已从商业经营中积累了大量的资金，便抓住这个有利时机，逐步向工业方面投资。先后兴办了肥皂厂、机器米厂、纽扣厂、针织厂等企业。

1932年，曹祥泰食品杂货店增设了糕饼坊，按节令的变化生产不同的糕点，自产自销。由于其选料严格，配料考究，工艺精湛，注重质量，很快便赢得了广泛的声誉。特别是各式月饼、绿豆糕和腌制盐蛋，每逢节日，商店门口总是排起了购货的长龙。曹祥泰生产的小麻叶、洪湖蛋糕，具有独特的风味，在武汉地区享有盛誉。抗日战争全面爆发后，曹祥泰深受战争之苦。1945年8月抗战胜利时，曹祥泰的全部企业基本上只剩下食品杂货店店房和肥皂厂厂房两个躯壳了。

曹祥泰第三代掌门人
曹美成（右一）与家人的合影

　　曹云阶筹集了近1万元（银圆）的资金后，1946年元旦曹祥泰重新开张。从这时起，曹云阶把店子交给长子曹美成主持。曹美成曾在香港进入私立广州大学政治系学习，与当时的民主人士柳亚子、何香凝等过从甚密。他热衷于政治活动，受到过一些进步思想的影响，但不大善于经营，只掌握店里的人事大权，业务由管事杨丽生等人负责。由于曹祥泰是武昌著名的老店，汉口的批发商乐于向其发货，进销不成问题，利润就有保障。

　　1956年曹祥泰进入公私合营，旋改国营，更名为"工农兵副食品商店"。十一届三中全会后，"曹祥泰"牌名重新露面，焕发青春。

　　曹祥泰作为百年老店，老店不老，生意兴隆。总结曹祥泰的发展史，正确的经营理念、干练的经营管理人才和完备的经营管理制度，是其历经百年而不老的关键所在。

　　在经营理念上，曹祥泰坚持薄利多销，诚信为本，不进次货。在曹南山做小商贩时，就有"曹大把"的绰号，他在卖蚕豆时，往往多抓一点给顾客，以广招徕。薄利多销就此成了曹祥泰的传统经营作风之一。在薄利多销的同时，曹祥泰还始终坚持信用，决不进次货，数十年如一日，在同行和顾客中赢得了良好的信誉。

2006年曹祥泰被认定为"中华老字号"

　　正确的经营理念是曹祥泰成功的根本，但仅有理念是不够的，还必须靠人来坚持和落实。曹祥泰的主持人，都是精通业务的内行，特别是曹南山和曹云阶，极为精明能干，为曹祥泰打下了坚实的基业，树立了优良的传统。曹祥泰的店员也多是经验丰富的经营管理人才。如保管海货数十年的李耀卿，不但掌握了各种海货的性能，而且能按季节变化采取各种不同的保管方法，使曹祥泰销售的海味，绝少霉烂变质。

100多年过去了，在时代洪流的高潮与低谷中，由于代代传人坚守诚信为本，曹祥泰老字号在商海中起起落落不曾倒下。它从清朝末年的杂货店发展成为民国时期的工商企业，中华人民共和国成立后经过改造和变革，成为今天仍然为人所称道的老字号现代企业，继续发展，是老字号品牌经营的典范。时至今日，令曹祥泰经营百年不老的"理念、人才和制度"这三大法宝，仍然值得借鉴。

（二）汪玉霞

汉口老居民中，过去流传着一句歇后语："汪玉霞的糕点——绝酥（劫数）"。"绝酥"是酥中之绝，是称赞"汪玉霞"的传统产品碱酥饼质量之高。因为"绝酥"在汉口人念起来与"劫数"同音，借以表示"在劫之数"，形容人们的感情很深，如同命中注定、分拆不开之意。

汪玉霞广告

"汪玉霞"生产经销的食品，多带有一个酥字，如酥糖、酥京果、碱酥饼、酥月饼等，着色黄润，香气扑鼻，食之清脆爽口，人们称之为"泡酥"。经过几代人的经营，在长期的发展竞争中不断改进生产工艺，重视食品质量，终于赢了信誉，成为武汉有名气的食品店。不仅誉满武汉三镇，而且蜚声省外。

"汪玉霞"创建于1739年（清乾隆四年），它的创始人为蔡玉霞，原为安徽休宁人汪士良的姨太太，蔡开店用己名而从夫姓，故称"汪玉霞"。最初是汉正街灯笼巷口的一个小店，只卖些茶叶、甜食等小商品。蔡玉霞死后，汪士良的长孙汪国柱继承了该店。清嘉庆初年，因白莲教大起义，清廷封锁九江关，汪国柱在此所开油榨坊，桐油积压，不得下运，心急如焚。一日老仆窥见九江关关督鸣锣过街，关督原系汪士良生前好友，汪国柱前往求见，关督告知三天后开关一个半时辰（今天的 3 小时），让其做好准备。当时，大批桐油困泊关口甚久，急欲抛出，汪国柱乘机压价，收购3000 万斤，待至开关时刻，抢先出关下运南京、上海，突获暴利，旋在各地开设当铺、行号 136 家之多，小小的"汪玉霞"因系祖业特别受到重视，每年年终召集各地商号掌柜来吃团圆饭，总结工作。店内职工待遇优厚，有"一年二十四荤（初一、十五打牙祭）三大醉（元宵、端午、中秋三节），开张谢神不在内"的福利。

鸦片战争以后，国人染上鸦片瘾者甚众，抽烟之后，口觉味苦，大都喜爱吃甜食，食品行业生意兴隆，大有发展。"汪玉霞"始由贩卖食品转变为小型手工业食品作坊，雇工制作酥糖、杂糖、芝麻糕、绿豆糕、酥京果等食品，后堂制作，前店销售，营业兴旺。民国时期，"汪玉霞"分裂为"雨记"和"为记"两家。为了保持"汪玉霞"这块老招牌的信誉，防止汪家后人滥用"汪玉霞"的招牌开设分店，两家订下协议，规定

汪玉霞店面图画

"雨记"开设的分店只能在六渡桥以上地段，"为记"开设的分店只能在六渡桥以下地段。如1930 年，"为记"在汉口中山大道生成里口设立分店，就是按照协议，招牌定名为"汪玉霞"食品店。

"汪玉霞"雨记和为记两家食品店，一向是前店后厂，以销定产。生产规模不大，全系人工操作，都特别重视食品生产质量。"汪玉霞"选料极精，如白糖，从鸦片战争以后，是选用英商太古、怡和洋行的上好白糖，后来选用我国台湾白糖及广东汕头尖洋糖。抗日战争胜利后，选用

四川的川洋白糖。每次买回糖后，先
长时间存放起来，待糖的油卤吐出后
再使用。这样的糖，溶头好，做出的
食品质量高。油，选用河南驻马店的
小麻香油，味香，颜色清亮。芝麻，
选用武昌武泰闸的，颗粒饱满，皮薄
肉厚。鸡蛋，选用阳逻的新鲜鸡蛋。

汪玉霞老月饼

面粉，选用上好白面粉。猪油，选用新鲜板油。

　　在原材料的配方上，"汪玉霞"向来很重视，由管糕饼的和掌作师傅
研究规定配方标准，工人按照生产，不许有偷工减料的行为。如碱酥饼，
在抗日战争前该店每生产 50 千克，用麻油 7 千克，芝麻 8 千克，白糖 8
千克，白面粉若干。抗日战争胜利后，每生产 50 千克碱酥饼，用麻油 4
千克，芝麻 7.5 千克，白糖 6 千克，面粉若干。

　　半成品加工是食品生产质量高低
的重要环节，加工过程都要精工细作。
如豆沙制成半成品后，还要连续回锅
炒 3～4 次，达到颜色像缎子一样发
黑、发亮。糯米是做京果的主要原料，
买回来后，先要经过筛选，规格质量
一致，可以久放，泡起来不致小粒泡

汪玉霞喜饼

烂了，大粒还未泡好。根据气候冷热，糯米一般要泡上 70～80 天，如泡
的时间太短，生产出来的京果就不酥松爽口。面粉要细，要蒸得透熟，
做出来的糕点才有宝光，花纹好，起酥爽口。

　　在食品同行中，"汪玉霞"是从相互竞争、相互拼杀中走过来的。碱
酥饼是"汪玉霞"的一种传统特色产品。他们不仅注意这个产品的质量，
在价格上也比较低廉。平时，一般产品的利润率约 35％，碱酥饼只有
5％，遇到别家竞争拼杀时，更是不惜赔本销售。

　　为了招徕顾客，扩大影响，"汪玉霞"在 1935 年搞了一次"老店新

开"的"三百年纪念"（其实不到 300 年），用碱酥饼和京果来"打炮、放盘"，使"汪玉霞"声誉更加提高。1949 年 5 月武汉解放，"汪玉霞"继续经营，生意兴旺势头不减。1956 年走向公私合营，企业传至第九代人。以后又走向国营，改为新华食品厂。

1985 年 4 月，关闭 18 年的"汪玉霞"门市部恢复营业，消息传开，顾客慕名纷沓而至。开业当天，该店销售的各种糕点、糖果、烟、酒和高级饮料有 200 多个品种，顾客连声叫好。特别是该厂部优质产品油葱饼、玫瑰酥月饼、果仁广式月饼、香草蛋糕

汪玉霞汉口里店

等，顾客竞相购买，闻名国内外的碱酥饼被一购而空。门市部里，琳琅满目的各式糕点吸引着顾客，常常把店堂挤得水泄不通。

"汪玉霞"历经艰辛，尝遍酸甜苦辣，走过 280 多年的岁月，却仍然有着饱满的热情和无限的活力。她能屹立百年、经久不衰是有深刻原因的。一直以来，她始终严守质量关卡，确保做出口感最佳的食品；同时，又有一套对顾客的营销方式，对同行的竞争手段，对职工的和气态度。这一系列成熟、进步、富于智慧的经营之道成就了今日的"汪玉霞"，使之在经历近 300 年风雨的洗礼后，依然能保持初心。

（三）楚河牌云梦鱼面

云梦，古称云梦泽，亦曰曲阳（即以宋玉对楚王问阳春白雪之曲得名）。又因古时这里曾是楚襄王建都和游猎之所，故又有"楚王城"之称。

云梦，历史悠久，物产富饶，素为鱼米之乡。这里有许多土特产，其中云梦鱼面，更是别具风格。云梦鱼面系用青鱼、鲤鱼（或草鱼）鱼肉为主料，掺和上等面粉，精工细作而成。它有两种吃法，一种是面条做成后即时煮熟，加上佐料，即可进食，另一种是面条做成后晒干包装

起来，可以长期贮存，吃时煮熟即可。人们形容云梦鱼面是"擀的面像素纸，切的面像花线，下在锅里团团转，盛在碗里像牡丹"。

关于云梦鱼面的产生，据说纯属偶然，《云梦县志》对此曾做过记载，清朝道光年间，云梦城里有个生意十分兴隆的"许传发布行"，由于来这个布行做生意的外地商客很多，布行就开办了一家客栈，专门接待外地商客。客栈特聘了一位技艺出众、擅长红白两案的黄厨师。有一天，黄厨师在案上和面时，不小心碰翻了准备氽鱼丸子的鱼肉泥，不好再用，弃之

鱼面

又可惜。黄厨师灵机一动，便顺手把鱼肉泥和到面里，擀成面条煮熟上桌，客商吃了，个个赞不绝口，都夸此面味道鲜美。以后黄厨师就如法炮制，并干脆称之为"鱼面"，这样，鱼面反倒成了客栈的知名特色面点。后来有一次，黄厨师做的面条太多了，没煮完，剩下了很多，黄厨师就把它晒干。客商要吃时，就把干面条煮熟送上，不料味道反而更加好吃。就这样，在不断的摸索和改进之中，风味独特的云梦鱼面终于成为一方名点了。

云梦鱼面之所以味道特别鲜美，自然离不开云梦所具有的得天独厚的特产资源条件。《墨子·公输篇》曾记载："荆有云梦，犀兕麋鹿满之，江汉之鱼鳖鼋鼍为天下富。"由于盛产各种鱼鲜，故以所产鱼面最为出名。云梦民间流传歌谣有："要得鱼面美，桂花潭取水，凤凰台上晒，鱼在白鹤咀。"说的是城郊有一"桂花潭"，清澈见底，潭水甘美，"凤凰台"距桂花潭不远，地势高阔，日照持久，城西府河中"白鹤分流"处，所产鳊鱼、白鱼、鲤

盒装楚河牌云梦鱼面

鱼、鲫鱼，鱼肥味美，是水产中之上乘。当初偶然制成了鱼面的黄厨师，后来专门潜心研制鱼面，他采用的就是"白鹤咀"之鱼，取鱼剁成茸泥，用"桂花潭"之水和面，加入海盐，经掺和、擀面等工序，放置"凤凰台"上晒干，收藏。经心精心制作的鱼面，不仅用来招待客商，而且，"许传发布行"的老板还用来作为礼品，馈赠来自各地布客，使得云梦鱼面广泛流传。

云梦鱼面作为地方传统特色面食，因其味道鲜美，早已驰名遐迩。云梦鱼面的生产，由于经过不断地研制加工，质量愈做愈精，其面皮薄如纸，面细如丝，营养十分丰富，食之易于消化吸收，并且有温补益气的作用，被人们美誉为"长寿面"。此面不仅国人称赞，1915 年，为参加巴拿马国际商品大赛，鱼面师精心地把一斤斤盒装鱼面，都切成"梁山刀"（即 108 刀），色白丝细，从而征服了洋人，使其荣获银奖，因之驰名国际市场。近几年来，云梦鱼面生产受到各方面的关注和支持。2010 年，"云梦鱼面"获评为国家地理标志保护产品。还成功地研制出了快餐鱼面，把云梦鱼面的生产又提高到一个新的水平。

1949 年前，云梦鱼面的生产一直停留在一家一户的小作坊生产阶段。中华人民共和国成立后，党和人民一直很关心云梦鱼面的发展。1966 年公私合营后，县副食品公司即筹建副食品加工厂，重点投资鱼面生产，由吴正兴领衔生产鱼面。1966 年，经过国家有关部门鉴定，国家工商行政总局以"鱼光"牌商标注册。几十年来，鱼面生产技术不断改革，操作程序基本上实现了机械化。

党的十一届三中全会以后，云梦鱼面生产受到各方面的关注和支持。1984 年，为使云梦建成世界第一家大型鱼面加工厂，联合国粮农组织决定为云梦提供 180 万元人民币的贷款，使一座年生产 500 吨鱼面的现代加工厂及其配套工程建成投产。1984 年 10 月由副食品加工厂组建成云梦县食品工业公司，属全民所有制企业，是云梦鱼面唯一的生产厂家。1985 年，鱼面厂在许凯的真传弟子刘秀春的指导下，成功地研制出了快餐鱼面，把云梦鱼面的生产又提高到一个新的水平。1987 年以后，云梦

县食品工业公司在传统的工艺基础
上，从原料选择到包装设计都进行了
大胆的改进，随后几年注册了"楚
河"牌商标。

品牌就是效益。云梦县把培植壮
大品牌作为打造企业核心竞争力的重
要手段，2005 年"楚河"牌荣获孝
感市工商局颁发的"孝感市知名商

"楚河"商标和"真绝"荣誉

标"。2006 年 11 月被国家商务部授予"中华老字号"称号。2012 年，楚
河鱼面被授予"湖北省首届食文化名食"称号。2013 年评为孝感市"十
大土特名品"。

（四）宏源孝感米酒

孝感位于湖北省东北部，地跨长江、淮河两大流域，兼南北之优，
四季分明，雨水充沛，土壤肥沃，适于作物生长，是湖北省重要的粮油
棉生产基地。同时，孝感也是一座历史悠久、文化兴盛的城市。

米酒在孝感的流传，据说已经有超过千年的历史了。光绪八年《孝
感县志》中记录了一首诗歌："峻岭横屏晓雾开，双峰瀑布自天来。北泾
渔歌仙人调，西湖酒馆帝子杯。槐荫琴堂忘六月，荷香泮沼步三阶。董
墓春云神女跡，夜月犹存照凤台。"[1] 这首诗歌描绘了孝感的山川景色、
风物传说。其中"西湖酒馆帝子杯"，即指赵匡胤落难孝感城西西湖桥饮
酒的酒馆，记录的就是赵匡胤与米酒的邂逅。还有一则传说，把孝感米
酒的诞生叙述得十分传奇。孝感米酒早在明代就出了名，清末，孝感县
城，有一个人开了一家"鲁源兴米酒店"，经营糊米酒。有一年夏天天气
炎热，制作糊米酒的汤圆浆发酵了，老板鲁幼佰准备将发酵了的米汤倒
掉时，来了一位老顾客要碗米酒，鲁老板说："对不起，卖完了。"可是
眼尖的顾客却瞅见发酵过的米浆说："那不是还有吗？"鲁老板只好如实

---

[1]　朱希白. 光绪孝感县志［M］. 武汉：湖北人民出版社，2013：198.

相告："不能吃。"但是顾客说口干，一定要老板煮一碗尝尝。老板只得将发酵的米浆煮了一碗过去，可谁知顾客尝了一口，赞到："鲁老板，这一次比以前的更香醇，更好吃。"鲁老板不信，自己过去尝了一口，也觉得口感与以前不同，更醇香，就这样，无意中创出了一个百年品牌来。

坚守传统古方，经年不变的传统味道，这样的米酒，方是有生命、有情怀的。在许多本地人心里，这才是"老字号"应该有的模样，孝感宏源饮食服务有限责任公司深谙其道。

在孝感市槐荫大道 289 号，有一栋米酒大楼，当地人常常称呼它为孝感米酒馆。走进孝感宏源饮食服务有限责任公司米酒大楼，也就是当地人常说的"孝感米酒馆"，里面的装修不算奢华，但食客从清晨开始就络绎不绝地光临了。孝感城内大大小小的米酒馆众多，每个人对味道都有着自己的偏好，但要说请当地人推荐一家正宗地道的米酒馆，他们十有八九会把你领到这里，推荐你尝一碗别具特色的糊汤米酒。

糊汤米酒不同于常见的孝感米酒那样酒汤澄澈，口感清爽。糊汤米酒质地是非常浓稠的，入口绵柔滑腻。碗加入了桂花、橘饼和汤圆，增添香气。这种浓稠的米酒，实际上是不需要勾芡的，它的制作手法非常巧妙，汤汁的黏稠来自酿造人对火候的掌握。故而制作一碗纯正的糊汤米酒，需要丰富的经验和巧妙的手艺，在孝感也不是每家酒馆都能做的。宏源饮食服务有限责任公司米酒大楼的招牌，就是糊汤米酒了，这家店出售的米酒，讲究"香、甜、泡、滚"。"香"是指米酒浓郁的香味，闻之怡人。酒曲的

孝感米酒

酒香、桂花的花香、橘饼的果香，在碗间碰撞融合后四散开去。"甜"是指米酒口感甘甜，发酵后的糯米和白糖一同带来甜味，挑动着食客的味蕾，为他们带去幸福的香甜。"泡"是制作时最要注意的地方，也是糊汤米酒不勾芡也能黏稠的关键所在。糊汤米酒之所以能"糊汤"，是因为加入了特殊的糯米吊浆。这种吊浆先要将糯米浸泡半天以上，清洗干净后，

磨成细细的米浆，再在米浆内按比例加入食用碱和清水，搅拌均匀后静置发酵一段时间，糯米吊浆就制作完毕了。煮米酒时，待米酒滚沸，便将吊浆倒入，不停搅拌，直至锅内起淡黄色小泡，此时的糊汤米酒才算成功。"滚"便是要趁热吃，放凉了也就失去糊汤米酒的风味了。店里往来的客人，说起糊汤米酒的特点，都能如数家珍。由此观之，宏源饮食服务有限责任公司立足当地，日复一日地坚守老字号的传统口味，最终成为当地人心中最好的米酒馆、城市的老地标，这是一个饱含深情，又获得了回报的选择。

宏源饮食服务有限责任公司米酒大楼位于孝感的老城区，人流密集，糊汤米酒是它的特色招牌。多年来，宏源饮食服务有限责任公司米酒大楼一直坚持"客户第一，诚信至上"的理念，严格卫生条件，不断改善服务，受到了广大消费者的青睐，他们始终坚守的传统味道，古法酿造的米酒，在 2011 年入选第二批"中华老字号"名录。

（五）孝感牌麻糖

孝感麻糖，是孝感地方传统名特产品，历史悠久，源远流长。自公元 924 年后唐庄宗时期孝感麻糖被定为每年必备的宫中贡品后，至今已有了 1000 多年的历史。元末明初，孝感麻糖在湖北等地声名鹊起，形成了地域性的民间生产，至清朝更为盛之。作为当时年节嫁娶必备甜食品，经常用来作为礼品相赠。据康熙三十四年《孝感县志》记载："麻曰脂麻，可以为油，和糯饧以为糖，曰麻糖。处处有之，而孝感独著。"清咸丰年间，一些挑贩开始肩挑孝感麻糖走汉口，在汉口租界区内的洋人品尝过麻糖后，确感香甜好吃，一听到黄孝腔调的麻糖叫卖声后，便知道孝感麻糖来了。由此，孝感麻糖便走出国门，为驰名中外开了先声。

麻糖作坊

1922 年，孝感县城滕镒泰糕饼铺

开始将精制糕点的工艺用于改进麻糖制作，使麻糖的甜度、酥度及色彩获得很大的变化，比以前有较大提高。

1941 年，罗本伦在原孝感县衙门口开设罗荣顺糕点铺，专门生产经营麻糖，他特地请八埠口的饧师，精选上好原料，增多麻糖心配料，嵌入蜜桂花、核桃仁、花生仁等，使麻糖质量大为改观，糖片更加色彩丰富，五味俱全，秋冬旺季，供不应求。

孝感麻糖形似玉梳，色白如霜，薄如蝉翼，甜如蜜糖，香而不厌，甜而不腻，风味别具一格。其富含蛋白质、葡萄糖、维生素，有暖肺、养胃、滋肝、补肾等多重功效，老少咸宜。孝感麻糖米酒有限责任公司是生产麻糖的著名企业，品牌为"孝感牌"，该公司的麻糖生产有着数十年的历史，其前身是 1954 年成立的孝感市国营麻糖厂。

1954 年，孝感市国营麻糖厂（今孝感市麻糖米酒有限责任公司）成立，代表了当时孝感麻糖生产的最高水平。1958年 11 月 14 日，毛泽东主席亲自视察孝感时，曾品尝过该厂的孝感麻糖，给予了"很好"的评价。

梳形麻糖

1981 年孝感麻糖获商业部"优秀产品奖"和国家银质奖；1988 年获中国首届食品展览会金奖；1991 年被国内贸易部授予"中华老字号"企业；1994 年国务院副总理邹家华亲笔题词"中国一绝"；1995 年首届中国国际食品博览会上评为"中国国际食品科技之星"产品；1998 年孝感麻糖评为"国际金奖"、第四届国际

麻糖的新包装

食品博览会"中国市场名牌产品"，并经国家绿色食品发展中心批准使用绿色食品标志，成为全国同行业中唯一被授权的绿色食品。

2001 年孝感市国营麻糖厂改制为孝感麻糖米酒有限责任公司。现在已发展成为湖北省农业产业化重点龙头企业、全国绿色食品示范企业。2002 年荣获 2001－2002 年度湖北省消费者满意产品奖。2004 年通过 ISO9001 国际质量管理体系认证。"孝感牌""神霖"商标连续多届被湖北省工商局认定为"湖北省著名商标"。2006 年 12 月被国家商务部首批认定为"中华老字号"企业。

如今，结合现代生物工程技术，孝感麻糖米酒有限责任公司所生产的麻糖绝大部分工序都是机械化、自动化、无菌化生产。精美的产品，优良的质量，使该公司在竞争中赢得优势，也给这家老企业增光添彩。

（六）扬子江食品

"中药要买叶开泰，京果酥糖要买扬子江"的顺口溜可谓是传遍武汉三镇的大街小巷。

"扬子江"的创立可以追溯到抗战时期，当时在武汉汉阳莲花湖畔集聚着一群养牛户，为首的一人名叫梅成宗。日寇投降后，梅成宗积蓄渐多，将自己的小养牛场逐步扩建成了一个有 10 多头奶牛的奶牛场。当时社会上并不崇尚喝牛奶，而且牛奶价格较高，所以牛奶常常剩下卖不出去，梅成宗就将鲜奶和上面粉，再配上蜂蜜、糖浆搓成"双色麻花"。由于这种牛奶双色麻花有泡、酥、脆的食用效果，受到广大食客的喜爱，因而这种麻花的销售生意也不错，后来他的奶牛场逐步发展到生产奶油蛋糕、奶酥面点等具有湖北传统的特色食品的个人小企业。

这个小企业一直做到 1956 年公私合营，后组成"武汉国营畜牧场"，梅成宗为畜牧场股东成员之一。当年这个畜牧场因兴建武汉长江大桥而拆迁到武昌晒湖堤，直到 20 世纪 60 年代初更名为"扬子江牛奶公司"，这个名称一直沿用到梅成宗先生退休。

1964 年，武汉市牛奶公司成立，后来更名为扬子江牛奶公司。1993 年，扬子江乳业食品有限公司成立，此后的"扬子江"虽然兼有乳业与食品销售，但是公司的重点已经放在了食品制作上，乳制品的销售并没有成为公司销售的重点。

与"扬子江"牛奶的发展轨迹不同，"扬子江"的传统烘焙糕点有其自身的发展轨迹。让"扬子江"传统糕点发展至今的不仅仅是它独有的传统手工制法，还有在关键时刻带领"扬子江"走向巅峰的领路人——梅红运。

1968年，梅红运出世，他是梅成宗的儿子，耳濡目染之下，学会了父亲的手艺，对"扬子江"也抱有更加深厚的责任感。1984年，16岁的梅红运就顶父亲梅成宗之职进了扬子江牛奶公司，他的拿手活计就是搓麻花，凭借这个拿手绝活他最初在食品加工和生产部门风生水起，后来直接参与到生产和质量关联的管理部门。

梅红运

到20世纪80年代末，梅红运以承包人的身份，与武汉扬子江牛奶公司签订了单向承包协议，决定承包扬子江牛奶下属的一个食品厂。正当他要在食品加工这个单项上"小试牛刀"时，1993年"扬子江"因整体经济效益不好而实行全面改制，梅红运因改制"买断"而"失业"。如今的扬子江乳业食品有限公司已经不是最初的扬子江牛奶公司了，可以说梅红运至今也没有忘记"扬子江"的历史沉淀，白手起家建立起了新的"扬子江"。

梅红运认为，公司在传统食品产销方面开了一个好头，就认定了生产传统食品这个方向，就要在传承创新上做足文章，要面向中国传统的端午、中秋、春节这三个节日市场，开发粽子、月饼、酥糖、京果这三个传统节日的主打产品。这时他又聘请了上海老字号专家——居朝华总工程师与李良庆老先生一起负责新产品开发，时任经理的"拉糖皇后"王玉蓉兼技术顾问，加上多位做中式糕点的技师和新招聘来的大学生，很快形成一个新产品开发专班，一大批传统食品如粽子、月饼、港饼、荆楚汉饼、麻糖、麻果、云片糕、桃片糕、步步糕等各类传统优质糕点相继问世。

1997年，"扬子江"糕点在中国食品博览会上荣获金奖。这如同一个人的成长过程一样，此时的"扬子江"，产品已被市场认可，企业也开始在社会上小有名气了。但产品开发团队认为，这应该看作是"扬子江"起步的开始。正因如此，"扬子江"的传统月饼从 2007 年开始连续几年荣获国内各项大奖，在 2010 年当年产销量达到 800 吨。如今"扬子江"食品涵盖了烘烤、油炸、蒸煮、膨化、熟粉、糖果、水产品及炒货食品八大系列 300 多个品种，"扬子江"月饼、粽子、京果、酥糖等三大节日产品以及港饼、麻糖、麻果、桃片糕、云片糕、步步糕、荆楚汉饼等，在省内外声名鹊起，"扬子江"的年产值遥遥领先省内同类企业。

扬子江礼品

"扬子江"坚守工序的一丝不苟，普通的年货食品背后隐藏着太多传奇的故事。酥糖碾霄、熬糖、拉糖、压糖，京果的油酥处理，杂糖炮制、蒸熟、晾干、炒制、拌糖等，看天、看人、看手感、看火候、看季节，太多不确定因素，更需炉火纯青的技艺，才使传统糕点更显魅力。

在粽子生产和销售中，"扬子江"始终立足本土本味，高举鄂式粽的大旗，以贴近荆楚消费者的味道赢得市场，并扬名省外。"扬子江"坚持手工包粽，端午节前后，员工的主要任务就是包粽子，其中一位 90 后员工一天要包上千个粽子。如今，在全国粽子行业，扬子江鄂式粽已占有一席之地。"扬子江"鄂式粽企业标准获准备案通过，正式启用新包装。鄂式粽的清水粽，精巧的包装盒（袋）上，"专挑湖北柳条糯米"几字赫然入目。

"扬子江"一直倡导人文关怀，董事长梅红运也是个常怀"人本之心"的决策者，不仅善待企业的管理团队和特聘人员，对一般员工也照样"宽待"，或者说"宽以待人"是梅红运"企业人本观"的一个重要组成部分。梅红运的"企业人本观"还有一点是"慈善济人"。

梅红运自己也说道："我这人不是聪明的人，就只能埋着头，踏踏实实地做产品。遵循老传统，把手艺一直流传下去，不用添加剂，做放心食品。"或许就是这位从一线工人做起的董事长，让这个老品牌一直在武汉的本土食品市场上绽放着光芒。

扬子江荣誉

"扬子江"这半世艰辛的发展历程，始终不忘坚守企业道德，用最好的态度将最安全、最美味的"扬子江"食品带给广大群众。做食品如做人，还是"老实"的好。老品牌，自有老品牌的道理。也只有这样的"老实人"才能把品牌做成真正的老品牌，放心品牌。

（七）冠生园

大白兔奶糖、"冠生园"月饼，家喻户晓，名誉中外，酥香软口，吃下一口，唇齿留香，回味无穷。提起"冠生园"，不得不提的便是他的创始人冼冠生了。自古以来，白手起家把生意做得红红火火如日中天的不在少数，冼冠生便是其中之一，靠自己的努力成为一名成功的实业家。

冼冠生

冼冠生，1876 年出生于广东省南海县佛山镇的一个裁缝家庭里，幼年丧父，家境贫寒，贫苦的生活塑造出来的是坚韧不拔、敢于争先的性格。冼冠生 17 岁时为谋求生计只身赴沪，机缘巧合之下在一个小吃店里打杂工打了八年，不仅手里积攒了点小本钱，更是学得了一点制作小食品的手艺。1917 年冼冠生在上海九亩地大境路上租了一间店面，正式以"冠生园"为牌号，经营陈皮梅、果汁牛肉的门市批发生意。1928 年在汉口设立分厂分店。

1930 年，总公司看到汉口"冠生园"生意旺盛，很有发展前途，便开了第二家分店，当初大名鼎鼎的"冠生园"酒楼，就坐落在江汉路109号，以生产经营广东风味的糕点食品著称，知名产品比如广式月饼、"冠牌"肉香饼和德庆酥等，屡次供不应求。冠生园酒楼一楼是冠生园经营门市部，二楼为餐馆，所聘请的厨师都是广东名厨，擅长制作富有广东风味的宴席和中西大菜，由于烹饪技能十分精湛，味道又别具一格，深受顾客喜爱。生意红火，顾客盈门，整个冠生园酒楼发展如日中天，更是在这里形成了茶道盛会，大家在这里喝早茶、吃早点相互传递经济信息，很是热闹，每天来到这里喝茶聊天成为当时社会上的潮流，这也是冠生园酒楼茶肆兴盛的重大标志。1933年，张泽銮在汉口友谊街如寿里开办了第三家分店，年底又在武昌司门口开设了第四家分店，并根据总公司的意图成立了"冠生园"汉口分公司。

"冠生园"除了在以上所述的食品业遥遥领先之外，在饮食服务业同样笑傲群雄。在武汉，多数人宴请会客都喜欢去广东馆子，在一般人的印象里，"冠生园"又居"最高等"。无论主席请客、委员设宴、市长请酒……"冠生园"几乎是"指定食堂"，不然，似乎不足以示恭敬。某国际调查团莅临武汉，对于是吃中餐还是西餐，一时争论不

武汉冠生园商标

休，最后一致决定到"冠生园"，虽然餐厅容纳不下所有人，但他们宁可设席在对面西餐馆里，酒菜也要由"冠生园"承办。其火热程度由此可窥见一斑。

脆皮乳猪是武汉"冠生园"的独家名菜，每天平均要卖掉二三十只，且常常必须预先定好。为何脆皮乳猪能誉满武汉？据说为了此菜品，"冠生园"聘请一人专理，薪金比普通厨师高上几倍。唯有经过这位厨师之手出品，猪皮才脆嫩异常，而别家出品的脆皮乳猪，未免有硬邦邦之嫌。"冠生园"的管理，同样让同行称羡不已，招待宾客的服务，称得上是谦恭和顺，让客人大有宾至如归之感。一流的口感加上良好的服务态度，

武汉"冠生园"的成功绝非偶然。

中华人民共和国成立后，冠生园酒楼继承了粤菜风味，仍以制作粤菜粤点为主，其中尤以"三烤两包"（即烤叉烧、烤鹅、烤乳猪、豆沙包、叉烧包）和"鸡丝烩蛇羹"最具特色。烹制的"五彩蛇丝""脆炸鲜奶""蚝油凤爪"等几十种创新品种轮流应市，深受中外顾客好评。

2000年初，原"冠生园"食品分厂厂长苏允洋买断工龄下岗后又重新创业，选择在汉阳区江堤乡江堤中路老关村10000多平方米的土地上建起厂房，吸收民营资本办起江北"冠生园"食品厂。2010年，又修建新厂房。江北"冠生园"食品有限公司在秉承"冠生园"本身所固有的优秀品质外，积极进取，努力开拓，增加产品种类，提高产品质量，以诚信取信于人，以质量打动顾客，在政府和领导的扶持下，不断进取，与时俱进，现已成为华中地区名列前茅的食品加工厂。其产品味道甜而不腻，老少皆宜，在广大民众心目中留下了深刻而良好的企业品牌形象，在湖北乃至全国都有广泛的消费人群，打开了以传统食品为主的一系列食品加工市场，使产品日趋多样化、系列化，形成自己所特有的产业链结构。虽然此时的江北"冠生园"食品厂与先前冼冠生创办的"冠生园"食品有限公司不是同一个组织了，但作为一家传统老字号企业，"冠生园"仍然奉行着老字号的精神，在秉承传统上下功夫，保留和甄别传统配方，传承和更新传统工艺。

武汉冠生园月饼

第四节　香茶美酒类老字号

（一）"川"字牌青砖茶

"川"字牌青砖茶是中国七大黑茶之一，是来自于鄂南地区的茶叶中的著名品牌。它的主要产地是湖北省赤壁市的赵李桥羊楼洞古镇，这里是著名的"万里茶道"茶叶生产的源头和马匹交接的起点。羊楼洞古镇是世界著名中俄万里茶道源头，是青砖茶、米砖茶的鼻祖，始于汉晋，兴于唐宋，盛于明清。也是近代中国重要的茶叶原料供应和加工集散中心，影响了汉口和九江两大茶市的发展。

"川"字牌青砖茶外形紧结平整、色泽褐亮。所冲泡的茶水香气纯正、汤色红橙、滋味醇厚、口味独特。其富含多酚类、咖啡因、氨基酸、维生素等多种营养物质，除了一般茶叶所共同具有的生津止渴、清心提神的功效之外，更具有消脂去腻、化滞健胃、降脂降血压、抗动脉硬化、治痢疾的养生效果。

"川"字牌青砖茶生长的鄂南地区，自古就是茶叶种植和生产的天堂，拥有源远流长的茶文化。到了清咸丰年间，鄂南地区的茶区发展发生深刻变化。此时，此地已经开始正式生产现代青砖茶，稍后又生产米砖茶、茯砖茶。砖茶之盛吸引了大批外省的中国茶商和外国的茶商涌入羊楼洞建厂制茶。羊楼洞凭借茶叶一跃成为国际名镇，商人迅速在小镇上建立起 5 条大街，200 余家茶庄，羊楼洞人口增至 4 万人之多，开创了鄂南茶市的鼎盛时代，被称为"小汉口"。今日漫步在羊楼洞镇的青石板街道上，依旧可以看到留存着的历代运茶的"鸡公车"独轮碾压的深槽，可以窥见当日之繁荣的历史残影。

晋商和俄商的进入给传统的茶叶的发展注入了新鲜的活力。在乾隆年间（1736—1790），大量山西茶商走进羊楼洞。他们相继创办了"三玉川""巨盛川"等茶庄，生产帽盒茶。晋商最为重视产品的质量，所生产的砖茶极为优异；并且量产惊人，每年生产帽盒茶约 20 万

羊楼洞川字牌青砖茶店铺

千克。而这种就是我们现在所熟知的"川"字牌青砖洞茶了。晋商的茶庄字号推动了"川"字牌青砖洞茶的远销。晋商将洞茶的生产与发展推向了高潮，将洞茶带入了广大少数民族地区，并使其成为我国三北少数民族生活中所不可或缺的生活必需品。在清咸丰末年，经过改进制茶工

艺制作出的青砖茶已经在蒙古牧民中享有了极高的声誉，在内蒙古锡林郭勒盟大草原的人们都非常喜欢喝由这种砖茶和鲜牛奶熬制的奶茶，"川"字牌青砖茶以其极高的品质得到了少数民族同胞的广泛认可，纵然少数民族同胞不会讲汉语，也不认识汉字，但他们只需要用中指按住中间的一划，3 根指头顺沟划下，便可知晓这是"川"字牌羊楼洞茶，牧民就会毫不犹豫地买下。"川"字牌青砖茶以其绝佳的品质与口碑，销售供不应求，后来为了统一经营，羊楼洞所生产的青砖茶被统统改成"川"字标记。

"川"字模具

羊楼洞茶交易额的巨大同样也吸引了广大外商，俄商也趁势挤入。俄商带来了大批机器，也推动了砖茶的压制技术的更新。在国内晋商和国外俄商两方面力量的共同推动之下，羊楼洞处于一片繁荣发展之中。19 世纪末 20 世纪初，羊楼洞茶事进入极盛之期。洞茶年销往西北达 30 万担（合 1500 万千克）以上。镇上茶庄近百家，由俄商、晋商、粤商等分别开办。但是到了民国十四年（1925 年），情形急转直下。俄国实行贸易限制政策，保护本国经济，将茶叶贸易收归国有，实行统制国际贸易政策，限制我国的茶叶输入其国，导致我国的茶叶销量大减。1929 年发生的中东铁路事件之后，中俄两国更是断绝了正常的邦交，茶叶的外销渠道被切断，民族砖茶企业纷纷破产。

伤痕累累的羊楼洞茶业在战乱中只能艰难前行。1938 年 2 月 7 日，日军侵犯，羊楼洞陷落，茶叶生产和销售遭受了巨大的打击。到了 1949 年中华人民共和国成立前夕，羊楼洞只有"民生""复兴""天源茂""义兴""聚兴顺"等茶厂在艰难地经营之中。

1949 年 7 月，中国人民解放军派军代表组直接接管了 5 家尚存的砖茶厂，并成立了"中国茶叶公司羊楼洞砖茶厂"，随后，包括咸宁柏墩等地的茶庄也一并被再次整合，同时将原厂迁到靠近火车站的赵李桥，

1952 年 4 月，砖茶厂被搬到蒲圻县（今赤壁市）赵李桥镇，厂名正式变更为"中国茶业公司赵李桥茶厂"。1959 年，企业第五次更名为"湖北省赵李桥茶厂"。这一名称就一直沿用整整 50 年。

中华人民共和国成立后，羊楼洞各茶庄组合成的湖北省赵李桥茶厂继承了"川"字的品牌，继续生产"川"字牌青砖茶。至 1981 年，我国在商标注册制试行阶段之际，"川"字又是第一批注册的商标之一。1983 年，在中华人民共和国第一部《中华人民共和国商标法》颁布后，"川"字作为湖北省赵李桥茶厂青砖茶的商标正式获得注册。"川"字牌青砖茶自中华人民共和国成立后，一直是国家贯彻落实民族政策，维护边疆安定团结的特殊民贸商品，专供内蒙古蒙古族消费者。我国实行市场经济后，湖北省赵李桥茶厂凭借其优秀的质量和过硬的品牌，占据了同类产品 90％以上市场份额，"川"字商标连续被评为湖北省著名商标。

2008 年，湖北省赵李桥茶厂公司化改制基本完成，更名为"湖北省赵李桥茶厂有限责任公司"，责权清晰、管理科学的现代企业制度初步建立。2013 年 11 月，具有百年历史的赤壁"赵李桥砖茶制作技艺"正式被湖北省人民政府批准并公布列入第四批湖北省级非物质文化遗产名录，并成功入选申报国家级非遗名单，赵李桥砖茶重新蜚声世界。

2014 年 6 月 12 日，农业部在京发布第二批 20 个中国重要农业文化遗产。湖北赤壁羊楼洞砖茶文化榜上有名，这是湖北首个传统农业系统被列入中国重要农业文化遗产行列。

（二）长盛川青砖茶

青砖茶是黑茶中的代表性茶品，长盛川生产的青砖茶的起源可以追溯到 600 多年前。历史上青砖茶主要销往我国的内蒙古、新疆、西藏、青海等西北地区和蒙古、格鲁吉亚、俄罗斯、英国等国家。

青砖茶主要产于鄂南和鄂西南，这是长江流经湖北形成的一个条形地带，这一地区气候温和，雨量充沛，大部分属微酸性黄红壤土，有发展茶叶生产的良好条件。青砖茶以鄂南及鄂西南地区高山茶树鲜叶为原料，经长时间独特发酵后高温蒸压而成。

明朝初年，自明太祖朱元璋实行九边屯田制开始，边疆的茶马互市贸易日渐繁荣，何氏家族在最初的茶叶贸易中获利，并开始发展壮大。

长盛川旧址照片

明洪武初年（1368 年），何氏家族先祖何德海从江西迁徙到湖北，创办长盛川茶庄，开始制茶、贩茶。"长盛川"首制帽盒茶，是为青砖茶鼻祖。后于清乾隆五十六年（1791 年）开设长盛川砖茶厂，专事青砖茶的制作。在漫长的制茶岁月里，"长盛川"以其长期稳定的过硬品质和宁可重一两绝不少五钱的诚信赢得美誉口碑，不断壮大了顾客群体。从此，一个制茶世家的家族命运开始和这个茶叶品牌世代相连。为了满足市场不断扩大的需求，何氏家族选择和晋商渠家紧密合作，相继成立了数百家茶庄，除以"长盛川"最为知名外，还有"长顺川""玉盛川"等近 50 个品牌，长期销往蒙古、俄罗斯和欧洲诸国，并在世界各地设立 260 多家分号。鼎盛时期仅长盛川宜昌砖茶厂就有工人 200 多人，年产砖茶 5000 箱以上，每年的收益高达 76000 银圆。

自清代中叶起，何氏家族开始使用杠杆原理制造的牛皮筋架压制砖茶，是为现代工业意义上的湖北青砖茶。凭借优质的青砖茶品质和精细的制作工艺，长盛川成为当地最大的茶商，得到了清廷皇家御赐的红色"双龙票"，品质和信誉皆受到朝廷保荐，产品畅销欧亚非，成为万里茶道国际茶叶贸易的主力，当时民间曾流传着这样一首民谣"长盛川，金字招牌金光灿。钦赐皇商红龙票，通行天下借皇权"。长盛川青砖茶垄断欧亚茶叶贸易长达两个世纪之久，也因此被誉为"亚欧万里茶道上的瑰宝"，足见当时长盛川青砖茶的繁荣景象。

出色的产品，敢于直面竞争，无惧挑战，所向披靡。长盛川青砖茶曾多次参加国内外的博览会，将湖北青砖茶带到更大的国际舞台，曾屡获殊荣。1909 年 9 月，在清朝政府首次举办的博览会湖北武汉劝业奖进会上，长盛川青砖茶荣获一等奖，并获得褒奖状。这是中国茶叶最早的一次博览会，是全国第一次对茶叶进行评奖。1910年，在南洋劝业会上，长盛川梅开二度，再次荣获一等奖。1915年，长盛川青砖茶经由上海茶叶会馆，代表中国茶叶参加了在美国旧金山举行的巴拿马太平洋国际博览会，这是为了庆祝巴拿马运河开凿通行而

宣统元年长盛川获
劝业奖进会褒奖状

举办的一次盛大庆典活动。在这次博览会上，长盛川青砖茶一举斩获金奖，扬名海内外。

清末民初，辉煌数百年的长盛川，开始由盛转衰。自19世纪后期，英国茶商把茶业生产采购市场转向印度、斯里兰卡，湖北青砖茶与欧美的贸易逐渐被取代。1917年，俄国十月革命之后，输俄茶叶贸易大量减少，万里茶道逐渐没落。1937年，抗日战争全面爆发，由于战事频繁，鄂南长盛川茶庄毁于战火，宜昌长盛川茶庄店面被毁。其生产虽然没有中断，但生产萎缩，青砖茶大量减产。1955年公私合营后，长盛川及省内其他青砖茶品牌被整合进入国营茶厂，划归国家统一生产，曾经辉煌的茶叶之路以及"长盛川"逐渐淡出人们的视线。

改革开放后，传统文化和民间工艺慢慢得到恢复，特别随着市场经济的发展，一部分老字号企业开始复苏。长盛川青砖茶工艺的传人何氏"建"字辈三兄弟，肩负祖上使命，决定重振祖业，复兴长盛川老字号。经过长期的准备，2013年，何氏兄弟在茶庄故地之一的湖北宜昌正式成立湖北长盛川青砖茶研究所，研究传承长盛川湖北青砖茶传统制作技艺，并建立茶叶基地和长盛川湖北青砖茶生产企业——鑫鼎生物科技有限公司，主要生产青砖茶以及砖茶深加工产品等。长盛川青砖茶生产扩大到鄂西南及周边地区。

新生后的"长盛川"，秉承"信义、责任、共赢"的经营理念，依托

长江流域鄂西南武陵山区优质的高山茶资源和富硒茶树资源，从技术、人才、产品、市场、品牌多方着手，致力打造国家级农业产业化重点龙头企业，加强产品的标准化、洁净化，用生物医药的标准来打造"长盛川"青砖茶，推动产业发展，公司带动了周边 30 万亩以上茶园增效、3 万余农户增收，形成了集研发、种植、加工、贸易为一体的完整产业链。

国家"一带一路"倡议的提出和现代科技的发展，为长盛川历史品牌的复兴提供了广阔的空间，也为茶文化的传播与发展搭建了广阔的平台。鑫鼎生物科技公司决定重塑湖北青砖茶辉煌历史，并将青砖茶文化发扬光大。

长盛川新厂

2015 年 1 月，长盛川被认定为湖北省第一批"湖北老字号"，这对长盛川人来说，既是一种鼓励，也是一种责任。同年 5 月，长盛川作为湖北青砖茶代表，在第十二届上海国际茶业博览会上，获得"百年荣耀世纪名茶金品牌奖"。100 年前，长盛川通过上海走向了世界，在巴拿马万国博览会上载誉而归；100 年后，长盛川再次在上海闪耀亮相，捧回最高荣誉。

2016 年 9 月，长盛川湖北青砖茶列入湖北省级非物质文化遗产名录。

（三）宜牌红茶

我国的红茶生产起源可追溯至 15 世纪前后。福建武夷山被认为是我国最早创制红茶之地。红茶因外形和品质特点的不同，分为工夫红茶、小种红茶和分级红茶。

在宜昌茶区，过去主要是生产青茶（绿茶的一种，也有的被称为白茶，系不发酵茶），红茶生产较晚。一直到 19 世纪，湖北的西南地区才出现红茶采制，具体分布于宜都、五峰、长阳、鹤峰、宣恩、建始及湖南石门等地区。

清道光四年（1824 年）广州茶商钧大福、林子臣等在五峰渔洋关一带传授红茶采制技术，设庄收购精制红茶，并将红茶运往汉口再转广州出口。咸丰甲寅年（1854 年）高炳三及光绪丙子年（1876 年）林紫宸、泰和合等广东茶商来到鹤峰县改制红茶，在五里坪等地精制，通过渔洋关运往汉口出口。清光绪十一年（1885 年）续修改本《鹤峰县志》在"物产"章节记载："邑自丙子年（1876 年），广商林紫宸来州（即鹤峰州），采办红茶。"宜昌红茶百年兴衰由此开始。

由于宜昌红茶品形俱佳，深受西方人喜欢。当时每箱宜昌红茶售价高达 160 两白银（比当时市场红茶价格高出 1 倍），畅销英国、俄国及西欧国家和地区，声誉极高。西方人把宜昌红茶称为高品。1867 年左右，英国人开始在宜昌设立了洋行，大量收购宜昌红茶，从汉口转运至欧洲。

1886 年前后，宜昌红茶出口达到全盛时期，每年输出量达到 15 万担左右。据《湖北省茶叶产销状况及改进计划》记载：1937 年前后全省收购、精制、运销茶叶较大的厂商 24 家中，五峰渔洋关就占有源泰、恒信、民生、华民、同福、民孚、恒慎、合兴八家。

抗日战争全面爆发之后，红茶对外出口受阻。宜昌地区茶园荒芜、茶厂倒闭、茶商四散，宜红茶一落千丈，几乎全面停产。1945 年 8 月，抗日战争胜利，历经了种种磨难的宜红茶市场有了起死回生之势。一些精英人士尝试组建大公司来恢复生产，经营宜红茶，其中就有湖北民生茶叶公司、天生实业股份有限公司等。但是因为受内战影响，宜红茶生产并未达到预期效果。直至 1949 年前夕，全宜昌茶区四县产茶不足万担。

中华人民共和国成立之后，国家鼓励恢复、扩大宜红茶生产，国际市场对宜红茶依然有大量需求，这些国内外条件为宜红茶的恢复、发展带来了新机遇。1950 年 2 月"宜红区收购处"的成立标志着宜红茶进入一个兴盛期。1950 年 4 月，中苏两国政府签订《中苏贸易协定》，宜红茶向苏联及东欧大量出口，数量年年增加。据《宜都县志》记载，当时出口 1 吨宜红茶可以换回 10 吨钢材或 20 吨小麦，为中华人民共和国的建设换回了急需的战略物资。这也促使宜红茶生产得到了迅速恢复发展。

1951 年中国茶叶公司决定将"宜红区收购处"改建为"宜都红茶厂"。同年 5 月，"中国茶叶公司宜都红茶厂"正式挂牌成立。为了满足不断增加的宜红茶出口需求，1954 年湖北省政府决定扩大宜红茶的生产，在宜昌、恩施两地区积极发展茶叶生产，扩建

宜都红茶厂开厂纪念

新茶园，大力推广初制机械化，将原生产绿茶和白（青）茶的区域改制成红茶，同时实行严格的计划管理。20 世纪 50 年代末，宜红茶的产量和品质有了很大的提高，宜都红茶厂也迎来了它最辉煌的时期。

苏联专家来宜都茶厂考察，与宜都茶厂全体职工合影留念

1955 年 7 月，宜都红茶厂更名为宜都茶厂。20 世纪 60 年代，中苏关系恶化，宜红茶出口规模大幅下降，特别是到了 20 世纪 90 年代初，年出口量仅维持在 1 万～2 万担，一些红茶精制厂纷纷倒闭，只剩宜都茶厂在艰难中生存下来。1998 年 4 月，宜都茶厂更名为宜都市宜红茶业有限公司；2009 年更名为湖北宜红茶业有限公司。目前，湖北宜红茶业有限公司已成为华中地区最大的红茶生产、加工、经营企业。公司拥有宜都陆城、红花套加工园、恩施芭蕉乡三处大型茶叶加工厂，产品远销德国、美国、英国、法国、荷兰、俄罗斯等十几个国家和地区，是湖北

省政府指定的茶叶加工企业、湖北省农业产业化重点龙头企业、湖北省林业产业化重点龙头企业。

1984年，湖北宜红茶业有限公司（当时称为宜都茶厂）生产的宜红茶，被湖北省人民政府评为优质产品，获得金质奖章。1990年，湖北宜红茶业有限公司注册了"宜牌"商标。宜牌宜红茶作为宜红茶的代表，长期在我国红茶加工出口中排名前3位。

1960年5月，苏联专家来宜都茶厂考察，与宜都茶厂全体干部合影留念

2014年，"宜牌"获得"湖北老字号"称号。

（四）采花茶

湖北宜昌境内的五峰，古属峡州。五峰既有茶马古道，英商宝顺

宜牌系列产品展示

合茶庄等珍贵的茶文化古迹，又有被列为湖北省非物质文化遗产保护名录的采花毛尖茶制作技艺。采花毛尖富含硒、锌等微量元素和氨基酸、芳香物质、水浸出物，具备香高、汤碧、味醇、汁浓的独特品质。五峰采花茶的风姿，当属鄂西一绝。

五峰土家族自治县位于湖北省西南部宜昌境内，采花乡则是位于五峰土家族自治县西部最大的一个乡镇，享有"楚天茶叶第一乡"的美誉。

五峰采花乡山势巍峨，山峦起伏，河流交错。此地山清水秀，云雾缭绕，林木繁茂，泉水长流，气候温和，雨量充沛，光照适中，空气相对湿度大，漫散光多，昼夜温差大，属典型的高山云雾气候；土壤肥沃，土层疏松，系页岩、泥质岩和部分碳酸盐岩发育而成的黄壤和沙质壤土，有机质丰富；地形东低西高，茶树多生长在海拔400～1200米的林间山地中。得天独厚的地理环境成就了品质优良的茶，当地所产的采花毛尖

富含硒、锌等微量元素及氨基酸、芳香物质、水浸出物,因而茶叶形成香高、汤碧、味醇、汁浓的独特品质,具有增强人体免疫力的功效。此地得天独厚的地理环境和悠远的种茶历史,造就了品质上乘的茶,也孕育了别具一格的土家茶文化。

一方山水出一方茶,这里有悠久且独到的制茶工艺,还有代代相传有关先祖种茶、制茶的故事,这些都在时光的积淀下不断内化为民俗文化传统。待人接物少不了一杯当地的茶,茶谚语、茶谜语、茶诗、茶歌也都在这片土壤生生不息。其中围绕茶文化开展的祭祀活动当属采花乡土家文化的一大特色。

采花茶,其名号来自一段美丽的历史传说:清康熙年间,容美土司田舜年进京,将为纪念土家族的祖先苨禾娘娘而制作的"清明茶"献于康熙。该茶经开水冲泡,清香四溢,康熙大帝捧杯闻香,顿感心旷神怡,纵情论茶,赞不绝口。田舜年将"清明茶"的典故讲述给康熙,并唤来随行的侍女唱起山歌:"采花姑娘云中走,头上插茶花。……茶山姑娘采茶忙,献给君王品新茶。"歌毕,康熙起身踱步,沉思良久,欣然命笔:"宫廷灯火耀京华,山村歌舞三五家。我家纵有荷花曲,不及农家喝茶花。"并将"清明茶"更名为"采花茶",嘱为"贡茶精品,永世为继","采花茶"因此得名。

20 世纪 80 年代后期,由五峰县乡科技人员与采花中心茶站职工合作组成的技术攻关小组,根据历史"白毛尖"名茶词义,吸取传统工艺之精华并与现代先进技术相结合,对毛尖茶进行恢复和研制。经过多年反复试验、潜心研究,终获成功,新创名茶"采花毛尖"由此应运而生。

采花茶的生产商湖北采花茶业有限公司,位于享有"中国茶叶之乡"美誉的五峰土家族自治县,其总部设置于有百年历史的"英商宝顺合茶庄"旧址,是集科研、生产、销售、茶树种苗繁育为一体的现代化民营企业,为湖北省农业产业化重点龙头企业、中国茶业行业百强企业、全国少数民族企业特需商品定点生产企业。湖北采花茶业有限公司现拥有分厂 30 多家,辐射茶园基地近 30 万亩,公司已形成"以绿茶为主,以红茶、乌龙茶、保健茶、茶食品为辅"的"一主四辅"产品格局。企业的经营规模、综合实力已处于全国同行业领先地位，成为引领湖北茶产业发展的领军企业。

英商宝顺合茶庄招牌

湖北采花茶业有限公司的前身是始建于 1951 年的"五峰中心茶站"，1990 年升级为国营茶厂。1991 年，采花毛尖茶创制，纯手工制作的茶叶从五峰采花乡销往各地，采花毛尖开始走进人们的生活。茶厂在 1998 年改制为"五峰绿珠采花毛尖茶叶有限公司"后，经过几年的运作，强强联合，于 2005 年五峰茶叶五强企业合并重组，筹建了"湖北采花毛尖茶业有限公司"。在筚路蓝缕的创业之路上，采花茶业一路走来，披荆斩棘，攻坚克难，深孚众望。

1999 年、2003 年、2006 年，采花毛尖连续 3 次被评为"湖北省十大名茶"。

"英商宝顺合
茶庄"招牌

2009 年，"采花毛尖"被指定为"钓鱼台国宾馆指定用茶"。2009 年 4 月，"采花"品牌被国家工商总局认定为中国驰名商标，"采花"品牌成为湖北省首个荣获中国驰名商标的茶叶品牌。

"采花毛尖"制作工艺于 2009 年被列为湖北省级非物质文化遗产名录。

2010 年，采花茶业被湖北省科技厅授予"科技创新型企业建设试点单位"；同年底，被农业部授予"全国农产品加工业示范企业"。

采花毛尖

2015 年 11 月湖北采花茶叶摘得中国特色旅游商品金奖，属全省唯一金奖。

采花毛尖问世以来，相继荣获"中国名牌农产品""湖北名茶第一名牌""湖北金牌旅游名特产品""钓鱼台国宾馆特供茶"等称号，"采花"

商标也被国家认定为"中国驰名商标"等一系列重大荣誉，是湖北省最具代表的农业特色商品，也是当之无愧的中国名茶典范。

（五）恩施玉露

湖北省恩施市东郊，巍峨奇特的五座山峰骈联，倚江崛起，它就是恩施玉露的主要产地五峰山。这里终年云雾缭绕，是出产名优茶之地，被农业部和湖北省政府确定为优势茶叶区域。

恩施玉露形似松针，外形紧细圆直，色彩翠绿油润，汤色嫩绿明亮，香气清香持久，滋味鲜爽回甘，叶底嫩匀明亮，独特的蒸汽杀青工艺，使茶叶在加工过程中最大限度地保持了原质原色，"三绿"特征堪称绿茶典范。它富含叶绿素、蛋白质、氨基酸等多种营养物质，除了一般茶叶所共同具有的生津止渴、清心提神的功效之外，更具有降低血糖含量，预防糖尿病的效果。轻轻

恩施玉露茶采摘

地品上一口，不仅仅是那沁人心脾的茶香，更是一份浓浓的情谊。

恩施玉露是中国历史文化名茶，也是我国历史上保存下来的唯一蒸青针形绿茶，其工艺始于唐朝，兴于明清，流传至今。恩施古属巴国，自古产茶，有"武王伐纣、巴人献茶"之说，至唐时就有"施南方茶"的记载。明代黄一正《事物绀珠》载："茶类今茶名……崇阳茶、蒲圻茶、圻茶、荆州茶、施州茶、南木茶（出江陵）"。据《中国茶经》记载，恩施玉露之创制，始于清康熙年间，当时恩施芭蕉侗族乡黄连溪有一位姓蓝的茶商，他自垒茶灶，亲自焙茶，因制出来的茶叶外形紧圆挺直，色绿如玉，故名"恩施玉绿"。当时，恩施玉绿与西湖龙井、武夷岩茶、黄山毛峰等一起被列入清代40余个名茶品目。

到了1936年，湖北省民生公司管茶官杨润之，在与黄连溪毗邻接壤的宣恩县庆阳坝设厂制茶，改锅炒杀青为蒸青，其茶不但茶之汤色、叶

底绿亮，鲜香味爽，而且使外形苍翠绿润，毫白如玉，外形条索紧圆光滑，故改名为"玉露"。

1938年对于玉露发展是一个重要的年份。这一年，玉露工艺正式成型并定名，恩施玉露全新登场，这项技艺传承变为公开化。同时，市场竞争使玉露生产由一家变为多家，不再是独家垄断，也不再是一地生产。恩施玉露由于品质优异，很快获得了发展，先后行销恩施、襄阳、老河口、豫西等地，1945年远销外销日本，从此恩施玉露名扬于世。1965年，恩施玉露入选"中国十大名茶"。

恩施玉露从鲜叶采摘到成品，需要极为复杂的9个道工序，其传统制作技艺于清朝康熙年间由恩施市芭蕉侗族乡黄连溪一蓝姓茶商创制而成。其基本流程为蒸青、扇干水汽、铲头毛火、揉捻、铲二毛火、整形上光（手法为搂、搓、端、扎）、拣选七大步骤。

手动摇扇蒸发水汽

一芽一叶最关情，一心一意最倾力。从厚重的历史文化到顶级茶叶原料，再到最佳生产工艺，用工匠精神打造出的恩施玉露，外形条索紧圆光滑、纤细挺直如针、色泽苍翠绿润，被日本商人誉为"松

恩施玉露蒸青法

针"。泡上一杯恩施玉露，芽叶复展如生，初时亭亭地悬浮杯中，继而沉降杯底，平伏完整，汤色嫩绿明亮，如玉露，香气清爽，滋味醇和。观其外形，赏心悦目，饮其茶汤，沁人心脾，深得消费者所赞。

为保护、开发、规范恩施玉露这一品牌，恩施市于2006年申请对恩施玉露实施地理标志产品保护。国家质检总局于2007年底以第48号公告批准对"恩施玉露"实施地理标志产品保护。借此东风，当地一些企业积极打造茶叶品牌，一批现代茶农脱颖而出。现在，这里已发展茶园4000 多公顷，100 多个"茶老板"办起了现代化的茶叶加工企业，开发的系列产品畅销欧美和东南亚市场。中国茶叶学会副理事长、博士生导师施兆鹏先生给予恩施玉露极高评价并挥毫题词"恩施玉露，茶中极品"。日本茶师清水康夫到恩施考察茶叶生产时题字"恩施玉露、温故知新"。

2008 年，恩施玉露被授予"湖北省第一历史名茶"称号。如今，经过全州上下、政府企业共同打造，恩施玉露已成为一个让茶界注目的品牌。2011 年，浙江大学中国农村发展研究院（CARD）农业品牌研究中心和《中国茶叶》杂志共同组成的课题组，对全国 83 个茶叶区域公用品牌的价值进行评估后表明，恩施玉露品牌价值达到 4.06 亿元，并获得"2011 年最受消费者欢迎的 100 个中国农产品区域公用品牌"。2012 年，恩施玉露获得 2012 年最具影响力中国农产品区域公用品牌，品牌价值达到 5 亿元。2013 年恩施玉露品牌价值达到 6.81 亿元。至此，这个一度沉寂的"百年名茶"，终于再获新生。

为重现恩施玉露千年纯香，保护和传承历史文化，恩施市政府用保护文化遗产的决心，为恩施玉露的品牌正名。2014 年 7 月，恩施市将芭蕉、白杨坪、屯堡等地列为"恩施苔子茶物种核心保护区"，并将恩施玉露作为代表恩施市特色的三大名片（恩施大峡谷、恩施女儿会、恩施玉露茶）之一进行打造。

天泽润物，恩施玉露是大自然赐予恩施人民的物质和精神财富，以其别具一格的品质特色，赢得世人赞许，屡次被评为名茶。

2014 年，"恩施玉露"被列为国家非物质文化遗产保护目录。

2015 年，恩施玉露茶文化系统被认定为中国重要农业文化遗产。

（六）皇恩宠锡伍家台贡茶

"鄂西宣恩有贡茶，茶叶之宝甲天下；当年捧茶献天子，'皇恩宠锡'传佳话。如今茶香飘四海，色香味浓谁不夸；远方的朋友亲爱的客，请喝一杯宣恩茶"。1991 年 4 月，这首由著名歌唱家蒋大为即兴创作的歌曲，说的就是地处恩施土家族苗族自治州宣恩县城东的伍家台贡茶。清乾隆帝钦赐"皇恩宠锡"四字以表达对伍家台茶的喜爱。现在，"皇恩宠锡"已经成为湖北老字号中的一员，并且走向了世界。

伍家台茶成为贡茶，始于清朝乾隆年间。清乾隆四十九年（1784年），山东昌乐举人刘澍到宣恩任知县，他品尝了伍家台茶后，认为此茶水色清冽，芳香四溢，于是将伍家台茶当作礼物，送给了施南知府迁毓。迁毓亦觉该茶极佳，作为乾隆心腹的他便将此茶进献给素来爱茶的乾隆帝。乾隆皇帝喝后赞不绝口，钦赐"皇恩宠锡"牌匾。于是，伍家台茶以"碧翠争毫，献宫廷御案"而得宠，扬誉海内外，直至今日，伍家台贡茶依然为人们所推崇。在当地，伍昌臣被誉为"贡茶始祖"，伍家台贡茶之名由此而来，300余年的贡茶佳话流传至今。可以说，"皇恩宠锡"老字号历史悠久，来历不凡。

"皇恩宠锡"牌匾

天然茶园是"皇恩宠锡"老字号必不可少的"硬件"。伍家台茶园位于恩施土家族苗族自治州宣恩县城东北一处紫色山坡上，距县城15千米左右，曾是湘鄂茶马古道通达长江口岸的咽喉，茶园包括伍家台村、板场村、马鞍山村、大明山村、芋荷坪村、大河坝村、长堰沟村、向家村、芷药坪村、千师营村、网台村、白虎山村、金龙坪村、石心河村等14个茶叶种植重点村。其地属云贵高原延伸部分，地处武陵山和齐跃山的交接部位，居于北纬30°4′25″、东经109°31′20″，地处中国十大名茶有9种生长的北纬30°这条神秘的黄金线上，优越的地理位置使这里的茶园得天独厚，是适宜茶树生长的最佳环境之一。

今天"皇恩宠锡"老字号已经成为湖北茶叶企业的知名品牌之一。茶叶企业就是指专门从事茶叶生产销售的综合部门，恩施州伍家台富硒贡茶有限责任公司就是其中之一，被认定为省级第一批老字号，商标名为"皇恩宠锡"。

恩施州伍家台富硒贡茶有限责任公司创建于 2001 年底，公司原址在宣恩县科委内，当时宣恩县有茶叶龙头企业 3 个：宣恩县伍家台贡茶总厂、恩施州伍家台富硒贡茶有限公司和椒园良源茶厂。2003 年底，宣恩县委政府经过多方考虑，决定将该公司与伍家台贡茶总厂重组为恩施州伍家台富硒贡茶有限责任公司。

2005 年公司被中国茶叶进出口公司确定为蒸青绿茶生产基地，英、德、日等国客商接踵而至，产品得到国内外消费者的喜爱和信任，远销国内外，成为恩施土家族苗族自治州的知名品牌企业。公司生产的"伍家台绿针"茶被湖北省农业厅多次评为"湖北省十大名

伍家台茶园

茶"，并在 2001 年中国国际农业博览会上获得金奖。不仅如此，公司生产的产品还曾多次获得中国国际农博会金奖、楚茶杯金奖。同时伍家台坚持与时俱进，走出国门，与国际接轨，走可持续发展之路，现"伍家台贡茶"已获得国内最高的农业规范认证以及美国有机食品和欧盟有机食品认证，深受国内外消费者和企业的信任。一年一度的贡茶文化采摘节，更使伍家台贡茶企业名誉倍增，吸引了诸多中外游客和商人，其影响更上一层楼。

（七）黄鹤楼酒

武汉得天独厚的气候、地理和水质条件，为黄鹤楼酒的酿造提供了优越环境，孕育出优雅、独特的风格。其传统酿造工艺历经几个世纪的洗礼，去粗取精，融合现代科学技术，形成了独特的酿造工艺。其酒以水、高粱、小麦、玉米、糯米和大米为原料，汇聚五谷精华，经传统酿造、窖藏，自然老熟，精心酿制而成。"积黄鹤之灵以酿其味，循楚地之法以铸其魂。"黄鹤楼酒色泽晶莹剔透，窖香浓郁，味道醇厚绵甜，回味悠长，堪称传世佳品。

乾隆年间（1736－1795），酿酒师李大有在汉口关圣街酿酒，名号"李大有"，生产出独具一格、具有武汉特殊品质风味的清香酒，至此汉酒有了第一个真正的品牌。

1898年，《武昌府志》记载：1898年。刘峰青承李大有之志，在汉口用"老天成"牌号建立糟坊。老天成糟坊一共有7个糟坊，分别为仁记、祥记、德记、宏记、永记、新记、益记，是武汉产量最高、资本最大的糟坊。

1898年湖广总督张之洞，开启中国民族工业振兴之路，"老天成"酒坊作为民族产业杰出代表得到张之洞的大力推广。同年，张之洞升迁为清朝首辅，上京赴任前向七大糟坊订购了一批酒带进京城，此酒迅速得到了各位王公大臣的一致推崇。光绪皇帝令张之洞将佳酿进奉朝廷，于是张之洞精选了这七大糟坊中最好的酒上呈给皇帝，光绪帝饮后，大加赞赏。张之洞在光绪帝的旨意下以七大糟坊为基础，选择其中最好的窖池、技术最精湛的酿酒师，成立了一个专门为皇家酿制御酒的御用酒坊，光绪帝亲自为此酒坊定名为"天成坊"，寓意"佳酿天成，国富民强"。

1927年，老天成汾酒在巴拿马万国赛会上获得优胜奖。据老天成赵德安（酿酒师）、杨蚨亭（经理）、冯振平（小跑堂）、申明顺（账房先生）、付幕陶［白康糟坊（账房先生）］等人回忆，当年老天成汾酒在巴拿马万国赛会上得优胜奖，时间约在1927年左右。据付幕陶回忆：他13岁那年（1926年）进白康糟坊当学徒，第二年春季，汾酒业在民众乐园庆祝汾酒在巴拿马会得奖，庆祝甚是隆重。当时，武汉的报纸上还登了汾酒得奖的消息。

老天成汾酒巴拿马获奖

1952年，武汉市国营武汉酒厂（黄鹤楼酒厂前身）成立。《武汉酒厂厂志》记载：1952年在以"老天成"酒坊为主，在合并"白康"和

"同源"等汉汾酒糟坊的基础上成立武汉市国营武汉酒厂，属武汉市工业局领导。国营武汉酒厂成立之后，延续传统工艺继续生产汉汾酒。

1962年，在汉汾酒基础上投产"特制汉汾酒"。特制汉汾酒是在汉汾酒的基础上演变而成的，兼有清、浓两种香型，所谓特制就是工艺与汉汾不尽相同，以示区别。

1977年，《武汉酒厂厂志》记载：设备更新使白酒产量迅速增长，1977年，突破了1万吨，成为全国酒厂中产量最大的厂。1977年以后，在1万吨基础上稳步增长。1980年产50度白酒12315.80吨。其中，深受湖北武汉人民欢迎的特制汉汾酒和汉汾酒有了较大增长，20世纪80年代优质酒产量达1701.25吨。黄鹤楼酒还出口远销到港澳、国外，受到热烈欢迎。

在20世纪60年代至70年代中期，厂名更名为国营武汉酿酒厂，酒瓶上有"汉汾酒"标识。1977年，酒标上厂名由"武汉市酿酒厂"改为"武汉酒厂"。1977年，出现"特制汉汾酒"，瓶形为长玻璃瓶，红塑盖，使用至20世纪80年代中期。20世纪80年代初，特制黄鹤楼酒改瓶形为玻璃扁瓶。此时也出现晴川牌方瓶白瓷特制黄鹤楼酒（一直沿用到20世纪90年代）。20世纪80年代末，玻璃扁瓶的特制黄鹤楼酒瓶形有所改动，瓶颈拉长。

1984年，因黄鹤楼古迹的重建，特制汉汾酒改为现名——特制黄鹤楼酒，在山西太原召开的第四届全国评酒会上，该酒和茅台、五粮液等十三种白酒一起被评为国家名酒，获金质奖章，取得了白酒行业的最高荣誉。同一年，武汉市国营武汉酿酒厂也改名为武汉黄鹤楼酒厂。从此，该酒瓶上有了1984年获金质奖的图标及文字说明。因为黄鹤楼重建为五层，黄鹤楼商标图案也改为5层。1985年，湖北日报《动态》9月2日出版的第2期记载了精制黄鹤楼酒获中国名酒后供不应求的情况。

1989年1月，安徽合肥召开了第五届全国评酒会，中国酒界泰斗沈怡方先生担任专家组组长，评选出了国家的十七大名酒，39度、54度"特制黄鹤楼酒"再次获评为中国名酒的称号，续写了名酒的辉煌。特制黄鹤楼酒是名副其实的中国三大清香型名酒之一，更被民间誉为"南楼北汾"。从此，黄鹤楼酒的品牌不仅是一张武汉的城市名片，更是代表鄂酒文化的最高品质。1989 年后，"特制黄鹤楼酒"上瓶侧标有了"1984 年、1989 年连续两届蝉联国家金质奖"的文字说明。中国名酒评选开始于1953 年，结束于 1989 年，一共有 5 届。评选权威性高，评出的产品能代表当时的先进技术水平，代表广大群众的消费需求。尤其是评选出来的"中国名酒"，是国家质量最高的酒，影响力广泛。

20 世纪 80 年代中期
特制黄鹤楼酒

2004 年 10 月，中国白酒专业委员会在云南景洪举行全国白酒质量评比，黄鹤楼酒和国内三大顶级白酒同时获得最高分，被国家白酒质量主管部门和中国食品工业协会授予"中国白酒质量优秀产品"荣誉称号。

2006 年 1 月，黄鹤楼酒率先获得了中国食品工业协会白酒专业委员会授予的"纯粮固态发酵"标志证书，成为湖北省第一个通过此项目认证的白酒品牌，标志着黄鹤楼酒的酿酒技艺达到了一个新的高峰，这也是湖北省第一个获得这项荣誉的白酒品牌。

2011 年，黄鹤楼酒被商务部认定为"中华老字号"称号。

2016 年，黄鹤楼酒与"中国老八大名酒"古井贡酒正式开启了战略合作，开创"中国双名酒"新格局。

2017 年，黄鹤楼酒被认定为中国驰名商标。

（八）枝江酒

枝江酒口感独特，绵甜爽净，香味谐调，酒体丰满。枝江酒业发源于 1817 年的"谦泰吉"槽坊，历时近 200 年，发展为神州飘香的全国著名白酒品牌和中国驰名商标，得益于一代又一代枝江酒业人对酒文化的历史传承和与时俱进的发展创新。

　　坐落在枝江东北边的千年古镇江口，分布着众多原始村落遗址，楚国贵族墓葬星罗棋布。这里人灵地杰，山清水秀。江口紧挨奔腾不息的长江，方圆内拥有众多神奇的湖泊。面积达 8000 多亩的东湖，碧波荡漾，灵气袭人。相传三国时期关公曾在此饮酒壮行，呼风显圣。好"风水"注定这里会产生名酒佳酿。可见，出自江口镇东湖边的枝江大曲酒，有着源远流长的历史渊源。

　　清嘉庆二十二年（1817 年），为人谦和的秀才张元楠相中了江口这块贾商云集的圣地。他携家在江口开设酿酒糟坊，取名"谦泰吉"，意即谦和、福泰、吉祥，专门酿造高粱白酒，称"堆花烧酒"。据《楚州府志》载："今荆郡枝江县烧春甚佳。"此后，江口满街兴办酒

枝江酒始于 1817 年
在江口镇创建的"谦泰吉"糟坊

糟坊，枝江烧酒名冠荆楚。清光绪十八年（1892 年），翰林学士雷以栋回乡省亲，品尝江口"烧春"后赞不绝口："此酒比贡酒还胜一等，真乃旷世佳酿。"当即挥笔泼墨写下"谦泰吉"三个大字。张元楠为表谢意给雷以栋赠酒 4 坛。后来雷将其中一坛转送皇上，皇帝尝后夸"烧春，好酒"。从此，湖北每年精选上等好酒进贡皇上的，都是枝江"烧春酒"。

　　1927 年，"谦泰吉"生意越做越大，不仅门庭若市，而且名声远扬。无论是上四川还是下武汉的客商，常常将船舶停在江口，捎上几坛烧春酒，或独酌细品，或聚众豪饮，每天排成长龙等着买酒。

　　世事沧桑，万年传奇。"谦泰吉"糟坊酿出的烧春酒随着岁月的流逝，社会的演变，后来取名枝江小曲、枝江大曲，独特的烧春酒酿造技术就一直延续下来。因烧春酒成为"贡酒"之后，在江口又先后出现了"郑东记""陈记兴""周林记""田顺兴"等十几家糟坊，使千年古镇江口镇成了远近闻名的"十里长城，十里酒香"的酒镇。

　　1950—1957 年，原"谦泰吉"等 5 家酒糟坊先后被国家赎买而组成

了地方国营枝江酒厂。1954 年，枝江酒厂对枝江小曲酒的工艺进行了改进，使枝江小曲的名气越来越大。

湖北枝江酒业股份有限公司
生产的"谦泰吉"酒

1965 年，枝江酒厂被评为湖北省一类酒厂，枝江小曲被定为一类产品。

1975 年，继枝江小曲瓶装酒后，又生产出了枝江大曲瓶装酒，使酒业生产上了一个新的台阶。

从 1980 年开始，枝江酒厂进入了转轨变型的发展时期。1982 年，再次扩大生产规模。1984 年，派往华南工学院发酵工程专业深造的蒋红星学成归来，企业科技队伍开始壮大，这一批人才承担了枝江大曲产品质量的攻关重任。他们在深挖"谦泰吉"等几家老厂的传统工艺，广采民间酿酒秘方和传统绝技的基础上，结合现代科学工艺进行生产，使酒的品质产生了飞跃，枝江大曲酒连续夺取1981—1983 年全省同类产品质量评

湖北枝江酒业股份有限公司概貌

比三连冠之后，又荣获湖北省优质产品证书，其产量逐年成倍上升。1983 年，国家轻工业部行文认定枝江酒厂为全国米香型白酒生产厂家，指定枝江小曲酒送京参与制定部级优质米香型白酒标准。1984 年，"枝江大曲""枝江小曲"首次以湖北名酒的身份，进入北京中南海。

1998 年 6 月，经湖北省体改委批准，由枝江市酒厂、枝江市二酒厂、枝江酒类销售有限责任公司、宜昌方大彩印有限责任公司、枝江酒类纸箱厂、酒厂职工持股共同发起，成立湖北枝江酒业股份有限公司。

1999 年，公司产品被中国人民保险公司承保产品质量信誉保险，企

业全面导入 CLS 企业形象系统，使枝江大曲成为湖北省品牌知名度和市场占有率最高的白酒品牌，被确认为全省销量第一白酒。

"枝江"先后荣获全国质量管理先进企业、全国重合同守信用先进企业、中国十大新名酒、中国驰名商标、中国 500 最具价值品牌、中国民营企业 500 强、中华老字号等 100 多项国家级荣誉，以卓越的成就、巨大的贡献成为地方经济发展和社会进步的领头雁。

（九）黄山头酒

黄山头酒产于湖北省荆州市公安县藕池镇（原属石首县），其酿酒历史有近百年。黄山头系列酒，具有窖香浓郁、绵甜甘爽的独特风格。

藕池镇的酿酒业在清代曾盛极一时，大小作坊达 10 多家，声名日隆。后几经战乱，时盛时衰。

水是酒的灵魂。黄山头酒的酿造用水取于藕池湖水。藕池湖水来自长江，后经洞庭湖又流回长江，而长江水千百年来一直是各大名酒的源头。藕池湖水清澈纯净，大旱

1976 年黄山头酒厂大门

不涸，冬暖夏凉，饮之甘甜可口。好酒还得好窖。黄山头有资可考的建厂历史也有 100 多年。半个世纪的辉煌，黄山头酒厂已经积淀下了 1800 多口老窖。此外，悠久的酿酒历史，各种微生物经过遗传、变异、消长和衍化等微生物群落的演替，在黄山头酒厂所在地已经形成了酿酒需要的微生态环境，从这里产出的酒自然是酒中珍品。

1913 年，黄山头酒问世。1951 成立了"石首人民制酒厂"。1965 年，改名为"湖北藕池曲酒厂"，现由湖北黄山头酒业有限公司生产出品。

2011 年 9 月 26 日，第五届"中国食品工业协会科学技术奖"颁奖大会在武汉举行，湖北黄山头酒业公司的循环经济技术与五粮液、剑南春一起获得中国食品工业最高荣誉——中国食品工业科学技术进步一等

奖。现在所推出的黄山头陈年小窖系列经广泛征求消费者意见和建议，然后有针对性地加以改进，如此反复多次，最终以百年企业、百年窖池、万吨原酒库存、生态酿酒工艺、国家级酿酒大师、小窖风格、绵柔味道、醉酒度低、醒酒快等诸多优势赢得市场好评。

黄山头商标

质量是企业的生命，品牌是企业的灵魂。多年来，黄山头酒业坚持"以质为本，诚信经营，以人品酿产品"的经营理念，以科技为先导，人才为后盾，继承传统的混蒸续糟、泥窖固态发酵工艺，不断引进新技术、新工艺，使产品的风味日臻完美，形成了"窖香浓郁、绵甜甘爽、香味协调、尾净余长"的独特风格。曾经的藕池酒香留住陆游，如今的藕池酒香依然让人流连忘返。

（十）稻花香

湖北省宜昌市龙泉镇是一个与酒文化息息相关的城镇，位于秦巴山脉和武陵山脉交界处，集山水之精，采自然之韵，是世界公认的酿酒胜地。我国著名的白酒品牌稻花香集团就诞生在这样一个钟灵毓秀的地方。稻花香酒业从起家到跻身 500 强企业，走过了许多艰辛的岁月，付出了诸多的努力。

稻花香集团的创始人蔡宏柱先生，是一个从三峡夷陵走出的农民企业家。1986 年，全国经济体制改革进入攻坚阶段，一些规模小、效益不好的企业，纷纷改弦易辙，另谋生路。这时，已经有了 5 年办厂经验的蔡宏柱，慧眼独具，做出一个大胆决定：整合小厂，扩大规模。在龙泉镇委、镇政府的支持下，他以接手 1952 年兴办的宜昌县小溪塔酒厂为主体，将双龙饮料厂、土门酒厂两家村办企业与自己创办的青龙酱油厂合并，并将企业更名为"宜昌县柏临酒厂"。

三厂合并以后，面对巨额的欠款，蔡宏柱一刻都没有停歇，积累了一些资金，终于熬过了 1989 年，他们见什么赚钱干什么，汽水、香槟酒、果酒、格瓦斯、龙凤山牌高粱酒都在搞，但是产品缺少品牌魅力，没有知名度，再加之没有技术设备，资金有限，蔡宏柱这个厂长只能在夹缝中求生存。稻花香的第一个 10 年在残酷的抗争、痛苦的摔打、坚定的拼搏中熬了过来。

稻花香酒

1992 年，蔡宏柱毅然决定关闭酱油、汽水生产，向白酒市场进军。他们开始实施"三高两找一创"战略。"三高"即"高起点、高质量、高效益"；"两找"即"找名厂、找名师"；"一创"即"创名牌"。这言简意赅的十八个字，便是著名的稻花香"十八字方针"。凭着这"十八字"方针，蔡宏柱在逆境中率领稻花香人矢志而战，成功研制开发出第一瓶"稻花香"白酒。1992 年 10 月，该酒一上市，立即受到广大消费者的热烈追捧，整个白酒市场为之风靡。如今集团大力实施品牌发展战略，整合湖北白酒资源，形成了以"稻花香"为龙头，以"关公坊""昭君""屈原""楚瓶贡"为羽翼的"一主多翼"强势品牌集群。公司出品的世纪经典、珍品系列、宴酒系列、陈香系列等六大系列产品 80 多个品种的稻花香白酒，畅销湖北、江苏、福建、广东等 20 个省 200 多个大中城市，并荣获"中国优质白酒""全国白酒行业十佳品牌""中国白酒新秀著名品牌""全国食品行业放心食品"等称号，"稻花香"商标已连续两届被评为湖北省著名商标。

2005 年，"稻花香"被国家工商总局认定为中国驰名商标，是湖北省白酒类首次入选的中国驰名商标。曾连续两年进入全国白酒"十强"行列，成为与茅台、五粮液并肩的全国白酒十强品牌。

2011 年，"稻花香"被国家商务部认定为"中华老字号"。

2017 年，稻花香连续第 14 年入选"中国 500 最具价值品牌"。

（十一）石花酒

据《石花镇志》记载，石花镇形成于 2500 多年前的战国时期，原称石花街，因街边有石溪，又称"石溪"。在铁路出现以前，石花是通往晋、陕、蜀和宁夏、内蒙古的咽喉重镇。由西往东，出了石花就进入江汉平原，东瞰吴越，沃野千里；由东往西，过了石花，便是崇山峻岭，西望秦巴莽莽苍苍。在唐汉时期，无论西京长安，还是东都洛阳，石花镇都是重要的战略要冲和物资集散中转中心。因而千百年前，这里商铺林立，酒旗招展，繁华盛景，可以与"四大名镇"（汉口镇、朱仙镇、佛山镇、景德镇）比肩齐名。

据史书记载，明末清初酿酒业最繁盛时，石花街与贵州省茅台镇一样，石溪河沿岸的老街酒坊一家挨着一家。清代诗人欧阳常伯进京赶考，路过石花街，品尝石花酒后，诗兴大发，题写诗句："此处竞跨竹叶，何须遥指杏花。"

清同治九年（1870 年），江西盐商黄兴廷，由汉水溯石溪来到石花镇，繁华街市与兴盛的酒业成为他眼里新的商机。黄兴廷弃船上岸，就地创业，买下老街上最大的糟坊，创立"黄公顺酒馆"。

黄兴廷从山西杏花村请来清香型酿酒师傅大刘、二刘，将当地酒坊简单酿造工艺加以改进，摸索出

石花酒业·中国生态白酒庄园内展示的黄公顺酒馆

一套规范独特的白酒酿制技术，酒品日臻醇厚。同时，酒馆还给所有包装简陋的酒瓮贴上产地"石花街"的标记，并借助汉水之利，将石花酒装船沿汉江向下游销售。石花酒由此离岸古镇，走向江湖。经客商们口碑相传，石花酒香飘四方。黄公顺酒馆很快成为汉江流域最大的字号，并将触角伸向长江之滨的汉口、南京。"北有杏花，南有石花"一度成为人们对南北酿酒市场的无形划分。

1953年，我国开始实行第一个五年计划，对资本主义工商业进行改造。在原石花街黄公顺酒馆的旧址上成立的石花酒厂被收归国有，实现了公私合营的产业模式。

在社会主义建设各个时期，党和政府对石花酒这个品牌十分重视，曾多次拨款对酒厂进行扩建。武汉军区副司令员孔庆德主政湖北工业期间，他曾在全省经济工作会上，称赞石花酒好品质，要求地方政府好好研究，认真发展石花酒业。并且将石花酒生产线从谷城酒厂中分离出来，单独成立石花酒厂，拨款对石花酒厂进行扩建。从此，石花酒告别了千百年的手工作坊传统生产方式，走上了现代化的发展之路。

1979年，改革开放的总设计师邓小平，邀请全国100多位著名工商界人士，座谈中国改革开放的经济政策。石花酒厂的老职工、黄公顺酒馆的第四代传人黄善荣也受到了邀请。他作为襄阳地区唯一的代表，受到邓小平同志接见，商讨改革开放大计。

1979年，"黄公顺酒馆"的第四代传人黄善荣受邀到
人民大会堂参加工商界人士座谈会，受到邓小平同志的亲切接见

20世纪80年代，国家轻工业部将石花酒厂确定为全国第二大清香型白酒基地。90年代中后期，石花酒一度远销中国香港、马来西亚等东南亚地区。石花系列酒多种品牌多次在湖北省酒类评比中获得一、二等奖，石花大曲荣获轻工部优质产品称号，从此跻身全国知名白酒行列。

2002 年，跟随国家经济政策的转变，石花酒厂改制为民营企业，改名为湖北省石花酿酒股份有限公司（简称石花酒业）。以曹元亮董事长为首的企业领导班子，为石花酒业引入现代企业经营管理机制，并更加注重企业文化建设。

虽然工厂不断变更，石花酒业依旧传承着石花街黄公顺酒馆的传统手工工艺。在市场挑战面前，石花酒业开始积极谋求创新，将传统工艺与现代科学技术结合，着手推出"霸王醉"酒，力图重振石花酒昔日风采。

石花酒传统酿酒工艺具有不可模仿的独特性质，历史遗产价值十分巨大。在原料选配上以高粱为主要原料、集五谷之精华而成，以独有的配方与工艺，使酒体清香味觉物质特别丰富。生产工艺特点为：多粮原料；高温润糁；蒸煮糊化熟而不黏，内无生心；撒曲有自己的独特配方；堆积入地缸发酵；出缸蒸馏，有"缓汽蒸馏，大汽追尾"之说；量质摘酒，主要是看花取酒。整个过程可归结为："地缸固态发酵，一清二次清"的生产工艺。其中的霸王醉酒作为酒中极品，清芬香气，口感醇厚，极富营养，具有极高的饮用价值，厚重的历史渊源和独有的生产工艺，更具有宝贵的历史文化价值。

2005 年，"石花霸王醉"被列为湖北省政府重点扶持的白酒品牌，并于 2009 年成为湖北省外交的名片，被赠送给德国外交部及前总理施罗德，由此霸王醉名声大震，闻名全国，被冠以"中国第一高度""湖北极品酒"等美誉。"霸王醉"酒的推出，实际上是石花酒业对历史悠久品牌的尊重，对人生社会的感悟，真诚做事，善始善终。

2015 年，"石花"品牌被湖北省商务厅认定为首批"湖北老字号"，这是对石花酒百年匠心打造的认可。"石花"商标也被国家工商总局认定为"中国驰名商标"。

（十二）襄江酒

襄阳是酿造优质名酒的胜地，自古就有许多酿酒作坊。汉魏已有酒业，晋代以习家酒著称，永嘉三年，山简出任征南将军镇襄阳时，常在习家池置酒辄醉，自号高阳池酒徒。唐宋时，就有不少名人写诗赞美襄阳美酒。唐代韦应物诗云："江汉曾为客，相逢每醉还。"宋代欧阳修吟道："玉缸酸醅似桐乳，与君共醉高阳池。"宋代酒业更盛，酿有金沙、宜城、檀溪、竹叶青等名酒。成立于1956年的襄樊市地方国营酒厂已是如今的湖北古隆中演义酒业有限公司，发展至今已逾60个春秋。"襄江"酒的品牌史，是中华人民共和国成立以来襄阳自强不息发展民族工业的发展史，也是襄阳城市发展和社会进步的文明史。

1956年，襄樊市酒厂成立，原襄樊市市长王根长出席建厂仪式并为产品取名"襄樊大曲"（即后来的"襄江特曲"），它成为计划经济时代的特供酒。当时创业者们把厂址选在襄阳古城小北门城墙边，因为这里紧靠汉江，便于取水酿酒，同时距离城区中心不远，百姓买酒方便。

襄樊特曲属大曲其他香型白酒，清亮透明，醇香浓郁，浓香带酱香，入口绵甘、爽净，香味协调，回味绵长。1966年开始生产这种特曲酒，1980年改称襄樊特曲。1980年，襄樊特曲酒获"湖北省优秀产品"称号；1984年，襄樊特曲酒再次获"省优"称号。

襄樊特曲

1988年，湖北省人民政府举办湖北省首届白酒质量大赛，"襄江特曲"荣膺大赛"金钟奖"，与"白云边""枝江大曲"等成为"湖北八大名酒"。

2009年9月9日，襄樊酒厂完成改制，成立湖北古隆中演义酒业有限公司。

2013年底，改制更名为"襄阳隆中对酒业有限公司"。

2017年"襄江老字号·特曲酒"荣膺比利时布鲁塞尔国际烈性酒大奖赛银奖。

1956年，老字号"襄江"诞生于襄江畔。60多年来，"襄江特曲"

已经融入襄阳人生活、事业、情感的方方面面，成为生活中不可或缺的寄托，也是一张实至名归的襄阳名片。

湖北省在商业活动和商业文化发展的历史中，留下了较为丰富的饮食老字号，其中武汉市的老字号尤为出众。这些传统的老字号多数有着悠久的历史、良好的信誉、卓著的声名，它们不仅是我国传统商业文化的重要象征，而且承载着中华民族博大精深的优秀传统文化。老字号中的传统手工技艺和传统知识，是我国非物质文化遗产的重要组成部分，尤其是老字号在长期的发展过程中，逐渐形成的世代传承的精良产品、精湛技艺和服务体系，发展成为著名的商业品牌、积淀成为深厚的文化底蕴，为丰富人民群众生活，促进商品经济和社会发展，起到了重要作用，做出了很大的贡献。

当前，随着现代化、经济全球化进程的加快以及市场竞争的加剧，主要依靠传统工艺方式进行生产、经营和服务，以"师带徒""作坊式"传承的传统饮食老字号企业，面对现代工业和市场经济的巨大冲击，出现了市场和传承人才缺乏等一系列问题，生存面临危机；一些老字号企业仅能勉强维持现状；一部分老字号长期亏损，有的甚至被淘汰；只有少数老字号企业发展良好。加强对荆楚老字号的传承和保护，对促进商业文明建设、保护非物质文化遗产、弘扬民族优秀文化、构建社会主义和谐社会具有重要的现实意义。

第十四章　荆楚饮食文献荟萃

　　荆楚地区是具有悠久的历史和丰富的饮食文化典籍的地区，我们祖先也是最先使用科学的方法去整理和研究这些文化典籍的先驱。由于社会的不断发展，饮食文献的数量也随之增加，并且内容也在变化，这就给人们准确及时地获取大量信息资料带来了一定的困难。由于这个矛盾的日益尖锐，使人们对饮食文献工作也就愈来愈重视，我们认为，学习与了解荆楚古代饮食文献书目可以有这样几点意义：治学的门径；科研工作的指南；考镜荆楚饮食文化发展源流。

　　研究荆楚饮食史的发展同样离不开饮食古籍，无论是烹饪技法的发展、烹饪理论的提高、菜点品种的丰富、食疗的形成、饮食风习的演化等，都得在饮食文献中找根据，所以，学习了饮食文献就可以更好地研究饮食文化史。通过饮食文献书目来了解饮食文化的学术源流，是我国古代文献学的优良传统，也是古代文献学的核心思想。通过饮食文献学，不仅可以了解古代饮食"一家一书之宗趣"，而且可以"周知一代之学术"源流。在此基础上，"去粗取精，去伪存真，条别源流，甄论得失，替研究工作者提供方便"。①

第一节　荆楚饮食文化的历史文献

　　通过查阅目前有关楚文化的文献资料，可大致梳理出了楚国饮食文化典籍，在这些文献里，有着丰富的楚国饮食生活资料，但是这些资料

---

① 张舜徽. 中国文献学［M］. 郑州：中州书画社，1982：4.

并不集中于某几部书内，而是散见于经、史、子、集和无文字记录的史料中。

一、历史文献

（一）《诗经》

《诗经》是周王朝观察风俗、考证得失的政治参考书，是推行礼乐制度的工具书，据说为湖北房县人尹吉甫整理而成。《诗经》中与饮食烹饪有联系的篇章比较多。正如清人姚际恒在《诗经通论》中所述：《诗经》中"又有似采桑图、田家乐图、食谱、谷谱、酒经，一诗之中，无不具备"。楚国出土文献的不断发现，使人们认识到《诗经》对楚文化的影响不仅表现在楚国的礼乐教育、政治思想等方面，而且还表现在社会生活和乐舞文化等方面，所以《诗经》中关于饮食的记载值得重视。

1. 饮食原料

在"五谷"说出现以前，也有"百谷"之说，《诗经·幽风·七月》中有："其始播百谷。"《诗经·小雅·大田》和《诗经·周颂·噫嘻》都有："播厥百谷。"《诗经·小雅·信南山》中还有："生我百谷。"《诗经》出现的谷物品种就有 10 多种。从百谷到五谷，是不是粮食作物的种类减少了呢？不是的，据晋代杨泉《物理论》中的解释，百谷是包括除谷物之外，还有蔬菜、果品等多种农作物。另外，先秦时的人们习惯把一种作物的几个不同品种一个个起上专名，这样列举起来就多了。而且，这里的百谷也并非实指，而言其多。

《诗经》中也提到了不少鱼类，鳣、鲨、鲂、鳢、鳢、鲤是贵族宴会宾客的下酒物，《诗经·鱼丽》说："鳣鲨……鲂鳢……鳢鲤，君子有酒，旨且有。"鳣、鲔、鲦、鳣、鳢也多用于祭祀，成为享祀佳肴，《诗经·潜》说："有鳣有鲔，鲦鲿鳢鲤。以享以祀，以介景福。"

在目前我国比较常见的 100 种蔬菜中，我国原产和从国外引入的大约各占一半。我国原产的蔬菜，最早和最多的记载见于《诗经》，有葵、韭、荳、荷、芹、薇等十多种，其中大多数蔬菜在楚地都有。

2. 饮宴活动

《诗经》中写到酒及宴会的场面比较多，其中有 40 多篇提到酒或直接描写酒，从中可以看出当时宴会的一些格局。

西周贵族们行"燕射礼"的场面，在《诗经》中也有一些描写，其中，最形象、精彩的要数《诗经·小雅·宾之初筵》了。诗中描述了西周幽王宴会大臣贵族的情形，从中可以看到西周王室宴会礼仪的基本概况以及国王及群臣失仪纵酒、行为放荡的生活情形。

《宾之初筵》是一首全面、生动描写西周宴会礼仪的诗作，这首诗把宾客出场、礼仪形式、宴席食物与食器的陈列、音乐侑食和射手比箭写得清楚有序、生动简洁，宴会气氛热烈而活跃，这显然是当时"燕射礼"的艺术描写以及所应遵守的规范程序。当然，"燕射礼"参与者的主要目的是饮酒作乐，因此左右揖让，射箭不过是形式。诗中所描写的饮宴礼乐的盛大场面，远比《仪礼》《礼记》所记形象多了，使人们对于西周宴会礼仪形式和实际情况有了进一步的感性认识。

3. 加工方法

西周时，舂谷比商代有所普及，据《诗经·大雅·生民》记载：当时人们为了祭祀和庆贺节日，常在一起，"或舂或揄，或簸或蹂，释之叟叟，烝之浮浮"。这描写了有的人在舂米，有的人在扬弃糠皮，有的人在淘米，然后把米做成饭。从侧面也反映了一般平民已开始注重饮食的细化了。

《诗经》提到烹饪方法的有"炰鳖脍鲤"（《小雅·六月》），"有兔斯首，炮之燔之……有兔斯首，燔之炙之"（《小雅·瓠叶》），"谁能烹鱼，溉之釜鬵"（《桧风·匪风》），"释之叟叟，烝之浮浮"（《大雅·生民》）等句。其中，除最后一句是描绘的蒸饭情景外，其他的炰、脍、燔、炙、炮、烹均是做菜方法，极有参考价值。

4. 祭祀饮食

《诗经》中描写祭祀的篇章较多，从一定意义上说，人类的宗教活动亦是从饮食活动中发展起来的。早期的宗教仪式主要是祭祀，祭祀总是同人类的某种祈求心理分不开的，而这种祈求又是以奉献饮食的形式反映出来。《诗经·小雅·楚茨》云："苾芬孝祀，神嗜饮食，卜尔百福，如几如式。"这几句诗用现代诗韵翻译出来就是："肴馔芳香先祖享，丰美饮食神灵尝。赐你百福做报应，祭祀及时又标准。"总之，中国古代的祭祀活动，都离不开饮食，无论是大祭或薄祭，都是以最好的食物侍之。

《颂》诗主要是《周颂》，这是周王室的宗庙祭祀诗，产生于西周初期。如《周颂·丰年》："丰年多黍多稌，亦有高廪，万亿及秭；为酒为醴，烝畀祖妣，以洽百礼，降福孔皆。"再如《周颂·潜》："猗与漆沮，潜有多鱼。有鳣有鲔，鲦鲿鰋鲤。以享以祀，以介景福。"前一篇写的是以酒祭祖，后一篇写的是以鱼品祭祖，从中反映了当时的饮食风习以及以农业立国的社会特征和西周初期农业生产的情况。

《诗经》是我国饮食文学光辉的起点，是我国饮食文学发达很早的标志，它所表现的"饥者歌其食，劳者歌其事"的现实主义精神对后世饮食文学影响最大。《诗经》在中国饮食文献史上占有十分重要的地位。

（二）《左传》

《左传》是中国现存最早的、第一部较为完备的编年体史书。相传是春秋末年左丘明为解释孔子的《春秋》而作。它起自鲁隐公元年（前722年），迄于鲁哀公二十七年（前464年），以《春秋》为本，通过记述春秋时期的具体史实来说明《春秋》的纲目，是儒家重要经典之一。西汉时称之为《左氏春秋》，东汉以后改称《春秋左氏传》，简称《左传》。

左丘明姓丘名明，春秋末期鲁国人。因其世代为左史官，所以人们尊其为左丘明。左丘明世代为史官，并与孔子一起"乘如周，观书于周史"。他根据鲁国以及其他封侯各国大量的史料，依《春秋》著成了中国古代第一部记事详细、议论精辟的编年史《左传》，和现存最早的一部国别史《国语》，成为史家的开山鼻祖，其中也有许多饮食的史料。

中国古代的烹饪，技艺精湛，源远流长，特别是羹的制作，十分讲究，是一份珍贵的文化遗产，《左传》一书就介绍了"羹"制作的方法。

羹是汤的古音，《左传·昭公十一年》说："楚子城陈蔡，不羹。"《正义》说："古者羹臛之字，音亦为郎"，重读则为汤。不过古代的羹一般说比现在的汤更浓一些。羹字从羔从美，羔是小米，美是大羊，可知最初的羹主要是用肉做的，所以《尔雅·释器》中有"肉谓之羹"的说法。后世才有以蔬菜为羹，于是羹便成为普通汤菜的通称，不专指肉煮的了。

最初的羹，称之为太羹，即太古的羹，它是一种不加五味的肉汁，这也是羹的最原始的做法。后来随着烹饪技术的进步，制羹的技术才逐渐复杂起来，大约从商代起，五味就已放入羹中，《古文尚书·说命》篇中有："若作和羹，尔惟盐梅。"用盐和梅子酱来调羹，这是羹的基本味道。到春秋时，羹的调制达到了一个较高的水平，《左传·昭公二十年》记载晏子对齐景公说："和与羹焉，水火醯醢盐梅，以烹鱼肉，燀之以薪，宰夫和之，齐之以味，济其不及，以泄其过。"这里叙述了制肉羹的过程和原料。鱼肉放在水中用火煮，然后再用醋、酱、梅子和盐来调和，在煮制过程中要提防"过"和"不及"。这种"过"和"不及"主要是指味道与火候。可见，当时人们已认识到做羹的关键在水火和五味，水火掌握好了可以使五味适中，否则就使人难以下咽。齐桓公的饔人易牙，就是这时调羹的名手。

春秋时期，人们的饮食还有手食的方式。《左传·宣公四年》记载："楚人献鼋（大鳖）于郑灵公，公子宋与子家将见，子公之食指动，以示子家，曰：'他日我如此，必尝异味。'及入，宰夫将解鼋，相视而笑。公问之，子家以告。及食大夫鼋，召子公而弗与也，子公怒，染指于鼎，尝之而出。公怒，欲杀子公。"后公子宋先下手，杀了灵公，由分鼋不均，导致父子相杀，其鼋味的珍美及在他们饮食中的地位可想而知，同时这段文献也透露出当时人们手食的信息，这里，从"食指动"到"染指于鼎"，都是手食的动作。

（三）《国语》

《国语》是关于西周（公元前1046—公元前771）、春秋（公元前770

一公元前 476）时周、鲁、齐、晋、郑、楚、吴、越八国人物、事迹、言论的国别史杂记，全书共 21 卷，分《周语》《鲁语》《齐语》《晋语》《郑语》《楚语》《吴语》《越语》八个部分，《晋语》最多。全书起自周穆王，终于鲁悼公，以记述西周末年至春秋时期各国贵族言论为主，因其内容可与《左传》相参证，所以有《春秋外传》之称。

中国古代饮食礼制规定：太牢是最隆重的祭礼，所谓太牢是三牲齐备，即牛、羊、猪三种牺牲俱全，“牺牲”二字皆从牛，可见古代珍贵的食物是以牛作为标志的，没有牛的即称少牢。《礼记·王制》指出：“天子社稷皆太牢，诸侯社稷皆少牢。”《国语·楚语》中也有类似的论述：“其祭典有之曰：国君有牛享，大夫有羊馈，士有豚犬之奠，庶人有鱼炙之荐，笾豆脯醢，则上下共之。”即说牛是国君的祭品，羊是大夫的祭品，猪是士以下人员的祭品。

（四）《楚辞》

《楚辞》是战国时代以屈原为代表的楚国人创作的诗歌，它是《诗经》以后的一种新诗体。《楚辞》充分反映了楚人的生活风情，其中与饮食烹饪有关的内容主要体现在《招魂》《大招》中。

中国烹饪技艺在春秋战国时就达到了一个新的高峰，这时的菜肴精美多样，标志着生活富裕和文明程度都比前代有所提高。楚国的饮食，最能反映当时的烹饪水平。《楚辞》对楚人的饮食结构及菜肴品种作了详尽的记载，例如《楚辞·招魂》中说：“室家遂宗，食多方些。稻粢穱麦，挐黄粱些。大苦咸酸，辛甘行些。肥牛之腱，臑若芳些。和酸若苦，陈吴羹些。胹鳖炮羔，有柘浆些。鹄酸臇凫，煎鸿鸧些。露鸡臛蠵，厉而不爽些。粔籹蜜饵，有餦餭些。瑶浆蜜勺，实羽觞些。挫糟冻饮，酎清凉些。华酌既陈，有琼浆些。”

另一首诗《大招》里写道：“五谷六仞，设菰粱只。鼎臑盈望，和致芳只。内鸧鸽鹄，味豺羹只。魂乎归徕，恣所尝只。鲜蠵甘鸡，和楚酪只。醢豚苦狗，脍苴蓴只。吴酸蒿蒌，不沾薄只。魂兮归徕，恣所择只。炙胡蒸凫，煔鹑陈只。煎鲼臛雀，遽爽存只。魂兮归徕，丽以先只。四酎并熟,不涩嗌只。清馨冻饮,不歠役只。吴醴白蘖,和楚沥只。"

《楚辞》虽然是一篇文学作品,但它表现出的饮食文化是源于现实生活的。如果要了解这一时期的烹饪技艺和菜肴品种,这段文字是不容忽视的,它的篇幅不长,却是非常丰富和完整,可以说是一份既有价值又有趣味的古代食谱。这一食谱中诱人的美味,被称为当世的珍肴,《淮南子》中就认为"荆吴芬馨"。在上面这些佳肴里,肉食就达30多种,除常见的六畜外,还有鳖、蠵(大龟)、鲤、鲟、凫(野鸭)、豺、鹌鹑、鸧(黄鹂)等。在烹饪上,楚人继承了西周以来的烹饪特点,讲究用料选择、刀工、火候,在做法上更富有变化,如"胹鳖炮羔"的做法就与"八珍"中"炮豚"相似。在调味上,楚人更为考究,"大苦咸酸,辛甘行些"。即是说在烹调过程中把五味都适当地用上,《楚辞》在对膳、羞、饮的描述中都涉及了五味调和问题,在一定程度上反映了楚人对五味已有了较深入的了解。

楚国的一些名肴有的还留传至今,江苏省徐州地区的传统名菜"霸王别姬",相传是在楚汉之争时,项羽被刘邦围困在垓下(今安徽省灵璧县南),处于四面楚歌中,其美人虞姬为楚霸王项羽解愁消忧,用甲鱼和雏鸡为原料,烹制了这道美菜,项羽食后很高兴,精神振作。后来流传民间,因用甲鱼与雏鸡制菜,具有较强的滋补作用,所以人们都喜欢食用此菜,逐渐出名,特别是经菜馆名厨师加工烹制后,其味更佳。因该菜制法相传出于霸王别姬之时,故后人称它为"霸王别姬"。此菜不仅在徐州盛名,而且在湖南、湖北也都享有盛誉。

中国古代贵族在夏天进食时,还喜好喝一些冷饮。据《周礼》记载,周代设有专管取冰用冰的官员,称为"凌人"。每到隆冬,"凌人"负责凿冰,并把它存放于"凌阴"(冰库)之中。当时楚国有一种青铜器,称为"鉴",类瓮,口较大,便是用来盛冰,以冷冻膳羞和酒浆,后人称为"冰鉴",这在楚墓中出土较多,这是因为楚国地处南方,气候炎热,人们更爱冷饮的缘故。《楚辞·招魂》中就有"挫糟冻饮,酎清凉些"的句子,郭沫若翻译为:"冰冻甜酒,满杯进口真清凉"。可见,早在先秦时期，我国先民就已在夏天开始喝冷饮了。到了后来，各种饮料品种就更多了，这充分反映了楚国人民无穷的创造性和智慧。

（五）《吕氏春秋》

《吕氏春秋》是战国末秦相吕不韦集合门客共同编写的杂家代表著作。原书分十二纪、六论、八览，序意一篇，则附于《十二月纪》之末。因此，后人亦称《吕氏春秋》为《吕览》《吕纪》《吕论》。《吕氏春秋》中和烹饪关系密切的主要是《本味》篇。《吕氏春秋·本味》是战国及其以前社会生活的反映，是我国现存的最古的论及饮食烹饪的著作之一，其中许多部分都论述了楚地的饮食与物产。

《吕氏春秋·本味》保留了古代的烹饪理论，具有较强的实用性。其中关于调味的一段论述十分精当："调和之事，必以甘、酸、苦、辛、咸，先后多少，其齐甚微，皆有自起。鼎中之变，精妙微纤，口弗能言，志弗能喻。若射御之微，阴阳之化，四时之数。故久而不弊，熟而不烂，甘而不哝，酸而不酷，咸而不减，辛而不烈，淡而不薄，肥而不腻。"这里，强调了五味调和及准确掌握放调料次序、用量的重要。只有做到这几点，才能使菜肴制作得久而不败，熟而不烂，甜而不过头，酸而不强烈，咸而不涩嘴，辛而不过度，淡而不寡味，肥而不油腻。

《吕氏春秋·本味》记载了战国及其以前很长一段时期的佳肴美馔和各地特产。文中是分肉、鱼、菜（蔬菜）、饭（谷物）、水、果、和（调料）七类记述的。就其范围，南至南海、越骆，东至东海，西至昆仑，北至冀州、大夏，把如此大范围中的著名物产都提到了，其中荆楚地区的物产占有相当的比重。就其具体品种，有猩唇、獾炙、牦牛或大象的筋、凤凰的卵、洞庭湖的鳟、东海的鲔鱼子、醴水的朱鳖鱼、昆仑山的苹草、寿木的果实、阳华山的芸菜、云梦泽的芹菜、太湖流域的韭花、阳朴的姜、招摇的桂、越骆的菌、膻鱼的酱、大夏的盐、玄山的禾麦、不周山的小米、阳山的黄黍、南海的黑米等等，这数十种菜肴和原料中，固然少数有神奇色彩，但其中大多数却应是有生活依据的。

《吕氏春秋·本生》对如何科学地饮食也有涉及，其中提出："肥肉厚酒，务以自强，命之曰烂肠之食。"这说明喝酒吃肉过多，有损健康，甚至会带来不幸的后果。

（六）《七发》

《七发》是汉代枚乘所撰的重要辞赋之一，其中有一段文字专门谈西汉楚王宫的饮食，引录如下："犓牛之腴，菜以笋蒲。肥狗之和，冒以山肤。楚苗之食，安胡之饭。抟之不解，一啜而散。于是使伊尹煎熬，易牙调和。熊蹯之臑，芍药之酱。蒲耆之炙，鲜鲤之鲙。秋黄之苏，白露之茹。兰英之酒，酌以涤口。山梁之餐，豢豹之胎。小饭大歠，如汤沃雪。此亦天下之至美也，太子能强起尝之乎？"

这段话中记载了不少精美的饭、菜，虽有夸张的成分，但还是在一定程度上反映了当时楚地上层社会的饮食面貌。

受枚乘《七发》的影响，后来曹植的《七启》、张景阳的《七命》等模仿性作品里，也都有一段文字专写饮食。与《七发》相类，这些作品中也不免有夸张的成分。如《七启》中形容刀工有"蝉翼之割，剖纤析微。累如叠縠，离若散雪，轻随风飞，刃不转切"之句。夸张的色彩非常明显，但对于赋这种文学作品来说，这是正常的、无可厚非的。

（七）《淮南子》

《淮南子》一书一般认为是淮南王刘安及其门客李尚、苏飞、伍被等共同编著。

《淮南子》中蕴涵着丰富的饮食思想，淮南又是楚地，因此，其中也在一定程度上反映了楚地的饮食风俗。概而言之，主要体现在如下几个方面。

其一，强调食为民之本。《淮南子》认为饮食是人民赖以生存的根本，也是国家长治久安的根本。它说："食者民之本也，民者国之本也，国者君之本也。"（《主术训》）"衣食饶溢，奸邪不生。"（《齐俗训》）看一个国家是否有仁政，首先要考察百姓能否饥充腹果。它认为："民之所望于主者三：饥者能食之，劳者能息之，有功者能德之。"（《兵略训》）这是评价统治者功过是非的客观准则，也是《淮南子》始终强调的重要治国命题。

其二，重视甘味，但不应过分追求。《淮南子·地形训》说："味有五变，甘其主也。"这里的"甘"，并非甜的意思，乃是本味、原味之义。甘味之所得，主要在调，而调必生变。如何调呢？《淮南子·地形训》说："炼甘生酸，炼酸生辛，炼辛生苦，炼苦生咸，炼咸反甘。"在重视甘味的同时，《淮南子·精神训》也认为对美味的追求应适可而止，不能过度。它说"五味乱口，使口爽伤"，也就是败坏了甘美的原本口感。还说："夫声色五味，远国珍怪，环异奇物，足以变心异志，摇荡精神，感动气者，不可胜计也。"显然，《淮南子》在重视甘味的同时，也反对对美味的过分追求。

其三，认为食俗因地而异，与人的天性有关。俗言"一方水土养一方人"，不同的自然生态，种植的作物会有不同。《淮南子·地形训》云："汾水濛浊而宜麻，泲水通和而宜麦，河水中浊而宜菽，雒水轻利而宜禾，渭水多力而宜黍，汉水重安而宜竹，江水肥仁而宜稻，平土之人慧而宜五谷。"各地因自然生态不同、种植作物不同，其食俗自然也有差异。如《精神训》云："越人得髯蛇，以为上肴，中国得而弃之无用。"《地形训》还认为食俗与人的天性有密切的关系："食水者善游能寒，食土者无心而慧，食木者多力而奰，食草者善走而愚，食叶者有丝而蛾，食肉者勇敢而悍，食气者神明而寿，食谷者知慧而夭，不食者不死而神。"《原道训》云："北狄不谷食，贱长贵壮，俗尚气力，人不驰弓，马不解勒，便之也。"

此外，《淮南子》中还记载了不少与饮食有关的内容。如考证食器的来历，云："席之先萑蕈，樽之上玄酒，俎之先生鱼，豆之先泰羹，此皆不快于耳目，不适于口腹，而先王贵之，先本而后末。"（《诠言训》）又如论说水火在烹调过程中的辩证关系："水火相憎，鐎（即鼎）在其间，五味以和。"（《说林训》）再如对水与五味调和之关系的探讨："水不与于五味，而为五味调；……能调五味者，不与五味者也。"（《兵略训》）等等。

《淮南子》的版本很多，校释本也较多。校释本主要有张双棣的《淮南子校释》、何宁的《淮南子集释》、刘文典的《淮南鸿烈集解》、杨树达的《淮南子证闻》等。

（八）《荆楚岁时记》

《荆楚岁时记》由南朝梁宗懔所撰，是一部记载荆楚地区岁时习俗的著作，也是保存到现在的我国最早的一部专门记载古代岁时节令的专著。本书正文以时为序，记述了古代荆楚地区时俗风物；注文则引用经典的俗传，考辨了习俗的源流，是研究古代文化风俗的重要著作。

最早著录此书的是《旧唐书·经籍志》："十卷，宗懔撰；又二卷，杜公瞻撰。"后又见于《新唐书·艺文志》《崇文总目》《郡斋读书志》《通志》《直斋书目解题》《文献通考》《宋史·艺文志》等。元代陶宗仪《说郛》有此书节本，明代《永乐大典》未见此书，此书当亡于元明之际。历来认为，杜氏本为注本。其卷数旧说纷纷，有 10 卷、6 卷、2 卷、4 卷等。现流传于世的为 1 卷残本。

《荆楚岁时记》大约撰于魏恭帝二年（555 年）。书中保存了不少饮食风俗资料，对研究古代饮食风俗的流变具有重要价值。如："正月一日……进椒柏酒，饮桃汤。进屠苏酒、胶牙饧，下五辛盘……""正月七日为人日，以七种菜为羹……""立春之日，悉剪彩为燕以戴之。亲朋会宴，春饼、生菜，帖'宜春'二字。或错缀为幡胜，谓

《荆楚岁时记》书影

之春幡。""正月十五日，作豆糜，加油膏其上，以祠门户。""去冬至节一百五日，即有疾风甚雨，谓之寒食。禁火三日，造饧大麦粥。""三月三日……是日，取鼠曲汁蜜和为粉，谓之龙舌，以厌时气。""夏至时节，食粽。""六月伏日，并作汤饼。""九月九日，四民并籍野饮宴。""仲冬之月，采撷霜芜菁、葵等杂菜干之，家家并为咸菹。有得其和者，并作

金钗色。""岁暮，家家具肴蔌，诣宿岁之位，以迎新年。相聚酣饮，请留宿岁饭。"

不仅正文中记载了不少饮食习俗，注文中也有不少，有些还记载了相关饮食习俗的流变。如重阳节"籍野饮宴"之事，《荆楚岁时记》说："九月九日，四民并籍野饮宴。"杜公瞻注云："九月九日宴会，未知起于何代，然自汉至宋未改。今北人亦重此节，佩茱萸，食饵，饮菊花酒，云令人长寿，近代皆宴设于台榭。"又如正月初一"下五辛盘"之事，《荆楚岁时记》云：元旦"长幼悉正衣冠，以次拜贺，进椒柏酒，饮桃汤；进屠苏酒，胶牙饧，下五辛盘；进敷淤散，服却鬼丸；各进一鸡子。"注云："周处《风土记》曰：'元日造五辛盘，正元日五薰炼形。'注：五辛所以发五藏之气。《庄子》所谓春日饮酒茹葱，以通五藏也。"注文交代了元日造五辛盘是从先秦"春日饮酒茹葱，以通五藏"的饮食习惯发展而来的。

《荆楚岁时记》辑佚本散见于《广秘笈》《汉魏丛书》《四库全书》《湖北先正遗书》《增订汉魏丛书》《麓山精舍丛书》等丛书中。由于以上辑本或有遗漏，或正文与注文混淆，因此后人又做了不少辑佚工作。如1985 年，谭麟《荆楚岁时记译注》出版。1986 年，姜彦稚在岳麓书社出版《荆楚岁时记》新辑校本。1987 年，宋金龙在山西人民出版社出版了《荆楚岁时记》校注本。注本以《广秘笈》本为底本，《汉魏丛书》本做补充，校以他书，校注详明，注本后附录佚文，收书 45 种。

二、医 学 文 献

(一)《黄帝内经》

《黄帝内经》(以下简称《内经》)是我国现存医学文献中最早的一部典籍，它总结了春秋战国以前及秦汉时期我国古代劳动人民与疾病斗争的经验，比较全面地阐述了中医学术理论体系的基本结构，反映了医食同源的理论原则和学术思想，为祖国医学的发展奠定了理论基础，为中华民族的饮食文化也做出了巨大的贡献。

《黄帝内经》书影

《内经》的成书年代和作者，历代医学家认识不一，一般认为当在战国时期，但也有认为是西汉时期的医著；大约成编于战国、秦、汉之间。因在战国时期，社会急剧变化，政治、经济、文化都有显著发展，诸子百家峰起，学术思想日趋活跃，朴素的唯物论和自发的辩证法思想的确立，为自然科学的发展奠定了理论基础，当然也为中医学的发展提供了科学的理论依据，《内经》就是在这种时代背景下诞生的一部医学著作。如书中的阴阳、五行、精气学说，就是春秋战国时期哲学思想的渗透。此后，又经过秦汉时期的增补，直到唐代王冰注《素问》时还补入了 7 篇大论。所以说，《内经》一书绝非出自一时一人之手，而是战国秦汉时期许多医家的共同创作。

《内经》一书的命名，是相对《外经》而来的，但《外经》早已失传，其内容也无可考证。现成《内经》以其原著托名为黄帝所作，故名曰《黄帝内经》，全书包括《素问》和《灵枢》两部分，每部各为 9 卷 81 篇，共计 162 篇。但《素问》原本早在西晋时期已散轶不全，现存通行的《补注黄帝内经素问》本，是唐代王冰收集整理，重新编次，并经北宋林亿等校正而流传至今的。《灵枢》在一个很长的时间内亡失不传，现在通行的《灵枢经》是南宋史崧校正家传旧本刊印流传而来。

《内经》的内容十分丰富，其中包括阴阳五行、五运六气、脏腑经络、饮食养生等诸方面，对人与自然、生理与病理以及各种疾病的诊断、治疗、预防等问题做了全面而又系统的阐述。《内经》最大的特点就是在前人认识客观世界的基础上，将人的生命置于自然界中加以考察，在研讨天、地、人三者间的相互关系的过程里，创造了阴阳五行、脏腑经络、精、气、神等各种医学模式，以演示其运动变化的规律，从而形成了独具特色的中医养生学理论体系，为中医养生学的发展奠定了坚实的基础。这里，我们着重介绍《内经》中的饮食养生思想。

　　《内经》继承、发展了前人有关饮食养生的论述，较系统地阐述了中医的饮食养生学说，从而使饮食养生学成为中医的一个重要组成部分。综观全部《内经》原文，涉及饮食养生内容的共有 10 余篇。《内经》中所阐述的饮食养生原则主要体现在以下 3 个方面。

　　第一是阴阳平衡，谨和五味。因为饮食是直接为人体提供营养，为五脏补充精气、精微的物质基础。《素问·五脏别论》："五味入口，藏于胃，以养五藏气。"因此，饮食所伤先伤脾胃，为内伤病因。由于饮食物具有不同的性味，因此，有不同的作用效力和趋势，对五脏的作用也不一样。所以《内经》说饮食伤脏就是这个意思。

　　《内经》在饮食调养与饮食病因研究的基础上提出要谨和五味，即饮食病因的具体表现还在于五味的过用或不足。《素问·生气通天论》："阴之所生，本在五味，阴之五宫，伤在五味。是故味过于酸，肝气以津，脾气乃绝。味过于咸，大骨气劳，短肌，心气抑。味过于苦，心气喘满，色黑，肾气不衡。味过于甘，脾气不濡，胃气乃厚。味过于辛，筋脉沮弛，精神乃央。是故谨和五味，骨正筋柔，气血以流，腠理以密，如是则骨气以精，谨道如法，长有天命。"这里所阐述的饮食观点是以阴阳平衡为纲，摄生保健为目的来阐述"五味"对人体健康的利弊得失，并特别指出饮食滋味忌偏嗜。

　　《内经》中经常谈到五味，其所指的"五味"有广义和狭义之分，它的广义者包括一切食物，即各类型食物及其各种不同的营养成分，也可谓之"食性"；狭义者则专指食物中可以用味觉器官品尝出来的酸、甘（甜）、辛（辣）、苦、咸等感觉，即所谓味感。

　　《内经》特别强调饮食对生命的重要作用，同时指出人体必要的营养物质来源于饮食五味，如《内经》中有"五味入口，以养五气"之说，但是，《内经》又认为，偏嗜五味会危害身体健康，甚至导致疾病发生。偏嗜五味对于疾病发生的关系，《内经》也做了详细的论述，均说明偏食滋味对健康的危害。根据这些分析，可以看出，饮食长期偏嗜滋味可引起阴阳失去相互制约的平衡状态，脏气因此偏盛偏衰；而只有"谨和五味"，使饮食滋味不要太偏、太过，这样才能保障健康，延年益寿。

第二食物要合理搭配。五味需要调和，而且还要科学搭配，形成合理的结构。《素问·脏气法时论》说："五谷为养，五果为助，五畜为益，五菜为充，气味合而服之，以补精益气。此五者，有辛、酸、甘、苦、咸，各有所利，或散，或收，或缓，或坚，或软，四时五脏，病随五味所宜也。"这里指出了五味如何配五脏，列举了各种食物以其所宜可补养五脏，这是我国较早的食疗记载。由于食物的味道各有不同，对脏腑的作用也不同。在《素问·至真要大论》中指出："五味入胃，各归所喜，故酸先入肝、苦先入心、甘先入脾、辛先入肺、咸先入肾，久而增气，物化之常也。"这说明了 5 种味道的食物，不仅是人类饮食的重要调味品，可以促进饮食，帮助消化，而且还具有不可忽视的医疗作用。

《素问·脏气法时论》还提出了影响我国几千年的膳食结构原则，即"五谷为养，五果为助，五畜为益，五菜为充"。这一原则的提出，说明我国古代对完整合理的膳食就有了明白无误的认识。这个原则的特点是以米、麦、豆类为主食，各种肉类、蔬菜作为副食，同时补充一些水果瓜类食品。这是一个低热量、低动物性脂肪食物、多蔬果、以植物淀粉型为主的饮食结构。它符合低脂肪、低盐、高钾、高纤维、天然野生和营养成分均衡的特点，是人体营养需要的基本模式。

现代人片面追求饮食的色、香、味、精制和口感胜于营养；偏食、滥食或暴食现象普遍存在；摄盐、粮和脂肪偏高，从而导致了许多"文明病"。因此，世界上许多国家，特别是一些发达国家都纷纷重新修订饮食标准、改变自己的饮食结构和习惯。最近，中国营养学会向我国人民推荐的膳食合理构成指标，就是对《内经》所说的膳食结构的进一步完善和发展。

第三是饮食有节，适中有度。《内经》养生学说认为，无论是调神还是养形都必须要"适中""有度"，以维持人体正常的生活节律。任何太过和不及的事物和方法，都可能破坏人体平衡，导致疾病发生，影响人的寿命。如《内经》视"精""气""神"为人身三大宝。其中，"精"更是构成人体和维持生命活动的基本物质，人的生长、发育、衰老以及死亡，无不源于肾中精气的盛衰。因此《内经》把保养肾精作为"尽终其天年，度百岁乃去"的根本措施，把"以酒为浆，以妄为常，醉以入房，以欲竭其精"作为早衰的主要原因。

饮食有节也是《内经》对养生的基本要求之一。因为过饥过饱、过寒过热以及膳饮无时，都会损伤脾胃功能，影响食物的受纳运化。而饮食五味，各有所通，分别滋养不同的脏腑，故过于偏食会引起气偏盛、偏衰的病理变化。

《黄帝内经》全面系统地总结了秦汉以前医学发展的成就，在古代朴素唯物主义和辩证法思想的影响下，结合人体生命活动的规律，开创了中医饮食养生学独特的理论体系。它标志着中国饮食养生学由单纯积累经验的阶段，已发展到系统的理论总结阶段，为饮食养生学的发展提供了理论指导和依据。

（二）《本草纲目》

《本草纲目》由明代李时珍所撰。李时珍（1518—1593），字东璧，号濒湖，蕲州（今湖北蕲春）人，是世界公认的杰出的医药学家。

《本草纲目》成书于万历六年（1578年），全书共52卷，约190万字，载有药物1892种，其中载有新药374种，收集医方11096个，书中还绘制了1100多幅精美的插图，是我国医药宝库中的一份珍贵遗产，是对16世纪以前中医药学的系统总结，被誉为"东方药物巨典"。

《本草纲目》广征博引，图文并茂，在考证药物本草的名称、性味、功效等特性时，广泛涉及饮食原料、日常食品加工及食疗药膳等，也是研究食疗的重要参考文献。

《本草纲目》中与食疗有关系的篇章很多，如序例部分的"五味宜忌、五味偏胜、服药食忌、饮食禁忌"，以及谷部、菜部、果部、鳞部、介部、禽部、兽部中所收录的大量药物等。如谷部"大麦"条，作者在"释名"部分考释了大麦的名称；在"集解"部分旁征博引，说明大麦的出产、性能、食俗云："……郭义恭《广志》云：'大麦有黑穬麦，有碗麦，出凉州，似大麦。有赤麦，赤色而肥。'据此，则穬麦是大麦中一种，皮厚而青色者也。大抵是一类异种，如粟粳之种近百，总是一类，但方土有不同尔。故二麦主治不甚相远，大麦亦有粘者，名糯麦，可以酿酒。"在"气味"和"主治"部分介绍了大麦的药物性能："味醎，温，微寒，无毒，为五谷长，令人多热。""消渴除热，益气调中。补虚劣，壮血脉，益颜色，实五脏，化谷食止泄，不动风气。久食，令人肥白滑肌肤。为面，胜于小麦，无燥热。面平胃止渴，消食疗胀。久食，头发不白。和铁砂、没石子等染发变黑色。宽胸下气凉血，消积进食"等功效。在"发明"部分介绍了大麦食疗功效："大麦作饭食，香而有益；煮粥甚滑；磨面作酱甚甘美。"在"附方"部分，列出附方"旧四新五"共9种方子："食饱烦胀""膜外水气""小儿伤乳""蠷螋尿疮""肿毒已破""麦芒入目""汤火伤灼""被伤肠出""卒患淋痛"。诸如此类，还有很多。

除各种动植物原料外，《本草纲目》还将许多食品看作药物用来治病。在谷部"酒"条中，除介绍米酒、老酒、春酒、东阳酒等外，还附诸药酒方，约收70种古代的著名药酒，每种酒后均有疗效及酒的制法。如"菊花酒""治头风，明耳目，去痿痹，消百病。用甘菊花煎汁，同曲、米酿酒。或加地黄、当归、枸杞诸药亦佳"。又如"人参酒""补中益气，通治诸虚。""用人参末同曲、米酿酒，或袋盛浸酒，煮饮"。"粥"条除收"小麦粥""寒食粥""糯米粥""粳米粥"等9个品种外，还另附粥方13首，每种粥后都写明疗效。如"小豆粥""利小便，消水肿脚气，辟邪疠"，"莲子粉粥""健脾胃，止泄痢"，"芋粥""宽肠胃，令人不饥"，"萝卜粥""宽中下气"，"枸杞子粥""补精血，益肾气"，"鸭汁粥"和"鲤鱼汁粥""并消水肿"。

由于李时珍的旁征博引，使《本草纲目》保存了丰富的有关食品的史料，为今人探讨食品加工的历史提供了方便。如"豆腐"条"集解"载："豆腐之法，始于汉淮南王刘安。凡黑豆、黄豆及白豆、泥豆、豌豆、绿豆之类皆可为之。造法：水浸碎，滤去滓，煎成，以盐卤汁或山矾叶或酸浆，醋淀就釜收之。又有入缸内，以石膏末收者。大抵得咸、苦、酸、辛之物，皆可收敛尔。其面上凝结者，揭取晾干，名豆腐皮，入馔甚佳也。"又如"粽"条载："糉俗作粽。古人以菰芦叶裹黍米煮成，尖角，如棕榈叶心之形，故曰粽，曰角黍。近世多用糯米矣。今俗五月五日以为节物相馈送。或言为祭屈原，作此投江，以饲蛟龙也。"又如"烧酒"条，在记述其异名为火酒、阿剌吉酒后，李时珍在"集解"中说："烧酒非古法也。自元时始创其法，用浓酒和糟入甑，蒸令气上，用器承取滴露。凡酸坏之酒，皆可蒸烧。近时唯以糯米或粳米或黍或秫或大麦蒸熟，和曲酿瓮中，七日，以甑蒸取。其清如水，味极浓烈，盖酒露也。"这三段文字，分别谈了豆腐、粽子、烧酒的历史和制法，极受化学史家、食品史家的重视。

作为一部药物学巨典，《本草纲目》融汇了明代及以前时代众医家的药物学成就，保存了许多食疗古籍中的内容。书中提到的食疗著作主要有孙思邈的《千金·食治》，孟诜、张鼎的《食疗本草》，陈士良的《食性本草》，吴瑞的《日用本草》，汪颖的《食物本草》，宁原的《食鉴本草》，等等。如"酥"条内云："按《臞仙神隐》云：造法以牛乳入锅煮二三沸，倾入盆内冷定，待面结皮，取皮再煎，油出，去渣，入在锅内，即成酥油。一法……，凡入药，以微火熔化，滤净用之良。"如"牛"条内云："《食经》云：牛自死、白首者，食之杀人。疥牛食之发痒。黄牛、水牛肉合猪肉及黍米酒食，并生寸白虫；合韭、薤食，令人热病；合生姜食，损齿。煮牛肉，入杏仁、芦叶易烂，相宜。"《本草纲目》正是在融汇百家的基础上，自成一家，成为明代一部划时代的伟大巨著。

《本草纲目》的最早版本是1593年前后由胡承龙刻的金陵本。其次是1603年夏良心、张鼎思序刊的江西本，江西本改正了金陵本的一些错误，同时也有金陵本不错而改错了的。再次是1606年董其昌序的湖北本，它和以后如梅墅烟梦阁等各种明清刻本，大都是以江西本为底本翻刻的，一般改动不大。直到1885年合肥张绍棠味古斋重校刊本，才做了较大的变动，并抽换了几百幅图，他改对和改错之处都显著增加。以后各种石印、排印，以至 1957 年人民卫生出版社的影印本，一般都是以张本为底本。历代由于抄写、刻板、校订、覆刊所产生的错误，数以千计，严重地影响了该书的质量。1982 年，人民卫生出版社又出版了新的校点本，新的校点本采用刊印较早的江西本为蓝本，旁采各本进行校勘，订正了不少错谬，得到了学者的好评。2004 年，人民卫生出版社再版了此书，为方便读者检索，在书末新增"正言语标题笔画索引"和"下文标题拼音索引"。

作为一部伟大的医药宝典，《本草纲目》不仅对中国产生了重要影响，而且还传播到世界，为世界医药文化的发展做出了重要贡献。是书 1606 年传入日本，此后又被译为拉丁文及法、德、英、俄等国文字，流传于各国，对世界药物学、植物学、矿物学、化学等学科的发展，产生了较大的影响，成为世界文化的瑰宝。

三、饮食烹饪文献

（一）《膳夫经手录》

《膳夫经手录》由唐代杨晔所撰，成书于唐宣宗大中十年（856 年）。《新唐书·艺文志》《崇文总目·医书类》《通志·艺文略》《宋史·艺文志》等书目皆称其 4 卷，现仅有 1 卷存世，约 1500 字，载入《宛委别藏》《粤雅堂丛书》《碧琳琅馆丛书》《丛书集成》初编。此外，北京图书馆特藏书室藏有清初毛氏汲古阁抄本。"膳夫"，原指掌管皇室饮馔的官员。《周礼·天官》载："膳夫，掌王之食饮膳羞，以养王及后世子。"但从存世的《膳夫经手录》残卷中还看不出这个迹象，主要和着重记载了各地食物原料及粗加工的一些内容，实际上称其为方物志或风物志似更为恰当，题为《膳夫经手录》可谓有点文不对题。

《膳夫经手录》残卷并无明确的分类，但大体上是以类相从，可以分为粮谷、蔬菜、荤食、水果、茶、熟食等类。分别简述了房豆、胡麻、薏苡、署药、芋头、桂心、萝卜、鹃、苜蓿、蒲公英、水葵、菰蒌、木耳、芜荑、羊、鹊子、鳗鲡鱼、鲨鱼、樱桃、枇杷、茶等二十多种动植物原料，有的仅提及产地，有的则叙述性味，还有的涉及食用方法。此外，还有一段是专门谈论"不饪"的。

《膳夫经手录》残卷的内容虽然比较单薄，但有助于后人对唐代食品名称进行考证。如在"莼菜"条中，还记载有："出镜湖者，瘦而味短，不如荆郢间者。"这句话虽不长，但却告诉人们，在唐代不仅越地出莼菜，荆楚地区也有莼菜佳品，而且味道比绍兴镜湖所产要好。

《膳夫经手录》残卷对于考证一些饮食典故，纠正传说中的某些错误，也具有重要的参考价值。如苏东坡与"晶饭"的故事流传甚广，宋人朱弁《曲洧旧闻》卷六载："东坡尝与刘贡父言：'某与舍弟习制科时，日享三白食之，甚美，不复信世间有八珍也。'贡父问三白。答曰：'一撮盐、一楪生萝卜、一盌饭，乃三白也。'贡父大笑，久之以简招坡，过其家吃晶饭。坡不省忆尝对贡父三白之说也，谓人云，贡父读书多，必有出处。比至赴食，见案上所设惟盐、芦菔、饭而已，乃始悟贡父以三白相戏笑。"实际上，苏东坡并非"三白"的最早发明者，《膳夫经手录》称："萝卜，贫寒之家与盐饭偕行，号为'三白'"。

《膳夫经手录》残卷中对茶的记载较为详细，约占其内容的 3/5。首先简略地介绍了饮茶的起源，称："茶，古不闻食之。近晋宋以降，吴人采其叶煮，是为'茗粥'。"接着介绍了唐代的地方饮茶风俗，如"饶州浮梁茶，今关西、山东间闾村落皆吃之。累日不食犹得，不得一日无茶也"。最后介绍了各地名茶，如"新安茶"、"蜀茶"、"饶州梁茶"、"蕲州茶"、"鄂州茶"、"至德茶"、"衡州衡山团饼"、"潭州茶"、"渠江薄片茶"、"江陵南木香茶"、"施州方茶"、"建州大团"、"蒙顶茶"、"峡州茱萸茶"、夷陵"小江源茶"、"宜兴茶"、"祁门茶"等。或介绍生长概况，或介绍风味特点，或介绍制作方法，或进行优劣对比，还间或写到商人买卖茶叶"数千里不绝于途"的情况，其中有许多荆楚名茶。陈伟明先生认为，《膳夫经手录》残卷大多数是从量的角度，如茶叶的品种内容等，没有从茶质、茶叶的饮用制作特点等做更进一步的详述，"说明了作者尚未能从实践中做进一步的总结"。虽然如此，《膳夫经手录》残卷仍是研究唐代茶史不可多得的珍贵资料，可与陆羽《茶经》中的记载相互参照佐证。

(二)《茶经》

《茶经》由唐代陆羽所撰。陆羽，字鸿渐，一名疾，字季疵，号桑苎翁。生于唐玄宗开元二十一年（733 年），复州竟陵（今湖北天门）人，故又号竟陵子。因其曾诏拜太子文学，后徙太常寺太祝，故世称陆文学、陆太祝；又因其辞官不仕，浪迹天下，故世人又称其为陆处士、陆居士、陆三山人、陆鸿渐山人、东园先生等。据记载，陆羽 3 岁时父母双亡，被竟陵西塔寺（一说龙盖寺）的智积禅师收养。13 岁时，离开寺院，投身到一个杂戏班中。14 岁时，受到竟陵太守李齐物的赏识，李介绍他到火门山邹夫子处读书，并在邹夫子指导下采茶煎饮。后从崔国辅游学。"安史之乱"时，他隐居于湖州苕溪之滨，完成了《茶经》等书。唐德宗建中元年（780 年），陆羽移居饶州（今江西上饶），后又移居洪州（今江西南昌）。此后他还曾游历湖南、广州等地。晚年时，他再度回到竟陵，唐德宗贞元二十年（804 年）与世长辞。后世将之誉为"茶神""茶圣""茶祖"，民间甚至还烧制陶像或贴上纸绘像供奉，被制茶业及茶肆尊为祖师爷。

《茶经》共 3 卷，10 类，7000 余字。卷上列"一之源""二之具""三之造"三类。其中，"一之源"讲茶的起源、名称、特征和品质；"二之具"谈采茶、制菜的工具；"三之造"论茶叶的种类及采制方法。卷中为"四之器"，列煮茶、饮茶的器皿及用具。卷下列"五之煮""六之饮""七之事""八之出""九之略""十之图"六类。其中，"五之煮"讲煮茶的方法，并讨论各地水质的优劣；"六之饮"谈饮茶风俗；"七之事"叙述有关茶的典故、产地和药效；"八之出"分析各地所产茶叶的优劣；"九之略"指出可以省略的茶具、茶器；"十之图"教人将茶经写在绢布上悬挂。

《茶经》虽只有 7000 余字，但可谓是古代的茶百科全书。时至今日，《茶经》仍然是研究茶文化的重要资料。

从《茶经》中，还可以考察唐代的
茶文化和陆羽的饮茶美学。唐代是中国
茶文化发展的重要时期，茶树的种植范
围日益扩大，栽培技术更是有了较大进
步，制茶技术和饮茶方式也与前代有很
大的不同。对此，在《茶经》中都有
反映。

唐代煮茶工具繁多，煮茶过程复

《茶经》书影

杂，从《茶经》"二之具""四之器"中介绍的茶具可见一斑。但陆羽崇
尚简单、质朴、自然，因而又在"九之略"中说明如何精简茶具，饮茶
应因时、因地制宜，不拘泥文义或形式。陆羽所提倡的简约、自然的饮
茶风格，"将饮茶带向一个感性而悠然的生活情境，让后世饮茶的人从清
澈的茶汤中，体会一种随性自在的甘美"。

《茶经》对中国茶文化产生了重大影响，其表现主要有三：第一，
《茶经》是中国第一部关于茶的专门著作，也是世界上第一部茶学专著，
开创了后人著述茶书的先河；第二，《茶经》将日常生活的饮茶活动提升
到系统性、艺术性的文化领域，也融会了儒、释、道三家思想的精华，
促进了茶德和茶艺的形成；第三，《茶经》促进了茶文学、茶艺术的形成
和发展。

唐以后编纂的公私书目，如《新唐书·艺术志》小说类、《郡斋读书
志》农家类、《直斋书录解题》杂艺类、《通志》食货类、《宋史·艺文
志》农家类、《文献通考》农家类、《国史经籍志》史类、《四库全书总
目》子部谱录类等对《茶经》皆有著录。

《茶经》问世后，历代传抄刊刻不绝，版本繁多。早在宋代时，就产
生了多种歧义的《茶经》版本。北宋陈师道《茶经》"序"称："陆羽
《茶经》，家传一卷，毕氏、王氏书三卷，张氏书四卷。内外书十有一卷，
其文繁简不同，王、毕氏书繁杂，意其旧本。张书简明，与家书合，而
多脱误，家书近古可考正。"可见，陈师道已见过至少 4 种不同版本的

《茶经》。《茶经》现存的版本有《百川学海》本、《说郛》本、《山居杂志》本、《茶书全集》本、《唐宋丛书》本、《格致丛书》本、《文房奇书》本、《四库全书》本、《学津讨原》本、《唐人说荟》本、《湖北先正遗书》本、《续茶经》本、《汉唐地理书钞》本、《植物名实图考长编》本等数十种。《茶经》还流播到世界各地，在日本有日文本。就内容繁简而言，这些版本大致可分为 3 类：一无注释的简本，如《说郛》本；二是增加注释的注本，如《唐宋丛书》本；三是在卷中"四之器"后，附加了南宋审安老人《茶具图赞》的增本，如《山居杂志》本。

（三）《茶约》

《茶约》，明何彬然撰。何彬然，字文长，一字宁野，蕲州（今湖北蕲春）人。

本书凡一卷，成于万历四十七年（1619 年）。《四库全书》存目，此外未见各家藏书目录。在撰写体例上，仿效陆羽的《茶经》，分"种法""审候""采撷""就制""收贮""择水""候汤""器具""醵飲"九则。书后又附"茶九难"一则。

（四）《觞政》

《觞政》，明袁宏道撰。宏道，字中郎、无学，号石公，又号荷叶山樵，湖广公安（今湖北公安）人。万历壬辰年（1592 年）进士，历任吴县知县、礼部主事、吏部考功员外郎、稽勋司郎中等职。事迹具《明史·文苑传》。与兄宗道、弟中道齐名，时称"三袁"，而文学成就居三袁之首，是晚明文坛"公安派"代表人物。除《觞政》外，其著述还有《明文隽》（8 卷）、《瓶花斋杂录》（1 卷）、《袁中郎集》（40 卷）等。

"觞政"即饮酒时用的酒令。关于撰写本书的缘由，作者云："社中近饶饮徒，而觞容不习，大觉卤莽。夫提衡糟丘，而酒宪不修，是亦令长者之责也。今采古科之简正者，附以新条，名曰《觞政》。凡为饮客者，各收一帙，亦醉乡之甲令也。"由此，作者作此书的目的在于使饮酒者遵守酒法、酒礼，用现在的话来讲就是要做到文明饮酒。但《觞政》一书与一般的酒令不同。袁宏道"趣高而不饮酒"，"不能酒，最爱人饮酒"，故此书乃趣高之作，非酗酒之作。

是书仅1卷，分16则："一之吏""二之徒""三之容""四之宜""五之遇""六之候""七之战""八之祭""九之典刑""十之掌故""十一之刑书""十二之品第""十三之杯杓""十四之饮储""十五之饮饰""十六之词具"。卷末，另附酒评1则。此书虽无关烹饪技术，但其中提到了一些有关饮食习俗的内容，可作为研究我国古代饮食习俗史的参考资料。如第十二则"品第"云："凡酒以色清味冽为圣，色如金而醇苦为贤，色黑味酸醨者为愚。以糯酿醉人者为君子，以腊酿醉者为中人，以巷醪烧酒醉人者为小人。"这里对酒划分了品第，并与人进行类比，很有意思。又如第十四则"饮储"云："下酒物色，谓之饮储。一清品，如鲜蛤、糟蚶、酒蟹之类。二异品，如熊白，西施乳之类。三腻品，如羔羊、子鹅炙之类。四果品，如松子、杏仁之类。五蔬品，如鲜笋、早韭之类。"这里作者对下酒菜进行分类，"清品""异品""腻品""果品""蔬品"一应俱全，荤素搭配，清淡适宜，从中可以看出古人的饮食情趣和对"清""雅"之物美的追求。

是书版本主要有万历三十八年刻本（《四库全书存目丛书》有收，南京图书馆、上海图书馆有藏）、《广百川学海》（癸集）本、《袁中郎集》本、《宝颜堂秘笈续集》本、《程氏丛刻》本、《说郛续》本等。

万历三十八年刻本《觞政》书影

（五）《粥谱》

《粥谱》，清黄云鹄撰。黄云鹄，云鹄，字翔云，蕲春（今湖北蕲春）人。清咸丰三年（1853年）进士。曾任四川茶盐道、按察使等职。执法严正，不畏豪强，后因平反冤狱得罪权贵辞官而去。晚年任江宁尊经书院山长。继任湖北两湖、江汉、经心三书院山长。著有《群经引诗大旨》（光绪刊本）、《实其文斋文钞初集》八卷、《诗钞》五卷、《亦园记》、《完贞伏虎图集》、《兵部公牍》等书。

　　《粥谱》是我国最早的一部药粥专著，成书于光绪七年（1881 年），全书共 1 卷，细分为《粥谱序》《食粥时五思》《集古食粥名论》《粥之宜》《粥之忌》《粥品》六部分。这六部分，如果简单划分，大致归属为三方面内容。

　　其一，介绍撰作《粥谱》的缘由，包括《粥谱序》《食粥时五思》两部分。关于撰写《粥谱》的缘由，黄云鹄表达了两个方面的意思：第一，自己体会到了食粥之妙，获得了食粥之益，而决定加以总结，推己利人。在《粥谱序》中，黄云鹄自述自己是在经过食粥

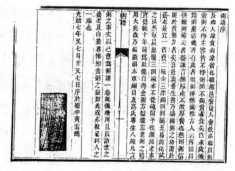

《粥谱》书影

的实践、身体"较十年前为健壮"之后，才决心撰写《粥谱》以向世人更好地推荐。在《粥谱序》中，他说："吾近读养生之书，乃盛称粥之功，谓于养老最宜。一省费，二味全，三津润，四利膈，五易消化。试之良然。每晨起，啜三四碗，亦不觉饱闷。予性颇讳老，亦实觉较十年前为壮健。自得粥方，益复忘老。粥之时用大矣哉。乃辑濒湖《本草纲目》及高氏《遵生八笺》凡言粥之事，次以己意，为《粥谱》一卷。既备检用，且以贻世之养老及自养者，俾知食粥之益。"第二，多年来对粥的钟爱和不敢厌。在《食粥时五思》中，黄云鹄回顾了自己"少贱时""饥困时""京宦时"食粥的情况，描述了"旱荒时"衣食无着的灾民流离失所、以粥裹腹的惨状，想起了古昔"圣贤俱安淡泊"的人生态度，从而发出了"终身不敢厌"食粥的慨叹，进而总结食粥经验，撰《粥谱》一书。

　　其二，关于食粥的理论，包括《集古食粥名论》《粥之宜》《粥之忌》三部分。《集古食粥名论》总共收集了从先秦到明代 13 条关于食粥的著名论述，其中多是讲食粥养身、治病的。如所引韩懋《医通》中的一条

资料云："一人病淋，素不服药。予令专啖粟米粥，绝去它味，旬余减，月余瘥。此五谷治病之验也。"又如引张来《粥记》云："每日清晨食粥一大碗，空腹胃虚，谷气便作，所补不细，又极柔腻，与胃相得，最为饮食之妙诀。盖粥能畅胃气，生津液也。"这十三条食粥名论，对于研究中国古代食粥的历史有很高的参考价值。《粥之宜》《粥之忌》两部分主要介绍了煮粥、食粥的注意事宜，简单明了，价值甚高。在《粥之宜》中，黄云鹄指出煮粥"水宜洁，宜活，宜甘""火宜柴，宜先文后武""罐宜沙土，宜刷净""米

燕窝粥

宜精，宜洁，宜多淘""下水宜稍宽，后勿添""宜常搅。已焦者勿搅，搅则不可食""食后宜缓行百步，鼓腹数十"，……在《粥之忌》中，他还提出煮粥、食粥时需要注意的禁忌："忌浓膏厚味添人。""忌铜锡器。""忌不洁。""忌隔宿。""忌焦臭。""忌清而不粘。""忌浓稠如饭。""忌熟后添水。""忌凉食。""忌急食。""忌食后即睡。"……这些理论，不仅符合生活道理，而且还带有一定的科学性，对于煮粥、食粥均具有指导意义。此外，在《粥之宜》《粥之忌》中，黄云鹄还提到了食粥文化的内容，如《粥之宜》中提出"宜与素心人食"；食后"宜低声诵书"，"宜微吟"，"宜作大字"，"宜玩弄花竹"。《粥之忌》中提出："忌与要人食。""人虽不要未脱膏粱气者亦忌与食。"这些观点实际上已包含着不少文化因素，体现了黄云鹄崇尚恬淡、朴素的食粥之风。

其三，记载各种药粥的成品及疗效，主要体现在《粥品》之中。《粥品》是《粥谱》一书的重点和精华。《粥品》按制粥原料分谷类、蔬类、蔬实类、糯类、蕨类、木果类、植药类、卉药类、动物类等九类，其中谷类收粥方54则；蔬类收粥方50则；蔬实类、糯类、蕨类收粥方29则；木果类收粥方24则；植药类收粥方23则；卉药类收粥方44则；动物类收粥方13则。全书共收录237则药粥方，数量之丰富，无他书可

比。所列粥方，既有源自李时珍的《本草纲目》，也有高濂的《遵生八笺》，还有来自《史记·仓公传》《范石湖集》《陆游集》中的粥方，更有黄云鹄自己搜集到的粥方。如"米麦粥""吾乡有之。似大麦而无壳，食之健人，颇似青稞。"吾乡，即湖北。说明湖北的米麦粥是很有特色的。再如"长寿果粥""宜胃健脾。出松潘厅及打箭炉"。其他如"红油菜粥""染绛菜粥""巢菜粥""鼠曲菜粥""甘露子粥""慈姑粥"等也很具特色。

《粥谱》不仅意在收集、保存各种粥方，尤其注意粥方的药疗价值，现代医学中的内科、外科、妇科、儿科、眼科等方面的许多疾病，均可以在《粥谱》中找到相应的粥方。如"芦笋粥"可以"止呕，表痘疹"，"枣粥"可以"补中益气，和脾胃"，"蒲公英粥"可以"下乳，治乳痛"，"杏仁粥"可以"润肺止咳"，"枸杞子粥"可以"益肾气、健人"，"羊肝粥"可以"补肝明目"，"焦米粥"可以"收水泻，回胃气"，"发菜粥"可以"治瘿，利大小肠，除结"，"茵陈粥"可以"逐水湿，疗黄病"，"红白饭豆粥"可以"调经益气"，等等。

《粥谱》的行文简明扼要，对每一种粥品，作者都先说明其食疗作用，如需做补充说明，则加以补充。如"木耳粥""治痢已痔，理血病。白者补肺气"。"白者补肺气"，是说白木耳（银耳）煮粥有补肺气的功效。这样，寥寥十几个字，就把黑木耳、白木耳粥的功效均讲到了。又如"甘露子粥""利胃下气。川人呼为地蛹，楚名海螺菜，又名石蚕"。文中的补

甘露子

充说明也就把甘露子在四川、湖北等地的异名介绍出来了，有利于当地人仿制"甘露子粥"。

《粥谱》也有其不足之处，主要表现为3点：其一，在记述每一粥品时，只单纯地罗列粥名，而缺少制粥原料的用量及制法的记述，不利于

人们仿制。其二，所列之粥全部为单味粥方，前人许多有效的复方药粥均未记载。其三，有一些粥品药疗作用也未必能如书上所言的那样好。这些是我们在使用该书时需要加以注意的。

尽管存在不足，但"《粥谱》仍然是古代食粥经验之集大成的著作。如果对它做科学的研究，其中的许多粥品均能为今人（尤其是老人）的健康、长寿做出贡献的"。①

是书主要有清光绪七年（1881年）刊本，《续修四库全书》（子部）第1115册有收。

（六）《野菜赞》

《野菜赞》由清初顾景星所撰。顾景星（1621—1687），字赤方，号黄公，别号玉山居士。湖北蕲州人。

《野菜赞》成书于清顺治九年（1652年）。当年湖北大旱，顾景星与家人一起动手采集野菜度荒，并从自己所食的野菜中选取了44种，对每种野菜均做了"赞"，注明性状和食法。这便是《野菜赞》一书的由来。如"地踏菇"，"生阴湿地，雨过即采，见日辄枯。地鸡以味言，獐头以形言，雷后得者曰雷菇，以候言。菇类甚多，无齿者杀人。枫松桧柏皂角树上生者，亦杀人。地踏生砂石带土处，如木耳而薄，得麻子油良。以碎瓷片或银环同炒，黑则毒，地有蛇故"。又如"凤耳"，"一名女儿花。四五月高四五尺，花如凤鸟耳。色数种，每自变易。结角尖圆如小毛桃。又如人目眦，触则迸裂。紧屈如拳，故又名急性子。诸虫不生，蜂蝶不采，又名妒蝶。蛇遇则肤烂，故又名烂蛇。取苗叶灰水浸一宿，去其毒，微酸，须姜汤中薄煮出之。糟方苣笋，不如蔷薇蕻香美。此最伤齿，亦食物所忌。惟煮肉投子数粒，易烂"。再如"葛根"，"亦名鹿藿。藤蔓十数丈，叶如枫。紫花，成穗，结荚亦可食，名葛谷。冬取根，深掘得五七尺长者。制如薛荔，打糊代粥，晒干同米麦做饼。世传后周李迁哲镇蜀乏粮，始造此粉。其实非也"。诸如此类，对研究湖北野菜的

---

① 邱庞同. 中国烹饪古籍概述［M］. 北京：中国商业出版社，1989：179.

性状、食用方法有一定的意义。

需要指出的是，尽管《野菜赞》对野菜性状、食法的记述浅显易懂，然有学者认为是书"惟赞语文字深奥，没有相当学识的人不易读"。2002年上海古籍出版的《续修四库全书》收录有《野菜赞》一书。

第二节　荆楚饮食文化现代文献目录

一、1980 年以来出版发行的代表性荆楚饮食文化研究著作

（1）李昭民，孟庆偿，彭传斌：《武昌鱼》，华中师范大学出版社，1989 年。

（2）沙市市饮食服务公司：《湖北省沙市市饮食服务业行业志》，1989 年。

（3）肖志华，严昌洪：《武汉掌故》，武汉出版社，1994 年。

（4）宋公文，张君：《楚国风俗志》，湖北教育出版社，1995 年。

（5）陈光新：《春华秋实——陈光新教授烹饪论文集》，武汉测绘科技大学出版社，1999 年。

（6）徐建华：《武昌史话》，武汉出版社，2003 年。

（7）王登福：《江汉史话》，武汉出版社，2003 年。

（8）许智：《硚口史话》，武汉出版社，2003 年。

（9）刘振杰：《汉阳史话》，武汉出版社，2004 年。

（10）袁远：《江岸史话》，武汉出版社，2004 年。

（11）王光家：《江夏史话》，武汉出版社，2004 年。

（12）阮丹：《青山史话》，武汉出版社，2004 年。

（13）张家来：《洪山史话》，武汉出版社，2004 年。

（14）乐全运：《黄陂史话》，武汉出版社，2004 年。

（15）郑立宏：《蔡甸史话》，武汉出版社，2004 年。

（16）王平生：《东西湖史话》，武汉出版社，2004 年。

（17）姚伟钧：《长江流域的饮食文化》，湖北教育出版社，2004 年。

（18）武清高：《楚乡美食与传说》，中国文化出版社，2006 年。

（19）湖北省商务厅，湖北省烹饪协会：《中国鄂菜》，湖北科学技术出版社，2008 年。

（20）姚伟钧，刘朴兵：《武汉食话》，武汉出版社，2008 年。

（21）郑承志：《秭归饮食习俗》，三峡电子音像出版社，长江出版社三峡图书中心，2012 年。

（22）谢定源：《中国饮食文化史·长江中游地区卷》，中国轻工业出版社，2013 年。

（23）湖北省商务厅：《鄂菜产业发展报告 2013》，湖北科学技术出版社，2014 年。

（24）曾庆伟：《楚天谈吃》，百花文艺出版社，2014 年。

（25）柯小杰：《荆楚民间文化大系·大冶饮食文化》，长江出版社，2014 年。

（26）姚伟钧：《长江流域的饮食生活》，长江出版社，2015 年。

（27）贺习耀：《荆楚风味筵席设计》，旅游教育出版社，2016 年。

（28）韩鹏，焦巧：《楚天食府·荆楚饮食文化》，天津大学出版社，2016 年。

（29）姚伟钧，张志云：《楚国饮食与服饰研究》，湖北教育出版社，2017 年。

（30）姚伟钧，李任：《武汉非物质文化遗产》，武汉出版社，2018 年。

（31）姚伟钧：《回味经典：湖北老字号》，崇文书局，2018 年。

（32）湖北省商务厅，湖北经济学院：《中国楚菜大典》，湖北科学技术出版社，2019 年。

二、1980 年以来出版发行的代表性荆楚饮食技术研究著作

（1）黄昌祥：《武昌鱼菜谱》，湖北科学技术出版社，1983 年。

（2）常时昌，张虎飞：《湖北蒸菜》，湖北科学技术出版社，1983 年。

（3）朱世明口述，吴赤锋，夏祖寿：《湖北素菜》，湖北科学技术出版社，1984 年。

（4）湖北省饮食服务公司：《中国小吃·湖北风味》，中国财政经济出版社，1986 年。

（5）中国饮食服务公司武汉烹饪技术培训站：《鄂菜工艺》，湖北科学技术出版社，1986 年。

（6）大中华酒楼：《中国食府四名丛书·大中华酒楼》，中国轻工业出版社，1989 年。

（7）老通城酒楼：《中国食府四名丛书·老通城酒楼》，中国轻工业出版社，1990 年。

（8）湖北省饮食服务公司，湖北省烹饪协会：《中国名菜谱·湖北风味》，中国财政经济出版社，1990 年。

（9）武清高：《楚天风味》，武汉大学出版社，1995 年。

（10）谢定源：《新概念中华名菜谱：湖北名菜》，中国轻工业出版社，1999 年。

（11）熊永奇，裴超：《地方特色家常菜系列·家常鄂菜》，湖北科学技术出版社，2001 年。

（12）卢永良：《中华名厨卢永良烹饪艺术》，辽宁科学技术出版社，2001 年。

（13）谢定源：《湖北小吃（中华传统与新潮小吃丛书）》，中国轻工业出版社，2001 年。

（14）刘念清，潘东潮：《鄂菜大系·家常风味篇》，湖北人民出版社，2003 年。

（15）刘念清，潘东潮：《鄂菜大系·创新风味篇》，湖北人民出版社，2004 年。

（16）武汉商业服务学院烹饪系：《鄂菜大系·地方风味篇》，湖北人民出版社，2004 年。

（17）武清高：《钟祥食记》，中国文化出版社，2005 年。

（18）卢永良：《中国烹饪大师作品精粹·卢永良专辑》，青岛出版社，2005 年。

（19）卢玉成：《中国烹饪大师作品精粹·卢玉成专辑》，青岛出版社，2005 年。

（20）余明社：《中国烹饪大师作品精粹·余明社专辑》，青岛出版社，2005 年。

（21）汪建国：《中国烹饪大师作品精粹·汪建国专辑》，青岛出版社，2005 年。

（22）王海东：《中国烹饪大师作品精粹·王海东专辑》，青岛出版社，2005 年。

（23）张明，龚新华：《武汉创新菜》，武汉出版社，2005 年。

（24）宜昌烹饪协会：《吃在宜昌》，湖北科学技术出版社，2005 年。

（25）陈绪荣：《湘鄂乡土菜》，纺织工业出版社，2006 年。

（26）陈绪荣：《湖北经典家乡菜系·小吃》，湖北科学技术出版社，2007 年。

（27）陈绪荣：《湖北经典家乡菜系·烧炒》，湖北科学技术出版社，2007 年。

（28）陈绪荣：《湖北经典家乡菜系·蒸菜》，湖北科学技术出版社，2007 年。

（29）陈绪荣：《湖北经典家乡菜系·煨汤》，湖北科学技术出版社，2007 年。

（30）陈绪荣：《湖北经典家乡菜系·凉菜》，湖北科学技术出版社，2007 年。

（31）湖北省商务厅，湖北省烹饪协会：《中国鄂菜》，湖北科学技术出版社，2008 年。

（32）王庆：《好吃佬丛书·吃鱼（上）》，湖北科学技术出版社，2010 年。

（33）王海东：《好吃佬丛书·吃鱼（下）》，湖北科学技术出版社，

2010 年。

（34）甘泉：《好吃佬丛书·吃肉》，湖北科学技术出版社，2010 年。

（35）刘现林：《好吃佬丛书·吃禽》，湖北科学技术出版社，2010 年。

（36）蔡波：《好吃佬丛书·吃素》，湖北科学技术出版社，2010 年。

（37）邹志平：《好吃佬丛书·喝汤》，湖北科学技术出版社，2010 年。

（38）陈才胜：《好吃佬丛书·圆子》，湖北科学技术出版社，2010 年。

（39）王国斌：《天门蒸菜精选 100 品》，长江出版社，2010 年。

（40）钟祥市烹饪协会：《中国郢州菜》，中国文化出版社，2011 年。

（41）湖北省商务厅：《美味湖北》，湖北科学技术出版社，2012 年。

（42）卢永良：《楚厨绽放》，湖北科学技术出版社，2014 年。

（43）朱铁山，邓定良：《潜江龙虾美食 100 例》，中国文联出版社，2014 年。

（44）余贻斌：《中华厨圣食典》，湖北科学技术出版社，2015 年。

（45）邹志平：《中国莲藕菜》，湖北科学技术出版社，2016 年。

附录　荆楚饮食文化大事记

距今约 8000 **年～距今约** 7000 **年**

今湖北西部宜都一带活动着新石器时代的原始先民，考古工作者虽然迄今尚未在此地发现原始居民的化石，却在宜都市城关镇北约 10.5 千米处的城背溪，发现了一批独具特色的新石器时代文化遗存，并由此提出"城背溪文化"概念。城背溪文化时期的湖北先民已经开始水稻种植。

距今约 6300 **年～距今约** 5300 **年**

今湖北宜都、松滋、江陵、宜昌、秭归、枝江、当阳、监利、公安、钟祥、京山、天门等地都有以三苗为主体的原始先民活动，考古工作者在这里发现了大量新石器时代的石器。由于同一类型的石器文化最早发现于重庆巫山大溪，故考古界将这类文化命名为"大溪文化"。大溪文化时期的湖北地区已种植水稻，纺织技术也开始出现。

距今约 5300 **年～距今约** 4600 **年**

今湖北京山、天门、钟祥、随州、荆门、江陵、当阳、宜都、枝江、宜昌、松滋、武昌、汉阳、汉川、蕲春、麻城、黄冈、鄂州、孝感、黄陂、大悟、安陆、云梦、应城、襄阳、丹江口、房县、郧县等地都有原始先民生活，这些先民主要包括三苗、百越和神农氏部落，其中以三苗为主。

考古工作者在上述地区发现了颇具特色的新石器时代的生产生活器具，应该是原始居民生活活动的遗迹，因这类文化最初发现于京山屈家岭，故被称之为"屈家岭文化"。这时的居民以种植粳稻为主，饲养猪、狗、鸡、牛。

距今约 4600 **年～距今约** 4000 **年**

今湖北天门、郧县、房县、丹江口、大悟、麻城、通城、松滋、宜昌、枝江、江陵、当阳等地都有原始先民生活，这些先民的族属与屈家岭文化时期基本相同。考古工作者在上述地区发现的具有特色新石器文化，应是原始居民活动的遗迹。因这类文化最早发现天门石家河，故被称之为"石家河文化"。

石家河文化时期湖北地区聚落的分布密度和居址规模都进一步增大，聚落间已存在着不同程度的经济分工，农业有了一定的发展，彩陶和陶塑艺术已具有相当水平，这一时期出现了陶制鬲、甑等炊器，水煮和汽蒸两种烹饪方法也应运而生。嗣后又相继出现熬、氽、炖、烩等烹调法。随着水煮和汽蒸的出现，粥和饭相继登上餐桌。

公元前 1600 **年～公元前** 1100 **年**

商代已开始用盐和梅调羹，"若作和羹，尔惟盐梅"。

湖北清江香炉遗址出土骨箸。

商王仲丁时期，在今湖北武汉市北郊黄陂滠口建立了军事据点——盘龙城，这里不仅是迄今所知商王朝在南方建立的最早也是最大的军事据点，而且也是青铜器铸造的中心。

盘龙城遗址于 1954 年被发现后，发掘了城址、宫殿等大型建筑及多座高等级贵族墓葬，出土有数百件青铜器、陶器、玉器、石器和骨器等生活遗物。盘龙城遗址发现的陶制饮食器，主要器类有鬲、簋、豆、盆、刻槽盆、罐、钵、勺、器盖、大口尊、大口缸、瓮、器座、壶、罍、杯、斝、爵以及坩埚、鱼、鸟等陶塑制品。青铜饮食器有鼎、鬲、簋、斝、爵、觚、盉、罍、卣、盘等。形制、纹饰与中原青铜器相同，纹饰以饕餮纹为主，次为夔纹、云纹、弦纹、三角纹、圆圈纹、涡纹、雷纹等。盘龙城遗址的发现，揭示了夏商文化在长江流域的传播与分布，为研究这一时期的湖北经济、文化、饮食生活提供了宝贵的实物资料。

公元前 900 **年前后**

饮食器具中的重型鼎逐渐消失，出现了列鼎等成套饮食器具。

公元前 800 年前后

小型实用的青铜饮食器具增多。

公元前 771 年～公元前 476 年

发明冶铁技术，并用于农业生产，开始用铁犁耕地，并使用铁镬、铁铲、铁臿、铁镰等铁农具。并用铁制造饮食器（如铁足铜鼎）。

二十四节气、七十二物候见于《逸周书》记载。

农圃分工，园艺走上独立发展的专业化的道路。

柑橘出现记载，并记录了"橘逾淮而北为枳"的现象。

养马业有很大发展，按毛色分类，马已有 16 种之多。

出现相畜术，并出现了伯乐、九方皋、宁戚等著名相畜家。

长江中下游出现大规模鱼池养鱼。使用干制法加工鱼类。

已有酱和醯（醋）。

公元前 559 年～公元前 541 年

楚国不仅王室设有冰室，卿大夫家也设有冰室。

公元前 548 年

楚国下令实行"书土田"。因地制宜，利用土地。

公元前 440 年前后

《墨子·公输》："荆有云梦，犀兕麋鹿满之，江汉之鱼鳖鼋鼍为天下富。"

约公元前 433 年

曾侯乙墓（湖北随州出土）内有中国现存最早的人工冷藏器，即由方鉴与方壶双层套合而成的铜制冰鉴；另有中国早期的铜制煎盘，盘中有鱼骨，下层有木炭。有人认为是中国早期的煎盘。

公元前 400 年～公元前 301 年

使用脱粒工具连枷。

出现粉碎加工工具石圆磨。

甘蔗见于记载，时称为柘。

公元前 300 年左右

《尚书·禹贡》成书，书中写到各地物产，著名食物有青州的盐，徐州的鱼，扬州的橘、柚，荆扬之地的稻，反映商代以后饮食水平已有较大提高。

公元前 339 年～约公元前 278 年

屈原著《离骚》《天问》《九歌》等诗篇。其作品"书楚语，作楚声，记楚地，名楚物"，尤以《招魂》《大招》涉及楚地物产之丰和饮食之美为多。

公元前 217 年

湖北云梦县睡虎地 11 号墓，出土了记有传食律（即有关驿传给食制度）的竹简。

公元前 145 年～公元前 90 年

司马迁《史记·货殖列传》："楚越之地，地广人稀，饭稻羹鱼。""地势饶食，无饥馑之患。"楚地水稻种植已十分普遍。

公元前 128～公元前 123 年

不晚于此时，《淮南子》一书撰成。其中有大量涉及楚地食物结构、食物制作和烹饪理论的记载。

公元前 48 年左右

汉代昭君出塞前回归故里秭归探亲，事毕返长安，船经香溪河，船两侧有红色小鱼，似落枝桃花。宜昌一厨师为纪念昭君，以此鱼洗净腌渍，入鸡汤与鸡茸丸同煮，并缀以芫荽，清新雅致，入口鲜美，至今已成为宜昌传统名菜。

公元 80 年左右

班固《汉书·地理志》："楚有江汉川泽山林之饶，……民食鱼稻，以渔猎山伐为业。"

公元 180 年左右

东汉著名学者郑玄在为《周礼》作注时，提到宜城酒，宜城酒在汉代享誉天下。唐代是朝廷贡品。

公元 2 世纪与 3 世纪之交

小型水利灌溉系统在长江流域持续发展，荆楚地区人民的饮食水平较前有所提高。饮茶习俗普及到长江中下游地区。

公元 220 年左右

武昌鱼闻名于世。三国鼎立时，吴国君主孙皓的御厨烹制武昌鱼奉食，孙皓责问提出"宁饮建业水，不食武昌鱼"的大臣陆凯："如此美味，为何不食？"从此武昌鱼名闻天下。

公元 420—589 年

白菜在南方已经为人们广泛食用。春韭晚菘（白菜）为南方人日常蔬菜。

公元 469—520 年

南朝梁文学家吴均《续齐谐记》："屈原五月五日投汨罗水，而楚人哀之，至此日，以竹筒贮米投水以祭之……"

端午节基本定型，节令食品粽子已经出现。

公元 550 年左右

宗懔《荆楚岁时记》成书，书中主要记载了荆楚地区岁时节令的饮食习俗，及许多节令食物品种。

公元 618—907 年

荞麦种植迅速发展。水稻产量高居各类粮食之首，小麦产量超过粟类居于第二位，稻麦成为主要粮食。大豆主要用于制作豆酱、豆豉等豆制副食品，基本不用于主食。

流行金银饮食器具和精美食瓷。

火炉使用较为广泛。

高桌大椅渐渐流行，传统的分食制逐渐过渡到合食制。

陆羽（733—804）《茶经》成书，书中全面论述了种茶、采茶、制茶、饮茶的方法和要求，开始了饮茶有道的时代。

唐代中期以后南方稻米大批接济京师。

"烧春菇"（湖北菜）诞生于湖北省黄梅县五祖寺。该菜与"煎春卷"

"烫春菜""白莲汤"一起被称作"五祖素菜",深受人们的喜爱。

应山滑肉问世,湖北省应山县宴席中的头道大菜"滑肉",在唐朝时是宫廷名菜,由号称厨王的"詹厨"所创,已流传1200多年。此菜用五花猪肉挂糊油炸,扣入碗中蒸熟,再反扣入盘中,浇汤汁上席。此菜色泽黄亮,软嫩柔糯,油而不腻,至今仍风行湖北应山民间。

钟祥产"郢州春酒",为朝廷贡品。

公元 972 年

正月罢襄州(今湖北襄阳市)岁贡鱼。

公元 960—1279 年

湖北在宋代出现了一批名菜,如:金钱藕夹,1000.多年前,湖北孝感出现两片薄藕包夹肉馅,外拖面粉糊成金钱形状,连炸两次的"金钱藕夹",此菜色泽金黄,外酥内糯,口感鲜香。流传至今,已成为家庭美食。

红菜薹炒腊肉,红菜薹炒腊肉由清炒红菜薹演化而来。红菜薹产于武昌洪山,宋朝作为"金殿玉菜"进贡皇帝。清慈禧还经常派人到洪山收取此菜。后武昌一厨师将其与腊肉一起油炒,并配上青蒜叶子,红绿搭配,鲜美可口,更受吃客欢迎。郭沫若曾赋诗:"红如珊瑚碧似翠,此味喜从天上来。"

冬瓜鳖裙汤,湖北省《江陵县志》记载,宋仁宗问江陵县官张景,当地有何美食?答曰:"新粟米炊鱼子饮,嫩冬瓜煮鳖裙羹。"仁宗遂命烹来一尝。张景家厨以菜花甲鱼的裙边切小块与嫩冬瓜、鸡汤煮成汤清汁醇、裙边糯滑、腴美汁浓的冬瓜鳖裙汤献于皇帝。仁宗赞道:"荆州鱼米香,佳肴数裙羹。"此菜从此名声大振,至今仍为江陵名菜。

公元 1080—1084 年

北宋文学家苏轼(字东坡)在黄州烧肉时提出"慢著火,少著水,火候足时他自美"(《猪肉诗》)的主张。后来人们把用这种方法烧出的猪肉称为"东坡肉"。

苏东坡曾到鄂城西灵寺游览,方丈以香油麦面煎饼款待。此饼以香油、白糖、食盐和面粉为原料，擀成极薄圆片，涂抹香油，卷成长条形，盘成饼状，下油锅炸至金黄色，酥脆香甜，东坡品后夸其为"饼中一绝"而被称为"东坡饼"。

苏东坡送蕲门团黄茶进京。

公元 1270 年

考古工作者在恩施市区东柳州城山发现"西瓜碑"，共 167 字，碑文提及 4 种西瓜：蒙头蝉儿、团西瓜、细子儿（又名御西瓜），另有一种"回回瓜"，于公元 1240 年，始从北方传入。

公元 1301—1374 年

沔阳三蒸问世。据载湖北沔阳农民领袖陈友谅（1320－1363）在沔阳起义，其妻将晒干菱粉拌蒸野菜和鱼鲜，供义军食用。后此菜流传入市，由甑蒸改为垛笼蒸，并以碎米粉、五香碎米粉代替菱粉，并用扣碗蒸制后挂芡装盘。此菜鲜嫩油亮，滑爽可口。后经武汉名厨改进，入笼前采取先煮、再卤炸的工序，以减少油腻感。沔阳三蒸至今仍流传于江汉平原，并为当地农村过节必上的美食。

公元 1590 年

湖北蕲春人李时珍著《本草纲目》。李时珍在《本草纲目》中将蔬菜分为五类：荤辛（韭、葱、蒜、芥等）、柔滑（菠菜、蕹菜、莴苣等）、瓜菜（南瓜、丝瓜、冬瓜等）、水菜（紫菜、石花菜等）和芝栭（芝、菌、木耳等）。以上分类与现代科学的蔬菜分类近似。书中还有大量食疗内容。饭粥品、药酒、植物油的资料尤为丰富。

公元 1830 年

沙市著名传统小吃"早堂面"（又名"早汤面"）在沙市刘大人巷问世。

公元 1838 年

汉口老大兴园酒楼开业。原设于汉正街（于 1996 年迁至利济北路），由汉阳人刘木堂创办。吴云山主理后，以经营湖北风味菜为特色。因当时汉口有多家大兴园，故改名为老大兴园。

公元 1861 **年**

汉口开埠后,东南亚海带、海参、干鱿(含墨鱼)及洋菜、干贝、虾米、鱼翅等海产品成批输入武汉。

西餐传入,但仅限于领事馆、洋行、传教堂等外国人活动频繁的租界场所。

公元 1863 **年**

俄国皇族财阀巴提耶夫开始在崇阳大沙坪、蒲圻羊楼洞,开设阜昌、顺丰、隆昌茶庄收购当地茶叶,制造砖茶。

公元 1865 **年**

俄商阜昌、顺丰、隆昌等茶庄从崇阳、蒲圻迁到汉口,并开始改用机器生产砖茶。

公元 1874 **年**

经销"东洋"海味的上海东源行派人来汉,设海味专号,专营海味品批发。

公元 1875—1908 **年**

无知山人鹤云氏著《食品佳味备览》一书,书中除介绍、述评汉川的空心饼、扬州的金橘糕、保定府的甜面酱、扬州的汤包、天津的水煎锅贴等名食外,亦有烧烤法、做烙渣法等饮食制法的简要记述。

公元 1881 **年**

黄云鹄著《粥谱》(1卷)、《广粥谱》(1卷)二书。此二书又合为一书问世,书中"序言"外,有制粥及食粥的理论性阐述,如"食粥叫五思""集古食粥名论""粥之宜""粥之忌"。"粥品"部分,则按制粥用原料不同,分为"谷类""蔬类""蔬实类""糯类""蓏类""木果类""植药类""卉药类""动物类"等,计有粥方共 240 余种,品类繁多。

公元 1898 **年**

日本的海产品开始直输汉口,由三井、伊藤忠等洋行经销。

汉口老会宾楼开业。原设于沙家巷三民路,由朱永福、朱永祥和朱永泰合伙创办。因时值戊戌变法,取名维新酒楼。"百日维新"失败后,曾改名金谷酒楼（或称精谷酒楼）。1929 年，改名会宾楼。1939 年，又改名为老会宾楼。

公元 1908 **年**

荆州聚珍园开业，由关焕海创办，以经营本地风味菜点为特色。

公元 1913 **年**

汉口第一家西餐厅——汉口大旅社"瑞海西餐厅"开业。

公元 1918 **年**

武汉老谦记牛肉馆创立。原名谦记牛肉馆，位于武昌青龙巷，创始人冯谦伯、冯有权夫妇。主要供应"牛肉炒豆丝""原汤豆丝""清汤豆丝""牛肉煨汤"等品种。

公元 1920 **年**

武汉祁万顺酒楼开业。原设于汉口大智路。20 世纪 30 年代，曾改名为福兴和粉面馆。后迁至汉阳大道，以经营水饺和发糕为特色。20 世纪 50 年代后，几经扩建，并恢复原名。

公元 1924 **年**

汉口福庆和开业，位于中山大道靠近六渡桥地段，以经营米粉而独树一帜。

公元 1927 **年**

武汉四季美汤包馆开业（前身是始创于 1922 年的美美园熟食店），主营小笼汤包。原址位于汉口花楼街，由汉阳人田玉山创办，后迁至汉口中山大道江汉路口。

公元 1929 **年**

武汉老通城酒楼开业。原设于汉口大智路，由汉阳人曾厚诚创办，取名通城饮食店，以经营面点甜食为特色。后聘豆皮大王高金安等名厨掌灶，创制风味独特的"三鲜豆皮"，名扬武汉三镇。历经多次改名后，于 1978 年更名为老通城酒楼。

公元 1930 **年**

汉口冠生园酒楼开业。由冼冠生在江汉路创办，总店设在上海。以经营广东风味菜和点心为特色。主要名菜名点有"烤乳猪""鸡丝烩蛇羹""叉烧包"等。

武汉大中华酒楼开业。位于今武昌解放路与彭刘杨路口，由章在寿、张洪万等创办。原以经营安徽风味菜为特色，于 1936 年扩建后，增加了浙江和湖北风味菜，后来以湖北风味菜品为主。

公元 1931 年

武汉德华楼开业。原位于汉口中山大道民众乐园正对面，1960 年迁至汉口三民路，由天津人陈世荣、曹树召、李德富、陈大友等合股开办。德华楼的品牌渊源，可追溯至 1924 年由天津人李焕庭创办的得华楼。

公元 1938 年

襄阳大华酒店开业。原设于樊城前街陈老巷，由当地名厨曹大伦创办，1957 年迁至人民路。20 世纪 90 年代扩建后，以湖北风味菜为特色。名菜有"夹沙肉""锅贴鱼""烧青鱼头"等。

沙市好公道酒楼创建。最初开业于觉楼街内警钟楼旁，由詹阿定创办。开始并无店名，经营稀饭、油饼、小吃、卤菜、什锦饭（猪油炒饭）等品种，被顾客誉为"菜美饭好，买卖公道"，于是詹阿定便以"好公道"为招牌。后搬迁中山路，扩大经营，主营湖北风味，兼营江浙菜点。

公元 1939 年

汉口东来顺餐馆开业。位于六渡桥南洋大楼旁，由马辅忱创办，是一家具有清真饮食特色的餐馆。在征得北京东来顺丁德山三兄弟同意后，给小店起名为汉口东来顺，以经营北方小吃、清真炒菜、挂炉烤鸭、涮羊肉为主。

公元 1942 年

汉阳野味香酒楼开业。由解华忠、王菊英夫妇创办，位于三里坡江堤街，以野味卤菜、卤汁面为特色。1945 年，改名为野味香小吃店。中华人民共和国成立后，几经改址扩建，成为汉阳专营野味的餐馆和对外服务的窗口。

公元 1946 **年**

武汉小桃园煨汤馆开业，位于汉口胜利街兰陵路口，由陶坤甫、袁得照合伙创办。原名筱陶袁煨汤馆，后改名为小桃园煨汤馆，以经营"八卦汤（乌龟汤）""牛肉汤""瓦罐鸡汤"为特色。

公元 1947 **年**

3 月，武汉北京春明楼开业，是由原在北京致美斋做管事的吴成宝邀约几位同仁一起创办的京帮菜馆，位于汉口蔡锷路与胜利街交叉口，以"拔丝山药"等为拳头产品。

公元 1954 **年**

京山县发现屈家岭遗址。1955 年、1957 年两次发掘，出土了距今 5100～4500 年的大量石器、陶器，如锅、碗等。在红烧土建筑遗迹中，保存有密结成层的大量稻谷壳和稻茎，经鉴别，属大粒粳型稻。

公元 1955 **年**

天门县发现石家河遗址。在杨家湾等多个地点发现新石器时代遗存，出土了大量石器、陶器，还有骨器与蚌器。在遗址里还发现了一些附有稻谷壳的烧红土块，经时任中国农业科学院院长丁颖教授鉴定为"粳稻品种"，取名"石河粳稻"，并在 1959 年《考古学报》第 4 期发表论文称，为研究长江流域水稻种植的起源提供了可靠资料。

华中农学院水产系（华中农业大学水产学院前身）易伯鲁教授正式将梁子湖鳊鱼命名为团头鲂，这是中华人民共和国成立后我国科学家命名的第一个鱼类种名。

公元 1956 **年**

5 月 31 日至 6 月 4 日，毛泽东主席在武汉品尝"清蒸鳊鱼"，3 次畅游长江，在东湖客舍（今东湖宾馆）南山甲所写下了著名的《水调歌头·游泳》，其中"才饮长沙水，又食武昌鱼"成为广为流传的名句。

公元 1958 **年**

4 月 3 日，毛泽东主席视察武汉老通城酒楼。

9 月 12 日，毛泽东主席第二次视察武汉老通城酒楼，品尝三鲜豆皮。

公元 1959 年

荆州聚珍园厨师余占海，参加全国财贸战线技术革新和技术革命大会，在北京怀仁堂表演"散烩八宝"。

公元 1960 年

在湖北省饮食服务处组织下，沙市名厨刘绍玉于秋季赴京，在人民大会堂表演楚乡名菜"去骨鸡丁""双黄鱼片""皮条鳝鱼"等，受到朱德、李先念等中央领导接见，荣获奖章 1 枚。

公元 1966 年

6 月，商业部饮食服务局编撰《中国名菜谱》第十二辑（湖南、湖北名菜点），汇集名菜 111 种，名小吃 40 种，共 151 种，其中湖南 49 种，湖北 102 种，由轻工业出版社出版。

公元 1978 年

5 月，随州曾侯乙墓共出土礼器、乐器、漆木用具、金玉器、兵器、车马器和竹简 15000 余件，仅青铜器就共计 6239 件。其中曾侯乙编钟一套 65 件，是迄今发现的最完整最大的一套青铜编钟。青铜礼器主要有镬鼎 2 件、升鼎 9 件、饲鼎 9 件、簋 8 件、簠 4 件、大尊缶 1 对、联座壶 1 对、冰鉴 1 对、尊盘 1 套 2 件及盥缶 4 件等。

9 月，《中国菜谱》（湖北）由中国财政经济出版社出版，共收集湖北名菜 222 道。

10 月，《烹调原理》（作者张起钧，湖北枝江人，哲学教授，1938 年毕业于西南联大，1948 年去台湾）由台湾新天地书局印行。该书多处介绍湖北菜点，删改本于 1985 年 2 月由中国商业出版社出版。

公元 1980 年

3 月，商业部主办《中国烹饪》杂志出创刊号，刊登《永恒的怀念》一文，介绍毛泽东主席两次视察武汉老通城酒楼及品尝豆皮的故事。

公元 1982 年

武汉市第二商业学校主办的《烹饪学刊》创刊。

公元1983**年**

11月5—18日，商业部等八单位在北京举办全国烹饪名师技术表演鉴定会，湖北获"最佳厨师"1名（武昌酒楼红案副主任卢永良）、"技术表演奖"2名（沙市长江酒楼厨师长张定春，武汉市老会宾酒楼厨师长汪建国）。

公元1985**年**

12月30日，湖北省烹饪协会（湖北省烹饪酒店行业协会前身）成立，时任湖北省商业厅副厅长齐树勋当选为首任会长。

公元1986**年**

中国烹饪杂志社1986年第5期（总第57期）出刊《中国烹饪·湖北专号》。

公元1987**年**

1月，荆门包山大冢（汉墓）出土数十只竹笥，其中盛有板栗、红枣、柿子、菱角、莲藕、荸荠、生姜、花椒等十多种果品和佐料，狗獾肉与部分菱角装在一起，铜鼎内盛着牛肉、羊肉，鱼放在水缸中，均保存相对完好，植物果实的肉仁虽然大多已炭化，但仍不失其原貌。

公元1994**年**

9月初，湖北商业高等专科学校（湖北经济学院前身）独立招收的烹饪工艺大专班学生入学报到，标志着湖北省烹饪高等职业教育进入新阶段。

公元1995**年**

11月，湖北省政府召开整理和弘扬鄂菜专题办公会议，批准省贸易厅"关于整理和弘扬鄂菜的计划"，着手实施"三个一百"工程，即用10年时间，培育100家湖北风味名店，评定100个湖北烹饪大师（名师），推出100道湖北风味名菜。

公元1996**年**

2月，经湖北省贸易厅批准，湖北省鄂菜烹饪研究所在湖北商业高等专科学校（湖北经济学院前身）成立。

4月5日，湖北省贸易厅发布"关于转发《湖北风味名店标准》和《鄂菜烹饪大师（湖北面点大师）标准》的通知"。

公元 1997 年

12月7日，宜昌东山饭店美食城的"印子油香""苕面窝""蜘蛛蛋"，武汉市老通城酒楼的"三鲜豆皮"，武汉市蔡林记热干面馆的"虾仁热干面"，武汉市四季美汤包馆的"汤包"，武汉市德华酒楼的"德华小包"，武汉风味小吃城的"重油烧梅"，青山解放饮食娱乐有限责任公司的"灌汤蒸饺"，被认定为首届全国"中华名小吃"。

公元 1998 年

由湖北省文化厅和荆州市人民政府筹办的湖北省饮食文献中心暨荆州市饮食图书馆在荆州正式成立。

公元 2000 年

9月5日，保康县金城酒店的"玉米黄金饼"，武汉市德华酒楼的"德华年糕"，武汉市四季美汤包馆的"四季美赤豆稀饭""四季美红油牛肉粉"，武汉市蔡林记热干面馆的"葱花芝麻生煎包"，武汉市小桃园煨汤酒楼的"瓦罐母鸡汤"，广州空军武汉云都招待所的"云都小面窝"，武汉市谈炎记有限公司"虾米香菇鲜肉水饺"，武汉市五芳斋有限责任公司的"五芳斋汤圆""五芳斋粽子"，被认定为第二届全国"中华名小吃"。

公元 2002 年

12月22日，中国烹饪协会在海口市为首批"中华餐饮名店"颁证授牌。获得认定的湖北名店有武汉小蓝鲸美食广场、武汉三五酒店江汉北路分店、武汉市五芳斋酒楼、武汉市四季美汤包馆、武汉市醉江月酒楼、武汉老通城酒楼、武汉市亢龙太子酒轩、武汉市艳阳天酒店、随州市圣宫饭店、武汉市湖锦酒楼。

公元 2003 年

3月18日，武汉餐饮业协会在武汉市人民政府礼堂召开成立大会，刘国梁当选为首任会长。

3 月 26 日，湖北省烹饪协会召开第四届理事会第二次会议，张贤峰当选为会长。

公元 2005 **年**

9 月 21—24 日，2005 湖北省鄂菜烹饪大赛在湖北饭店举办，省政府发文表彰"鄂菜十大名店""鄂菜十大名菜""十大鄂菜大师"。

公元 2006 **年**

1 月，经武汉餐饮业协会发起，武汉地方菜研发中心成立。

公元 2007 **年**

11 月，随州市安居镇羊子山西周早期墓葬出土了 27 件青铜器，有方鼎、圆鼎、簋、甗、罍、盉、盘、尊、斝、觯、爵等。

公元 2008 **年**

2 月，湖北省商务厅、湖北省烹饪协会编著的《中国鄂菜》由湖北科学技术出版社出版。

公元 2010 **年**

8 月，湖北省烹饪酒店行业协会会刊《荆楚美食》创刊，卢永良任主编。

公元 2013 **年**

6 月 20 日，武汉素食研究所在武汉商学院揭牌成立。

7 月 26 日，湖北省蒸菜研发中心在天门市揭牌成立。

公元 2014 **年**

9 月 24 日，中国鄂菜产业发展大会在武汉国际会展中心东湖厅召开，《鄂菜产业发展报告（2013）》和《鄂菜产业发展大会（2014）论文集》在会场首发。

12 月 28 日，中国蒸菜文化研究院在天门市成立。

公元 2015 **年**

4 月 1—3 日，仙桃市举办首届沔阳三蒸文化节暨沔街庙会，中国沔阳三蒸研究院在仙桃揭牌成立，仙桃市沔阳三蒸博物馆揭牌开馆，中国烹饪协会授予仙桃市"中国沔阳三蒸之乡"牌匾。

公元 2016 年

卢永良与中国烹饪协会副会长乔杰率团参加中法高级别人文机制交流，制作中华非遗美食宴。

公元 2017 年

4月23日，由湖北省烹饪酒店行业协会和湖北省楚商协会联合举办的"鄂菜"改"楚菜"研讨会在武昌楚天传媒大厦召开，会议一致赞同将"鄂菜"一名改为"楚菜"。

5月17日，湖北省首家楚菜博物馆在武汉商学院开馆运行，展示楚菜文化发展阶段的特色食材、烹饪器具、饮食器具、菜品小吃实物或模型，馆藏菜模 300 多件、标本 100 多件、烹饪文物 80 余件。

公元 2018 年

5月9—10日，国家人社部、湖北省人民政府在武汉举办世界技能中国行——走进湖北，共有 22 个单位参与湖北省技能成就综合展。湖北省委副书记、省长王晓东，省委常委、常务副省长黄楚平，人力资源和社会保障部副部长汤涛，省委组织部副部长、省人力资源和社会保障厅厅长肖菊华以及市州市长、厅局领导，巡视了由湖北经济学院楚菜研究所、卢永良技能大师工作室、邹志平技能大师工作室制作的"楚菜展馆"。

7月3日，经荆门市社科联（湖北省社科院荆门分院）批准，湖北省社科院荆门分院美食文化研究所成立。

7月12日，外交部湖北全球推介活动——"新时代的中国：湖北，从长江走向世界"在外交部蓝厅举行，楚菜冷餐会是本次活动的压轴戏，由卢永良、邹志平率领湖北厨师团队精心设计和制作的 29 道美味佳肴，集中展示了楚菜灵动的鲜美滋味和深厚的文化底蕴。

7月21日，湖北省人民政府办公厅下发《关于推动楚菜创新发展的意见》（鄂政办发〔2018〕36 号），将湖北菜的简称统一规范为"楚菜"，标志着楚菜的创新发展进入新时代。

2018 年，中国烹饪协会向全国各地的烹饪协会发文，要求各省级烹任协会对各地方菜系改革开放 40 年的发展成果进行梳理并将文案表格上报。湖北省烹饪酒店协会组织了本省的饮食文化学者、专家、中国烹饪大师，2018 年 9 月 10 日，评选出了代表 40 年来湖北菜发展水准的菜肴与宴席，这些菜肴与宴席，不仅在本省享有很高的美誉度，在全国也有较高的知名度和广泛的认同度。湖北代表性菜肴是红烧武昌鱼、莲藕排骨汤、红菜薹炒腊肉、沔阳三蒸、钟祥蟠龙菜、黄州东坡肉、潜江油焖小龙虾、荆沙甲鱼、原汤氽鱼丸、粉蒸鮰鱼。湖北代表性宴席是香溪昭君宴、武当太极宴、惟楚有材宴、楚香莲藕宴、喜庆吉祥苑、武昌全鱼宴、长江鮰鱼宴、原味养生宴、白云黄鹤宴、天门九蒸宴。

9 月 18 日，卢森堡邮政发行一枚邮票，画面是一幅半身铜雕，这尊雕像的作者是让·米奇（Jean Mich，1871—1932），卢森堡最杰出的雕塑家之一。邮票发行的目的是庆贺雕塑家让·米奇个展在国家历史和艺术博物馆展出。他原籍马图姆，1893 年移居巴黎。这位雕塑家与中国还有一些渊源。清朝末年，时任汉阳铁厂总工程师的吕贝尔（Eugène Ruppert，1864—1950）与他一起设计了张之洞纪念碑，并立于汉阳铁厂内。这

卢森堡邮票上的武汉厨师雕像

尊兴建于 1911 年的纪念碑在之后的抗日战争中被损毁。邮票上的这件雕塑作品的原型是给吕贝尔做饭的中国武汉的厨师。这幅雕像创作于 1912年，辛亥革命的枪声在头一年还在武昌上空响起，推翻了清朝后的武汉厨师就剃掉了长辫子，而且留了个光头，期盼美好时代的愿望跃然雕像之上。

10 月 18—21 日，第二十八届中国厨师节在宜昌市举办，宜昌市被中国烹饪协会列入"中国美食之都"名录，秭归县、长阳土家族自治县被中国烹饪协会列入"中国美食之乡"名录。

12 月 2 日，在武汉北港城醉江月酒店召开"楚菜特点研讨会"，20

多位专家、教授、学者、烹饪大师、行业协会领导参会，经反复讨论后达成一致共识，楚菜特点统一表述为"鱼米之乡，蒸煨擅长，鲜香为本，融和四方"，一个字概括为"鲜"，确定了楚菜对外宣传的统一口径。

2018 年底，荆州博物馆对胡家草场墓地进行了考古发掘，其中，12 号墓的椁室头厢西北部、置于两件竹笥内出土了一批西汉简牍，可以分为竹简、木简、木牍三种，总数量 4546 枚，创单座墓葬出土简牍数量之最，主要内容包括经方、遣策、历谱、编年记、律令、日书等。其中，经方简 1000 余枚，记录了 45 种传统方剂，包括治病、保健、育儿、种植、养殖等。特别是 767 号简名为"令齿白方"，记载"以美桂靡之百日，而齿白矣"，这是古人使用中药桂枝或桂皮，让牙齿变白的方法。又如 833 号简名为"肥牛"，提出"煮豆，斗以鸟喙一果，而盐豆，日盐二升；茸食如常，养牛方，茹以甘㐜、善骚，靡以秫米二斗"，讲述的内容应是合理调配饲料比例，把牛养得肥壮。另外，还有用"熬秫米糗"治疗婴儿肠痛的食疗方法等。这是已知出土资料中时代最早、体例谨严的医方文献，有许多饮食疗法，这将有力推进荆楚饮食文化相关问题的研究。

公元 2019 年 12 月

《中国楚菜大典》由湖北科学技术出版社出版。编撰《中国楚菜大典》是湖北省委、省人民政府交给湖北省商务厅的一项加强楚菜文化建设的重要任务。2018 年 7 月 21 日，湖北省人民政府办公厅发布了《关于推动楚菜创新发展的意见》，明确要求加强楚菜文化研究，集中力量出版一部《中国楚菜大典》及系列丛书。《中国楚菜大典》由湖北省商务厅、湖北经济学院主持，仅一年半时间就完成近百万字的编撰工作。

《中国楚菜大典》的出版，是对当下楚菜文化现实流向的关注和远期发展态势的眺望。《中国楚菜大典》以翔实的史料，系统地梳理了近 3000 年楚地饮馔文明的辉煌文脉，以楚菜为核心，上溯楚地古今地理物产，旁及楚酒、楚茶及筵宴、器皿，涉及面相当广泛，着重展示当下的饮食文化表现形态，尤其展现了改革开放 40 年来楚菜发展的骄人成果，贯穿了人文传统、民风民俗，颇具资料的完备性与相当的权威性，为读者提供了一个更为广阔的文化视野，也为外界了解、认识楚菜整体风貌开了一扇指南性"窗口"，是近年湖北地区饮食文化研究的一项重要成果。

公元 2020 **年**

2020 年 9 月 8 日召开的全国抗击新冠肺炎疫情表彰大会上，习近平总书记提出在 2020 年的疫情风暴里，"全国人民都'为热干面加油'！"。

9 月 12 日，"华章重现——曾世家文物特展"在湖北省博物馆开幕，首次以展览形式全面梳理曾国近 800 年历史。本次展览精选湖北叶家山、郭家庙、苏家垄、文峰塔、枣树林等重要曾国遗址出土的青铜饮食器，共分"始封江汉""汉东大国""左右楚王""华章重现"四个单元，串联起曾国从西周早期立国到战国中期灭亡的历史发展脉络和基本面貌。从这些大量带有铭文的青铜饮食器上，人们可以触摸西周早期到战国中期神秘的曾国历史。

本次展出的曾伯克父青铜饮食组器有 1 鼎、1 甗、1 簋、2 盨、2 壶、1 霝，共计 8 件。这套器物组合完整，制作精美，铭文丰富，其中 2 件盨，器型较为罕见。湖北省博物馆方勤馆长介绍说，这组饮食器物珍贵之处，在于其上铸有器物的自名，其中鼎是放肉食，簋、盨是装稻米饭食，甗是蒸东西的炊具，霝是装酒器，壶也是装酒的，这些器物属礼器，重要的场合才会使用。铭文还显示这组青铜器作器者应为同一人，系"曾伯克父甘娄"，"曾"为国名，排行"伯"，字"克父"，"甘娄"为其名。"目前曾国考古所知，'曾伯'一般是曾侯的大儿子，可见其地位尊贵"。

湖北省博物馆馆长方勤说："在我们这么多年的曾国的考古发掘当中，出土了几千件精美的青铜礼器，也没有发现盨。这次有两件盨。"秦始皇帝陵博物院前院长、教授曹玮说："盖上有四个扁形钮，看上去像是装饰品，翻过来之后又是四个足，等于说是一器两用。"

"曾伯克父"青铜饮食器群补充和印证了之前曾国高等级墓葬的考古发现，为春秋时期荆楚饮食文化、礼乐制度和曾国宗法世系的研究提供了重要材料，对青铜器的断代与铸造工艺也具有重要的学术研究价值。

另外，展品中的战国中期曾侯丙鉴缶，该器物装饰精美、扣合严密，镶嵌绿松石，体现了战国时期的工艺水平。据介绍，这件鉴缶有冰酒、温酒的双重作用，其主人曾侯丙，是目前考古所知曾国最后一位曾侯。

学界认为，曾国是西周早期周王室分封至江汉地区的重要诸侯国，经历了从王室藩屏到楚国盟友的转变过程，有着深厚的礼乐文明积淀，可与齐、晋、鲁等大国并立于《史记》所指的"世家"之列。曾国也是我国考古发现中世系最完整、时代跨度最长的两周诸侯国，以最完整的考古材料构建了中国周代封国中最重要的文化序列，为研究我国先秦青铜文化和荆楚饮食文明进程提供了宝贵的材料。

2020年12月3日，第三届楚菜美食博览会在武汉举办。在楚菜产业发展大会现场，首批21项《楚菜标准》正式发布。本次发布的《楚菜标准》选择了具有湖北地方特色，得到消费者广泛认同和欢迎的经典菜品，兼顾了不同地域、不同类型的菜品，体现了不同风味流派的楚菜文化。首批发布《楚菜标准》的21道楚菜为清蒸武昌鱼、荆沙甲鱼、潜江油焖小龙虾、沔阳三蒸、钟祥蟠龙菜、黄州东坡肉、红烧鮰鱼、排骨藕汤、腊肉炒菜薹、油焖小香菇、簰洲湾鱼圆、洪湖鸭焖莲藕、黄焖圆子、香煎翘嘴鲌、白花菜扣肉、鸡茸笔架鱼肚、红烧鱼桥、罗田板栗烧仔鸡、襄阳缠蹄、瓦罐鸡汤、恩施炕土豆。大多为湖北人民耳熟能详的招牌菜品，从食材选择、烹饪技艺到口味都透着浓浓的楚色楚香。

《楚菜标准》规定了21道楚菜的主要原辅料、制作工艺、感官、卫生、出品温度与时间等方面的要求，并将原料配方、呈味成分、营养成分、菜品图片等作为资料性附录供生产者、消费者参考。对楚菜从选料、加工到成品质量各个环节的关键点做了相应的规范，注重了菜品的感官质量、卫生安全关键控制点。具有代表性、权威性、科学性、文化性、融合性、规范性、创新性与实用性。《楚菜标准》的发布和推广，有利于规范楚菜制作与经营，使楚菜制作有章可循、楚菜质量与安全更能得到保障；有利于引领楚菜发扬光大，弘扬荆楚文化；有利于推动楚菜品牌化、产业化及国际化发展。

主要参考文献

一、古　籍　类

[1]　司马迁. 史记［M］. 北京：中华书局，1959.

[2]　班固. 汉书［M］. 北京：中华书局，1983.

[3]　刘琳. 华阳国志校注［M］. 成都：巴蜀书社，1984.

[4]　徐珂. 清稗类钞［M］. 北京：中华书局，1984.

[5]　阮元. 十三经注疏［M］. 北京：中华书局，1985.

[6]　刘向. 战国策［M］. 上海：上海古籍出版社，1985.

[7]　袁康，吴平. 越绝书［M］. 上海：上海古籍出版社，1985.

[8]　陈寿. 三国志［M］. 北京：中华书局，1999.

[9]　徐元诰. 国语集解［M］. 北京：中华书局，2002.

[10]　吕不韦. 吕氏春秋［M］. 北京：中华书局，2007.

[11]　屈原，宋玉，严忌，等. 楚辞［M］. 北京：中华书局，2009.

[12]　陆羽. 茶经［M］. 北京：中华书局，2010.

[13]　李时珍. 本草纲目［M］. 北京：线装书局，2010.

[14]　袁枚. 随园食单［M］. 北京：中华书局，2010.

[15]　宗懔. 荆楚岁时记［M］. 北京：中华书局，2018.

二、今 人 著 作

[16]　郭宝钧. 中国青铜器时代［M］. 北京：生活·读书·新知三联
　　　书店，1963.

[17]　万国鼎. 五谷史话［M］. 北京：中华书局，1964.

［18］ 佟屏亚. 农作物史话 ［M］. 北京：中国青年出版社，1979.

［19］ 湖北省博物馆. 随县曾侯乙墓 ［M］. 北京：文物出版社，1980.

［20］ 吴贵芳. 上海风物志 ［M］. 上海：上海文化出版社，1982.

［21］ 李璠. 中国栽培植物发展史 ［M］. 北京：科学出版社，1984.

［22］ 吴慧. 中国历代粮食亩产研究 ［M］. 北京：农业出版社，1985.

［23］ 湖北省荆州地区博物馆. 江陵马山 1 号楚墓 ［M］. 北京：文物
出版社，1985.

［24］ 杨荫深. 事物掌故丛谈 ［M］. 上海：上海书店，1986.

［25］ 孙步洲. 中国土特产大全（上、下册）［M］. 南京：南京工学院
出版社，1986.

［26］ 张正明. 楚文化史 ［M］. 上海：上海人民出版社，1987.

［27］ 张正明. 楚文化志 ［M］. 武汉：湖北人民出版社，1988.

［28］ 曾元英. 荆州名产风味大观 ［M］. 武汉：湖北人民出版社，
1988.

［29］ 姚伟钧. 中国饮食文化探源 ［M］. 南宁：广西人民出版社，
1989.

［30］ 武汉地方志编纂委员会. 武汉市志·商业志 ［M］. 武汉：武汉
大学出版社，1989.

［31］ 湖北农业区划委员会办公室. 湖北农业名特优资源 ［M］. 武汉：
湖北科学技术出版社，1990.

［32］ 赵维臣. 中国土特名产辞典 ［M］. 北京：商务印书馆，1991.

［33］ 张荷. 吴越文化 ［M］. 沈阳：辽宁教育出版社，1991.

［34］ 袁庭栋. 巴蜀文化 ［M］. 沈阳：辽宁教育出版社，1991.

［35］ 中山时子. 中国饮食文化 ［M］. 北京：中国社会科学出版社，
1992.

［36］ 王建辉，刘森淼. 荆楚文化 ［M］. 沈阳：辽宁教育出版社，
1992.

［37］ 中国烹饪百科全书编委会. 中国烹饪百科全书 ［M］. 北京：中

国大百科全书出版社，1992.

[38] 鲁克才. 中华民族饮食风俗大观 [M]. 北京：世界知识出版社，1992.

[39] 湖北省宜昌地区博物馆，北京大学考古系. 当阳赵家湖楚墓 [M]. 北京：文物出版社，1992.

[40] 罗运环. 楚国八百年 [M]. 武汉：武汉大学出版社，1992.

[41] 田中静一. 中国食物事典 [M]. 洪光住等，译. 北京：中国商业出版社，1993.

[42] 周文英. 江西文化 [M]. 沈阳：辽宁教育出版社，1993.

[43] 高寿山. 徽州文化 [M]. 沈阳：辽宁教育出版社，1993.

[44] 湖北地方志编纂委员会. 湖北省志·工业志稿 [M]. 北京：中国轻工业出版社，1994.

[45] 田玉堂. 中国名食掌故 [M]. 北京：中国商业出版社，1994.

[46] 肖志华，严昌洪. 武汉掌故 [M]. 武汉：武汉出版社，1994.

[47] 王仁湘. 饮食与中国文化 [M]. 北京：人民出版社，1994.

[48] 许倬云. 西周史 [M]. 北京：三联书店，1994.

[49] 张正明. 楚史 [M]. 武汉：湖北教育出版社，1994.

[50] 王仁湘. 饮食与中国文化 [M]. 北京：人民出版社，1994.

[51] 杨宝成. 湖北考古发现与研究 [M]. 武汉：武汉大学出版社，1995.

[52] 湖北文物考古研究所. 江陵九店东周墓 [M]. 北京：科学出版社，1995.

[53] 宋公文，张君. 楚国风俗志 [M]. 武汉：湖北教育出版社，1995.

[54] 季羡林，陈昕，李学勤. 长江文化议论集 [M]. 武汉：湖北教育出版社，1995.

[55] 李学勤，徐吉军. 长江文化史 [M]. 南昌：江西教育出版社，1995.

［56］　陈广忠. 两淮文化 ［M］. 沈阳：辽宁教育出版社，1995.

［57］　石泉. 楚国历史文化辞典 ［M］. 武汉：武汉大学出版社，1996.

［58］　彭万廷，屈定富. 巴楚文化研究 ［M］. 北京：中国三峡出版社，
　　　　1997.

［59］　徐海荣，徐吉军. 中国饮食史（1～6 卷）［M］. 北京：华夏出
　　　　版社，1999.

［60］　姚伟钧. 中国传统饮食礼俗研究 ［M］. 武汉：华中师范大学出
　　　　版社，1999.

［61］　章开沅，张正明，罗福惠. 湖北通史 ［M］. 武汉：华中师范大
　　　　学出版社，1999.

［62］　傅冠群. 湖南社会大观 ［M］. 上海：上海书店出版社，2000.

［63］　萧志华. 湖北社会大观 ［M］. 上海：上海书店出版社，2000.

［64］　施福康. 上海社会大观 ［M］. 上海：上海书店出版社，2000.

［65］　邱庞同. 中国面点史 ［M］. 青岛：青岛出版社，2000.

［66］　姚伟钧，邓儒伯，方爱平. 国食 ［M］. 武汉：长江文艺出版社，
　　　　2001.

［67］　荆州博物馆. 荆州天星观二号楚墓 ［M］. 北京：文物出版社，
　　　　2003.

［68］　王广智. 中国茶类与区域名茶 ［M］. 北京：中国农业科学技术
　　　　出版社，2003.

［69］　杨宽. 西周史 ［M］. 上海：上海人民出版社，2003.

［70］　姚伟钧. 长江流域的饮食文化 ［M］. 武汉：湖北教育出版社，
　　　　2004.

［71］　湖北省商务厅，湖北省烹饪协会. 中国鄂菜 ［M］. 武汉：湖北
　　　　科学技术出版社，2008.

［72］　姚伟钧，刘朴兵. 武汉食话 ［M］. 武汉：武汉出版社，2008.

［73］　湖北省非物质文化遗产名录图典编委会. 湖北省非物质文化遗产
　　　　名录图典 ［M］. 武汉：湖北人民出版社，2012.

［74］　刘玉堂，张硕. 湖北读本［M］. 武汉：湖北人民出版社，九通电子音像出版社，2012.

［75］　王生铁. 楚文化概要［M］. 武汉：湖北人民出版社，2013.

［76］　刘玉堂，赵毓清. 中国地域文化通览·湖北卷［M］. 北京：中华书局，2013.

［77］　张通. 荆楚文脉［M］. 武汉：湖北人民出版社，2013.

［78］　湖北省商务厅. 鄂菜产业发展报告 2013［M］. 武汉：湖北科学技术出版社，2014.

［79］　襄阳市地方志编纂委员会. 襄樊市志 1979－2005［M］. 北京：方志出版社，2015.

［80］　姚伟钧. 长江流域的饮食生活［M］. 武汉：长江出版社，2015.

［81］　王仁兴. 国菜精华［M］. 北京：三联书店，2018.

［82］　姚伟钧，李任. 武汉非物质文化遗产［M］. 武汉：武汉出版社，2018.

［83］　湖北省商务厅，湖北经济学院. 中国楚菜大典［M］. 武汉：湖北科学技术出版社，2019.

三、学 位 论 文

［84］　李玉麟. 先秦荆楚饮食研究［D］. 兰州：兰州大学，2009.

［85］　杨雯. 楚辞风俗研究［D］. 成都：四川师范大学，2009.

后　记

楚地自古就有着极其灿烂的饮食文明。考古资料证明，荆楚地区在距今八九千年以前就进入农业社会，《史记》中说楚国"无饥馑之患"，在《楚辞·招魂》和《楚辞·大招》里，也展现了楚国贵族肴馔之精华，有让贵族们能过上奢侈生活的自然资源。所以千百年来，人们喜欢用"鱼米之乡"来赞誉湖北。可以说荆楚地区不仅是中国农业文明的发祥地，而且也是中华名馔的摇篮，这里自古以来出现的一系列脍炙人口的荆楚风味，是珍贵文化遗产。全面分析与揭示荆楚饮食文化如何兴起、演变、发展与影响等问题，是我作为一个湖北学者守望荆楚传统文化的应尽的义务与责任，也是向荆楚先祖创造辉煌饮馔文明的致敬态度。

近几十年来，党和国家高度重视文化建设，而饮食文化是人们生活中可感可触的文化符号，且具有其他文化形式所不具备的润物细无声的感染力和强劲持久的传播力，并以鲜活的形式彰显文化的软实力。2017年中共中央办公厅、国务院办公厅印发了《关于实施中华优秀传统文化传承发展工程的意见》，其中就提到要支持中华烹饪、中国节日等中华传统文化代表性项目走出去。2018年，湖北省人民政府办公厅在《关于推动楚菜创新发展的意见》中提出楚菜是楚文化的重要组成部分和载体，要充分挖掘荆楚饮食文化，加强楚菜理论研究，探索建立楚菜理论体系，讲好楚菜故事。让湖北省境内"收藏在禁宫里的文物、陈列在广阔大地上的遗产、书写在古籍里的文字都活起来"。通过饮食传播荆楚传统文化，由此进一步彰显湖北文化底蕴，增强文化自信，促进荆楚民众文化传承创新自觉性的提高。

关于荆楚饮食文化研究，前人已有一些成果，这些成果多为各个地区性的，不够系统。当《荆楚文库》中安排有这一内容时，冯天瑜先生作为《荆楚文库》的总编辑，提出由我来写这本《荆楚饮食文化史》，这是对我的信任和鼓励，我也很高兴地承担了这一工作。在撰写过程中，湖北大学的张敏教授作为唐宋史研究的专家，参与撰写了本书第六章，另外，刘玉堂先生撰写了《楚文化与酒》一节中的部分内容，他们的加盟，使本书增色不少。方爱平、刘朴兵、鞠明库、金相超、任晓飞、张晓纪、李任、王康璐等人对本书也提供了许多方面的支持。

本书从编写到付梓，湖北省炎黄文化研究会给予了大力支持和资助，马敏、李子林、倪晓钟等先生对本书提出了具体的编写建议。湖北科学技术出版社的章雪峰社长为此书顺利出版，多次协调荆楚文库编纂出版委员会，为我提供了许多方便；该社兰季平、赵襄玲编辑多次来电询问写作进度，对本书做了精心编辑加工。此外，湖北省博物馆、武汉博物馆、荆州博物馆、屈家岭遗址博物馆等单位，为本书提供了许多精美的图片，为本书增色不少。在此，我谨向上述单位的领导、老师们表示深切的敬意和谢意！由于水平有限，书中难免会存在各种不妥之处，恳请广大读者予以批评指正。

姚伟钧

2021 年元旦